国家出版基金资助项目
“新闻出版改革发展项目库”入库项目
“十三五”国家重点出版物出版规划项目

特殊冶金过程技术丛书

# 自蔓延冶金

张廷安　豆志河　著

北　京
冶　金　工　业　出　版　社
2019

## 内 容 提 要

本书系统地介绍了自蔓延冶金学的概念、基础理论以及自蔓延冶金制粉与自蔓延冶金熔铸制备高性能合金的技术原理；并以经典案例的形式系统介绍了自蔓延冶金在宏量制备亚微米、纳米超细粉体（包括固体火箭燃料用高活性无定型纳米硼粉，3D 打印用还原钛粉，高性能陶瓷粉：$CaB_6$、$TiB_2$、$REB_6$、$B_4C$）、高致密难混溶合金（Cu-Cr）以及高附加值钛合金（TiFe、TiAlV）的应用。

本书可供从事冶金及材料制备的科研技术人员阅读，也可作为高等院校本科生和研究生的教学用书。

**图书在版编目(CIP)数据**

自蔓延冶金/张廷安，豆志河著．—北京：冶金工业出版社，2019.5
（特殊冶金过程技术丛书）
ISBN 978-7-5024-8030-1

Ⅰ.①自…　Ⅱ.①张…　②豆…　Ⅲ.①冶金—技术—研究　Ⅳ.①TF19

中国版本图书馆 CIP 数据核字(2018)第 291902 号

出 版 人　陈玉千
地　　址　北京市东城区嵩祝院北巷 39 号　邮编　100009　电话　(010)64027926
网　　址　www.cnmip.com.cn　电子信箱　yjcbs@cnmip.com.cn
责任编辑　张熙莹　王　双　美术编辑　彭子赫　版式设计　孙跃红
责任校对　王永欣　责任印制　李玉山
ISBN 978-7-5024-8030-1
冶金工业出版社出版发行；各地新华书店经销；北京捷迅佳彩印刷有限公司印刷
2019 年 5 月第 1 版，2019 年 5 月第 1 次印刷
787mm×1092mm　1/16；24 印张；580 千字；359 页
**136.00** 元

**冶金工业出版社　投稿电话　(010)64027932　投稿信箱　tougao@cnmip.com.cn**
**冶金工业出版社营销中心　电话　(010)64044283　传真　(010)64027893**
**冶金工业出版社天猫旗舰店　yjgycbs.tmall.com**
（本书如有印装质量问题，本社营销中心负责退换）

# 特殊冶金过程技术丛书

# 特殊冶金过程技术丛书

## 序

科技创新是永无止境的，尤其是学科交叉与融合不断衍生出新的学科与技术。特殊冶金是将物理外场（如电磁场、微波场、超重力、温度场等）和新型化学介质（如富氧、氯、氟、氢、化合物、络合物等）用于常规冶金过程而形成的新的冶金学科分支。特殊冶金是将传统的火法、湿法和电化学冶金与非常规外场及新型介质体系相互融合交叉，实现对冶金过程物质转化与分离过程的强化和有效调控。对于许多成分复杂、低品位、难处理的冶金原料，传统的冶金方法效率低、消耗高。特殊冶金的兴起，是科研人员针对不同的原料特性，在非常规外场和新型介质体系及其对常规冶金的强化与融合做了大量研究的结果，创新的工艺和装备具有高效的元素分离和金属提取效果，在低品位、复杂、难处理的冶金矿产资源的开发过程中将显示出强大的生命力。

“特殊冶金过程技术丛书”系统反映了我国在特殊冶金领域多年的学术研究状况，展现了我国在特殊冶金领域最新的研究成果和学术思想。该丛书涵盖了东北大学、昆明理工大学、中南大学、北京科技大学、江西理工大学、北京矿冶研究总院、中科院过程所等单位多年来的科研结晶，是我国在特殊冶金领域研究成果的总结，许多成果已得到应用并取得了良好效果，对冶金学科的发展具有重要作用。

特殊冶金作为一个新兴冶金学科分支，涉及物理、化学、数学、冶金、材料和人工智能等学科，需要多学科的联合研究与创新才能得以发展。例如，特殊外场下的物理化学与界面现象，物质迁移的传输参数与传输规律及其测量方法，多场协同作用下的多相耦合及反应过程规律，新型介质中的各组分反应机理与外场强化的关系，多元多相复杂体系多尺度结构与效应，新型冶金反应器的结构优化及其放大规律等。其中的科学问题和大量的技术与工程化需要我们去解决。

特殊冶金的发展前景广阔，随着物理外场技术的进步和新型介质体系的出现，定会不断涌现新的特殊冶金方法与技术。

“特殊冶金过程技术丛书”的出版是我国冶金界值得称贺的一件喜事，此丛书的出版将会促进和推动我国冶金与材料事业的新发展，谨此祝愿。

2019 年 4 月

# 总　　序

冶金过程的本质是物质转化与分离过程，是“流”与“场”的相互作用过程。这里的“流”是指物质流、能量流和信息流，这里的“场”是指反应器所具有的物理场，例如温度场、压力场、速度场、浓度场等。因此，冶金过程“流”与“场”的相互作用及其耦合规律是特殊冶金（又称“外场冶金”）过程的最基本科学问题。随着物理技术的发展，如电磁场、微波场、超声波场、真空力场、超重力场、瞬变温度场等物理外场逐渐被应用于冶金过程，由此出现了电磁冶金、微波冶金、超声波冶金、真空冶金、超重力冶金、自蔓延冶金等新的冶金过程技术。随着化学理论与技术的发展，新的化学介质体系，如亚熔盐、富氧、氢气、氯气、氟气等在冶金过程中应用，形成了亚熔盐冶金、富氧冶金、氢冶金、氯冶金、氟冶金等新的冶金过程技术。因此，特殊冶金就是将物理外场（如电磁场、微波场、超重力或瞬变温度场）和新型化学介质（亚熔盐、富氧、氯、氟、氢等）应用于冶金过程形成的新的冶金学科分支。实际上，特殊冶金是传统的火法冶金、湿法冶金及电化学冶金与电磁场、微波场、超声波场、超高浓度场、瞬变超高温场（高达2000℃以上）等非常规外场相结合，以及新型介质体系相互融合交叉，实现对冶金过程物质转化与分离过程的强化与有效控制，是典型的交叉学科领域。根据外场和能量/介质不同，特殊冶金又可分为两大类，一类是非常规物理场，具体包括微波场、压力场、电磁场、等离子场、电子束能、超声波场与超高温场等；另一类是超高浓度新型化学介质场，具体包括亚熔盐、矿浆、电渣、氯气、氢气与氧气等。与传统的冶金过程相比，外场冶金具有效率高、能耗低、产品质量优等特点，其在低品位、复杂、难处理的矿产资源的开发利用及冶金“三废”的综合利用方面显示出强大的技术优势。

特殊冶金的发展历史可以追溯到20世纪50年代，如加压湿法冶金、真空冶金、富氧冶金等特殊冶金技术从20世纪就已经进入生产应用。2009年在中国金属学会组织的第十三届中国冶金反应工程年会上，东北大学张廷安教授首次系统地介绍了特殊冶金的现状及发展趋势，引起同行的广泛关注。自此，“特殊冶金”作为特定术语逐渐被冶金和材料同行接受（下表总结了特殊冶金的各种形式、能量转化与外场方式以及应用领域）。2010年，彭金辉教授依托昆明理工大学组建了国内首个特殊冶金领域的重点实验室——非常规冶金教育部重点实验室。2015年，云南冶金集团股份有限公司组建了共伴生有色金属资源加压湿法冶金技术国家重点实验室。2011年，东北大学受教育部委托承办了外场技术在冶金中的应用暑期学校，进一步详细研讨了特殊冶金的研究现状和发展趋势。2016年，中国有色金属学会成立了特种冶金专业委员会，中国金属学会设有特殊钢分会特种冶金学术委员会。目前，特殊冶金是冶金学科最活跃的研究领域之一，也是我国在国际冶金领域的优势学科，研究水平处于世界领先地位。特殊冶金也是国家自然科学基金委近年来重点支持和积极鼓励的研究

**特殊冶金及应用一览表**

| 名称 | 外场 | 能量形式 | 应用领域 |
|---|---|---|---|
| 电磁冶金 | 电磁场 | 电磁力、热效应 | 电磁熔炼、电磁搅拌、电磁雾化 |
| 等离子冶金、电子束冶金 | 等离子体、电子束 | 等离子体高温、辐射能 | 等离子体冶炼、废弃物处理、粉体制备、聚合反应、聚合干燥 |
| 激光冶金 | 激光波 | 高能束 | 激光表面冶金、激光化学冶金、激光材料合成等 |
| 微波冶金 | 微波场 | 微波能 | 微波焙烧、微波合成等 |
| 超声波冶金 | 超声波 | 机械、空化 | 超声冶炼、超声精炼、超声萃取 |
| 自蔓延冶金 | 瞬变温场 | 化学热 | 自蔓延冶金制粉、自蔓延冶炼 |
| 超重、微重力与失重冶金 | 非常规力场 | 离心力、微弱力 | 真空微重力熔炼铝锂合金、重力条件下熔炼难混溶合金等 |
| 气体（氧、氢、氯）冶金 | 浓度场 | 化学位能 | 富氧浸出、富氧熔炼、金属氢还原、钛氯化冶金等 |
| 亚熔盐冶金 | 浓度场 | 化学位能 | 铬、钒、钛和氧化铝等溶出 |
| 矿浆电解 | 电磁场 | 界面、电能 | 铋、铅、锑、锰结核等复杂资源矿浆电解 |
| 真空与相对真空冶金 | 压力场 | 压力能 | 高压合成、金属镁相对真空冶炼 |
| 加压湿法冶金 | 压力场 | 压力能 | 硫化矿物、氧化矿物的高压浸出 |

领域之一。国家自然科学基金“十三五”战略发展规划明确指出，特殊冶金是冶金学科又一新兴交叉学科分支。

加压湿法冶金是现代湿法冶金领域新兴发展的短流程强化冶金技术，是现代湿法冶金技术发展的主要方向之一，已广泛地应用于有色金属及稀贵金属提取冶金及材料制备方面。张廷安教授团队将加压湿法冶金新技术应用于氧化铝清洁生产和钒渣加压清洁提钒等领域取得了一系列创新性成果。例如，从改变铝土矿溶出过程平衡固相结构出发，重构了理论上不含碱、不含铝的新型结构平衡相，提出的“钙化—碳化法”不仅从理论上摆脱了拜耳法生产氧化铝对铝土矿铝硅比的限制，而且实现了大幅度降低赤泥中钠和铝的含量，解决了赤泥的大规模、低成本无害化和资源化，是氧化铝生产近百年来的颠覆性技术。该技术的研发成功可使我国铝土矿资源扩大2~3倍，延长铝土矿使用年限30年以上，解决了拜耳法赤泥综合利用的世界难题。相关成果获2015年度中国国际经济交流中心与保尔森基金会联合颁发的“可持续发展规划项目”国际奖、第45届日内瓦国际发明展特别嘉许金奖及2017年TMS学会轻金属主题奖等。

真空冶金是将真空用于金属的熔炼、精炼、浇铸和热处理等过程的特殊冶金技术。近年来真空冶金在稀有金属、钢和特种合金的冶炼方面得到日益广泛的应用。昆明理工大学的戴永年院士和杨斌教授团队在真空冶金提取新技术及产业化应用领域取得了一系列创新性成果。例如，主持完成的“从含铟粗锌中高效提炼金属铟技术”，项目成功地从含铟0.1%的粗锌中提炼出99.993%以上的金属铟，解决了从含铟粗锌中提炼铟这一冶金技术难题，该成果获2009年度国家技术发明奖二等奖。又如主持完成的“复杂锡合金真空蒸馏新技术及产业化应用”项目针对传统冶金技术处理复杂锡合金资源利用率低、环保影响大、生产成本高等问题，成功开发了真空蒸馏处理复杂锡合金的新技术，在云锡集团等企业建成40余条生产线，在美国、英国、西班牙建成6条生产线，项目成果获2015年度国家科技进步奖二等奖。2014年，张廷安教授提出“以平衡分压为基准”的相对真空冶金概念，在国家自然科学基金委—辽宁联合基金的资助下开发了相对真空炼镁技术与装备，实现了镁的连续冶炼，达到国际领先水平。

微波冶金是将微波能应用于冶金过程，利用其选择性加热、内部加热和非接触加热等特点来强化反应过程的一种特殊冶金新技术。微波加热与常规加热不同，它不需要由表及里的热传导，可以实现整体和选择性加热，具有升温速率快、加热效率高、对化学反应有催化作用、降低反应温度、缩短反应时间、节能降耗等优点。昆明理工大学的彭金辉院士团队在研究微波与冶金物料相互作用机理的基础上，开展了微波在磨矿、干燥、煅烧、还原、熔炼、浸出等典型冶金单元中的应用研究。例如，主持完成的“新型微波冶金反应器及其应用的关键技术”项目以解决微波冶金反应器的关键技术为突破点，推动了微波冶金的产业化进程。发明了微波冶金物料专用承载体的制备新技术，突破了微波冶金高温反应器的瓶颈；提出了“分布耦合技术”，首次实现了微波冶金反应器的大型化、连续化和自动化。建成了世界上第一套针对强腐蚀性液体的兆瓦级微波加热钛带卷连续酸洗生产线。发明了干燥、浸出、煅烧、还原等四种类型的微波冶金新技术，显著推进了冶金工业的节能减排降耗。发明了吸附剂孔径的微波协同调控技术，获得了针对性强、吸附容量大和强度高的系列吸附剂产品；首次建立了高性能冶金专用吸附剂的生产线，显著提高了黄金回收率，同时有效降低了锌电积直流电单耗。该项目成果获2010年度国家技术发明奖二等奖。

电渣冶金是利用电流通过液态熔渣产生电阻热用以精炼金属的一种特殊冶金技术。传统电渣冶金技术存在耗能高、氟污染严重、生产效率低、产品质量差等问题，尤其是大单重厚板和百吨级电渣锭无法满足高端装备的材料需求。2003年以前我国电渣重熔技术全面落后，高端特殊钢严重依赖进口。东北大学姜周华教授团队主持完成的“高品质特殊钢绿色高效电渣重熔关键技术的开发与应用”项目采用“基础研究—关键共性技术—应用示范—行业推广”的创新模式，系统地研究了电渣工艺理论，创新开发绿色高效的电渣重熔成套装备和工艺及系列高端产品，节能减排和提效降本效果显著，产品质量全面提升，形成两项国际标准，实现了我国电渣技术从跟跑、并跑到领跑的历史性跨越。项目成果在国内60多家企业应用，生产出的高端模具钢、轴承钢、叶片钢、特厚板、核电主管道等产品满足了我国大飞机工程、先进能源、石化和军工国防等领域对高端材料的急需。研制出系列“卡脖子”材料，有力地支持了我国高端装备制造业发展并保证了国家安全。

自蔓延冶金是将自蔓延高温合成（体系化学能瞬时释放形成特高高温场）与冶金工艺相结合的特殊冶金技术。东北大学张廷安教授团队将自蔓延高温反应与冶金熔炼/浸出集成创新，系统研究了自蔓延冶金的强放热快速反应体系的热力学与动力学，形成了自蔓延冶金学理论创新和基于冶金材料一体化的自蔓延冶金非平衡制备技术。自蔓延冶金是以强放热快速反应为基础，将金属还原与材料制备耦合在一起，实现了冶金材料短流程清洁制备的理论创新和技术突破。自蔓延冶金利用体系化学瞬间（通常以秒计）形成的超高温场（通常超过2000℃），为反应体系创造出良好的热力学条件和环境，实现了极端高温的非平衡热力学条件下快速反应。例如，构建了以钛氧化物为原料的“多级深度还原”短流程低成本清洁制备钛合金的理论体系与方法，建成了世界首个直接金属热还原制备钛与钛合金的低成本清洁生产示范工程，使以Kroll法为基础的钛材生产成本降低30%~40%，为世界钛材低成本清洁利用奠定了工业基础。发明了自蔓延冶金法制备高纯超细硼化物粉体规模化清洁生产关键技术，实现了国家安全战略用陶瓷粉体（无定型硼粉、$REB_6$、$CaB_6$、$TiB_2$、$B_4C$等）规模化清洁生产的理论创新和关键技术突破，所生产的高活性无定型硼粉已成功用于我国数个型号的固体火箭推进剂中。发明了铝热自蔓延—电渣感应熔铸—水气复合冷制备均质高性能铜铬合金的关键技术，形成了均质高性能铜难混溶合金的制备的第四代技术原型，实现了高致密均质CuCr难混溶合金大尺寸非真空条件下高效低成本制备。所制备的CuCr触头材料电性能比现有粉末冶金法技术指标提升1倍以上，生产成本可降低40%以上。以上成果先后获得中国有色金属科技奖技术发明奖一等奖、中国发明专利奖优秀奖和辽宁省技术发明奖等省部级奖励6项。

富氧冶金（熔炼）是利用工业氧气部分或全部取代空气以强化冶金熔炼过程的一种特殊冶金技术。20世纪50年代，由于高效价廉的制氧方法和设备的开发，工业氧气炼钢和高炉富氧炼铁获得广泛应用。与此同时，在有色金属熔炼中，也开始用提高鼓风中空气含氧量的办法开发新的熔炼方法和改造落后的传统工艺。

1952年，加拿大国际镍公司（Inco）首先采用工业氧气（含氧95%）闪速熔炼铜精矿，熔炼过程不需要任何燃料，烟气中$SO_2$浓度高达80%，这是富氧熔炼最早案例。1971年，奥托昆普（Outokumpu）型闪速炉开始用预热的富氧空气代替原来的预热空气鼓风熔炼铜（镍）精矿，使这种闪速炉的优点得到更好的发挥，硫的回收率可达95%。工业氧气的应用也推动了熔池熔炼方法的开发和推广。20世纪70年代以来先后出现的诺兰达法、三菱法、白银炼铜法、氧气底吹炼铅法、底吹氧气炼铜等，也都离不开富氧（或工业氧气）鼓风。中国的炼铜工业很早就开始采用富氧造锍熔炼，1977年邵武铜厂密闭鼓风炉最早采用富氧熔炼，接着又被铜陵冶炼厂采用。1987年白银炼铜法开始用含氧31.6%的富氧鼓风炼铜。1990年贵溪冶炼厂铜闪速炉开始用预热富氧鼓风代替预热空气熔炼铜精矿。王华教授率领校内外产学研创新团队，针对冶金炉窑强化供热过程不均匀、不精准的关键共性科学问题及技术难题，基于混沌数学提出了旋流混沌强化方法和冶金炉窑动量—质量—热量传递过程非线性协同强化的学术思想，建立了冶金炉窑全时空最低燃耗强化供热理论模型，研发了冶金炉窑强化供热系列技术和装备，实现了用最小的气泡搅拌动能达到充分传递和整体强化、减小喷溅、提高富氧利用率和炉窑设备寿命，突破了加热温度不均匀、温度控制不精准导致金属材料性能不能满足高端需求、产品成材率低的技术瓶颈，打破了发达国家高端金属材料热加工领域精准均匀加热的技术垄断，实现了冶金炉窑节能增效的显著提高，有力促进了我国冶金行业的科技进步和高质量绿色发展。

超重力技术源于美国太空宇航实验与英国帝国化学公司新科学研究组等于1979年提出的“Higee（High gravity）”概念，利用旋转填充床模拟超重力环境，诞生了超重力技术。通过转子产生离心加速度模拟超重力环境，可以使流经转子填料的液体受到强烈的剪切力作用而被撕裂成极细小的液滴、液膜和液丝，从而提高相界面和界面更新速率，使相间传质过程得到强化。陈建峰院士原创性提出了超重力强化分子混合与反应过程的新思想，开拓了超重力反应强化新方向，并带领团队开展了以“新理论—新装备—新技术”为主线的系统创新工作。刘有智教授等开发了大通量、低气阻错流超重力技术与装置，构建了强化吸收硫化氢同时抑制吸收二氧化碳的超重力环境，解决了高选择性脱硫难题，实现了低成本、高选择性脱硫。独创的超重力常压净化高浓度氮氧化物废气技术使净化后氮氧化物浓度小于240mg/m$^3$，远低于国家标准（GB 16297—1996）1400mg/m$^3$的排放限值。还成功开发了磁力驱动超重力装置和亲水、亲油高表面润湿率填料，攻克了强腐蚀条件下的动密封和填料润湿性等工程化难题。项目成果获2011年度国家科技进步奖二等奖。郭占成教授等开展了复杂共生矿冶炼熔渣超重力富集分离高价组分、直接还原铁低温超重力渣铁分离、熔融钢渣超重力分级富积、金属熔体超重力净化除杂、超重力渗流制备泡沫金属、电子废弃物多金属超重力分离、水溶液超重力电化学反应与强化等创新研究。

随着气体制备技术的发展和环保意识的提高，氢冶金必将取代碳冶金，氯冶金由于系统“无水、无碱、无酸”的参与和氯化物易于分离提纯的特点，必将在资源清洁利用和固废处理技术等领域显示其强大的生命力。随着对微重力和失重状态的研究以及太空资源的开发，微重力环境中的太空冶金也将受到越来越广泛的关注。

“特殊冶金过程技术丛书”系统地展现了我国在特殊冶金领域多年的学术

研究成果，反映了我国在特殊冶金/外场冶金领域最新的研究成果和学术思路。成果涵盖了东北大学、昆明理工大学、中南大学、北京科技大学、江西理工大学、北京矿冶科技集团有限公司（原北京矿冶研究总院）及中国科学院过程工程研究所等国内特殊冶金领域优势单位多年来的科研结晶，是我国在特殊冶金/外场冶金领域研究成果的集大成，更代表着世界特殊冶金的发展潮流，也引领着该领域未来的发展趋势。然而，特殊冶金作为一个新兴冶金学科分支，涉及物理、化学、数学、冶金和材料等学科，在理论与技术方面都存在亟待解决的科学问题。目前，还存在新型介质和物理外场作用下物理化学认知的缺乏、冶金化工产品开发与高效反应器的矛盾以及特殊冶金过程（反应器）放大的制约瓶颈。因此，有必要解决以下科学问题：（1）新型介质体系和物理外场下的物理化学和传输特性及测量方法；（2）基于反应特征和尺度变化的新型反应器过程原理；（3）基于大数据与特定时空域的反应器放大理论与方法。围绕科学问题要开展的研究包括：特殊外场下的物理化学与界面现象，在特殊外场下物质的热力学性质的研究显得十分必要（$\Delta G=\Delta G_{重}+\Delta G_{外}$）；外场作用下的物质迁移的传输参数与传输规律及其测量方法；多场（电磁场、高压、微波、超声波、热场、流场、浓度场等）协同作用下的多相耦合及反应过程规律；特殊外场作用下的新型冶金反应器理论，包括多元多相复杂体系多尺度结构与效应（微米级固相颗粒、气泡、颗粒团聚、设备尺度等），新型冶金反应器的结构特征及优化，新型冶金反应器的放大依据及其放大规律。

特殊冶金的发展前景广阔，随着物理外场技术的进步和新型介质体系的出现，定会不断涌现新的特殊冶金方法与技术，出现从“0”到“1”的颠覆性原创新方法，例如，邱定蕃院士领衔的团队发明的矿浆电解冶金，张懿院士领衔的团队发明的亚熔盐冶金等，都是颠覆性特殊冶金原创性技术的代表，给我们从事科学研究的工作者做出了典范。

在本丛书策划过程中，丛书主编特邀请了中国工程院邱定蕃院士、戴永年院士、张懿院士与东北大学赫冀成教授担任丛书的学术顾问，同时邀请了众多国内知名学者担任学术委员和编委。丛书组建了优秀的作者队伍，其中有中国工程院院士、国务院学科评议组成员、国家杰出青年科学基金获得者、长江学者特聘教授、国家优秀青年基金获得者以及学科学术带头人等。在此，衷心感谢丛书的学术委员、编委会成员、各位作者，以及所有关心、支持和帮助编辑出版的同志们。特别感谢中国有色金属学会冶金反应工程学专业委员会和中国有色金属学会特种冶金专业委员会对该丛书的出版策划，特别感谢国家自然科学基金委、中国有色金属学会、国家出版基金对特殊冶金学科发展及丛书出版的支持。

希望“特殊冶金过程技术丛书”的出版能够起到积极的交流作用，能为广大冶金与材料科技工作者提供帮助，尤其是为特殊冶金/外场冶金领域的科技工作者提供一个充分交流合作的途径。欢迎读者对丛书提出宝贵的意见和建议。

张廷安　彭金辉

2018年12月

# 前　言

自蔓延冶金是特殊冶金领域的重要单元技术之一，它是将自蔓延高温反应与冶金精炼/冶金分离工艺交叉融合创新衍生的一门新的冶金技术。即利用强放热反应的化学能瞬间获得高温金属（合金）熔体或海绵状基体的原位合成金属（合金）陶瓷混合物，直接精炼/分离获得常规冶金方法不能获取的金属、合金或粉体，实现了冶金材料一体化的非平衡制备以及材料的结构功能化。自蔓延冶金是涉及燃烧学、化学、物理、冶金和材料学等学科的新兴交叉领域。

其特点及优势在于：首先利用反应自身快速释放的化学热瞬间（通常以秒计）形成超高温场（通常超过2000~3000℃），实现极端高温非平衡态热力学环境下快速反应；其次，在外场耦合下对自蔓延产物的高效精炼调质/分离提纯，达到强化反应的动力学效率与产品品质的协同提升；最后，得到超细晶高活性均质化高性能粉体/合金产品。本书内容主要涉及自蔓延冶金制备超细晶高活性粉体和均质化高性能合金两个领域：

（1）利用自蔓延快速反应释放的化学热瞬时获得超高温（通常大于2000℃）以及高温度梯度快速降温的特性，提出了利用超高瞬变温场及高温度梯度快速降温宏量制备粒度均匀分布的超细晶高活性粉体的新方法，解决了高品质高功能战略粉体（高熔点金属粉、高端硼及硼化物粉）非平衡态快速宏量制备及精准调控的技术难题。

（2）利用自蔓延快速反应获得洁净化均质超高温熔体与外场耦合强制调控熔渣精炼的特点，构建了获取超高温熔体过程热力学设计原则及熔渣精炼动力学调控模型，提出了利用自蔓延化学反应热获取超高瞬变温场协同制备纯净化均质熔体（高温钛合金熔体、互溶的难混溶Cu-Cr合金熔体）的新方法，解决了热还原法超低氧钛合金熔体制备以及大尺寸均质Cu-Cr难混溶合金熔体制备的世界难题。

本书从自蔓延冶金理论出发，以经典案例的形式系统展示了我国自蔓延冶金研究现状和未来发展趋势，共分7章。第1章系统介绍了高温自蔓延合成发展现状及自蔓延冶金的概念、原理与工艺特征和研究现状。第2章从自蔓延冶金涉及的科学问题出发，围绕自蔓延冶金工艺的关键工序分别系统地介绍了自蔓延冶金制粉和自蔓延冶金熔炼合金过程的热力学与动力学，以及粉体浸出废液再生的工艺基础和合金熔渣设计与合金凝固基础理论。第3~7章以经典案例形式分别系统介绍了自蔓延冶金的最新研究成果。其中，第3章介绍了铝热还原—熔渣精炼制备Cu-Cr合金工艺原理、工艺特点、基础理论及所制备的Cu-Cr合金触头材料的性能特征等；第4章介绍了铝热自蔓延—多级还原制备高钛铁的工艺原理、基础理论以及铝热法高钛铁的脱氧性能；第5章介绍了自蔓延冶金法制备无定型硼粉的工艺原理、基础理论以及二次后处理对无定型硼粉品质的影响；第6章介绍了自蔓延冶金法制备硼化物粉体工艺原理和所制$CaB_6$、$TiB_2$、$REB_6$、$B_4C$硼化物粉体的特性；第7章介绍了自蔓延冶金法制备还原金属钛粉的工艺原理、热力学基础理论与制备的还原钛粉的品质，以及自蔓延冶金多级还原在钛合金粉等高熔点金属粉体中的应用。自蔓延冶金制备无定型硼粉、硼化物粉体已在辽宁省推广应用多年，为我国航空航天、国防军工、核工业等领域提供了固体火箭推进剂用无定型硼粉、武装装甲用微米级碳化硼粉、核级碳化硼粉等急需的战略物资。基于自蔓延冶金的多级还原制备钛与钛合金技术已在山东傅山集团实现产业化应用，建成世界首个低成本清洁生产示范线。

作者在《自蔓延冶金法制备$TiB_2$和$LaB_6$陶瓷微粉》一书中首次提出自蔓延冶金制备粉体的概念与方法，本书则从理论到工艺首次系统和完整地介绍了作者所带领的团队在自蔓延冶金方面的最新研究成果及进展，可供高等院校冶金、材料等专业的本科生、研究生、教师及相关领域的工程技术人员与一线生产者阅读和参考。

本书第1章、第2章和第6章由东北大学冶金学院张廷安教授撰写，第3章由张廷安教授和牛丽萍教授撰写，第4章由豆志河教授和刘燕教授撰写，第5章和第7章由豆志河教授撰写。本课题组的赵秋月、吕国志、张伟光、傅大学老师参与了第1章、第2章、第5~7章的部分撰写工作，研究生范世钢、宋玉来、韩金儒、石浩、闫基森、苏建铭、田宇楠等参与了书稿的文字编辑工作，全书由张廷安审定。

感谢国家自然科学基金委基金面上项目（项目号：59971016、50374026、50644016、50874027、51074044、51304043、51774078、51002025、50704011、51274064）和国家自然科学基金委优秀青年基金项目（项目号：51422403），科技部“973计划”项目（项目号：2008BAB34B01、2013CB632606），教育部中央直属高校基本科研业务费计划（项目号：N090402015、N110202003、N130102002、N130402012、N140204013、N170908001、N172506009、N182515007）和辽宁省科技计划项目（项目号：LZ2014021）给予本书研究工作的持续资助，感谢攀钢集团北海铁合金公司与山东傅山集团对于研究工作的大力支持，感谢做出相关研究工作的研究生的辛勤付出。

在此，还特别感谢国家出版基金对本书出版的资助。

鉴于作者水平有限，书中不妥之处，望广大读者不吝指正。

张廷安　豆志河

2019年3月

# 目　　录

# 1 绪　　论

## 1.1 自蔓延高温合成概述

### 1.1.1 自蔓延高温合成的发展

自蔓延高温合成技术（self-propagating high-temperature synthesis，SHS），也称为燃烧合成（combustion synthesis），是一项年轻而又古老的材料制备技术。自蔓延高温合成技术主要是利用原料发生化学反应时释放出来的热量形成化学反应前沿，这些热量可以提供反应物反应时所需的活化能，化学反应可以在自身放热的支持下继续进行。因此，自蔓延反应一旦触发就可以以燃烧波的形式蔓延至整个反应体系得到预期的产物，不需要外界提供额外的能量。

早在一千多年前，中国的炼丹术士们在炼丹过程中就意外地发明了火药，到了隋代则出现了更为复杂的硝石、硫黄和炭的三元体系火药。这些利用火药来进行的炼丹行为就是最早利用自蔓延反应的例子。1825 年，Berzeliusfaxian 发现非晶锆可以在室温下燃烧生成高熔点的氧化锆；1865 年，Bekettov 发现了铝和某些金属氧化物发生反应时会放出大量热量；1895 年，Goldschmidt 使用铝粉还原碱金属发现了固体物料之间的燃烧反应，描述了反应从物料的一端开始迅速蔓延至另一端的自蔓延现象；1908 年，Goldschmidt 首次提出了“铝热法”的概念；1953 年，“self-combustion”（自燃烧）一词首次出现在发表的文章中；然而直到 1967 年才由苏联科学家准确提出“自蔓延高温合成技术”的概念[1,2]。

1967 年，苏联科学院的科学家 Borovinskaya、Merzhanov 和 Shkiro 在研究火箭固体燃料的过程中发现含 Ti 和 B 的反应一经触发后就会以燃烧波的形式自发地进行下去并生成一种陶瓷材料，于是他们将这种自发发生在固体材料之间的化学燃烧现象称为“固体火焰”。之后他们又研究了 Ta-C、Ti-C、Ti-B 等体系，发现很多元素之间都可以发生这种现象，而产物则涉及复合材料、陶瓷材料和金属间化合物等许多方面。自此苏联对自蔓延高温合成技术展开了如火如荼的研究，承担这项研究的有两大研究机构，分别为莫斯科的结构宏观动力学研究所和阿拉木图的燃烧问题研究所。随后美国、日本以及澳大利亚等国家都相继进行了有关自蔓延高温合成问题的研究。我国科研工作者虽然开展自蔓延技术的研究较晚，但由于国家政策和资金的大力支持，也取得了一系列创新性成绩（国家高科技“863”计划设立“金属-非金属材料复合的自蔓延高温还原合成技术”专题）[3~5]。

自蔓延高温合成技术的形成对冶金以及材料科学的发展具有重要意义，它为冶金及材料制备等相关领域的科研工作者开辟了一条新道路。比如，特殊冶金-自蔓延冶金和冶金材料制备一体化已列为有色金属冶金学科“十三五”发展除火法冶金、湿法冶金和电化学冶金之外的两大新的交叉学科方向。

### 1.1.2 自蔓延高温合成的原理

自1967年自蔓延高温合成技术作为一个概念和技术确立以来，世界各国科研工作者已采用该技术成功合成包括硼化物（$LaB_6$、$TiB_2$）、碳化物（$B_4C$、TiC）、氮化物（AlN、CrN）、硅化物、硫化物、氢化物（$InH_2$、$DyH_2$）、复合氧化物（$Cr_2O_3$-$Al_2O_3$）、复合物（Cu-$TiB_2$、$MoSi_2$-$Al_2O_3$）、合金（CuCr、TiFe）、超导材料（$YBa_2Cu_3O_7$，$T_c = 80 \sim 90K$）、磁性材料（$Ni_{0.6}Cu_{0.05}Zn_{0.35}Fe_2O_4$）、发光材料（$Y_2O_2S_2$-Tb）、不定比例材料（$TaN_{0.92\sim1.02}$、$Ti_xW_{1-x}C$）和单质Ti、B、Ta等五百余种物质[6~12]。涉及高熔点合金、难混溶合金、金属-陶瓷材料、陶瓷涂层以及高熔点纯金属等。因此，作为一种材料合成的新手段、新方法日益受到关注和重视。

从化学反应类型角度看，自蔓延高温合成涉及的化学反应分为三种基本类型：

（1）单质间的化合反应，典型的如Ti单质和B单质反应生成一种$TiB_2$陶瓷粉体。

（2）氧化还原反应，典型的如Al单质和$Fe_2O_3$反应放出大量反应热进行焊接作业。

（3）混合反应，典型的如Mg单质和$TiO_2$、$B_2O_3$反应生成$TiB_2$粉体。

自蔓延高温合成技术的典型参数见表1-1。

**表1-1 SHS反应典型参数**

| 典型参数 | SHS法 | 传统方法 |
| --- | --- | --- |
| 最高反应温度/K | 1773～4273 | ≤2473 |
| 反应传播速率/$cm \cdot s^{-1}$ | 0.1～15 | 很慢，以“cm/h”计 |
| 加热速度/$K \cdot h^{-1}$ | $10^{-3} \sim 10^5$（以燃烧波形式） | ≤8 |
| 点火能量/$W \cdot cm^{-3}$ | ≤500 | — |
| 烧结时间/h | 0.02～0.2 | 8～48 |
| 合成所需能量比率 | 0.1～0.3 | 30～100 |

自蔓延高温合成技术与传统生产方法相比，存在许多无可比拟的优势：

（1）设备简单。例如生产粉体Ti和粉体B可以使用同一套设备，由于燃烧波蔓延速度很快，因此反应过程十分短暂。

（2）节约能耗。反应的维系完全依靠自身所释放出来的化学能，极大地降低了生产成本。

（3）工艺简洁。通过自蔓延反制取产物往往只有一步或者两步反应就可以实现，周期很短。

（4）产物易控。通过调整原料的配比往往就可以实现产物的调控[13,14]。

自蔓延反应作为一种快速、复杂的燃烧过程，工艺条件对实际反应体系的影响很大。即使同一影响因素，对自蔓延反应的热力学和动力学方面的影响是交互的，复杂的，难以单独区分开来，比如同一体系下不同的反应物配比会同时影响绝热温度（热力学条件）和燃烧速度（动力学条件）。以下列举了对自蔓延反应体系影响比较显著的几种因素：

（1）化学配比的影响。在同一反应体系下，不同的物料配比导致反应的绝热温度不同，进而影响燃烧速率和燃烧模式。不同配比条件下，高放热量体系反应区温度高、燃烧速度快，可能发生热爆模式；低放热量体系反应区温度低、燃烧速度慢，甚至可能发生燃烧波熄灭的现象。

（2）粉末粒度的影响。粉末粒度的大小影响原料的比表面积和原料间的接触面积，进而影响反应的进程和速度。一般来说，粉末粒度越细，物料间的接触面积越大，自蔓延反应的速度越快，反应热量散失的时间越短，反应进行的程度越完全，反应区温度越高。

（3）压坯孔隙率的影响。压坯的孔隙率除受物料本身的影响外，主要靠压坯的压力控制。对于有液相生成的固-液反应体系或有气相参与反应的气-固反应体系，合适的孔隙率有利于反应区生成的液相的扩散传质，增大反应物料的反应几率；孔隙率过低会抑制传质扩散的进行，反应物料得不到充分的接触；孔隙率过大也会导致反应物间接触面积小，降低燃烧速度不利于反应进行。

（4）稀释剂的影响。稀释剂是不参与自蔓延反应的惰性物质，稀释剂的加入会极大地影响自蔓延反应进程进而影响产品的微观性能和形貌。稀释剂会吸收自蔓延反应过程中放出的热量，降低反应区温度，同时使单位体积内目标产物生成量减少，可以影响产物的粒度分布。

（5）反应气氛的影响。在有气相参与反应制备氮化物、氢化物、氧化物的气-固自蔓延反应过程中，氮气、氢气、氧气作为原料，气相的分压将极大地影响反应进程，这点和反应物配比类似[15~17]。

自蔓延的触发方式主要分为三类：

（1）自蔓延燃烧的点火。这种点火方式主要依靠激光、电阻丝等所带来的能量局部触发反应，然后蔓延至整体。

（2）化学炉。化学炉是依靠强放热体系所释放出的热量来保障弱放热体系自蔓延的进行。

（3）热爆式点火。热爆式点火是将反应物料持续加热直至发生自蔓延反应[18,19]。

在自蔓延高温合成过程中包含了复杂的物理化学变化，如果想要获得符合生产标准的产品就必须对整个自蔓延过程的反应机理以及反应过程中各种内因和外因对自蔓延高温合成过程的影响进行深入的了解。如果将自蔓延的燃烧区描述为燃烧波的话，那么当试样在被点燃后，假定燃烧波以稳态传播时，就可以在试样上（或空间）建立起温度、转化率和热释放率分布图，如图 1-1 所示。

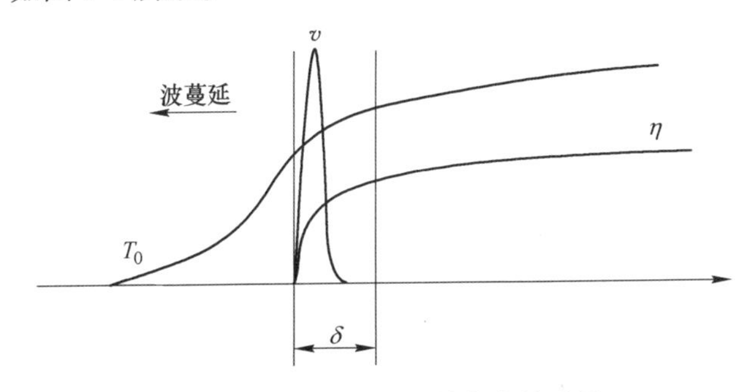


图 1-1 燃烧波温度和转化率关系图

由图 1-1 可以看出，将在燃烧波前沿的那一部分区域称之为热影响区，当该区域内的温度从 $T_0$逐渐上升至着火温度时，该区域内的热释放速度 $v$ 以及转化率 $\eta$ 由零开始急剧地往上升，这样该区域就进入下一步的燃烧区。在燃烧区内将实现由反应物结构到产物结构的转变，当反应物转化完毕，热释放速率开始下降时，该反应区域进入产物区。

要理解影响自蔓延高温合成过程基本机理需要对整个过程进行数学建模，建立起自蔓延高温合成过程的数学模型对确定最优的燃烧工艺、控制燃烧过程有很大的帮助。在能量守恒定律的基础上把反应介质看作是连续均匀、各向同性的，其温度分布也是连续、均匀的，假定 $K$、$\rho$、$C_p$ 等物理量为常数，就可以得到一维有热源的 Fourier 热传导方程：

$$C_p \times \rho \times \frac{\partial T}{\partial t} = K\frac{\partial T}{\partial x^2} + q \times \rho \times \frac{\partial f(n)}{\partial t} \tag{1-1}$$

式中，$C_p$为产物的热容，J/K；$\rho$ 为产物的密度，kg/m$^3$；$K$ 为产物的热导率，W/(m·K)；$q$ 为反应热，J/mol；$T$ 为绝对温度，K；$t$ 为时间，s；$x$ 为波传播方向的尺寸，m。

据此推导出燃烧波传导速度方程，其具体表达式如下：

$$v^2 = \partial f(n) \times \left(c_p \times \frac{K}{q}\right) \times \left(R \times \frac{T_c^2}{E_0}\right) \times K_0 \times \exp\left(\frac{E_0}{RT_c}\right) \tag{1-2}$$

式中，$f(n)$ 为反应动力学级数（$n$）的函数；$K$ 为常数；$c_p$ 为生成物比热容，J/(kg·K)；$T_c$ 为燃烧温度；$R$ 为气体常数；$K_0$ 为常数；$E_0$ 为过程激活能。

自蔓延相图可以为实际生产工艺的制定提供理论依据（见图 1-2），如生产磨料时，为了获得大尺寸的颗粒，那么工艺制定就应选择在自蔓延图中热爆与稳态自蔓延交界处稳态自蔓延一侧的高温区域；生产烧结用的粉末时，在保证转化率的前提下，为了获得尺寸细小的颗粒，宜选择稳态自蔓延和非稳态自蔓延边界的非稳态自蔓延的低温区域。

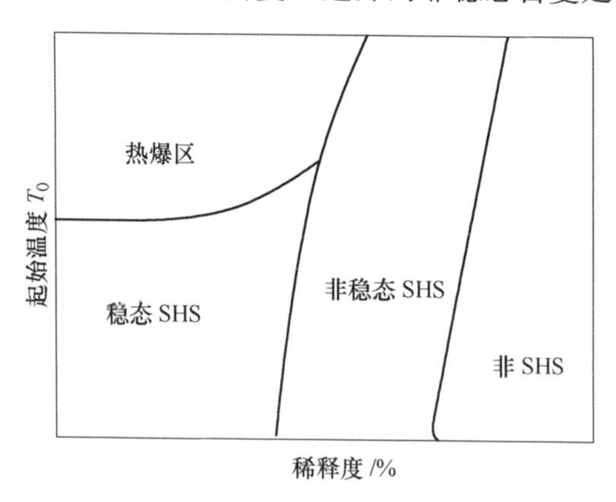


图 1-2　自蔓延相图示意图

通过对自蔓延高温合成反应动力学的研究，可以大概地了解在反应物燃烧期间的分解过程和聚合过程，甚至能预测反应最终产物的性能。当反应是固-固反应时，颗粒之间的有限接触限制了反应物之间的物质交换，所以燃烧波中出现的液相在自蔓延高温合成过程中决定了整个反应的变化过程。液相不但可以通过反应产生的高温使反应物熔化来产生，还可以通过反应物之间的共晶接触熔化产生。在自蔓延燃烧波阵面内，当低熔点的组分熔化时，熔化的液相在毛细作用下铺张到高熔点组分上，如果铺张的时间大于反应的时间，自蔓延反应受毛细作用下铺张速率控制；当铺张时间小于反应时间，自蔓延反应受组分在生成层中扩散速度控制。不管是毛细作用模式还是扩散模式，均与组分的颗粒尺寸密切相关。自蔓延反应中毛细作用占主导地位时满足的关系方程为：

$$r_0^2 \geqslant \frac{\sigma \times r_r^3}{\mu \times D} \tag{1-3}$$

式中，$r_0$为低熔点组分的颗粒尺寸，m；$r_r$为难熔组分颗粒尺寸，m；$\mu$为液体黏度，Pa·s；$D$为反应物在生成层中的扩散系数，$m^2/s$。

而扩散占主导地位时要求满足的关系方程为：

$$r_0^2 \leqslant \frac{\sigma \times \lambda \times r_r \times \mu \times v^2}{\ln[(T_c - T_0)/(T_m - T_0)]} \tag{1-4}$$

式中，$\lambda$为热扩散率，$m^2/s$；$v$为燃烧波波速，m/s；$T_m$为低熔点组元熔点，K；$T_c$为燃烧温度，K；$T_0$为初始温度，K。

一般由小颗粒金属构成的系统中，以扩散控制模式为主；而由大颗粒金属构成的体系中，受毛细作用下液相的铺张速率控制。对不同的孔隙率研究表明，易熔组分体积分数与孔隙的体积分数大致相当时，液相可充分与高熔点组分接触，而获得最佳扩展效果。体积分数过高的易熔组分会产生过多的液相，起到热阱的作用，降低燃烧温度；反之，则降低燃烧速率。对于弱放热反应体系来说，为了能维持反应并获得满意产品，可以采用给反应物预热的方法来实现，另外一种方法是通过在反应物中添加一些高放热的化学激活剂来提高燃烧温度，改善燃烧条件。

绝热温度$T_{ad}$是描述自蔓延高温合成（SHS）反应特征的重要热力学参数。绝热温度的概念是当体系不与外界进行热交换，体系化学反应发出的所有热量都用于加热产物所能达到的最高温度。Merzhanov 等人提出判断 SHS 反应是否能够自我维持即反应是否能够自蔓延的经验判据，即仅当$T_{ad}$>1800K 时，SHS 反应才能自我维持完成。否则只有外界对体系补充能量，采用化学炉、高温预热或热爆等方法，才能维持自我反应。假设体系发生的反应为：

$$A(s) + B(s) \longrightarrow C(s) + \Delta H \tag{1-5}$$

此反应放出的总热量为：

$$\Delta H = \Delta H_{298}^{\ominus} + \int_{298}^{T_{ad}} \Delta C_{p,\text{m产物}} \mathrm{d}T \tag{1-6}$$

式中，$\Delta H_{298}^{\ominus}$为产物在 298K 时的标准生成焓；$\Delta C_{p,\text{m产物}}$为产物的热容。

当体系处在绝热条件下，体系的热效应为$\Delta H=0$，则绝热温度$T_{ad}$可分以下几种情况计算：

（1）当绝热温度低于产物熔点$T_m$时：

$$-\Delta H_{298}^{\ominus} = \int_{298}^{T_{ad}} \Delta C_{p,\text{m产物}} \mathrm{d}T \tag{1-7}$$

（2）如果$T_{ad}=T_m$，则：

$$-\Delta H_{298}^{\ominus} = \int_{298}^{T_{ad}} \Delta C_{p,\text{m产物}} \mathrm{d}T + \gamma \Delta H_m \tag{1-8}$$

式中，$\gamma$为产物处于熔融状态的摩尔分数；$\Delta H_m$为产物的熔化热。

（3）当$T_{ad}>T_m$时，相应的关系式则为：

$$-\Delta H_{298}^{\ominus} = \int_{298}^{T_m} \Delta C_{p,\text{m产物}} \mathrm{d}T + \Delta H_m + \int_{T_m}^{T_{ad}} \Delta C_{p,\text{m产物,液态}} \mathrm{d}T \tag{1-9}$$

$C_{p,m}$可近似地用如下公式计算：

$$C_{p,m} = a + b \times 10^{-3} \times T + c \times 10^{5} T^{-2} \quad (1\text{-}10)$$

采用试算法，可以求得生成物所能达到的温度，然后用内插法得出产物所能达到的最高绝热温度 $T_{ad}$。

### 1.1.3 自蔓延高温合成技术

自蔓延高温合成技术发展至今已经形成了六大成熟技术，分别为自蔓延制粉技术、自蔓延烧结技术、自蔓延致密化技术、自蔓延熔融技术、自蔓延焊接技术以及自蔓延涂层技术[20]。

#### 1.1.3.1 自蔓延制粉技术

自蔓延制粉技术是目前自蔓延技术中工艺较为简单的一项技术。将反应物暴露至一定的气氛以及压力下进行反应，最终得到结构疏松的产物，将其粉碎后就得到不同规格的粉体。根据粉体制备过程中所涉及化学过程的差异，可将自蔓延制粉技术分为三种：

（1）化合法。由单质粉体与单质粉之间或单质粉体与气体之间发生反应直接生成化合物。例如：钛粉和碳粉合成 TiC 粉体，钛粉和氮气反应合成 TiN 粉体等。

（2）还原法。由单质或氧化物粉体与还原剂发生反应得到相应的单质或低价氧化物。例如：二氧化钛粉体和镁粉发生反应可以得到单质钛和钛的低价氧化物。

（3）还原—化合法。由氧化物、还原剂和其他元素粉体（或气体），经还原—化合过程制备粉体。例如：使用二氧化钛粉体、碳粉在镁粉作为还原剂的情况下生成弥散在 MgO 基体中的 TiC 粉体，由于产物较为疏松多孔，破碎后使用酸溶液除去 MgO 后就得到 TiC 粉体。由于发生自蔓延的过程温度高、时间短，产物经历了很大的温度梯度和很快的冷却速度，使产品中的晶格缺陷和非平衡相比较集中，有研究表明，自蔓延得到的粉体比传统方法制备的同种粉体烧结活性更高。

#### 1.1.3.2 自蔓延烧结技术

通过固相反应烧结赋予产物一定的相貌和尺寸的烧结技术称为自蔓延烧结技术，具有技术简单、产品质量好的优点。自蔓延烧结工艺分为三种：自蔓延无压烧结、自蔓延热压烧结和自蔓延热等静压烧结。尽管自蔓延过程进行得很快，但存在一个高温持续时间，这个时间虽然很短但足以将产物烧结，使得产物保持所需的形状尺寸，所以很容易利用自蔓延烧结技术制备出高质量的高熔点难熔化合物，此外烧结产物的气孔率很容易控制在 6% 左右。最先开展的自蔓延烧结体的三个方向为：在空气中，在真空中，在特殊气体氛围中。利用 SHS 烧结可制备多孔过滤器、催化剂载体和耐火材料等，也可制备孔隙度 8%~15%的高温结构陶瓷制品如 $Si_3N$-SiC-TiN 等。在化学炉中进行 TiC 合成反应，可得到粒径大于 150μm 的单晶 TiC 颗粒，并且具有很高的显微硬度（HV 35~37GPa）和压溃强度（3~9GPa）。

#### 1.1.3.3 自蔓延致密化技术

将自蔓延反应这类合成材料的过程与其他密实化技术结合起来，一步完成材料的合成与加工，是自蔓延致密化技术的特点和极具潜力的方向。制备致密材料的自蔓延致密化技术主要包括加压法、挤压法和等静压法三种。其中加压法主要是利用常规压力机对试样加压来制备低孔隙度产品。挤压法主要是针对挤压模中的样品施加压力，使之形成棒条状制品，例如，硬质合金钻等。等静压法是采用自蔓延等静压机，对自发热的自蔓延反应坯进行热等静压，用来制备较大的致密件，如六方 BN 坩埚。传统的烧结技术不能得到理想的低孔隙度产品，采用致密化技术可使得产品达到致密甚至无孔状态。致密化技术已用于直接制造硬质合金件：压辊、挤压设备、切割器等。自蔓延气体或液体等静压过程较为复杂、成本高；由于压力过程太快和控制困难，自蔓延锻压和爆炸压实获得的产品容易出现宏观裂纹；自蔓延热挤和自蔓延热轧研究的单位不多，主要是自蔓延过程给热挤和热轧带来的可调范围太小，难以控制；自蔓延结合机械轴压相对来说过程简单、控制范围大，是一项有潜力的技术。俄罗斯科学院结构宏观动力学和材料科学研究所和武汉大学等对自蔓延结合机械轴压技术开展了卓有成效的研究，制备出多种金属陶瓷复合材料、复项陶瓷、梯度和叠层材料等[21~23]。

#### 1.1.3.4 自蔓延熔融技术

某些高放热的自蔓延反应体系的燃烧温度高于最终产物的熔点，形成液相产物，从而可以采用冶金方法获得密实材料。因此选择高效的放热体系来获得熔融产物是十分必要的，在一些情况下还可以添加发热剂来帮助提高体系的燃烧温度。这个过程包括两个关键步骤：(1) 用自蔓延熔融技术获得熔体；(2) 用冶金方法处理熔体。

目前的研究主要集中在制造坯体和铸造体的自蔓延技术、离心自蔓延铸造技术和自蔓延表面技术三方面。其中对液相产物进行离心处理可以制备块体材料，也可以用来进行管状材料的内涂层[24]。比如，石油化工行业很多陶瓷复合管均采用自蔓延熔融工艺进行制备。

#### 1.1.3.5 自蔓延焊接技术

自蔓延焊接技术是利用原料发生自蔓延反应时释放的热量或者产物将焊件连接在一起的一种方法，是近些年发展较快的重要焊接方法，特别是在特种材料、特殊条件下的焊接中发挥着越来越重要的作用。根据被焊母材来源不同可将其分为一次焊接和两次焊接。一次焊接是指焊接的母材或部件是在焊接过程中原位合成的，二次焊接则是指焊接现存的母材或部件。在焊接时可合成梯度材料作为焊料来焊接异形材料，以克服母材间在化学、力学和物理性能上的排异。此外在焊接过程中的局部快速放热可减少母材的热影响区，避免热敏感材料围观组织的破坏，有利于保持母材的性能。该技术使用范围广，可在各种环境（空气、真空和水等）中进行。它可视为电焊和热焊的中间体，主要优点是能把其他方法不易焊接的物体连接在一起，例如金属-陶瓷、微纳尺度电子元器件等。对无缝钢轨的焊接就是利用 Al 和 $Fe_2O_3$ 在高温下发生反应生成的钢水直接注入两根钢轨之间的缝隙之中完成无缝焊接[25]。

#### 1.1.3.6 自蔓延涂层技术

自蔓延表面涂层技术主要包括自蔓延铸造涂层技术、自蔓延气相传输涂层技术、自蔓延烧结涂层技术、自蔓延反应喷涂涂层技术。

(1) 自蔓延铸造涂层技术。自蔓延铸造涂层技术是利用反应体系的高放热量，使反应体系的燃烧温度高于产物的熔点，再通过传统的铸造工艺以及辅助工艺将反应所得的高温熔体冷却形成涂层。其中自蔓延熔铸涂层技术以及自蔓延铸渗涂层技术主要针对金属板类零件的自蔓延铸造涂层技术；自蔓延离心铸造涂层技术主要针对大直径管状类零件的自蔓延铸造涂层技术。

（2）自蔓延气相传输涂层技术。自蔓延气相传输涂层技术是将自蔓延技术与气相传输技术结合发展起来的一项新技术。该技术利用加热区与燃烧区之间存在的较大温差所形成的温度梯度，使反应原料与传输介质在低温区发生反应生成气态产物，而反应产物在高温区发生逆反应重新分解成反应原料，从而在工件表面形成涂层。自蔓延气相传输涂层技术可以使自蔓延燃烧反应发生在气相传输过程中。该技术具有以下特点：自蔓延反应发生后，基体表面温度升高，促发气相传输反应，并将中间产物运输到材料表面，在高温作用下引发后续反应，包括分解反应和最终的自蔓延燃烧反应；气相传输同传质过程联系密切，通过控制气相传输反应，例如添加不同的气相传输助剂，来影响自蔓延反应（如燃烧温度、燃烧波蔓延速度），并改变产物相结构，实现对燃烧反应的控制。

（3）自蔓延烧结涂层技术。自蔓延烧结涂层技术是将自蔓延技术与烧结技术相结合，通过料浆喷涂、人工涂刷或粉末压坯等方式在基体表面预覆一层均匀的反应物料，在烧结炉中预热并引燃自蔓延反应，经烧结后制备出与基体结合性能优良的涂层。

（4）自蔓延反应喷涂涂层技术。自蔓延反应喷涂涂层技术是利用不同热源（如等离子弧、电弧或火焰等）对喷涂物料加热至雾化，再将喷涂材料的熔滴以一定速度喷向经过预处理的基板表面，经物理变化和化学反应后，与基板形成结合层的工艺方法。该技术具有以下优点：在喷涂过程中，生成表面洁净的增强相，涂层同增强相的相容性加强；高速喷射的熔滴同基体表面发生碰撞，涂层材料的合成与沉积一步完成：可利用廉价原料在喷涂过程中合成涂层材料[22]。

### 1.1.4　自蔓延高温合成的应用

经过近半个多世纪的发展，自蔓延高温合成除形成了自蔓延制粉、烧结、致密化、熔融、焊接与涂层技术等成熟技术外，还出现了自蔓延冶金等新技术。同时其应用领域也越来越广泛，比如在固废处理等领域得到成功应用[26]。

#### 1.1.4.1　外场技术在自蔓延高温合成过程中的应用

最新研究表明：电场、磁场、重力对 SHS 反应过程及产品性能会产生影响，因此，关于该方面研究已成为 SHS 研究的热点[27~29]。

A　磁场的影响

磁场激发 SHS 反应早在 20 世纪 90 年代中期，英国的科学家就注意到这一神奇的作用，并开始了早期的研究，几年来他们曾对反应物（包括固-固、固-液形态的反应物）激发磁场进行 SHS 反应时发现改变了最终产物的微观结构，同时还可提高反应物的反应活性，目前在有关合成技术及应用方面做了大量的工作，但对外加磁场影响 SHS 的机制以及对铁氧体材料的微观结构控制的详细过程还未见报道。国内近年来在 SHS 合成方面也开展了大量的研究工作，但还没有磁场激发对其机理和改善产物微观结构的研究报道。例如在对锂铁氧体的研究中发现，在磁场的影响下，燃烧合成产品的磁化率提高，然而磁矫顽力大幅下降。尤其是当燃烧温度低于原料及最终产品（$Li_{0.5}Fe_{25}O_4$）的居里温度时，其效果更为明显。同时也发现外磁场的置放位置对所得产品性能的影响不一样，当磁场处于被合成试样的上部时，由于重力与磁场的相互影响其效果更好。

B　电场及电磁场的影响

众所周知，加入电场能增强燃烧的速度。电场对某些系统（尤其是对低放热系统）持续火焰的自蔓延是很重要的。研究表明，它对稳定火焰蔓延的影响有一个限度。$Ti_2Al$、TiAl 的燃烧合成表明，只有当所加入电场的活化能大于某一临界值时，才能点燃自持续的合成反应。加大电场强度能使反应按要求完成，第二相消失，$Ti_2Al$ 化合物可形成单相组织，但在合成 TiAl 时，$Ti_2Al$ 作为第二相却一直存在。研究结果也表明，电场活化效应与原料及最终产品的电导率有很大的关系。电场对 SHS 反应动力学及随后产生的显微结构变化有影响，这是因为电流通量对交界表面不稳定性、电子迁移、生核及其成长、缺陷的形成都有影响，进一步的研究也表明，电场对相变无影响，但对合成过程中热的传递及物质的传递有影响。

C 非常规重力的影响

俄国学者利用 MIR 空间站研究了微重力对 SHS 过程的影响。以 Ni 包 Al 粉为原料时，正常重力下，散装粉在合成后无体积变化，而在微重力情况下得到高孔隙率的骨架结构。NiAl 成型坯料在微重力条件下，NiAl 晶粒较大且具有更完善的显微组织。在地面利用离心力造成正与负的重力作用（对燃烧区产生压应力或张应力）对 TiC、Ti-C-Ni 及 Ni-Al 系统进行了研究。研究表明，在地面合成时多孔产品的密度依试样长度而变化，而在空间站所合成的产品的密度是均匀的，其 TiC 粒子的平均尺寸要比地面合成的产品高 1 个数量级，TiC 晶粒的分布也均匀。在地面通过离心机模拟改变重力状态的条件下合成 TiC + Ni($w$(Ni) = 30%)、TiC + Co($w$(Co) = 30%)、$Ti_3S_5$ + Cu($w$(Cu) = 30%) 的试验表明，当离心力从 0g 增加到 5g 时，晶粒尺寸变小。

随着 SHS 研究的不断深入和国际合作化的加强，新的研究方向和理论体系不断出现。今后，SHS 技术的研究应主要体现在：（1）加强 SHS 的基础理论研究，尤其是宏观结构动力学理论的研究，并将其与 SHS 技术的应用紧密结合；（2）借助功能强大的计算机，实现多维 SHS 过程的计算机数学模拟，并能预测特殊条件下的非常规 SHS 反应；（3）开发众多 SHS 反应体系，尤其是多元多相反应体系和有机体系；（4）研究 SHS 工艺与其他常规工艺的结合以及 SHS 工艺参数的优化，生产低成本、高致密、优性能和规模化的 SHS 产品；（5）促进 SHS 研究与其他学科如化学热动力学、传质传热学、流变流体学的交叉与融合，从而更详尽地描述 SHS 非平衡反应的热动力学过程。

1.1.4.2 SHS 技术在高放废物固化处理中的应用

1979 年，澳大利亚科学家 Ringwood 受自然界中放射性元素能在某些天然矿物中稳定存在上亿年的启发，依据类质同象取代原理，首次提出了可以利用人造岩石来固化放射性核素 U、Pu、Np 等。即通过高温固相反应使得放射性核素直接进入矿相的晶格位置，从而形成一种具有热力学稳定性的多相矿物固溶体。利用 SHS 技术制备人造岩石具有反应速度快、能耗小、设备简单、操作简便等优点，克服了固相法、液相法制备人造岩石合成温度高、工艺复杂、耗时长等缺点。将高放废物与基料混合搅拌，经尾气处理后放入 SHS 制备装置，然后将经 SHS 处理的高放废物倒入波纹罐中，再加入钛粉和还原气体进行处理，经密封、预热、热压等操作最终得到人造岩石固化体。近年来，采用 SHS 技术制备放射性废物人造岩石固化体的研究工作已在俄罗斯、印度、英国、中国等国家开展[27]。

玻璃固化法原理为将放射性废物与玻璃基材以一定的配比混合后，在高温下煅烧、熔融、浇注，经退火后转化为稳定的玻璃固化体，近年来已广泛应用于高放废物的固化处理。玻璃固化的优点在于工艺成熟，且可同时固化高放废物中的所有组分，在很多国家已经实现工程化应用。SHS 体系反应中释放出的大量热，可为玻璃固化过程提供所需能量及熔融物质。

国内外针对玻璃固化中 SHS 工艺开展了大量应用研究。目前，世界范围内陆续建立有 100 余座石墨反应堆，石墨在反应堆中一般用作反射剂、中子减速剂或者是用作核燃料的容器，随着此类反应堆的关停，世界范围内将产生 230000t 的放射性石墨，我国每年约有 9000t 放射性石墨需要处理。在高放废物的放射性石墨处理领域，SHS 因其形成的固化体具有极好的化学惰性、难溶性和浸出率极低等优点而具有明显的优势，但由于目前 SHS 处理放射性石墨都还仅限于实验阶段或者仅针对某类特殊的放射性石墨，且处理结果最终会导致增容，使其发展受限。

1.1.4.3 自蔓延冶金新技术暨 SHS-M 技术[30]

传统的自蔓延高温合成多是以不同的单质粉体为原料进行自蔓延高温合成反应直接得到最终产品，因此，不存在后续的产品分离工序。比如，以纯硼和纯钛粉直接进行高温合成得到 $TiB_2$ 粉体，或者以相应的金属氧化物为原料进行高温自蔓延合成反应得到复合陶瓷等，比如以 $Fe_2O_3$ 等为原料进行铝热自蔓延反应然后浇铸得到不锈钢陶瓷复合管，都不存在后续的产物分离问题。但现有工艺操作过程多存在生产原料成本高、过程可控性差以及产品品质不稳定等缺陷。

东北大学张廷安教授团队将自蔓延高温合成与现代冶金熔炼/冶金浸出工艺进行集成耦合，创新性地提出了自蔓延冶金制粉和自蔓延冶金熔炼制备高品质合金新思路，发明了以氧化物为原料，镁热自蔓延浸出提纯制备微米/亚微米高纯超细粉体的宏量生产新技术，成功制备出世界上活性最高的高能固体燃料用无定型硼粉、纯度大于 99.5%的高纯硼化物（$TiB_2$、$CaB_6$、$B_4C$、$REB_6$ 等）以及 3D 打印/粉末冶金用高品质高熔点金属粉末（Ti、W、Ta、Mo 等）；发明了以氧化物为原料铝热自蔓延辅助保温熔渣精炼制备高品质合金的新技术，成功制备出钛/钛合金以及高致密大尺寸均质 CuCr 难混溶合金。

## 1.2 自蔓延冶金

### 1.2.1 自蔓延冶金的概念

特殊冶金（或称为外场冶金）是将非常规的物理外场施加到冶金过程而产生的冶金交叉科学分支。2009 年，东北大学张廷安教授在冶金反应工程学年会大会报告上首次系统介绍了特殊冶金/外场冶金的概念、内涵以及发展现状，并受教育部委托举办了 2011 年特殊冶金/外场冶金教育部暑期学校。国家自然科学基金委的“十三五”战略发展规划把特殊冶金/外场冶金列入有色金属冶金的五大学科分支之一，也是目前冶金学科最为活跃的学科方向。

随着现代物理场技术的发展，特殊冶金领域必将产生颠覆性的冶金技术。例如，将电磁场应用于冶金过程产生了电磁冶金学、将微波应用于冶金过程产生了微波冶金学、将超重力应用于冶金过程产生了超重力冶金学、将自蔓延应用于冶金产生了自蔓延冶金学等。“外场冶金”也是我国在世界上的优势学科，其研究水平处于世界领先地位。特殊冶金/外场冶金种类及物理外场能量作用形式见表 1-2。

**表 1-2 特殊冶金/外场冶金种类及物理外场能量作用形式**

| 特殊冶金 | 外场 | 能量形式 | 应 用 领 域 |
| --- | --- | --- | --- |
| 电磁冶金 | 电磁场 | 电磁力及电磁热效应 | 电磁熔炼、电磁搅拌、电磁雾化等 |
| 微波冶金 | 微波场 | 微波能（电磁波） | 微波焙烧、微波合成等 |
| 超声波冶金 | 超声波 | 机械、空化作用 | 超声冶炼、超声精炼、超声萃取、超声过滤、超声浸出等 |
| 激光冶金 | 激光波 | 高能束 | 激光表面冶金、激光光化学冶金、激光材料合成等 |
| 等离子体冶金 | 等离子体 | 等离子体高温 | 等离子体冶炼、等离子体处理废弃物、等离子体粉体制备等 |
| 自蔓延冶金 | 瞬变温场 | 强放热（化学能） | 自蔓延冶金制粉、自蔓延冶炼等 |
| 富氧冶金、氢冶金 | 浓度场 | 化学位能 | 富氧浸出、富氧熔炼、金属氢还原等 |
| 高压冶金 | 压力场 | 压力能 | 硫化矿物的高压浸出、氧化矿物的高压浸出、高压合成等 |

“自蔓延冶金”是特殊冶金学科的重要研究领域之一，它是将传统的自蔓延高温反应与现代冶金熔炼/冶金浸出工艺集成创新，利用自蔓延自身高温反应释放的反应热快速形成超高瞬变温场实现了高熔点超细粉体和高品质合金的低成本高效制备，解决了传统自蔓延快速反应不彻底以及产品品质差的科学难题，实现了材料冶金制备一体化的理论突破和技术创新。自蔓延冶金是涉及燃烧学、化学、冶金和材料学等学科的新兴交叉领域。

自蔓延冶金技术分类及涉及的关键科学问题如图 1-3 所示。

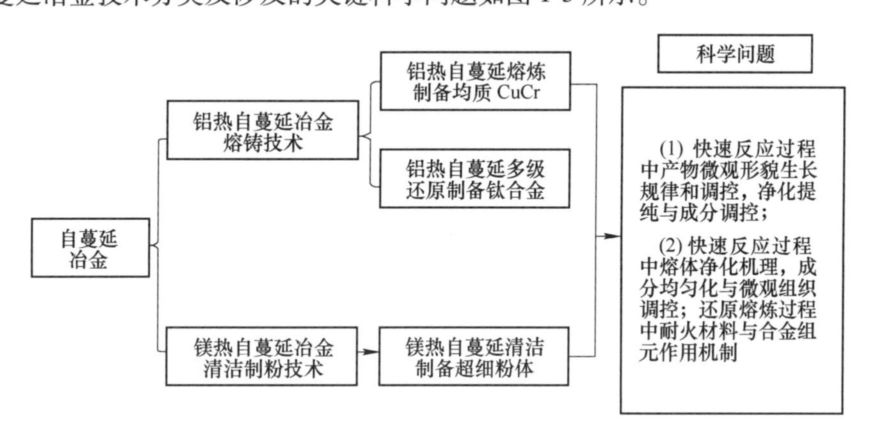


图 1-3 自蔓延冶金技术分类及涉及的关键科学问题

## 1.2.2 自蔓延冶金原理与工艺特征

### 1.2.2.1 自蔓延冶金原理

自蔓延冶金的理论基础：以强放热还原反应为基础，将金属的还原提取与材料制备过程耦合集成在一起，其反应原理式如下：

$$Me_1O_x + Me_2O_y + Mg/Al \longrightarrow Me_1\text{-}Me_2 + MgO/Al_2O_3 + \Delta H$$

首先利用反应体系自身释放的化学热瞬间（通常以秒计）形成超高温场（通常超过2000℃），为反应体系创造出良好的热力学条件和环境，实现了极端高温的热力学非平衡条件下反应快速彻底进行；同时为了强化反应的动力学效果与提升反应产物的质量，在自蔓延高温合成反应后进行强化浸出提纯分离（镁热自蔓延制粉反应体系），或者进行辅助保温熔渣精炼净化调质金渣分离（铝热自蔓延制备合金的反应体系），得到最终的产品。

对于镁粉作为还原剂进行镁热自蔓延反应制备超细粉体时，自蔓延高温还原反应首先得到产物弥散在 MgO 基体中的燃烧产物，必须经过稀酸密闭体系下浸出除去 MgO 副产物，过滤干燥得到纯净的化合物粉体或高熔点金属粉体[31]。对于铝粉作为还原剂进行铝热自蔓延反应制备合金时，自蔓延高温还原反应首先得到高温熔体（包括氧化铝基熔渣和合金熔体），然后进行辅助保温进行电磁场强化作用下的金渣分离，最后进行强冷条件下的浇铸凝固得到高致密均质合金铸锭。

#### 1.2.2.2 自蔓延冶金的工艺特征

与传统的自蔓延高温反应工艺不同，自蔓延冶金工艺多是采用氧化物为原料，首先进行自蔓延高温还原反应得到含有金属氧化物的中间产物；然后对含有金属氧化物的中间产物进行浸出除杂提纯（镁热自蔓延制粉反应体系），或者进行辅助保温熔渣精炼熔体净化调质与强化金渣分离（铝热自蔓延制备合金的反应体系），得到最终的产品。由于自蔓延冶金采用氧化物为原料，进行自蔓延反应得到的是含有金属氧化物的中间产品。因此，后续对中间产物中的金属氧化物副产物的分离提纯净化是关系最终产品品质的关键。同时为实现对产物微观形貌和组织的精确调控，在自蔓延反应和后续的分离提纯净化过程中将强搅拌力场、电磁场等新型外场强化技术进行耦合集成，形成了自蔓延冶金学这一学科分支和新兴交叉研究领域。

### 1.2.3 自蔓延冶金的研究现状

目前，从基础理论突破和关键技术创新等方面，东北大学张廷安教授团队提出了自蔓延冶金学概念，构建了铝热自蔓延原位调控还原精炼的冶金热力学理论体系与方法，发明了自蔓延冶金法制备超细粉体清洁生产、多级深度还原制备金属钛/钛合金以及铝热自蔓延—原位精炼制备均质高致密铜合金等关键技术，实现了冶金材料制备一体化的理论创新与技术突破，为冶金材料制备的过程清洁化和低成本化奠定了基础。

#### 1.2.3.1 自蔓延冶金法制备高活性无定型硼及硼化物粉体[32~39]

张廷安团队将自蔓延高温合成技术与湿法冶金浸出和氯化镁热解技术进行集成创新，发明了自蔓延冶金法制备超细硼化物粉体的清洁生产新技术。即以金属氧化物、氧化硼、镁粉为原料，采用自蔓延高温合成技术获得产物弥散分布在泡沫状 MgO 基体的燃烧产物，然后用稀 HCl 密闭强化浸出燃烧产物中的 MgO，过滤，洗涤，干燥得硼化物纳米/微米粉；氯化镁浸出液直接热解得 MgO 粉体，热解尾气吸收制酸返回浸出段利用，实现了清洁生产。成功开发出固体火箭推进剂用无定型硼粉，无氧铜高效脱氧剂和高端碳质耐火材料添加剂用 $CaB_6$，高熔点导电陶瓷粉 $TiB_2$，高端发射阴极材料用 $LaB_6$ 和 $CeB_6$ 等稀土硼化物，耐磨材料、防弹装甲材料以及核屏蔽材料用微米级 $B_4C$ 粉。

#### 1.2.3.2 自蔓延冶金法制备超细高熔点金属粉[40,41]

3D打印技术已经广泛影响到社会经济和日常生活的各个领域，但我国3D打印产业链尚未形成，尤其是3D打印用高品质金属粉体原材料和打印机等核心技术与装备严重依赖进口。豆志河教授发明了以金属氧化物，镁粉为原料，自蔓延冶金法制备高熔点还原金属粉体的清洁制备技术。成功制备出可用于3D打印的钨粉、钽粉、钼粉、钛粉等超细金属粉体。其中，钨粉纯度大于99.5%，平均粒径为0.87μm，氧含量为0.12%；钽粉纯度大于99.95%，平均粒径为1.0μm，杂质镁含量小于0.04%；钼粉纯度大于99.0%，粒径小于1μm，杂质镁含量小于0.03%。

#### 1.2.3.3 多级深度还原低成本清洁制备钛与钛合金[42~46]

现有钛材的利用都是以Kroll法为基础先制备出海绵钛，然后将海绵钛破碎压锭，最后再经真空重熔得到钛及钛合金。该工艺存在着工艺流程长、操作复杂、污染严重等问题，尤其是生产成本高已成为制约钛材大规模应用的技术瓶颈。张廷安教授团队提出了不同价态金属氧化物采用不同电负性强弱的还原剂进行还原的“多级深度还原”新思路，发明了以钛氧化物为原料多级金属深度热还原直接制备还原钛粉/钛合金关键技术，解决了传统金属热还原法无法制备钛及钛合金的世界难题。制备出纯度为99.69%高纯还原钛粉；Ti6Al4V合金粉：Ti 89.5%~90.2%、Al 5.85%~6.57%、V 3.90%~4.17%，氧含量小于0.15%；制备出20kg级规模的TiAl合金铸锭，Ti/Al原子比为1∶1，氧含量为0.09%。研究成果已在山东傅山集团成功转化应用，150t/a还原钛粉工业示范线于2018年12月8日试车成功，可使金属钛的生产成本降低30%以上，为钛材低成本清洁利用奠定了工业化基础。

#### 1.2.3.4 铝热自蔓延电磁熔铸水气复合冷制备均质CuCr合金[47~49]

CuCr合金是典型的难混溶合金，采用普通冶金法制备时，合金宏观偏析严重。传统生产方法须以高纯金属铜粉、铬粉等金属粉体为原料，经过压锭、高真空二次烧结/重熔等处理，存在着生产成本高、工艺复杂、产品致密度差以及产品成品率低等问题。张廷安教授团队从自蔓延冶金熔铸角度出发，提出了铝热还原电磁熔炼水气复合冷制备均质高致密难混溶CuCr合金的新思路，即首先以氧化铜、氧化铬为原料，采用铝热自蔓延得互溶的高温熔体，然后精炼调质，最后“水气复合淬快速凝固”制备高致密均质铜铬合金。其工艺原理详见3.2.1节。

铝热还原电磁熔炼水气复合冷制备CuCr合金工艺的创新之处在于：首先利用铝热自蔓延瞬间形成的超高温场获得互溶的铜铬合金熔体，然后进行感应熔渣净化精炼调质得到合格的CuCr合金熔体，最后水气复合强冷得到高致密CuCr合金铸锭。已成功制备出CuCr25-CuCr50大尺寸高致密均质合金铸锭，其作为触头材料，耐压、抗击穿性能及截断电流均达到世界领先水平。

2002年，我国铜、铝、铅、锌等十种常用有色金属产量超越美国，成为世界有色金属第一生产和消费大国，但不是有色金属工业强国。近年来，我国冶金工业面临着资源/能源消耗高、环境压力大、产品质量不稳定、品质差，尤其是多种基础原材料依赖进口已成为制约我国社会经济发展和科技发展的瓶颈问题。开发高品质、高性能基础材料及其低成本高效制备技术，实现高品质基础材料国产化是国家战略安全和社会经济发展的重大需求。自蔓延冶金作为冶金材料制备一体化短流程清洁化理论创新和技术突破，将为解决工业大生产与资源、能源、环境之间的矛盾提供一种新途径。

## 参 考 文 献


[1] Zhang X，He X，Han J，et al. Combustion synthesis and densification of large-scale TiC-*x*Nicermets [J]. Materials Letters，2002，56 (3)：183~187.

[2] 傅正义，袁润章．$TiB_2$ 的自蔓延高温合成过程研究 [J]．硅酸盐学报，1995 (1)：27~32.

[3] 张廷安，豆志河，杨欢，等．镁热自蔓延法制备 $B_4C$ 微粉 [J]．东北大学学报（自然科学版），2003，24 (10)：935~938.

[4] 豆志河，张廷安，侯闯，等．自蔓延高温合成 $CaB_6$ 的基础研究 [J]．中国有色金属学报，2004，14 (2)：322~326.

[5] Liu Y，Lu W J，Qin J N，et al. A new route for the synthesis of $NdB_6$ powder from $Nd_2O_3$-$B_4C$ system [J]. Journal of Alloys and Compounds，2007，431 (1)：337~341.

[6] 刘阳．$NdB_6$ 合成及多元（TiB+TiC+ $Nd_2O_3$）的粉末冶金工艺制备技术 [D]．上海：上海交通大学，2007.

[7] Czopnik A，Shitsevalova N，Krivchikov A，et al. Thermal properties of rare earth dodecaborides [J]. Journal of Solid State Chemistry，2004，177 (2)：507~514.

[8] Goldsmid H J. Introduction to Thermoelectricity [M]. Berlin：Springer-Verlag Press，2010.

[9] Werheit H. Present knowledge of electronic properties and charge transport of icosahedral boron-rich solids [J]. J. Phys. Conf. Series，2009，176：012019.

[10] Mori T，Nishimura T. Thermoelectric properties of homologous p-and n-type boron-rich borides [J]. Journal of Solid State Chemistry，2006，179 (9)：2908-2915.

[11] Maruyama S，Miyazaki Y，Hayashi K，et al. Excellent p-n control in a high temperature thermoelectric boride [J]. Applied Physic Letters，2012，101 (15)：1051011.

[12] Najafi A，Golestani-Fard F，Rezaie H R，et al. A novel route to obtain $B_4C$ nanopowder via sol-gel method [J]. Ceram. Int.，2012，38 (5)：3583-3589.

[13] Roszeitis S，Feng B，Martin H P，et al. Reactive sintering process and thermoelectric properties of boron rich boron carbides [J]. Journal of the European Ceramic Society，2014，34 (2)：327~336.

[14] 王美玲，李刚，陈乐，等．$B_4C$-Al 中子吸收材料拉伸性能及断裂机理 [J]．原子能科学技术，2014，48 (5)：883~887.

[15] 郑伟，徐姣，张卫江．核用碳化硼制备工艺研究进展 [J]．现代化工，2011，31 (s1)：24~25.

[16] 林爽．低温前驱体裂解法合成碳化硼粉体的研究 [D]．哈尔滨：哈尔滨工程大学，2010.

[17] 董利民，王晨，艾德生，等．核反应堆用碳化硼材料研究进展 [C] // 中国颗粒学会超微颗粒专委会 2013 年年会暨海峡两岸超微颗粒学术研讨会，2013.

[18] 左蓓璘，刘佩进，张维海，等．高温自蔓延反应合成功能材料的研究进展 [J]．含能材料，2018，26 (6)：537~544.

[19] 李啸轩，孙和鑫，王春晓，等．TiC 的含量对自蔓延高温合成 $Ti_2SC$ 粉体的影响 [J]．陶瓷学报，2018，39 (3)：298：301.

[20] 张旺玺，夏涛，罗伟，等．SPS 烧结诱发自蔓延反应制备 $Ti_3SiC_2$-金刚石复合材料 [J]．金刚石与磨料磨具工程，2017，37 (1)：43~46.

[21] 程勇，苏勋家，侯根良，等．自蔓延高温合成/准热等静压制备复合陶瓷涂层的研究［J］．热加工工艺，2016（16）：130~132.

[22] 娄光普，赵忠民．热燃烧温度对超重力场自蔓延离心熔铸 $TiB_2$-TiC-(Ti,W)C 组织及性能的影响［J］．硅酸盐学报，2016，44（12）：1724~1728.

[23] Barinova T V，Borovinskaya I P，Ratnikov V I，et al. Self-propagating high-temperature synthesis for immobilization of high-level waste in mineral-like ceramics：2. Immobilization of cesium in ceramics based on perovskite and zirconolite［J］. Radiochemistry，2008，50（3）：321~323.

[24] Zhu C C，Zhu J，Wu H，et al. Synthesis of $Ti_3AlC_2$ by SHS and thermodynamic calculation based on first principles［J］. 稀有金属（英文版），2015，34（2）：107~110.

[25] Li Z R，Feng G J，Wang S Y，et al. High-efficiency joining of $C_f$/Al composites and TiAl alloys under the heat effect of laser-ignited self-propagating high-temperature synthesis［J］. Journal of Materials Science & Technology，2016，32（11）：1111~1116.

[26] Xanthopoulou G，Vekinis G. An overview of some environmental applications of self-propagating high-temperature synthesis［J］. Advances in Environmental Research，2010，33（10）：117~128.

[27] 张瑞珠，郭志猛，高峰．用SHS将核废物固定于类矿石［J］．稀有金属，2005，29（1）：25~29.

[28] 潘传增，赵忠民，张龙，等．超重力场反应加工自增韧（Ti,W）C-$TiB_2$ 凝固陶瓷刀具材料研究［J］．稀有金属材料与工程，2013（s1）：358~362.

[29] 赵玉超，梁兴华，黄美红，等．溶胶-凝胶-自蔓延燃烧法合成 $LiNi_{0.5}Mn_{1.5}O_4$ 的性能研究［J］．化工新型材料，2018，46（2）：151~154.

[30] 张廷安，赫冀成．自蔓延冶金法制备 $TiB_2$、$LaB_6$ 陶瓷微粉［M］．沈阳：东北大学出版社，1999.

[31] Wang J，Gu Y，Li Z，et al. Synthesis of nano-sized amorphous boron powders through active dilution self-propagating high-temperature synthesis method［J］. Materials Research Bulletin，2013，48（6）：2018~2022.

[32] 豆志河，张廷安．自蔓延冶金法制备硼粉［J］．中国有色金属学报，2004，14（12）：2137~2142.

[33] 豆志河，张廷安，王艳利．自蔓延冶金法制备硼粉的基础研究［J］．东北大学学报，2005，26（1）：267~270.

[34] Dou Z H，Zhang T A，He J C，et al. Preparation of amorphous nano-boron powder with high activity by combustion synthesis［J］. Journal of Central South University，2014（3）：900~1003.

[35] Dou Z H，Zhang T A，Shi G Y，et al. Preparation and characterization of amorphous boron powder with high activity［J］. Transactions of Nonferrous Metals Society of China，2014，24（5）：1446~1451.

[36] 张廷安，豆志河，赫冀成，等．自蔓延冶金法制备 $CaB_6$ 粉末的方法：中国，200510047297.8［P］．2016-05-17.

[37] 张廷安，豆志河，赫冀成．自蔓延冶金法制备 $LaB_6$ 粉末的方法：中国，200510047308.2［P］．2007-12-05.

[38] 张廷安，豆志河，刘燕，等．一种高纯 $CeB_6$ 纳米粉的制备方法：中国，201010233471.9［P］．2010-11-24.

[39] 豆志河，张廷安，刘燕，等．一种高纯 $REB_6$ 纳米粉的制备方法：中国，201010233478.0［P］．2010-11-24.

[40] 张廷安，豆志河，吕国志，等．一种采用自蔓延冶金法制备超细粉体的清洁生产工艺：中国，201310380803.4［P］．2013-12-25.

[41] 张廷安，吕国志，豆志河，等．一种自蔓延冶金法制备超细硼化物粉体的清洁生产方法：中国，201310380754.X［P］．2013-12-25.

[42] 张廷安，豆志河，殷志双，等．一种分步金属热还原制备高钛铁的方法：中国，201010514572.3

[P]. 2011-02-09.

[43] 张廷安，豆志河，张子木，等. 一种基于铝热还原—喷吹深度还原直接制备金属钛的方法：中国，201410345905.2 [P]. 2014-11-05.

[44] 张廷安，豆志河，刘燕，等. 一种铝热还原—熔渣精炼制备 CuCr 合金铸锭的方法：中国，201410345271.0 [P]. 2016-04-06.

[45] 豆志河，张廷安，张子木，等. 一种基于铝热自蔓延—喷吹深度还原制备钛铁合金的方法：中国，201410345901.4 [P]. 2014-11-05.

[46] 张廷安，豆志河，张子木，等. 一种基于铝热自蔓延—喷吹深度还原制备钛铝合金的方法：中国，201410345713.1 [P]. 2014-10-29.

[47] 豆志河，张廷安，刘燕，等. 一种铝热还原—熔渣精炼制备难混溶合金铸锭的方法：中国：201410345183.0 [P]. 2014-10-29.

[48] 张廷安，豆志河，赫冀成，等. 铝热还原—电磁铸造法制备铜铬合金：中国，200510047309.7 [P]. 2006-03-08.

[49] 张廷安，豆志河，牛丽萍，等. 自蔓延熔铸—电渣重熔制备 CuCr 合金触头材料的方法：中国，200710011613.5 [P]. 2007-11-07.

# 2 自蔓延冶金学的基础理论

## 2.1 自蔓延冶金涉及的基础科学问题

### 2.1.1 自蔓延冶金工艺的关键步骤

自蔓延冶金是以氧化物为原料，与传统的自蔓延高温合成反应工艺相比，自蔓延冶金工艺存在显著的不同和明显的进步。其包括如下关键步骤[1]：

（1）进行自蔓延高温还原反应得到含有金属氧化物的中间产物。以相应的金属氧化物为原料，并把原材料的提取过程与材料制备过程耦合集成一体化，为实现自蔓延冶金工艺的低成本化和短流程化创新奠定了理论基础。

（2）对含有金属氧化物的中间产物进行浸出除杂提纯（镁热自蔓延制备超细粉体时），或者进行辅助保温熔渣精炼熔体净化调质与强化金渣分离（铝热自蔓延制备高性能合金时），得最终产品。将冶金浸出、冶金熔渣精炼等现代冶金分离净化工艺耦合到自蔓延高温合成反应的副产品分离过程中，保证了产品的高纯化和高品质化，实现了过程的精准可控，为自蔓延冶金精准可控制备高品质的粉体、合金提供了技术保障。

### 2.1.2 自蔓延冶金工艺涉及的基础科学问题

与传统的自蔓延高温合成反应工艺过程的不同之处在于：自蔓延冶金将强搅拌力场、电磁场、超高瞬变温度场等新型外场强化技术与现代冶金浸出、熔渣精炼等工艺进行耦合集成创新，形成了自蔓延冶金学这一新的学科分支和交叉研究领域。由于自蔓延冶金是采用相应的氧化物为原料，自蔓延高温反应过程得到的是含有 MgO、$Al_2O_3$ 等副产物的中间产物，因此后续对中间产物中的金属氧化物副产物的分离去除提纯是保证最终产品纯净化的根本。

#### 2.1.2.1 自蔓延冶金制备超细粉体过程中的基础科学问题

自蔓延冶金制备超细粉体新思路为[2~14]：以相应的金属氧化物为原料、以镁为还原剂，首先进行自蔓延高温还原反应得到弥散在海绵状 MgO 基体中的中间产物；然后对中间产物直接密闭强化盐酸浸出除杂提纯，过滤、干燥得到超细粉体产品；再将酸浸产生的 $MgCl_2$ 酸性溶液直接喷雾热解处理得到高纯 MgO 粉体副产品，热解尾气经吸收得到盐酸实现循环利用，最终实现全流程清洁化。

对于自蔓延冶金制粉需要解决的基础科学问题包括：高温自蔓延快速还原过程中粉体颗粒微观形貌生长规律与调控，还原脱氧机理与成分调控；自蔓延产物的净化提纯与浸出废酸液的清洁循环。因此，针对该工艺关键步骤中涉及的基础科学问题，从热力学及动力学的角度进行系统理论分析研究，具体包括：自蔓延反应过程的热力学（绝热温度、反应的吉布斯自由能变、反应焓变）、酸浸溶液清洁处理热力学等，从而为该工艺开发提供基础理论依据。

2.1.2.2 自蔓延还原熔铸制备高性能合金过程中的基础科学问题

自蔓延还原熔铸制备高性能合金新思路[15~22]：即，以相应金属氧化物为原料、以铝为还原剂，首先进行自蔓延高温还原得到熔融高温熔体（熔渣和合金熔体）；然后将高温熔体进行电磁场作用下辅助保温金渣分离，同时进行合金熔体净化调质；最后将净化调质合格合金熔体浇铸凝固得到合金铸锭。

对于自蔓延还原熔铸制备高性能合金需要解决的基础科学问题包括：自蔓延还原熔炼过程中气液固多相界面反应与传质规律；电磁场辅助保温条件下金/渣分离过程中气液固多相界面反应与传质、熔体净化机理、成分均匀化及调控机制；强制冷却条件下合金熔体的凝固过程与组织调控。因此，针对该工艺关键步骤中涉及的基础科学问题进行系统的理论分析研究，具体包括：自蔓延反应过程的热力学（绝热温度、单位质量热效应、相关熔渣相图、反应吉布斯自由能变、反应焓变）及强制冷却条件下合金凝固等，从而为新工艺的开发提供理论依据。

## 2.2 自蔓延冶金法制备粉体过程的基础理论

### 2.2.1 自蔓延高温合成过程的热力学分析

绝热温度 $T_{ad}$是描述 SHS 反应特征的重要的热力学参数，也是判断反应体系能否发生自蔓延反应的依据。Merzhano 等人提出了以下经验判据，即仅当 $T_{ad}$>1800K 时，自蔓延反应才能自我维持完成[1]。

$$A(s) + B(s) \longrightarrow AB(s) + \Delta H \tag{2-1}$$

以反应体系的焓变作为状态函数，则反应期间放出的热量为：

$$\Delta H = \Delta H_{298}^{\ominus} + \int_{298}^{T_{ad}} \Delta C_{p,m产物} dT \tag{2-2}$$

式中，$\Delta H_{298}^{\ominus}$为产物在 298K 温度的标准生成焓；$\Delta C_{p,m}$为产物的摩尔定压热容。

当绝热时，体系的热效应为 $\Delta H=0$，则绝热温度 $T_{ad}$可根据式（2-2）计算。具体可分以下几种情况计算：

（1）当绝热温度低于产物熔点 $T_m$时：

$$-\Delta H_{298}^{\ominus} = \int_{298}^{T_{ad}} \Delta C_{p,m产物} dT \tag{2-3}$$

（2）如果 $T_{ad}=T_m$，则

$$-\Delta H_{298}^{\ominus} = \int_{298}^{T_{ad}} \Delta C_{p,m产物} dT + \gamma \Delta H_m \tag{2-4}$$

式中，$\gamma$ 为产物处于熔融状态的分数；$\Delta H_m$ 为产物的熔化热。

（3）当 $T_{ad}>T_m$时，相应的关系式为：

$$-\Delta H_{298}^{\ominus} = \int_{298}^{T_m} \Delta C_{p,m产物} dT + \Delta H_m + \int_{T_m}^{T_{ad}} \Delta C_{p,m产物,液态} dT \tag{2-5}$$

$C_{p,m}$ 可近似地用式（2-6）计算：

$$C_{p,m} = a + b \times 10^{-3} \times T + c \times 10^5 T^{-2} + d \times 10^{-6} T^2 \tag{2-6}$$

#### 2.2.1.1 碱土金属硼化物制备体系的绝热温度分析

能采用自蔓延方法制备的碱土元素硼化物主要是 $CaB_6$，本书以 $CaB_6$ 为例[23,24]，主反应如下所示：

$$CaO + 3B_2O_3 + 10Mg = 10MgO + CaB_6 \tag{2-7}$$

经计算反应（2-7）的吉布斯自由能变与温度的关系如下：

$$\Delta G_{2\text{-}7} = \begin{cases} -1786290 + 221.429T, & 922 \sim 1365\text{K} \\ -3082290 + 1172.829T, & 1365 \sim 1997\text{K} \end{cases} \tag{2-8}$$

从式（2-8）可知，在标准状态下制备 $CaB_6$ 的反应（2-7）的吉布斯自由能变均很负，说明反应能够自发发生。

反应（2-7）的焓变为：

$$-\Delta H^{\ominus}_{298} = 1696.79\text{kJ/mol}$$

因为

$$\int_{298}^{T_{ad}} \Delta C_{p,m} dT = (10 \times 48.982 + 109.01)(T - 298) + (10 \times 3.142 + 40.17) \times 10^{-3}(T^2 - 298^2)/2 + (29.26 + 11.439 \times 10) \times 10^5(1/T - 1/298) \tag{2-9}$$

当 $T=2503\text{K}$（$CaB_6$ 的熔点）时：

$$\int_{298}^{2503} \Delta C_{p,m} dT = 1499.03\text{kJ/(mol} \cdot \text{K)} < 1696.79\text{kJ/(mol} \cdot \text{K)}$$

所以，体系若绝热，假设反应完全，$CaB_6$ 可被加热到熔化温度以上。$CaB_6$ 的熔化热数据未查到，经估算体系符合实际情况，估算其具体绝热温度值 $T_{ad} = 2503\text{K}$，其值已高于 2000K，由此预计可采用自蔓延方法合成 $CaB_6$。

#### 2.2.1.2 稀土金属硼化物制备体系的绝热温度分析

能采用自蔓延方法制备的稀土元素硼化物较多，本书以 $LaB_6$、$CeB_6$、$NdB_6$ 为例[25,26]。其主反应如下所示：

$$La_2O_3 + 6B_2O_3 + 21Mg = 2LaB_6 + 21MgO \tag{2-10}$$

$$CeO_2 + 3B_2O_3 + 11Mg = CeB_6 + 11MgO \tag{2-11}$$

$$Nd_2O_3 + 6B_2O_3 + 21Mg = 2NdB_6 + 21MgO \tag{2-12}$$

由于缺乏 $LaB_6$ 的相关热力学数据，表 2-1 是制备 $LaB_6$ 相关反应标准吉布斯自由能变化与温度的关系，可知 Mg 作为 $La_2O_3$ 和 $B_2O_3$ 的还原剂，$La_2O_3$ 稳定性高于 LaN，$B_2O_3$ 的稳定性高于 BN，MgO 稳定性高于 $Mg_3N_2$，反应可以在空气中进行。

**表 2-1 相关反应的标准吉布斯自由能变化（$\Delta G=A+BT$）**

| 反 应 | $A+BT$/J·mol$^{-1}$ | 温度区间/℃ |
|---|---|---|
| $Mg(s) + 2B(s) = MgB_2(s)$ | $-92050+10.46T$ | 25~649 |
| $Mg(s) + 4B(s) = MgB_4(s)$ | $-107950+11.17T$ | 25~649 |
| $2Mg(s) + O_2 = 2MgO(s)$ | $-1202460+215.18T$ | 25~649 |
| $2Mg(l) + O_2 = 2MgO(s)$ | $-1219140+233.04T$ | 649~1090 |
| $2Mg(g) + O_2 = 2MgO(s)$ | $-1465400+411.98T$ | 1090~1720 |
| $3Mg(s) + N_2 = Mg_3N_2(s)$ | $-460200+202.9T$ | 25~649 |

续表 2-1

| 反　应 | $A+BT$/J·mol$^{-1}$ | 温度区间/℃ |
|---|---|---|
| $2La(s)+N_2 = 2LaN(s)$ | $-594200+211.8T$ | 25~920 |
| $4/3La(s)+O_2 = 2/3La_2O_3(s)$ | $-1191066+185.52T$ | 25~920 |
| $4/3B(s)+O_2 = 2/3B_2O_3(s)$ | $-819200+140.03T$ | 450~2043 |
| $2B(s)+O_2 = 2BO(g)$ | $-7600-177.56T$ | 25~2030 |
| $2B(s)+N_2 = 2BN(s)$ | $-501200+175.22T$ | 25~2030 |

计算制备 $CeB_6$ 的反应（2-11）的吉布斯自由能变与温度的关系如下：

$$\Delta G_{2\text{-}11} = \begin{cases} -1937590 + 378.026T, & 1071 \sim 1363\text{K} \\ -3247020 + 1362.266T, & 1363 \sim 1997\text{K} \end{cases} \tag{2-13}$$

从式（2-13）可知，反应的标准自由能变在 400~1800K 之间均为负值，而且具有很充分的热力学条件，说明反应可以进行。

由于 $NdB_6$ 的相关热力学数据缺乏，图 2-1 所示为制备 $NdB_6$ 的反应（2-12）体系相关反应的标准吉布斯自由能变化与温度的关系。且实际自蔓延反应温度应该在 1800K 以上，因此关于反应（2-12）的吉布斯自由能变只计算了 1800K 时反应的吉布斯自由能变为 −1502.6kJ/mol，远比图 2-1 所示的所有反应的吉布斯自由能变更负，因此反应（2-12）可以发生。

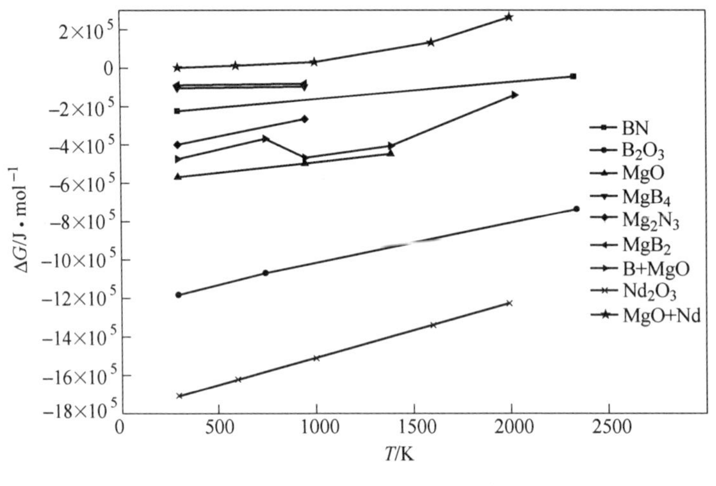


图 2-1　反应（2-12）的 $\Delta G$-$T$ 关系图

由于缺乏 $LaB_6$、$CeB_6$、$NdB_6$ 等物质的相关热力学数据，经估算制备以上硼化物的反应（2-10）的 $T_{ad}>2988$K，反应（2-11）的 $T_{ad}>2463$K，反应（2-12）的 $T_{ad}=2726$K。由以上绝热温度的估算结果可知，稀土硼化物（$LaB_6$、$CeB_6$、$NdB_6$ 等）均可采用自蔓延冶金法合成制备。

2.2.1.3　过渡金属硼化物制备体系的绝热温度分析

过渡族金属硼化物也能采用自蔓延冶金工艺制备，本书以 $TiB_6$ 和 $ZrB_2$ 为例[1]。其主反应如下所示：

$$B_2O_3+TiO_2+5Mg \xlongequal{} TiB_2+5MgO \tag{2-14}$$

$$ZrO_2+B_2O_3+5Mg \xlongequal{} ZrB_2+5MgO \tag{2-15}$$

经计算，反应（2-14）和反应（2-15）的吉布斯自由能变与温度的关系如下：

$$\Delta G^{\ominus}_{2\text{-}14} = \begin{cases} -877950 + 255.0T, & 922 \sim 1363\text{K} \\ -1493600 + 702.40T, & 1363 \sim 1997\text{K} \end{cases} \tag{2-16}$$

$$\Delta G^{\ominus}_{2\text{-}15} = \begin{cases} -1045460 + 197T, & 922 \sim 1363\text{K} \\ -1685350 + 667.55T, & 1363 \sim 1997\text{K} \end{cases} \tag{2-17}$$

从式（2-16）和式（2-17）可知，在标准状态下反应（2-14）和反应（2-15）的吉布斯自由能变均很负，说明反应能够自发进行。

反应（2-14）的焓变为：

$$-\Delta H^{\ominus}_{298} = 1114.80\text{kJ/mol}$$

计算得反应（2-14）的 $T_{ad}$=3098K，远高于1800K的热力学判据，因此可采用自蔓延冶金法合成制备 $TiB_2$ 粉体。

反应（2-15）的焓变为：

$$-\Delta H^{\ominus}_{298} = 960.9\text{kJ/mol}$$

计算得反应（2-15）的 $T_{ad}$=3093K，远高于1800K的热力学判据，因此可采用自蔓延冶金法合成制备 $TiB_2$ 粉体。

#### 2.2.1.4 高熔点金属——钨粉制备体系的绝热温度分析

高熔点金属粉也能采用自蔓延方法制备，本书以W为例[27~29]。其主反应如下所示：

$$CaWO_4 + 3Mg \xlongequal{} W + CaO + 3MgO \tag{2-18}$$

反应（2-18）的吉布斯自由能与温度的关系如下：

$$\Delta G_{2\text{-}18} = -819127 + 79.89T, \quad 298 \sim 1000\text{K} \tag{2-19}$$

标准状态下反应（2-18）的吉布斯自由能变为负，说明反应能够自发发生。

反应（2-18）的反应焓变为：

$$\Delta H^{\ominus}_{298} = -960.81\text{kJ/mol}$$

计算得反应（2-18）的 $T_{ad}$=3098K，远高于1800K的热力学判据，因此可采用自蔓延冶金法合成制备金属W粉。

#### 2.2.1.5 无定型硼粉制备体系的绝热温度分析

制备无定型硼粉[30,31]的反应如下：

$$B_2O_3 + 3Mg \xlongequal{} 2B + 3MgO \tag{2-20}$$

反应（2-20）的吉布斯自由能变与温度的关系如下：

$$\Delta G_{2\text{-}20} = \begin{cases} -591590 + 128.55T, & 922 \sim 1363\text{K} \\ -970440 + 407.27T, & 1363 \sim 1997\text{K} \end{cases} \tag{2-21}$$

标准状态下反应（2-20）吉布斯自由能变为负数，说明反应能够自发发生。

反应（2-20）的焓变为：

$$-\Delta H^{\ominus}_{298} = 530.95\text{kJ/mol}$$

计算得反应（2-20）的 $T_{ad}$=2604K，远高于1800K的热力学判据，因此可采用自蔓延冶金法合成制备 $TiB_2$ 粉体。

#### 2.2.1.6　非金属硼化物——$B_4C$ 制备体系的绝热温度分析

制备 $B_4C$ 的反应如下所示：

$$2B_2O_3 + 6Mg + C \xlongequal{} B_4C + 6MgO \tag{2-22}$$

制备 $B_4C$ 的反应（2-22）的吉布斯自由能变与温度的关系如下：

$$\Delta G_{2\text{-}22} = \begin{cases} -1257600 + 262T, & 922 \sim 1363\text{K} \\ -2019681 + 822.71T, & 1363 \sim 1997\text{K} \end{cases} \tag{2-23}$$

标准状态下反应（2-22）的吉布斯自由能变很负，说明反应能够自发发生。

反应（2-22）焓变为：

$$-\Delta H_{298}^{\ominus} = 1138.130\text{kJ/mol}$$

计算反应（2-22）的 $T_{ad}$=2749K，远高于 1800K 的热力学判据，因此可采用自蔓延冶金法合成制备 $B_4C$ 粉体。

### 2.2.2　不同反应体系的高温自蔓延合成的表观动力学分析

差热分析（differential thermal analysis，DTA）是使用最早、应用最广和研究最多的一种热分析技术。差热分析法往往比热重法（TG）可以给出更多关于试样的信息[22]。差热分析是在程序控制温度下，测量物质和参比物的温度差和温度关系的一种技术，当试样发生任何物理或化学变化时，试样所释放或吸收的热量温度高于或低于参比物的温度，从而相应的在差热曲线上可得到放热或吸热峰。通过对放热、吸热峰的分析，便可以得到相应的物理或化学变化的前后过程。差热曲线与基线之间距离的变化是试样和参比物之间温差的变化，而这种温差的变化是由试样相对于参比物所产生的热效应引起的，即试样所产生的放热效应与差热曲线的峰面积 $S$ 成正比关系，如图 2-2 所示。

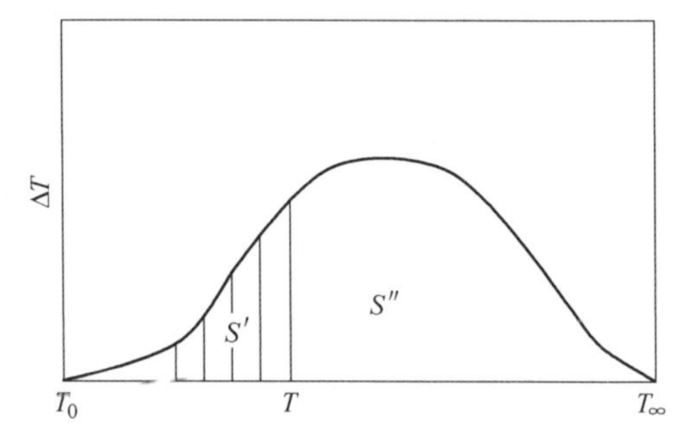


图 2-2　根据 DTA 曲线计算反应变化率的示意图

$$\Delta H = KS \tag{2-24}$$

设 $T_0 \rightarrow T_\infty$ 的 DTA 曲线总面积为 $S$，$T_0 \rightarrow T$ 的 DTA 曲线面积为 $S'$，$T \rightarrow T_\infty$ 的 DTA 曲线面积为 $S''$。由于化学反应进行程度可直接用热效应来度量，所以反应的变化率 $\alpha$ 为：

$$\alpha = \frac{\Delta H_t}{\Delta H_{总}} = \frac{S''}{S} \tag{2-25}$$

$$1-\alpha = \frac{S''}{S} \tag{2-26}$$

$$\frac{d\alpha}{dT} = \frac{d}{dT}\left(\frac{S'}{S}\right) = \frac{1}{S}\frac{dS'}{dT} = \frac{1}{S}\frac{d}{dT}\int_{T_0}^{T}\Delta T dT \tag{2-27}$$

$$\frac{d\alpha}{dT} = \frac{\Delta T}{S} \tag{2-28}$$

根据动力学方程式：

$$\frac{\mathrm{d}\alpha}{\mathrm{d}T}=\frac{A}{\phi}\mathrm{e}^{-E/(RT)}(1-\alpha)^n \tag{2-29}$$

将式（2-28）代入式（2-29）可得：

$$\frac{\Delta T}{S}=\frac{A}{\phi}\mathrm{e}^{-E/(RT)}\left(\frac{S''}{S}\right)^n \tag{2-30}$$

对式（2-30）取对数可得：

$$\lg\Delta T-\lg S=\lg\frac{A}{\phi}-\frac{E}{2.303RT}+n\lg S''-n\lg S \tag{2-31}$$

然后以差减形式表示：

$$\Delta\lg\Delta T=-\frac{E}{2.303R}\Delta\left(\frac{1}{T}\right)+n\Delta\lg S'' \tag{2-32}$$

$$\frac{\Delta\lg T}{\Delta\lg S''}=-\frac{E}{2.303R}\cdot\frac{\Delta\left(\frac{1}{T}\right)}{\Delta\lg S''}+n \tag{2-33}$$

作 $\Delta\lg\Delta T/\Delta\lg S''$-$\Delta(1/T)/\Delta\lg S''$ 图，应为一条直线，其斜率为 $-E/(2.303R)$，截距为 $n$。因此可以通过 DTA 曲线和式（2-33）求算表观活化能 $E$ 和反应级数 $n$ 等动力学参数（Freeman-Carroll 法）[1]。

2.2.2.1 碱土金属硼化物——$CaB_6$ 合成体系的差热分析

如图 2-3（a）所示，通过对 $B_2O_3$ 和 Mg 的物性分析可知，DTA 曲线在 110～116℃之间出现吸热峰，这应该是 $B_2O_3$ 脱去结晶水所致；在 645～658℃出现的吸热峰对应镁的熔

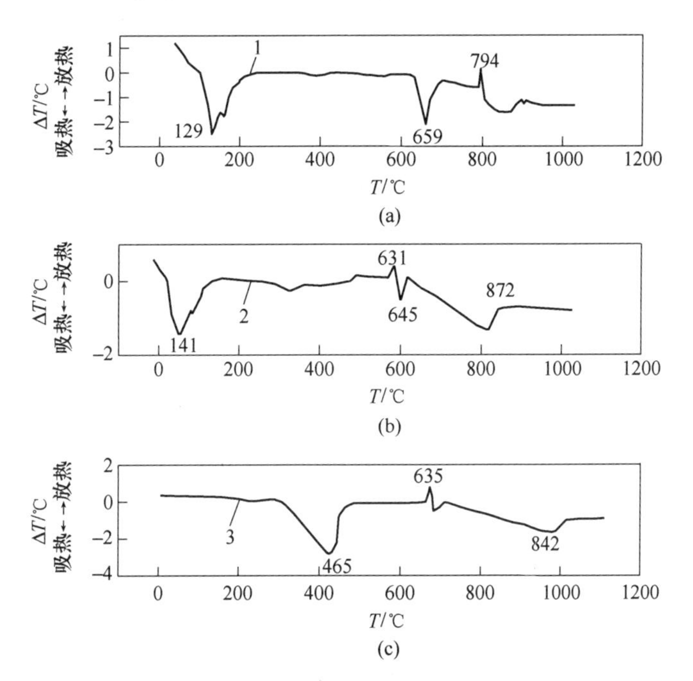


图 2-3 $CaB_6$ 不同反应体系的 DTA 曲线

（a）Mg-$B_2O_3$；（b）Mg-CaO；（c）Mg-$B_2O_3$-CaO

化过程（镁熔点为651℃）；在790~800℃之间出现的放热峰则表示Mg和$B_2O_3$的反应，是液-液反应。但没有出现$B_2O_3$熔化的吸热峰，这可能与$B_2O_3$属非晶态有关。如图2-3（b）所示，同样前期有一个脱水峰和Mg熔化峰，在750~850℃时，出现吸热峰，而且吸热峰不尖锐，较平缓，可能是由于Mg有一小部分被氧化，生成的MgO与CaO发生反应所致，此反应可造成Mg和CaO的损失。如图2-3（c）所示，$B_2O_3$需要在760℃附近才开始与Mg进行二相反应，是液-液反应；Mg-CaO-$B_2O_3$三相反应是在810℃左右进行的，是液-固-液反应。

采用Freeman-Carroll法对反应体系的DTA曲线进行处理，计算得到了反应过程的动力学参数，Mg-CaO反应体系的表观活化能$E=15.05$kJ/mol，反应级数$n=1.0$；Mg-$B_2O_3$反应体系的表观活化能$E=14.88$kJ/mol，反应级数$n=0.8$；Mg-$B_2O_3$-CaO反应体系的表观活化能$E=15.71$kJ/mol，反应级数$n$为1.1。

#### 2.2.2.2 稀土金属硼化物合成体系的差热分析

比较反应体系的DTA曲线（见图2-4）知，$La_2O_3$-$B_2O_3$-Mg反应体系在674℃、740℃和790℃出现三个放热峰，发生反应如下：

$$La_2O_3 + 3Mg = 2La + 3MgO \tag{2-34}$$

$$B_2O_3 + 3Mg = 2B + 3MgO \tag{2-35}$$

$$La + 6B = LaB_6 \tag{2-36}$$

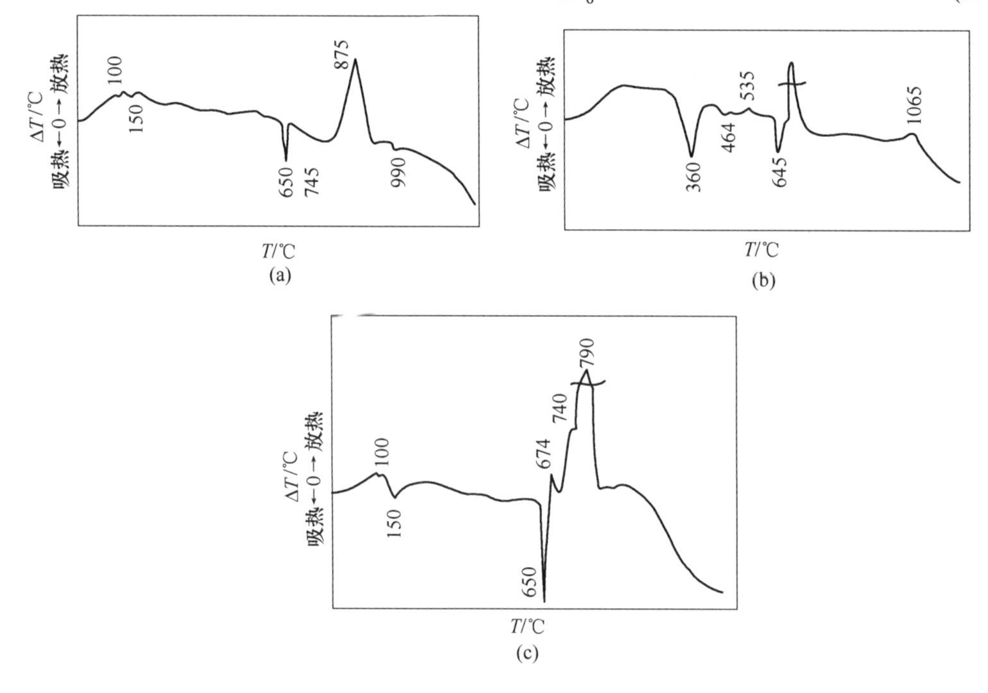


图2-4 不同体系的DTA曲线

（a）$B_2O_3$-Mg；（b）$La_2O_3$-Mg；（c）$La_2O_3$-$B_2O_3$-Mg

首先还原出La和B，然后生成$LaB_6$。反应为液-液-固反应。$La_2O_3$-Mg体系首先反应，引发$B_2O_3$-Mg间反应，使$B_2O_3$-Mg反应提前。

采用Freeman-Carroll微分法，对$La_2O_3$-$B_2O_3$-Mg反应体系的放热峰进行处理得出活化

能分别为 $E_1=380$kJ/mol(700~750℃), $E_2=230$kJ/mol(750~790℃), $E_3=96$kJ/mol(790~830℃)。反应活化能的分阶段性,说明反应机理在不同阶段是不一样的。随着温度的升高,活化能逐渐变小,意味着反应控制步骤有扩散控制向界面控制转变。

如图 2-5(a)所示,曲线在 130℃出现吸热峰,这应该是 $B_2O_3$ 脱去结晶水吸热;在 645℃出现吸热峰,这是在镁的熔点(651℃)附近,是镁的熔化吸热;在 729℃、740℃、794℃出现放热峰,说明 Mg 和 $B_2O_3$ 在 750℃附近开始发生反应,是液-液反应。450℃附近没有出现 $B_2O_3$ 熔化的吸热峰,这可能与 $B_2O_3$ 属非晶态有关。

如图 2-5(b)所示,在 516℃之前没有明显的反应,但出现有微弱且较宽的放热反应包,分析认为这是由比表面积较大的 Mg 颗粒引起的预反应导致的。578℃时有一个明显的放热峰,表明 Mg-$CeO_2$ 之间发生了氧化还原反应,此反应为固-固反应且瞬间完成,并放出大量热量,促使了原料中 Mg 的部分熔化和挥发,导致 642℃又有一个较小的放热峰,分析认为是液态 Mg 参与反应所造成的,属于固-液反应。DSC 曲线上没有出现 Mg 的熔化吸热峰,主要是由于大比表面积的 Mg、$CeO_2$ 原料之间的反应优先于其进行并放出大量热促使掩盖了其熔化吸热峰。

如图 2-5(c)所示,与图 2-5(b)相类似,$Ce_2O_3$-$B_2O_3$-Mg 体系总反应温度较 Mg-$CeO_2$ 二元体系的反应温度滞后,主要是由于比表面积较大的 $B_2O_3$ 和 $CeO_2$ 同时包裹在 Mg 周围,影响了 Mg、$CeO_2$ 之间的反应,当温度为 613℃时,三元反应剧烈进行,其放出的大量热量促使原料中 Mg 部分熔化和挥发,同时 Mg 的熔化吸热峰被掩盖。640℃时又有一个较小的放热峰,分析认为是液态 Mg 参与反应所造成的,属固-液反应。对 Mg-$B_2O_3$、Mg-$CeO_2$ 和 Mg-$B_2O_3$-$CeO_2$ 反应体系的 DSC 曲线上的放热峰进行处理,其反应的表观活化能分别为 14.88kJ/mol、163.133kJ/mol、23.03kJ/mol,反应级数分别为 0.44、1.36、1.31。

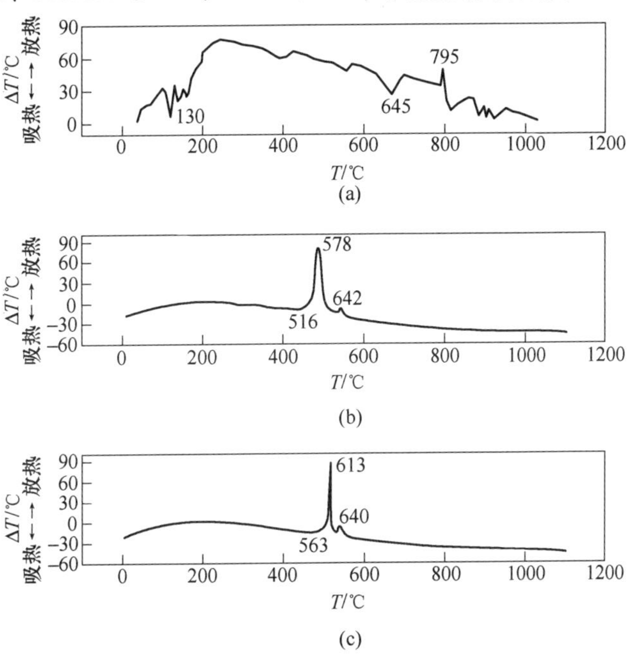


图 2-5 $CeB_6$ 体系的 DTA 曲线

(a) $B_2O_3$-Mg;(b) $Ce_2O_3$-Mg;(c) $Ce_2O_3$-$B_2O_3$-Mg

由图 2-6（a）可知，$Mg-B_2O_3$ 体系的 DSC 曲线在 130℃附近出现脱除吸附水的吸热峰；在 650℃附近出现镁熔化吸热峰；在 750℃附近出现了 Mg 还原 $B_2O_3$ 的反应放热峰，可推测该温度下发生液-液反应。由图 2-6（b）可知，$Mg-Nd_2O_3$ 体系在 550℃附近出现明显的反应放热峰，这是 Mg 还原 $Nd_2O_3$ 生成 Nd 的反应。在 650℃附近没有出现镁的熔化吸热峰，可以推测此时还原反应已经完成。由图 2-6（c）可知，$Mg-B_2O_3-Nd_2O_3$ 体系的 DSC 曲线上在 600℃附近开始出现了明显的反应放热峰，与图 2-6（b）中 $Mg-Nd_2O_3$ 二元反应体系相比，三元反应体系的放热峰变得更宽。同时未在 $Mg-B_2O_3-Nd_2O_3$ 三元反应体系中发现 Mg 还原 $B_2O_3$ 的反应放热峰。由此推测，Mg 还原 $Nd_2O_3$ 的反应在 550℃附近开始发生，并放出大量的反应热，使得反应体系温度急剧升高，引发 Mg 还原 $B_2O_3$ 的反应，生成的 Nd 和 B 合成 $NdB_6$，属于固-固反应。

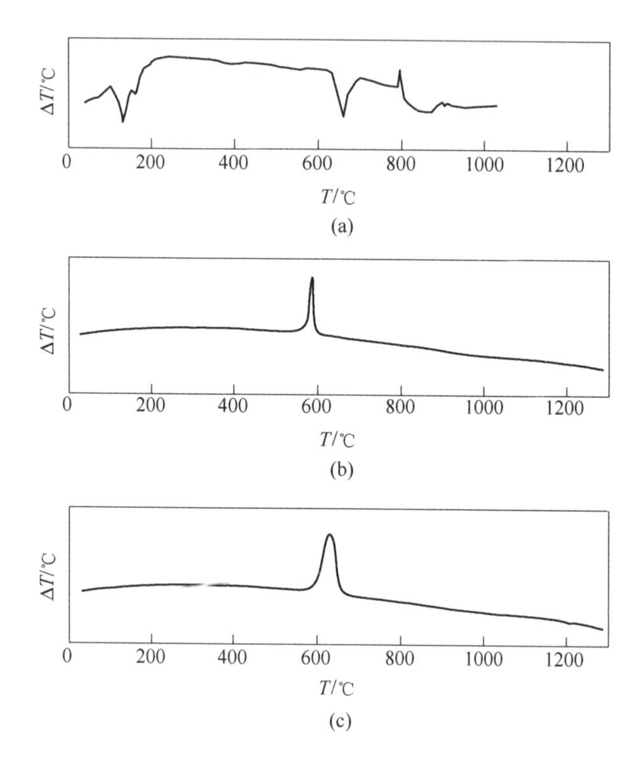


图 2-6　$NdB_6$ 体系的 DTA 曲线

（a）$Mg-B_2O_3$；（b）$Mg-Nd_2O_3$；（c）$Mg-B_2O_3-Nd_2O_3$

采用 Freeman-Carrol 法处理得到 $Mg-B_2O_3$ 反应体系的表观活化能 $E_a=14.88$kJ/mol，反应级数 $n=0.8$，$Mg-Nd_2O_3$ 反应体系表观活化能 $E_a=0.70$kJ/mol，反应级数 $n=0.33$，$Mg-B_2O_3-Nd_2O_3$ 反应体系合成 $NdB_6$ 反应的表观活化能 $E_a$ 为 691.59kJ/mol，反应级数 $n$ 为 3.3。

2.2.2.3　过渡金属硼化物——$TiB_2$ 合成体系的差热分析

图 2-7 所示为 $TiB_2$ 反应体系的 DTA 曲线[1]。图 2-7（a）~（c）所示分别为 $Mg-TiO_2$ 体

系、$Mg-B_2O_3$ 体系以及 $Mg-TiO_2-B_2O_3$ 体系的 DTA 曲线。比较三个反应体系，发现 $Mg-TiO_2-B_2O_3$ 反应体系合成 $TiB_2$ 的过程中首先发生 $TiO_2$ 与 Mg 之间的固-液反应，反应放出大量的热诱发 $B_2O_3$ 和 Mg 之间的液-液反应，而 Ti 与 B 间的反应放出的热量反过来又促使前两者的反应，直至三相反应完成，该反应为固-液-固反应。利用 Freeman-Carroll 微分法计算，在合成过程中，在 760～810℃ 和 810～858℃ 时反应表观活化能分别为 $E_1 = 297kJ/mol$ 和 $E_2 = 215kJ/mol$，反应级数分别为 $n_1 = 0.8$ 和 $n_2 = 0.1$。在不同阶段活化能和反应级数不同说明其反应机制的不同。

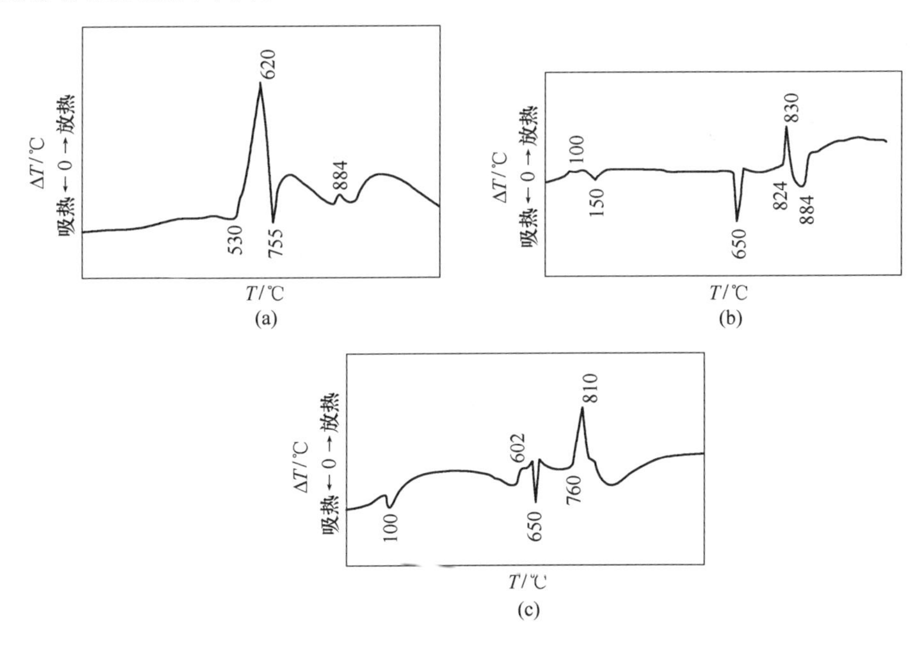


图 2-7 $TiB_2$ 体系的 DTA 曲线

(a) $Mg-TiO_2$；(b) $Mg-B_2O_3$；(c) $Mg-B_2O_3-TiO_2$

#### 2.2.2.4 过渡金属硼化物——$ZrB_2$ 合成体系的差热分析

从图 2-8 可知，$ZrO_2-B_2O_3-Mg$ 三相体系合成 $ZrB_2$ 的反应过程是：450℃时 $B_2O_3$ 熔化；650℃时 Mg 熔化；730℃时发生反应，首先是 $ZrO_2$ 和 Mg 之间发生了固-液反应，反应剧烈进行过程中放出的大量热诱发了 $B_2O_3$ 和 Mg 之间的液-液反应，而后还原出的 Zr 和 B 发生强烈的化合反应，生成 $ZrB_2$ 晶体。$ZrO_2-B_2O_3-Mg$ 三相体系之间的反应属于复杂的固-液-液反应。

#### 2.2.2.5 无定型硼粉合成体系的差热分析

由对 $B_2O_3$ 和 Mg 的 DTA 曲线（见图 2-9）分析可知，第一个 150℃处的峰值为不定型态的 $B_2O_3$ 脱掉结晶层之间的层间水的反应对应的吸热峰；第二个 650℃处的峰值为 Mg 熔化吸热对应的吸热峰。在 890～930℃之间出现的放热峰则表示 Mg 和 $B_2O_3$ 置换反应在 890℃附近开始，反应放出大量的热。没有出现 $B_2O_3$ 熔化的吸热峰，可能与 $B_2O_3$ 属非晶态有关。该反应属于液-液反应。

利用 Freeman-Carroll 法对 $B_2O_3-Mg$ 反应体系的 890～930℃ 放热峰进行分析，可得 890～930℃的反应表观活化能 $E_a = 903.75kJ/mol$，反应级数为 $n_1 = 0.9$。

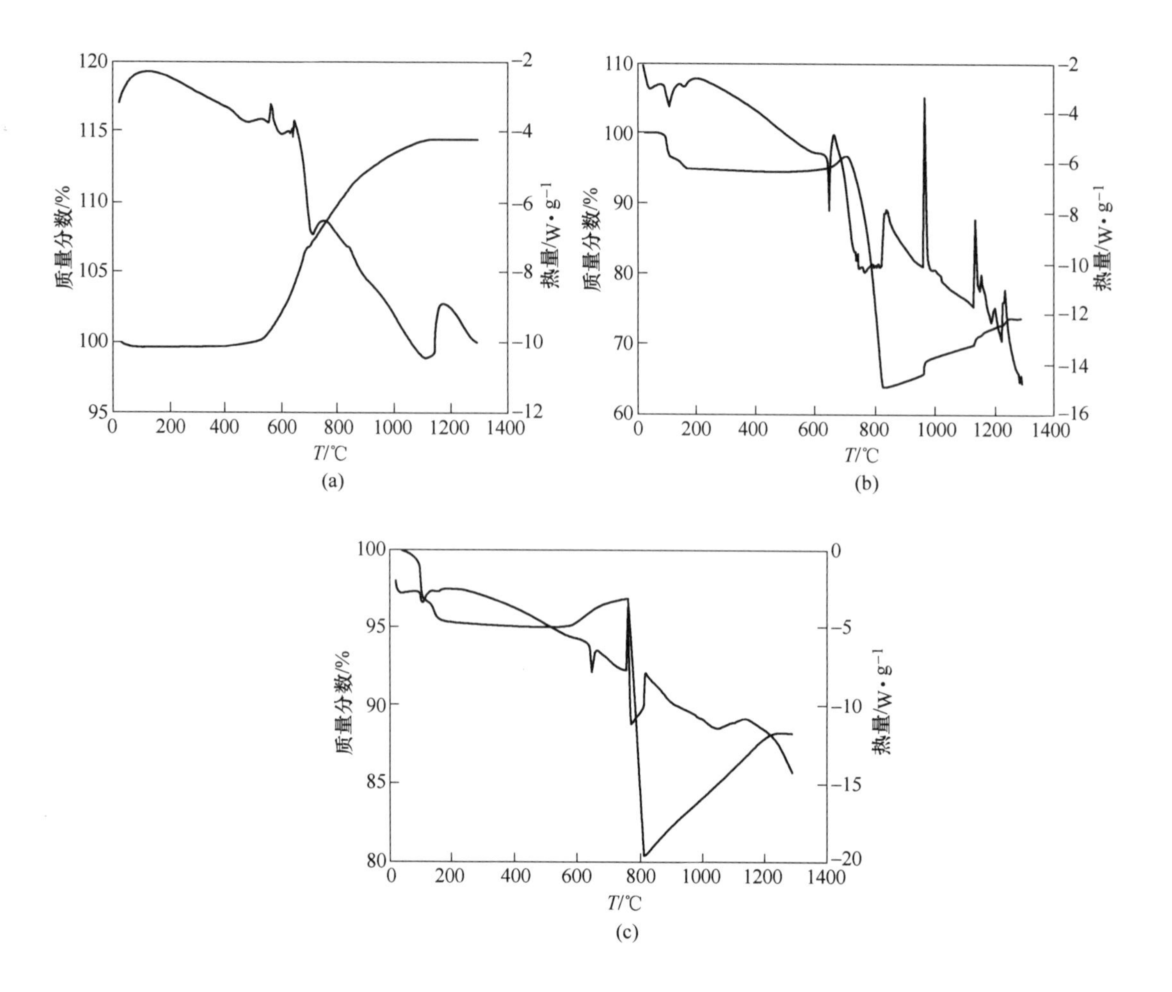


图 2-8　$ZrB_2$ 体系的 DTA 曲线

(a) Mg-$ZrB_2$；(b) Mg-$B_2O_3$；(c) Mg-$B_2O_3$-$TiO_2$

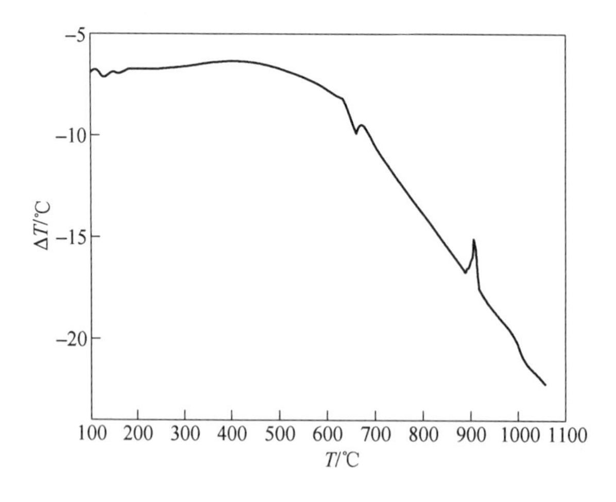


图 2-9　$B_2O_3$-Mg 体系的 DTA 曲线

#### 2.2.2.6 高熔点金属——钨粉制备体系的差热分析

由图 2-10 可知，$CaWO_4$-Mg 体系合成过程在 635℃附近开始为固-固反应，反应过程可能还存在气-固反应[28~30]。

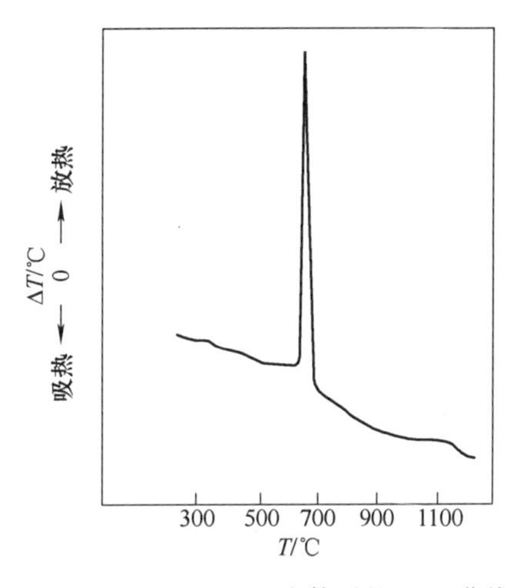


图 2-10 $CaWO_4$-Mg 反应体系的 DTA 曲线

### 2.2.3 自蔓延冶金制粉过程中浸出废酸液热解过程的基础研究

由于自蔓延冶金制备超细粉体新工艺是以氧化物为原料、以 Mg 为还原剂，采用自蔓延高温合成首先得到的是产品弥散在 MgO 基体中的自蔓延中间产物，然后将自蔓延中间产物进行密闭强化浸出除去 MgO 副产物，过滤干燥得到超细粉体产品。由于酸浸除杂提纯过程中产生了大量的氯化镁废酸液，因此，如何实现氯化镁废酸液的清洁处理是保证自蔓延冶金制粉规模化应用的关键。基于此，提出了酸水双循环法 $MgCl_2$ 溶液喷雾热解清洁处理新思路，即最后将氯化镁废酸液直接喷雾热解制备高纯氧化镁副产品，热解尾气经吸收制酸得到盐酸实现其循环利用，实现了自蔓延冶金过程的清洁化与无废排放。

#### 2.2.3.1 氯化镁溶液直接热解的热力学分析

图 2-11 所示为 $MgCl_2$ 溶液直接喷雾热解反应的吉布斯自由能与温度的关系。由图可知，温度低于 400K 时 $MgCl_2$ 溶液就能够直接发生热解反应，说明氯化镁溶液热解反应较容易发生。因此，$MgCl_2$ 酸性溶液喷雾热解可行，为自蔓延冶金制粉工艺的零排放清洁化创新提供了保障，从而为自蔓延冶金制粉工艺的工业化应用奠定了基础[12,13]。

$$MgCl_2 + H_2O(g) = MgO + 2HCl(g) \tag{2-37}$$

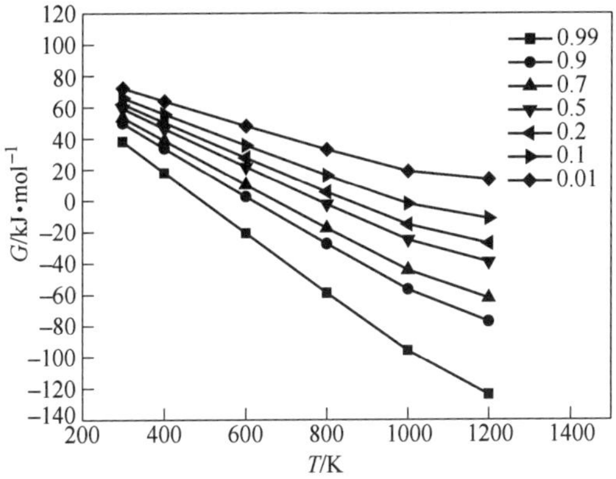

图 2-11 不同分压条件下 $MgCl_2$ 热解热力学数据

($p_{HCl}$ = 0.01~0.99atm，1atm = 101325Pa)

#### 2.2.3.2 $MgCl_2$ 溶液热解实验

$MgCl_2$ 溶液热解产物的 XRD 和 SEM 结果如图 2-12~图 2-14 所示，试验条件为 300℃、500℃、700℃，热解时间为 80min。由图可看出，当热解温度达到 500℃时，热解产品中只有单一 MgO 物相，说明 $MgCl_2$ 溶液已经完全热解，热解所得的 MgO 均为棒状晶或晶须。当热解温度过高时，热解所得的 MgO 变为片状晶。低温下热解得到氧化镁晶须长度为 5~20μm，直径为 200nm 左右。

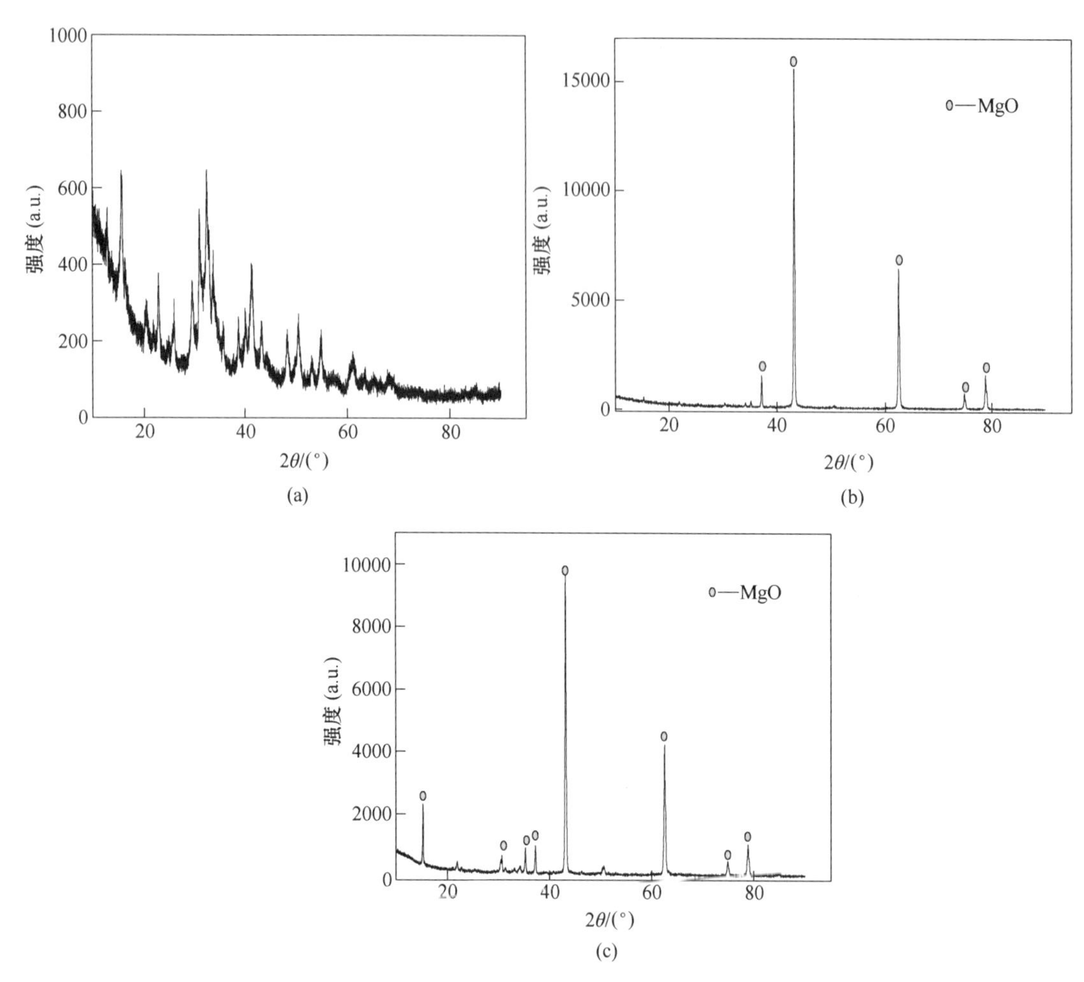


图 2-12　不同热解温度下产物的 XRD 图
(a) 300℃；(b) 500℃；(c) 700℃

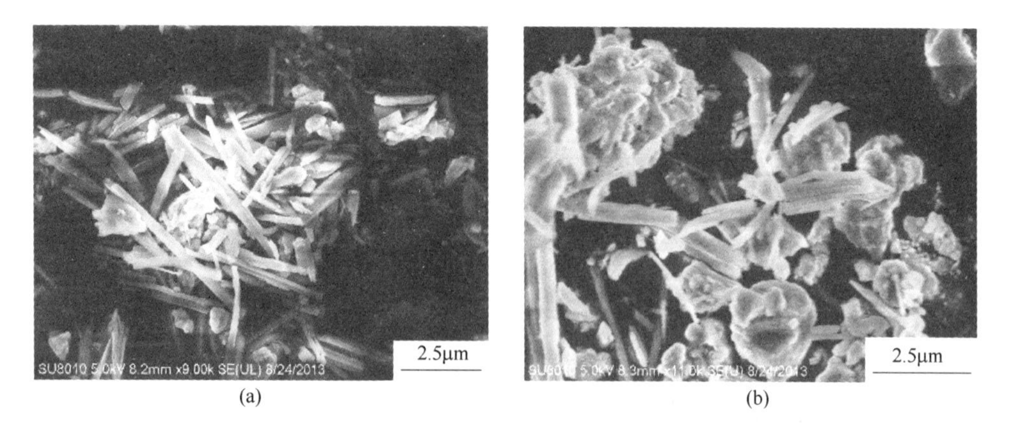

(c)

图 2-13 不同温度下热解产物 MgO 的 SEM 图

(a) 500℃; (b) 600℃; (c) 700℃

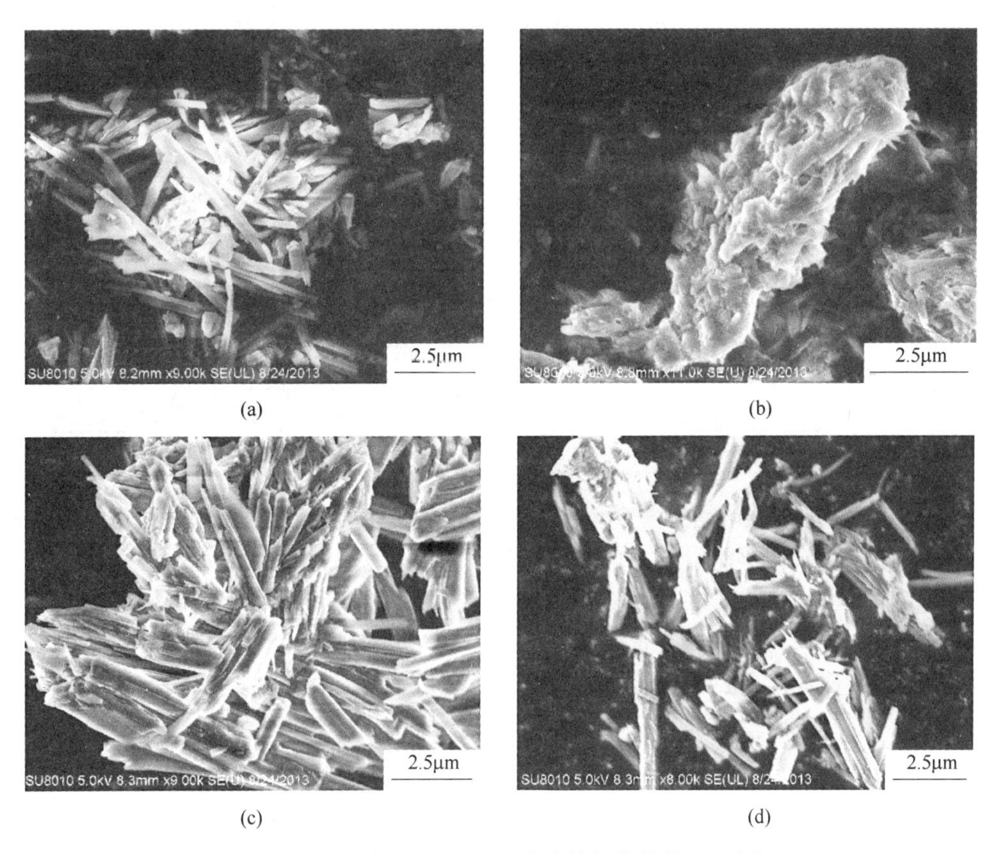


(a) (b) (c) (d)

图 2-14 不同浓度下 $MgCl_2$ 溶液热解产物的 SEM 图

(a) 70g/L; (b) 85g/L; (c) 110g/L; (d) 140g/L

## 2.3 自蔓延还原熔铸制备高品质合金过程的基础理论

自蔓延还原熔铸制备高品质合金是以相应金属氧化物为原料、以铝为还原剂，首先进行自蔓延高温还原得到熔融高温熔体，高温熔体包括：$Al_2O_3$ 基还原熔炼渣和合金熔体，然后将高温熔体在电磁场作用下辅助保温精炼，最后将净化调质合格合金熔体浇铸凝固得到合金铸锭。自蔓延冶金熔铸新工艺关键步骤包括：铝热自蔓延还原熔炼、电磁场辅助保温精炼（具体包括金渣强化分离、合金熔体净化与成分调质）以及合金熔体的强制冷却凝固等。因此，对还原熔炼、保温精炼过程的热力学/热化学、熔体物理性质以及合金熔体凝固过程进行了基础理论分析，对指导自蔓延冶金熔铸制备高品质合金工艺的开发具有十分关键和必要的作用。

### 2.3.1　制备不同合金时相关反应的绝热温度/单位质量热效应

制备不同合金（铁基/铜基/镍基/钒基合金）时反应体系的绝热温度的计算方法和2.2.1节的计算方法一样。绝热温度计算结果见表2-2，可见相关反应体系的绝热温度都远高于1800K，均可以SHS方式自我维持发生。

表2-2　自蔓延制备各合金体系的绝热温度和单位质量反应热

| 合金系 | | 绝热温度/K | 单位质量反应热 $q$/kJ·kg$^{-1}$ |
|---|---|---|---|
| 铁基合金[32~37] | Ti30Fe | 2650 | -3097.93 |
| | W20Fe | 3135 | -3793.40 |
| | Mo20Fe | 3135 | -4126.95 |
| | V20Fe | 3135 | -4119.21 |
| 铜基合金[38~47] | CuCr25 | 2848 | -3668.20 |
| | CuFe25 | 2848 | -4068.26 |
| | CuZr25 | 2848 | -3009.57 |
| 镍基合金 | NiCr30 | 2945 | -3300.61 |
| | NiMo30 | 3187 | -3877.85 |
| 铝钒合金[34~36] | AlV50 | 2669 | -3300.58 |

单位质量反应热（$q$）是另一个重要的描述自蔓延燃烧反应的热力学参量，它体现了燃烧反应体系可释放化学能量的大小，同时表征了能量释放速度与质量燃烧速度这两个物理量，单位质量反应热（$q$）又可称为单位热效应。金属氧化物和反应金属反应时所产生的反应焓对反应体系的热平衡起着决定性的作用，根据反应焓和经验，可以相当准确地预计出某种金属热反应能否自动进行。谢姆楚施尼根据铁水和熔渣的焓以及金属在反应时产生的热损失近似相等的事实提出：当1kg反应物反应放出的热量不小于2302.74kJ，即$q \geqslant$ 2302.74kJ/kg时，铝热反应就会自发进行，即发生自蔓延反应。

对于反应

$$\mathrm{Me'O + Me = Me' + MeO} \tag{2-38}$$

单位热效应可按下式计算：

$$q = \frac{\Delta H_{298}^{\ominus}}{M_{\mathrm{Me'O}} + M_{\mathrm{Me}}} \tag{2-39}$$

式中，$\Delta H_{298}^{\ominus}$为反应（2-38）298K时的标准焓变，kJ/mol；$M_{\mathrm{Me'O}}$为Me′O的摩尔质量，g/mol；$M_{\mathrm{Me}}$为Me的摩尔质量，g/mol。

单位质量反应热计算结果见表2-2，相关反应体系的单位质量热效应$q \geqslant 2302.74$kJ/kg，表明相关的反应体系均可以 SHS 方式自我维持发生。

## 2.3.2 制备合金时反应吉布斯自由能变

### 2.3.2.1 制备铁基合金时相关反应的吉布斯自由能变/反应焓变

A Ti-Fe 合金

制备 Ti-Fe 合金时相关反应见表 2-3。

**表 2-3 制备 Ti-Fe 合金时相关反应**

| 编号 | 反应 |
|---|---|
| 1 | $8Al+3TiO_2+2Fe_2O_3 = 4Al_2O_3+3Ti+4Fe$ |
| 2 | $2Al+9TiO_2 = 3Ti_3O_5+Al_2O_3$ |
| 3 | $2Al+6Ti_3O_5 = 9Ti_2O_3+Al_2O_3$ |
| 4 | $2Al+3Ti_2O_3 = 6TiO+Al_2O_3$ |
| 5 | $2Al+3TiO = 3Ti+Al_2O_3$ |
| 6 | $2Al+9Fe_2O_3 = 6Fe_3O_4+Al_2O_3$ |
| 7 | $2Al+3Fe_3O_4 = 9FeO+Al_2O_3$ |
| 8 | $2Al+3FeO = 3Fe+Al_2O_3$ |
| 9 | $Al+Ti = TiAl$ |
| 10 | $3Al+Ti = TiAl_3$ |
| 11 | $FeO+Al_2O_3 = FeO \cdot Al_2O_3$ |
| 12 | $FeO+TiO_2 = FeO \cdot TiO_2$ |

B W-Fe 合金

制备 W-Fe 合金时相关反应见表 2-4。

**表 2-4 制备 W-Fe 合金时相关反应**

| 编号 | 反应 |
|---|---|
| 1 | $2Al + 9Fe_2O_3 = 6Fe_3O_4 + Al_2O_3$ |
| 2 | $2Al + 3Fe_3O_4 = 9FeO + Al_2O_3$ |
| 3 | $2Al + 3FeO = 3Fe + Al_2O_3$ |
| 4 | $2Al + 3WO_3 = Al_2O_3 + 3WO_2$ |
| 5 | $2Al + 3WO_2 = Al_2O_3 + 3WO(g)$ |
| 6 | $2Al + 3WO(g) = Al_2O_3 + 3W$ |
| 7 | $4Al + WO_3 + Fe_2O_3 = 2Al_2O_3 + W + 2Fe$ |

C Mo-Fe 合金

制备 Mo-Fe 合金时相关反应见表 2-5。

表 2-5　制备 Mo-Fe 合金时相关反应

| 编　　号 | 反　　应 |
| --- | --- |
| 1 | $2Al + 9Fe_2O_3 = 6Fe_3O_4 + Al_2O_3$ |
| 2 | $2Al + 3Fe_3O_4 = 9FeO + Al_2O_3$ |
| 3 | $2Al + 3FeO = 3Fe + Al_2O_3$ |
| 4 | $2Al + 3MoO_3 = Al_2O_3 + 3MoO_2$ |
| 5 | $2Al + 3MoO_2 = Al_2O_3 + 3MoO(g)$ |
| 6 | $2Al + 3MoO(g) = Al_2O_3 + 3Mo$ |
| 7 | $8Al + 3MoO_3 + Fe_2O_3 = 4Al_2O_3 + 3Mo + 2Fe$ |

D　V-Fe 合金

制备 V-Fe 合金时相关反应见表 2-6。

表 2-6　制备 V-Fe 合金时相关反应

| 编　　号 | 反　　应 |
| --- | --- |
| 1 | $20Al + 3V_2O_5 + 5Fe_2O_3 = 10Al_2O_3 + 6V + 10Fe$ |
| 2 | $2Al + 3V_2O_5 = 6VO_2 + Al_2O_3$ |
| 3 | $2Al + 6VO_2 = 3V_2O_3 + Al_2O_3$ |
| 4 | $2Al + 3V_2O_3 = 6VO + Al_2O_3$ |
| 5 | $2Al + 3VO = 3V + Al_2O_3$ |
| 6 | $2Al + 9Fe_2O_3 = 6Fe_3O_4 + Al_2O_3$ |
| 7 | $2Al + 3Fe_3O_4 = 9FeO + Al_2O_3$ |
| 8 | $2Al + 3FeO = 3Fe + Al_2O_3$ |
| 9 | $FeO + Al_2O_3 = FeO \cdot Al_2O_3$ |

表 2-3 中反应是采用铝热自蔓延制备 Ti-Fe 合金时涉及的可能发生的相关反应。由图 2-15（a）和图 2-16（a）可知，反应 $8Al+3TiO_2+2Fe_2O_3 = 4Al_2O_3+3Ti+4Fe$ 是采用铝热自蔓延熔炼制备钛铁合金时所涉及的可能发生反应的吉布斯自由能变最负的，因此从热力学平衡角度讲生成 Ti-Fe 的反应是最可能发生的；同时该反应的单位质量反应热也是最负，说明该反应最容易发生。同理，比较图 2-15（b）和图 2-16（b）可知，采用铝热自蔓延熔炼制备钨铁合金时所涉及的所有可能发生的反应中，生成 W-Fe 合金的反应 $4Al+WO_3+Fe_2O_3 = 2Al_2O_3+W+2Fe$ 是最容易发生也是热力学上最可能发生的。同样制备钼铁合金时（对比图 2-15（c）和图 2-16（c）），生成 Mo-Fe 合金的反应 $8Al+3MoO_3+Fe_2O_3 = 4Al_2O_3+3Mo+2Fe$ 是最容易和最可能发生的；制备钒铁合金时（对比图 2-15（d）和图 2-16（d）），生成 V-Fe 合金的反应 $20Al+3N_2O_5+5Fe_2O_3 = 10Al_2O_3+6V+10Fe$ 是最容易和最可能发生的。

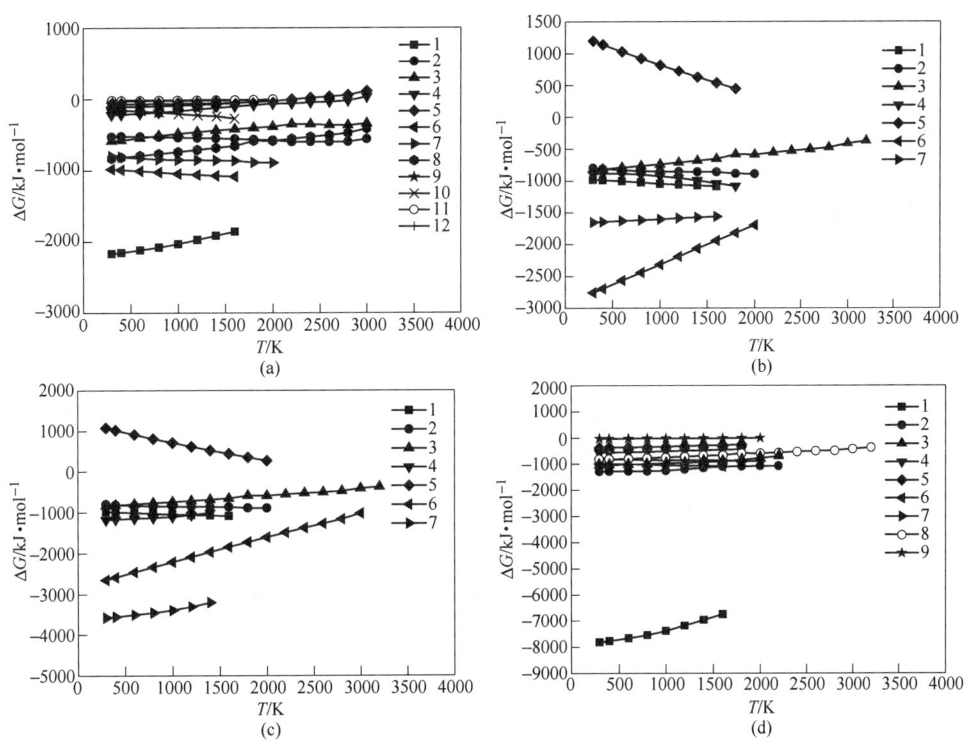


图 2-15 制备铁基合金时相关反应的吉布斯自由能变

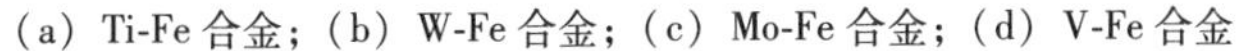
(a) Ti-Fe 合金；(b) W-Fe 合金；(c) Mo-Fe 合金；(d) V-Fe 合金

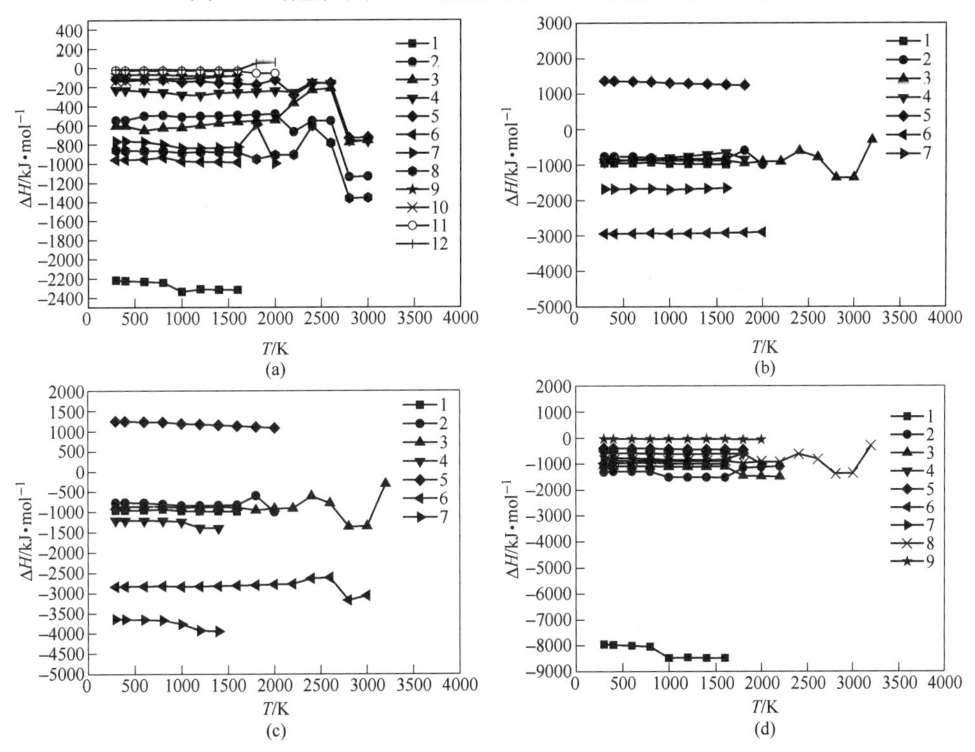


图 2-16 制备铁基合金时相关反应的焓变

(a) Ti-Fe 合金；(b) W-Fe 合金；(c) Mo-Fe 合金；(d) V-Fe 合金

#### 2.3.2.2　制备铜基合金时相关反应的吉布斯自由能变/反应焓变[38~47]

A　Cu-Cr 合金

制备 Cu-Cr 合金时相关反应见表 2-7。

**表 2-7　制备 Cu-Cr 合金时相关反应**

| 编　号 | 反　应 |
|---|---|
| 1 | $3CuO + 2Al = Al_2O_3 + 3Cu_2O$ |
| 2 | $2Al + 3Cu_2O = 6Cu + Al_2O_3$ |
| 3 | $Cr_2O_3 + 2Al = 2Cr + Al_2O_3$ |
| 4 | $3CuO + Cr_2O_3 + 4Al = 2Al_2O_3 + 3Cu + 2Cr$ |

B　Cu-Fe 合金

制备 Cu-Fe 合金时相关反应见表 2-8。

**表 2-8　制备 Cu-Fe 合金时相关反应**

| 编　号 | 反　应 |
|---|---|
| 1 | $3CuO + Fe_2O_3 + 4Al = 2Al_2O_3 + 3Cu + 2Fe$ |
| 2 | $2Al + 9Fe_2O_3 = 6Fe_3O_4 + Al_2O_3$ |
| 3 | $2Al + 3Fe_3O_4 = 9FeO + Al_2O_3$ |
| 4 | $2Al + 3FeO = 3Fe + Al_2O_3$ |
| 5 | $3CuO + 2Al = Al_2O_3 + 3Cu_2O$ |
| 6 | $2Al + 3Cu_2O = 6Cu + Al_2O_3$ |
| 7 | $Cu_2O + Fe_2O_3 = Cu_2O \cdot Fe_2O_3$ |
| 8 | $CuO + Fe_2O_3 = CuO \cdot Fe_2O_3$ |
| 9 | $FeO + Al_2O_3 = FeO \cdot Al_2O_3$ |

C　Cu-Zr 合金

制备 Cu-Zr 合金时相关反应见表 2-9。

**表 2-9　制备 Cu-Zr 合金时相关反应**

| 编　号 | 反　应 |
|---|---|
| 1 | $3CuO + 2Al = Al_2O_3 + 3Cu_2O$ |
| 2 | $2Al + 3Cu_2O = 6Cu + Al_2O_3$ |
| 3 | $CuO + ZrO_2 + 2Al = Al_2O_3 + Cu + Zr$ |
| 4 | $3ZrO_2 + 4Al = 2Al_2O_3 + 3Zr$ |

表 2-7 中反应是采用铝热自蔓延制备 Cu-Cr 合金时涉及的可能发生的相关反应。由图 2-17（a）和图 2-18（a）可知，反应 $3CuO+Cr_2O_3+4Al = 2Al_2O_3+3Cu+2Cr$ 是采用铝热自蔓延熔炼制备 Cu-Cr 合金时所涉及的可能发生反应的吉布斯自由能变最负的，因此从热力学平衡角度讲生成 Cu-Cr 的反应是最可能发生的；同时该反应的单位质量反应热也是最负，说明该反应最容易发生。同理，比较图 2-17（b）和图 2-18（b）可知，采用铝热自

蔓延熔炼制备 Cu-Fe 合金时所涉及的所有可能发生反应中，生成 Cu-Fe 的反应 $3CuO+Fe_2O_3+4Al = 2Al_2O_3+3Cu+2Fe$ 是最容易发生也是热力学上最可能发生的。但制备 Cu-Zr 合金时（对比图 2-17（c）和图 2-18（c）），由于 Zr 的挥发造成实际生成 Cu-Zr 合金的反应 $CuO+ZrO_2+2Al = Al_2O_3+Cu+Zr$ 标态下似乎并不是最容易和最可能发生的。

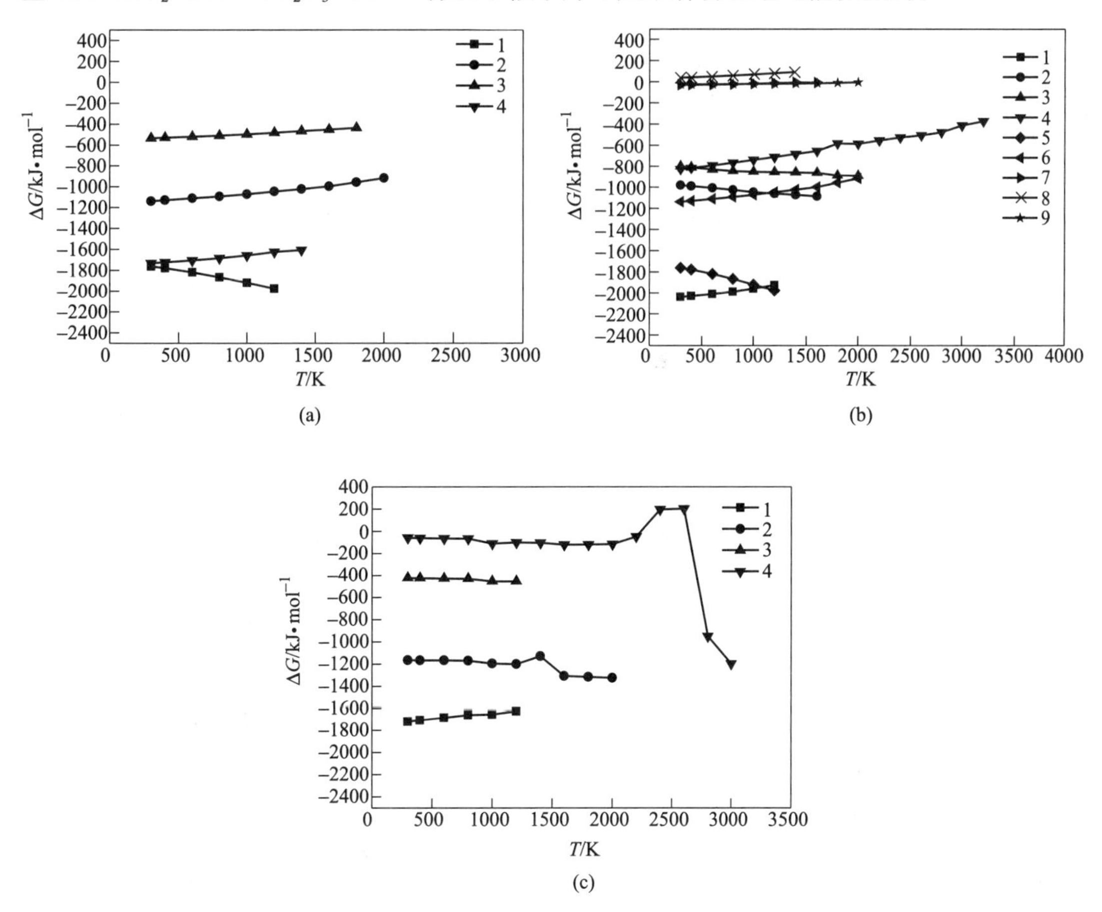


图 2-17 制备铜基合金时相关反应的吉布斯自由能变

（a）Cu-Cr 合金；（b）Cu-Fe 合金；（c）Cu-Zr 合金

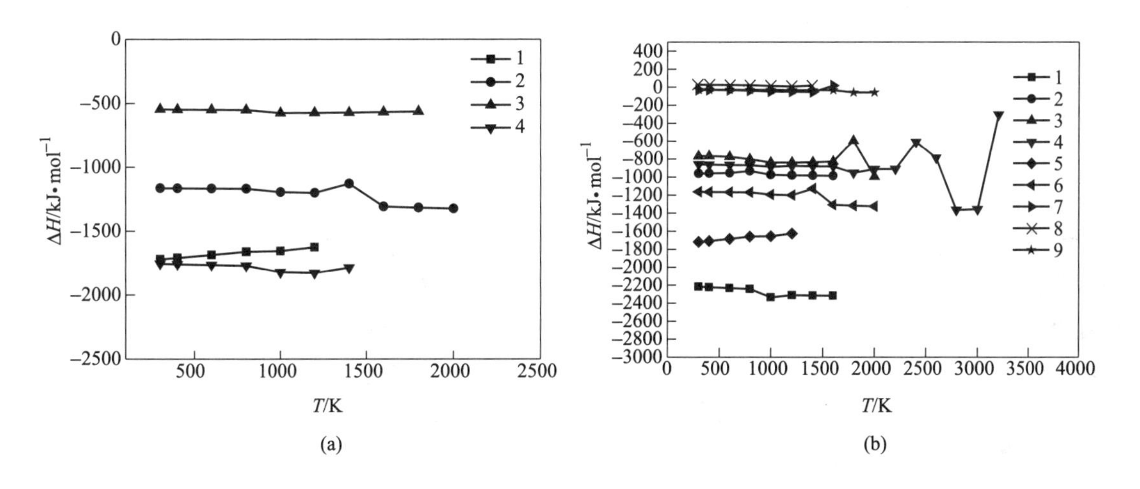

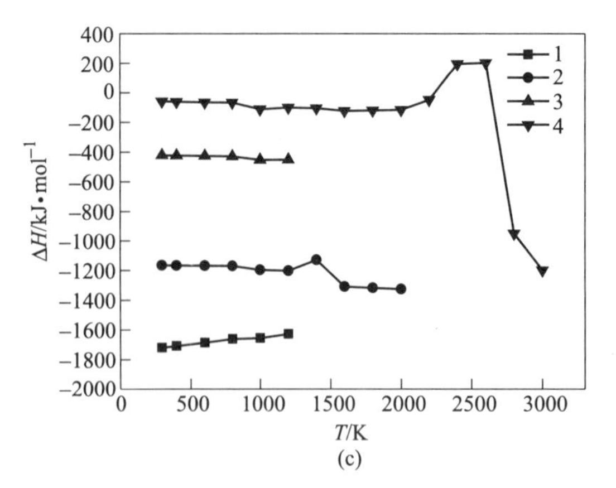


图 2-18　制备铜基合金时相关反应的焓变

（a）Cu-Cr 合金；（b）Cu-Fe 合金；（c）Cu-Zr 合金

### 2.3.2.3　制备镍基合金时相关反应的吉布斯自由能变/反应焓变

A　Ni-Cr

制备 Ni-Cr 合金时相关反应见表 2-10。

**表 2-10　制备 Ni-Cr 合金时相关反应**

| 编　　号 | 反　　应 |
|---|---|
| 1 | $2Al + 3NiO = Al_2O_3 + 3Ni$ |
| 2 | $Cr_2O_3 + 2Al = 2Cr + Al_2O_3$ |
| 3 | $3NiO + Cr_2O_3 + 4Al = 2Al_2O_3 + 2Cr + 3Ni$ |
| 4 | $NiO + Al_2O_3 = NiO \cdot Al_2O_3$ |
| 5 | $NiO + Cr_2O_3 = NiO \cdot Cr_2O_3$ |

B　Ni-Mo 合金

制备 Ni-Mo 合金时相关反应见表 2-11。

**表 2-11　制备 Ni-Mo 合金时相关反应**

| 编　　号 | 反　　应 |
|---|---|
| 1 | $2Al+3NiO = Al_2O_3+3Ni$ |
| 2 | $2Al+3MoO_3 = Al_2O_3+3MoO_2$ |
| 3 | $2Al+3MoO_2 = Al_2O_3+3MoO(g)$ |
| 4 | $2Al+3MoO(g) = Al_2O_3+3Mo$ |
| 5 | $3NiO+MoO_3+4Al = 2Al_2O_3+Mo+3Ni$ |

表 2-10 中反应是采用铝热自蔓延制备 Ni-Cr 合金时涉及的可能发生的相关反应。由图 2-19(a) 和图 2-20(a) 可知，反应 $3NiO+Cr_2O_3+4Al = 2Al_2O_3+2Cr+3Ni$ 是采用铝热自蔓延熔炼制备 Ni-Cr 合金时所涉及的可能发生反应的吉布斯自由能变最负的，因此从热力学平衡角度讲生成 Ni-Cr 的反应是最可能发生的；同时该反应的单位质量反应热也是最负，说明该反应最容易发生。同理，比较图 2-19(b) 和图 2-20(b) 可知，采用铝热自蔓延熔炼制备 Ni-Mo 合金时所涉及的所有可能发生反应中，生成 Ni-Mo 的反应 $3NiO+MoO_3+4Al = 2Al_2O_3+Mo+3Ni$ 是很容易发生的，热力学上发生的可能性也很大。但是由气相参与的反应 $2Al+3MoO(g) = Al_2O_3+3Mo$ 在标态下是最容易和最可能发生的，实际状态如何，需要对非标态热力学进行计算。

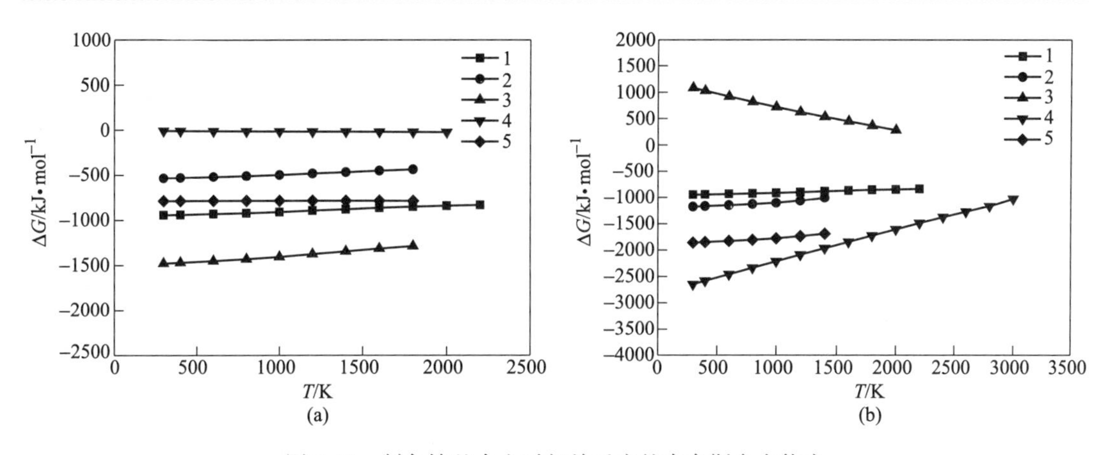


图 2-19 制备镍基合金时相关反应的吉布斯自由能变

(a) Ni-Cr 合金；(b) Ni-Mo 合金

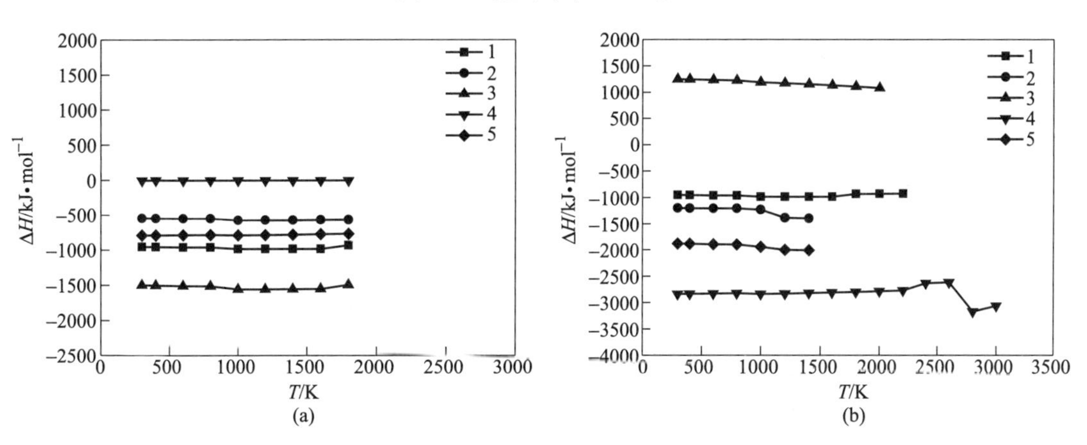


图 2-20 制备镍基合金时相关反应的焓变

(a) Ni-Cr 合金；(b) Ni-Mo 合金

### 2.3.2.4 制备铝基合金时相关反应的吉布斯自由能变/反应焓变[34,36]

A Al-V 合金

制备 Al-V 合金时相关反应见表 2-12。

**表 2-12 制备 Al-V 合金时相关反应**

| 编　号 | 反　应 |
|---|---|
| 1 | $10Al+5V_2O_5 = 5Al_2O_3+10V$ |
| 2 | $2Al+3V_2O_5 = 6VO_2+Al_2O_3$ |
| 3 | $2Al+6VO_2 = 3V_2O_3+Al_2O_3$ |
| 4 | $2Al+3V_2O_3 = 6VO+Al_2O_3$ |
| 5 | $2Al+3VO = 3V+Al_2O_3$ |

B Al-Ti 合金

制备 Al-Ti 合金时相关反应见表 2-13。

表 2-13　制备 Al-Ti 合金时相关反应

| 编　　号 | 反　　应 |
|---|---|
| 1 | $4Al+3TiO_2 = 3Ti+2Al_2O_3$ |
| 2 | $2Al+9TiO_2 = 3Ti_3O_5+Al_2O_3$ |
| 3 | $2Al+6Ti_3O_5 = 9Ti_2O_3+Al_2O_3$ |
| 4 | $2Al+3Ti_2O_3 = 6TiO+Al_2O_3$ |
| 5 | $2Al+3TiO = 3Ti+Al_2O_3$ |
| 6 | $Al+Ti = TiAl$ |
| 7 | $3Al+Ti = TiAl_3$ |

由图 2-21（a）和图 2-22（a）可知，在采用铝热自蔓延制备 Al-V 合金时涉及的可能发生的相关反应中，反应 $2Al+3V_2O_5 = 6VO_2+Al_2O_3$ 是采用铝热自蔓延熔炼制备铝钒合金时所涉及的可能发生反应的吉布斯自由能变最负的（<2500K），因此从热力学平衡角度讲该反应是最可能发生的；同时该反应的单位质量反应热也是最负（<2000K），说明该反应最容易发生。同理，比较图 2-21（b）和图 2-22（b）可知，采用铝热自蔓延熔炼制备钛铝合金时所涉及的所有可能发生反应中，$TiO_2$ 还原生成低价钛氧化物的反应 $2Al+9TiO_2 = 3Ti_3O_5+Al_2O_3$ 和 $2Al+6Ti_3O_5 = 9Ti_2O_3+Al_2O_3$ 等是最容易发生也是热力学上最可能发生的。TiO 还原生成钛的反应是整个过程的热力学制约环节。

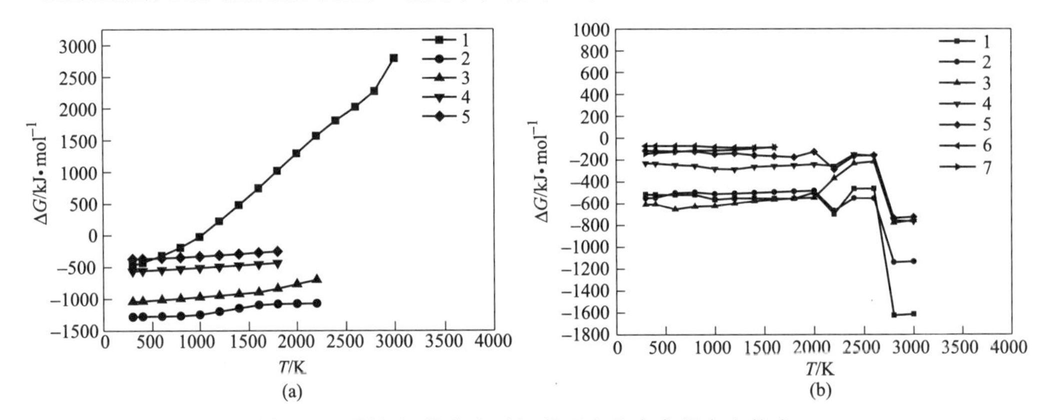


图 2-21　制备铝基合金时相关反应的吉布斯自由能变
（a）Al-V 合金；（b）Al-Ti 合金

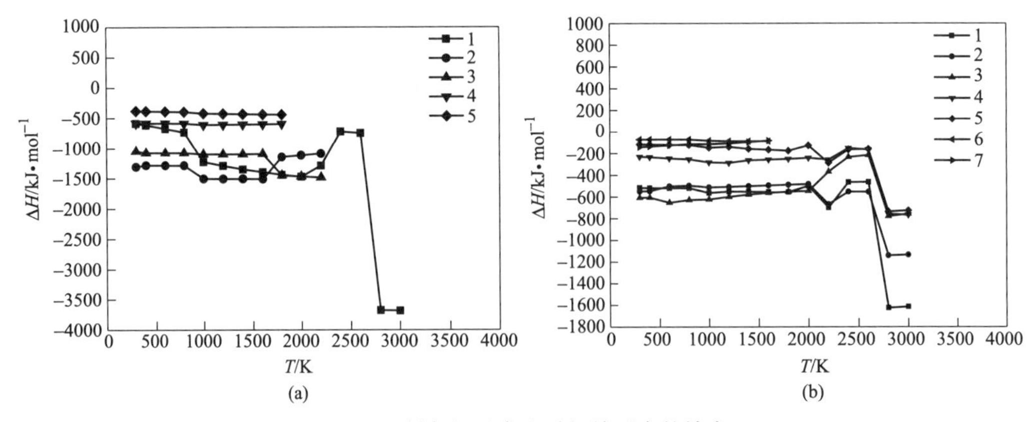


图 2-22　制备铝基合金时相关反应的焓变
（a）Al-V 合金；（b）Al-Ti 合金

### 2.3.3 自蔓延还原熔炼过程的熔炼渣的设计

#### 2.3.3.1 铝热还原自蔓延过程基础渣系的选择与设计

自蔓延还原熔铸制备高性能合金是以相应金属氧化物为原料、以铝为还原剂，首先进行自蔓延高温还原得到熔融高温熔体，高温熔体包括：$Al_2O_3$ 基还原熔炼渣和合金熔体；然后将高温熔体在电磁场作用下辅助保温精炼；最后将净化调质合格合金熔体浇铸凝固得到合金铸锭。因此，合适的还原熔炼渣系的设计和选择，对还原熔炼过程的进行和金渣分离效果是十分关键的。由于第一步采用铝热反应进行自蔓延还原熔炼，而且在深度还原阶段采用镁或钙进行深度还原，因此选择的基础还原熔炼渣系为 $Al_2O_3$-CaO-MgO 三元渣系。采用 FactSage 热力学计算软件对 $Al_2O_3$-CaO-MgO 三元渣系不同温度时的相图进行了计算，结果如图 2-23 所示。

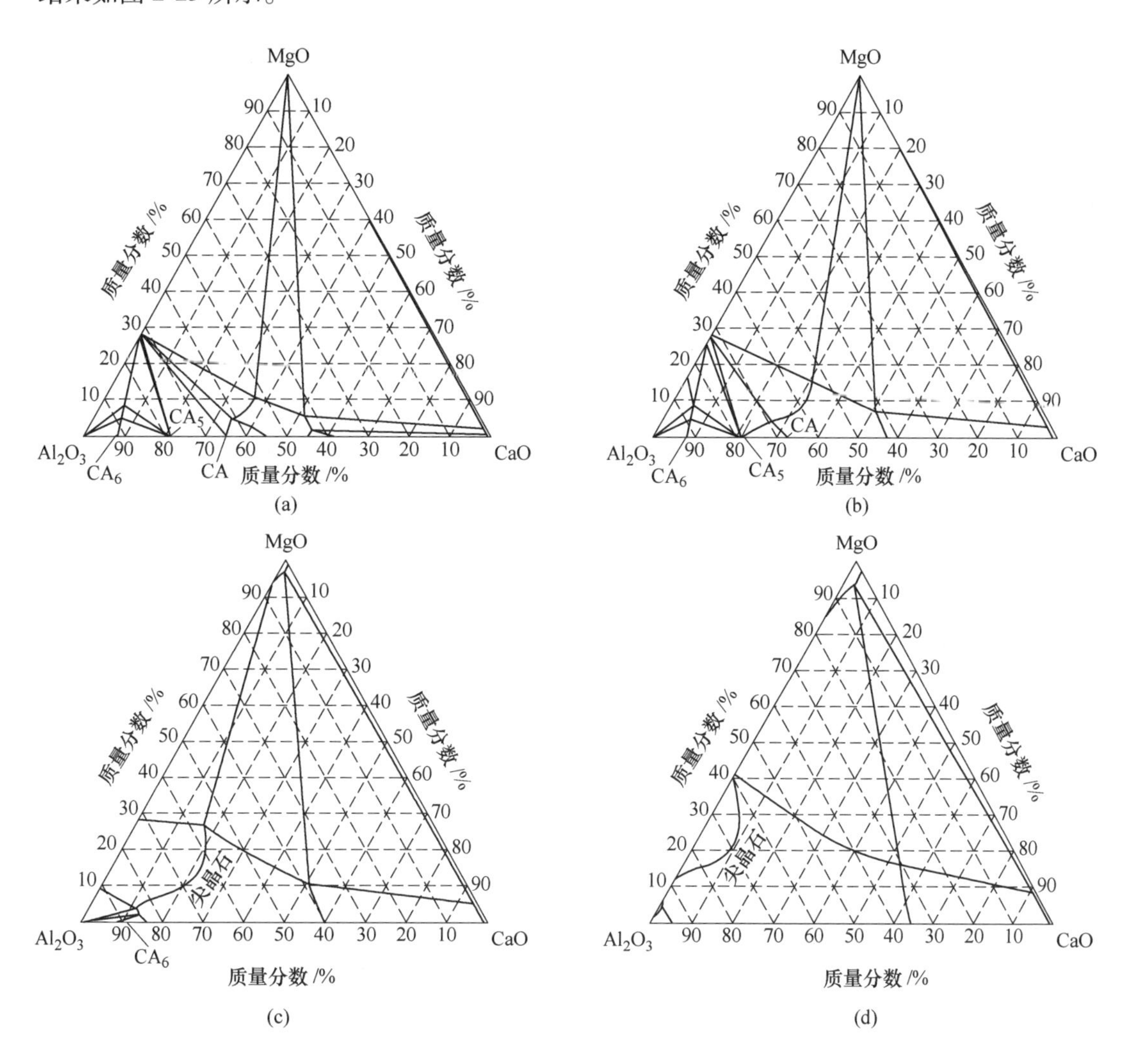


图 2-23　CaO-$Al_2O_3$-MgO 体系相图（压力为 101325Pa）

(a) 1500℃；(b) 1600℃；(c) 1800℃；(d) 2000℃

由图 2-23 可知，随着温度的升高，液相区域增加。以 $Al_2O_3$-MgO 二元渣系为基础，加入适量的 MgO 可以设计出低熔点的熔炼渣系。由 2.3.1 节的绝热温度计算结果可知，本书中涉及铁基、铜基、镍基以及铝基等合金，其相关反应的理论绝热温度均在 2600K 以上，说明实际反应体系均可以自蔓延方式快速进行。而实际体系的单位质量热效应均在 3000kJ/kg 以上，按照炉外铝热法的实际操作经验，如此高的绝热温度和单位质量热效应，实际反应最高温度应该在 2000K 以上。因此，所涉及的还原熔炼渣系的熔点若能保持在 1800K 以下，那么还原熔炼过程中金渣分离效果应该比较理想。那么由图 2-23 可知，以 $Al_2O_3$-CaO 二元渣最低共熔点为基础，添加适量的 MgO 的三元渣系在 1873K 以上均具有较低的液相线，很适合作为铝热还原过程的熔炼渣或辅助保温精炼时精炼渣基础渣。但是当 CaO 含量过高时，此时熔炼渣中会存在 CaO 的固体颗粒，造成熔炼渣的熔点升高，流动性变差。

2.3.3.2　铝热自蔓延还原熔铸制备铁基合金时渣系设计

当采用铝热自蔓延还原熔炼制备铁基合金时，还原熔炼渣系除了 $Al_2O_3$-CaO 二元基础渣外，指定会含有少量的 $Fe_2O_3$（由于熔炼过程为还原性气氛，因此实际反应体系中熔炼渣中 Fe 以高价态的 $Fe_2O_3$ 相存在的概率极低，且含量很少）[31~36]。由图 2-24 可知，实际熔炼渣系应该在三元相图的最底部靠近 $Al_2O_3$-CaO 二元相图的最低共熔点相区。而高价态的 $Fe_2O_3$ 相的存在使得 $Al_2O_3$-CaO 二元基础渣系的高熔点相（CaO、铁酸钙或铝酸钙），使得其熔点升高、流动性变差，即使在 1873K 的高温状态下，熔炼渣中仍存在大量的 CaO 固体颗粒。因为实际熔炼过程中是在强还原气氛下进行的还原熔炼反应，因此该状况的发生概率很小，本书不做详细论述。

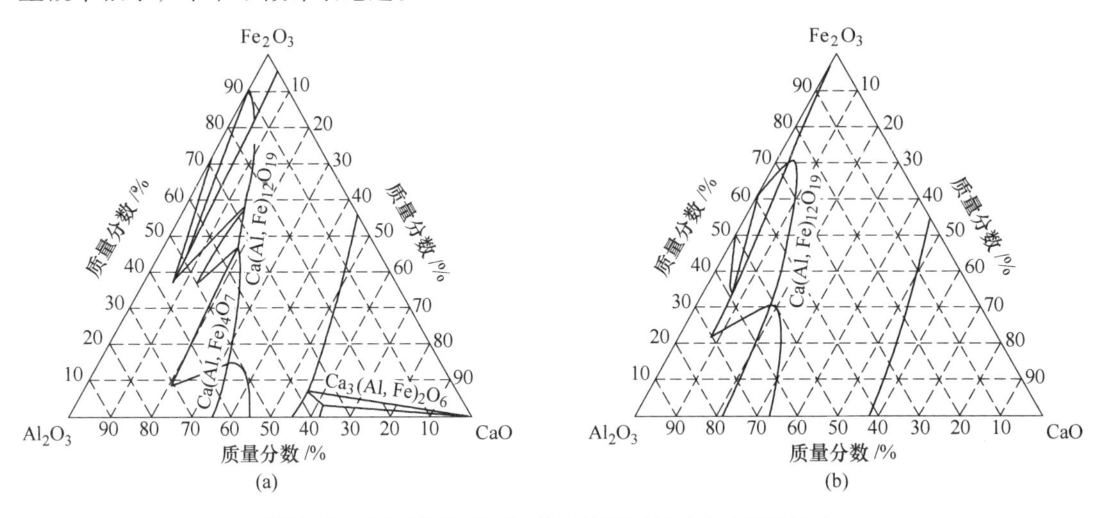


图 2-24　CaO-$Al_2O_3$-$Fe_2O_3$ 体系相图（压力为 101325Pa）

（a）1500℃；（b）1600℃

采用铝热自蔓延还原熔炼制备铁基合金时，除未反应的 $Fe_2O_3$（包括未彻底还原形成的 FeO、$Fe_3O_4$ 等）会进入到还原熔炼渣系中影响 $Al_2O_3$-CaO 二元基础渣系的基础物理性能，反应物料中的合金化组元 Me 相应的 $Me_xO_y$（包括未彻底还原形成的 $Me_zO$ 低价金属氧化物）同样会进入到还原熔炼渣系中，从而影响熔炼渣系的基础物理性能。本书仍以

$Al_2O_3$-CaO 二元基础渣系为基准，理论上计算了相关的三元氧化物相图，包括：制备 Mo-Fe合金时的 $MoO_3$-CaO-$Al_2O_3$ 三元熔炼渣系，如图 2-25 所示；制备 V-Fe 合金时的 $V_2O_5$-CaO-$Al_2O_3$ 三元熔炼渣系，如图 2-26 所示；制备 Ni-Fe 合金时的 NiO-CaO-$Al_2O_3$ 三元熔炼渣系，如图 2-27 所示。由图 2-25 和图 2-26 可知，当 $Al_2O_3$-CaO 二元基础熔炼渣中存在 $MoO_3$ 或 $V_2O_5$ 时，会以固体颗粒的形式存在，从而导致熔炼渣熔点升高流动性变差。但是当熔炼渣中存在 NiO 时，会扩大 $Al_2O_3$-CaO 二元基础熔炼渣的液相区，利于金渣分离。结合 2.3.2 节相关反应的吉布斯自由能变和焓变计算结果可知，当以高价金属氧化物为原料进行铝热自蔓延还原制备相关合金时，高价金属氧化物很容易还原成不同价态的低价氧化物，从而造成整个还原过程中熔炼渣的熔点、黏度等基础性质发生复杂的变化，导致整个操作过程困难，具体不做详细讨论。

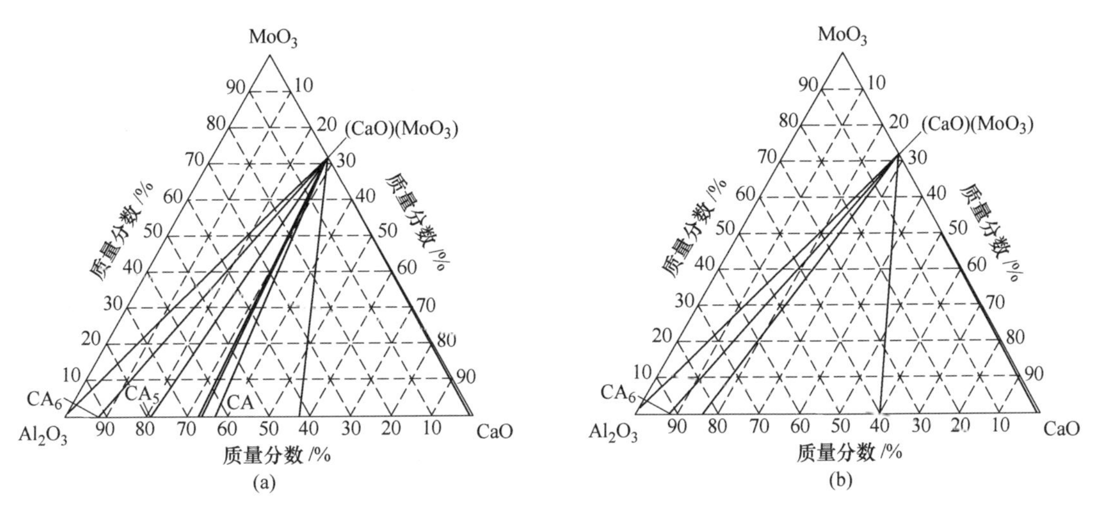


图 2-25　CaO-$Al_2O_3$-$MoO_3$ 体系相图（压力为 101325Pa）

（a）1600℃；（b）1800℃

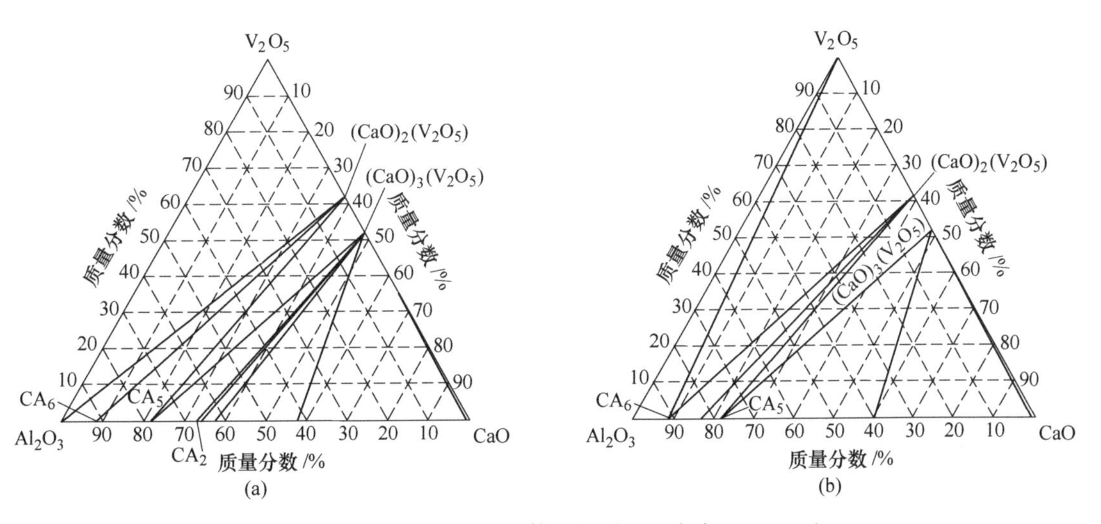


图 2-26　$V_2O_5$-CaO-$Al_2O_3$ 体系相图（压力为 101325Pa）

（a）1600℃；（b）1800℃

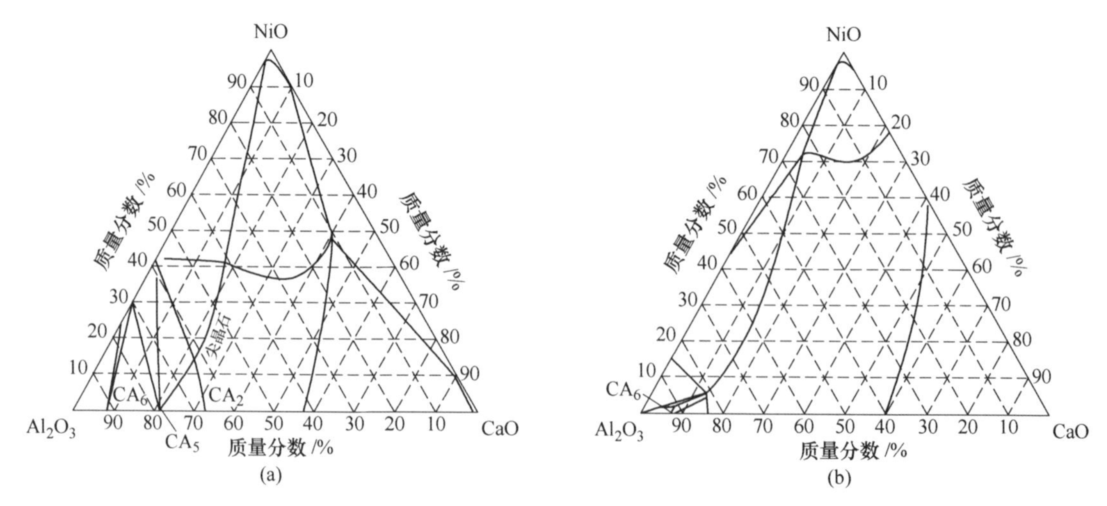


图 2-27　CaO-$Al_2O_3$-NiO 体系相图（压力为 101325Pa）

（a）1600℃；（b）1800℃

### 2.3.3.3　铝热自蔓延还原熔铸制备铜基合金时渣系设计

当采用铝热自蔓延还原熔炼制备铜基合金时，还原熔炼渣系除了 $Al_2O_3$-CaO 二元基础渣外，还会含有少量的 CuO[40,47]。由图 2-28 可知，实际熔炼渣系应该选择在三元相图的最底部靠近 $Al_2O_3$-CaO 二元相图的最低共熔点相区，同时当 $Al_2O_3$-CaO 二元基础渣中存在少量的 CuO 组元时，CaO-$Al_2O_3$-CuO 三元渣在实际还原熔炼过程中将具有很好的流动性。由 2.3.1 节的绝热温度计算结果可知，制备铜基合金时绝热温度的理论值均为 2848K。按照单位质量反应热计算结果推测，实际的最高反应温度可达 2200K 以上，因此实际条件下熔炼渣中即使存在少量的 CuO，CaO-$Al_2O_3$-CuO 熔炼渣同样会有很好的流动性，将会表现出很好的金渣分离效果，具体结果见第 3 章。采用铝热自蔓延还原熔炼制备铜基合金时，除未反应的 CuO（包括未彻底还原形成的 $Cu_2O$）会进入还原熔炼渣系中影响 $Al_2O_3$-CaO

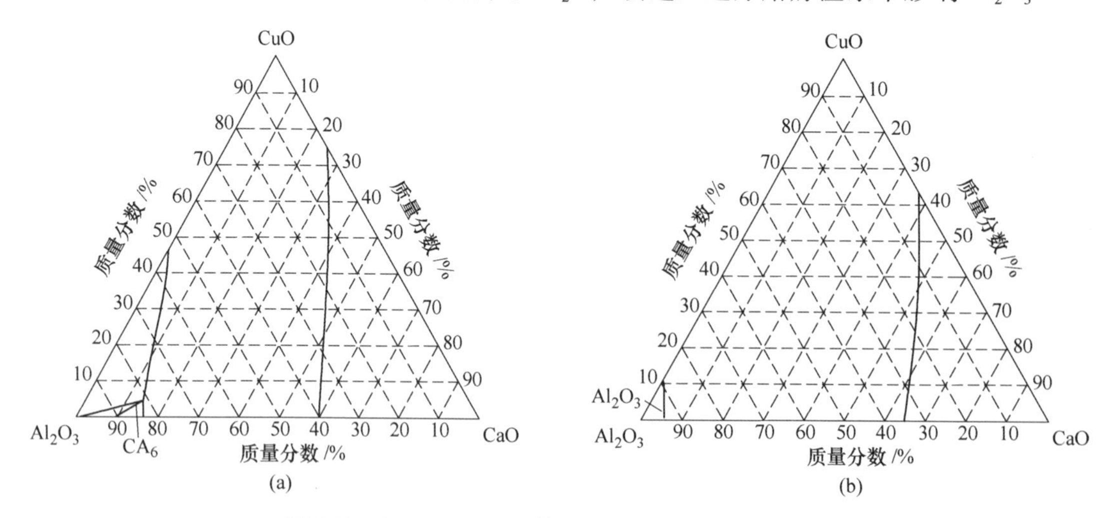


图 2-28　CaO-$Al_2O_3$-CuO 体系相图（压力为 101325Pa）

（a）1800℃；（b）2000℃

二元基础渣系的基础物理性能，反应物料中的合金化组元 Me 相应的 $Me_xO_y$（包括未彻底还原形成的 $Me_zO$ 低价金属氧化物）同样会进入到还原熔炼渣系中，从而影响熔炼渣系的基础物理性能。本书以 $Al_2O_3$-CaO 二元基础渣系为基准，理论上计算了相关的三元氧化物相图，包括：制备 Cu-Cr 合金时的 CaO-$Al_2O_3$-$Cr_2O_3$ 三元熔炼渣系，如图 2-29 所示，$Cr_2O_3$ 的存在会在熔炼渣形成固体颗粒存在。制备 Cu-Fe 合金时的 CaO-$Al_2O_3$-$Fe_2O_3$ 三元熔炼渣系（见图 2-24），此处不再赘述；由于相关基础数据的缺乏，制备 Cu-Zr 合金时的 CaO-$Al_2O_3$-$ZrO_2$ 三元熔炼渣系的相图未做详细的理论计算。

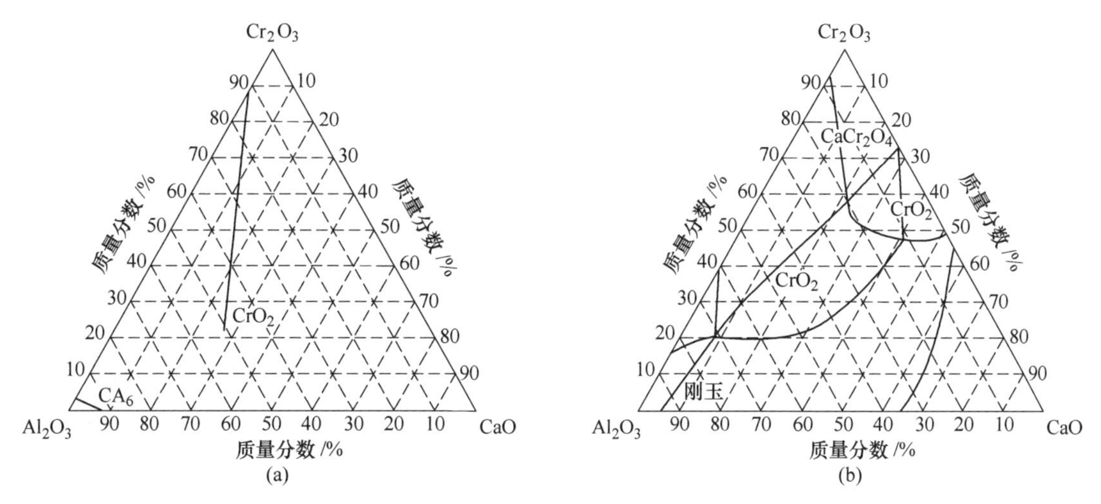


图 2-29 CaO-$Al_2O_3$-$Cr_2O_3$ 体系相图（压力为 101325Pa）
（a）1800℃；（b）2000℃

制备铝基合金（Ti-Al、Al-V）时涉及的基础渣系 CaO-$Al_2O_3$-$TiO_2$ 已有众多相关文献进行了大量研究，本书不做赘述；涉及的 CaO-$Al_2O_3$-$V_2O_5$ 基础渣系参照图 2-26。

### 2.3.4 合金熔体的水气复合快冷凝固基础

本书在进行理论分析研究时涉及的案例包括：

（1）铁基合金：Ti-Fe 合金、Mo-Fe 合金、W-Fe 合金、V-Fe 合金；

（2）铜基合金：Cu-Fe 合金、Cu-Cr 合金、Cu-Zr 合金；

（3）镍基合金：Ni-Cr 合金、Ni-Mo 合金；

（4）铝基合金：Ti-Al 合金、V-Al 合金。

本书第 3 章——铝热还原—熔渣精炼制备 Cu-Cr 合金，以重点案例形式系统介绍了自蔓延冶金还原熔铸制备铜基合金的研究成果；第 4 章——铝热自蔓延—多级还原制备高钛铁，以重点案例形式系统介绍了自蔓延冶金还原熔铸制备高品质合金的研究成果。无论是制备 Cu-Cr 合金还是制备 Ti-Fe 合金，都必须经历浇铸凝固过程才能获得合格的铸锭。对比分析所涉及的合金凝固相图特点可知，铁基合金、镍基合金和铝基合金与铜基合金代表了两大类合金体系，其中铁基合金、镍基合金和铝基合金属于普通合金凝固过程，其合金组元之间会形成固溶相和金属间化合物；铜基合金属于难混溶合金，其合金组元之间固溶度极低或不互溶，也不形成金属间化合物，该类合金采用普通的浇铸凝固会形成显著的宏观偏析导致浇铸失败。因此，开发合金熔体高效冷却凝固技术对自蔓延冶金还原熔铸制备高品质铸锭是十分关键的，尤其是制备致密均质的 Cu-Cr 难混溶合金铸锭[43~46]。

本书采用高温共聚焦显微镜对 Cu-Cr 合金的熔化凝固过程进行原位观察。由于 Cr 含量为 3%的 Cu-Cr 合金与 CuCr25 合金同样都属于过共晶合金，其熔化凝固过程基本一致。且受到原位观察设备使用温度上限的局限，本书采用低熔点的 CuCr3 合金作为代表进行原位观察研究。CuCr3 的化学成分和液相线温度见表 2-14。

**表 2-14　CuCr3 化学成分与液相线温度**

| 样　品 | Cu/% | Cr/% | Al/% | 液相线温度/℃ |
|---|---|---|---|---|
| 铜铬合金 | 96.05 | 3.00 | 0.95 | 1280 |

图 2-30 所示为采用高温共聚焦显微镜进行原位观察时的升温冷却制度曲线。图 2-31（a）~（f）所示分别为高温共聚焦显微镜原位观察到的 CuCr3 合金样品相变过程。其中，图 2-31（a）是样品刚放入高温共聚焦显微镜加热腔时的形貌，温度为 50℃的初始时刻合金铸锭的形貌。当温度升高到 962℃时样品开始软化，图 2-31（b）是样品表面开始出现液相时的形貌。当温度继续升高到 1090.3℃高于 Cu 的熔点时，由图 2-31（c）可看出，尽管铜完全熔化，仍能看出合金样品的原始轮廓，但 Cr 骨架没有熔化，说明 Cu-Cr 合金是两相的假合金，而不是金属间化合物或固溶体。当温度升高到 1321.9℃时，由图 2-31（d）可看出，熔体表面仍有一些未熔化的 Cr 颗粒，但是 Cr 骨架已消失。当温度升高到 1500℃保温 200s 后，Cr 相完全溶解于合金熔体中，形成 Cu、Cr 完全互溶的液相，如图 2-31（e）、（f）所示。

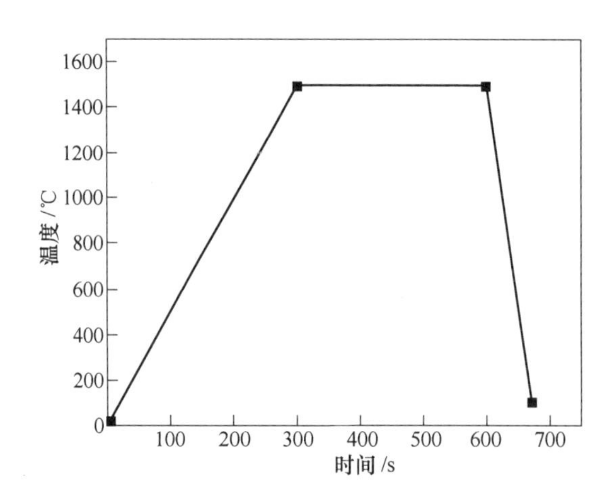


图 2-30　高温共聚焦显微镜的升温冷却工艺制度曲线

图 2-31（g）~（l）所示为铜铬合金熔体降温凝固过程原位观察的形貌照片。由图 2-31（g）~（i）可看出，当温度从 1500℃降到 1213℃时，观察到合金熔体中析出了细小的 Cr 颗粒。结合 Cu-Cr 二元相图可知，此过程是温度低于过共晶线时析出的固态 Cr 相。温度继续降低，Cr 颗粒开始变大互相碰撞聚集，聚集在一起的 Cr 颗粒随着温度降低会进一步形成团聚。当温度继续降低至 1024℃时，合金熔体中开始形成凝固的 Cr 骨架，如图 2-31（j）

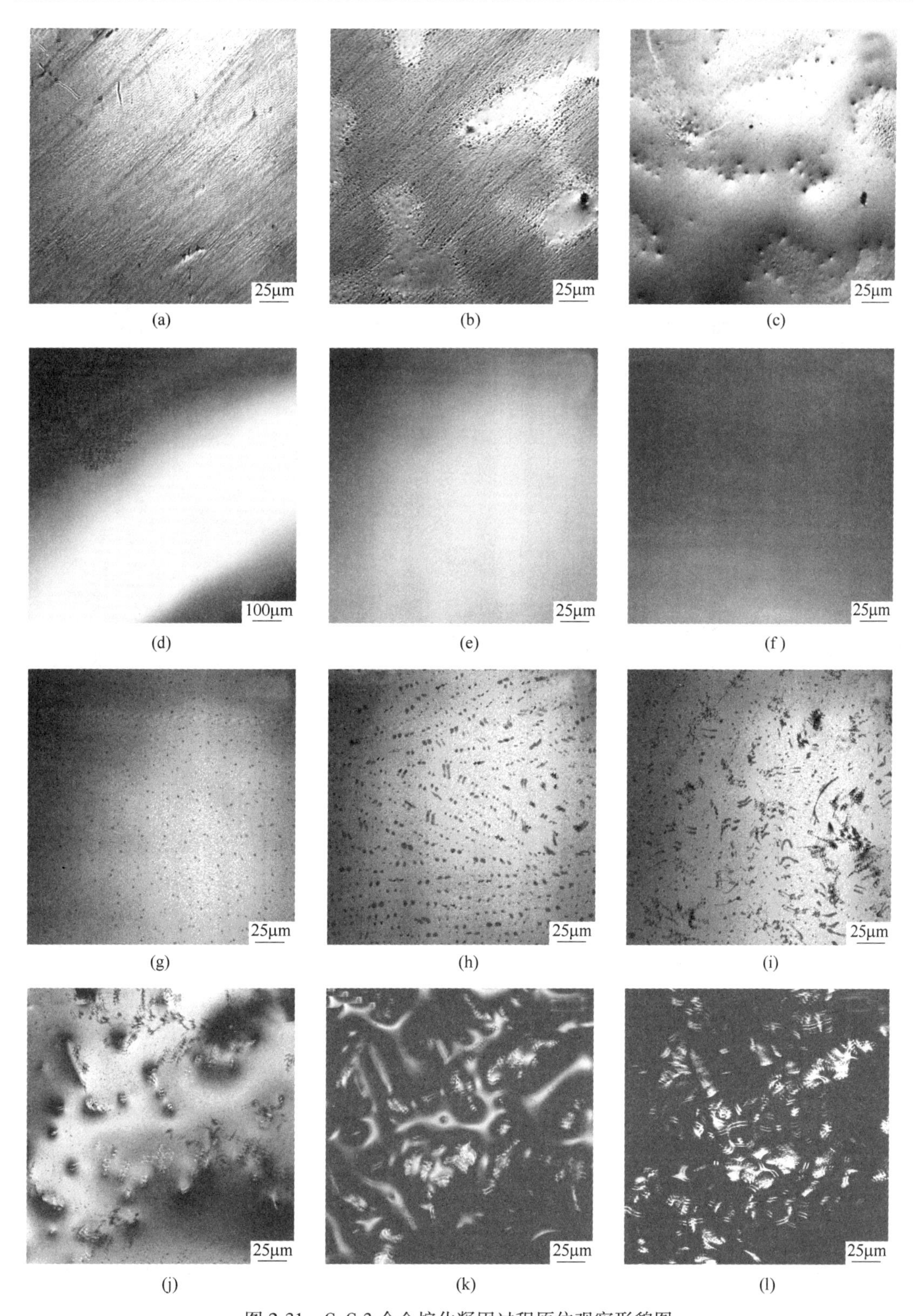

(a) (b) (c) (d) (e) (f) (g) (h) (i) (j) (k) (l)

图 2-31 CuCr3 合金熔化凝固过程原位观察形貌图

(a) 50℃；(b) 962℃；(c) 1090.3℃；(d) 1321.9℃；(e) 1500℃；(f) 1500℃；
(g) 1213℃；(h) 1127℃；(i) 1037℃；(j) 1024℃；(k) 1016℃；(l) 831.3℃

所示。当温度降低到1016℃时，Cr骨架基本完全形成，但是Cu还没有完全凝固，如图2-31（k）所示；当冷却至813℃时，Cu-Cr合金完全凝固，如图2-31（l）所示，即铜在以铬为骨架的熔体中凝固。由图2-31（a）~（l）可知，Cu-Cr合金熔化与凝固可知，当温度加热到Cu的熔点以上时，铜相先熔化，然后随着温度的升高铬开始融化。当Cu-Cr合金中Cr含量为3%时，合金液相线温度是1280℃，随着温度升高到1500℃保温一定时间后Cu与Cr完全熔化，形成完全互溶的液相状态。随着合金熔体温度降低，很快液态合金表面会形成大量铬颗粒析出；继续降温，铬颗粒不断碰撞聚集形成大的铬相，甚至形成明显的枝晶；如果凝固速度过慢，就会形成Cr相的宏观偏析。由此可见，铜基难混溶合金控制其冷却强度，抑制其宏观偏析是成功制备高品质合金的关键。

由图2-32可知，不同的冷却强度对合金铸锭的组织均匀性影响极大，冷却强度较弱的单一水冷或气冷均存在明显的宏观偏析，而采用水气复合快冷宏观偏析完全得到抑制，成功制备出均质致密的Cu-Cr合金大尺寸铸锭。该冷却技术将是未来制备均质难混溶合金铸锭的一种全新技术，本书关于其冷却机制不做详细探讨。

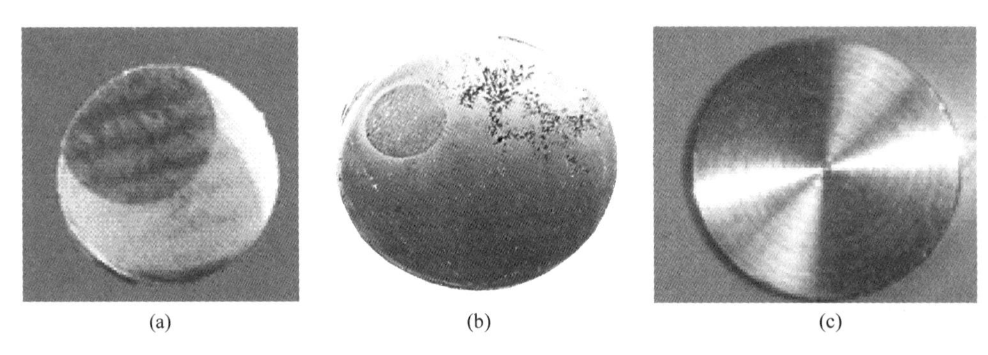


图2-32　不同冷却方式制备的CuCr40合金铸锭的宏观照片
（a）气冷；（b）水冷；（c）水气复合冷

## 参考文献


[1] 张廷安，赫冀成．自蔓延冶金法制备$TiB_2$、$LaB_6$陶瓷微粉［M］．沈阳：东北大学出版社，1999.

[2] 张廷安，豆志河，杨欢，等．镁热自蔓延法制备$B_4C$微粉［J］．东北大学学报（自然科学版），2003，24（10）：935~938.

[3] 豆志河，张廷安，侯闯，等．自蔓延高温合成$CaB_6$的基础研究［J］．中国有色金属学报，2004，14（2）：322~326.

[4] 豆志河，张廷安．自蔓延冶金法制备硼粉［J］．中国有色金属学报，2004，14（12）：2137~2142.

[5] 豆志河，张廷安，王艳利．自蔓延冶金法制备硼粉的基础研究［J］．东北大学学报，2005，26（1）：267~270.

[6] Dou Z H，Zhang T A，He J C，et al. Preparation of amorphous nano-boron powder with high activity by combustion synthesis［J］. Journal of Central South University，2014（3）：900~1003.

[7] Dou Z H，Zhang T A，Shi G Y，et al. Preparation and characterization of amorphous boron powder with high activity［J］. Transactions of Nonferrous Metals Society of China，2014，24（5）：1446~1451.

[8] 张廷安，豆志河，赫冀成，等．自蔓延冶金法制备 $CaB_6$ 粉末的方法：中国，200510047297.8 [P]. 2016-05-17.
[9] 张廷安，豆志河，赫冀成．自蔓延冶金法制备 $LaB_6$ 粉末的方法：中国，200510047308.2 [P]. 2006-05-17.
[10] 张廷安，豆志河，刘燕，等．一种高纯 $CeB_6$ 纳米粉的制备方法：中国，201010233471.9 [P]. 2010-11-24.
[11] 豆志河，张廷安，刘燕，等．一种高纯 $REB_6$ 纳米粉的制备方法：中国，201010233478.0 [P]. 2010-11-24.
[12] 张廷安，豆志河，吕国志，等．一种采用自蔓延冶金法制备超细粉体的清洁生产工艺：中国，201310380803.4 [P]. 2013-12-25.
[13] 张廷安，吕国志，豆志河，等．一种自蔓延冶金法制备超细硼化物粉体的清洁生产方法：中国，201310380754.X [P]. 2013-12-25.
[14] 张廷安，豆志河，殷志双，等．一种分步金属热还原制备高钛铁的方法：中国，201010514572.3 [P]. 2011-02-09.
[15] 张廷安，豆志河，张子木，等．一种基于铝热还原—喷吹深度还原直接制备金属钛的方法：中国，201410345905.2 [P]. 2014-11-05.
[16] 张廷安，豆志河，刘燕，等．一种铝热还原熔—渣精炼制备 CuCr 合金铸锭的方法：中国，201410345271.0 [P]. 2016-04-06.
[17] 豆志河，张廷安，张子木，等．一种基于铝热自蔓延—喷吹深度还原制备钛铁合金的方法：中国，201410345901.4 [P]. 2014-11-05.
[18] 张廷安，豆志河，张子木，等，一种基于铝热自蔓延—喷吹深度还原制备钛铝合金的方法：中国，201410345713.1 [P]. 2014-10-29.
[19] 豆志河，张廷安，刘燕，等．一种铝热还原—熔渣精炼制备难混溶合金铸锭的方法：中国，201410345183.0 [P]. 2014-10-29.
[20] 张廷安，豆志河，赫冀成，等．铝热还原—电磁铸造法制备铜铬合金：中国，200510047309.7 [P]. 2006-03-08.
[21] 张廷安，豆志河，牛丽萍，等．自蔓延熔铸—电渣重熔制备 CuCr 合金触头材料的方法：中国，200710011613.5 [P]. 2007-11-07.
[22] 张廷安，豆志河．宏观动力学研究方法 [M]. 北京：化学工业出版社，2014.
[23] 纪武仁．镁热自蔓延法制备 $CaB_6$ 粉末及对燃烧产物焙烧处理的研究 [D]. 沈阳：东北大学，2006.
[24] 牛仁通．自蔓延冶金法生产 $CaB_6$ 微粉的基础研究 [D]. 沈阳：东北大学，2008.
[25] 郭永楠．自蔓延冶金法制备 $CeB_6$ 粉末的基础研究 [D]. 沈阳：东北大学，2010.
[26] 王日昕．自蔓延冶金法制备 $NdB_6$ 粉末的基础研究 [D]. 沈阳：东北大学，2010.
[27] 宋金磊．多级深度还原法制备钽粉的基础研究 [D]. 沈阳：东北大学，2018.
[28] 范世钢．多级深度还原法制备钛粉的基础研究 [D]. 沈阳：东北大学，2016.
[29] 易新．多级深度还原制备钛粉及氮化钛粉的研究 [D]. 沈阳：东北大学，2017.
[30] 黄杨．高活性无定形纳米硼粉的制备与表征 [D]. 沈阳：东北大学，2012.
[31] 黄秋阳．自蔓延冶金法制备无定形硼粉中杂质去除机理研究 [D]. 沈阳：东北大学，2016.
[32] 张含博．基于自蔓延铝热还原制备高钛铁的研究 [D]. 沈阳：东北大学，2011.
[33] 姚建明．铝热还原精炼制备高钛铁的基础研究 [D]. 沈阳：东北大学，2009.
[34] 张含博．基于自蔓延铝热还原制备高钛铁的研究 [D]. 沈阳：东北大学，2011.
[35] 江旭．铝热法高钛铁制备及其对钢液脱氧性能的影响 [D]. 沈阳：东北大学，2012.

[36] 关跃. 铝热还原制备钛铁的热力学研究 [D]. 沈阳：东北大学，2014.
[37] 程楚. 多级深度还原制备低氧低铝钛铁基础研究 [D]. 沈阳：东北大学，2018.
[38] 杨欢. 自蔓延熔铸法制备铜铬合金触头材料的基础研究 [D]. 沈阳：东北大学，2003.
[39] 豆志河. 基于铝热还原法制备 CuCr 合金的基础研究 [D]. 沈阳：东北大学，2008.
[40] 史冠勇. 制备铜铬合金 $Al_2O_3$ 基渣系性能的研究 [D]. 沈阳：东北大学，2009.
[41] 张志琦. 基于铝热还原—电磁铸造法制备铜铬合金中夹杂物的调控研究 [D]. 沈阳：东北大学，2011.
[42] 刘云涛. 铝热还原法制备大尺寸铜铬合金的铸锭及夹杂物分析 [D]. 沈阳：东北大学，2012.
[43] 纪晓琳. 铝热还原—熔渣精炼法制备大尺寸 CuCr 合金凝固的数值模拟 [D]. 沈阳：东北大学，2014.
[44] 张洪岩. 铝热还原—二次精炼法制备铜铬合金的基础研究 [D]. 沈阳：东北大学，2015.
[45] 王福幸. 基于铝热还原—感应精炼制备铜铬合金的研究 [D]. 沈阳：东北大学，2016.
[46] 王腾达. 铝热还原—二次精炼法制备铜基合金的研究 [D]. 沈阳：东北大学，2017.
[47] 史冠勇. 自蔓延冶金法制备 CuCr 合金的冶炼渣的研究 [D]. 沈阳：东北大学，2016.

# 3 铝热还原—熔渣精炼制备 Cu-Cr 合金

## 3.1 Cu-Cr 合金的研究现状

难混溶合金系是一类非常重要的合金系。难混溶合金是指存在由一种液相转变为另一种液相和固相的偏晶反应的一类合金，国内称为偏晶合金，但其实这类合金最显著的特点是其在二元相图中存在一个两液相不混溶区，或称之为“难混溶区”，在不混溶区内两种不同成分的液相平衡共存，所以国际上称其为难混溶合金。由于两组元有不同的富集，因此它们之间一般都存在较大的密度差，在通常的地面重力条件下凝固时，第二相将上浮或下沉，极易形成严重的密度偏析乃至两相分层现象。但如果通过适当的办法将第二相弥散分布，它们中许多都表现出特殊的物理和力学性能，如自润滑材料、超导材料、电触头材料。因此，发达国家尤其是航天大国相继在太空微重力环境下对此类合金进行研究，目前这个领域已成为空间流体力学和材料科学的重要分支。难混溶合金有 500 多种，常见的铜基难混溶合金见表 3-1[1~3]。

**表 3-1 典型的铜基难混溶合金**

| 铜基合金 | 合金的应用 |
|---|---|
| Cu-Fe 合金 | Fe 成本低廉，因此 Cu-Fe 合金在电力、电子、机械和冶金等工业领域具有十分广阔的应用前景 |
| Cu-Co 合金 | 在非磁性基体上分布着高密度纳米级（直径 3~5nm）富 Co 沉淀相粒子组织的 Cu-Co 合金，合金中存在巨磁电阻（GMR）效应，是一种优良的巨磁阻材料 |
| Cu-Cr 合金 | 广泛应用于在高温下要求高强度、高硬度、高导电性和导热性的零件 |
| Cu-Pb 合金 | 高铅含量的铜铅合金具有很高的疲劳强度、导热性和耐磨性等优良品质，是优良的自润滑材料和轴承、轴瓦用合金 |

### 3.1.1 Cu-Cr 合金的性质和用途

Cu-Cr 合金是指以 Cu 为基体，加入 Cr 和其他微量合金元素形成的合金。Cu 具有熔点低、导电性高、导热性高、良好的延展性等特点；Cr 具有熔点高、机械和加工强度高、截流值低等特点（见表 3-2）[4,5]。Cu-Cr 合金不仅保存了 Cu 和 Cr 各自良好的物理化学特点，其在室温至 400℃，具有机械强度高、硬度高、良好的导电及导热性能，并且具有抗高温氧化、耐磨蚀和加工性能好等特性，又因其热处理后具有较高的强度和硬度、良好的导电导热性及抗腐蚀性，被广泛应用于在高温下要求高强度、高硬度、高导电性和导热性的零件，以及高压真空触头材料。Cu-Cr 合金还是重要的高温复合材料。

**表 3-2　Cu、Cr 的特征常数[4,5]**

| 元素 | 晶体结构 | 点阵常数 /nm | 熔点 /℃ | 熔点时蒸气压 /Pa | 沸点 /℃ | 热导率 /W·(m·K)$^{-1}$ | 密度 /g·cm$^{-3}$ |
|---|---|---|---|---|---|---|---|
| Cu | 面心立方 | 0.3615 | 1083 | 0.05 | 2595 | 394 | 8.96 |
| Cr | 体心立方 | 0.2884 | 1875 | 1030 | 2220 | 67 | 7.19 |

近年来电路断路器正朝着高电压、大容量的方向发展，理想的触头材料应满足开断能力大、耐电压能力强、抗熔焊性能好、截流水平低等多方面的要求。很久以前的触头材料大多采用 W-Cu 和 Cu-Bi 两类材料，其开断性能具有较大的局限性。钨具有极强的电子发射性能，W-Cu 材料只适用于电流小于 10kA 的真空开关；Cu-Bi 系材料耐压强度低，抗电蚀性差，且机械脆性大，应用范围及寿命受到限制。由于 Cu-Cr 合金具有强度和硬度高、导热性和导电性好以及抗腐蚀性强等优点而广泛应用于制备电阻电极、触头材料、集成电路引框架、电车及电力火车架空导线、电动工具的转向器、大型高速涡轮发电机转子导线、电工开关以及电动机集电环等要求高电导率、高强度的产品，尤其是在大功率真空高压开关中 Cu-Cr 合金更是显示出广阔的应用前景[6]。

由于 Cu-Cr 合金具有较多的优点，并且被众多领域所广泛应用，因此，材料界对于 Cu-Cr 合金展开了深入的研究，经过数十年的研究发展，已取得了一些成绩，尤其是在 Cu-Cr 合金制备方法的改进和探究，以及 Cu-Cr 合金力学性能的强化方式等方面。但由于该类合金中两相密度差通常较大，制备过程中往往造成严重的重力偏析，限制了该类合金的开发和应用。

Cu-Cr 二元相图如图 3-1 所示。由图 3-1 可知[7,8]，在固态时，面心立方的铜和体心立方的铬几乎不互溶，共晶点的含铬量为 1.28%（质量分数）；铬在铜中的最大固溶度（质量分数为 0.73%）出现在共晶温度 1076℃，600℃以下则几乎不溶；Cu 不溶于 Cr。由于铜、铬两组元的上述特性，Cu-Cr 合金凝固时，Cr 会有重力偏析的趋势，容易造成宏观上

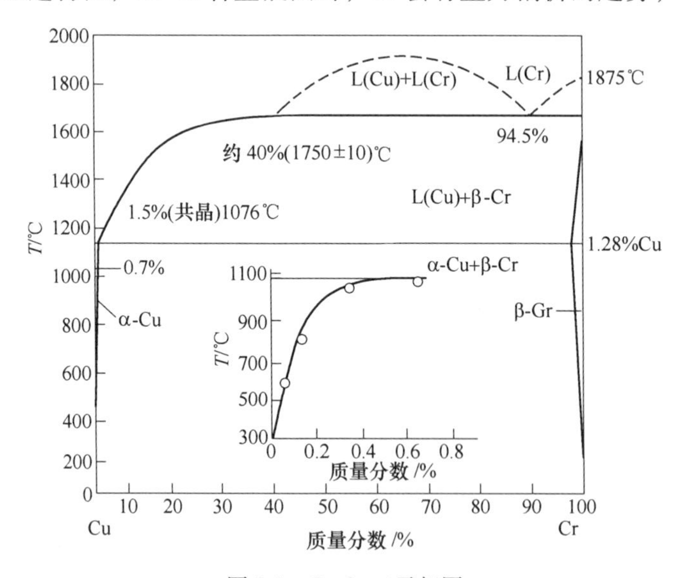


图 3-1　Cu-Cr 二元相图

的偏析；Cr 熔点很高，为 1875℃，高温时易与熔炉的材料发生剧烈反应。除此之外，Cr 易与 O、N、C 反应产生不易被还原的化合物，进而对材料的各方面性能影响很大，因此，很难制备气体含量较低的合金材料。

## 3.1.2 Cu-Cr 合金的制备技术

### 3.1.2.1 铜铬合金触头材料工业生产工艺

Cu-Cr 合金的研究和发展已经有几十年的历史，经历了一代又一代科研工作者的努力，形成了成熟的工业生产方法，包括熔渗法、粉末冶金法、真空自耗电弧熔炼法。由于这三种方法采用不同的生产原理，需要不同的生产环境和设备，因此在工业生产中各有利弊，能够生产 Cu-Cr 合金的型号也有一些差异[9~11]。

（1）熔渗法。将高纯度和粒度小的 Cr 粉（或混有少量高纯 Cu 粉）进行压制烧结成骨架；在真空或保护气氛下，通过毛细力的作用，将 Cu 向 Cr 骨架中进行熔渗，从而得到 Cu-Cr 合金触头材料。

熔渗法制备 Cu-Cr 合金触头材料的生产工艺相对比较简单，但是利用熔渗法制备的 Cu-Cr 合金存在如下缺陷：由于 Cr 粉的活性和吸气性很强，会严重削弱熔渗金属 Cu 与骨架 Cr 的浸润性，进而造成金属表面的气孔、化学成分偏析等，大幅减弱了合金的性能。而且该工艺不适合 Cr 含量高于 25%的高 Cr 含量的合金制备。

（2）粉末冶金法。在保护性气氛下，将高纯金属 Cu 粉与 Cr 粉混合均匀后压制成坯，然后在高真空或惰性气氛保护下进行烧结致密化。

粉末冶金法制备 Cu-Cr 合金触头材料，适合制备 Cr 含量较低的合金，合金成分易于调节和控制，无宏观封闭气孔，吸气性能好，生产成本相对较低等，但是缺点是对粉末质量尤其是 Cr 粉的氧含量要求很高，而且致密度相对较低。

（3）真空自耗电弧重熔法。将一定比例的 Cu 粉和 Cr 粉混合均匀后，采用等静压压制成棒坯，在 950℃左右真空气氛中烧结制成自耗电极，然后进行真空自耗电弧重熔得到铜铬合金铸锭。该法也被称为西门子法，是目前工业制备铜铬合金触头材料最先进的方法（见图 3-2）。

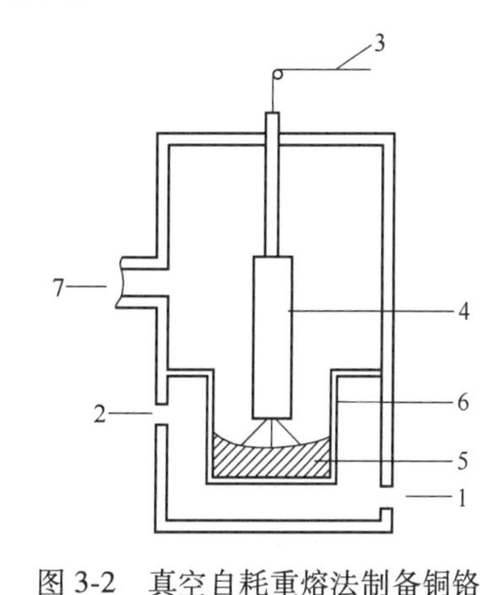


图 3-2 真空自耗重熔法制备铜铬合金触头的工艺示意图

1—进水口；2—出水口；3—电极引进机构；4—电极；5—铸锭；6—铜模；7—真空机组

真空自耗电弧炉法制备的合金材料含气量很低，Cr 相分布均匀且细小，气孔率低，电性能非常优越。但是该工艺存在设备投资偏大、需要制备自耗电极、生产周期较长、生产成本高等缺陷。

### 3.1.2.2 Cu-Cr 合金制备新工艺

随着电磁场、微波场、超声波、等离子、激光等非常规外场技术与传统冶金过程的耦合集成创新，形成了有别于传统重力场条件下的材料制备新方法、新技术[12]。尤其是近年来对高强高导铜合金以及不同应用方面的 Cu-Cr 合金产品的需求，同时随着真空技术、电磁场技术及激光技术的发展，利用外场技术对金属进行熔化，极大地提高了熔化效率和效果。在研究方面有了一些新的手段和新的研究设备，使很久以前在实践中难于实现的制备手段得以应用。随着材料科技和设备的不断发展，近年来许多科研工作者研究出了一些制备 Cu-Cr 合金的新工艺，主要有以下几种：机械化合金法、真空感应熔炼法、等离子体喷涂法、激光表面合金化法、快速凝固法和电磁悬浮熔炼法。以上的这几种方法采用不同的生产原理，都是利用外场技术，每一种生产工艺都有很多的局限性，基本上都没有进行量产。

（1）机械化合金法。将一定比例混合的 Cu 粉和 Cr 粉在高能球磨机中长时间研磨，然后压紧、成型、挤压、烧结。

机械合金法制备 Cu-Cr 合金触头材料，熔炼工艺简单、Cr 相分布均匀，Cu 与 Cr 之间相互固溶度提高，从而使合金的强度提高，但是工艺流程比较长，难获得致密度高、含气量低、性能优越的合金。

（2）真空感应熔炼法。将 Cu 块和纯 Cr 块放入抽真空的感应炉中加热熔炼，完全熔化后保温一段时间，然后水冷将其凝固。

真空感应熔炼法制备 Cu-Cr 合金触头材料，合金纯度高、含气量低、操作过程简单、生产周期短、产量大，适合大规模生产，但是合金中 Cr 枝晶较细，不利于耐压强度的提高，合金内部易存在宏观气孔、成分偏析等问题。

（3）等离子体喷涂法。利用电弧等离子炬把难熔金属粉末快速熔化，并以极高的速度将其喷散成较细的、具有很大动能的颗粒，在基体上形成很薄的涂层。

等离子体喷涂法制备 Cu-Cr 合金触头材料，涂层与基体的结合较好，涂层密度和强度较高，但是涂层很薄，耐腐蚀、耐高压能力差，不能生产 Cu-Cr 整体材料。

（4）激光表面合金化法。在经过喷丸处理的铜基体表面上用硅酸盐黏结剂黏附一层粒度为 100～300μm 的 Cr 粉，然后在氦气保护下用激光束照射 Cr 粉，在高能激光束的照射下，Cr 粉及表层 Cu 快速熔化，凝固形成 Cu-Cr 合金。

激光表面合金化法制备的 Cu-Cr 合金触头材料硬度高，具有很好的耐磨性。缺点是只适用于材料的表面改性，不适于制备大块合金材料。

（5）电磁悬浮熔炼法。将 Cu-Cr 合金初始铸锭放在悬浮炉内的中空陶瓷支撑杆上，抽真空后充入高纯氩气，调节感应功率使铸锭悬浮起来并加热，待铸锭完全熔化后保温，然后从中空陶瓷支撑杆中吹入高纯氦气，使样品在悬浮状态下凝固。电磁悬浮熔炼法制备 Cu-Cr 合金触头材料时，突破了坩埚材料的限制，合金组织比较均匀；缺点是操作过程复杂，对装备要求高，成本大，不适于生产低 Cr 含量的合金材料。

## 3.2　铝热电磁熔炼水气复合冷制备均质 Cu-Cr 合金暨自蔓延冶金熔铸法制备 Cu-Cr 合金

### 3.2.1　制备方法及原理

针对传统的粉末冶金法、熔渗法以及真空电弧重熔法制备 Cu-Cr 存在着生产成本高、工艺复杂、成品率低等缺陷，从自蔓延冶金熔铸角度出发，提出了铝热还原电磁熔炼水气复合冷制备均质高致密难混溶 Cu-Cr 合金的新思路[13,14]，即首先以氧化铜、氧化铬为原料，采用铝热自蔓延获得互溶的高温熔体，然后精炼调质，最后“水气复合快速凝固”制备高致密均质 Cu-Cr 合金。其工艺原理如图 3-3 所示。

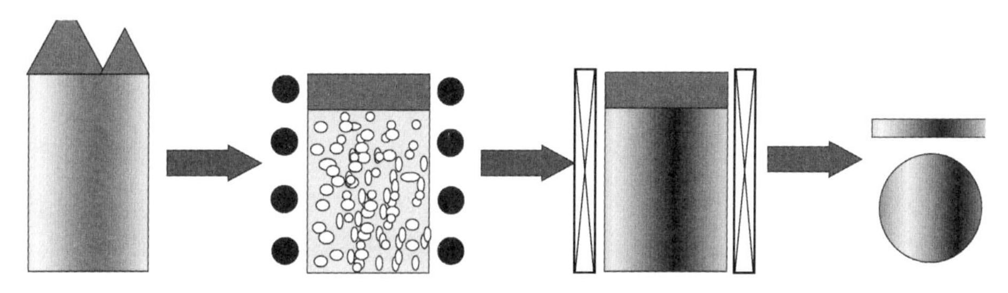

图 3-3 铝热还原电磁熔炼水气复合冷制备 Cu-Cr 合金工艺原理示意图

铝热还原电磁熔炼水气复合冷制备 Cu-Cr 合金工艺的创新之处在于：首先利用铝热自蔓延瞬间形成的超高温场获得互溶的铜铬合金熔体；然后进行感应熔渣净化精炼调质得到合格的 Cu-Cr 合金熔体；最后水气复合强冷得到高致密 Cu-Cr 合金铸锭。其关键步骤包括：

（1）电磁场作用下的铝热自蔓延还原熔炼。自蔓延反应具有放热量大、可瞬间获得超高温场等优点。铝热还原电磁熔炼水气复合冷制备 Cu-Cr 合金新方法、新技术取得关键性科学突破之一是：以氧化物为原料采用电磁搅拌作用下铝热还原快速获得充分互溶的 Cu-Cr 熔体[15,16]，解决了传统熔炼工艺因受制于升温速率存在明显温度梯度场造成宏观偏析严重的难题。由图 3-4 中该法制备的 Cu-Cr 合金铸锭宏观和微观照片可见，铝热自蔓延还原熔炼有效抑制了合金的宏观偏析，可获得无偏析的大尺寸 Cu-Cr 合金铸锭。

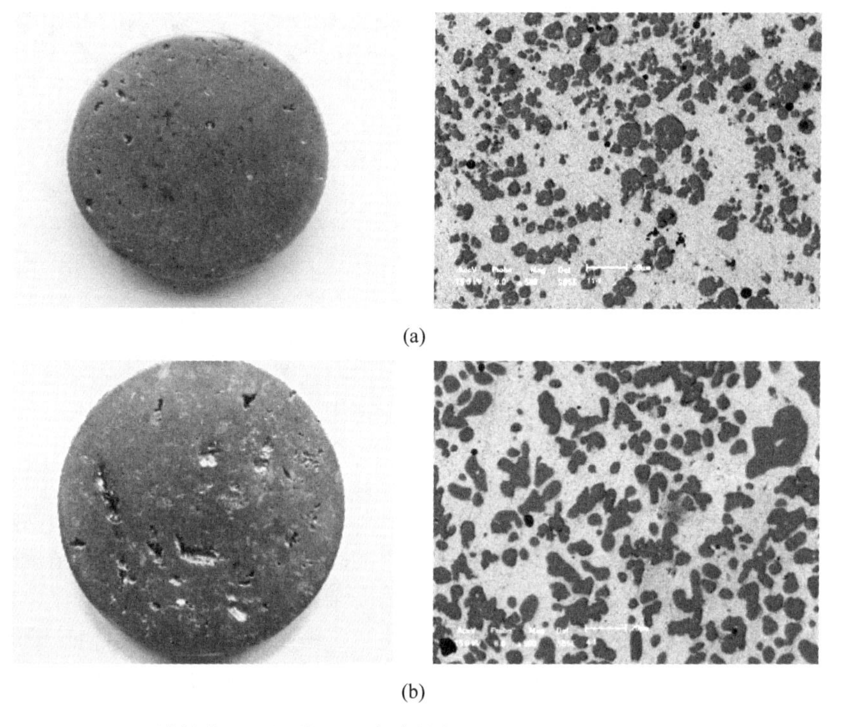

图 3-4 电磁搅拌作用下铝热还原熔炼制备的 Cu-Cr 合金铸锭宏观和微观照片

（a）CuCr25；（b）CuCr50

（2）熔渣感应精炼净化调质。由图 3-4 可知，铝热自蔓延还原熔炼可有效抑制合金的宏观偏析，但合金中却存在着氧化物夹杂、气孔等微观结构缺陷。如何在获得无宏观偏析的大尺寸均质 Cu-Cr 合金铸锭的同时，制备出无夹杂、无气孔缺陷的均质高致密 Cu-Cr 合金铸锭是铝热还原电磁熔炼水气复合冷制备 Cu-Cr 合金新技术需解决的又一关键科学难题。传统的自蔓延反应过程都是在敞开体系下进行的，尽管瞬间获得了超高温场，也会瞬间降温，而还原熔炼渣是高铝基氧化渣，黏度大流动性差，造成金渣分离的动力学条件不充分，合金熔体中的氧化物夹杂和气孔来不及上浮去除，导致最终合金中氧化物夹杂和气孔等缺陷过多，而且过多的夹杂物相存在会诱发第二相析出导致宏观偏析形成。尝试采用自耗电弧重熔对铝热自蔓延获得的铸锭进行精炼除杂，实际效果并不理想。由图 3-5 可知，自耗重熔精炼后合金中的气孔等缺陷被有效去除，但是合金中氧化物夹杂并没有被去除。

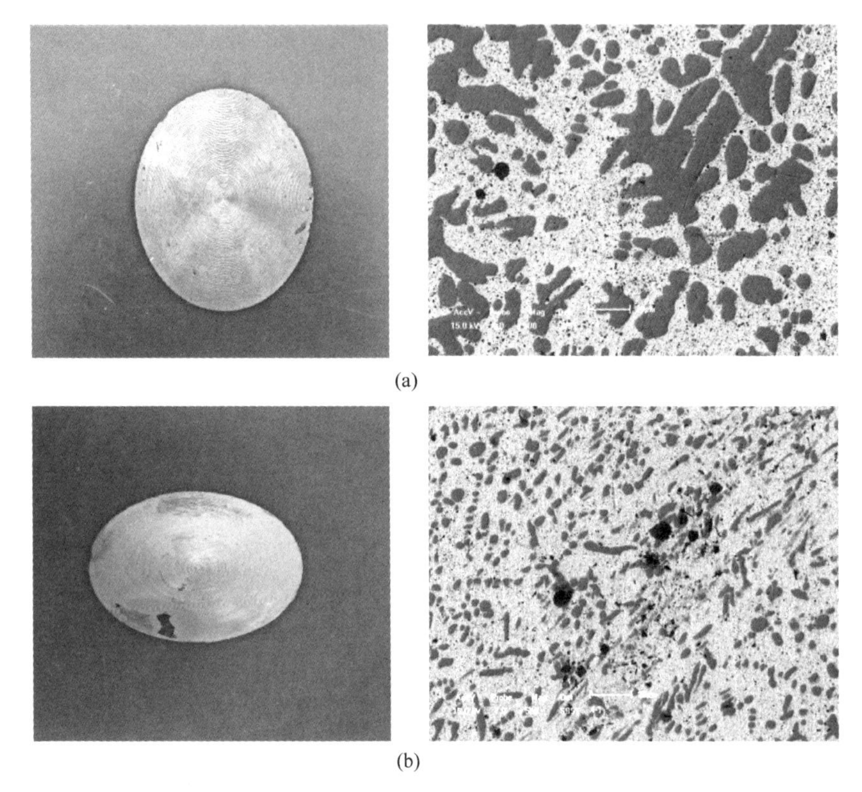

图 3-5　自耗电弧重熔法获得的 Cu-Cr 合金铸锭宏观和微观照片
（a）CuCr25；（b）CuCr50

基于此，新工艺进一步提出了基于铝热还原—感应电渣精炼净化调质的新思路，即将铝热还原所获得的互溶高温合金熔体在特定工频的感应炉中进行辅助熔渣精炼净化，并调整精炼渣的碱度和黏度使得合金熔体中的氧化物夹杂和气泡有充分时间上浮，而氧化物夹杂会在上浮过程中被高碱度的精炼渣吸收，强化了金渣分离效果。同时由于直接对铝热反应产生的高温熔体进行精炼，节能降耗效果显著。由图 3-6 可知，熔渣感应精炼后得到的 Cu-Cr 合金铸锭均匀致密，且无宏观偏析。

（3）水气复合冷却消除偏析。由不同冷却制度条件下获得的 Cu-Cr 合金铸锭的宏观照片可知（见图 3-7），单一的冷却方式都存在明显的宏观偏析，水气复合冷却制度可以有效解决宏观偏析的科学难题，但需要合适的冷却强度。因此，合理的冷却制度和适合强度是保证获得均质 Cu-Cr 合金铸锭的又一关键步骤，也是新工艺突破的又一关键科学难题。

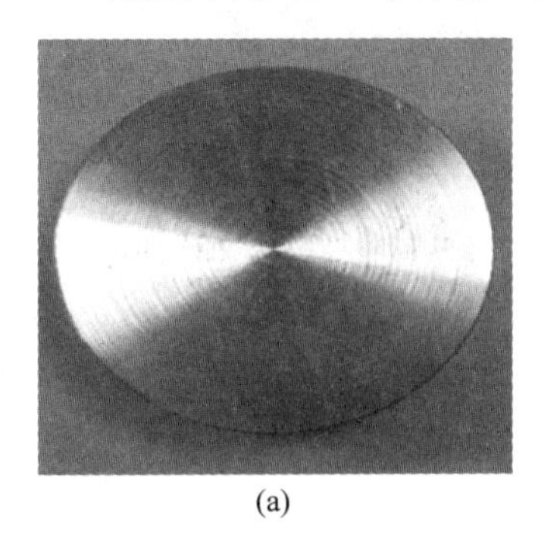
(a)

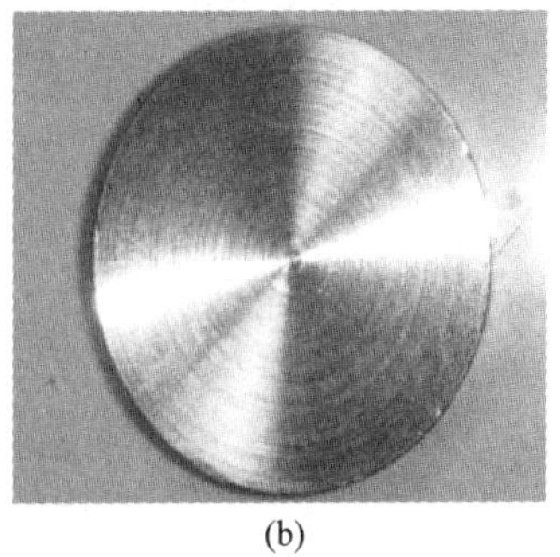
(b)

图 3-6 熔渣感应精炼制备的 Cu-Cr 合金铸锭宏观照片
(a) CuCr25；(b) CuCr50

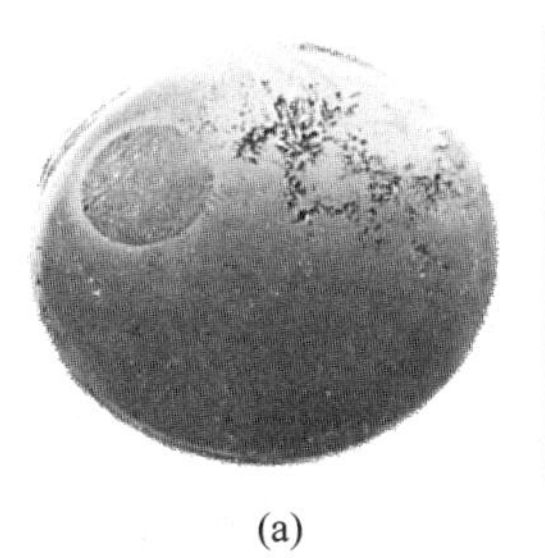
(a)

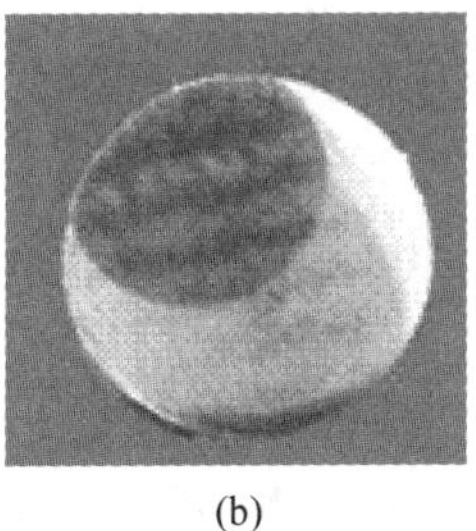
(b)

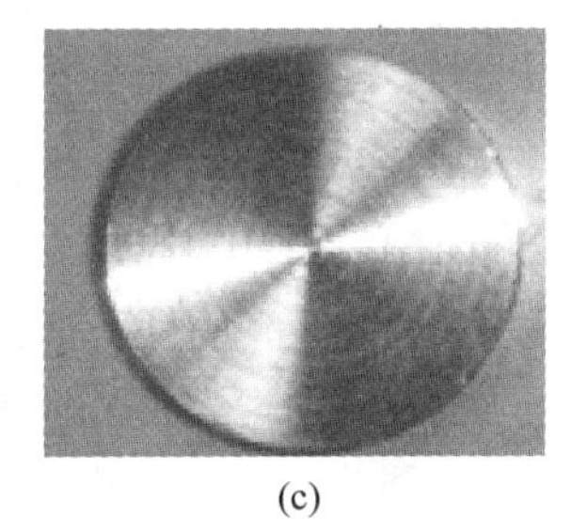
(c)

(d)

图 3-7 不同冷却制度条件下获得的 Cu-Cr 合金铸锭的宏观照片
(a) 气冷；(b) 水冷；(c) 水气复合冷；(d) 过大冷却度

### 3.2.2 实验装置

#### 3.2.2.1 铝热电磁搅拌还原熔炼一体化装置

实验所采用的装置主要包括自蔓延反应—电磁搅拌装置，如图 3-8 所示。

图 3-8 铝热还原—电磁搅拌装置

#### 3.2.2.2 精炼过程中所用的真空自耗电弧炉

真空自耗电弧炉精炼的工作原理：在无渣和真空环境中或在惰性气体中，把已知化学成分的金属自耗电极在直流电弧的高温作用下迅速熔化，并在水冷铜坩埚内形成熔池。当液态铜铬合金以熔滴的形式通过高温的电弧区滴落到坩埚熔池过程中并在水冷铜坩埚内保持液态时，发生一系列的物理化学反应，使金属得到精炼，起到提纯作用，达到了净化金属、改善结晶结构的作用。电弧高温加热下的熔池受到搅拌，一些易挥发的杂质将加速扩散到熔池表面被去除，合金的化学成分经搅拌后可达到充分均匀、性能提高的目的，在电弧作用下自耗电极不断熔化消耗，熔池不断上升，熔融金属被水冷坩埚逐渐冷凝成铸锭。在熔炼过程中由真空系统维持熔炼室内所必需的真空，由电极杆控制系统和传动系统自动调节电极杆的升降，以保证电弧稳定燃烧。利用弧光放电产生的电弧热能熔炼金属材料。将自耗电极接负极，坩埚接正极，通电时两级间产生弧光放电，正离子打到阴极（自耗电极），电子打到阳极（坩埚），将电能转变成热能，使材料熔化。真空自耗电弧炉如图 3-9 所示。

图 3-9 真空自耗电弧炉

#### 3.2.2.3 特定功率的辅助保温感应熔渣精炼炉

高频感应炉是一款较大型高温感应加热/熔炼炉系统，针对于生长晶体、金属熔炼和各种材料的热处理是绝佳的实验帮手。仪器最高温度可以达到 2000℃，使用的过程中必须保证在氩气保护气氛的条件下，并且要保证在该过程中是负压。感应炉系统主要由高频感应加热电源、冷却系统、温度测量与控制系统构成，如图 3-10 所示。感应炉主要特点有升温速率快，可以缩短铜铬合金在熔化过程中固液两相的时间，减少铜铬合金的分离；对在熔炼过程中的铜铬合金的污染很小；具有电磁搅拌作用，可以使熔炼的铜铬合金均匀混合[17]。

图 3-10 SP-85KTC 型感应炉示意图

### 3.2.3 实验步骤

#### 3.2.3.1 原料准备

实验所用原料见表 3-3。

**表 3-3 实验所用原料**

| 药品名称 | 分子式 | 级别 | 生产厂家 |
| --- | --- | --- | --- |
| 氧化铜 | CuO | 分析纯 | 沈阳试剂五厂 |
| 氧化铬 | $Cr_2O_3$ | 分析纯 | 沈阳试剂五厂 |
| 铝粉 | Al | 分析纯 | 沈阳试剂五厂 |
| 氯酸钾 | $KClO_3$ | 分析纯 | 天津市科密欧化学试剂开发中心 |
| 氧化钙 | CaO | 分析纯 | 天津市科密欧化学试剂开发中心 |

#### 3.2.3.2 自蔓延反应流程

（1）烘料。自蔓延反应是高放热反应，对物料以及石墨反应器、结晶器的干燥程度要求很高，否则会有爆炸危险，对物料进行 150℃烘干 12h。

（2）配料。根据化学方程式计算 CuCr25 或者 CuCr50 所需物料量以及不同添加剂的用量。

（3）混料。自蔓延反应对原料的粒度有一定的要求，粒度太大，燃烧放热量低，反应不彻底，影响合金的收得率，所以用球磨混料进行处理以得到较细的物料，混料 40min。

（4）烘干。混料结束后，再把物料放入烘箱，80℃烘干 20min，以防止配料、混料过程中原料的潮湿。

（5）自蔓延反应。反应装置如图 3-8 所示，把物料倒入反应器内，用适量的镁粉引燃，开启冷却和电磁搅拌装置，反应很迅速、剧烈，熔融的合金浇入石墨结晶器，电磁搅拌 10min，冷却后取出铜铬合金铸锭。

#### 3.2.3.3 真空自耗电弧熔炼流程

（1）根据原料尺寸选择合适的坩埚，将自耗电极装在电极杆上，关闭炉门。

（2）检查冷却水进水口压力，出水口流量，检查空气压缩系统。

（3）抽真空，依次启动旋片泵、罗茨泵、油扩散泵，待真空度达到要求。

（4）启动稳弧电源，调整电位器使稳弧电流达到要求值。

（5）根据工艺要求，调整电流给定电位器，给定稳弧电流，电极杆缓慢下降，待起弧后利用电位器将电流加大至正常的熔炼电流，保证电压稳定。

（6）电源分闸，升起电极杆，熔炼电流调节电位器归零，停止增压和罗茨泵，待油扩散泵温度降到 100℃以下，停止旋片泵。

（7）停止熔炼 40~50min 后，关闭坩埚、炉室、电极杆冷却水，取出熔炼完的铸锭，取下剩余的自耗电极。

#### 3.2.3.4 感应精炼主要流程

在进行熔炼前，通常将炉体内的温度加热到 150℃保温 10min 将炉子烘干，再将炉子密封好。在进行合金熔炼前应该先向炉内通入 30min 氩气将炉内的 $O_2$、$N_2$ 等杂质气体赶出炉内，然后设定感应炉的温度程序，开启感应炉，开始升温，在熔炼停止前的 30s，为防止凝固时造成偏析，应该迅速通过联动杆将坩埚拉入水冷套内，同时调大氩气流量为 30L/min。待冷却后取出坩埚破碎得到合金样品。实验流程如图 3-11 所示。

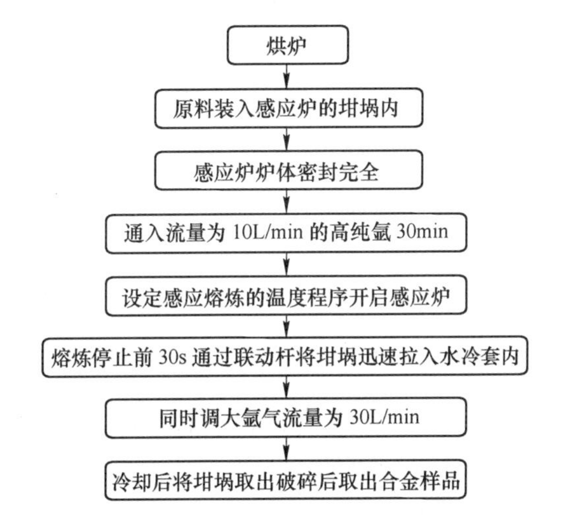


图 3-11 感应炉精炼 Cu-Cr 合金的实验流程

## 3.3 铝热电磁熔炼水气复合冷制备 Cu-Cr 合金的基础理论

自蔓延高温合成（SHS 或燃烧合成）过程是一个复杂的高放热的燃烧过程，由于该过程的高温和快速反应行为，使得对其反应过程的研究相当困难，为了把握 SHS 合成反应规律，对 SHS 合成反应体系进行分析和反应的热力学计算是十分必要的[18]。根据热力学分析结果，将燃烧合成初始条件确定在合理的范围内，进而达到对燃烧合成反应过程调控的目的。通过对反应物、生成物的反应吉布斯自由能以及反应的吉布斯自由能变进行计算，首先确定反应能否进行，进一步对生成物的状态进行预测，从而为反应体系的成分设计提供依据。

在 SHS 合成反应研究过程中，反应体系必须满足一定的热力学条件，反应才能自我维持燃烧反应过程。其中，最基本的热力学参数是反应的绝热温度（$T_{ad}$）。燃烧合成（或 SHS）是一种特殊条件下的化学反应。热力学分析主要讨论反应的可行性，如在给定条件下如何判断某化学反应能否进行，进行到什么程度为止，改变条件后对反应有什么影响。对燃烧体系进行热力学分析，主要任务是在绝热条件下计算燃烧温度与产物平衡成分[19]，即反应释放的所有热量全用来加热反应过程中合成的产物，依据质量和能量守恒及化学位（吉布斯自由能）最低原理进行计算。热力学计算是研究 SHS 过程十分有效的方法，有助于对过程产物的温度和成分进行控制。

“基于铝热还原法制备铜铬合金的新工艺研究”新思路主要创新点包括：首先采用 SHS 合成工艺制备出铜铬合金初始铸锭，然后再采用不同的重熔工艺进行精炼处理，从而制备出均匀、致密、综合性能优良的铜铬合金。要想获得其制备工艺的创新，必须首先对 SHS 合成阶段的热力学进行系统的研究，主要包括反应体系的绝热温度、相关反应的吉布斯自由能变等热力学研究。

反应过程动力学研究的基本任务是研究各种因素（如温度、压力、浓度、介质、催化剂等）对反应速度的影响，以揭示化学反应与物质结构之间的关系，达到控制化学反应的目的。热分析技术是目前研究反应动力学过程最有效的手段之一[20]，应用最广泛的热分析技术主要包括热重法（TG）、微商热重法（DTG）、差热分析法（DTA）、差示扫描量热法（DSC）、逸出气分析法（EGA）与逸出气检测（EGD）等。其中，TG、DTG、EGA、EGD 是测定物质质量与温度的变化关系，DTA 是测定温度差信号与温度的关系，DSC 则是测定热量变化与温度的关系。目前，TG、DTG、TGA、DSC 是应用最广泛的。在材料研究领域中，DTA、DSC 已被成功地用于相图绘制、脱溶沉淀过程、晶体转变过程等许多方面。近年来随着热分析仪器的发展，热分析技术在材料制备领域应用越来越广泛，特别是随着热天平和高精度量热仪的发展，进一步促进了热分析技术的应用。

### 3.3.1 铝热还原反应体系绝热温度的计算

绝热温度 $T_{ad}$是描述燃烧合成（SHS）反应特征的重要的热力学参数。Merzhanov 等人提出了以下经验判据，即仅当 $T_{ad}>1800K$ 时，SHS 反应才能自我维持完成。Munir 发现一些低于其熔点 $T_m$的化合物的生成热与 298K 下摩尔定压热容的比值 $\Delta H_{298}^{\ominus}/C_{p,m298}$ 与 $T_{ad}$之间呈线性关系。由此他提出了，仅当 $\Delta H_{298}^{\ominus}/C_{p,m298} \geqslant 2000K$（对应于 $T_{ad} \geqslant 1800K$）时反应才能自我维持。否则只有外界对体系补充能量，如采用预热、化学炉或热爆方法，才能维持自我反应。

$$A(s)+B(s)\longrightarrow AB(s)+\Delta H \tag{3-1}$$

以体系的焓作为状态函数，则反应期间放出的热量为：

$$\Delta H=\Delta H_{298}^{\ominus}+\int_{298}^{T_{ad}}\Delta C_{p,m产物}\mathrm{d}T \tag{3-2}$$

式中，$\Delta H_{298}^{\ominus}$ 为产物在298K温度的标准生成焓，$\Delta C_{p,m}$ 为产物摩尔定压热容。

当绝热时，体系的热效应为 $\Delta H=0$，则绝热温度 $T_{ad}$ 可根据式（3-2）分以下几种情况计算：

（1）当绝热温度低于产物熔点 $T_m$ 时：

$$-\Delta H_{298}^{\ominus}=\int_{298}^{T_{ad}}\Delta C_{p,m产物}\mathrm{d}T \tag{3-3}$$

（2）如果 $T_{ad}=T_m$，则：

$$-\Delta H_{298}^{\ominus}=\int_{298}^{T_{ad}}\Delta C_{p,m产物}\mathrm{d}T+\gamma\Delta H_m \tag{3-4}$$

式中，$\gamma$ 为产物处于熔融状态的分数；$\Delta H_m$ 为产物的熔化热。

（3）当 $T_{ad}>T_m$ 时，相应的关系式则为：

$$-\Delta H_{298}^{\ominus}=\int_{298}^{T_m}\Delta C_{p,m产物}\mathrm{d}T+\Delta H_m+\int_{T_m}^{T_{ad}}\Delta C_{p,m产物,液态}\mathrm{d}T \tag{3-5}$$

$C_{p,m}$ 可近似地用如下公式计算：

$$C_{p,m}=a+b\times10^{-3}\times T+c\times10^{5}T^{-2}+d\times10^{-6}T^{2} \tag{3-6}$$

式中所用数据均取自于《无机物热力学数据手册》[21]，采用试算法，可以求得生成物所能达到的温度，然后用内插法得出产物所能达到的最高绝热温度 $T_{ad}$。

式（3-7）是按照CuCr25合金成分设计要求对反应方程式进行配比的，根据反应方程式，采用试插法估算其绝热温度 $T_{ad}$，得：

$$8Cr_2O_3+39CuO+42Al=\!=\!=21Al_2O_3+16Cr+39Cu \tag{3-7}$$

$$\Delta H_{298}^{\ominus}=\int_{298}^{T_m}\Delta C_{p,m产物}\mathrm{d}T+\Delta H_m+\int_{T_m}^{T_{ad}}\Delta C_{p,m产物,液态}\mathrm{d}T \tag{3-8}$$

$$\Delta H_{298}^{\ominus}=-20065\mathrm{kJ/mol}$$

解得 $T_{ad}=2848$K。此时生成物Cr和 $Al_2O_3$ 已经全部成为液体状态，而生成的Cu有55.26%处于液态，而剩下的44.74%处于气态。

式（3-9）是按照CuCr50合金成分设计要求对反应方程式进行配比的，根据反应方程式，采用试插法估算其绝热温度 $T_{ad}$，得：

$$24Cr_2O_3+39CuO+74Al=\!=\!=37Al_2O_3+48Cr+39Cu \tag{3-9}$$

$$\Delta H_{298}^{\ominus}=\int_{298}^{T_m}\Delta C_{p,m产物}\mathrm{d}T+\Delta H_m+\int_{T_m}^{T_{ad}}\Delta C_{p,m产物,液态}\mathrm{d}T \tag{3-10}$$

$$\Delta H_{298}^{\ominus}=-28794.5\mathrm{kJ/mol}$$

解得 $T_{ad}=2848$K。此时生成物Cr和 $Al_2O_3$ 已经全部成为液态，而生成的Cu有85.11%处于液态，而剩下的14.89%处于气态。

相关热力学数据见表 3-4。

**表 3-4　相关热力学数据**

| 物质 | $\Delta H^{\ominus}_{298}$ /kJ·mol$^{-1}$ | $T_m$/K | $\Delta H_m$ /kJ·mol$^{-1}$ | $\Delta C_{p,m}$/J·(mol·K)$^{-1}$ | | | 温度范围 /K |
|---|---|---|---|---|---|---|---|
| | | | | $a$ | $b$ | $c$ | |
| Al | 0 | 933 | 10.71 | 31.376 | $-16.39\times10^{-3}$ | $-3.60\times10^{-5}$ | 298~933 |
| | | | 290.78 | 31.748 | | | 933~2767 |
| | | | | 20.799 | | | 2767~3200 |
| Cr | 0 | 2130 | — | 17.715 | $22.966\times10^{-3}$ | $-0.377\times10^{-5}$ | 298~1000 |
| | | | 16.93 | 18.067 | $15.531\times10^{-3}$ | $-16.698\times10^{-5}$ | 1000~2130 |
| | | | 344.26 | 39.330 | | | 2130~2945 |
| | | | | 30.786 | | | 2945~3100 |
| Cu | 0 | 1357 | 9.79 | 24.853 | $3.787\times10^{-3}$ | $-1.389\times10^{-5}$ | 298~1357 |
| | | | 38.07 | 31.830 | | | 1357~2848 |
| | | | | 24.435 | | | |
| $Al_2O_3$ | -1675.27 | 2327 | — | 103.851 | $26.267\times10^{-3}$ | $-29.091\times10^{-5}$ | 298~800 |
| | | | 118.41 | 120.516 | $9.192\times10^{-3}$ | $-48.367\times10^{-5}$ | 800~2327 |
| | | | | 144.863 | | | 2327~3500 |
| $Cr_2O_3$ | -1129.68 | 1800 | | 119.370 | $9.205\times10^{-3}$ | $-15.648\times10^{-5}$ | 298~1800 |
| CuO | -155.85 | 1359 | | 43.832 | $16.675\times10^{-5}$ | $-5.883\times10^{-5}$ | 298~1359 |

### 3.3.2　铝热还原过程热力学分析

Al-CuO-$Cr_2O_3$ 反应体系是一个复杂的伴有高放热的氧化还原过程，对可能出现的反应和产物中可能出现的相，从热力学角度进行预测是十分必要的。标态下的吉布斯自由能基本上能体现反应的可能性或者说反应趋势。Al-CuO-$Cr_2O_3$ 体系有关的可能会出现的反应列于表 3-5，其吉布斯自由能与温度的关系如图 3-12 所示。通过图 3-12 可以看出，在要求的温度范围内，铝热反应生成 Cu+Cr+$Al_2O_3$ 的体系 $\Delta G$ 为很大的负值，并且比其他吉布斯自由能变值都低，说明此反应容易发生，并且反应趋势大，这对于制备高质量的铜铬合金是很有利的。

**表 3-5　体系中可能发生的反应**

| 反 应 方 程 式 | $\Delta G^{\ominus} = A + BT$ | | 温度范围/K |
|---|---|---|---|
| | $A$ | $B$ | |
| $2Al(s)+1.5O_2(g) = Al_2O_3(s)$ | -1675100 | 313.20 | 298~933 |
| $2Al(l)+1.5O_2(g) = Al_2O_3(s)$ | -1682900 | 323.24 | 933~2315 |
| $2Al(l)+1.5O_2(g) = Al_2O_3(l)$ | -1574100 | 275.01 | 2315~2767 |
| $2Al(g)+1.5O_2(g) = Al_2O_3(l)$ | -106400 | 468.62 | 2767~3473 |
| $2Cr(s)+1.5O_2(g) = Cr_2O_3(s)$ | -1110140 | 247.32 | 1173~1923 |
| $2Cr(s)+1.5O_2(g) = Cr_2O_3(s)$ | -1092440 | 237.94 | 1723~1923 |
| $2Cu(s)+0.5O_2(g) = Cu_2O(s)$ | -169100 | 73.33 | 298~1356 |

续表 3-5

| 反应方程式 | $\Delta G^{\ominus}=A+BT$ | | 温度范围/K |
|---|---|---|---|
| | $A$ | $B$ | |
| $2Cu(l)+0.5O_2(g) = Cu_2O(s)$ | -195200 | 92.58 | 1356~1509 |
| $2Cu(l)+0.5O_2(g) = Cu_2O(l)$ | -128150 | 47.87 | 1509~1616 |
| $Cu(s)+0.5O_2(g) = CuO(s)$ | -152260 | 85.35 | 298~1356 |
| $CaO+Al_2O_3 = CaO\cdot Al_2O_3(s)$ | -16700 | -25.52 | 773~2023 |
| $CaO+Al_2O_3 = CaO\cdot Al_2O_3(s)$ | -18000 | -18.83 | 773~1878 |
| $CuO(s)+Cr_2O_3(s) = CuO\cdot Cr_2O_3(s)$ | -28900 | 7.74 | 1000~1505 |
| $Cr_2O_3(s)+2Al(s) = Al_2O_3(s)+2Cr(s)$ | -564960 | 65.88 | 298~933 |
| $Cr_2O_3(s)+2Al(l) = Al_2O_3(s)+2Cr(s)$ | -572760 | 75.92 | 933~1773 |
| $Cr_2O_3(s)+2Al(g) = Al_2O_3(s)+2Cr(s)$ | -590460 | 85.3 | 1773~1923 |
| $3CuO(s)+2Al(s) = Al_2O_3(s)+3Cu(s)$ | -1218320 | 57.15 | 298~933 |
| $3CuO(s)+2Al(l) = Al_2O_3(s)+3Cu(s)$ | -1226120 | 67.19 | 933~1356 |
| $Cr_2O_3(s)+3CuO(s)+4Al(s) = 2Al_2O_3(s)+2Cr(s)+3Cu(s)$ | -1780020 | 130.2 | 298~933 |
| $Cr_2O_3(s)+3CuO(s)+4Al(l) = 2Al_2O_3(s)+2Cr(s)+3Cu(s)$ | -1798880 | 143.11 | 933~1773 |
| $Cr_2O_3(s)+3CuO(s)+4Al(l) = 2Al_2O_3(s)+2Cr(s)+3Cu(s)$ | -1816580 | 152.49 | 1773~1923 |

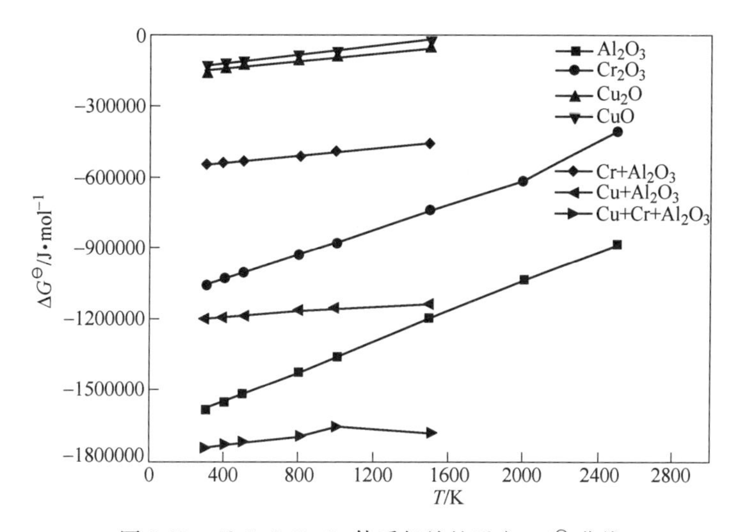


图 3-12　Al-CuO-$Cr_2O_3$ 体系相关的反应 $\Delta G^{\ominus}$ 曲线

## 3.3.3 铝热还原过程动力学分析

采用 DTA 技术研究了 CuO-$Cr_2O_3$-Al 反应体系以及相关的二元反应体系的 DTA 曲线，气氛为氩气，升温速率为 20K/min。

### 3.3.3.1 Al-CuO 二元体系动力学分析

图 3-13 所示为 $3CuO+2Al = Cu+Al_2O_3$ 反应体系的 DTA 曲线。由图可以看出，665℃附近出现一个吸热峰，这是 Al 熔化吸热造成的。

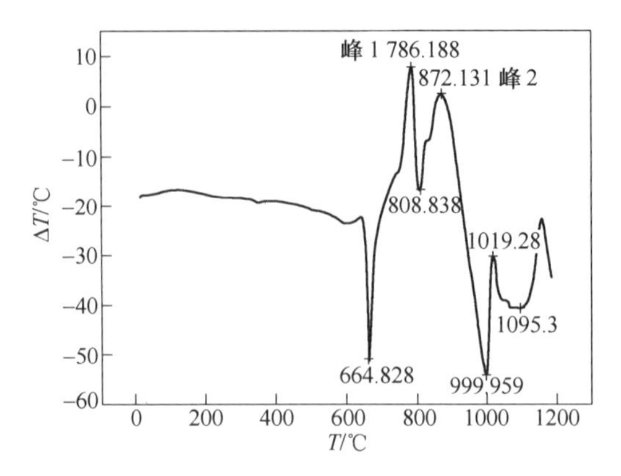


图 3-13　CuO+Al 反应体系的 DTA 曲线

在 786℃、872℃附近出现两个放热峰，这表示 CuO 的分步还原放热峰，推测其反应机理如下：

$$CuO + Al \longrightarrow Cu_2O + Al_2O_3 \tag{3-11}$$

$$Cu_2O + Al \longrightarrow Cu + Al_2O_3 \tag{3-12}$$

采用 Freeman-Carroll 法处理图 3-13 中 DTA 曲线上 786℃、872℃附近出现两个放热峰，结果如图 3-14、图 3-15 所示。

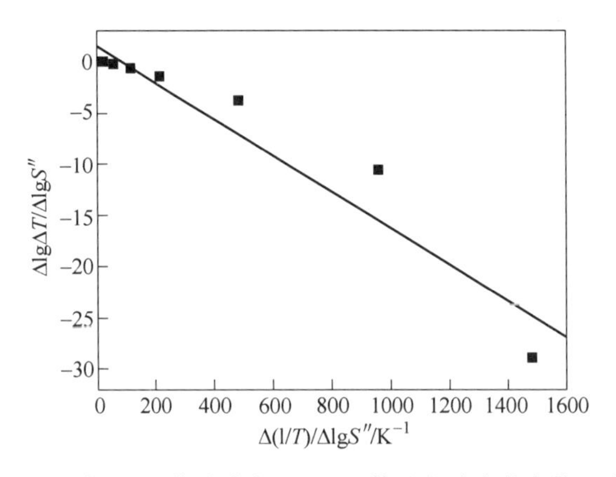


图 3-14　根据 DTA 曲线确定 CuO+Al 体系的动力学常数（峰 1）

由图 3-14 可得，其拟合方程为 $Y = -17.74X + 1.5$；由此可求得反应活化能 $E_a$ = 339.691kJ/mol，反应级数 $n = 1.52$，指前因子 $A = 1.7628\times10^6$。可得其反应动力学方程为：

$$\frac{d\alpha}{dt} = 0.8814 \times 10^5 e^{-339690/(RT)} (1 - \alpha)^{1.52} \tag{3-13}$$

式中，$\alpha$ 为反应度（或转化率）。

由图 3-15 可得，其拟合方程为 $Y = -26.23X + 2.15873$；由此可求得反应活化能 $E_a$ = 502.2597kJ/mol，反应级数 $n = 2.16$，指前因子 $A = 3.44\times10^5$。可得其反应动力学方程为：

$$\frac{d\alpha}{dt} = 0.172 \times 10^5 e^{-502259/(RT)} (1 - \alpha)^{2.16} \tag{3-14}$$

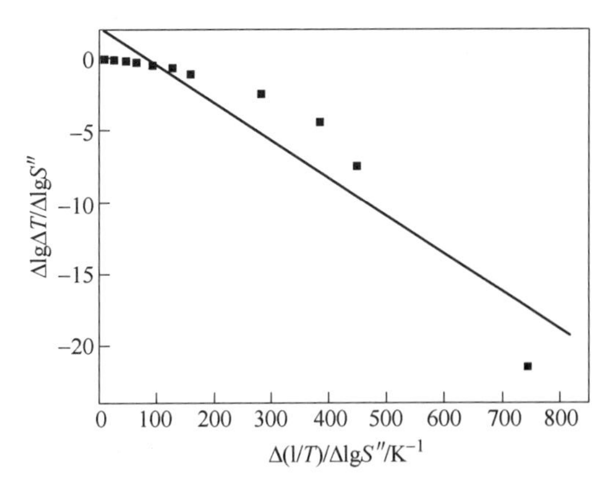


图 3-15 根据 DTA 曲线确定 CuO+Al 体系的动力学常数（峰 2）

### 3.3.3.2 Al-$Cr_2O_3$ 二元体系动力学分析

图 3-16 所示为 $Cr_2O_3$+Al 二元反应体系的 DTA 曲线。由图可以看出，662℃附近出现一个吸热峰，这是 Al 熔化吸热造成的。964℃附近出现一个放热峰，这是 Al 还原 $Cr_2O_3$ 的氧化还原反应放热峰。推测其反应机理如下：

$$Cr_2O_3 + 2Al = 2Cr + Al_2O_3 \tag{3-15}$$

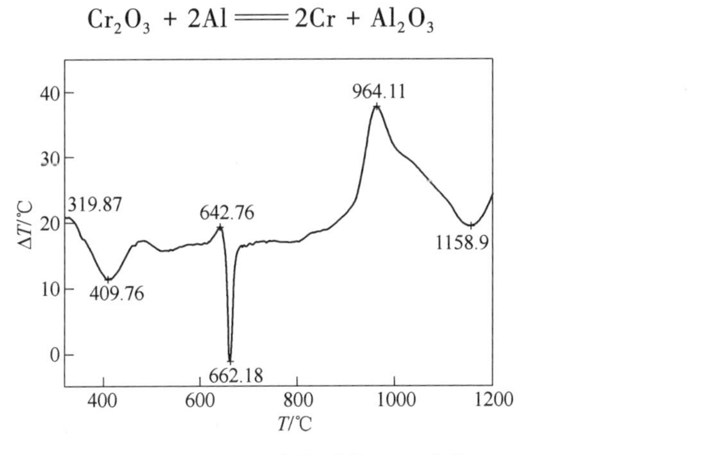


图 3-16 $Cr_2O_3$+Al 反应体系的 DTA 曲线

采用 Freeman-Carroll 法处理图 3-16 中 DTA 曲线上 964℃附近的放热峰，结果如图 3-17 所示。由图 3-17 可得，其拟合方程为：$Y = -17.7X + 3.08$；由此可求得反应活化能 $E_a$ = 338.925kJ/mol，反应级数 $n = 3.08$，指前因子 $A = 2.5900 \times 10^6$。可得其反应动力学方程为：

$$\frac{d\alpha}{dt} = 1.2950 \times 10^5 e^{-338925/(RT)} (1 - \alpha)^{3.08} \tag{3-16}$$

### 3.3.3.3 Al-CuO-$Cr_2O_3$ 二元体系动力学分析

图 3-18 所示为 CuO+$Cr_2O_3$+Al 三元反应体系的 DTA 曲线。由图看出，665℃附近出现一个吸热峰，这是 Al 熔化吸热造成的。807℃附近出现一个放热峰，这应该是三元反应综

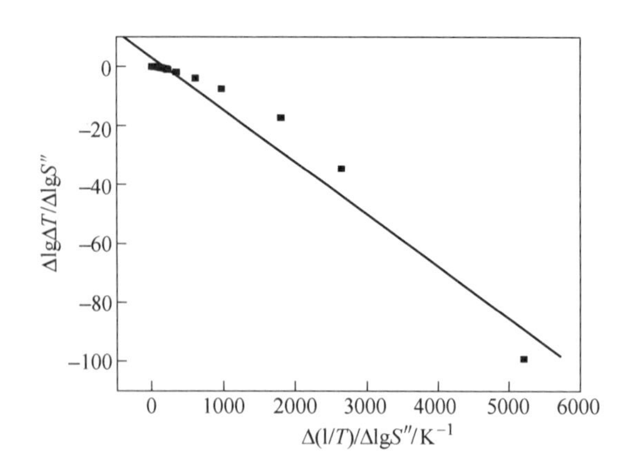


图 3-17 根据 DTA 曲线确定 $Cr_2O_3$+Al 体系的动力学常数

合效果。与图 3-13 和图 3-16 中的 DTA 曲线相比，该放热峰值位置既不是 $Cu_2O$ 分步还原的峰值，也不是 $Cr_2O_3$ 还原的放热峰位置。分析三个体系的 DTA 曲线上的放热峰位置，推测如下，在三元反应体系中，熔化的 Al 首先与 CuO 反应生成 $Cu_2O$，并放出大量的热，引发 $Cr_2O_3$+Al 之间的氧化还原反应，又放出大量的反应热，进而促进 $Cu_2O$ 还原反应的进行，即宏观上表现出只有一个大的放热峰，而分辨不出 CuO 的分步还原放热峰，以及 $Cr_2O_3$ 的还原放热峰。推测其反应机理如下：

$$3CuO+Cr_2O_3+4Al = 3Cu+2Cr+2Al_2O_3 \tag{3-17}$$

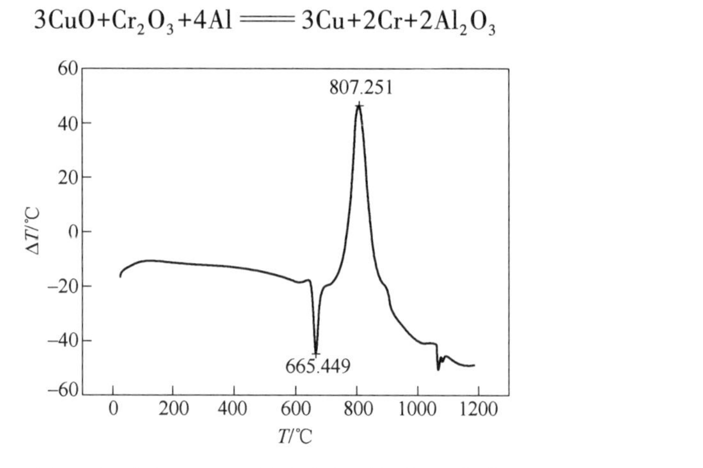


图 3-18 CuO+$Cr_2O_3$+Al 反应体系的 DTA 曲线

采用 Freeman-Carroll 法处理图 3-18 中 DTA 曲线上 807℃附近的放热峰，结果如图 3-19 所示。

由图 3-19 可得，其拟合方程为 $Y=-7.9X+2.48$；由此可求得反应活化能 $E_a=151.272\text{kJ/mol}$，反应级数 $n=2.48$，指前因子 $A=4.9280\times10^5$。可得其反应动力学方程为：

$$\frac{d\alpha}{dt}=0.2464\times10^5 e^{-151272/(RT)}(1-\alpha)^{2.48} \tag{3-18}$$

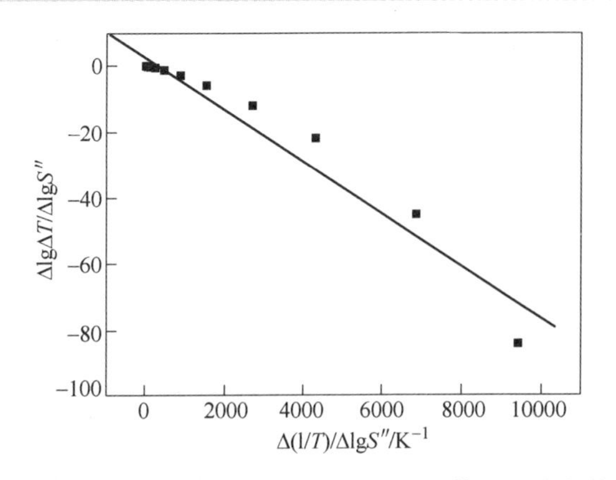


图 3-19 根据 DTA 曲线确定 $CuO+Cr_2O_3+Al$ 体系的动力学常数

## 3.4 Cu-Cr 合金制备过程研究

### 3.4.1 铝热自蔓延过程研究

3.4.1.1 单位反应热效应对合金铬含量的影响

单位质量反应热会影响体系的绝热温度，反应热不足时，体系温度过低，不利于金渣分离；反应热过高时，体系温度过高，容易产生喷溅，导致回收率降低。图 3-20 所示为单位质量反应热对合金铬含量的影响，图中 A 曲线表示 CuCr25 理论配料量制得的铜铬合金，B 曲线表示 CuCr50 理论配料量制得的铜铬合金。从图中可以看出，随着体系单位质量反应热的升高，得到的合金铸锭中的铬含量呈上升趋势，这是因为体系的发热量增加后，反应更加充分，体系的金渣分离效果更好。根据图 3-20 还可以发现 CuCr25 在单位质量反应热超过 3300kJ/kg 及 CuCr50 在单位质量反应热超过 3500kJ/kg 之后，合金中的铬含量反而开始下降，这是因为反应热过大之后，反应过于剧烈，会导致体系发生喷溅，影响金渣分离的效果。

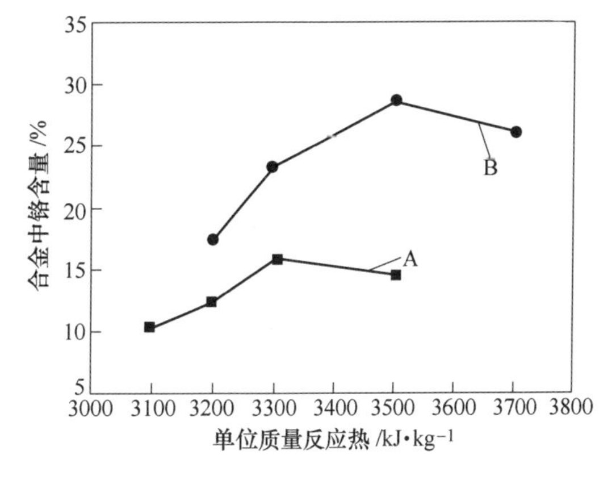


图 3-20 单位质量反应热与铬含量的关系图

3.4.1.2 氧化铬配入量对铝热还原过程的影响

A 氧化铬配入量对 CuCr25 合金的影响

图 3-21 所示为铝热还原配料时氧化铬配入量分别为 100%、120%、150% 制备的 CuCr25 合金 SEM 图，单位质量发热量均为 3300kJ/kg，电磁搅拌频率为正反转 20.00Hz。图中“1”表示的区域为 Cr 区，“2”表示的区域为 Cu 区，“3”表示的区域为夹杂物。从图中可以看出，反应后的合金存在明显的富铬区、富铜区以及极少量夹杂物和气孔，图中铬相多为类球状晶粒以及长条状支晶组成，铬相分布相对均匀，存在偏析现象。对比图 3-21 中各图可以看出，随着配铬量的增加，合金中的富铬区在不断增多，且铬分布相对均匀。CuCr25 的 SEM 图中铬组织相多为类球状晶粒，且有团聚趋势，有少量气孔和夹杂物

的存在，说明体系金渣分离效果较好。图 3-21（b）的 SEM 图中铬相由类球状和棒状晶粒构成，分布较为均匀，无明显的气孔和夹杂，图 3-21（c）的 SEM 图中铬粒子相对粗大，有明显的气孔和夹杂。这可能是因为铬含量增加后，对体系的降温速度有一定的影响，使得铬粒子形核长大。由图 3-22 中合金的 XRD 衍射峰可知，合金中只含有铜相和铬相，并未发现其他渣相和合金相，说明铜铬合金是机械地混合在一起，并没有互溶，也说明金渣分离效果较好。

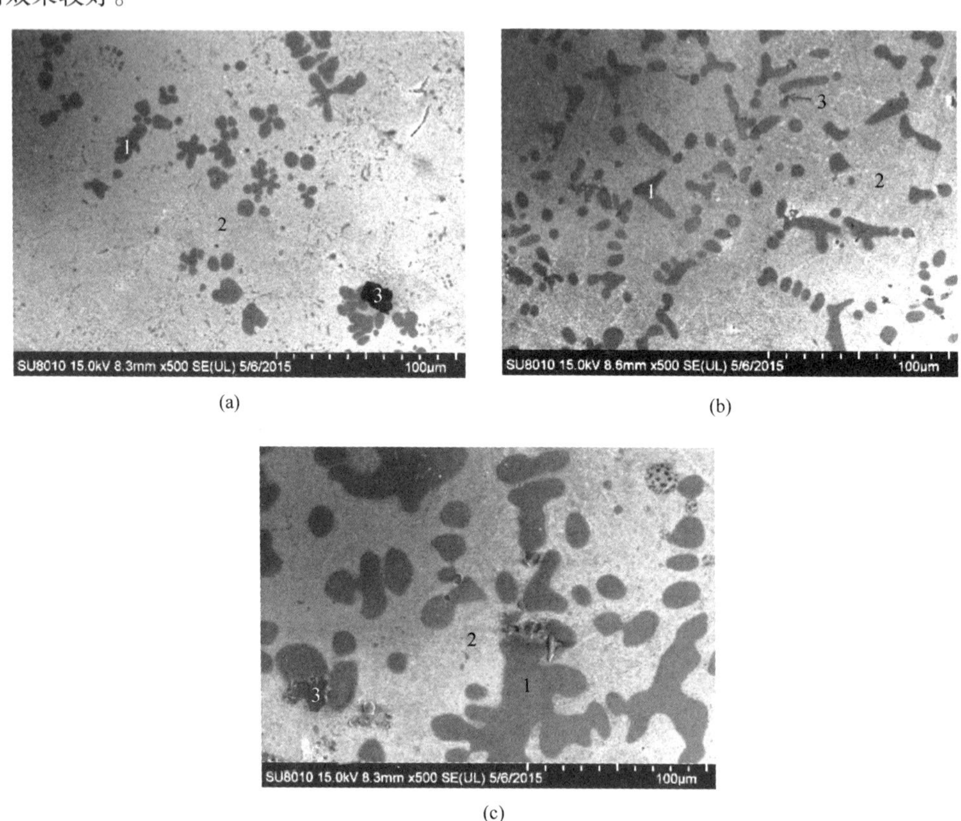


图 3-21　氧化铬配入量对铝热还原制备 CuCr25 微观组织的影响

（a）氧化铬配入量为 100%；（b）氧化铬配入量为 120%；（c）氧化铬配入量为 150%

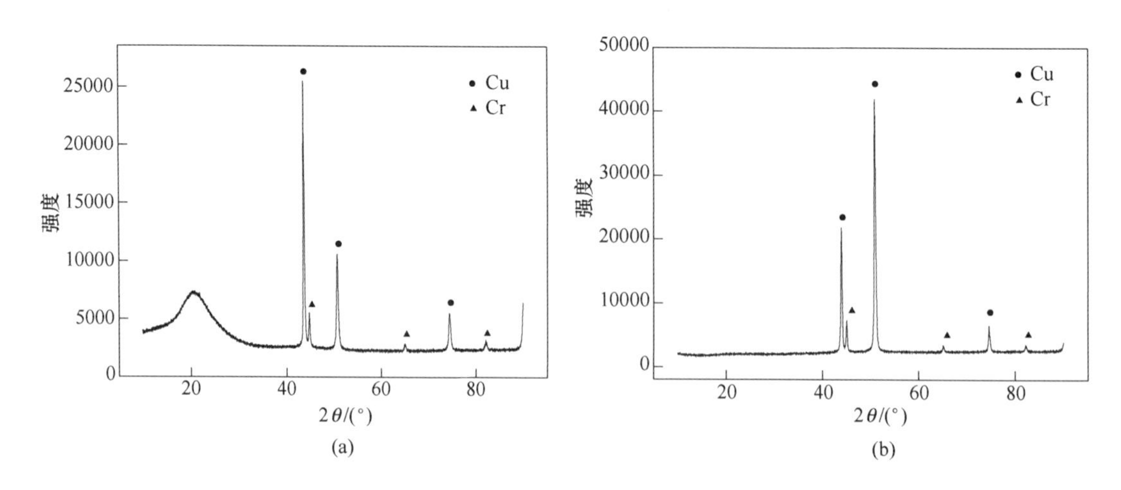

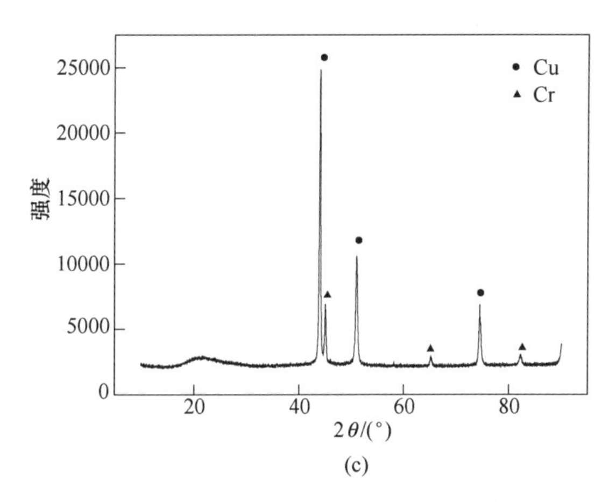


图 3-22 氧化铬配入量对铝热还原制备 CuCr25 合金物相的影响
（a）氧化铬配入量为 100%；（b）氧化铬配入量为 120%；（c）氧化铬配入量为 150%

图 3-23 所示为铝热还原制备 CuCr25 时不同氧化铬配入量合金浇注后渣的 XRD 图。

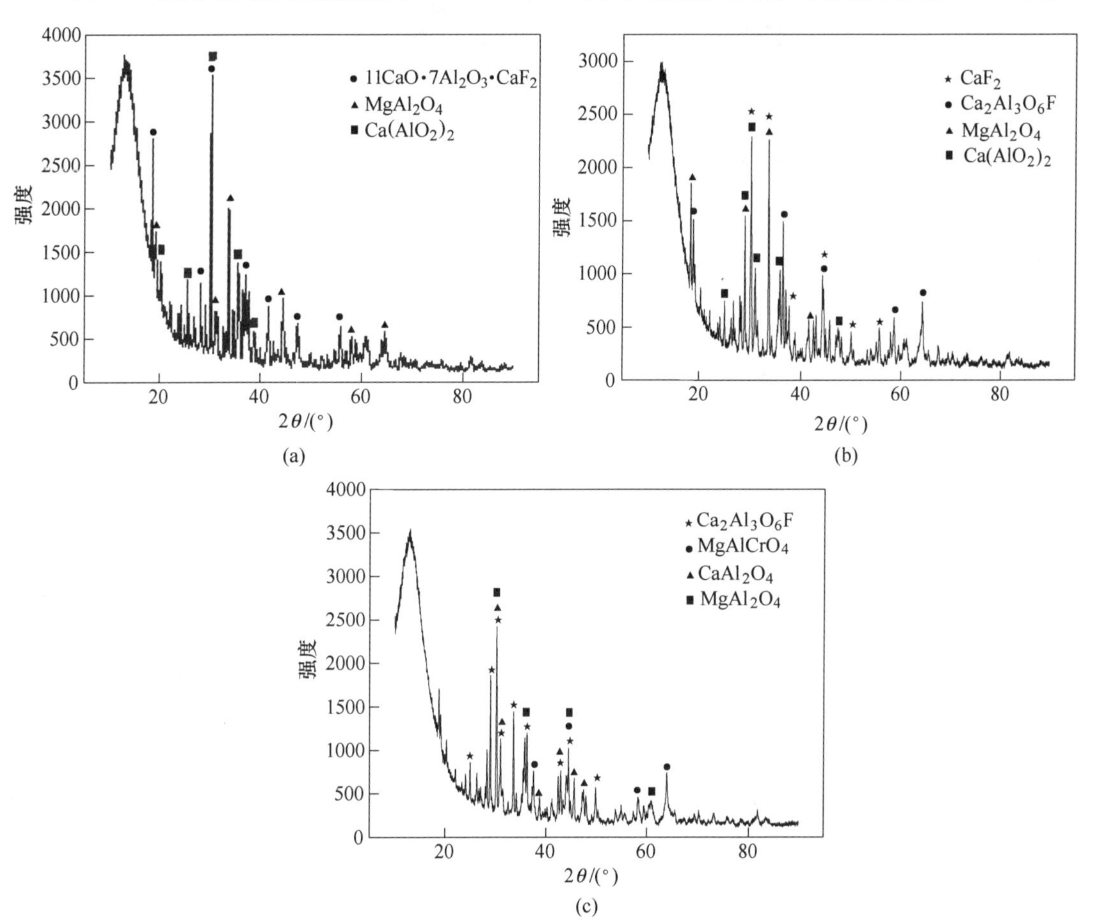


图 3-23 氧化铬配入量对铝热还原制备 CuCr25 合金渣系的影响
（a）氧化铬配入量为 100%；（b）氧化铬配入量为 120%；（c）氧化铬配入量为 150%

CuCr25 中氧化铬配入量为 100%时，渣相为 $11CaO \cdot 7Al_2O_3 \cdot CaF_2$、$CaAl_2O_4$、$MgAl_2O_4$；CuCr25 中氧化铬配入量为 120%时，反应后的渣相为 $CaAl_2O_4$、$MgAl_2O_4$、$Ca_2Al_3O_6F$、$CaF_2$，并未检测到渣中有 Cu 元素和 Cr 元素，说明金渣分离效果比较好；CuCr25 中氧化铬配入量为 150%时，反应后的渣相为 $Ca_2Al_3O_6F$、$MgAl_2O_4$、$MgAlCrO_4$、$CaAl_2O_4$，说明 $Cr_2O_3$ 也参与了造渣反应，也说明 $CaO-Al_2O_3-CaF_2-MgO$ 四元渣系有利于金渣分离，并且金渣分离效果比较好。

B　氧化铬配入量对 CuCr50 合金的影响

图 3-24 所示为铝热还原配料时氧化铬配入量分别为 100%、120%、150%制备的 CuCr50 合金 SEM 图，单位质量发热量均为 3300kJ/kg，电磁搅拌频率为正反转 20.00Hz。图中“1”表示的区域为 Cr 区，“2”表示的区域为 Cu 区，“3”表示的区域为夹杂物。从图中可以看出，反应后的合金存在明显的富铬区、富铜区以及极少量夹杂物和气孔，图中铬相多为类球状晶粒以及长条状支晶组成，铬相分布相对均匀，存在偏析现象。与铝热还原 CuCr50 配入量为 100%对比之后可发现，$Cr_2O_3$ 过量 20%、50%后铬区明显增多，分布

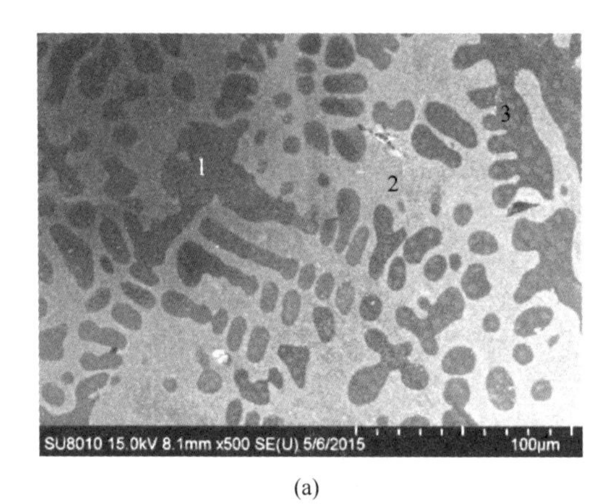


(a)

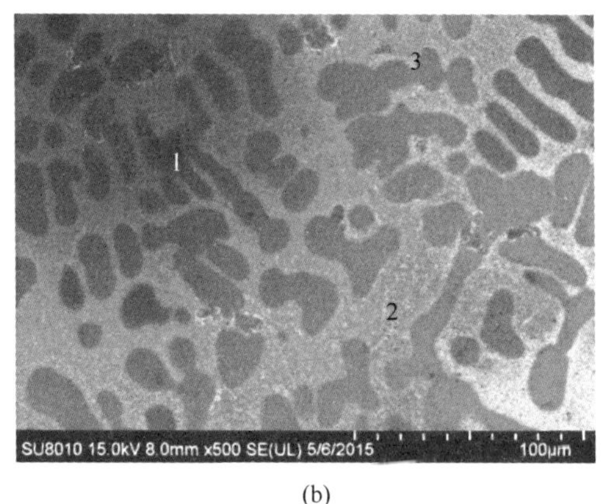


(b)

(c)

图 3-24　氧化铬配入量对铝热还原制备 CuCr50 微观组织的影响

(a) 氧化铬配入量为 100%；(b) 氧化铬配入量为 120%；(c) 氧化铬配入量为 150%

更加均匀，说明反应物中 $Cr_2O_3$ 过量后有利于合金的成分调控。由图 3-25 中合金的 XRD 衍射峰可知，合金中只含有铜相和铬相，并未发现其他渣相和合金相，说明铜铬合金是机械地混合在一起，并没有互溶，也说明金渣分离效果较好。

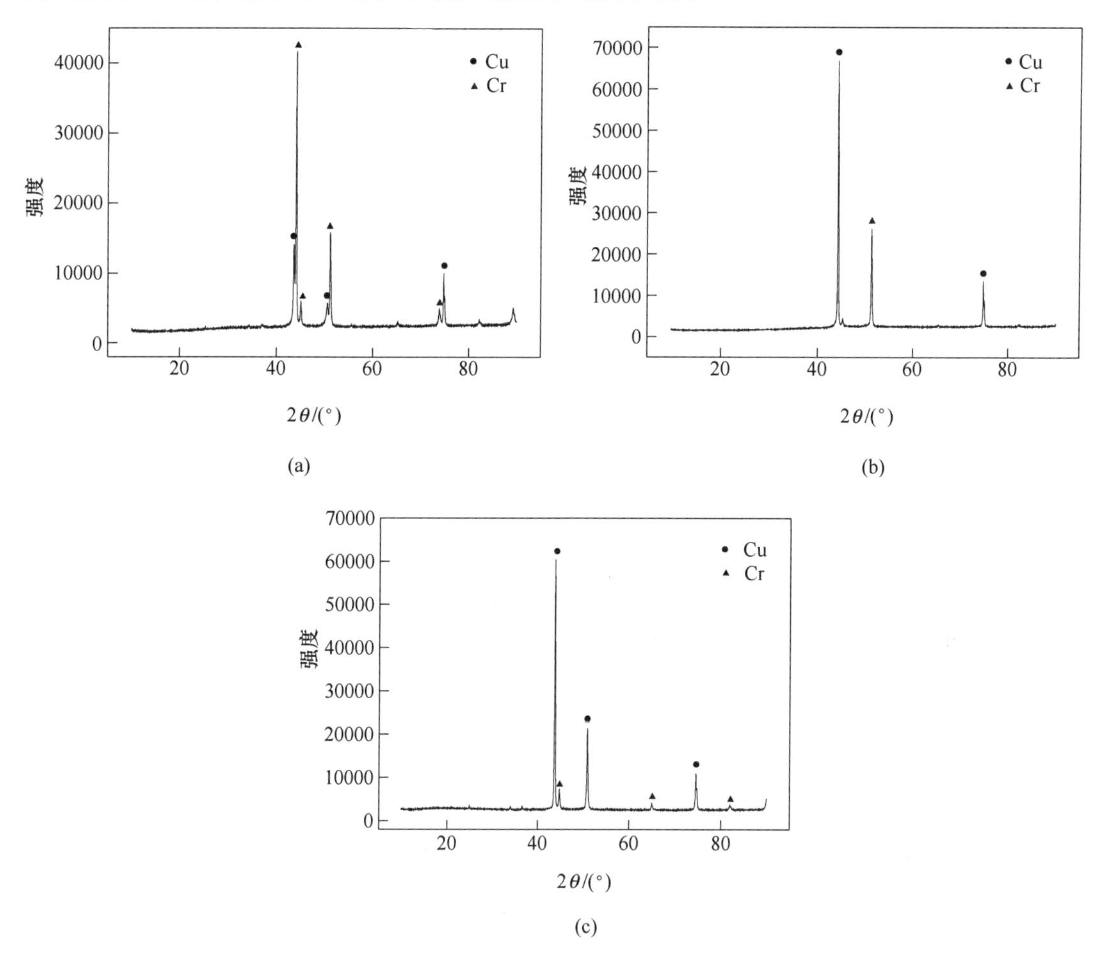


图 3-25 氧化铬配入量对铝热还原制备 CuCr50 合金物相的影响

（a）氧化铬配入量为 100%；（b）氧化铬配入量为 120%；（c）氧化铬配入量为 150%

图 3-26 所示为铝热还原制备 CuCr50 合金时不同氧化铬配入量合金浇注后渣的 XRD 图。CuCr50 氧化铬配入量 100%时，渣相为 $CaAl_2O_4$、$MgAlCrO_4$，CuCr50 过量 20%$Cr_2O_3$、50%$Cr_2O_3$ 反应后的渣相均为 $CaAl_2O_4$、$MgAlCrO_4$、$Ca_2Al_2O_6F$，检测到渣中有 Cr 元素，说明 $Cr_2O_3$ 参与了造渣反应的过程，也说明 CaO-$Al_2O_3$-$CaF_2$-MgO 四元渣系有利于金渣分离，并且金渣分离效果比较好。

对不同氧化铬配入量所制得的 CuCr25、CuCr50 合金分别从上部、中部、下部进行取样，再把其混合均匀后进行溶解，先用稀 HCl 再用稀 $HNO_3$ 溶样之后利用 ICP 分析化学成分，结果见表 3-6。通过对比可知，过量后的 CuCr25、CuCr50 合金，铬含量较之前显著提高，说明通过加入过量 $Cr_2O_3$ 的方式是可以调节合金的化学成分的。

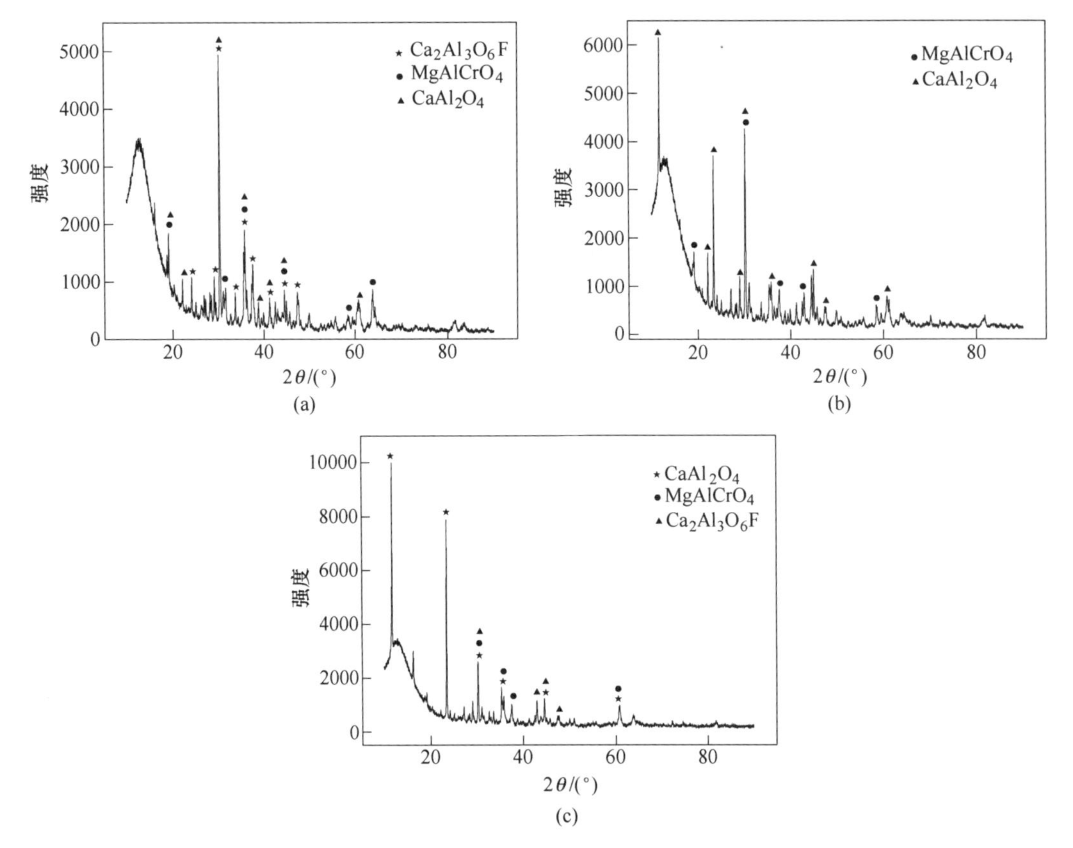


图 3-26　氧化铬配入量对铝热还原制备 CuCr50 合金渣系物相的影响

（a）氧化铬配入量为 100%；（b）氧化铬配入量为 120%；（c）氧化铬配入量为 150%

**表 3-6　合金化学成分分析**　（%）

| 合金 | 氧化铬配入量 | Cu | Cr | Al |
|---|---|---|---|---|
| CuCr25 | 100 | 82. 97 | 14. 86 | 1. 89 |
| | 120 | 77. 24 | 21. 13 | 1. 05 |
| | 150 | 67. 11 | 28. 55 | 1. 74 |
| CuCr50 | 100 | 68. 76 | 29. 72 | 1. 10 |
| | 120 | 58. 21 | 38. 54 | 1. 85 |
| | 150 | 50. 51 | 46. 42 | 1. 97 |

#### 3. 4. 1. 3　不同添加剂含量对 Cu-Cr 合金的影响

图 3-27 所示为不同添加剂条件下浇铸的 CuCr25 合金 SEM 图，电磁搅拌频率均为 20. 00Hz，图中可以看出，不同条件下的合金铸锭中均存在明显的富铜相、富铬相和夹杂物相，有枝晶现象。图中存在类球状铬相晶粒，偏析现象比较严重，对比（a）（b）两图，（b）图比（a）图夹杂物相少了很多，这是因为（b）图中加入了 10%$CaF_2$，根据相图，$CaF_2$ 能有效降低 $Al_2O_3$ 熔渣的熔点，改善熔渣的流动性，促进金渣分离，从而降低夹杂物含量，但是铬晶粒比较粗大，部分已经连成了片，有偏析现象，而且 $CaF_2$ 添加量增

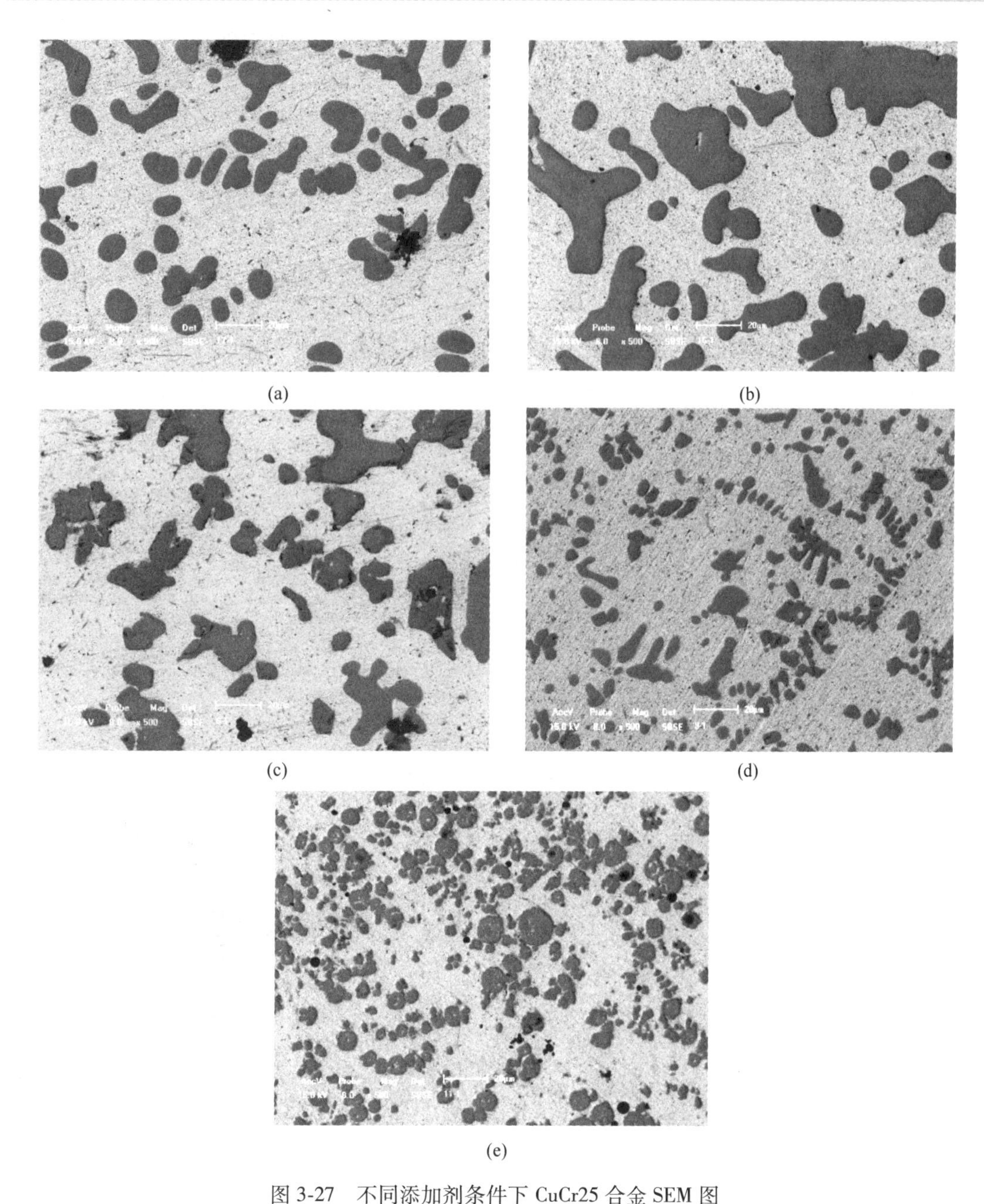

图 3-27 不同添加剂条件下 CuCr25 合金 SEM 图

（a）$CaF_2$ 5%，CaO 10%，$KClO_3$ 5%；（b）$CaF_2$ 10%，CaO 10%，$KClO_3$ 5%；（c）$CaF_2$ 5%，CaO 20%，$KClO_3$ 5%；（d）$CaF_2$ 5%，CaO 25%，$KClO_3$ 5%；（e）$CaF_2$ 5%，CaO 30%，$KClO_3$ 5%

多，容易挥发，从宏观来看会导致铸锭表面气孔的增多以及金属回收率的降低。（c）～（e）图中 CaO 的加入量分别为 20%、25%、30%，由图中可以看出，随着 CaO 含量的增加，会降低自蔓延体系的反应温度，由于铬凝固点比较高，先于铜析出，因此体系温度的降低有利于细化铬晶粒。但是由于体系温度的降低，会影响金渣分离，导致合金中夹杂物相的增多，这可以由（d）和（e）两图看出。合金铸锭中的夹杂物多赋存在铜铬晶界处和铜基体中。因此，添加剂的添加并不是越多越好，体系温度过低会影响金渣分离，从而影响合金质量。

图 3-28 所示为不同添加剂配比条件下 CuCr50 合金 SEM 照片。搅拌条件均为 20.00Hz。图（a）晶粒比较粗大，偏析比较严重，并且气孔和夹杂物相比较多，效果不好，而对比（a）和（b）两图可以看出，添加 20%$CaF_2$ 后偏析现象有一定的改善，合金中夹杂物相减少，这是因为 $CaF_2$ 能有效改善 $Al_2O_3$ 熔渣的流动性，促进金渣分离，有效降低夹杂物含量，但是有明显枝晶现象，对比（a）和（c）两图可以看出，添加 18%CaO 时夹杂物含量减少，这是由于 CaO 具有一定的造渣功能，能促进金渣分离，并且 CaO 的加入能降低体系的反应温度，对于细化晶粒有积极的影响。图（d）为同时加入 5%$CaF_2$ 和 25%CaO，添加剂的增加使晶粒细化更加明显，同时 $CaF_2$ 使渣的流动性得到改善，夹杂物很少，得到很好的效果。

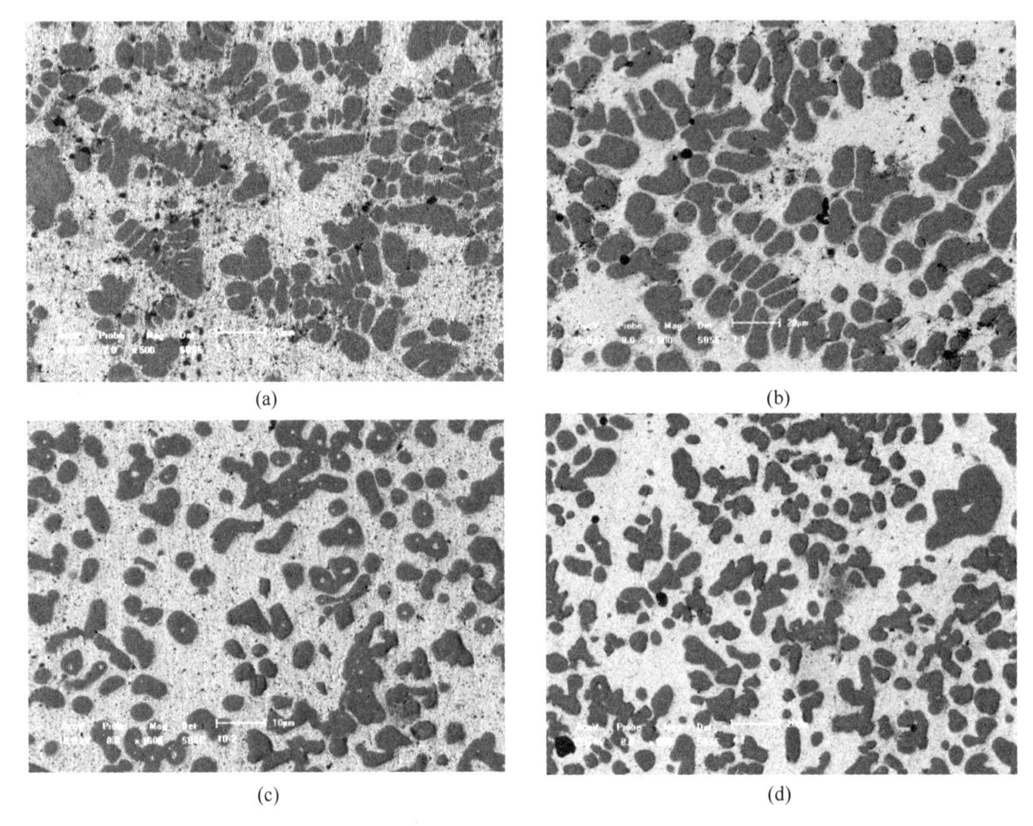

(a) (b) (c) (d)

图 3-28 不同配比条件下 CuCr50 合金 SEM 图

（a）$CaF_2$ 10%，CaO 5%，$KClO_3$ 5%；（b）$CaF_2$ 20%，$KClO_3$ 5%；
（c）CaO 18%，$KClO_3$ 5%；（d）$CaF_2$ 5%，CaO 25%，$KClO_3$ 5%

3.4.1.4 不同搅拌条件对 Cu-Cr 合金的影响

图 3-29 所示为不同电磁搅拌条件下 CuCr25 和 CuCr50 合金的 SEM 图片，图（a）~（d）为 CuCr25 合金，所采用的配比均为 5%$CaF_2$+30%CaO+5%$KClO_3$，图（e）和（f）对应为 CuCr50 合金，所采用的配比均为 5%$CaF_2$+25%CaO+5%$KClO_3$，电磁搅拌设置为正转 10s，停留 5s，再反转 10s，停留 5s。

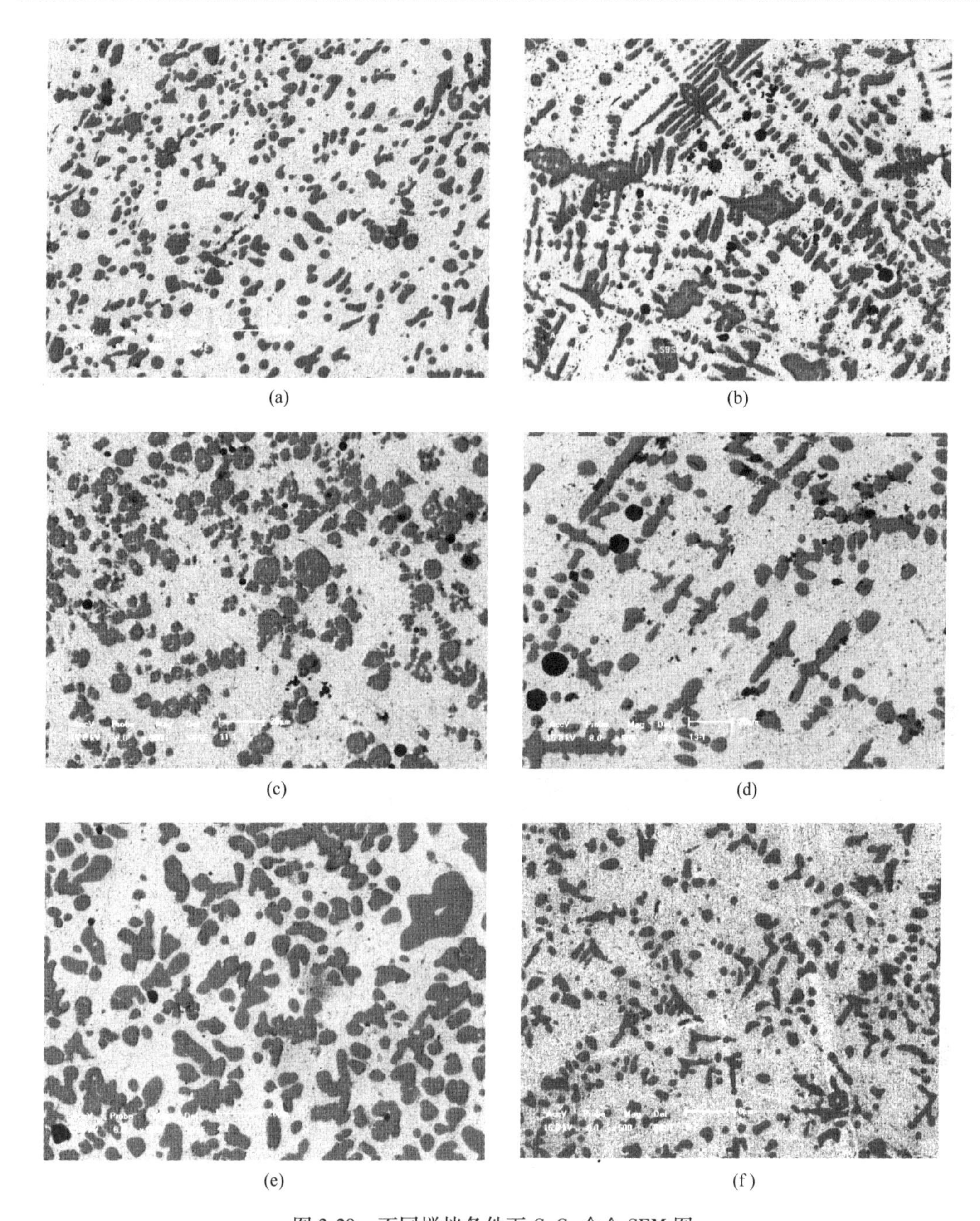

图 3-29 不同搅拌条件下 CuCr 合金 SEM 图
（a）CuCr25 正反转 20.00Hz；（b）CuCr25 单向搅拌 25.00Hz；（c）CuCr25 正反转 30.00Hz；
（d）CuCr25 正反转 35.00Hz；（e）CuCr50 正反转 20.00Hz；（f）CuCr50 正反转 35.00Hz

电磁搅拌是改善自蔓延铜铬合金铸锭质量的重要手段，在铸坯凝固过程中，凝固前沿液相的流动对结晶组织、溶质和杂质分布有着重要影响，铜铬合金内在质量在很大程度上取决于它的凝固组织，熔融铜铬合金在实际凝固过程中冷却速度快，造成柱状晶发达，并往往产生“搭桥”现象，导致合金内部缩孔、偏析、疏松、夹杂物聚集等缺陷的产生。所以要改变合金内部质量问题，必须防止柱状晶的不均匀生长，避免凝固过程中的“搭桥”现象，使其组织等轴晶化。电磁搅拌对柱状晶的控制有显著效果。这是由于熔融的铜铬都是电的良导体，在熔融金属凝固的过程中，电磁力对熔融合金进行非接触性搅拌，在磁场的作用下，在液相区产生强制的对流运动，加速了熔融合金残余过热度的排除，打断柱状晶梢，被破碎柱状晶梢合金内部形成等轴晶的晶核，从而限制了柱状晶发展，扩大了等轴晶带使得铜铬分布比较均匀。

从图 3-29 可以看出，搅拌条件对铜铬合金微观结构有比较大的影响。对比（a）和（b）两图可以看出，（a）图铬晶粒分布均匀，而（b）图枝晶现象比较严重，说明正反转搅拌比单向搅拌利于限制枝晶发展，对比（a）（c）（d）图或者（e）（f）两图，搅拌频率高（见（f）图）的合金有隐约的枝晶现象，这可能是因为大频率的搅拌，电磁力比较大，可在短时间内对合金凝固过程中的热量、动量传输影响比较大，造成一定的偏析和离心现象。所以搅拌速度并不是越快越好。

#### 3.4.1.5　不同浇铸条件对 Cu-Cr 合金的影响

图 3-30 所示为添加剂为 $CaF_2$ 5%、CaO 25%、$KClO_3$ 5%的 CuCr50 合金，电磁搅拌为

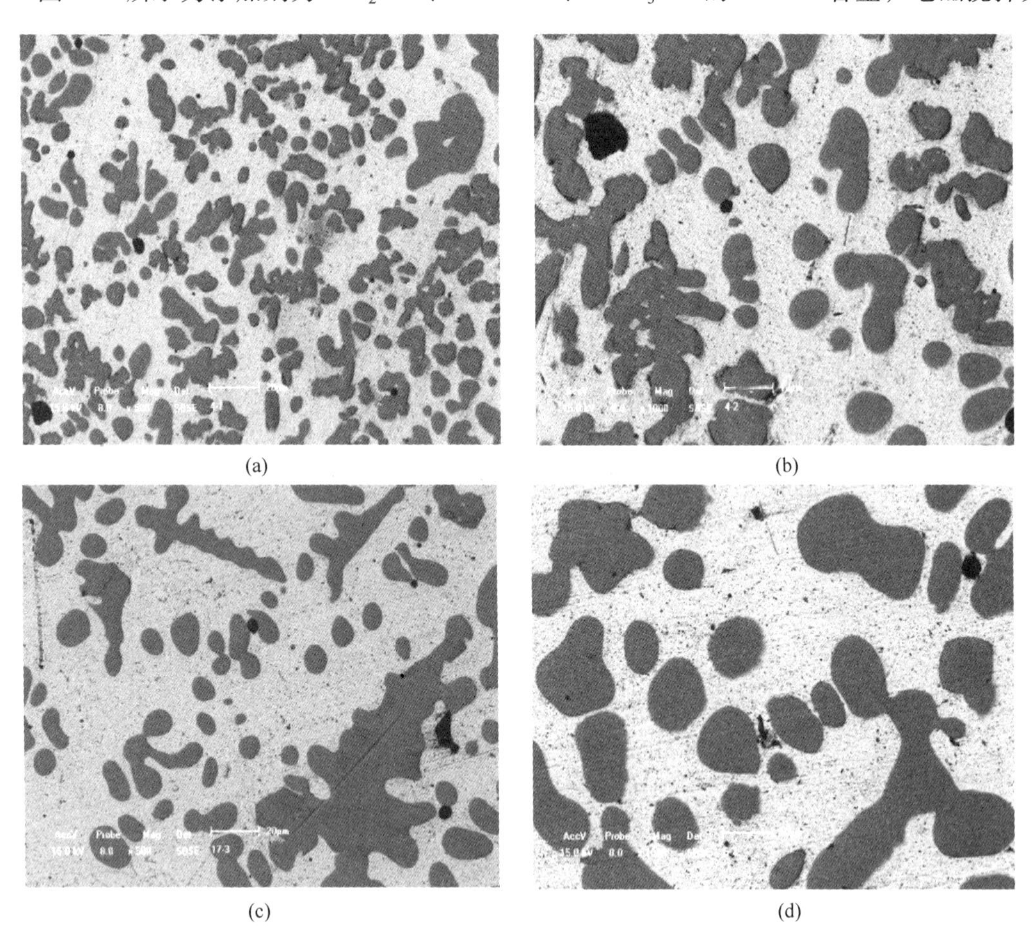

(a)　(b)　(c)　(d)

图 3-30　不同浇铸条件下 CuCr 合金 SEM 图

（a）正常浇铸，×500；（b）正常浇铸，×1000；（c）二次浇铸，×500；（d）二次浇铸，×1000

正反转，频率30.00Hz，分别采用正常浇铸和二次浇铸铜铬合金铸锭的SEM分析对比，(a)(b)两图是正常浇铸条件下SEM图，(c)(d)两图为二次浇铸条件下SEM图。图(a)(c)为500倍放大，图(c)(d)为1000倍放大。二次浇铸即将铝热还原反应后的熔融液态合金再次迅速浇铸到石墨结晶器，得到铜铬合金铸锭，从图中可以明显看出，二次浇铸后的铜铬合金铸锭夹杂物气孔较多，并且铬晶粒连成了片，有枝晶现象，偏析现象比较严重，这可能是因为由于自蔓延熔体在空气中冷却速度快，二次浇铸导致体系的温度降低迅速，夹杂物上浮需要一定的时间，温度降低快导致夹杂物得不到足够的时间上浮，合金中的气孔和夹杂物增多，而正常浇铸保温时间比较长，但是部分晶粒得到细化，总体看二次浇铸效果不是很好。

### 3.4.2 真空自耗电弧炉精炼过程研究

铜铬合金精炼前后照片如图3-31所示。

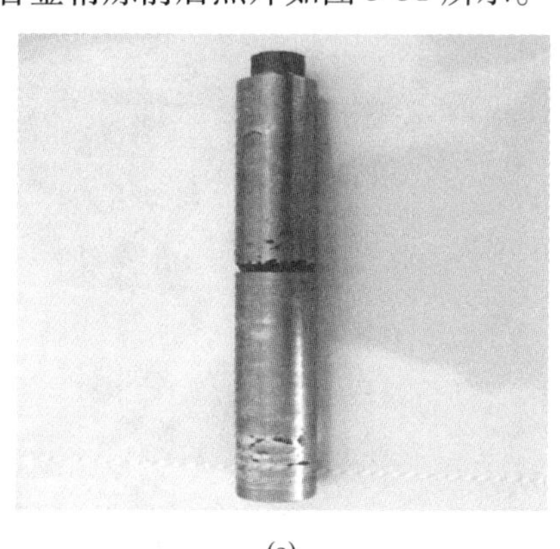

(a)

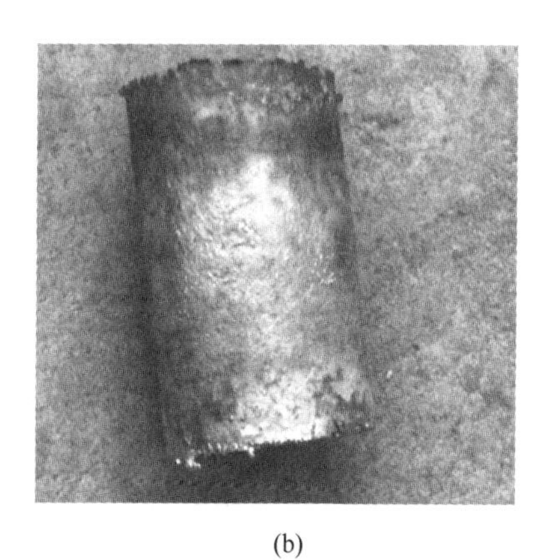

(b)

图3-31 铜铬合金精炼前后宏观照片
(a) 精炼前；(b) 精炼后

图3-32所示为添加不同含量添加剂条件下CuCr25合金真空自耗电弧炉精炼前后SEM对比。图(a)(c)(e)(g)为自蔓延反应制备的Cu-Cr合金，图(b)(d)(f)(h)为精炼之后的Cu-Cr合金。从图片中可以明显看出，精炼后合金中同样存在着明显的富铜相、富铬相和夹杂物相。精炼之后的铜铬合金铬晶粒比精炼之前要细很多，这是由于真空自耗电弧炉采用铜坩埚强制水冷，冷却速度较快，铬晶粒没有足够的生长时间，同时坩埚外设置的稳弧线圈在通过适当的稳弧电流后，产生一恒定磁场，而金属熔池中有电流通过，使熔池在搅拌状态下凝固，生成较多的晶核，使铸态结晶组织变细，并且初次晶发展不大，从而起到了细化晶粒的作用。合金表面几乎没有气孔的存在，这是因为在熔炼过程中，自耗电极不断熔化，熔融金属由自耗电极底部滴落进入熔池，在此过程中暴露出的宏观气孔内的气体迅速被真空系统抽走，而铸锭则在结晶器内自下而上地在熔池底部连续凝固增高，在合适的工艺条件下不会有气体进入铸锭形成气孔，因此真空自耗电弧熔炼对于气孔有很好的去除作用。但是精炼后合金还存在一定的$Al_2O_3$夹杂物，这说明真空自耗电弧炉精炼能有效地去除气孔，但是去除$Al_2O_3$夹杂物能力有限，这是由于真空自耗电弧炉采用强制的铜坩埚水冷，冷却速度很快，导致多数$Al_2O_3$夹杂物没有来得及上浮便冷却下来，颗粒夹杂物不能得到有效的去除。

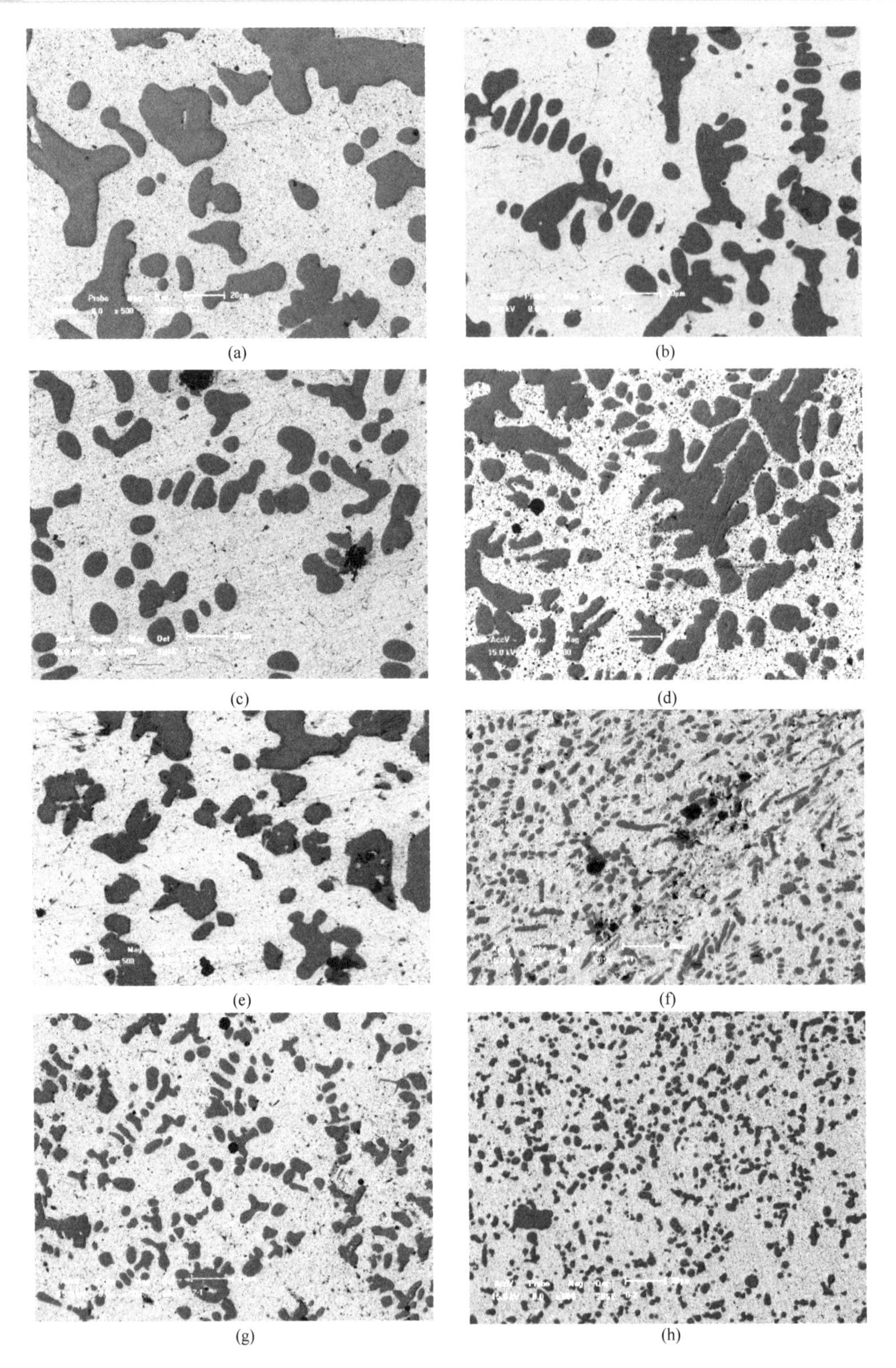

图 3-32　精炼前后 Cu-Cr 合金 SEM 图

(a) 5%$CaF_2$, 10%CaO, 5%$KClO_3$, CuCr25; (b) 精炼后; (c) 10%$CaF_2$, 10%CaO, 5%$KClO_3$, CuCr25; (d) 精炼后; (e) 5%$CaF_2$, 25%CaO, 5%$KClO_3$, CuCr25; (f) 精炼后; (g) 5%$CaF_2$, 20%CaO, 5%$KClO_3$, CuCr25; (h) 精炼后

图 3-33 所示为两组不同添加剂条件下 CuCr50 合金精炼前后 SEM 图，图（a）（c）为自蔓延反应 Cu-Cr 合金铸锭的 SEM 图，图（b）（d）为真空自耗电弧炉精炼之后合金的 SEM 图。从图中可以看出，铬含量明显比 CuCr25 合金要多，精炼之后合金中几乎没有气孔的存在，精炼后合金中含有颗粒夹杂。对比精炼前后两图可以看出，精炼前合金中铬晶粒聚集明显，偏析严重，夹杂物很多；而精炼后合金中铬晶粒得到明显细化，一方面是由于强制水冷使得铬迅速凝固，晶粒生长时间短导致铬晶粒比较小，另一方面，在精炼过程中，稳弧线圈产生的磁场会对熔池起到一定的搅拌作用，能有效地抑制枝晶的生长，但是有部分铬晶粒连成了片，这是由于 CuCr50 合金 Cr 含量较高，产生偏析的趋势较大，而真空自耗电弧熔炼工艺采用水冷铜结晶器，熔池凝固速度较快，金属熔滴落入熔池后未来得及完成成分均匀化便已凝固，导致自耗电极中的偏析问题未能完全解决。

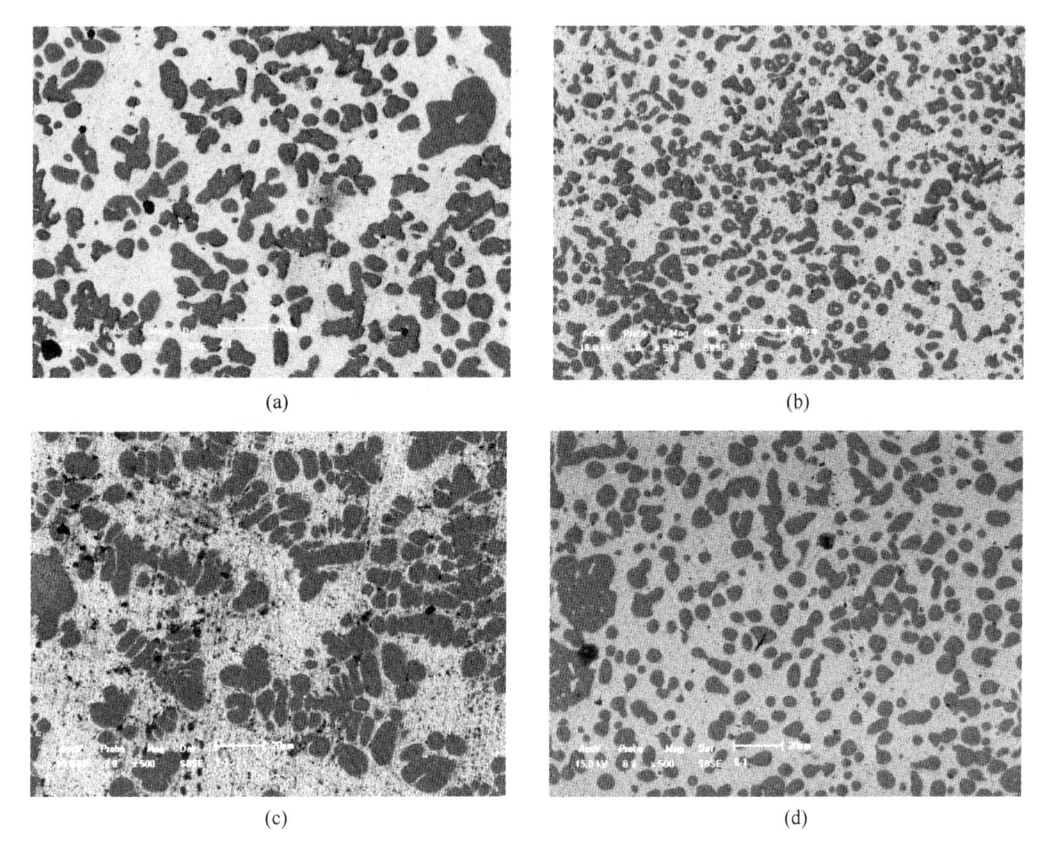

图 3-33 CuCr50 合金精炼前后 SEM 图

（a）$CaF_2$ 5%，CaO 25%，$KClO_3$ 5% CuCr50；（b）精炼后；

（c）$CaF_2$ 10%，CaO 5%，$KClO_3$ 5% CuCr50；（d）精炼后

图 3-34 所示为添加剂为 10%CaO+10%$CaF_2$+5%$KClO_3$ 的 CuCr25 合金精炼后的照片。图（a）~（d）依次为从底部到顶部，之后对所制得的合金分别从上部、中部、下部进行取样，再把其混合均匀后进行，先用稀 HCl 再用稀 $HNO_3$ 溶样之后利用 ICP 分析化学成分，结果见表 3-7。

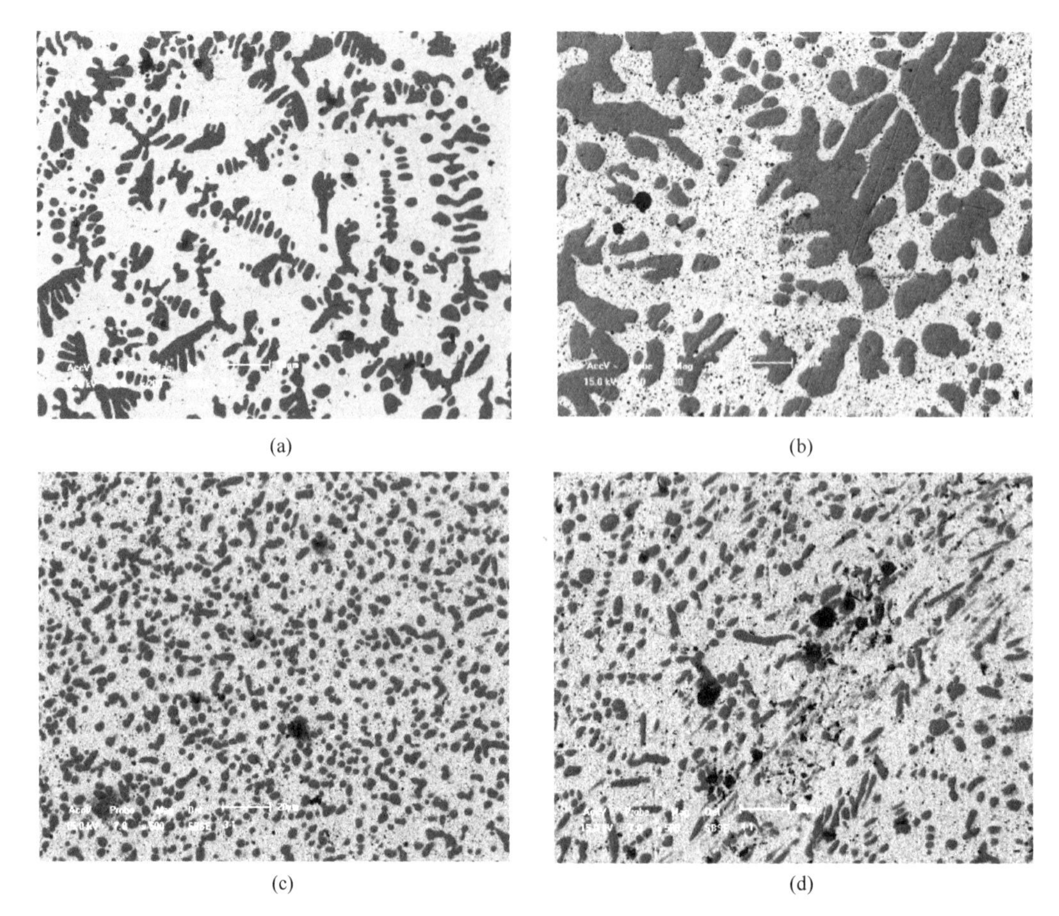

图 3-34　精炼后 CuCr 不同部位 SEM 对比

**表 3-7　合金化学成分分析**　(%)

| 序　号 | Cu | Cr | Al |
|---|---|---|---|
| 1 | 69.3 | 27.4 | 2.7 |
| 2 | 51.4 | 46.2 | 1.3 |
| 3 | 70.3 | 26.3 | 2.3 |
| 4 | 53.3 | 45.1 | 1.0 |

表 3-7 中 1 和 2 分别为 CuCr25 和 CuCr50 合金，而 3 和 4 分别为对应的精炼之后的 CuCr25和 CuCr50 合金，从化学分析结果可以看出，合金中 Cu 和 Cr 的质量比基本上能达到所要制备的合金标准，合金中含有一定量的 $Al_2O_3$ 是因为 $Al_2O_3$ 熔渣熔点高、金渣难分离所致，对比 1、3 以及 2、4 两组可以发现，精炼后的合金中夹杂物的含量得到一定程度的减少，这与精炼过程中部分 $Al_2O_3$ 上浮到表面有关，精炼过程能去除一定量的 $Al_2O_3$ 夹杂。

### 3.4.3　感应精炼过程研究

采用感应炉熔炼铝热还原法制备的 CuCr25 铸锭和铸锭，由于铝热还原法制备的 CuCr25 合金和 CuCr40 合金具有较多的宏观气孔，并且组织分布不均匀，因此通过二次精炼减少铝热还原反应制备 Cu-Cr 合金组织不均匀以及存在的宏观和微观气孔等问题，在熔炼停止后迅速采用水气复合冷装置冷却合金熔体得到合金铸锭。

CuCr25 合金和 CuCr40 合金的熔炼工艺见表 3-8 和表 3-9。

**表 3-8 CuCr25 合金熔炼的工艺条件**

| 样　　品 | 加热温度/℃ | 保温时间/min | 冷却条件 |
|---|---|---|---|
| 1 | 1750 | 90 | 水冷+气冷 |
| 2 | 1800 | 90 | 水冷+气冷 |
| 3 | 1850 | 30 | 水冷+气冷 |
| 4 | 1850 | 60 | 水冷+气冷 |
| 5 | 1850 | 90 | 水冷+气冷 |

**表 3-9 CuCr40 合金熔炼的工艺条件**

| 样　　品 | 加热温度/℃ | 保温时间/min | 冷却条件 |
|---|---|---|---|
| 6 | 1750 | 90 | 水冷+气冷 |
| 7 | 1800 | 90 | 水冷+气冷 |
| 8 | 1850 | 30 | 水冷+气冷 |
| 9 | 1850 | 60 | 水冷+气冷 |
| 10 | 1850 | 90 | 水冷+气冷 |

感应炉的升温工艺曲线如图 3-35 所示。在升温的第一阶段升温速率过快会导致坩埚碎裂，实验采用的升温速率较为平缓，升温速率为 0.5℃/s。由于铬的密度在固态时小于铜在液相时的密度，铜的熔点是 1083℃，铬的熔点是 1875℃，Cu-Cr 合金中 Cu 和 Cr 的密度和熔点差异很大，熔炼过程很容易使 Cu-Cr 合金中铜相和铬相分离，所以在 Cu-Cr 合金的熔炼过程中，当温度达到 Cu 的熔点以上时，一定要使熔炼过程中的升温速率足够大，因此当炉内温度升到 1100℃时，应当采用大电流、高功率、升温速率调整为 1℃/s。在熔炼停止前的 30s，为防止凝固时造成偏析，应该迅速通过联动杆将坩埚拉入水冷套内，同时调大氩气流量为 30L/min。待冷却后取出坩埚破碎得到合金样品。

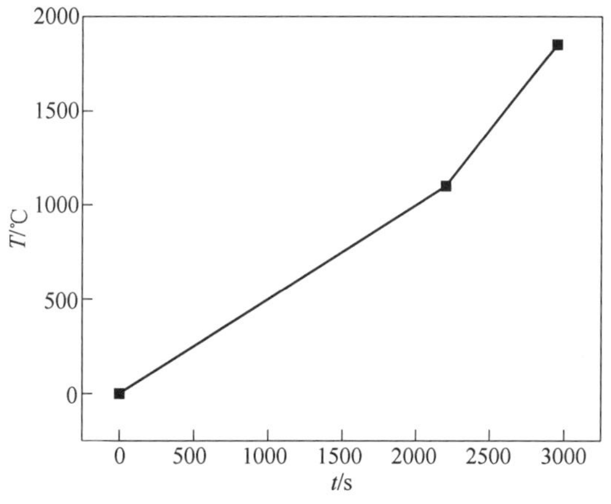


图 3-35 感应炉的升温工艺曲线

### 3.4.3.1　不同保温时间对熔炼 Cu-Cr 合金的影响

研究样品是在熔炼温度为 1850℃，保温时间分别为 30min、60min、90min 的条件下进行熔炼，并在熔炼停止时采用水气复合冷装置快速冷却合金熔体制备的。

A　不同保温时间对 CuCr25 合金的影响

在 1850℃熔炼 CuCr25 合金样品时，从图 3-36 中的金相显微镜照片保温时间 30min 可以看出有少量的微观气孔，Cr 相组织呈树枝状；保温 60min 和 90min 的合金样品在金相显微镜下基本看不到微观气孔，并且 Cr 相细小且组织分布均匀，树枝状的 Cr 相组织基本消失。可以看出，在保温温度为 1850℃、保温时间为 60min 以上，合金中的气孔基本消失。合金的成分分析见表 3-10。

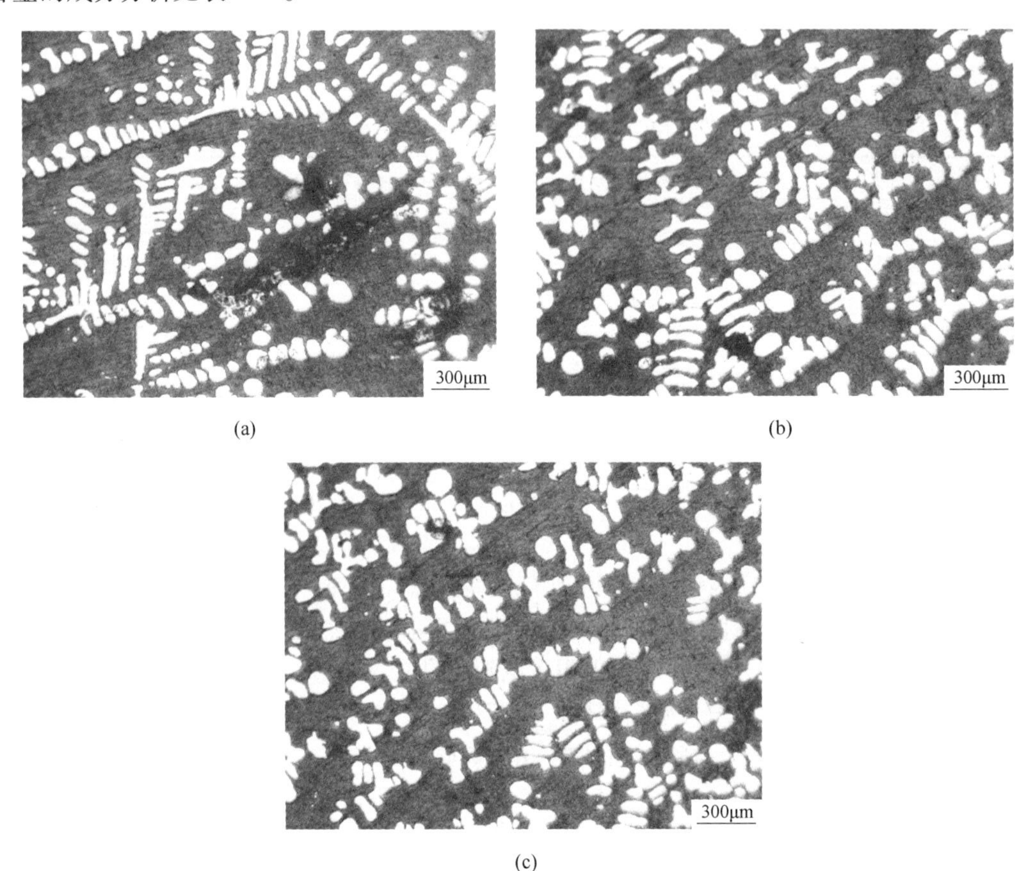


图 3-36　1850℃不同保温时间熔炼 CuCr25 合金的金相显微照片
(a) 30min；(b) 60min；(c) 90min

**表 3-10　1850℃不同保温时间熔炼 CuCr25 合金的成分分析**

| 保温时间/min | 成分含量/% | | |
|---|---|---|---|
| | Cu | Cr | Al |
| 30 | 76.81 | 22.42 | 0.77 |
| 60 | 75.16 | 23.98 | 0.86 |
| 90 | 76.12 | 23.09 | 0.79 |

利用 Image-Pro Plus 软件对图片进行灰度处理，如图 3-37 所示。根据色差统计 Cu 相、Cr 相、气孔相面积及 Cr 相直径，列于表 3-11 中。通过以上分析来判断各相的分布及组织均匀程度。由表 3-11 中可以看出，在 1850℃熔炼 CuCr25 合金中，随着保温时间的增长，CuCr25 合金中的微观气孔逐渐减少，当保温时间为 30min 时，所制备的合金样品的气孔率较大为 5.20%，这主要是保温时间太短，CuCr25 合金没有很好地混合，在熔炼的过程中合金熔体中仍然有很多的气体没有浮出去，并且仍然有树枝状的 Cr 相。随着保温时间的增长，从 Cr 相占比、气孔率、Cr 相直径和标准差来比较，都没有太大的变化。但是从各相的值来看，Cr 的含量较高，气孔率降低到 1%以下，标准差值也是最小的，合金的组织均匀，气孔含量低。

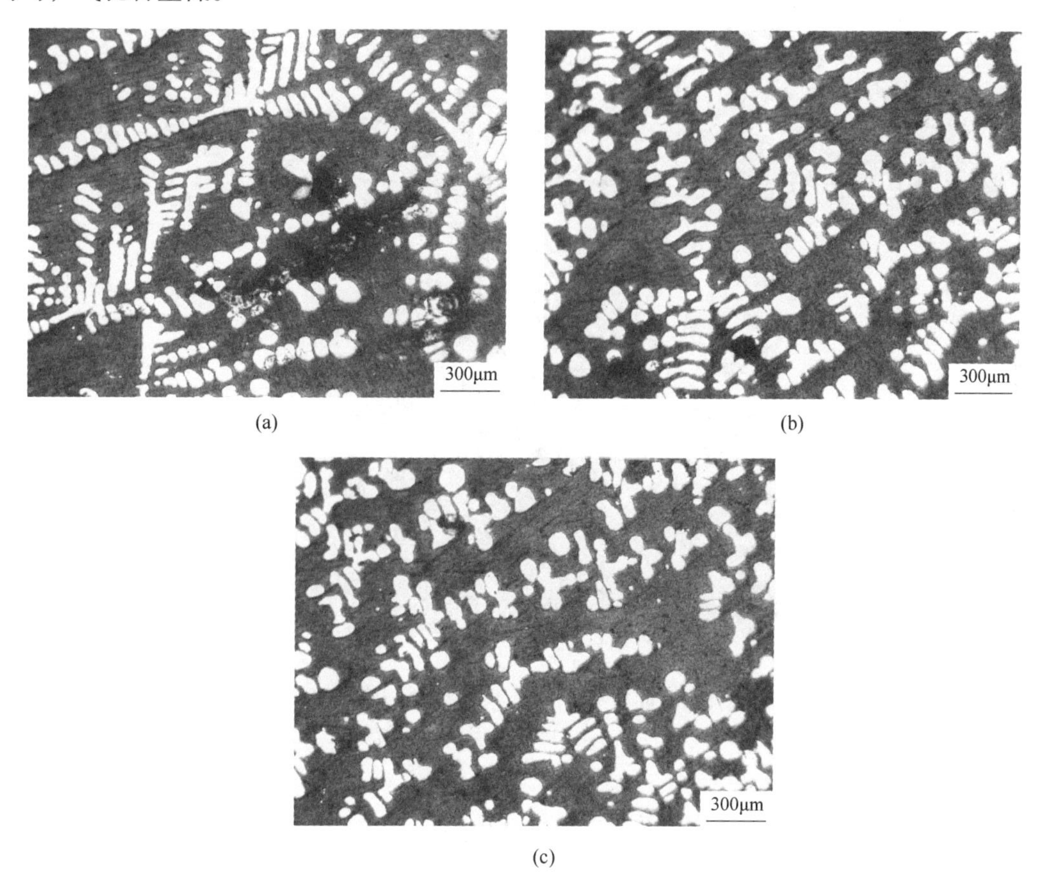


图 3-37 Image-Pro Plus 软件转换出灰度图
（a）30min；（b）60min；（c）90min

**表 3-11 不同保温时间下 CuCr25 合金中各相比例**

| 保温时间/min | Cu 含量/% | Cr 含量/% | 气孔率/% | Cr 相直径标准差/μm | Cr 相平均直径/μm |
|---|---|---|---|---|---|
| 30 | 74.99 | 19.81 | 5.20 | 45.86 | 71.33 |
| 60 | 75.91 | 23.40 | 0.69 | 33.77 | 56.52 |
| 90 | 75.81 | 23.31 | 0.88 | 33.72 | 56.67 |

B　不同保温时间对 CuCr40 合金的影响

在 1850℃熔炼 CuCr40 合金样品时，从图 3-38 中的金相显微镜照片保温 30min 时可以看出有少量的微观气孔且有较多的树枝状 Cr 相，组织分布不均匀，保温 60min 和 90min 的合金样品在金相显微镜下基本看不到宏观气孔，并且 Cr 相组织细小且分布均匀，基本没有树枝状的 Cr 相组织。合金的成分分析见表 3-12。

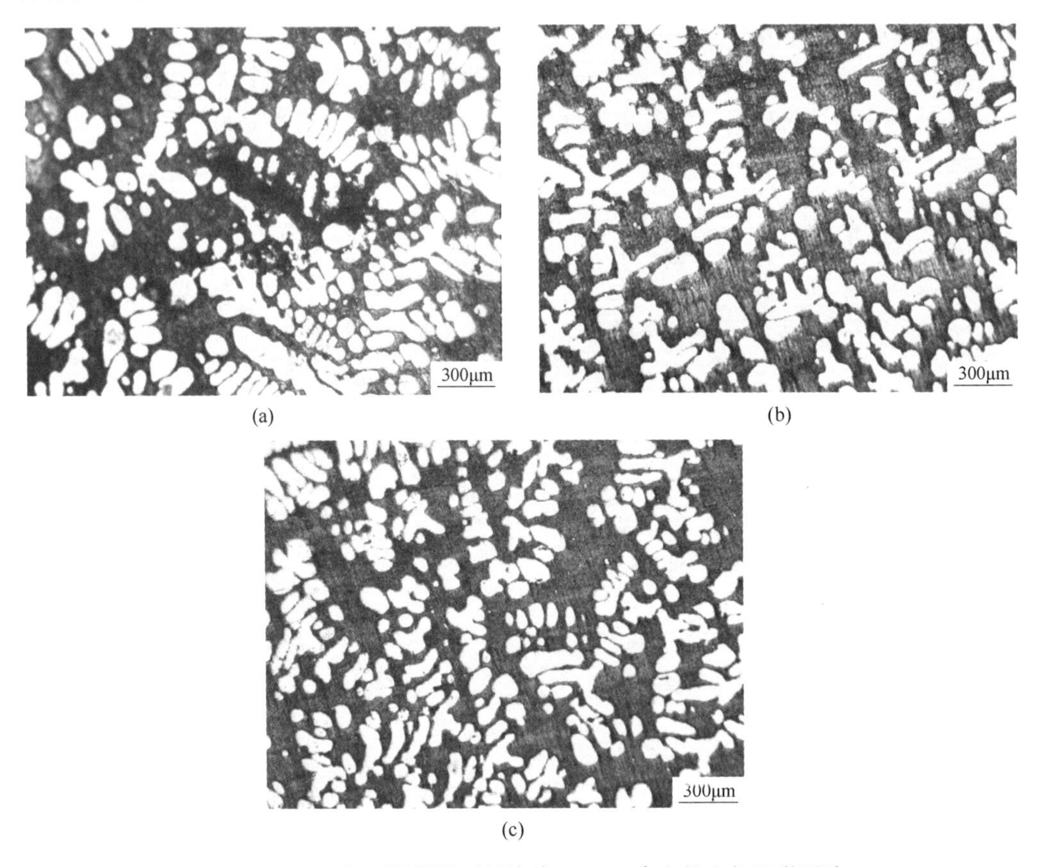


图 3-38　1850℃不同保温时间熔炼 CuCr40 合金的金相显微照片
（a）30min；（b）60min；（c）90min

**表 3-12　1850℃不同保温时间熔炼 CuCr40 合金的成分分析**

| 保温时间/min | 成分含量/% | | |
|---|---|---|---|
| | Cu | Cr | Al |
| 30 | 60.13 | 39.45 | 0.42 |
| 60 | 57.03 | 42.46 | 0.51 |
| 90 | 57.19 | 42.26 | 0.55 |

利用 Image-Pro Plus 软件对图片进行灰度处理，如图 3-39 所示。根据色差统计 Cu 相、Cr 相、气孔相面积及 Cr 相直径，列于表 3-13 中。通过以上分析来判断各相的分布及组织均匀程度。由表 3-13 可以看出，在 1850℃熔炼 CuCr40 合金，随着保温时间的增长，CuCr40 合金中的微观气孔逐渐减少，当保温时间为 30min 时，所制备的合金样品的气孔率

较大为 8.60%，这主要是保温时间太短，CuCr40 合金没有很好地混合，在熔炼的过程中合金熔体中仍然有很多的气体没有浮出去，仍然有一些树枝状的 Cr 相。随着保温时间的增长，保温 60min 和 90min 的合金样品微观气孔明显减少，Cr 相占比增加，Cr 相平均直径减小，Cr 相直径标准差减少。保温 90min 的合金样品的组织分布最均匀且第二相细小。

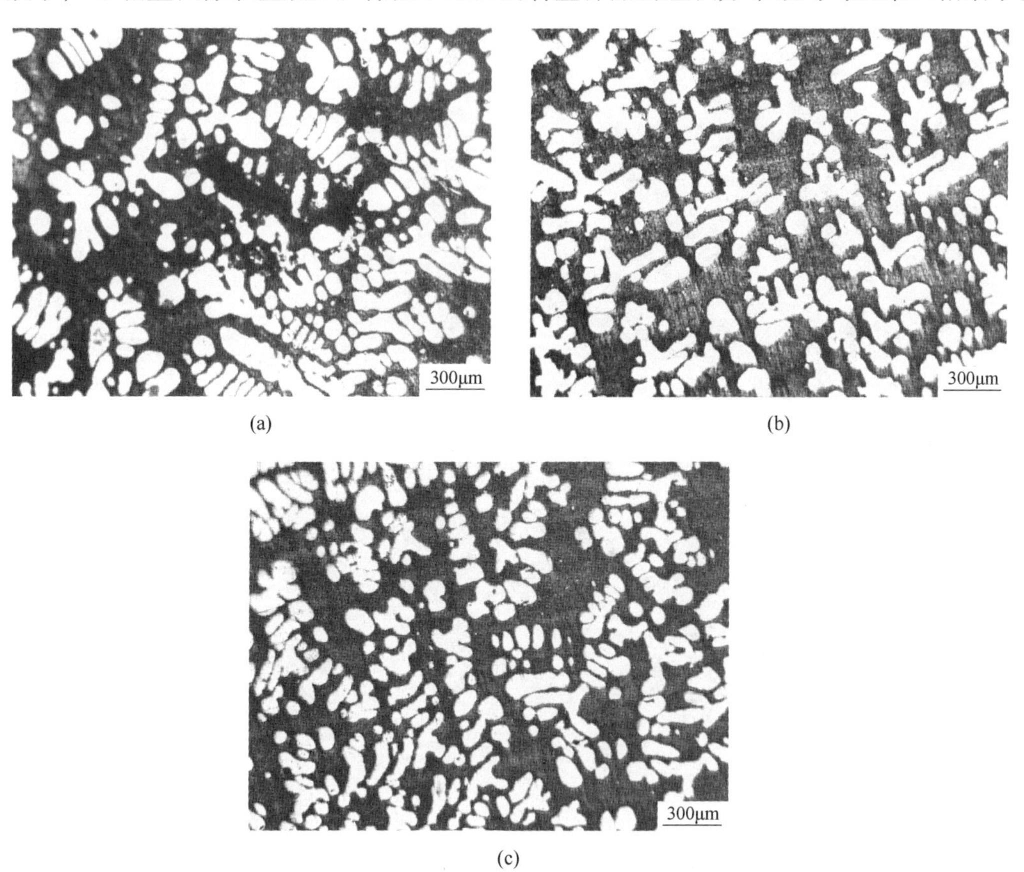


(a)　(b)

(c)

图 3-39　Image-Pro Plus 软件转换出灰度图
(a) 30min；(b) 60min；(c) 90min

**表 3-13　不同保温时间下 CuCr40 合金中各相比例**

| 保温时间/min | Cu 含量/% | Cr 含量/% | 气孔率/% | Cr 相直径标准差/μm | Cr 相平均直径/μm |
|---|---|---|---|---|---|
| 30 | 51.94 | 39.44 | 8.62 | 59.54 | 93.68 |
| 60 | 55.93 | 41.17 | 2.90 | 55.62 | 69.87 |
| 90 | 56.51 | 42.36 | 1.13 | 45.67 | 63.66 |

3.4.3.2　不同熔炼温度对 Cu-Cr 合金的影响

实验研究的样品是在熔炼温度为 1750℃、1800℃、1850℃分别保温 90min 的条件下进行熔炼，并在熔炼停止时采用水气复合冷装置快速冷却合金熔体所制备的。

A　不同熔炼温度对 CuCr25 合金的影响

在保温时间为 90min 时熔炼 CuCr25 合金样品，从图 3-40 中的金相显微镜照片可以看出，随着温度的升高，合金中的微观气孔逐渐减少，从图中的熔炼温度 1800℃ 和 1850℃ 样品可以看出合金中的微观气孔基本消失，但是熔炼温度 1850℃ 合金样品比熔炼温度 1800℃ 样品的组织均匀程度要好。合金的成分分析见表 3-14。

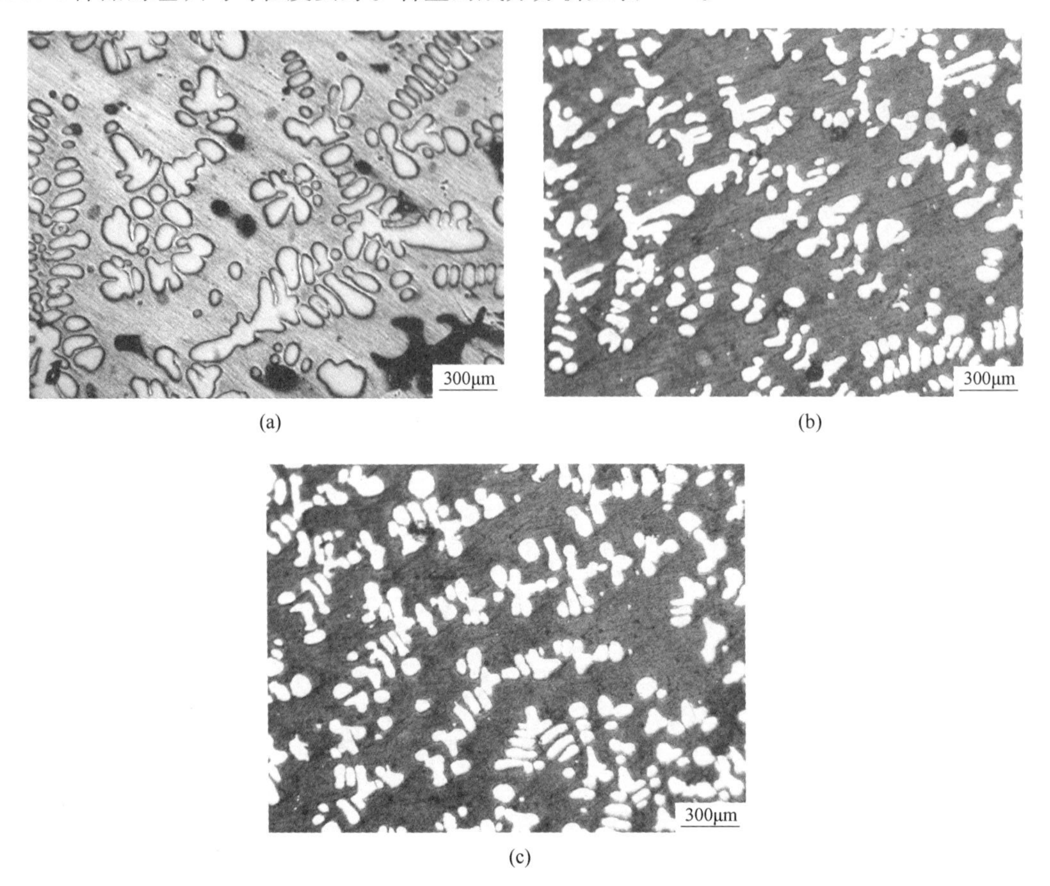


图 3-40　不同熔炼温度保温 90min 的 CuCr25 合金样品金相显微照片
（a）1750℃；（b）1800℃；（c）1850℃

**表 3-14　不同熔炼温度熔炼 CuCr25 合金的成分分析**

| 熔炼温度/℃ | 成分含量/% | | |
|---|---|---|---|
| | Cu | Cr | Al |
| 1750 | 75.66 | 22.43 | 0.60 |
| 1800 | 76.17 | 23.66 | 0.17 |
| 1850 | 76.97 | 22.43 | 0.60 |

利用 Image-Pro Plus 软件对图片进行灰度处理，如图 3-41 所示。根据色差统计 Cu 相、Cr 相、气孔相面积及 Cr 相直径，列于表 3-15 中，通过以上分析来判断各相的分布及组织均匀程度。

由表 3-15 可以看出，实验中随着熔炼温度的升高，CuCr25 合金中的 Cr 含量不断升高，气孔率不断减小，Cr 相的平均直径也在不断减小，同时通过图像处理软件统计 Cr 相的平均直径，计算出其标准差也在不断减小，说明随着温度的升高，Cr 相的直径也在不断地趋于均匀。因此，在熔炼温度 90min 时，随着熔炼温度的升高，所得到的 CuCr25 合金样品组织更加均匀，成分中 Cr 含量也越高。

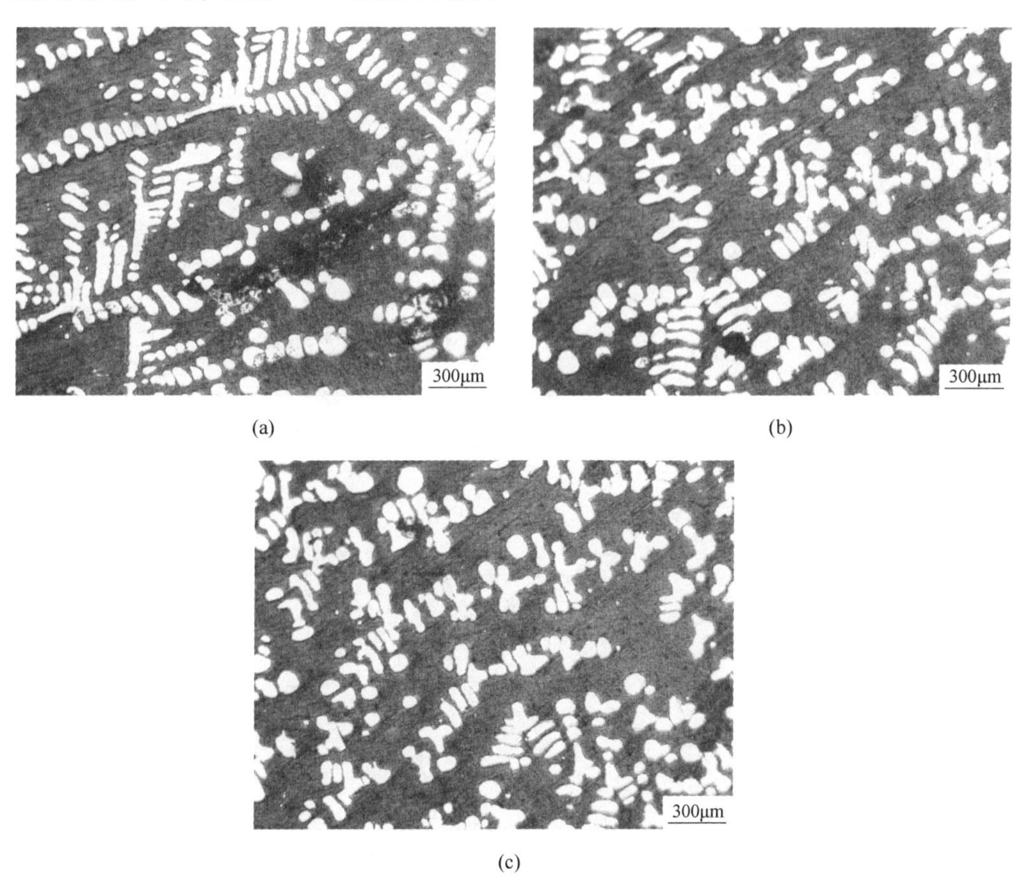


(a)　　(b)　　(c)

图 3-41　Image-Pro Plus 软件转换出灰度图
(a) 1750℃；(b) 1800℃；(c) 1850℃

**表 3-15　不同熔炼温度下的 CuCr25 合金样品的各相指标**

| 熔炼温度/℃ | Cu 含量/% | Cr 含量/% | 气孔率/% | Cr 相直径标准差/μm | Cr 相平均直径/μm |
|---|---|---|---|---|---|
| 1750 | 74.99 | 19.81 | 5.20 | 45.86 | 79.85 |
| 1800 | 76.41 | 22.40 | 1.19 | 33.77 | 58.52 |
| 1850 | 75.81 | 23.31 | 0.88 | 33.72 | 56.67 |

B　不同熔炼温度对 CuCr40 合金的影响

在保温时间为 90min 的 CuCr40 合金熔炼研究中发现，当熔炼时间为 90min 时，CuCr40 合金的硬度值和电导率值都为最大，组织均匀程度相对较好并且 Cr 相分布比较均匀。CuCr40 样品分别是在熔炼温度为 1750℃、1800℃、1850℃保温 90min 的条件下进行熔炼，并在熔炼停止时采用水气复合冷装置快速冷却合金熔体所制备的，然后分别考察不同熔炼温度对 CuCr40 合金样品的微观组织以及电导率值和硬度值的影响。

从图 3-42 中的金相显微镜照片可以看出，熔炼温度 1750℃时气孔较多，Cr 相分布不均匀，存在较多的树枝状 Cr 相；熔炼温度为 1800℃时存在一些气孔；熔炼温度为 1850℃时基本没有明显的气孔，组织分布也非常均匀。合金样品随着温度的升高，合金中的微观气孔逐渐减少，Cr 相组织分布均匀，合金的成分分析见表 3-16。

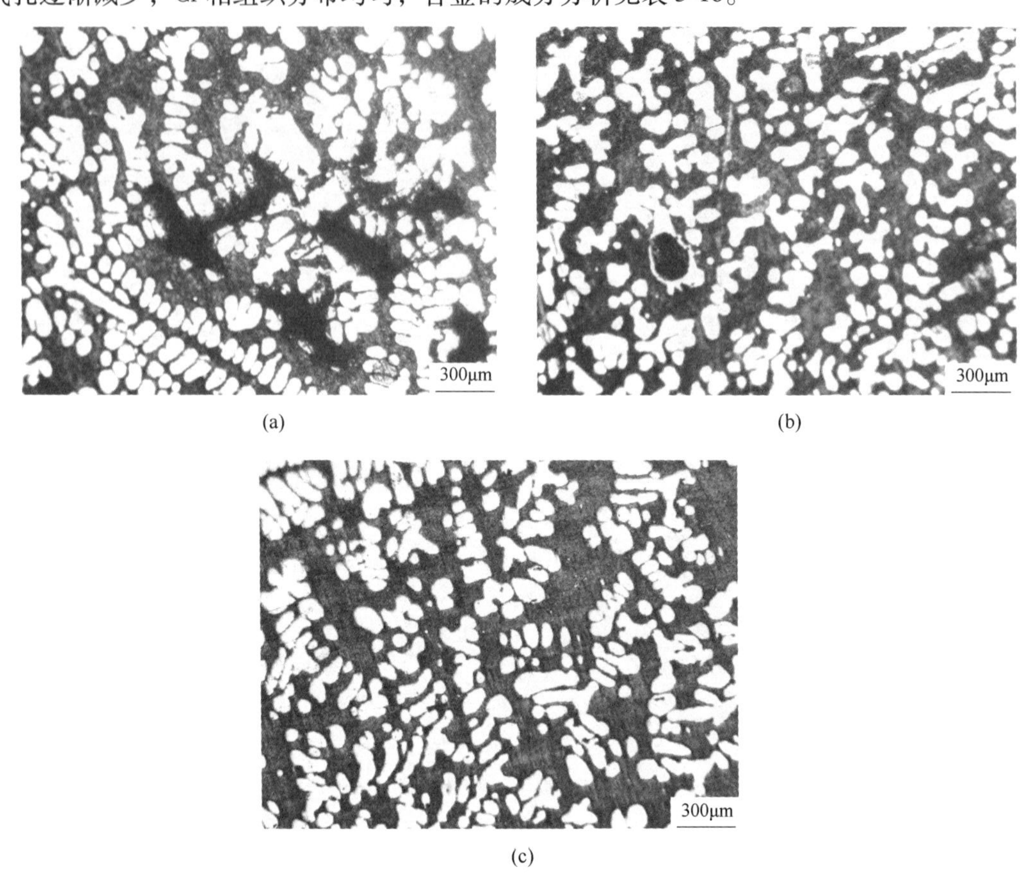


(a)　(b)　(c)

图 3-42　不同熔炼温度保温 90min 的 CuCr40 合金样品金相显微照片

(a) 1750℃；(b) 1800℃；(c) 1850℃

**表 3-16　不同熔炼温度熔炼 CuCr40 合金的成分分析**

| 熔炼温度/℃ | 成分金属/% | | |
|---|---|---|---|
| | Cu | Cr | Al |
| 1750 | 57.80 | 42.20 | 0.49 |
| 1800 | 58.45 | 41.20 | 0.35 |
| 1850 | 57.19 | 42.26 | 0.55 |

利用 Image-Pro Plus 软件对图片进行灰度处理，如图 3-43 所示。根据色差统计铜相、铬相、气孔相面积及 Cr 相直径，列于表 3-17 中。通过以上分析来精确判断各相的分布及均匀程度。由表 3-17 可以看出，实验中随着熔炼温度的升高，CuCr40 合金中的 Cr 含量不断升高，气孔率不断减小，Cr 相的平均直径也在不断减小，同时通过图像处理软件统计 Cr 相的平均直径，计算出其标准差也在不断减小，由此，说明随着温度的升高，Cr 相的直径也在不断减小，Cr 相组织也不断趋于均匀。

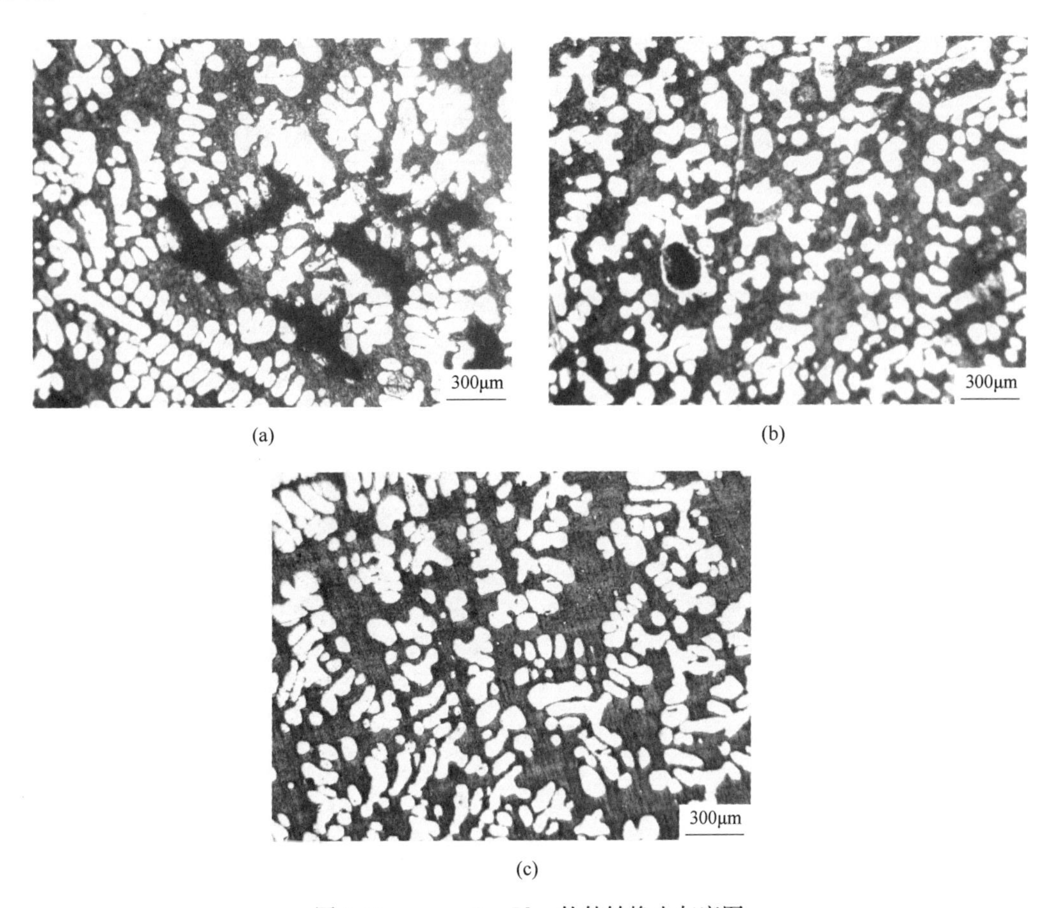


(a) (b) (c)

图 3-43 Image-Pro Plus 软件转换出灰度图
(a) 1750℃; (b) 1800℃; (c) 1850℃

**表 3-17 CuCr40 合金样品各相指标**

| 熔炼温度/℃ | Cu 含量/% | Cr 含量/% | 气孔率/% | Cr 相直径标准差/μm | Cr 相平均直径/μm |
|---|---|---|---|---|---|
| 1750 | 47. 25 | 39. 46 | 13. 29 | 72. 25 | 86. 30 |
| 1800 | 53. 82 | 40. 59 | 5. 59 | 58. 79 | 73. 09 |
| 1850 | 56. 51 | 42. 36 | 1. 13 | 45. 67 | 63. 66 |

#### 3.4.3.3 不同坩埚直径对 Cu-Cr 合金的影响

采用不同直径坩埚熔炼 Cu-Cr 合金在熔炼的过程中会产生不一样的温度场，同时也会影响感应炉对 Cu-Cr 合金的搅拌作用，最终会影响 Cu-Cr 合金的组织和性能。

A 不同坩埚内径对 CuCr25 合金的影响

实验采用不同直径的氧化锆坩埚熔炼 CuCr25 合金，最佳熔炼工艺条件见表 3-18。熔炼后的 CuCr25 样品金相显微组织照片如图 3-44 所示。

通过图 3-44 的金相显微镜照片可以观察到，样品 1（见图 3-44（a））的 Cr 相组织呈树枝状且存在大量的 Cr 相偏聚，组织分布不均匀，样品 2（见图 3-44（b））、3（见图 3-44(c)）组织均匀，基本无较大的树枝状 Cr 相。合金的成分分析见表 3-19。

**表 3-18　不同直径坩埚熔炼 CuCr25 合金的工艺条件**

| 样品 | 熔炼温度/℃ | 保温时间/min | 冷却方式 | 坩埚内径/mm |
|---|---|---|---|---|
| 1 | 1850 | 60 | 水冷+气冷 | 19 |
| 2 | 1850 | 60 | 水冷+气冷 | 28 |
| 3 | 1850 | 60 | 水冷+气冷 | 40 |

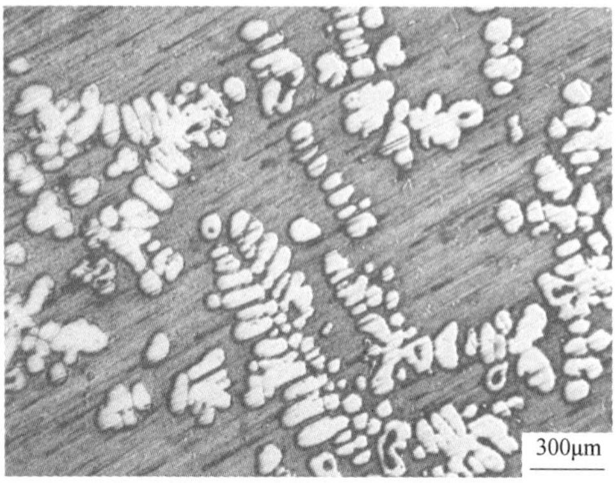

300μm

(a)

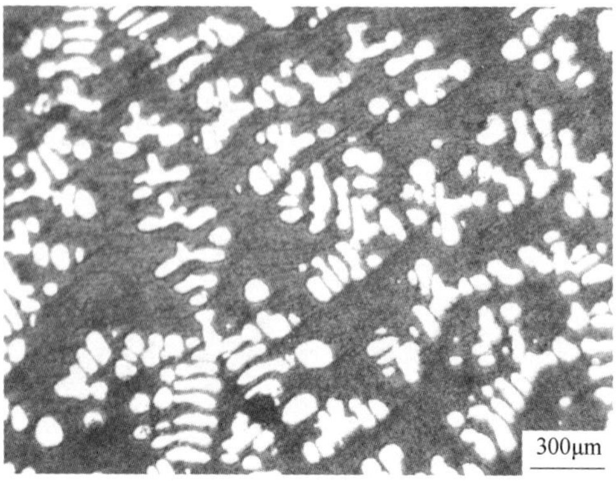

300μm

(b)

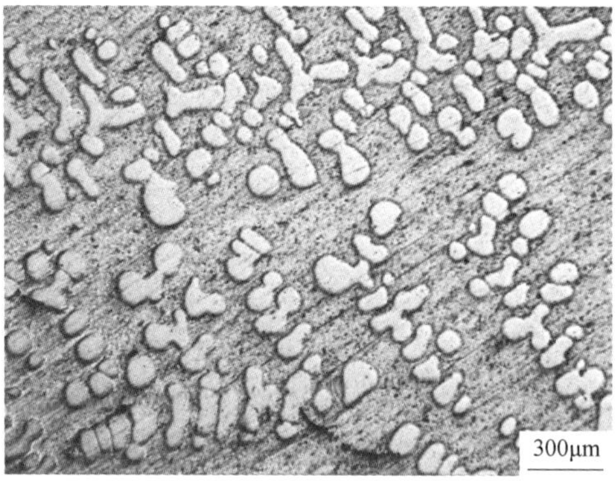

300μm

(c)

图 3-44　不同直径坩埚熔炼 CuCr25 合金金相显微镜照片

（a）坩埚内径 19mm；（b）坩埚内径 28mm；（c）坩埚内径 40mm

**表 3-19　不同直径坩埚 CuCr25 合金的成分分析**

| 样品 | Cu | Cr | Al |
|---|---|---|---|
| 1 | 78.45 | 20.8 | 0.75 |
| 2 | 75.16 | 23.98 | 0.86 |
| 3 | 75.34 | 23.87 | 0.79 |

利用 Image-Pro Plus 软件对图片进行灰度处理，如图 3-45 所示。根据色差统计 Cu 相、Cr 相、气孔相面积及 Cr 相直径，列于表 3-20 中。通过以上分析来判断各相的分布及组织均匀程度。由表 3-20 可以看出，在 1850℃ 保温 60min 熔炼 CuCr25 合金，当采用直径为 19mm 的氧化锆坩埚时，发现所得到的合金样品 Cr 相呈较大的树枝状，Cr 相的平均直径

较大为76.86μm，Cr相分布不均匀，气孔率相对较大，根据以上分析，这很有可能是由于坩埚直径太小，在感应炉熔炼条件下，合金熔体内的温度场不均匀且合金熔体的搅拌效果不好。当采用28mm和40mm的氧化锆坩埚熔炼CuCr25合金时，从统计的数据来看，没有明显的区别，Cr相的直径基本一样，Cr相直径的分布均匀程度也基本相同。所以可以看出在28mm和40mm条件下熔炼CuCr25合金样品时，坩埚直径对合金的组织影响没有明显区别。

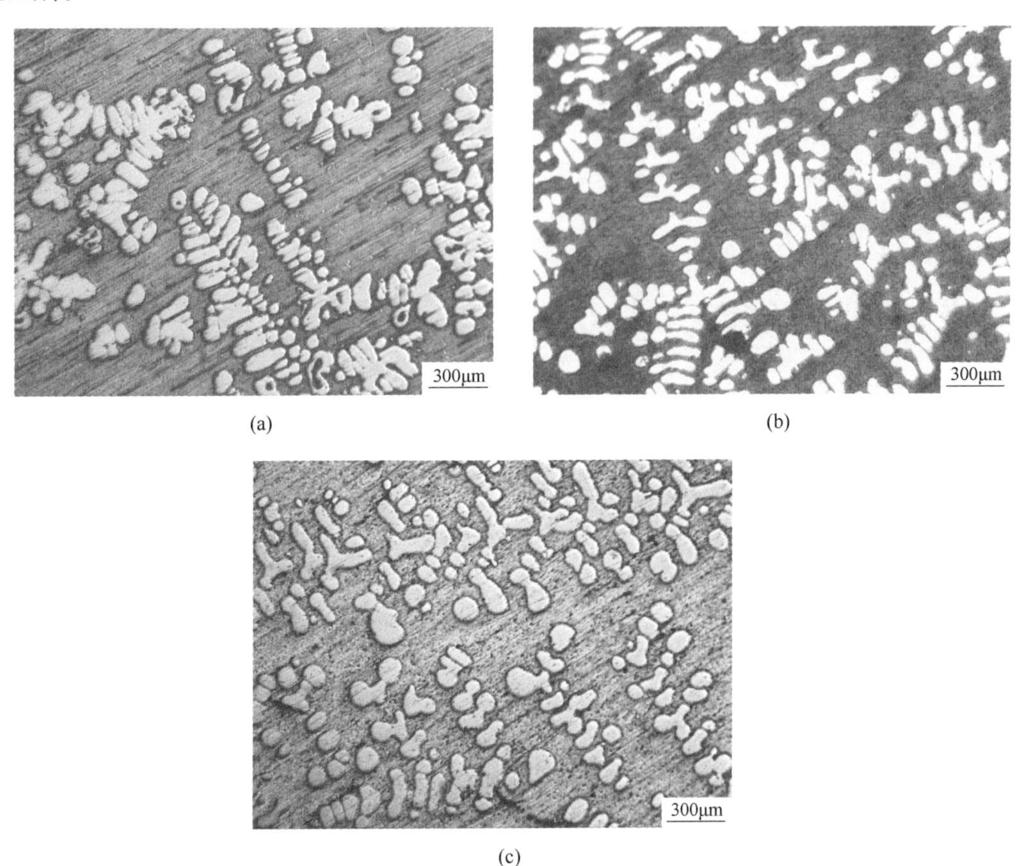


图3-45 Image-Pro Plus软件转换出灰度图
(a) 坩埚内径19mm；(b) 坩埚内径28mm；(c) 坩埚内径40mm

**表3-20 不同直径坩埚内径下CuCr25合金中各相比例**

| 样品 | Cu含量/% | Cr含量/% | 气孔率/% | Cr相直径标准差/μm | Cr相平均直径/μm |
|---|---|---|---|---|---|
| 1 | 74.05 | 23.25 | 2.70 | 63.42 | 76.86 |
| 2 | 75.81 | 23.40 | 0.79 | 33.77 | 56.52 |
| 3 | 75.93 | 23.49 | 0.58 | 32.72 | 57.37 |

B 不同坩埚内径对CuCr40合金的影响

实验采用不同直径的氧化锆坩埚熔炼CuCr40合金，最佳熔炼工艺条件见表3-21。熔炼后的CuCr40样品金相显微组织照片如图3-46所示。

**表 3-21　不同直径坩埚熔炼 CuCr40 合金的工艺条件**

| 样品 | 熔炼温度/℃ | 保温时间/min | 冷却方式 | 坩埚内径/mm |
|---|---|---|---|---|
| 1 | 1850 | 90 | 水冷+气冷 | 19 |
| 2 | 1850 | 90 | 水冷+气冷 | 28 |
| 3 | 1850 | 90 | 水冷+气冷 | 40 |

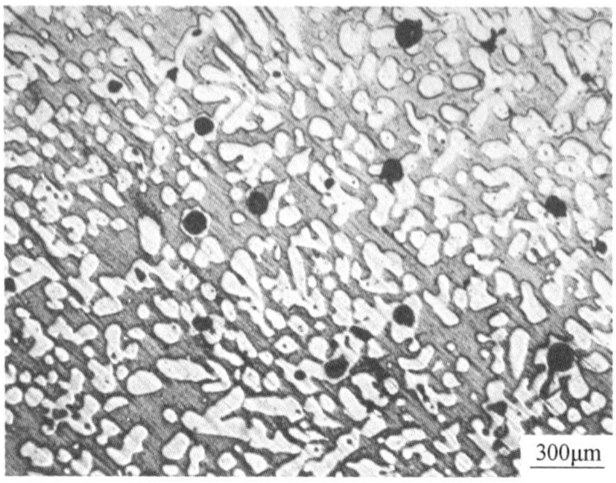

300μm

(a)

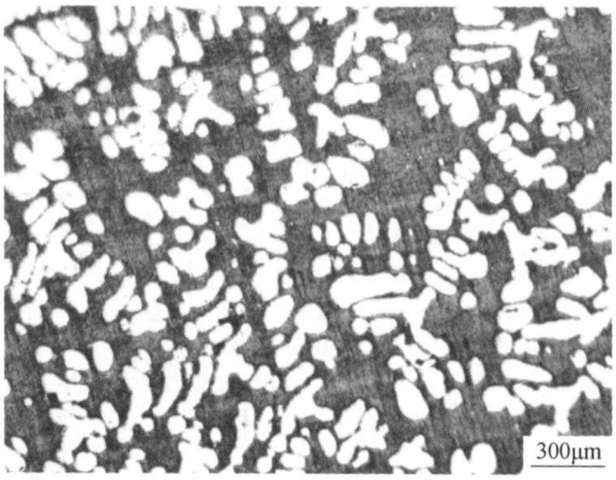

300μm

(b)

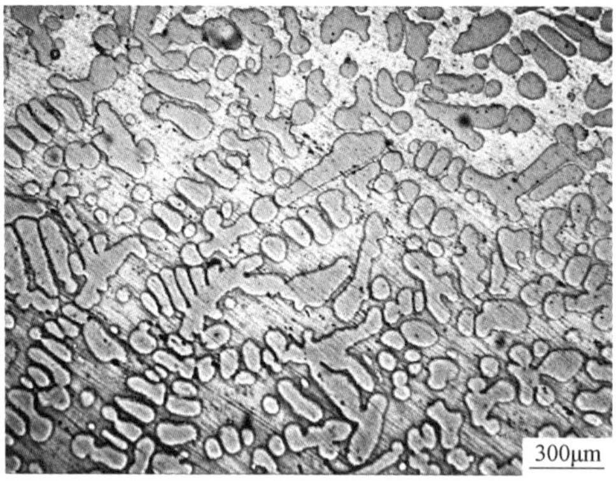

300μm

(c)

图 3-46　不同直径坩埚熔炼 CuCr40 合金金相显微镜照片

（a）坩埚内径 19mm；（b）坩埚内径 28mm；（c）坩埚内径 40mm

通过图 3-46 的金相显微镜照片可以观察到，样品 1（见图 3-46（a））的 Cr 相组织分布较为均匀，存在较多的微观气孔，样品 2（见图 3-46（b））、3（见图 3-46（c））组织均匀，基本无明显的宏观气孔。合金的成分分析见表 3-22。

**表 3-22　不同直径坩埚 CuCr40 合金的成分分析**　（%）

| 样品 | Cu | Cr | Al |
|---|---|---|---|
| 1 | 58. 36 | 41. 3 | 0. 34 |
| 2 | 57. 19 | 42. 26 | 0. 55 |
| 3 | 57. 48 | 42. 17 | 0. 35 |

利用 Image-Pro Plus 软件对图片进行灰度处理，如图 3-47 所示，并进行统计分析，得到数据见表 3-23。由表 3-23 可以看出，在 1850℃保温 90min 熔炼 CuCr40 合金，当采用直径为 19mm 的氧化锆坩埚时，发现所得到的合金样品 Cr 相分布较为均匀，有较多的微观气孔。根据以上推断，这很有可能是由于坩埚直径太小所产生的温场不均匀导致的合金熔体搅拌不均匀。当采用 28mm 和 40mm 的氧化锆坩埚熔炼 CuCr40 合金时，从统计的数据来看，没有明显的区别，Cr 相的直径基本一样，Cr 相直径的分布均匀程度也基本相同。所以可以看出在 28mm 和 40mm 条件下熔炼 CuCr40 合金样品，坩埚直径对合金的组织影响没有区别。

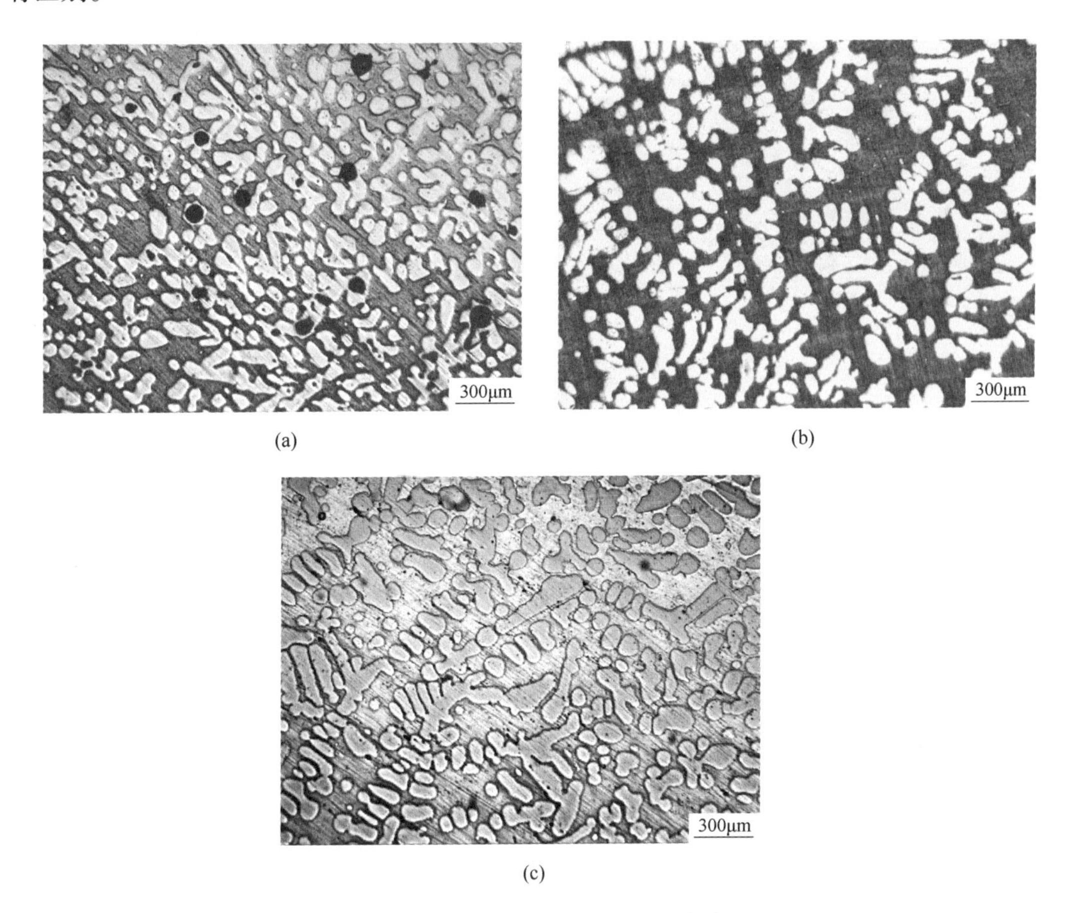


图 3-47 Image-Pro Plus 软件转换出灰度图
（a）坩埚内径 19mm；（b）坩埚内径 28mm；（c）坩埚内径 40mm

**表 3-23 不同保温时间下 CuCr40 合金中各相比例**

| 样品 | Cu 含量/% | Cr 含量/% | 气孔率/% | Cr 相直径标准差/μm | Cr 相平均直径/μm |
|---|---|---|---|---|---|
| 1 | 50.2 | 42.60 | 7.20 | 54.60 | 62.53 |
| 2 | 56.51 | 42.36 | 1.13 | 45.67 | 63.66 |
| 3 | 56.43 | 42.25 | 1.32 | 46.56 | 62.98 |

#### 3.4.3.4　与铝热还原法制备 Cu-Cr 合金的宏观比较

从图 3-48 铝热还原法制备的 Cu-Cr 合金宏观照片可以明显看出表面有大量的宏观气孔，而采用感应熔炼后的 Cu-Cr 合金宏观照片（见图 3-49）可以看出无任何的宏观气孔，并且表面看不到宏观偏析。

图 3-48　铝热还原法制备的 Cu-Cr 合金宏观照片
（a）CuCr25；（b）CuCr40

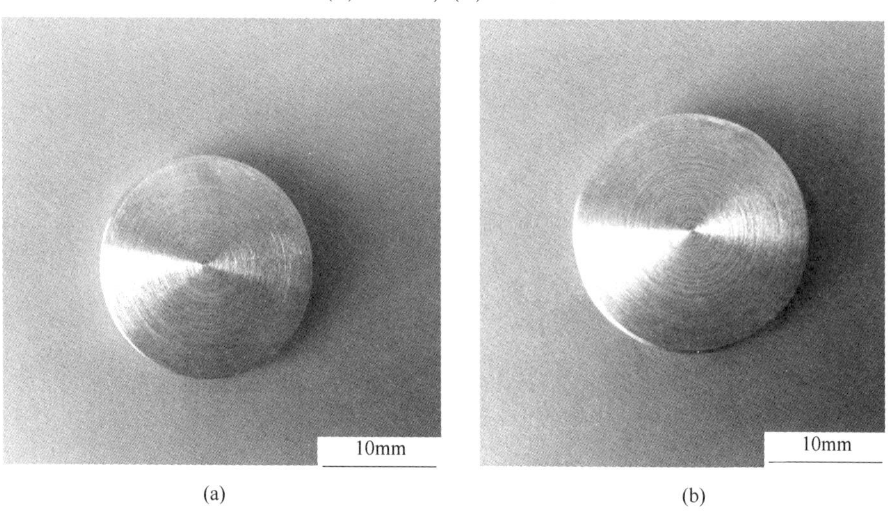


图 3-49　感应熔炼后的 Cu-Cr 合金宏观照片
（a）CuCr25；（b）CuCr40

为了检验实验制备的 Cu-Cr 合金品质，采用实验制备的 Cu-Cr 合金样品分别与粉末烧结法、熔渗法、电弧熔炼法制备的工业产品显微组织进行比较，如图 3-50 所示。

由图 3-50 可知，粉末烧结法制备的铜铬合金铬粒子很大，存有少量弥散的铬粒子以及少量的夹杂物和气孔，这是由于粉末烧结法制备 Cu-Cr 合金时需要一段长时间的保温过程，给铬粒子的生长提供了条件，另外粉末烧结法对铜粉和铬粉的含气量要求很高。熔渗法制备的铜铬合金铬粒子在一定程度上比粉末烧结法小，但从其 SEM 图中可以看出，熔

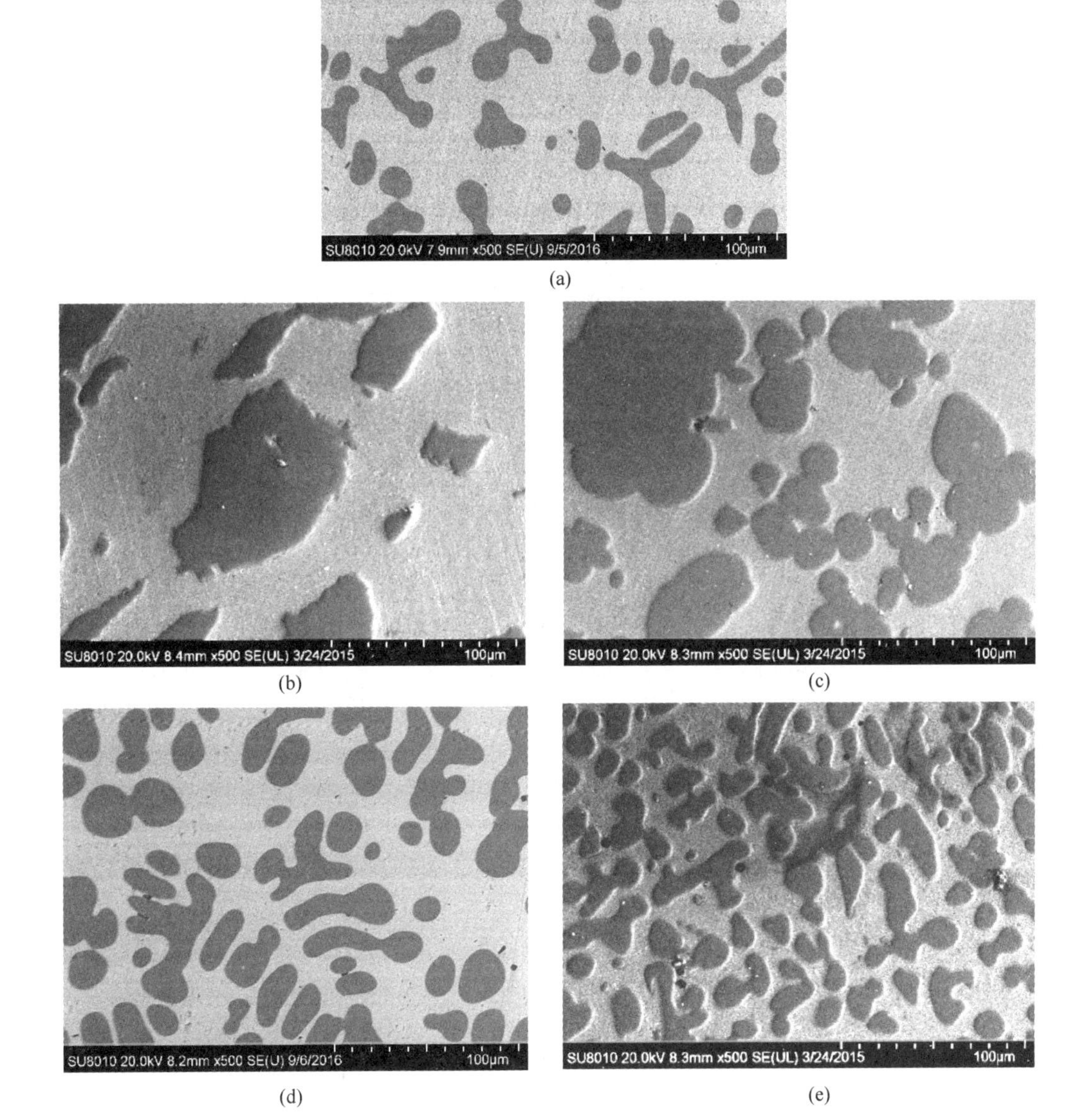


图 3-50　不同方法制备的 Cu-Cr 合金产品

CuCr25：(a) 铝热还原—感应精炼法；(b) 粉末烧结法；(c) 熔渗法；

CuCr40：(d) 铝热还原—感应精炼法；(e) 电弧熔炼法

渗法制备的铜铬合金有很明显的偏析，另外气孔和夹杂相对较多，这是由于熔渗法制备铜铬合金时，是以 Cr 为熔渗骨架，因此保温时间比较长，铬粒子偏大。电弧熔炼法制备的铜铬合金，铬粒子相对较小，分布均匀，但也有一些夹杂物的存在，难以制备铬含量低的合金。通过比较发现实验制备的 Cu-Cr 合金组织均匀程度相对粉末烧结法和熔渗法要好很多，并且第二相 Cr 颗粒相对较小，虽然不如电弧熔炼法制备的 Cu-Cr 合金第二相铬粒子小，但是电弧熔炼法只限于制备高铬含量的 Cu-Cr 合金，并且制备工艺比较复杂难于控制，生产成本比较高。通过对比工业产品可发现，通过实验室的方法能够制备出优于工业产品的 CuCr25 和 CuCr40 合金。

### 3.4.4　热处理工艺对 Cu-Cr 合金的影响

铜合金获得强化的热处理工艺包括三个步骤[22]：固溶处理、淬火和时效。固溶处理的主要目的是使合金化元素完全溶解，获得成分均匀的过饱和固溶体，它最好是在合金的单相、平衡固溶体范围内的一个温度下进行。不过，合金不得加热到固相线以上，因为这样会引起过热，也就是引起化合物和晶粒界面区熔融，从而对合金的材料性能起反作用。但有些合金化元素必须在离固相线几摄氏度的范围内进行固溶处理时，才能得到适当的溶解，因此需要特别小心地控制炉温。同时在固溶处理时更要注意防止粗大的再结晶晶粒长大，要避免不必要的高温和时间过长的固溶处理[23]。

淬火后的铜合金在室温停留或加热保温一段时间后，其强度和硬度升高，但塑性和韧性降低的现象，称为铜合金的时效[24]。时效硬化是提高热处理铜合金性能的最后一步。铜合金淬火后获得的过饱和固溶体具有良好的塑性和韧性，但强度太低。在时效过程中，过饱和固溶体中的第二相金属逐渐开始析出并自发聚集，引起晶格畸变，使合金得到强化，所以时效处理对合金的强度起到决定性的作用[25~27]。

在铜基中加入 Cr 元素对纯铜的电导率影响较小，由相图可知，Cr 在铜中的固溶度较低，室温下几乎不溶，这为 Cr 的时效析出提供了基础。Cu-Cr 合金的主要强化机制就是，先让 Cr 过饱和固溶在铜基体中，再通过时效使 Cr 以纳米级的粒子析出。Cu-Cr 合金作为一种典型的时效强化合金，时效过程是过饱和的 Cu-Cr 合金固溶体中 Cr 粒子的脱溶。经过固溶处理和时效处理的 Cu-Cr 合金，可以极大地提高 Cu-Cr 合金的硬度和电导率。热处理后的合金微观组织发生改变，这些改变对合金的电性能影响有待进一步研究。

由图 3-51 可以看出，CuCr25 合金未热处理时，Cr 相多以块状分布在 Cu 基体中，晶粒细小，分布致密。当合金经过固溶—时效处理后，可以明显看出 Cr 相粒子变得粗大。CuCr40 合金未热处理时 Cr 相多以块状分布在 Cu 基体上，晶粒细小，分布致密。当合金经过固溶—时效处理后，可以明显看出 Cr 相粒径增大，且有团聚趋势。对比未经热处理的 CuCr25、CuCr40 合金可以看出，CuCr40 合金中 Cr 相粒径相对较大，致密度差别不大。对比经过热处理的 CuCr25、CuCr40 合金可以看出，CuCr40 合金粒径明显大于 CuCr25 合金，致密度更高但是有团聚趋势。这些微观组织变化对合金电性能具有一定的影响，需要经过检测进一步确定。

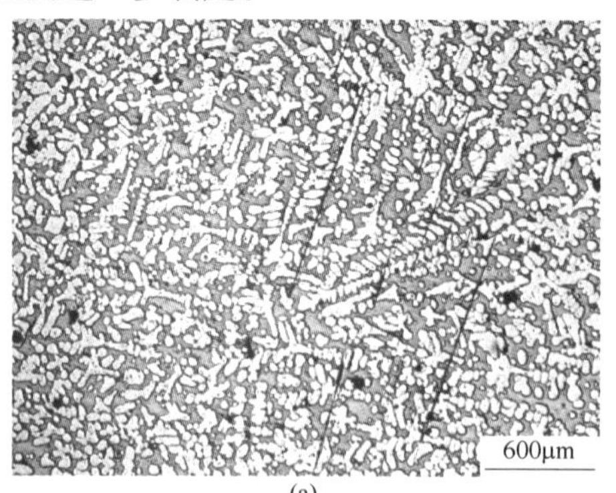

(a)

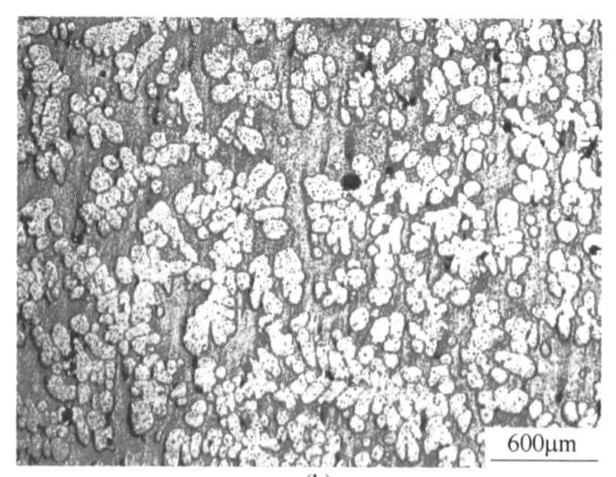

(b)

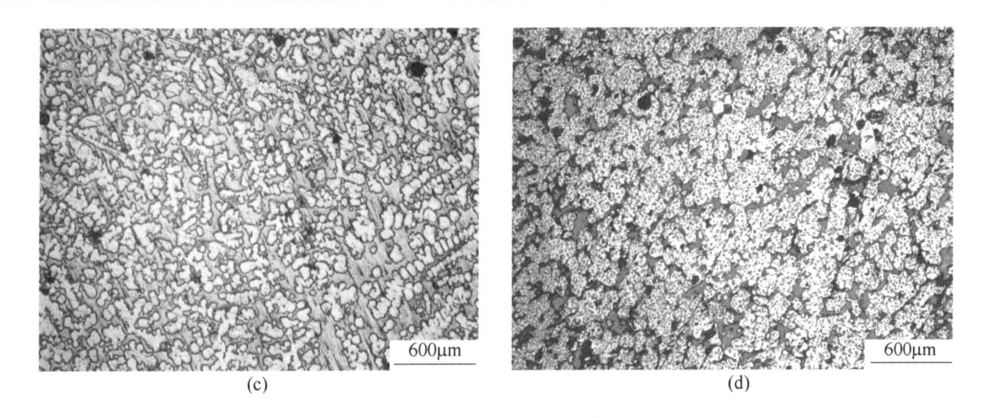

(c) (d)

图 3-51 热处理前后 CuCr 合金金相显微镜照片
（a）CuCr25 未热处理；（b）CuCr25 热处理；（c）CuCr40 未热处理；（d）CuCr40 热处理

由图 3-52 热处理前后 Cu-Cr 合金的扫描电镜图可知，未热处理的 CuCr40 合金上 Cr 相粒子要明显多于 CuCr25 合金粒子，分布更加致密，粒径较大。经过固溶—时效处理后，CuCr25 合金与 CuCr40 合金粒径都明显增大，且增大趋势随 Cr 含量增加而增加，致密度增加。CuCr25 的 Cr 相粒子出现球化现象，Cu 基体上出现细小黑点，即为弥散析出的第二相 Cr 粒子。热处理后 CuCr40 合金更加致密，Cu 基体上也有细小的第二相 Cr 粒子析出。

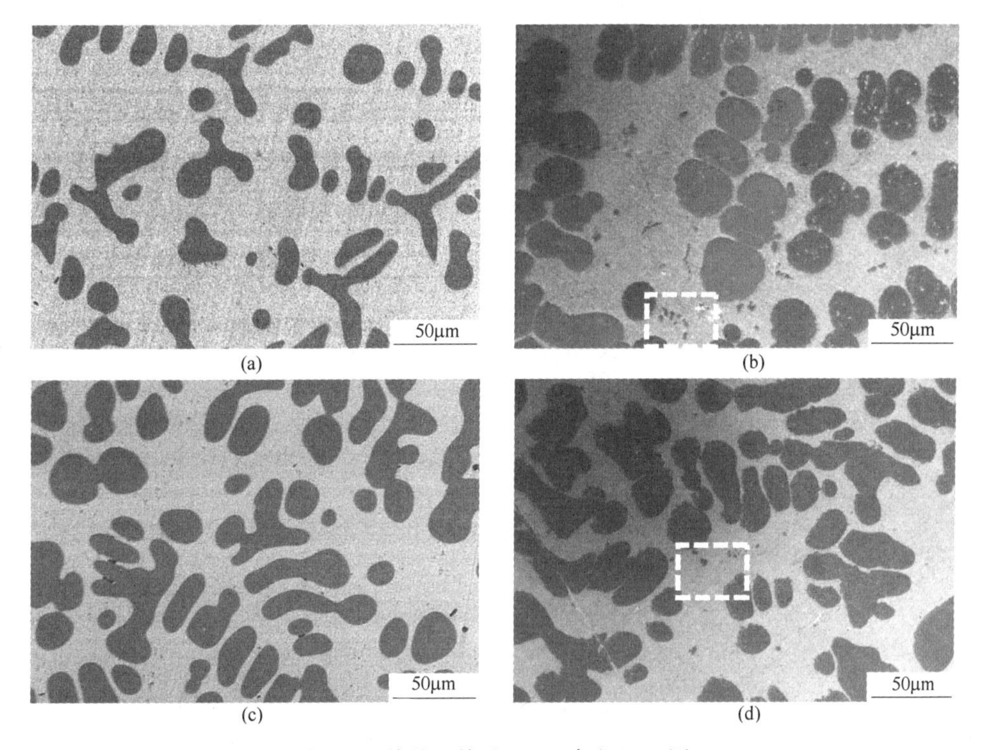

(a) (b) (c) (d)

图 3-52 热处理前后 Cu-Cr 合金 SEM 图
（a）CuCr25 未热处理；（b）CuCr25 热处理；（c）CuCr40 未热处理；（d）CuCr40 热处理

由图 3-53 和图 3-54 可知，热处理后 Cu-Cr 合金的电导率和硬度都有明显的提升，这是由于进行固溶处理让更多的 Cr 进入 Cu 基体中，由于快速冷却的合金中高密度的晶体缺陷为时效过程 Cr 相的析出提供了更多的形核位，然后时效处理使过饱和固溶的 Cr 原子向晶界处扩散并析出，使得晶界进一步得到强化，同时铜基体的晶格畸变减小，析出弥散分布细小而且均匀的第二相 Cr 颗粒，使得合金电导率和硬度大幅上升。

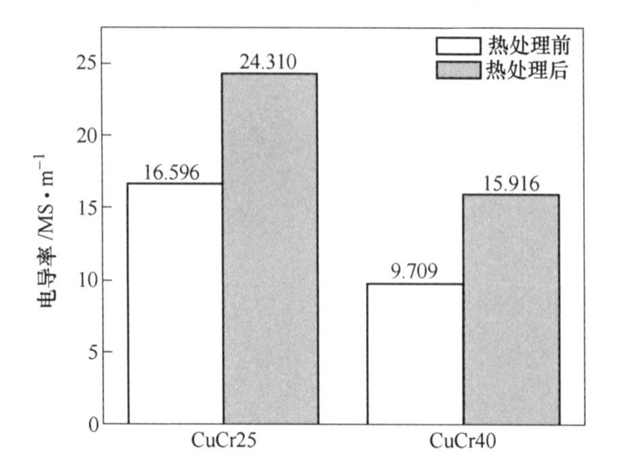


图 3-53　Cu-Cr 合金热处理前后电导率变化

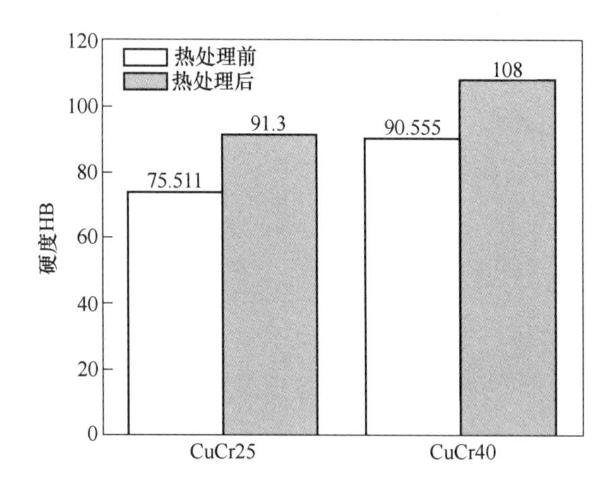


图 3-54　Cu-Cr 合金热处理前后硬度变化

### 3.4.5　Cu-Cr 合金的真空电性能

#### 3.4.5.1　Cu-Cr 合金电性能检测试验

将精炼后 CuCr25 合金固溶处理 850℃保温 40min，时效处理温度 450℃保温 5h；将 CuCr40 合金固溶处理 1000℃保温 80min，时效处理温度 530℃保温 2h。将经过热处理和未处理的样品磨样、抛光、震荡后先进行微观组织对比，然后加工制成如图 3-55 所示的 12kV 级真空灭弧室。其中合金锭每两个按一静一动装入一只真空灭弧室中，按 CuCr25 未热处理、CuCr25 热处理、CuCr40 未热处理、CuCr40 热处理、CuCr40 热处理标记为 1 号、2 号、3 号、4 号、5 号灭弧室。

对制备好的触头真空灭弧室进行电物理性能检测，主要包括耐电压能力、抗冲击能力、截断电流能力、抗熔焊性能以及开断能力。

图 3-55 Cu-Cr 合金制备时的真空灭弧室

实验检测步骤如下：

（1）采用工频耐压设备，对试品真空灭弧室在满开距条件下，首先施加 42kV/min 工频耐受电压，试品不发生破坏性放电时，加压测量试品极限短时工频耐受电压；

（2）采用标准雷电冲击耐压设备，对试品真空灭弧室在满开距条件下，首先施加正负各 15 次标准雷电冲击电压 85kV，试品不发生破坏性放电时，加压分别测量试品正负极性极限雷电冲击耐受电压；

（3）采用 5kV · A 调压变压器二次侧串接电阻，试品真空灭弧室分断回路电流，测量各灭弧室截流电流；

（4）采用真空灭弧室关合预期 15kA/4250Hz 电容器组涌流电流以使其产生熔焊，采用拉压力传感器测量灭弧室 1 号、2 号、5 号触头焊点拉裂时的熔焊力；

（5）采用合成试验回路对试品真空灭弧室进行出线端故障试验方式 T100s(b) 试验，试验测量试品 3 号、4 号真空灭弧室最短燃弧时间。

3.4.5.2 CuCr 合金电性能检测结果

A 工频耐压

耐电压能力和抗冲击能力是 Cu-Cr 合金能够逐步成为主流大电流真空开关的一大优势。Cr 相粒子分布的均匀性、Cr 相粒子尺寸的大小、合金致密度的大小都会直接影响到合金的耐压性能。研究表明[28]，Cu-Cr 合金电击穿优先发生在 Cr 上。这是由于 Cr 相的导电性和导热性远远小于 Cu 基体，这样合金在分断电流过程中产生的热量不能很快传导出去，使 Cr 相温度升高，会产生电子发射，导致击穿。所以，当合金中 Cr 相发生偏聚甚至是宏观偏析时，合金材料电性能急剧恶化，Cu-Cr 合金互相取长补短的特性没有发挥出来。

第二相 Cr 粒子的大小是影响合金电性能的另一个关键因素。这是因为击穿电弧的阴极斑点尺寸仅有几微米，当 Cr 尺寸较大时，触头表面的 Cr 粒子总是优先被击穿，并成为电弧斑点在整个截面表面均匀分布，并随机移动[29]。根据这一微观机制，最佳 Cr 粒子尺寸应当在几微米左右，与阴极电弧斑点尺寸相当。所以 Cr 粒子越细小，在分断电流时，Cr 相上的热量能更快地传递到相邻 Cu 基体上，有效避免击穿现象的发生。

工频耐压检测结果见表 3-24。

表 3-24　工频耐压检测结果　(kV/min)

| 试样号 | $U_{Pwithstand}$ | $U_{Pbreakdown}$ |
|---|---|---|
| 1 号：CuCr25 未热处理 | 42 | 74 |
| 2 号：CuCr25 热处理后 | 42 | 69 |
| 3 号：CuCr40 未热处理 | 42 | 75 |
| 4 号：CuCr40 热处理后 | 42 | 68 |
| 5 号：CuCr40 热处理后 | 42 | 76 |

注：$U_{Pwithstand}$ 为额定工频耐受电压（依据 GB/T 11022 额定电压 12kV 开关设备的额定短时工频耐受电压通用值为 42kV）；$U_{Pbreakdown}$ 为试品真空灭弧室极限短时工频耐受击穿电压（真空灭弧室在该电压作用下未保持 1min 而发生非破坏性放电）。

从表 3-24 数据分析可知，理论制备的 10kV 真空灭弧室在 42kV 的额定工频耐受电压下不断提高，最后都达到 70kV 左右，说明用触头制备的真空灭弧室在同样尺寸条件下，可以满足 40kV 空气开关的使用，比原先 10kV 触头材料耐压性能大幅提高。从数据可以看出，不管是 CuCr25 或是 CuCr40，经过热处理和未热处理的耐压性能基本一致，这是由于 10kV 真空灭弧室自身尺寸较小，30mm 的尺寸对于高铬量 Cu-Cr 合金的高电压耐压电性能无法体现出来。而由铝热还原—二次精炼法制备的 CuCr 合金触头具有晶粒细化、致密度高的特点，这些特点对提升耐电压强度的效果是十分显著的。

B　1.2/50μs 标准雷电冲击耐受电压

抗冲击能力与耐电压能力一样，与合金微观组织关系非常密切。合金 Cr 相分布均匀、Cr 相晶粒细小、致密度高，同样可以增强合金的抗冲击能力。1.2/50μs 标准雷电冲击耐受电压见表 3-25。

表 3-25　1.2/50μs 标准雷电冲击耐受电压　(kV)

| 试样号 | $U_{Lwithstand}$ | | $U_{Lbreakdown}$ | |
|---|---|---|---|---|
| | 正极性 | 负极性 | 正极性 | 负极性 |
| 1 号：CuCr25 未热处理 | 85 | 85 | 156 | 160 |
| 2 号：CuCr25 热处理后 | 85 | 85 | 118 | 116 |
| 3 号：CuCr40 未热处理 | 85 | 85 | 130 | 146 |
| 4 号：CuCr40 热处理后 | 85 | 85 | 142 | 96.8 |
| 5 号：CuCr40 热处理后 | 85 | 85 | 136 | 112 |

注：$U_{Lwithstand}$ 为额定标准雷电冲击耐受电压（依据 GB/T 11022 额定电压 12kV 开关设备的正负极性 15 次连续雷电冲击耐受电压通用值为 85kV）；$U_{Lbreakdown}$ 为试品真空灭弧室极限雷电冲击耐受击穿电压。

测量抗冲击性能是采用标准雷电冲击耐压设备，对试品真空灭弧室在满开距条件下，首先施加正负各 15 次标准雷电冲击电压 85kV，试品不发生破坏性放电时，加压分别测量试品正负极性极限雷电冲击耐受电压。试验时采用升降法测量，即当试品发生破坏性放电时降低电压，降低电压后试品若不发生破坏性放电，则升高电压直至发生破坏性放电，如此反复 10 次试验，则升压和降压中间的电压值即为试品真空灭弧室极限雷电冲击耐受击穿电压值。

从表 3-25 数据分析可以看出，CuCr25 与 CuCr40 合金触头制备的 10kV 真空灭弧室抗冲击能力基本相同，未热处理的触头抗冲击能力明显高于经过热处理的触头。经过固溶—

时效热处理后的合金中过饱和的 Cr 原子向晶界处扩散并析出，使得晶界进一步强化，析出弥散分布细小而且均匀的第二相 Cr 颗粒。Cu 基体中弥散析出的 Cr 粒子虽然对硬度、电导率等基础性能有很大提升，但是会降低合金中 Cu 的热导率，导致合金受到雷电冲击时热量传递受到影响。这些微观组织变化在耐电压实验时，因为 10kV 级灭弧室的尺寸只有 30mm，并且测量电压相对较小，所以恶化作用并不明显，但是在抗雷电冲击实验时反映出来。其中 4 号、5 号样正负极的抗冲击电压差距较大，一方面可能是由于正负极结构差异造成的，即安装时位置略微不对称导致；另一方面可能是因为正负极上 Cu-Cr 合金细微差异造成的，即在国家标准范围内，CuCr40 合金真空灭弧室中一动一静两个触头成分略微差异导致。由以上结果可以看出，10kV 真空灭弧室在额定标准冲击电压 85kV 冲击下，耐压能力最高达到 160kV，几乎高出一倍，说明铝热还原—二次精炼法制备的 CuCr 合金在晶粒细化、提升致密度方面有很大优势。其中 CuCr40 触头由于受真空灭弧室尺寸所限，其高 Cr 量的耐高压特点无法体现出来。

C 截流水平测量

截流水平反映的是触头截断电流能力的大小，当电流突然截断为零时，这种快速变化会在电路中产生一个不希望的过电压，因此截断电流越小，材料性能越好。截流水平的高低与低熔点高蒸气压的 Cu 和高熔点低热导率的 Cr 相互作用有关。纯 Cu 的截断电流为 15A，当加入 Cr 后截断电流值下降，CuCr25 时标准截断电流为 4.0A，但是继续添加 Cr 后截断电流值上升，CuCr50 时标准截断电流值为 4.5A，说明截断电流能力与合金中蒸气压有关[30]。如果阴极材料的饱和蒸气压高，则容易在较小的电流下供给维持电弧所必需的金属蒸气，从而使合金的截流值降低。在固态时，CuCr 合金的饱和蒸气压受到微观组织结构的影响，随着 Cr 粒子尺寸减小，饱和蒸气压升高。这意味着组织细小的 CuCr 合金具有更低的截流值。不同试品的截流能力见表 3-26。

**表 3-26 不同试品截流能力** (A)

| 试样号 | $I_{test}$ | $I_{chop}$ | | | 平均值 |
|---|---|---|---|---|---|
| | | 1 次 | 2 次 | 3 次 | |
| 1 号：CuCr25 未热处理 | 48 | 0.40 | 0.40 | 0.41 | 0.40 |
| 2 号：CuCr25 热处理后 | 52 | 0.56 | 0.48 | 0.53 | 0.52 |
| 3 号：CuCr40 未热处理 | 50 | 0.52 | 0.80 | 0.68 | 0.67 |
| 4 号：CuCr40 热处理后 | 55 | 1.58 | 1.54 | 1.54 | 1.55 |
| 5 号：CuCr40 热处理后 | 53 | 1.38 | 1.24 | 1.38 | 1.32 |

注：$I_{test}$ 为实验电流；$I_{chop}$ 为截流值。

从表 3-26 可以看出，CuCr25 热处理后的截断电流要略高于未热处理的触头，CuCr40 热处理后的截断电流要远远超出未热处理的触头，由 1.5A 左右变为 0.67A。因为当合金经过热处理后，会使固溶在 Cu 基体中的 Cr 析出弥散分布，这些析出的第二相粒子虽然对硬度、电导率等性能有良好的影响，但是析出的细小的第二相、强化的晶界、晶格畸变减小的 Cu 基体可能对截流能力有不利的影响。同时热处理合金中 Cr 相粒径明显增大，CuCr40 合金中热处理后 Cr 相粒子粒径增大比例明显大于 CuCr25 中热处理后 Cr 相粒子粒径增大比例，并且热处理后 CuCr40 合金中 Cr 相粒子由均匀致密分布变得团聚成大块状，有团聚趋势，这些都是恶化截流能力的原因。即便如此，铝热还原—二次精炼法制备的 CuCr 触头经过热处理后的截断电流最高为 1.55A，也远远低于 CuCr25、CuCr50 合金触头的平均截断电流 4.0~4.5A，说明经过铝热还原—二次精炼法制备的合金晶粒更加细化，成分更加均匀，这对增强截流能力有显著效果。

D 抗熔焊力测量

当开关闭合时，闭合点会有焦耳热产生，有可能发生熔焊现象。对于 Cu-Cr 合金，在使用过的横切面可以清楚地看见一层表层细晶层，其硬度比晶体要高得多。由于这一表面细晶层的存在，大大提高了材料的抗熔焊性能。这也是 Cu-Cr 合金的一大性能优势。熔焊力的大小与 Cr 含量有直接关系，随着 Cr 含量的降低，触头烧蚀加重，熔焊力增加。不同试品抗熔焊力测量结果见表 3-27。

**表 3-27 不同试品抗熔焊力测量结果**

| 试样号 | $I_{inrush}$/kA | $U_{weld}$/mV | $F$/N |
|---|---|---|---|
| 1 号：CuCr25 未热处理 | 14.4 | 176 | 176 |
| 2 号：CuCr25 热处理后 | 14.4 | 204 | 204 |
| 5 号：CuCr40 热处理后 | 14.4 | 184 | 184 |

注：$I_{inrush}$ 为关合涌流电流幅值（实验通过关合预期 15kA 的涌流，以使动静触头产生熔焊）；$U_{weld}$ 为压力传感器测量所得焊点断裂电压信号；$F$ 为熔焊力。

在测量试品抗熔焊性能时，给试品通过一个关合涌流电流，确保试品发生熔焊，然后通过压力传感器测量所得焊点断裂电压信号，最终测得试品的抗熔焊力。由表 3-27 可以看出经过热处理的 CuCr25 试品比未经热处理的 CuCr25 试品抗熔焊力要高，即抗熔焊性能相对要差，这是因为热处理后粒径增大的原因，导致传热效率降低，同时 Cu 基体上 Cr 相的析出也降低了 Cu 基体的热导率。同样经过热处理的 CuCr40 试品抗熔焊力要略小于 CuCr25试品，即抗熔焊性能要优于 CuCr25 试品，这跟 Cr 含量的增加有直接关系，随着 Cr 含量的增加，熔焊力减小。市场上相同规格的触头材料的抗熔焊力基本在 100~200N 之间，说明采用铝热还原—二次精炼法制备的触头在抗熔焊性能方面基本达到市场标准。

## 参考文献

[1] 王翠萍，郁炎，刘兴军，等．自包裹卵型复合粉体的设计与制备［C］//．第十二届全国青年材料科学技术研讨会论文集，2009：821~825.

[2] 师昌绪，李恒德，周廉．材料科学与工程手册［M］．北京：化学工业出版社，2004：160~162.

[3] 吴承建，陈国良，强文江．金属材料学［M］．2 版．北京：冶金工业出版社，2009：210~220.

[4] 豆志河，张廷安，牛丽萍．Cu-Cr 合金触头材料的研究进展［J］．材料导报，2005，19（10）：63~67.

[5] 马凤仓，倪峰，杨涤心．铜铬合金制备方法研究现状［J］．材料开发与应用，2002，17（3）：35~37.

[6] 朱承程，马爱斌，江静华，等．高强高导铜合金的研究现状与发展趋势［J］．热加工工艺，2013，42（2）：15~19，23.

[7] 赵峰，杨志懋，丁秉钧．真空熔炼 CuCr25 合金及其性能研究［J］．高压电器，1999（3）：12~14.

[8] 刘平，苏平娟，等．新型铜铬系合金及其制备技术［M］．北京：科学出版社，2007：68~70.

[9] 傅肃嘉．烧结法与熔渗法铜铬触头微观组织差异及对电性能的影响［J］．高压电器，2003，4：52~55.

[10] 周志明，蒋鹏，王亚平．CuCr25 合金的机械变形及性能［J］．稀有金属材料与工程，2005，34：208.

[11] Bakan H I，Kayali E S. Effect of oxygen content and stearate additives on sintering characteristics of Cu-25Cr composite［J］. Powder Metall，2003，46（3）：259.

[12] 张廷安，牛丽萍，豆志河，等．外场技术在冶金过程中的应用—特殊冶金［C］//第十三届（2009年）冶金反应工程学会议论文集．中国金属学会冶金反应工程分会，2009：10.

[13] 豆志河，张廷安，于海恩．电磁搅拌对燃烧合成 CuCr 合金组织的影响［J］．特种铸造及有色合金，2006，26（3）：133~135.

[14] Dou Z H，Zhang T A，Yu H E，et al. Preparation of CuCr alloy by thermit reduction electromagnetic stirring［J］. Journal of University of Science and Technology Beijing，2007，14（6）：538~542.

[15] 豆志河．基于铝热还原法制备 CuCr 合金的基础研究［D］．沈阳：东北大学，2008.

[16] 杨欢．自蔓延熔铸法制备铜铬合金触头材料的基础研究［D］．沈阳：东北大学，2003.

[17] 章升程，潘清林，李波，等．轴承用耐磨 Al-Sn-Cu 合金的显微组织与性能［J］．中国有色金属学报，2015，12：3327~3335.

[18] 豆志河，张廷安，侯闯，等．自蔓延高温合成 CaB6 的基础研究［J］．中国有色金属学报，2004，14（2）：322~326.

[19] 纪武仁．镁热自蔓延法制备 $CaB_6$ 粉末及对燃烧合成产物焙烧处理的研究［D］．沈阳：东北大学，2006：14.

[20] 蔡正千．热分析［M］．北京：高等教育出版社，1993：37~45.

[21] 梁英教，车荫昌．无机物热力学数据手册［M］．沈阳：东北大学出版社，1993：64~380.

[22] 李大军，李博，张志超．时效处理对多元铜合金硬度和电导率的影响［J］．热加工工艺，2009，38（8）：144~146.

[23] 张森林．高强高导铜合金固溶时效处理工艺及组织性能研究［D］．南京：南京理工大学，2007.

[24] 李文兵．高强高导铜合金的生产工艺及性能研究［D］．成都：四川大学，2007.

[25] 李强，陈敬超，孙加林．过饱和铜铬合金的时效过程结构演变研究［J］．稀有金属材料与工程，2006，S2：259~262.

[26] 黄雄辉．铜铬锆电极合金的热处理［J］．上海金属．有色分册，1986，6：16~21.

[27] 王艳蕊，刘平，雷静果，等．热处理工艺对 Cu-Ag-Cr 合金性能的影响［J］．金属热处理，2005，30（增刊）：231~234.

[28] 李金平，孟松鹤．添加 Fe 对 CuCr 触头材料显微组织的影响［J］．材料工程，2004（5）：16~18.

[29] 周武平，吕大铭．铜铬铁真空触头材料组织的研究［J］．机械工程材料，1994（2）：43~45.

[30] 修士新，邹积岩，何俊佳．CuCr 触头材料微观特性对其宏观性能的影响［J］．高压电器，2000，36（3）：40~42.

# 4 铝热自蔓延—多级还原制备高钛铁

## 4.1 高钛铁合金的研究现状

### 4.1.1 高钛铁合金的性质及用途

钛的化学性质较活泼，能与铁、铝等金属以及氧、氮、硫等非金属生成稳定的化合物。钛铁就是钛与铁的中间合金，钛铁的二元相图如图 4-1 所示[1]。

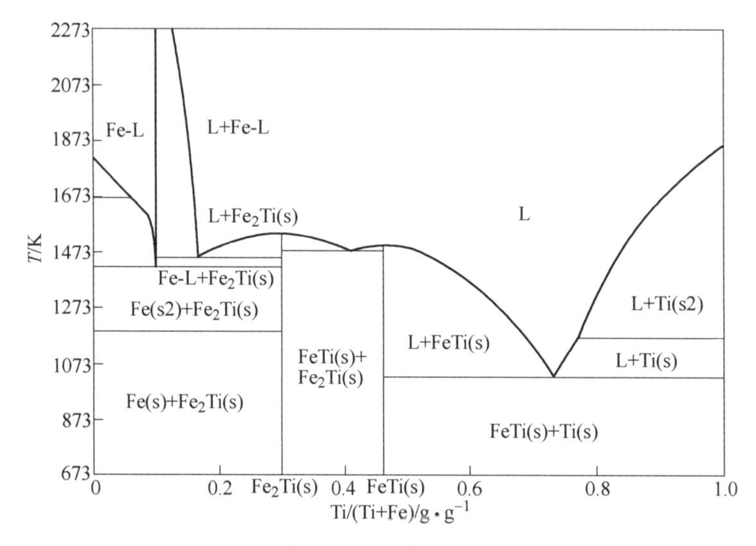


图 4-1 钛铁合金相图

由图 4-1 可以看出，钛和铁有 2 个金属间化合物，在高温下稳定的化合物为 $Fe_2Ti$。高钛铁合金（FeTi70）为含钛量在 65%~75%之间的一类合金，熔点低（1070~1130℃）、密度适宜（5.4g/$cm^3$），是一种用途十分广泛的特种铁合金，是冶炼特种钢、结构钢和特种合金钢的重要原材料，主要应用有：

（1）脱氧剂。在炼钢过程中脱除钢水中的氧，用钛脱氧的产物易于上浮，镇静钢用钛脱氧可以减少钢锭上部的偏析，从而改善钢锭的质量，提高钢锭收得率。某些铁合金还可脱除钢中的其他杂质如硫、氮等[2]。

（2）脱气剂。它具有储氢功能，即在较低温度下，经活化处理的钛铁合金可以吸收 $H_2$，当加热时又可以释放 $H_2$。

（3）合金元素添加剂。按钢种成分要求，添加合金元素到钢内可改善钢的性能，钛与钢水中的碳生成碳化钛，可以增加钢的强度。

（4）孕育剂。在铸铁浇铸前加进铁水中，改善铸件的结晶组织。

此外，高钛铁还用作金属热还原法生产其他铁合金和有色金属的还原剂，有色合金的合金添加剂，还少量用于化学工业和其他工业。用钛脱氧的钢，铸造组织致密，钢的力学性能被改善，炼耐酸不锈钢时，作为形成碳化物的元素，防止碳化铬的形成，改善钢的焊接性和抗腐蚀性。高钛铁又是冶炼铁基高温合金和优质不锈钢等不可缺少的材料[3]。

此外，高钛铁还可用作钙型电焊条涂料的原料组分，可以提高焊接质量。

### 4.1.2 高钛铁合金制备技术

#### 4.1.2.1 重熔法

重熔法主要是以海绵钛或废钛材和纯铁为原料，在电磁感应炉中进行重熔生产高钛铁（Ti 的质量分数大于 65%）；或将海绵钛和废钢压制成锭，作为电极，采用真空自耗电弧炉熔炼制备高钛铁；或在惰性气体保护下，在电炉中用辐射热熔炼或用钢水兑海绵钛生产高钛铁。图 4-2 所示为重熔法制备高钛铁工艺流程。

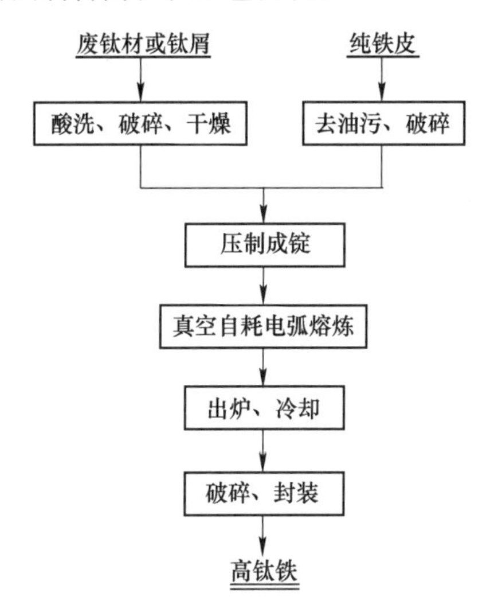


图 4-2 重熔法制备高钛铁合金流程

在重熔法生产过程中，为了减少钛在重熔过程中的烧损，通常将钛废料装在钢筒中压紧，并添加氯化钡和氯化钠的混合物（或冰晶石等类似的低熔点混合物作熔剂）覆盖在钛铁熔体表面。此外，重熔法还可以生成其他各种钛复合合金。但是，该方法的钛原料来源受到限制且成本较高（约是还原法制备高钛铁成本的两倍），无法实现大规模生产，市场比例较小。目前，已经出现了采用有衬炉熔炼制备高钛铁的工艺[4]。它是由电渣重熔的原理和特点发展而来的，该方法不需要感应炉和自耗电弧炉的复杂真空系统，不仅能大大降低生产成本，而且能够简化生产操作流程。夏文堂等人[5]采用废铁屑为原料，在有衬电渣炉内进行了高钛铁合金熔炼试验研究。结果表明，熔炼过程中采用 CaO、$CaF_2$ 等造渣剂进行造渣，再加入适量的脱氧剂进行熔炼，可以得到化学成分稳定、O 的质量分数小于 0.1%的高钛铁合金，可满足炼钢生产要求。王作尧等人[6]对金属热法重熔废钛屑生产钛铁进行了研究。结果表明，利用钛、铝还原铁鳞（$Fe_3O_4$）的强放热过程使废钛屑迅速熔化并与铁反应生成钛铁。采用该方法制备钛铁合金中 Ti 的质量分数为 26.18%～33.82%，Al 的质量分数为 1.5%～11.3%，C 的质量分数为 0.08%～0.47%。

#### 4.1.2.2　金属热还原法

金属热还原法是指用金属（如 Al、Mg、Ca 等）作为还原剂还原另一种金属的氧化物从而得到另一种金属的方法。

##### A　炉外铝热法

炉外铝热法[7]是制备钛铁合金最传统、最成熟的方法。由于此法在还原过程中用铝作为还原剂，不需要在炉子里进行，故又称为炉外铝热法。该方法以钛精矿等富钛料为原料，以铝粉为还原剂，以石灰、氯酸钾为造渣剂、发热剂，经原料预处理、配料、混料、铝热反应、除渣、破碎、包装等过程制备出钛铁，其工艺流程如图 4-3 所示。

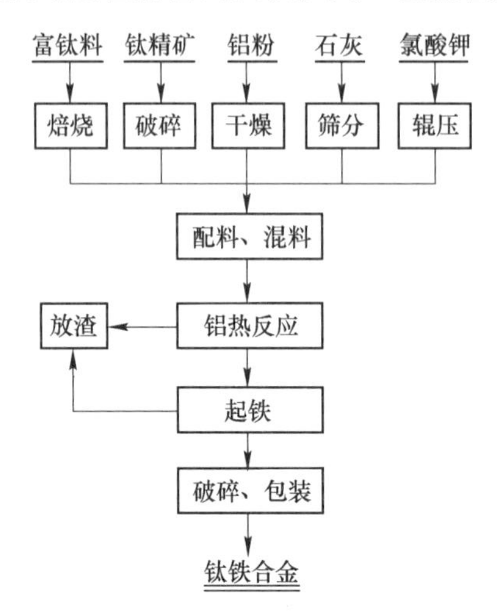


图 4-3　炉外铝热法制备钛铁工艺流程图

很多研究人员对铝热法制备钛铁合金进行了研究，丁满堂[8]研究了以钛精矿与钛渣为原料采用铝镁热法制备高钛铁的工艺。实验结果表明，铝镁热法制备高钛铁在技术上是可行的，用铝镁作还原剂，炉料单位热量为 2950J/g 时可制备 Ti 的质量分数为 68.2%的钛铁合金，用镁代替 10% 的用铝量可使钛铁合金中的 Al 残留的质量分数小于 4%。Chumarev[9]对以原矿为原料采用铝热法直接制备钛铁合金技术可行性进行了研究。研究指出，采用炉外铝热法直接制备钛铁合金中存在铁氧固溶体和 $Ti_4Fe_2O$，不可能直接制备出 O 的质量分数小于 5.0%的高钛铁（Ti 的质量分数为 60%~70%）；经氟化物渣或氟化物-氧化物渣精炼以后，合金中 O 残留的质量分数可降低至 4.0%~5.0%。Pourabdoli[10]研究了以高钛渣为原料在电渣坩埚熔炼炉中采用铝热还原制备钛铁合金。结果表明，配铝量增加导致钛收率、Ti/Al 比降低而钛铁合金收率增加；此外，渣量增加导致钛铁合金收率和 Ti/Al 增加。钛回收率低主要是渣中低价钛氧化物造成的；制备合金中 Ti、Al、Si、C、Mn、P 和 S 的质量分数分别为 45%~54.5%、6%~11%、9%~11%、0.7%~0.9%、1.6%~2%、0.07%~0.08%和 0.004%~0.009%。许磊等人[11]对高品位钛铁生产新工艺进行了研究，主要探讨了采用铝热法，以钛精矿为原料生产高钛铁的冶炼工艺。实验结果表明，采用铝热法生产高钛铁在技术上是可行的，但杂质含量较难控制。以上研究表明，采用铝热法直接生产高钛铁存在合金中 Al、O 等杂质含量高等缺点。张含博[12]研究了基于自蔓延铝热还原法制备低氧优质高钛铁的新工艺。研究结果表明，还原剂中引入钙组分既可以强

化 $TiO_2$ 的还原程度，又可以强化金渣分离效果，有效地降低了合金中氧含量，O 残留的质量分数最低为 2%；适量加入氯酸钾可以有效强化渣金分离效果，但加入量过高会造成合金氧含量升高；随着 CaO 用量的增加，合金试样中的 O 含量先减小后增加，而 Ti 含量先增加后减小。姚建明[13]研究了基于铝热还原—真空精炼法制备高钛铁的新工艺。研究结果表明，精炼能够有效地去除铝热法直接制备钛铁中的氧化铝夹杂；直接重熔的合金中主要以钛氧固溶体、铁钛氧固溶体和铁的氧化物形式存在。二次精炼后，合金中 Al 残留的质量分数由 3.51%降低至 2.17%，Si 残留的质量分数由 2.16%降低至 0.81%，O 残留的质量分数由 12.20%降低至 3.20%。

张廷安、豆志河等人[14~18]对以金红石、钛铁矿为原料，以铝粉、Al-Mg 合金为还原剂，采用铝热还原、真空精炼等新工艺制备低氧高钛铁进行了系统的研究。研究结果表明，高钛铁由 $Al_2O_3$、$TiO_2$、$Ti_2O$、$Fe_2TiO_4$ 等复杂相组成，合金中 O 残留的质量分数高达 12.20%；合金中 O 以 $Al_2O_3$、$Fe_2TiO_4$、$TiO_2$、$Ti_2O$、钛氧固溶体等复杂形态存在，氧化物夹杂相的存在是合金中氧含量高以及合金微观缺陷存在的直接原因；合金中 O 残留的质量分数最低为 2.62%；Ti、Al、Fe 和 Si 的质量分数分别为 61.58%～66.27%、4.05%～9.20%、16.15%～20.53%和 2.78%～3.82%。采用 Al-Mg 合金复合还原剂能保证 $TiO_2$ 的有效还原，降低合金中的氧含量以及夹杂物含量。对铝热还原制备高钛铁合金加入适当的添加剂进行精炼，得到合金由 $FeTi_2$、FeTi、AlFe、$Ti_4Fe_2O$ 等相组成，精炼后合金的微观结构均匀致密，夹杂物得到有效去除，O 含量显著降低。在 2000℃时，以 CaO-$Al_2O_3$ 为预熔渣制备出 Ti、Fe、Al、Si、O 的质量分数分别为 69.80%、22.55%、2.58%、2.02%、2.60%的高钛铁合金，符合优质高钛铁合金要求。

B 电铝热法

电铝热法制备钛铁合金是在铝热法的基础上发展出来的一种新型金属热还原方法。该方法在电炉中用碳还原部分钛精矿，然后再用铝作还原剂还原钛氧化物生产钛铁合金，同时用电供应（电炉）补充热量，替代铝发热；这样可以持续保持高温状态，会使反应进行得更加彻底。用碳代替铝还原部分钛精矿，可以降低耗铝量；同时，对钛铁合金也无明显增碳。锦州铁合金厂采用电铝热法，用钛渣在电炉内间断冶炼钛铁合金。该工艺采用以高钛渣和石灰作为底料；以钛铁精矿、铝粉、硅铁粉和钢屑作为主要原料。首先，在电炉内将底料全部熔化，接着向熔池内加入主要原料直至反应完全结束。主料开始反应即上抬电极，并停止送电。采用该方法制备的钛铁合金中 Ti、Al、Mn、Si、P、S、C 的质量分数分别为 29.75%、6.42%、1.33%、4.72%、0.038%、0.005%、0.055%；所得炉渣中 $TiO_2$、$Al_2O_3$、CaO 的质量分数分别为 10.63%、53.41%、14.28%。与传统铝热法相比，电铝热法具有铝耗量低、渣量小、金属回收率高、能耗低、生产成本低等优点。

张建东等人[19]对铝热法熔炼高钛铁的热力学及工艺进行了分析和探讨。研究结果表明，电铝热法生产既可降低成本，又能节约资源，采用电铝热法工艺是高钛铁生产的发展方向。

C 其他金属热还原法

除铝热法外，以金属 Mg 或 Ca 粉为还原剂，采用金属热还原法可以直接制备钛铁合金粉末，其工艺流程如图 4-4 所示。目前，该方法已经应用于储氢材料的钛铁合金粉制备。Yi 等人[20]研究了以钛铁矿为主要原料采用镁热还原燃烧合成超细 TiFe 合金粉的工艺。研究结果表明，以钛铁矿为主要原料通过镁热还原燃烧合成超细 TiFe 合金粉是一个可行的、低成本方法。酸浸产物主要由 $Ti_2Fe$、TiFe 以及中间相组成。该方法制备的钛铁合金粉颗粒尺寸约 578nm。Deguch[21]研究了以 Fe、$TiO_2$ 以及 Mg 粉为主要原料，采用镁热还原燃烧合成 TiFe 合金工艺，并对制备的 TiFe 合金的储氢性能进行了表征。研究结果表明，在加压条件下可以制备出高纯的 TiFe 合金粉，但其储氢性能低于钙热还原法制备的 TiFe 合金粉；经过稀硝酸酸洗处理后，合金粒表面产生一层影响合金吸氢能力的薄膜，需要进一步特殊处理。该方法是一种很有前景的制备储氢性能 TiFe 合金的方法，经改进工艺后，可用于 TiFe 合金的大规模生产。Tsuchiya 等人[22]研究了以 Fe、$TiO_2$ 以及 Ca 粉为主要原料，分别在氢气和氩气气氛下，采用钙热还原燃烧合成 TiFe 合金。研究结果表明，在氢气气氛下的燃烧产物为 TiFe 相，而在氩气气氛下的燃烧产物除 TiFe 相以外，还有 TiO 相；在氢气气氛下的燃烧产物的吸氢能力为自重的 1.39 倍，与纯 TiFe 吸氢能力相当。

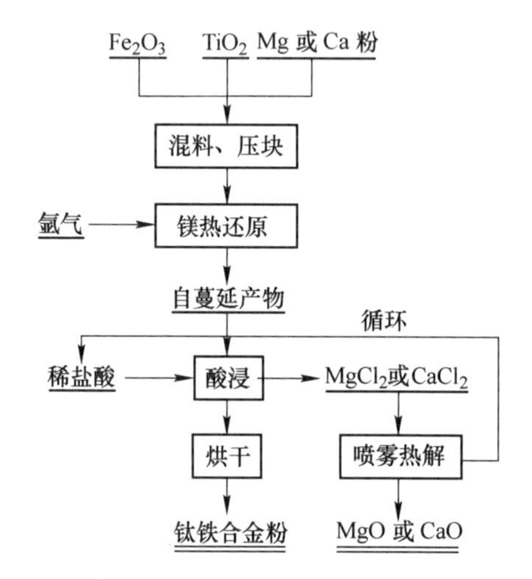


图 4-4　镁热还原法制备钛铁合金粉工艺流程

#### 4.1.2.3　真空感应熔炼法

真空热还原法多用于有色金属和稀有金属的生产。常用 Na、Ca、Al 等金属来还原易挥发金属（主要是碱金属和碱土金属的氧化物）。在高温下，还原得到的金属为气态时，其氧化物（$\Delta G_m^\ominus(T)$-$T$）的曲线将由该金属的沸点开始向上转折，斜率加大。这样对于在一般温度下氧化物生成自由能比较大的金属，由于其斜率较小之故，也可在高温下用作还原剂来还原前一种氧化物。

宋雪静[23]报道了美国矿业公司的布列欧（Bureau）发明了真空感应炉里的渣下熔炼特殊金属材料的方法，例如钛坩锅由垂直水冷管组成，这些管互相分离到足够绝缘的距离，于是消除了铜管壁上感应出的涡流，但是铜管应足够靠近以确保其界面出现液态渣否则金属将会凝固。因此，高频加热作用仅限于炉料，一边生产锭，一边通过结晶器抽出，其本质和电渣重熔是一样的。

#### 4.1.2.4　氢化燃烧合成法

氢化燃烧合成法（HCS）是一种以钛粉和铁粉为原料，采用自蔓延燃烧合成钛铁合金粉的新方法。首先将钛粉和铁粉按摩尔比 1∶1 混合，然后放入真空密闭容器中，充入氢气，然后用碳丝将混合物在氢气气氛下点火，使钛粉和氢气、钛粉和铁粉发生自蔓延反应生成钛铁合金。Saita 等人[24]研究了氢化燃烧合成制备钛铁合金的新工艺。研究结果表明，采用氢化燃烧合成钛铁合金需要进行活化处理，经过活化以后，钛铁的活度大大提高；采用氢化燃烧合成无需活化的钛铁合金还有一定的提升空间，需要进一步研究。Wakabayashi 等人[25]研究了氢气气氛下半燃烧合成制备氢化钛铁合金工艺。研究结果表明，通过以下四个反应步骤：

（1）一次点火（500℃）反应为：

$$Ti + H_2 \longrightarrow TiH_2 \qquad \Delta H = -144kJ \tag{4-1}$$

（2）$TiH_2$ 分解（900℃）反应为：

$$TiH_2 \longrightarrow Ti + H_2 \qquad \Delta H = 144kJ \tag{4-2}$$

（3）二次点火（1085℃）反应为：

$$Ti + Fe \longrightarrow TiFe \qquad \Delta H = -40kJ \tag{4-3}$$

（4）低温氢化，其反应为：

$$TiFe + 0.03H_2 \longrightarrow TiFeH_{0.06} \qquad \Delta H < 0kJ \tag{4-4}$$

采用该方法可以成功制备出纯的氢化 TiFe 合金。与普通方法制备的钛铁合金相比，该方法制备的氢化 TiFe 合金无须活化。由于该方法制备的氢化 TiFe 合金具有疏松多孔结构，因此能实现快速吸氢、脱氢功能。此外，该方法具有生产周期短、节能、产品纯度高等特点，可以实现 TiFe 合金的大规模生产。

#### 4.1.2.5 熔盐电解法

熔盐电解法，即 FFC 法[26]。2000 年，G. Z. Chen，D. J. Fray 和 T. W. Farthing 提出，利用熔盐为介质，直接电解 $TiO_2$ 制备金属钛，该方法的具体工艺过程如图 4-5 所示，其装置示意图如图 4-6 所示。

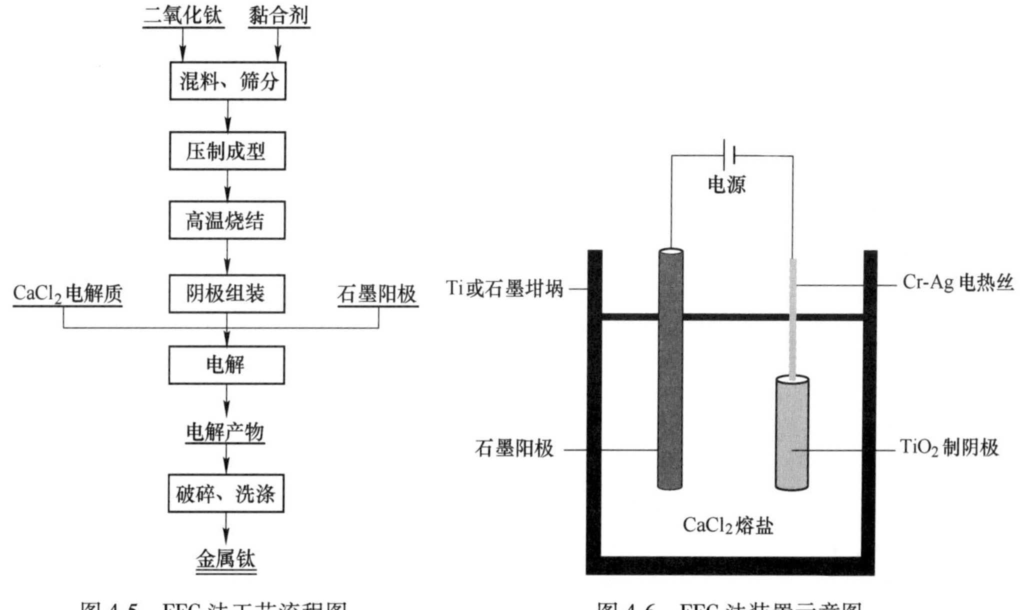


图 4-5 FFC 法工艺流程图　　图 4-6 FFC 法装置示意图

首先，将 $TiO_2$ 粉末、黏结剂混合后压制成型后在一定的温度下进行烧结制备成阴极；然后放入石墨或钛坩埚中，以石墨为阳极，以氯化钙熔盐作为电解质，在 800~1000℃下进行电解（电压为 2.8~3.2V）；在外加电场作用下，$TiO_2$ 电离出的氧离子定向迁移至阳极发生氧化反应，$O_2$ 与碳结合生成 $CO_2$（或 CO）放出，$TiO_2$ 中钛离子在阴极得到电子生成金属钛；电解产物经破碎洗涤后得到金属钛。该方法是一种将高温熔盐和电化学技术相结合的固相电解过程，是一种制备金属钛的新工艺，具有流程短、节能、环保等优点。该方法自提出以来，一直是制备金属钛研究的热点。

熔盐电解法应用于直接制备金属钛的技术成功以后，该方法又广泛应用于直接制备钛合金技术，如熔盐电解钛铁矿直接制备 TiFe 合金粉。熔盐电解钛铁矿制备 TiFe 合金粉主要以钛铁矿粉（或 $TiO_2$ 与 $Fe_2O_3$）为原料，经冷等静压成型与高温烧结后，作为电解还原的阴极，石墨棒为阳极，以 $CaCl_2$ 熔盐为电解质直接电解。整个电解过程在氩气保护下进行，电解温度为 800~1200℃，电解电压为 3~3.2V，电解反应时间为 0.5~14h。电解后将阴极产物取出，用水及稀盐酸清洗后，然后在低温烘干后得到钛铁合金粉末。

杜继红等人[27]分别研究了以钛铁矿、混合氧化物（$TiO_2$ 和 $Fe_2O_3$ 粉末）为原料，在 $CaCl_2$ 熔盐中电解直接制备 TiFe 合金反应过程，探讨了 TiFe 合金的形成机制，研究了电解时间对电解产物的影响，并分析了电解产物的成分及电解效率。研究结果表明，钛铁矿的还原过程中，氧化物电极中的 Fe、Ti 是均匀分布的；先生成 Fe，然后生成 $TiFe_2$ 合金，然后 Ti 与 $TiFe_2$ 相互扩散形成 TiFe 合金，Ti 与 $TiFe_2$ 相互扩散是混合氧化物熔盐电解反应的控制步骤。此外，电解过程中还存在中间产物 $CaTiO_3$、$Fe_2TiO_4$、TiO，没有 Ti 出现。相同电解条件下，钛铁矿比混合氧化物难电解，这是由于钛铁矿颗粒较大，其杂质是固溶到钛酸铁中的，脱氧更难，电解效率较低。郭晓玲等人[28]在 $CaCl_2$ 熔盐中，直接采用 $TiO_2$ 和 $Fe_2O_3$ 的混合阴极电解还原制备了 TiFe 合金。在 1173K 和 3.1V 条件下，电解 10h 后可制得 O 的质量分数为 0.43%的 TiFe。电解过程可以大致分为两个阶段：反应初期，Fe 优先于 Ti 还原出来，Ti 则以 $CaTiO_3$ 的形式存在；随着电解的进行，电极的外层首先被还原为 TiFe，同时电极出现分层现象，外层为疏松的 TiFe 相，内层则较为致密，主要由 Fe 和 $CaTiO_3$ 组成。由电解制备的 TiFe 无须活化，放电容量等各项性能指标优于传统方法制备的 TiFe 合金。李晴宇等人[29]探讨了混合物烧结后的相组成变化及高钛铁合金的合金化历程。实验结果表明，混合物烧结后，$TiO_2$ 由锐钛矿结构转变为金红石结构，钛铁矿转化为热力学稳定的 $Fe_2TiO_5$。钛铁矿的晶体结构由烧结前的三方晶系经 950℃以上烧结后，转变为斜方晶系的 $Fe_2TiO_5$，制备出的高钛铁中 Ti 和 Fe 的质量分数分别为 77.19%和 9.68%。廖先杰等人[30]在 700℃的 NaCl-$CaCl_2$ 熔盐体系中直接电解固态金属氧化物（Fe 粉和 $TiO_2$）制备钛铁合金，以固态金属氧化物为阴极，以石墨棒为阳极，以刚玉坩埚为电解槽，槽电压为 3.4V。实验结果表明，不同铁含量的阴极产物不同；在前 7h 内，随着铁含量的增加电解反应速度提高。刘许旸等人[31]研究了以 $CaCl_2$ 熔盐为电解质，以攀枝花地区的钛精矿为原料直接电解制备 FeTi 合金的工艺。试验结果表明，以钛精矿为原料电解制备 FeTi 合金的过程中首先得到金属铁和钙钛矿，然后是钙钛矿电解得到钛的低价氧化物，最后是钛的低价氧化物电解得到 Ti 和 Fe 形成 FeTi 合金。钙钛矿的形成机理为熔盐参与反应和熔盐 $CaCl_2$ 分解得到 $CaTiO_3$，且熔盐参与反应是钙钛矿形成的主要成因。

以上研究表明，电解法与传统铝热法相比，降低了钛铁合金中的氧含量，解决了铝热法中氧含量高的问题；此外，以钛铁矿或金属氧化物混合物为原料，经一步电解得到的钛铁合金中 Si、Al、C 等杂质元素含量低，但熔盐电解钛铁矿直接制备 TiFe 的电解装置需要满足密封和气氛保护要求，设备成本高，电解效率较低，距工业应用还有一段距离。

## 4.2 铝热自蔓延—多级还原制备高钛铁技术

### 4.2.1 制备方法及原理

传统炉外铝热法生产高钛铁的基本反应中以铝还原 $TiO_2$ 最重要，主要发生的反应方程式有：

$$TiO_2 + 4/3Al \longrightarrow Ti + 2/3Al_2O_3 \qquad \Delta G_T^{\ominus} = -167472 + 12.1T \tag{4-5}$$

从热力学观点看，铝能够彻底还原 $TiO_2$，实际上受制于动力学及副反应的影响，$TiO_2$ 会部分被还原成 TiO：

$$2TiO_2 + 4/3Al \longrightarrow 2TiO + 2/3Al_2O_3 \qquad \Delta G_T^{\ominus} = -1081150 + 3.43T \tag{4-6}$$

只有当铝在合金熔体中以及 TiO 在炉渣中的浓度很高时，才能建立平衡方程（4-5）。TiO 是碱性氧化物，它和熔渣中 $Al_2O_3$、$SiO_2$ 等酸性氧化物组成复合化合物，进一步促进 $TiO_2$ 还原向生成 TiO 的方向进行。为此，必须使用更强的碱性氧化物（如 CaO）来代替复合物中的 TiO。在有 CaO 存在时，还原过程向 $TiO_2 \rightarrow Ti$ 的方向进行，化学反应式为：

$$TiO_2 + 4/3Al + 2/3CaO \longrightarrow Ti + 2/3(CaO \cdot Al_2O_3) \qquad \Delta G_T^{\ominus} = -45575 + 2.9T \tag{4-7}$$

根据以上方程式可以明显地看出：加入 CaO 以后，反应向右进行，$TiO_2$ 还原为 Ti 的热力学趋势更大。但是传统的炉外铝热法存在过程不可控，尤其是副反应不可控，而且反应完成后直接快速降温，造成其还原效率不理想以及金渣分离不充分等缺陷，因此实际制备高钛铁中氧化物夹杂过高，氧含量高达 10%～12%。

东北大学张廷安、豆志河将铝热自蔓延技术与高温冶金熔炼工艺进行耦合集成创新，开发出过程可控的自蔓延冶金熔炼法制备低氧高品质高钛铁新技术。即首先进行铝热自蔓延高温还原熔炼，得到高温熔体；然后进行辅助保温熔渣精炼，通过调整熔渣碱度和黏度，实现熔渣和合金的高效分离；最后进行浇铸凝固得到高钛铁合金铸锭。已成功制备出氧含量低于 0.6%的低氧高钛铁，但是铝含量偏高，多在 7%～8%之间。为进一步降低合金中的铝等组元的残留量，在热力学分析基础上，进一步开发出基于自蔓延冶金熔炼的多级深度还原法制备超低氧、低残留的高品质高钛铁新技术，即在铝热还原阶段进行欠铝还原，然后进行保温强化金渣分离精炼，接着进行钙热深度还原精炼，最后浇铸凝固得到超低氧低铝高品质高钛铁，其工艺流程如图 4-7 所示。已成功制备出世界上氧含量最低的超低氧高钛铁，其氧含量仅为 0.23%，铝含量小于 1.0%。

### 4.2.2 实验设备

自蔓延冶金熔炼法制备低氧低残留高品质高钛铁新工艺包括：铝热自蔓延反应、辅助保温熔渣精炼以及钙热深度多级还原等关键步骤，涉及的关键设备包括铝热自蔓延反应装置和辅助保温精炼与多级深度还原一体化装置。

#### 4.2.2.1 铝热自蔓延实验装置

铝热还原过程采用的实验装置为自制石墨反应器，如图 4-8 所示。石墨反应器所用原

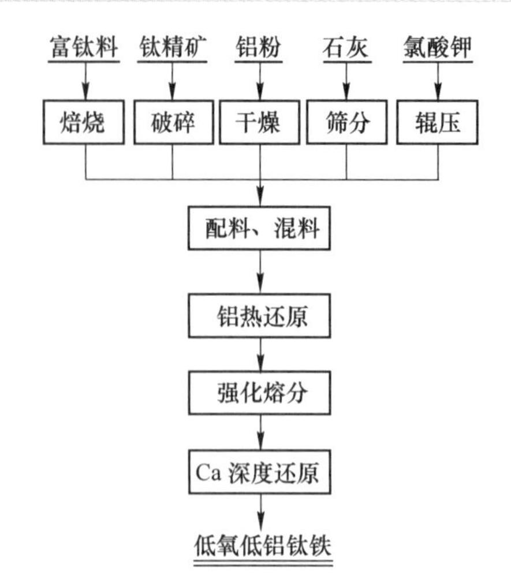


图 4-7 多级深度还原制备钛铁工艺流程

料为高密细结构石墨，颗粒的平均粒度为 0.05mm，体积密度为 1.77~1.80g/$cm^3$，石墨中灰分的质量分数为 0.1%~0.15%。

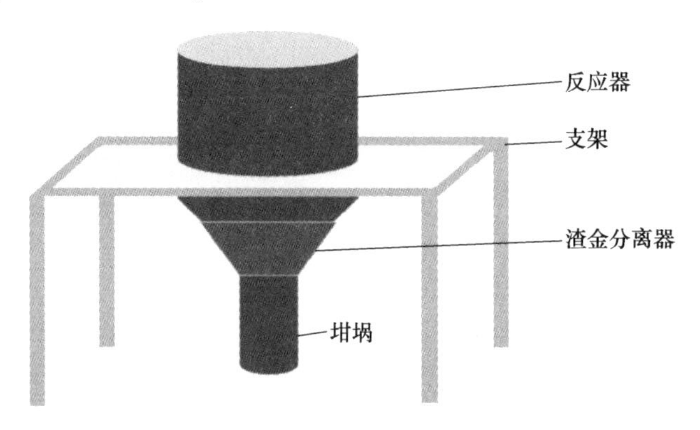


图 4-8 自制铝热还原石墨反应器示意图

#### 4.2.2.2 辅助保温熔渣精炼与深度还原一体化装置

为保证还原后熔体的金渣分离效果，铝热自蔓延反应得到的高温熔体直接浇铸到带辅助保温系统的感应炉内。同时感应炉带有喷吹加料装置，深度还原时还原剂采用喷吹的方式加入到合金熔体中进行深度还原精炼，实验装置示意图如图 4-9 所示。

### 4.2.3 实验步骤

#### 4.2.3.1 铝热自蔓延

步骤如下：

（1）物料预处理。先将高钛渣、钛铁矿或 $Fe_2O_3$、氯酸钾和氧化钙分别放入马弗炉中，在 200℃下烘干 24h。

（2）混料。将烘干后的物料和铝粉分别按比例称量后，放入混料罐中，加入混料球，放在混料机上旋转混合 40min。再将混合均匀的物料放在马弗炉中在 60℃下预热 60min。

（3）铝热还原反应。将预热好的物料倒入自制石墨反应器内，上层放约 3g 镁粉引燃，

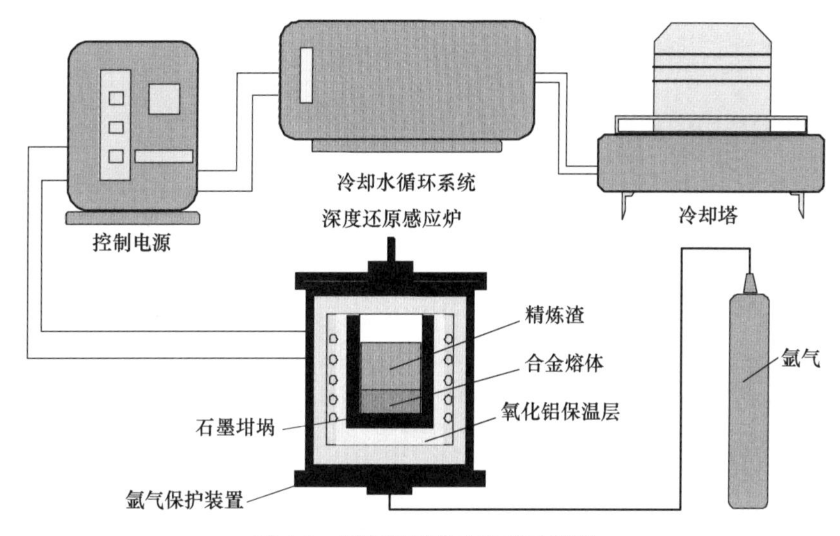


图 4-9 深度还原实验装置示意图

使物料发生铝热还原反应，高温熔体流入渣金分离器进行渣金分离后，高温合金熔体从反应器底部浇铸到石墨坩埚中。

（4）取样。待坩埚冷却后，去除表面渣，得到合金铸锭。

4.2.3.2 辅助保温熔渣精炼

步骤如下：

（1）物料预处理。先将高钛渣、钛铁矿、氯酸钾和氧化钙分别放入马弗炉中，在200℃下烘干24h。

（2）混料。将烘干后的物料和铝粉按比例称量后，放入混料罐中，加入混料球后，放在混料机上旋转混合40min。再将混匀的物料放在马弗炉中在60℃下预热60min。

（3）铝热还原反应。先取一批物料放入熔分电磁感应炉中，在上层放约3g镁粉引燃，使物料发生铝热还原反应，然后将剩余物料逐渐加入电磁感应炉中直至完全反应，得到高温熔体。

（4）强化熔分。启动电磁感应炉对熔体进行保温，使高温熔体在一定温度下保持熔融状态进行渣金分离，然后除去90%左右（体积分数）的上层渣，再加入一定量配制好的预熔渣来提高渣碱度、强化渣金分离，保温一段时间后，浇铸得到合金样品。

4.2.3.3 多级深度还原

步骤如下：

（1）将辅助保温熔渣精炼后得到熔体直接进行钙热深度还原精炼，根据还原反应进行的实际效果添加适当的预熔渣调整实际成分。

（2）在上层加入配制好的预熔渣，然后安装好氩气保护装置，通入Ar气15min，氩气流量为5L/min。

（3）启动电磁感应炉，待预熔渣与合金完全熔化后，在一定温度下保温一段时间，对合金进行深度还原。

（4）待深度还原结束后，保温一段时间。实验结束后，关闭感应炉停止保温，继续通入氩气。待冷却至室温后，关闭氩气取出样品。

## 4.3 铝热自蔓延—多级还原基础理论

### 4.3.1 铝热还原反应体系绝热温度计算

绝热温度 $T_{ad}$是反应的放热使体系能达到的最高温度，Merzhanov 认为反应体系的绝热温度 $T_{ad}$大于 1800K 的体系才能成为自维持体系，即 SHS 过程引发后，反应可以自行维持下去，由绝热温度还能判断 SHS 过程中产物相存在状态。反应体系的绝热温度计算如下：

$$\Delta H_{298.15}^{\ominus} = -\int_{298.15}^{T_{ad}} \sum (\nu_i C_{p,mi}) \mathrm{d}T \tag{4-8}$$

式中，$\Delta H_{298.15}^{\ominus}$ 为反应在 298. 15K 的标准焓变；$\sum (\nu_i C_{p,mi})$ 为各产物的摩尔定压热容之和。

$C_{p,m}$(J/(mol · K)) 与 $T$ 的关系可用下式表示：

$$C_{p,m} = (a + b \times 10^{-3}T + c \times 10^{5}T^{-2} + d \times 10^{-6}T^{2})$$

$$3TiO_2 + 4Al = 3Ti + 2Al_2O_3 \tag{4-9}$$

$$2Al + Fe_2O_3 = 2Fe + Al_2O_3 \tag{4-10}$$

$$8Al + 2Fe_2O_3 + 3TiO_2 = 4Fe + 3Ti + + 4Al_2O_3 \tag{4-11}$$

$Fe_2O_3$-$TiO_2$-Al 体系的相关热力学数据见表 4-1 和表 4-2 所示[32]。

**表 4-1 反应物的 $\Delta H_{298K}^{\ominus}$ 值**

| 反应物 | Al | $TiO_2$ | $Fe_2O_3$ | $FeO \cdot TiO_2$ |
|---|---|---|---|---|
| $\Delta H_{298K}^{\ominus}$/kJ · mol$^{-1}$ | 0 | -944. 75 | -825. 50 | -1235. 46 |

**表 4-2 相关热力学数据**

| 物质 | 焓变/kJ · mol$^{-1}$ | | | | 转化温度/K | $C_{p,m}$/J · (mol · K)$^{-1}$ | | | |
|---|---|---|---|---|---|---|---|---|---|
| | $\Delta H_{298.15}$ | $\Delta H_{fus}$ | $\Delta H_{vap}$ | $\Delta H_{str}$ | | $a$ | $b$ | $c$ | 温度范围/K |
| Ti | 0 | | | | | 22. 158 | 10. 284 | | 298. 15~1155 |
| | | | | 4. 14 | 1155 | 19. 828 | 7. 924 | | 1155~1933 |
| | | 18. 62 | | | 1933 | 35. 564 | | | 1933~3000 |
| Fe | | | | | | 28. 175 | -7. 318 | -2. 895 | 298. 15~800 |
| | | | | | | -263. 454 | 255. 810 | 619. 232 | 800~1000 |
| | | | | | | -641. 905 | 696. 339 | | 1000~1042 |
| | | | | | | 1946. 255 | -1788. 335 | | 1042~1060 |
| | | | | 0. 90 | 1184 | -561. 932 | 334. 143 | 2912. 114 | 1060~1184 |
| | | | | 0. 84 | 1665 | 23. 991 | 8. 360 | | 1184~1665 |
| | | 13. 81 | | | 1809 | 24. 635 | 9. 904 | | 1665~1809 |
| | | | 349. 57 | | 3135 | 46. 024 | | | 1809~3135 |
| | | | | | | 27. 026 | | | 3135~3600 |
| $Al_2O_3$ | 78. 96 | | | | | 103. 851 | 26. 267 | -29. 091 | 298. 15~800 |
| | | | | | | 120. 516 | 9. 912 | -48. 367 | 800~2327 |
| | | 118. 41 | | | 2327 | 144. 863 | | | 2327~3500 |
| CaO | -634. 29 | | | | | 49. 622 | 4. 519 | -6. 945 | 298. 15~2888 |
| | | 79. 5 | | | 2888 | 62. 760 | | | 2888~3500 |

计算结果表明：$Fe_2O_3$-$TiO_2$-Al 体系的绝热温度为 2422K，大于 1800K 的热力学判据，说明所有反应均能自我维持反应。由此可见，反应一旦引燃很容易进行下去，由于反应是在敞开体系中进行，因此反应散热很快，很难达到理论的最高温度。如果不采取保温措施，反应体系温度过低会导致金渣分离过程不充分，造成高钛铁合金中氧化物夹杂过多，氧含量增高。金渣分离问题也是目前铝热法生产高钛铁的一个技术难点，它直接制约着我国铝热法高钛铁工业的发展，以及铝热法制备高钛铁产品的推广应用。

### 4.3.2 绝热温度下蒸气压的计算

从热力学观点看，铝热还原法生产高钛铁的原理是用铝还原 $TiO_2$ 的反应，其主要反应热力学方程式如下：

$$TiO_2 + 4/3Al = Ti + 2/3Al_2O_3 \qquad \Delta G^{\ominus} = -167472 + 12.1T \tag{4-12}$$

等温条件下吉布斯自由能变方程：

$$\Delta G = \Delta G^{\ominus} + RT\ln J_a \tag{4-13}$$

式中，$J_a$ 为生成物与反应物的活度比。

在绝热温度为 2422K 时，由式（4-12）、式（4-13）和 $\Delta G=0$ 得出来钛的平衡蒸气压：$p_{Ti}=955Pa$。

在绝热温度 2422K 时钛的饱和蒸气压：

$$\lg p_{Ti}^{*} = -23.2 \times 10^3/T - 0.66\lg T + 10.86 \tag{4-14}$$

代入数据，得 $\lg p_{Ti}^{*} = -0.9524$ 即 $p_{Ti}^{*} = 112Pa$，所以得 $p_{Ti} > p_{Ti}^{*}$，平衡蒸气压已经超过饱和蒸气压，说明钛大部分成为液态。

### 4.3.3 铝热还原过程热力学

单位质量反应热 $q$(J/g) 是一个描述自蔓延反应的热力学参量，它体现了燃烧反应体系释放化学能量的大小，是表征能量释放速度的热力学参量，它的计算表达式为[33]：

$$q = \frac{\sum_i (\Delta_r H_m^{\ominus})_i - \sum_j (\Delta_r H_m^{\ominus})_j}{\sum_i (M)_i} \tag{4-15}$$

式中，$i$ 为生成物；$j$ 为反应物；$M$ 为反应物的摩尔质量，g/mol。

铝热还原制备钛铁的反应是一个强放热的自蔓延反应。本节研究了发热剂配比（原料中 $TiO_2$ 与 $KClO_3$ 的摩尔比，用 $x$ 表示）、造渣剂配比（CaO 与铝热还原反应后理论上生成 $Al_2O_3$ 的摩尔比，用 $R_{C/A}$ 表示）、还原剂配比（还原剂 Al 粉的化学计量比，用 $R_{Al}$ 表示）对制备钛铁单位质量反应热的影响。

#### 4.3.3.1 发热剂配比对单位质量反应热的影响

由于 $KClO_3$ 与 Al 粉反应放出巨大的热量，因此常作为自蔓延反应的发热剂。但 $KClO_3$ 与 Al 粉反应非常迅速，加入过多的 $KClO_3$ 会导致反应难以控制，甚至发生爆炸。因此，本节研究了发热剂配比对单位质量反应热的影响，对实际反应体系的反应速度控制、实验顺利开展具有重要意义。在还原剂配比（$R_{Al}$）为 1.0 条件下，研究了发热剂（$KClO_3$）配比 $x$ 对单位质量反应热的影响。

图 4-10 所示为发热剂配比对单位质量反应热 $q$ 的影响。该图表明，在不同造渣剂配比（$R_{C/A}$）下，随着发热剂配比的增加，单位质量反应热明显增大，说明 $KClO_3$ 作为发热剂，可以显著提高反应体系的单位质量反应热。发热剂配比一定时，随着造渣剂配比（$R_{C/A}$）增加，反应体系单位质量反应热逐渐降低。

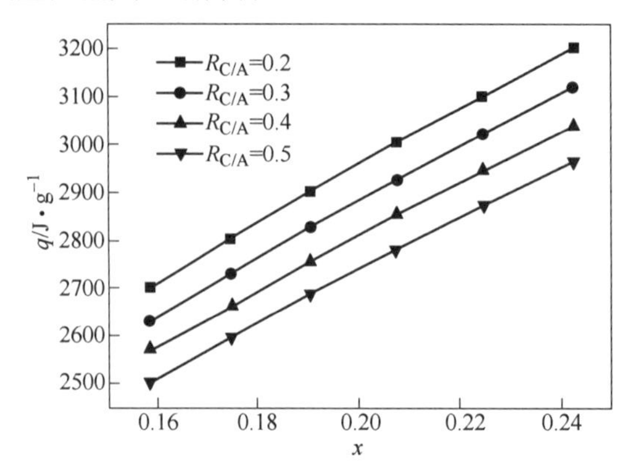


图 4-10　发热剂配比对单位质量反应热 $q$ 的影响

#### 4.3.3.2　造渣剂配比对单位质量反应热的影响

从 $CaO-Al_2O_3$ 相图[34]可知，CaO 能够与铝热还原反应后的产物 $Al_2O_3$ 结合，生成低熔点的铝酸钙，从而促进渣金分离、提高合金收率，因此，作为造渣剂加入到铝热还原反应体系中。但 CaO 配比不仅会影响反应后形成渣的物理性质，还会对体系的单位质量反应热造成影响。为此，在还原剂配比（$R_{Al}$）为 1.0 条件下，研究了造渣剂配比（$R_{C/A}$）对单位质量反应热的影响。

图 4-11 所示为造渣剂配比对单位质量反应热 $q$ 的影响。该图表明，当发热剂配比一定（即体系的初始单位质量反应热为 $q_0$）时，随着造渣剂配比的增加，体系的单位质量反应热明显降低；且随着制备钛铁合金中钛含量的增加，降低趋势更加明显。因此，增加造渣剂配比的同时，需要增加 Al 和 $KClO_3$ 为体系补充热量。

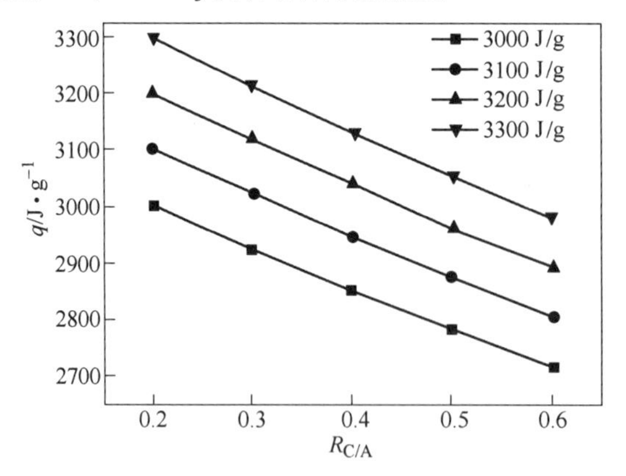


图 4-11　造渣剂配比对单位质量反应热 $q$ 的影响

#### 4.3.3.3　还原剂配比对单位质量反应热的影响

在多级还原制备高钛铁过程中，第一步铝热还原过程中采用铝不足的手段来降低 Al

与 Ti 和 Fe 反应生成金属间化合物而进入合金中的铝残留量。但铝不足会对反应体系的单位质量反应热产生一定的影响。为此，本节研究了还原剂配比（$R_{Al}$）对单位质量反应热的影响。

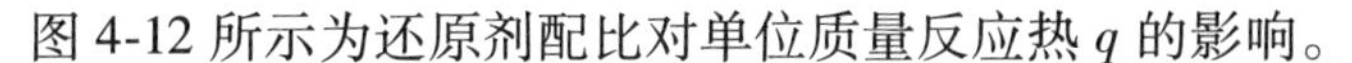

图 4-12 所示为还原剂配比对单位质量反应热 $q$ 的影响。

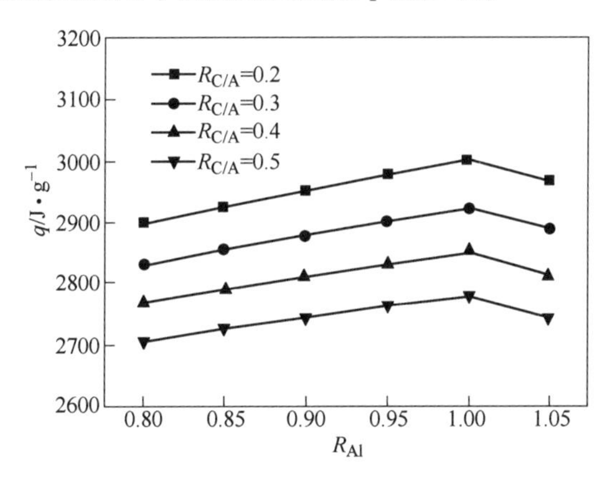


图 4-12　还原剂配比对单位质量反应热 $q$ 的影响

由图 4-12 可知，与还原剂 Al 配比为化学计量比（$R_{Al}=1.0$）时相比，当还原剂铝过量（$R_{Al}>1.0$）时，体系的单位质量反应热降低，这是因为配铝量增加，但反应后体系的放热量不变。当还原剂铝不足（$R_{Al}<1.0$）时，随着还原剂配比降低，体系的单位质量反应热逐渐降低，这主要是由于还原剂配比降低导致铝热还原反应不彻底，反应体系放热量显著降低。此外，还原剂配比降低对单位质量反应热的影响越来越明显。

### 4.3.4 强化熔分过程热力学

在多级深度还原制备高钛铁过程中，在强化熔分阶段，保温熔炼一段时间后，去除熔体顶部大部分渣，然后加入预熔渣强化渣金分离效果；与此同时，研究表明[35]，$CaO-Al_2O_3$ 基渣具有较强的脱 S 能力，渣中 CaO 能与杂质 S 反应生成 CaS 被渣吸收从而将合金中 S 脱除。为此，本节对 $CaO-Al_2O_3$ 基预熔渣除 $Al_2O_3$ 夹杂和脱 S 的热力学进行了计算，为强化熔分除 $Al_2O_3$ 夹杂和脱 S 过程提供理论依据。

#### 4.3.4.1 预熔渣除夹杂热力学

$CaO-Al_2O_3$ 基预熔渣可以形成低熔点的铝酸钙，它能将合金熔体中上浮的 $Al_2O_3$ 夹杂吸收而进入渣相，从而将 $Al_2O_3$ 夹杂除去。$CaO-Al_2O_3$ 基预熔渣与 $Al_2O_3$ 夹杂可能发生的反应见表 4-3。

**表 4-3　$CaO-Al_2O_3$ 基熔渣与 $Al_2O_3$ 夹杂可能发生的化学反应**

| 序号 | 化 学 反 应 |
|---|---|
| 1 | $3CaO + Al_2O_3 = (3CaO \cdot Al_2O_3)$ |
| 2 | $CaO + Al_2O_3 = (CaO \cdot Al_2O_3)$ |
| 3 | $1/2CaO + Al_2O_3 = 1/2(CaO \cdot 2Al_2O_3)$ |
| 4 | $1/6CaO + Al_2O_3 = 1/6(CaO \cdot 6Al_2O_3)$ |

续表 4-3

| 序号 | 化　学　反　应 |
| --- | --- |
| 5 | $1/2(3CaO \cdot Al_2O_3) + Al_2O_3 = 3/2(CaO \cdot Al_2O_3)$ |
| 6 | $1/5(3CaO \cdot Al_2O_3) + Al_2O_3 = 3/5(CaO \cdot 2Al_2O_3)$ |
| 7 | $1/17(3CaO \cdot Al_2O_3) + Al_2O_3 = 3/17(CaO \cdot 6Al_2O_3)$ |
| 8 | $(CaO \cdot Al_2O_3) + Al_2O_3 = (CaO \cdot 2Al_2O_3)$ |
| 9 | $1/5(CaO \cdot Al_2O_3) + 5Al_2O_3 = 1/5(CaO \cdot 6Al_2O_3)$ |
| 10 | $1/4(CaO \cdot 2Al_2O_3) + Al_2O_3 = 1/4(CaO \cdot 6Al_2O_3)$ |

采用 Factsage 6.4 数据库计算出表 4-3 中 CaO-$Al_2O_3$ 基预熔渣与 $Al_2O_3$ 夹杂可能发生反应的 $\Delta G$，并绘制出各个反应的 $\Delta G$ 随温度变化曲线，如图 4-13 所示。

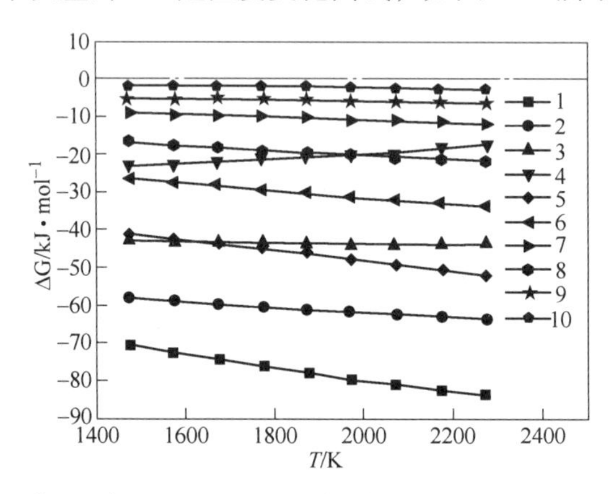


图 4-13　表 4-3 中 CaO-$Al_2O_3$ 基预熔渣与 $Al_2O_3$ 夹杂反应的 $\Delta G$ 曲线

图 4-13 表明，CaO-$Al_2O_3$ 基预熔渣与 $Al_2O_3$ 夹杂之间发生反应的 $\Delta G$ 都小于零，说明采用 CaO-$Al_2O_3$ 基预熔渣除合金熔体中的 $Al_2O_3$ 夹杂是可行的。由 CaO-$Al_2O_3$ 平衡相图可知[34]，CaO-$Al_2O_3$ 基预熔渣完全熔化后可形成多种铝酸钙，即 $3CaO \cdot Al_2O_3(C_3A)$、$CaO \cdot Al_2O_3(CA)$、$CaO \cdot 2Al_2O_3(CA_2)$ 及 $CaO \cdot 6Al_2O_3(CA_6)$。从表 4-3 中反应 1~4 的 $\Delta G$ 随温度变化可以看出，当反应生成 $C_3A$ 和 CA 时，温度升高有利于 CaO 脱除 $Al_2O_3$ 夹杂反应进行；当反应生成 $CA_2$ 和 $CA_6$ 时，温度升高反而不利于 CaO 与 $Al_2O_3$ 夹杂反应进行。比较表 4-3 中反应 4、7、9、10 的 $\Delta G$ 可知，随着 CaO-$Al_2O_3$ 基预熔渣中 CaO 含量升高，各个反应的吉布斯自由能越来越负，说明预熔渣中 CaO 含量越高，越有利于 $Al_2O_3$ 夹杂的去除。

4.3.4.2　预熔渣脱硫热力学

许多研究结果表明，CaO-$Al_2O_3$ 基预熔渣在钢铁精炼过程中具有较强的脱 S 能力[36]。而在多级深度还原制备低氧低铝钛铁过程中，采用 CaO-$Al_2O_3$ 基预熔渣主要是为了脱除 $Al_2O_3$ 夹杂，同时它还可能具有一定的脱 S 作用。为此，本节对 CaO-$Al_2O_3$ 基预熔渣的脱硫热力学进行了计算，为强化熔分过程中预熔渣的脱硫过程提供理论依据。

首先，利用 Factage 6.4 软件绘制出 S-Ti-Fe 体系在 1673~2273K 时的平衡相图，其结果如图 4-14 所示。由图 4-14 可知，在 1673~2273K 范围内，随着钛含量增加，S（质量分数≤1%）在 S-Ti-Fe 体系中先后以 FeS(l)、$Ti_2S_3$(s)、TiS(s)、$Ti_2S$(s) 的形式存在，而在 2273K 下 S 只以 FeS(l) 和 TiS(s) 形式存在。

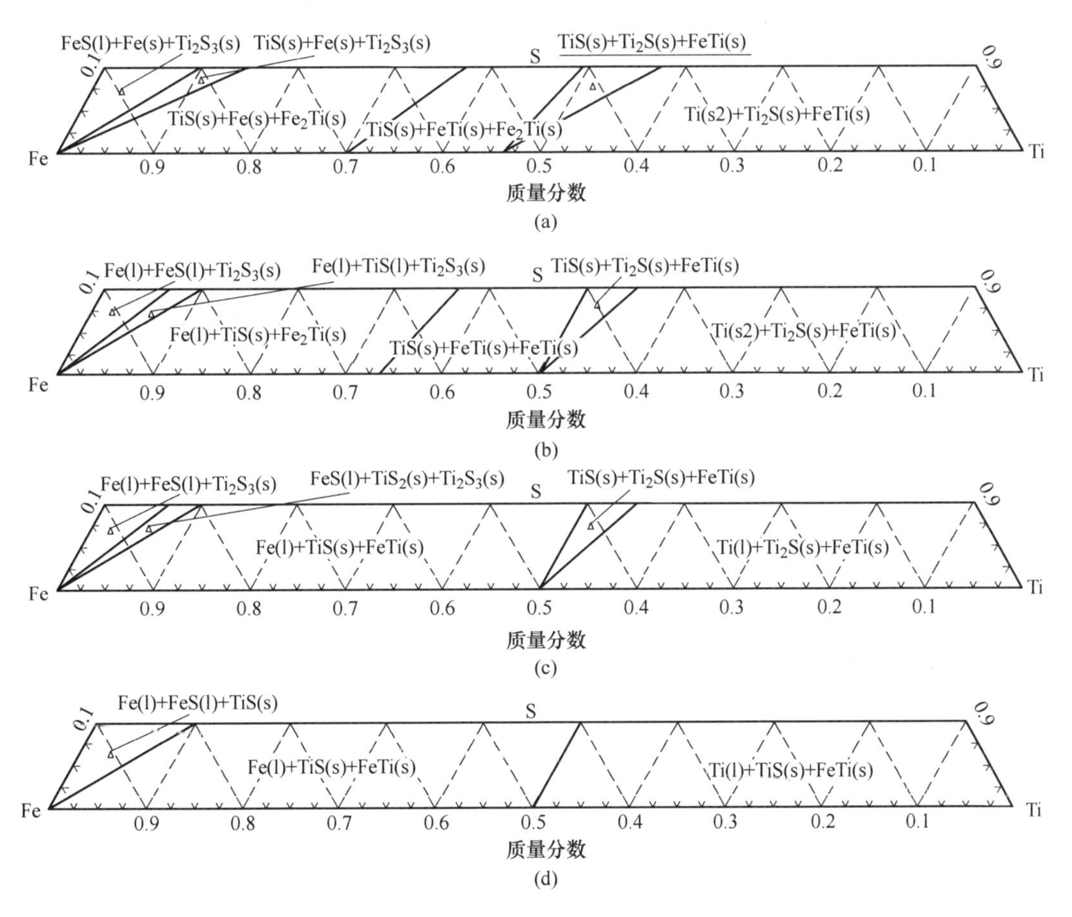


图 4-14　S-Ti-Fe 体系平衡相图（101325Pa）

（a）1673K；（b）1873K；（c）2073K；（d）2273K

CaO-$Al_2O_3$ 基预熔渣与 S-Ti-Fe 体系中硫化物（FeS、$Ti_2S_3$、TiS、$Ti_2S$）可能发生的化学反应见表 4-4。

**表 4-4　CaO-$Al_2O_3$ 基渣与硫化物可能发生的化学反应**

| 硫化物 | 序号 | 化学反应 |
|---|---|---|
| $Ti_2S$ | 1 | $Ti_2S + CaO = TiO + Ti + CaS$ |
| | 2 | $Ti_2S + 1/2(3CaO \cdot Al_2O_3) = TiO + Ti + CaS + 1/2(CaO \cdot Al_2O_3)$ |
| | 3 | $Ti_2S + 2/5(3CaO \cdot Al_2O_3) = TiO + Ti + CaS + 1/5(CaO \cdot 2Al_2O_3)$ |
| | 4 | $Ti_2S + 6/17(3CaO \cdot Al_2O_3) = TiO + Ti + CaS + 1/17(CaO \cdot 6Al_2O_3)$ |
| | 5 | $Ti_2S + 1/3(3CaO \cdot Al_2O_3) = TiO + Ti + CaS + 1/3Al_2O_3$ |
| | 6 | $Ti_2S + 2(CaO \cdot Al_2O_3) = TiO + Ti + CaS + (CaO \cdot 2Al_2O_3)$ |
| | 7 | $Ti_2S + 6/5(CaO \cdot Al_2O_3) = TiO + Ti + CaS + 1/5(CaO \cdot 6Al_2O_3)$ |

续表 4-4

| 硫化物 | 序号 | 化学反应 |
| --- | --- | --- |
| $Ti_2S$ | 8 | $Ti_2S + (CaO \cdot Al_2O_3) = TiO + Ti + CaS + Al_2O_3$ |
| | 9 | $Ti_2S + 3/2(CaO \cdot 2Al_2O_3) = TiO + Ti + CaS + 1/2(CaO \cdot 6Al_2O_3)$ |
| | 10 | $Ti_2S + (CaO \cdot 2Al_2O_3) = TiO + Ti + CaS + 2Al_2O_3$ |
| | 11 | $Ti_2S + (CaO \cdot 6Al_2O_3) = TiO + Ti + CaS + 6Al_2O_3$ |
| TiS | 12 | $TiS + CaO = TiO + CaS$ |
| | 13 | $TiS + 1/2(3CaO \cdot Al_2O_3) = TiO + CaS + 1/2(CaO \cdot Al_2O_3)$ |
| | 14 | $TiS + 2/5(3CaO \cdot Al_2O_3) = TiO + CaS + 1/5(CaO \cdot 2Al_2O_3)$ |
| | 15 | $TiS + 6/17(3CaO \cdot Al_2O_3) = TiO + CaS + 1/17(CaO \cdot 6Al_2O_3)$ |
| | 16 | $TiS + 1/3(3CaO \cdot Al_2O_3) = TiO + CaS + 1/3Al_2O_3$ |
| | 17 | $TiS + 2(CaO \cdot Al_2O_3) = TiO + CaS + (CaO \cdot 2Al_2O_3)$ |
| | 18 | $TiS + 6/5(CaO \cdot Al_2O_3) = TiO + CaS + 1/5(CaO \cdot 6Al_2O_3)$ |
| | 19 | $TiS + (CaO \cdot Al_2O_3) = TiO + CaS + Al_2O_3$ |
| | 20 | $TiS + 3/2(CaO \cdot 2Al_2O_3) = TiO + CaS + 1/2(CaO \cdot 6Al_2O_3)$ |
| | 21 | $TiS + (CaO \cdot 2Al_2O_3) = TiO + CaS + 2Al_2O_3$ |
| | 22 | $TiS + (CaO \cdot 6Al_2O_3) = TiO + CaS + 6Al_2O_3$ |
| $Ti_2S_3$ | 23 | $Ti_2S_3 + 3CaO = Ti_2O_3 + 3CaS$ |
| | 24 | $Ti_2S_3 + 3/2(3CaO \cdot Al_2O_3) = Ti_2O_3 + 3CaS + 3/2(CaO \cdot Al_2O_3)$ |
| | 25 | $Ti_2S_3 + 6/5(3CaO \cdot Al_2O_3) = Ti_2O_3 + 3CaS + 3/5(CaO \cdot 2Al_2O_3)$ |
| | 26 | $Ti_2S_3 + 18/17(3CaO \cdot Al_2O_3) = Ti_2O_3 + 3CaS + 3/17(CaO \cdot 6Al_2O_3)$ |
| | 27 | $Ti_2S_3 + (3CaO \cdot Al_2O_3) = Ti_2O_3 + 3CaS + Al_2O_3$ |
| | 28 | $Ti_2S_3 + 6(CaO \cdot Al_2O_3) = Ti_2O_3 + 3CaS + 3(CaO \cdot 2Al_2O_3)$ |
| | 29 | $Ti_2S_3 + 18/5(CaO \cdot Al_2O_3) = Ti_2O_3 + 3CaS + 3/5(CaO \cdot 6Al_2O_3)$ |
| | 30 | $Ti_2S_3 + 3(CaO \cdot Al_2O_3) = Ti_2O_3 + 3CaS + 3Al_2O_3$ |
| | 31 | $Ti_2S_3 + 9/2(CaO \cdot 2Al_2O_3) = Ti_2O_3 + 3CaS + 3/2(CaO \cdot 6Al_2O_3)$ |
| | 32 | $Ti_2S_3 + 3(CaO \cdot 2Al_2O_3) = Ti_2O_3 + 3CaS + 6Al_2O_3$ |
| | 33 | $Ti_2S_3 + 3(CaO \cdot 6Al_2O_3) = Ti_2O_3 + 3CaS + 18Al_2O_3$ |
| FeS | 34 | $FeS + CaO = FeO + CaS$ |
| | 35 | $FeS + 1/2(3CaO \cdot Al_2O_3) = FeO + CaS + 1/2(CaO \cdot Al_2O_3)$ |
| | 36 | $FeS + 2/5(3CaO \cdot Al_2O_3) = FeO + CaS + 1/5(CaO \cdot 2Al_2O_3)$ |
| | 37 | $FeS + 6/17(3CaO \cdot Al_2O_3) = FeO + CaS + 1/17(CaO \cdot 6Al_2O_3)$ |
| | 38 | $FeS + 1/3(3CaO \cdot Al_2O_3) = FeO + CaS + 1/3Al_2O_3$ |
| | 39 | $FeS + 2(CaO \cdot Al_2O_3) = FeO + CaS + (CaO \cdot 2Al_2O_3)$ |
| | 40 | $FeS + 6/5(CaO \cdot Al_2O_3) = FeO + CaS + 1/5(CaO \cdot 6Al_2O_3)$ |
| | 41 | $FeS + (CaO \cdot Al_2O_3) = FeO + CaS + Al_2O_3$ |
| | 42 | $FeS + 3/2(CaO \cdot 2Al_2O_3) = FeO + CaS + 1/2(CaO \cdot 6Al_2O_3)$ |
| | 43 | $FeS + (CaO \cdot 2Al_2O_3) = FeO + CaS + 2Al_2O_3$ |
| | 44 | $FeS + (CaO \cdot 6Al_2O_3) = FeO + CaS + 6Al_2O_3$ |

续表 4-4

| 硫化物 | 序号 | 化 学 反 应 |
| --- | --- | --- |
| FeS(还原气氛) | 45 | $FeS + CaO + 2/3Al = CaS + Fe + 1/3Al_2O_3$ |
| | 46 | $FeS + 2/3(3CaO \cdot Al_2O_3) + 2/3Al = CaS + Fe + (CaO \cdot Al_2O_3)$ |
| | 47 | $FeS + 7/15(3CaO \cdot Al_2O_3) + 2/3Al = CaS + Fe + 6/15(CaO \cdot 2Al_2O_3)$ |
| | 48 | $FeS + 19/51(3CaO \cdot Al_2O_3) + 2/3Al = CaS + Fe + 6/51(CaO \cdot 6Al_2O_3)$ |
| | 49 | $FeS + 1/3(3CaO \cdot Al_2O_3) + 2/3Al = CaS + Fe + 2/3Al_2O_3$ |
| | 50 | $FeS + 7/3(CaO \cdot Al_2O_3) + 2/3Al = CaS + Fe + 4/3(CaO \cdot 2Al_2O_3)$ |
| | 51 | $FeS + 19/15(CaO \cdot Al_2O_3) + 2/3Al = CaS + Fe + 4/15(CaO \cdot 6Al_2O_3)$ |
| | 52 | $FeS + (CaO \cdot Al_2O_3) + 2/3Al = CaS + Fe + 4/3Al_2O_3$ |
| | 53 | $FeS + 19/12(CaO \cdot 2Al_2O_3) + 2/3Al = CaS + Fe + 7/12(CaO \cdot 6Al_2O_3)$ |
| | 54 | $FeS + (CaO \cdot 2Al_2O_3) + 2/3Al = CaS + Fe + 7/3Al_2O_3$ |
| | 55 | $FeS + (CaO \cdot 6Al_2O_3) + 2/3Al = CaS + Fe + 19/3Al_2O_3$ |

采用 FactSage 6.4 数据库计算出表 4-4 中 $CaO\text{-}Al_2O_3$ 基预熔渣与合金熔体中硫化物可能发生反应的 $\Delta G$ 并绘制出 $\Delta G$ 随温度变化曲线，如图 4-15 所示。

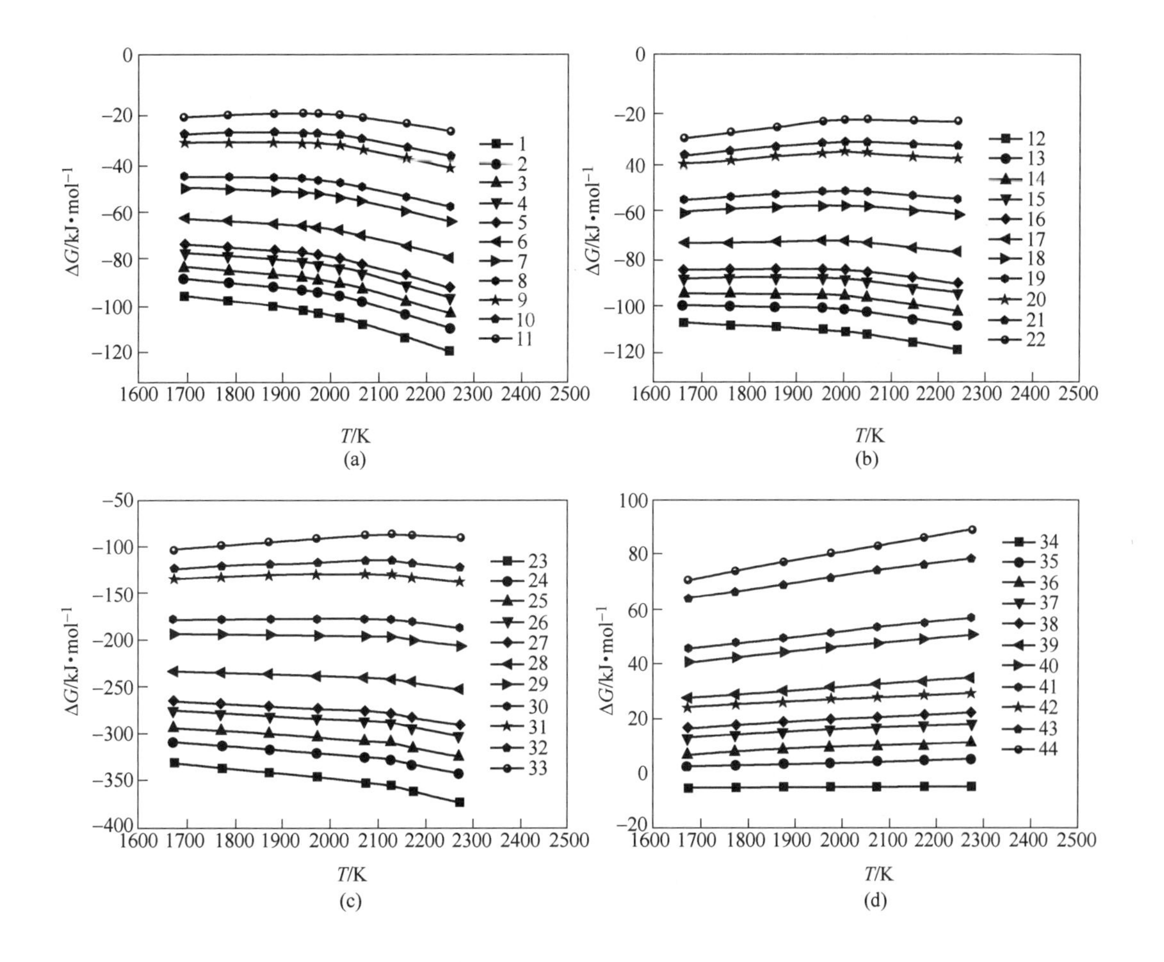

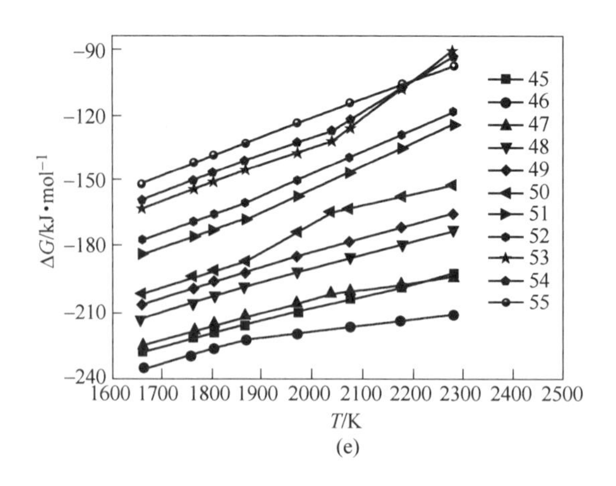


图 4-15　表 4-4 中 $CaO-Al_2O_3$ 基预熔渣与硫化钛反应的 $\Delta G$ 曲线

由图 4-15 可知，当 S 在合金熔体中以钛硫化物（$Ti_2S_3$、TiS、$Ti_2S$）形式存在时，它们分别与 $CaO-Al_2O_3$ 基预熔渣中的 CaO、$3CaO \cdot Al_2O_3$、$CaO \cdot Al_2O_3$、$CaO \cdot 2Al_2O_3$ 及 $CaO \cdot 6Al_2O_3$ 反应的吉布斯自由能均小于零，说明采用 $CaO-Al_2O_3$ 基预熔渣脱除合金熔体的钛硫化物中的 S 是可行的。由图 4-15（a）~（c）可知，随着温度增加，$Ti_2S$ 与预熔渣中各种铝酸钙反应的吉布斯自由能逐渐降低，这说明温度升高有利于 $Ti_2S$ 的脱除。TiS、$Ti_2S_3$ 与 CaO 含量高的预熔渣反应的吉布斯自由能逐渐升高而与 CaO 含量较低的预熔渣反应的吉布斯自由能逐渐降低，说明渣中 CaO 含量高的条件下，升高温度不利于 TiS、$Ti_2S_3$ 的脱除，而 CaO 含量低条件下，升高温度有利于 TiS、$Ti_2S_3$ 的脱除。此外，随着预熔渣中 CaO 含量的升高，钛硫化物（$Ti_2S_3$、TiS、$Ti_2S$）与预熔渣反应的吉布斯自由能逐渐降低，说明 CaO 含量高的预熔渣有利于合金中杂质 S 的脱除。由图 4-15（d）可知，当 S 在合金熔体中以 FeS 存在时，只有 CaO 与 FeS 反应时的吉布斯自由能小于零，说明只有渣中存在游离的 CaO 时才能将合金中的 FeS 脱除。由于铝热法制备钛铁合金中存在残留的 Al，故脱硫反应是在 Al 还原气氛下进行的。由图 4-15（e）可知，当在 Al 还原气氛下时，$CaO-Al_2O_3$ 基预熔渣中的铝酸钙与 FeS 的反应均能进行，且预熔渣中 CaO 含量越高，越有利于脱硫反应进行。

### 4.3.5　Ca 深度还原热力学

铝热还原后所得合金熔体中存在 $Ti_2O_3$、TiO 等低价钛氧化物，需要还原性更强的 Ca 进行深度还原脱氧。Ca 还可能与熔体中的硫化物发生脱硫反应，进一步降低合金中的 S 含量。因此，本节对 Ca 深度还原脱 O、脱 S 反应的热力学进行计算。由于深度还原温度均在 1873K 以上，而 Ca 的沸点为 1757K，故计算过程中钙为蒸气（101325Pa）。

#### 4.3.5.1　Ca 深度脱氧热力学

Ca 与 Ti 的主要氧化物（$TiO_2$、$Ti_3O_5$、$Ti_2O_3$、TiO）可能发生的化学反应见表 4-5。采用 FactSage 6.4 数据库计算出表 4-5 中各个反应的 $\Delta G$，并绘制出 $\Delta G$ 随温度变化曲线，如图 4-16 所示。

表 4-5 Ca 与钛氧化物可能发生的化学反应

| 序号 | 化 学 反 应 |
|---|---|
| 1 | $3TiO_2 + Ca(g) = Ti_3O_5 + CaO$ |
| 2 | $2TiO_2 + Ca(g) = Ti_2O_3 + CaO$ |
| 3 | $TiO_2 + Ca(g) = TiO + CaO$ |
| 4 | $1/2TiO_2 + Ca(g) = 1/2Ti + CaO$ |
| 5 | $2Ti_3O_5 + Ca(g) = 3Ti_2O_3 + CaO$ |
| 6 | $1/2Ti_3O_5 + Ca(g) = 3/2TiO + CaO$ |
| 7 | $1/5Ti_3O_5 + Ca(g) = 3/5Ti + CaO$ |
| 8 | $Ti_2O_3 + Ca(g) = 2TiO + CaO$ |
| 9 | $1/3Ti_2O_3 + Ca(g) = 2/3Ti + CaO$ |
| 10 | $TiO + Ca(g) = Ti + CaO$ |

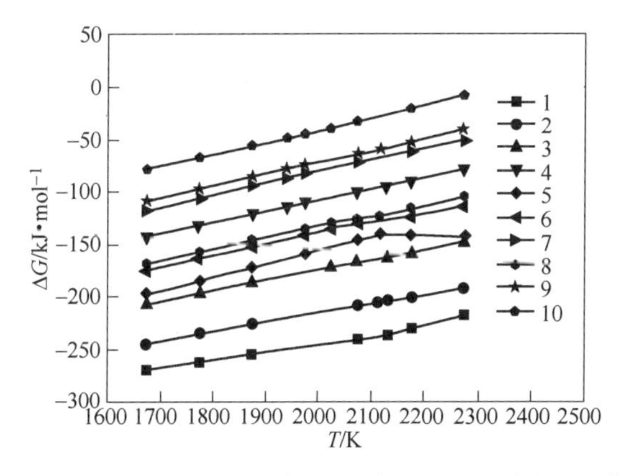


图 4-16 表 4-5 中钛氧化物与 Ca 可能发生的反应的 $\Delta G$ 曲线

由图 4-16 可以看出，在 1673~2073K 条件下，Ca 与主要钛氧化物发生反应的 $\Delta G$ 均小于零，说明 Ca 与各个钛氧化物的还原反应均可以发生，因此，采用 Ca 对低价钛氧化物进行深度还原脱氧是可行的。此外，随着温度升高，各个反应的 $\Delta G$ 均逐渐升高（反应 5 除外），说明反应温度升高不利于脱氧反应的进行。反应 5 的 $\Delta G$ 在 2023K 以后随温度增加而降低，说明温度高于 2023K 以后继续升高温度不利于脱氧反应 5 进行。比较反应 1~4 的 $\Delta G$ 可知，Ca 与 $TiO_2$ 发生逐级还原反应的 $\Delta G$ 逐渐升高，说明 Ca 与 $TiO_2$ 发生逐级还原反应越来越难进行。比较反应 4、7、9、10 的 $\Delta G$ 可知，Ca 与 $TiO_2$、$Ti_3O_5$、$Ti_2O_3$、TiO 反应直接得到 Ti 反应的 $\Delta G$ 逐渐升高，说明钛氧化物中钛化合价越低，直接被还原为金属钛的脱氧反应越难进行。

#### 4.3.5.2 Ca 深度脱硫热力学

由 Ti-S 相图可知，钛、硫可形成的化合物为 $Ti_2S$、TiS、$Ti_2S_3$、$TiS_2$ 及 $TiS_3$，故 Ca 与钛硫化物之间可能发生的化学反应见表 4-6。

**表 4-6　Ca 与硫化物可能发生的化学反应**

| 序号 | 化　学　反　应 |
|---|---|
| 1 | $Ti_2S + Ca(g) = 2Ti + CaS$ |
| 2 | $TiS + Ca(g) = Ti + CaS$ |
| 3 | $1/3Ti_2S_3 + Ca(g) = 2/3Ti + CaS$ |
| 4 | $1/2TiS_2 + Ca(g) = 1/2Ti + CaS$ |
| 5 | $1/3TiS_3 + Ca(g) = 1/3Ti + CaS$ |

采用 FactSage 6.4 数据库计算出表 4-6 中各个反应的 $\Delta G$，并绘制出各个反应的 $\Delta G$ 随温度变化曲线，如图 4-17 所示。结果表明，在 1673～2273K 条件下，Ca 与钛硫化物发生反应的 $\Delta G$ 均小于零，说明采用 Ca 对钛硫化物进行深度还原脱硫的反应是可以进行的。此外，随着温度升高，各个脱硫反应的 $\Delta G$ 均逐渐升高，说明反应温度升高不利于脱硫反应的进行。比较反应 1～5 的 $\Delta G$ 可知，不同温度下 Ca 分别与 $Ti_2S$、TiS、$Ti_2S_3$、$TiS_2$ 及 $TiS_3$ 发生反应的 $\Delta G$ 逐渐减小，说明 Ca 与 $Ti_2S$、TiS、$Ti_2S_3$、$TiS_2$ 及 $TiS_3$ 之间的反应依次越来越容易发生。

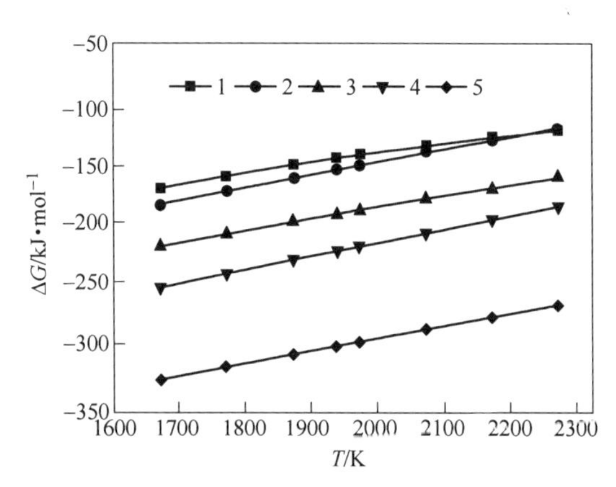


图 4-17　表 4-6 中钛硫化物与 Ca 可能发生反应的 $\Delta G$ 曲线

## 4.4　多级还原过程研究

### 4.4.1　铝热自蔓延过程研究

在多级深度还原制备高钛铁过程中，第一步铝热还原过程的目的是得到 Al、O、S 等杂质元素残留量低的高温熔体。铝热还原是以 Al 粉为还原剂将金属从矿物原料中还原出来的一个高温自蔓延冶金过程，而原料、还原剂、造渣剂、发热剂的配比对物料燃烧速率、渣金分离效果及合金收率等有很大的影响。为此，研究了原料配比、单位质量反应热（$q$，J/g）、还原剂配比（Al 粉配入量的化学计量比，用 $R_{Al}$ 表示）、造渣剂配比（CaO 与完全反应后生成 $Al_2O_3$ 的摩尔比，用 $R_{C/A}$ 表示）对铝热还原过程中物料燃烧速率、渣金分离效果及合金收率的影响规律。对制备高钛铁过程中的强化熔分、Ca 深度还原等后续工艺过程有重要的意义。

#### 4.4.1.1 单位质量反应热对实验结果的影响

在铝热法制备钛铁过程中，$KClO_3$ 作为发热剂，$KClO_3$ 的加入量直接影响反应体系的单位质量反应热，从而影响渣金分离效果的好坏。因此，本节主要研究了单位质量反应热对物料燃烧速率、渣金分离效果及合金收率的影响。实验的原料配比见表 4-7。

**表 4-7 实验原料配比表（质量比）**

| 编号 | $q/J \cdot g^{-1}$ | $m$（钛精矿）：$m(Fe_2O_3$ 或 1 号高钛渣）：$m(KClO_3)$：$m(Al)$：$m(CaO)$ |
|---|---|---|
| 1 | 2700 | 1：1.699（高钛渣）：0.475：1.129：0.234 |
| 2 | 2800 | 1：1.699（高钛渣）：0.523：1.150：0.234 |
| 3 | 2900 | 1：1.699（高钛渣）：0.571：1.171：0.234 |
| 4 | 3000 | 1：1.699（高钛渣）：0.622：1.193：0.234 |
| 5 | 3100 | 1：1.699（高钛渣）：0.674：1.216：0.234 |
| 6 | 3200 | 1：1.699（高钛渣）：0.728：1.240：0.234 |

A 物料燃烧速率

在造渣剂配比（$R_{C/A}$）为 0.2、还原剂配比（$R_{Al}$）为 1.0 条件下，通过改变 $KClO_3$ 配入量，研究了单位质量反应热（2700～3200J/g）对物料燃烧速率的影响。图 4-18 所示为单位质量反应热对不同反应体系物料燃烧速率的影响。

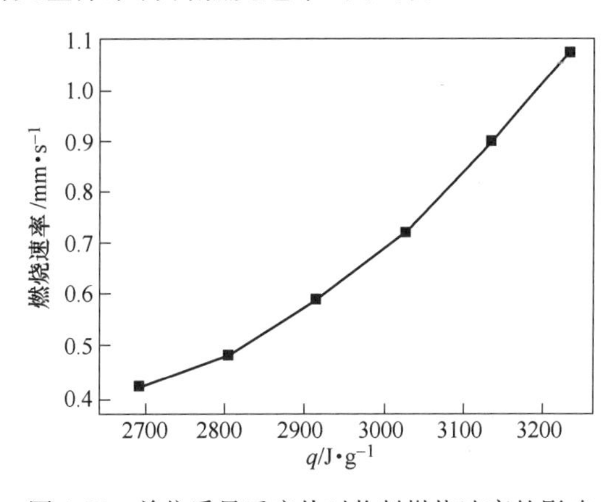


图 4-18 单位质量反应热对物料燃烧速率的影响

图 4-18 表明，随着 $q$ 的增加，物料的燃烧速率逐渐增大，燃烧剧烈程度逐渐增加。实验现象表明，当 $q<2900J/g$ 时，物料燃烧较慢，燃烧火焰平稳；当 $q>3100J/g$ 时，物料燃烧剧烈，发生喷溅。因此，反应适宜的 $q$ 范围是 2900～3100J/g。燃烧速率测试具体实验现象表明，体系反应后不能形成熔体，这是由于物料中高钛渣配比较高，反应生成高熔点的低价钛氧化物。

B 渣金分离效果

图 4-19 所示为不同单位质量反应热条件下不同反应体系制备出钛铁合金的微观组织中 $Al_2O_3$ 夹杂的分布。

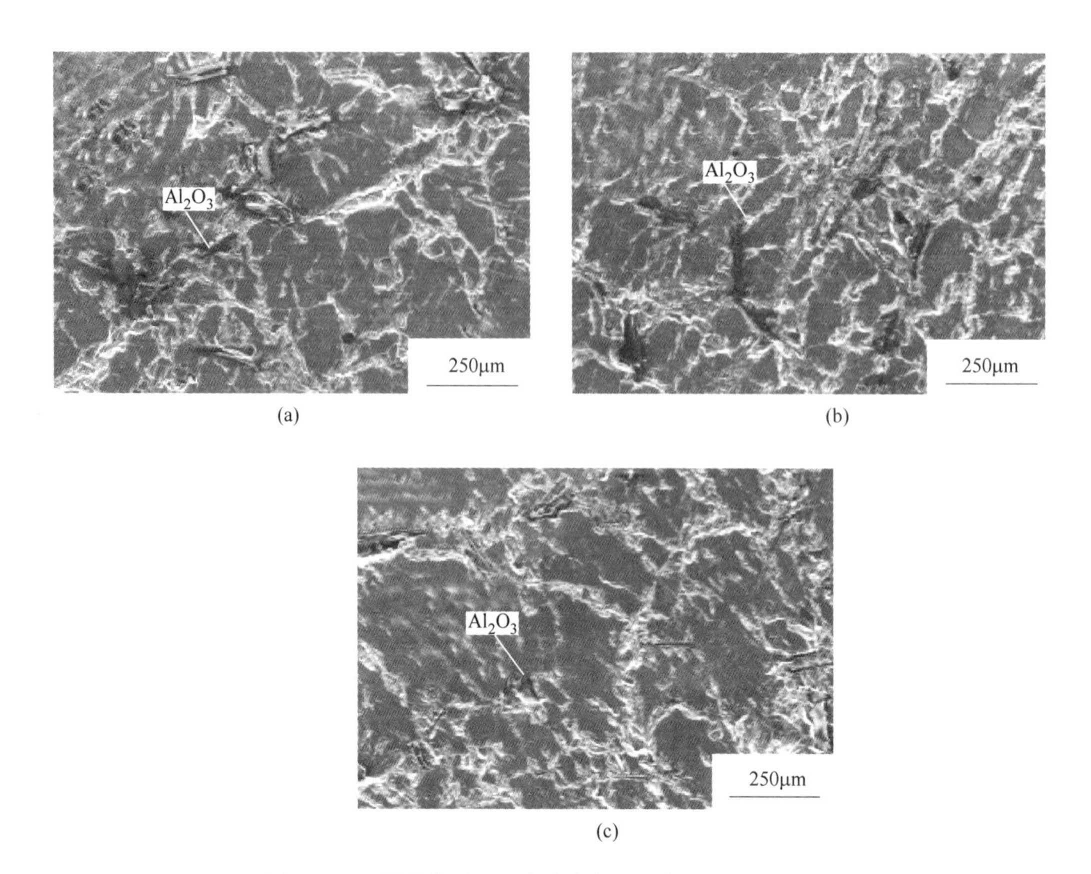


图 4-19 不同单位质量反应热条件下制备钛铁的 SEM 图

(a) $q$=2800J/g;(b) $q$=3000J/g;(c) $q$=3100J/g

图 4-19 (a)~(c) 显示,所制备钛铁合金中 $Al_2O_3$ 夹杂物形状为长条状,尺寸为 50~250μm,且随着反应体系 $q$ 的增大,$Al_2O_3$ 夹杂的数量逐渐减少。

图 4-20 所示为单位质量反应热对制备钛铁合金中 Ti、Fe、Al 和 O 含量的影响。由图

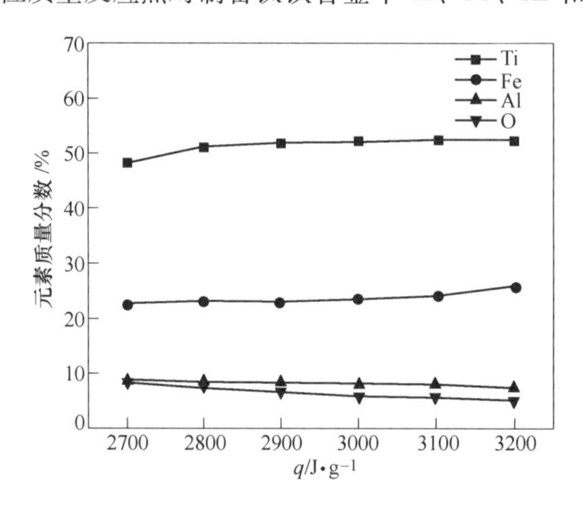


图 4-20 单位质量反应热对合金中元素含量的影响

4-20 可知，实验条件下制备出钛铁的 Ti 的质量分数为 48%~53%，低于理论值（理论上制备出钛铁中 Ti 的质量分数为 75%），且 Ti 含量随着体系 $q$ 的增大略有提高。这主要是由于钛铁矿、高钛渣中的钛难以通过铝热还原完全还原出来，随着 $q$ 增加，铝热还原反应体系温度升高，有利于铝热还原反应进行，从而有利于合金中钛含量的增加。如图 4-20 所示，随着反应体系 $q$ 的增大，合金中 Al、O 的质量分数均明显降低，同时图 4-19 显示，随着反应体系 $q$ 的增大，合金中 $Al_2O_3$ 夹杂明显减少，说明合金中 Al 残留量的降低主要是由于体系温度升高导致渣流动性变好，促进渣金分离，减少了合金中的 $Al_2O_3$ 夹杂。

C 合金收率

图 4-21 所示为单位质量反应热对制备钛铁合金收率的影响。由该图可知，随着 $q$ 的增大，制备出钛铁的合金收率增大，这主要是由于反应体系的 $q$ 越大，铝热反应后体系能达到的温度越高，反应后熔体的流动性越好，越有利于渣金分离，合金收率越大。随着 $q$ 的增大，反应体系所制备合金的收率增加明显。这主要是由于物料中高钛渣配比较高，产生低价钛氧化物，体系温度高低对渣熔点、黏度影响较大，决定渣金分离效果的好坏，因此增加 $q$ 对渣金分离效果影响显著。

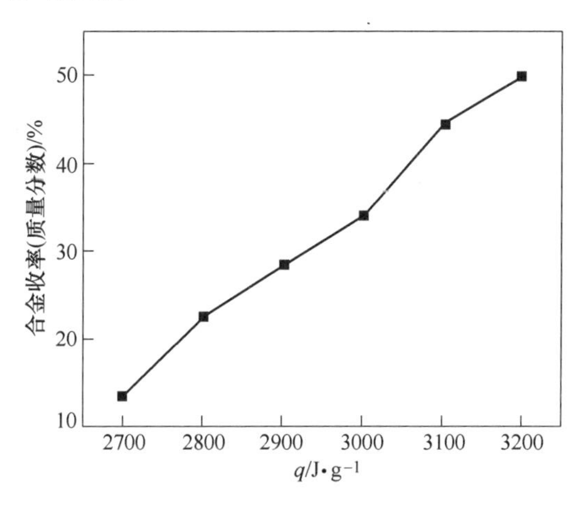


图 4-21 单位质量反应热对合金收率的影响

4.4.1.2 还原剂配比对实验结果的影响

Al 在制备钛铁合金过程中主要作为还原剂，还有一部分 Al 粉与 $KClO_3$ 反应作为发热剂，反应后产物为 $Al_2O_3$，大多数 $Al_2O_3$ 能与造渣剂 CaO 反应生成铝酸钙进入渣中，部分 $Al_2O_3$ 由于渣金分离不完全残留在合金中。此外，反应过程中部分 Al 还与 Ti、Fe 反应生成金属间化合物进入到合金中。因此，还原剂 Al 的配比对还原过程、渣金分离效果以及合金收率至关重要。在多级深度还原制备低氧低铝钛铁过程中，在铝热还原阶段采取配 Al 不足的手段来降低生成金属间化合物铝残留。为此，本节研究了还原剂配比（$R_{Al}$）对铝热还原反应的物料燃烧速率、Al 和 O 残留及合金收率的影响规律。实验原料配比见表 4-8。

表 4-8 实验原料配比表（质量比）

| 编号 | $R_{Al}$ | $m$(钛精矿)：$m$($Fe_2O_3$或1号高钛渣)：$m$($KClO_3$)：$m$(Al)：$m$(CaO) |
|---|---|---|
| 1 | 1.05 | 1：1.699（高钛渣）：0.609：1.233：0.256 |
| 2 | 1 | 1：1.699（高钛渣）：0.621：1.193：0.247 |
| 3 | 0.95 | 1：1.699（高钛渣）：0.633：1.152：0.239 |
| 4 | 0.9 | 1：1.699（高钛渣）：0.646：1.111：0.230 |
| 5 | 0.85 | 1：1.699（高钛渣）：0.658：1.107：0.222 |
| 6 | 0.8 | 1：1.699（高钛渣）：0.670：1.103：0.214 |

A 物料燃烧速率

在造渣剂配比（$R_{C/A}$）为0.2、$q$为2600~3000J/g条件下，通过改变Al粉配入量，研究了$R_{Al}$对物料燃烧速率的影响，如图4-22所示。

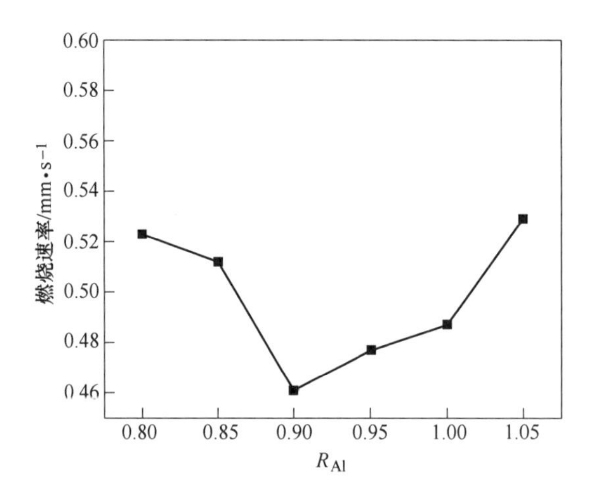


图 4-22 $R_{Al}$对物料燃烧速率的影响

由图4-22可以看出，随着$R_{Al}$的降低，不同反应体系物料的燃烧速率均先降低后逐渐增大。这主要是由于$0.9 \leqslant R_{Al} < 1.0$，还原剂铝不足，导致铝热还原反应不充分，导致体系放热量降低，渣中低价钛氧化物增多、渣的熔点升高、黏度增大，不利于反应持续进行，故燃烧速率降低。当$R_{Al} < 0.9$，为了保证反应体系有足够的放热量，加入的$KClO_3$增多，而$KClO_3$与Al粉的反应优先于Al粉与高钛渣、钛铁矿或氧化铁的还原反应，因此，物料燃烧速率又不断增大。

B 渣金分离效果

图4-23所示为不同$R_{Al}$条件下制备钛铁的SEM图。该图表明，随着还原剂配比（$R_{Al} \leqslant 0.9$）降低，$Al_2O_3$夹杂明显增多。制备的合金中$Al_2O_3$夹杂尺寸为50~300μm且数量较多。

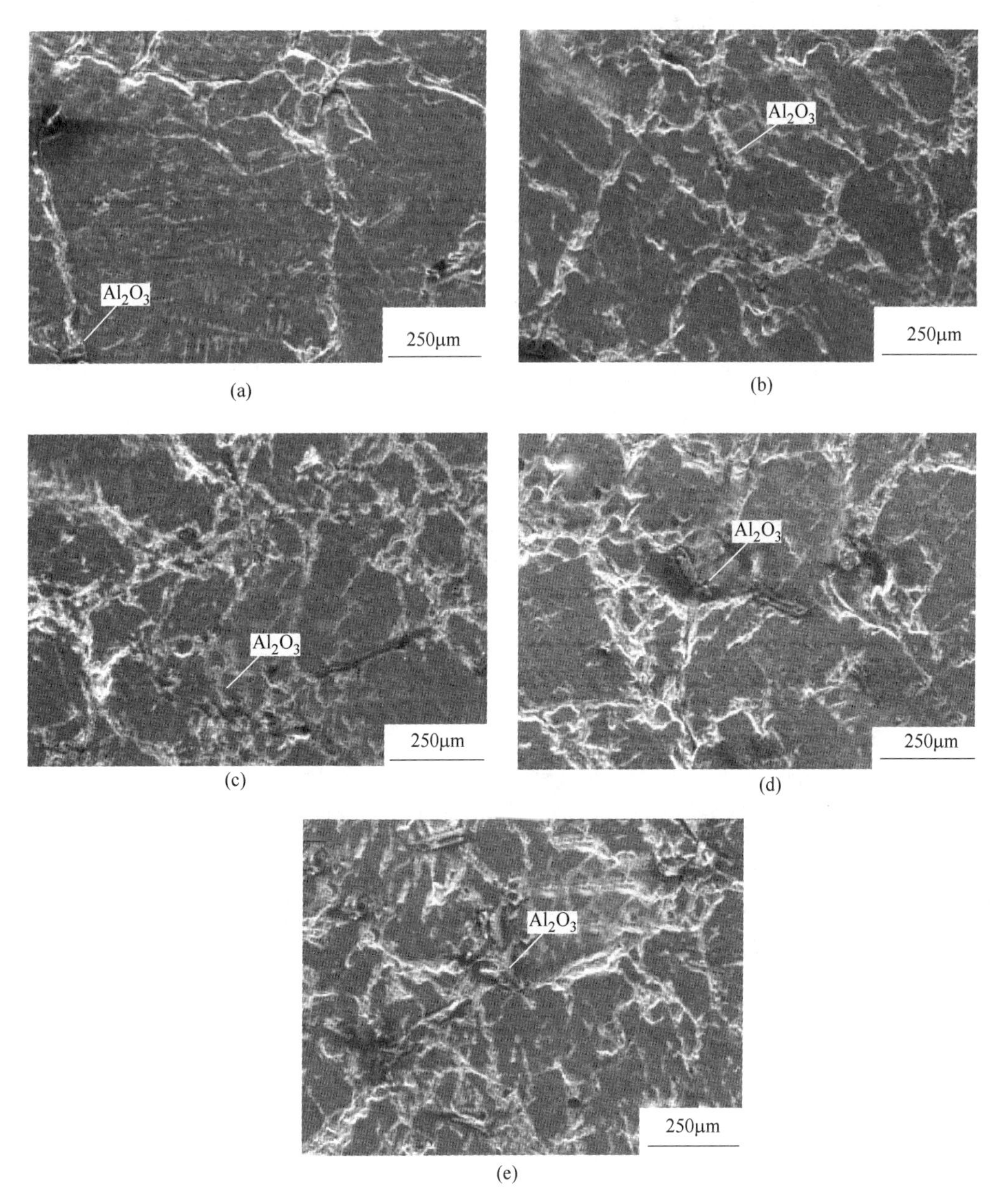


图 4-23 不同 $R_{Al}$条件下制备钛铁合金的 SEM 图

（a）$R_{Al}=1.05$；（b）$R_{Al}=1.0$；（c）$R_{Al}=0.95$；（d）$R_{Al}=0.90$；（e）$R_{Al}=0.80$

图 4-24 所示为不同 $R_{Al}$条件下不同反应体系制备钛铁中 Al、O 含量。

由此可知，随着 $R_{Al}$降低，O 残留量逐渐增加，Al 的残留量先降低后增加，而与 Ti、Fe 化合形成金属间化合物的铝残留量随 $R_{Al}$降低逐渐降低。当 $R_{Al} \geqslant 0.9$，由图 4-23 可知，$Al_2O_3$ 夹杂变化不明显，而由图 4-24 合金基体中 EDS 能谱分析结果可知，$R_{Al}$降低使 Al 与 Ti、Fe 形成金属间化合物的铝残留量降低。同时，$R_{Al}$降低也使合金中 $Ti_4Fe_2O$、$Ti_xO$ 增多，导致固溶体中氧残留量增加。因此，Al 与 Ti、Fe 形成金属间化合物的 Al 残留量降低是合金中 Al 的残留量降低的主导因素，而钛氧化物还原不充分导致固溶体中氧残留增加

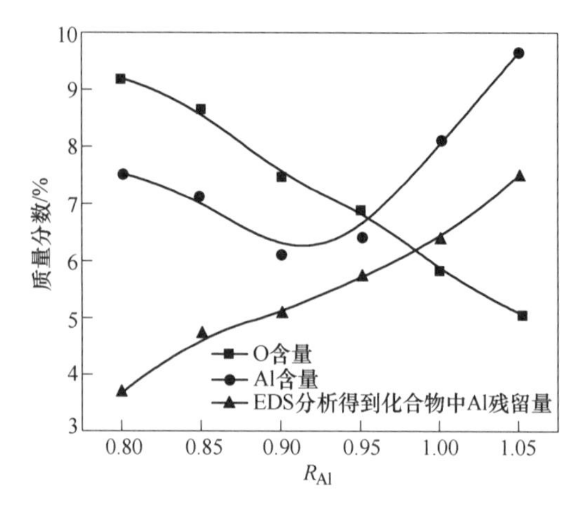


图 4-24　不同 $R_{Al}$ 条件下制备合金中 Al 和 O 含量

是合金中 O 残留量升高的主导因素。由图 4-23 可知，当 $R_{Al} \leqslant 0.9$ 时合金中 $Al_2O_3$ 夹杂迅速增多，所以合金中 Al、O 的残留量升高，虽然此时 Al 与 Ti、Fe 化合形成金属间化合物的残留铝降低，但合金的 Al、O 残留量仍升高，此时 $Al_2O_3$ 夹杂增多是 Al、O 的残留量升高的主导因素。当还原剂配比 $R_{Al}$ 为 0.95 时，制备的合金中 Al 残留量（质量分数）为 6.07%。

C　合金收率

图 4-25 所示为还原剂配比对制备钛铁合金收率的影响。由该图可知，随着 $R_{Al}$ 降低，合金收率均逐渐降低，这主要是由于还原剂 Al 越不足，原料中的钛氧化物还原越不充分，金属钛越难以还原出来；与此同时，钛氧化物还原不充分导致渣中的低价钛氧化物增多，渣熔点及黏度升高，残留在渣中的合金增多。当 $R_{Al}>0.95$ 时，合金收率迅速提高，主要由于物料中的钛氧化物得到充分还原，渣金分离效果变好。

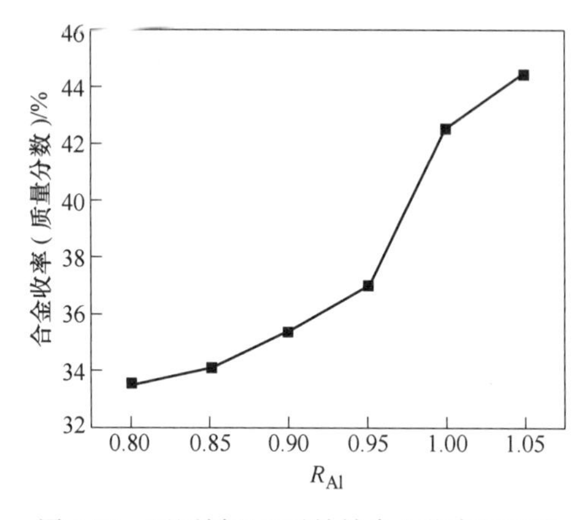


图 4-25　还原剂配比对钛铁合金收率的影响

#### 4.4.1.3　造渣剂配比对实验结果的影响

在铝热法制备钛铁过程中，CaO 用作造渣剂，与铝热反应生成的 $Al_2O_3$ 结合，生成低熔点的铝酸钙，促进金渣分离，降低合金中 $Al_2O_3$ 夹杂。从图 4-26 CaO-$Al_2O_3$ 体系相图可以看出，当 $n(CaO):n(Al_2O_3)$ 变化时，能形成不同熔点的铝酸钙（$CA_6$、$CA_2$、CA 等）。由此可见，铝热还原阶段，物料中造渣剂配比对于铝热还原反应后形成渣的物相及物理性质起着决定性的作用，因此物料中造渣剂配比对实现渣金有效分离、提高合金收率起着至关重要的作用。此外，物料中造渣剂配比还决定着铝热还原反应后形成渣的碱度，而渣碱度对脱硫具有一定的影响。因此，物料中造渣剂配比还对制备合金中杂质 S 含量具有一定影响。本节研究了造渣剂配比（$R_{C/A}$）对物料燃烧速率、渣金分离效果、合金收率以及脱 S 效果的影响。实验的原料配比见表 4-9。

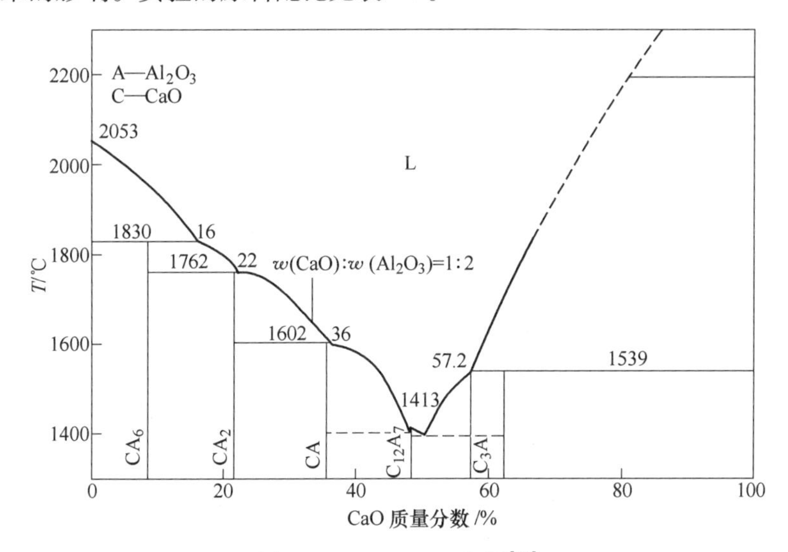


图 4-26 $CaO-Al_2O_3$ 相图[34]

**表 4-9 实验原料配比表（质量比）**

| 编号 | $R_{C/A}$ | $m$(钛精矿)：$m$($Fe_2O_3$ 或 1 号高钛渣)：$m$($KClO_3$)：$m$(Al)：$m$(CaO) |
|---|---|---|
| 1 | 0.20 | 1：1.699（高钛渣）：0.621：1.193：0.247 |
| 2 | 0.30 | 1：1.699（高钛渣）：0.662：1.211：0.379 |
| 3 | 0.40 | 1：1.699（高钛渣）：0.704：1.230：0.514 |
| 4 | 0.50 | 1：1.699（高钛渣）：0.748：1.249：0.654 |
| 5 | 0.60 | 1：1.699（高钛渣）：0.793：1.269：0.797 |

A 物料燃烧速率

通过改变物料中 CaO 配入量，研究了造渣剂配比（$R_{C/A}$）对物料燃烧速率的影响，其结果如图 4-27 所示。该图表明，随着 $R_{C/A}$ 的增大，物料的燃烧速率均逐渐降低。这主要是由于当造渣剂配比增加时，含钛原料、$KClO_3$ 与 Al 粉在体系中的比例降低，混合均匀后各个反应物浓度被稀释，含钛原料、$KClO_3$ 与 Al 粉接触面积减小，降低了反应物的活性，阻碍了反应的进行，降低了物料燃烧速率。

B 渣金分离效果

图 4-28 所示为不同造渣剂配比条件下所得渣的 XRD 图。

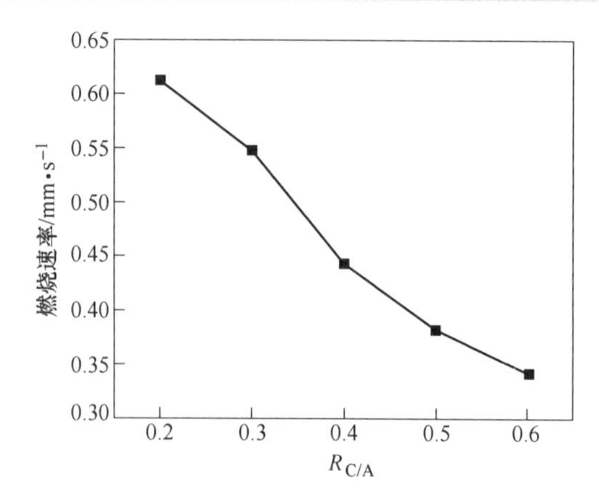


图 4-27　造渣剂配比对物料燃烧速率的影响

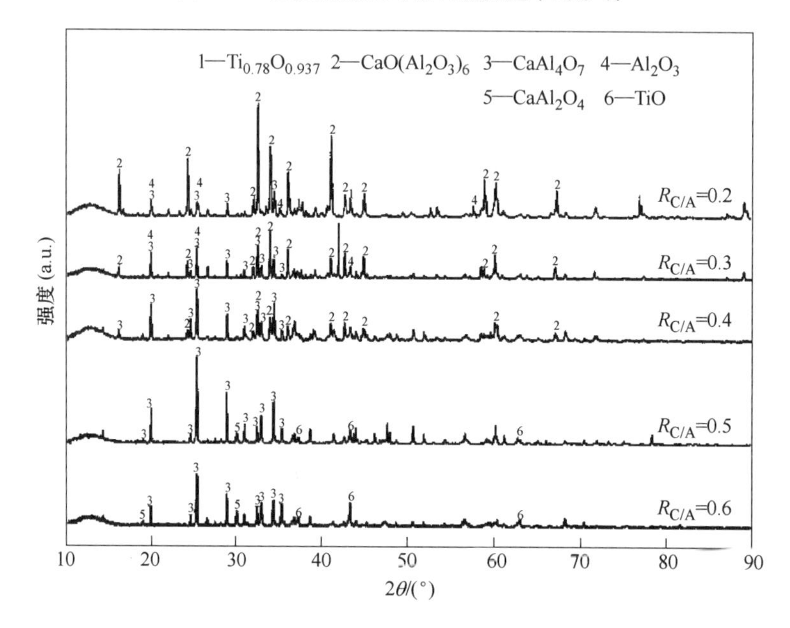


图 4-28　不同造渣剂配比条件下所得渣的 XRD 图

图 4-28 表明，当 $R_{C/A}$≤0.4 时，渣的主要物相为高熔点的 $CaAl_{12}O_{19}$和 $CaAl_4O_7$，但随着 $R_{C/A}$增大，$CaAl_{12}O_{19}$衍射峰强度逐渐降低而 $CaAl_4O_7$ 衍射峰强度逐渐增强。此外，在 $R_{C/A}$≤0.3 时，出现了 $Al_2O_3$ 衍射峰，说明配入的 CaO 不足，反应产生的氧化铝未能全部与 CaO 结合生成低熔点的铝酸钙，不利于渣金分离以及合金中 $Al_2O_3$ 夹杂去除。当 $R_{C/A}$≥0.5 时，有更低熔点的 $CaAl_2O_4$ 衍射峰出现。综上，随着 $R_{C/A}$增加，渣中主要物相由高熔点的 $CaAl_{12}O_{19}$逐渐向低熔点的 $CaAl_4O_7$ 以及更低熔点的 $CaAl_2O_4$ 转化，有利于反应后熔体的渣金分离。

图 4-29 所示为不同 $R_{C/A}$条件下钛铁合金的 SEM 图。由图可知，随着 $R_{C/A}$增大，钛铁合金中 $Al_2O_3$ 夹杂量逐渐减少。合金中 $Al_2O_3$ 夹杂为长条板状或无定型态，有团聚现象，尺寸约 80~300μm，数量较多。随着 $R_{C/A}$增加，渣中主要物相由高熔点的 $CaAl_{12}O_{19}$逐渐向低熔点的 $CaAl_4O_7$、$CaAl_2O_4$ 转化，故 $R_{C/A}$越大，形成渣熔点越低，越有利于渣金分离。

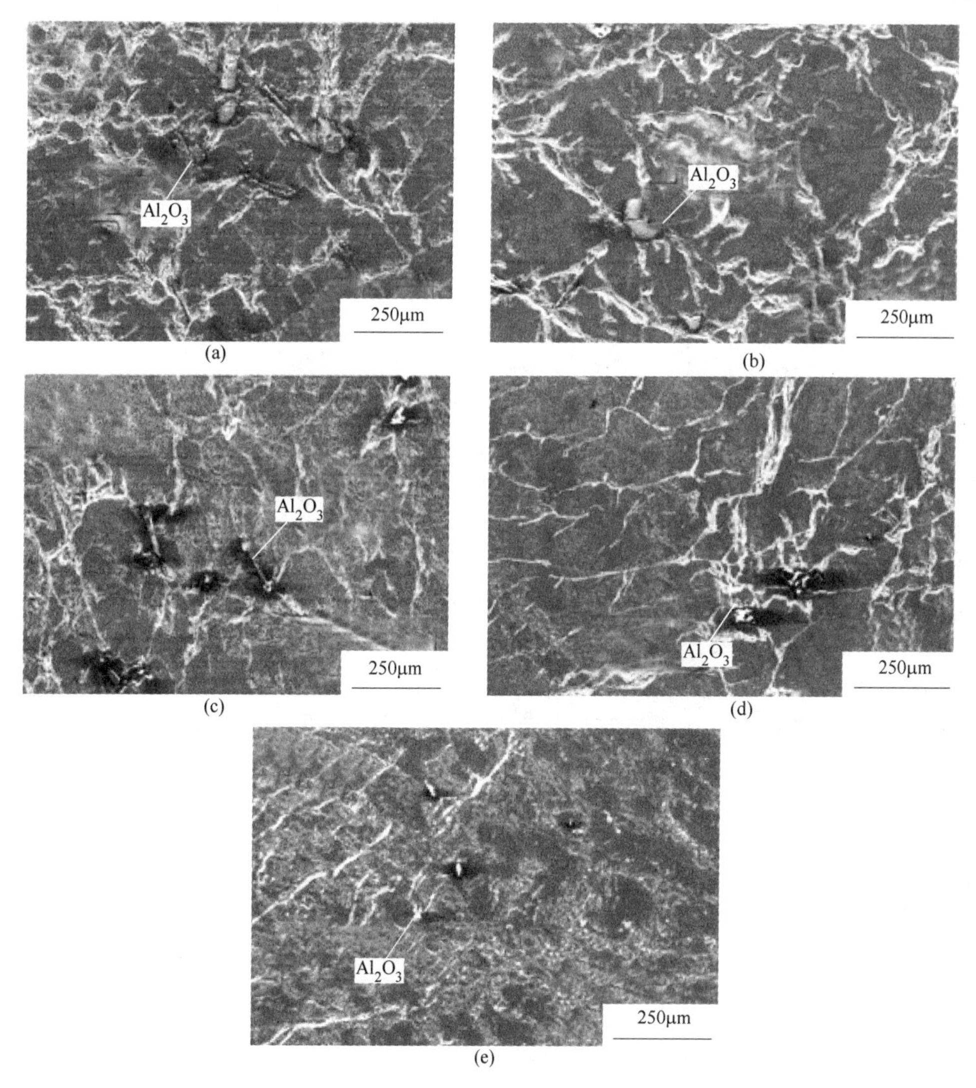


图 4-29 不同 $R_{C/A}$ 下钛铁合金的 SEM 图

(a) $R_{C/A}=0.2$；(b) $R_{C/A}=0.3$；(c) $R_{C/A}=0.4$；(d) $R_{C/A}=0.5$；(e) $R_{C/A}=0.6$

C 合金收率

图 4-30 所示为造渣剂配比对钛铁合金收率的影响曲线。由图可知，随着 $R_{C/A}$ 的增大，合金收率先降低而后增加。当 $R_{C/A}$ 从 0.2 增加到 0.3，如图 4-28 所示，渣中主要物相为大量高熔点的 $CaAl_{12}O_{19}$，渣的黏度较大、流动性较差，渣量增大导致渣中残留着大量合金，所以合金收率降低。当 $R_{C/A}$ 进一步提高，渣中主要物相为低熔点 $CaAl_4O_7$ 和 $CaAl_2O_4$，渣熔点、黏度降低，渣金分离效果变好，合金收率增大。

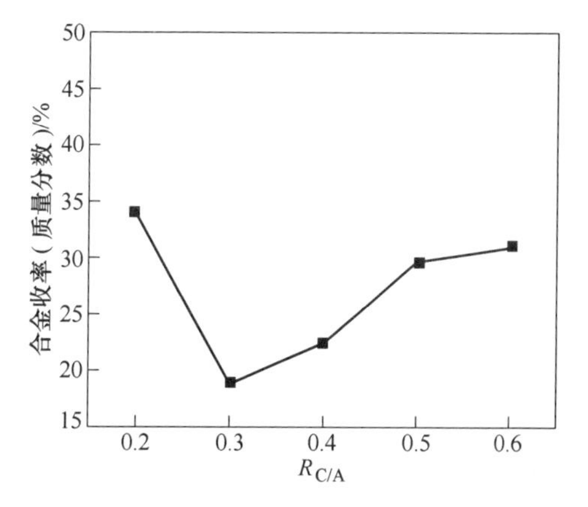


图 4-30 造渣剂配比对钛铁合金收率的影响

D　钛铁合金中杂质 S 的研究

钛铁是最重要的钛合金之一，主要作为钢铁冶炼过程中脱氧精炼剂和晶粒细化剂。硫在炼钢过程中是一种有害杂质。因此，钛铁作为脱氧精炼剂和合金剂对硫的要求也较高。钛铁合金中 S 的质量分数要求在 0.04%以下。研究指出[37]，CaO 具有较强的脱硫能力，能与硫反应生成 CaS 进入到渣相而将合金中的硫脱除，熔渣碱度对渣的脱硫能力具有较大影响。本节利用 FactSage 6.4 软件绘制了 Ti-Al-Fe-S 系统的平衡相图，揭示了高温熔体冷却过程中 S 在合金中的物相变化规律，研究了造渣剂配比（$R_{C/A}$）对 S 在合金及渣中赋存状态及分布规律，研究了不同 CaO 配入量条件下渣的光学碱度对合金、渣中硫含量以及硫分配比（$L_S$）的影响。

a　Ti-S-Al-Fe 体系相图

图 4-31 所示为 Al 的质量分数为 12%、S 的质量分数为 0.5%时，Ti-Al-Fe-S 系统的平衡相图。从该图可以看出，当体系中钛的质量分数为 58%～60%时，体系相图位于直线 1 和直线 2 之间。该合金体系从 2073K 冷却至室温的整个过程如下：当合金温度在液相线 *a* 以上时，合金熔体中 S 首先以液态 FeS 形式存在。当温度降到直线 *b* 以后，合金中开始析出 TiS（s），当温度降低至直线 *c* 时，液态 FeS 完全消失，合金中 S 完全以固态 TiS 形式存在于金属液中。随着温度进一步降低至线 *d* 时，合金中开始出现固态 $Ti_2S$ 相，当温度降低至直线 *e* 以后，合金中的固相 TiS 完全消失，合金中的 S 完全以固态 $Ti_2S$ 相存在于液态合金中，同时开始析出固态 TiAl 相。当降低至线 *f* 时，合金中开始析出固态 FeTi 相，当温度进一步降低至共晶线 *g* 时，合金中物相为 Ti(s) + TiAl(s) + $Ti_2S$(s) + FeTi(s) 。当温度进一步降低至线 *h* 时，发生固相转变，固态合金开始出现 $Fe_2Ti$(s) 。综上所述，室温下，该体系合金物相为 Ti(s) + TiAl(s) + $Ti_2S$(s) + $Fe_2Ti$(s) ，而合金中硫以固态 $Ti_2S$ 相存在。

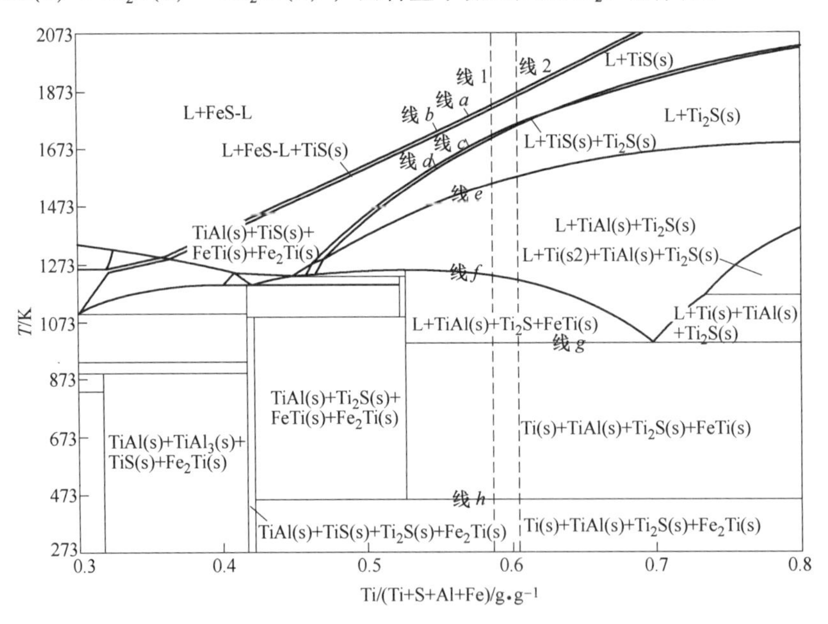


图 4-31　Ti-Al-Fe-S 体系相图

表 4-10 是不同造渣剂配比条件下铝热还原制备合金的化学成分。从表 4-10 可以看出，合金中 Ti、Al、S 的质量分数分别约为 60%、12%和 0.5%。由图 4-31 可知，合金中硫是以固态 $Ti_2S$ 相存在。这主要是由于铝热还原反应发生以后，体系瞬间达到很高的温度，待

反应结束以后，体系迅速降温，在降温过程中合金中的 S 首先以液态 FeS 形式存在，然后转变为固态 TiS，最终在合金中以固态 $Ti_2S$ 形式存在。

表 4-10 不同 $R_{C/A}$ 条件下制备钛铁合金化学成分（质量分数） (%)

| 编号 | $R_{C/A}$ | Ti | Al | Si | S | O | Fe |
|---|---|---|---|---|---|---|---|
| 1 | 0.2 | 58.73 | 12.85 | 0.76 | 0.57 | 4.39 | 余量 |
| 2 | 0.25 | 58.99 | 12.80 | 0.76 | 0.55 | 4.22 | 余量 |
| 3 | 0.3 | 60.80 | 11.52 | 0.72 | 0.51 | 3.72 | 余量 |
| 4 | 0.35 | 60.91 | 11.29 | 0.68 | 0.49 | 3.69 | 余量 |

b 合金及渣物相分析

图 4-32（a）所示为不同 $R_{C/A}$ 条件下渣的 XRD 图。由图 4-32（a）可知，渣的主要物相

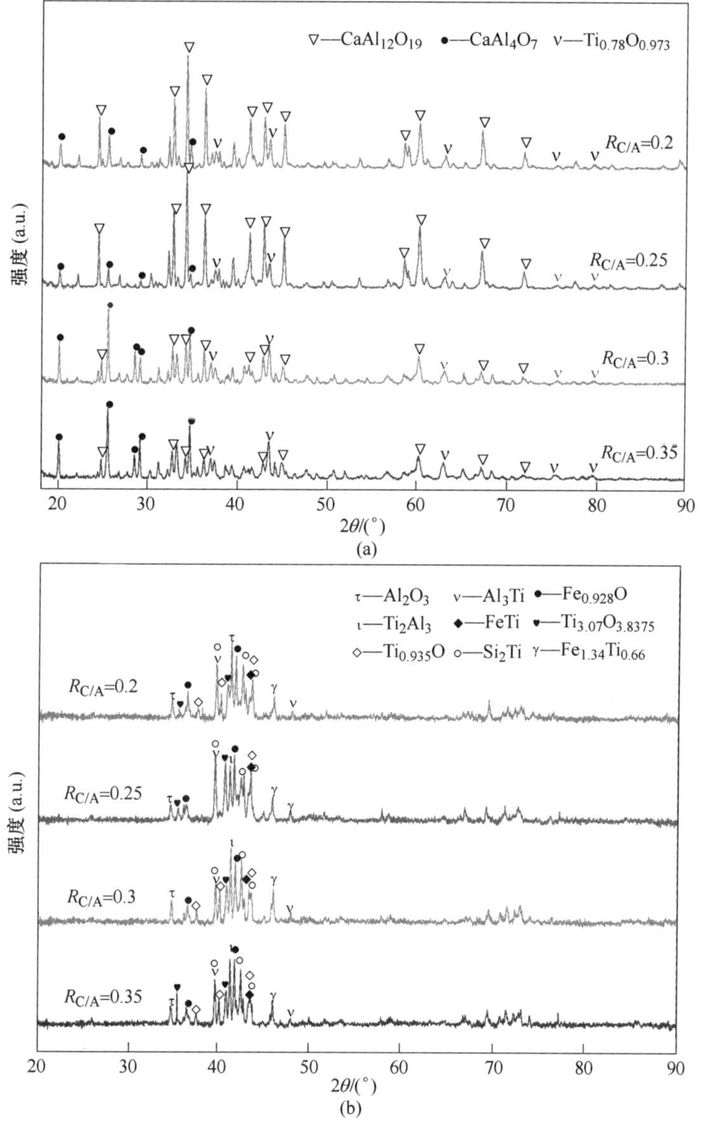


图 4-32 不同 $R_{C/A}$ 条件下制备钛铁合金及渣的 XRD 图

（a）渣；（b）钛铁合金

为 $CaAl_4O_7$ 和 $CaAl_{12}O_{19}$。随着 $R_{C/A}$增加，$CaAl_4O_7$ 衍射峰强度增加而 $CaAl_{12}O_{19}$衍射峰强度降低。图 4-32（b）是不同 $R_{C/A}$条件下制备钛铁合金的 XRD 图，其中出现了 FeTi、钛铝金属间化合物等物相衍射峰，这与图 4-31 中 Ti-Al-Fe-S 系统平衡相图合金物相分析结果一致。

c　S 在合金及渣中分布

图 4-33 所示为 $R_{C/A}$为 0.2 条件下制备钛铁所得渣的典型微观组织及元素分布。图 4-33 表明，渣的微观组织结构主要由 Ca 分布集中的平滑渣相、Ca 分布较少的层状组织相以及球形合金粒子组成。由图 4-34 中 EDS 分析结果可知，平滑渣相点 1 中 Ca、Al 和 O 的原子比接近 1∶4∶7，层状组织相中点 2 的 Ca、Al、O 的原子比接近 1∶12∶19。结合渣的物相分析可知，Ca 分布集中的平滑渣相为 $CaAl_4O_7$、Ca 分布较少的层状组织相为 $CaAl_{12}O_{19}$。由图 4-33（c）中渣相 S 分布可知，S 主要分布在合金中，而渣中分布很少。主要原因如下：由 $CaO\text{-}Al_2O_3$ 相图[34] 和图 4-31 可知，$CaAl_4O_7$ 和 $CaAl_{12}O_{19}$混合渣相的熔点在 2000K 以上，大于 FeS(1468K) 和合金的熔点。在铝热还原反应发生后，体系温度迅速升高，然

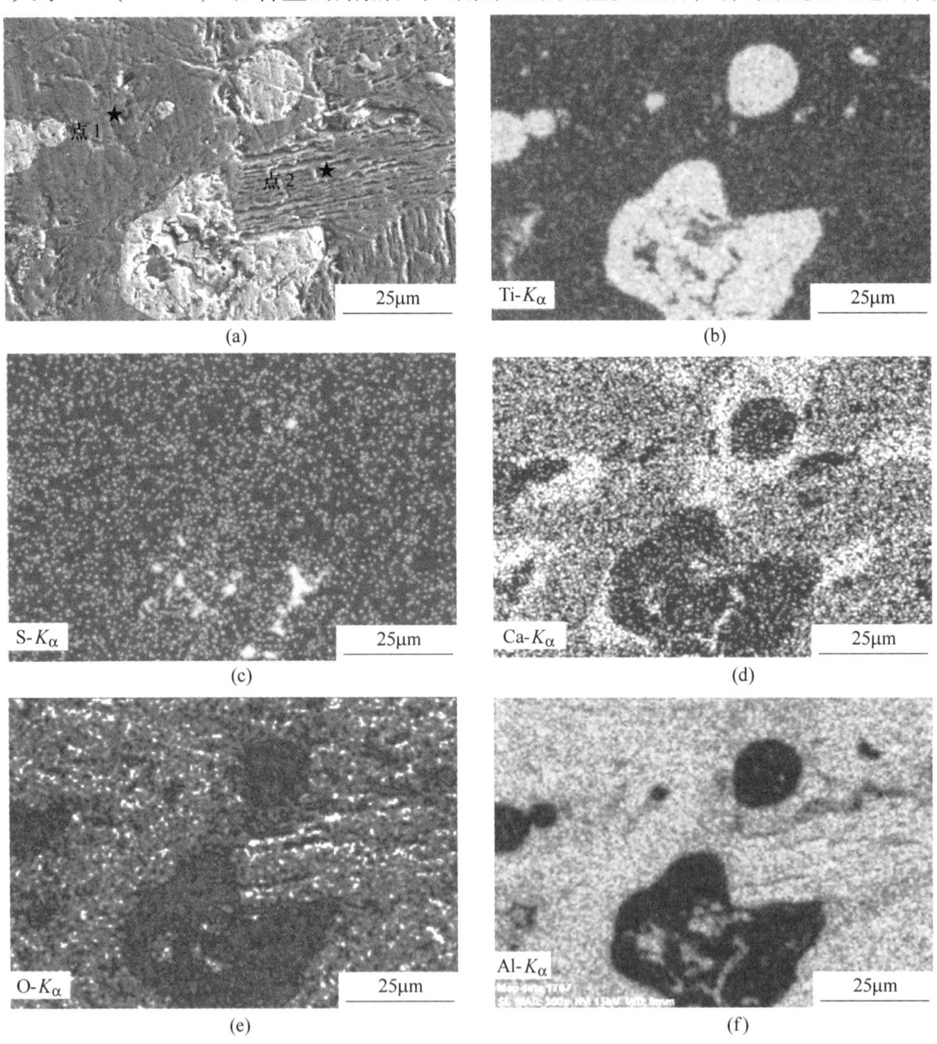


图 4-33　$R_{C/A}$为 0.2 时制备钛铁所得渣的典型微观组织及元素分布图

（a）渣的微观组织；（b）Ti；（c）S；（d）Ca；（e）O；（f）Al

后迅速降低。因此，在体系迅速降温过程中，$CaAl_{12}O_{19}$首先凝固析出，而此时 FeS 和液态合金熔体仍具有较好的流动性，它们由于重力作用相互混合并与渣相迅速分离。因此，FeS 因与渣相界面接触时间较短来不及反应而进入到合金中。此外，由于体系迅速降温，液态 FeS 未能与液态合金均匀混合而迅速凝固，导致 S 在合金中呈现不均匀分布。

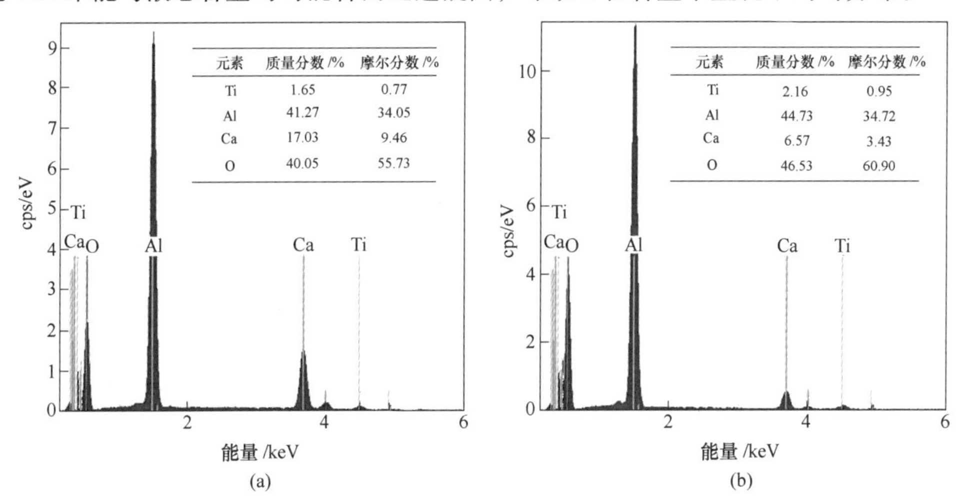


图 4-34 图 4-33（a）中点的 EDS 能谱分析结果

（a）点 1；（b）点 2

图 4-35 所示为直接铝热法制备钛铁合金典型的微观组织结构以及面扫图。从图 4-35（a）

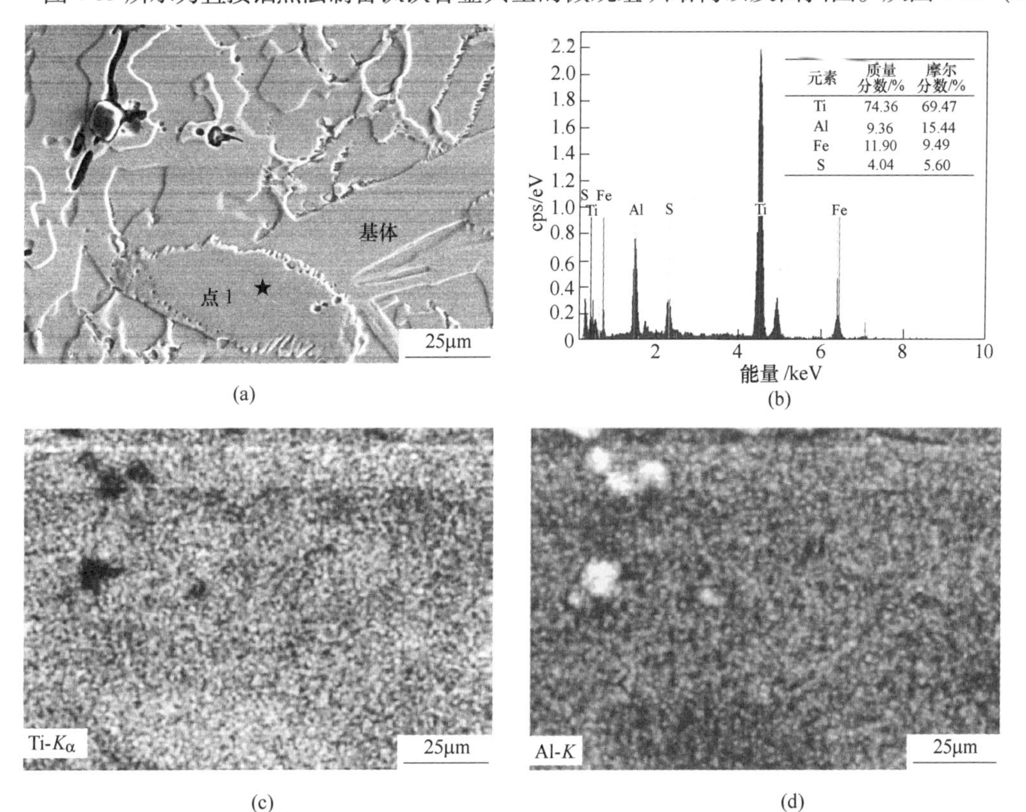

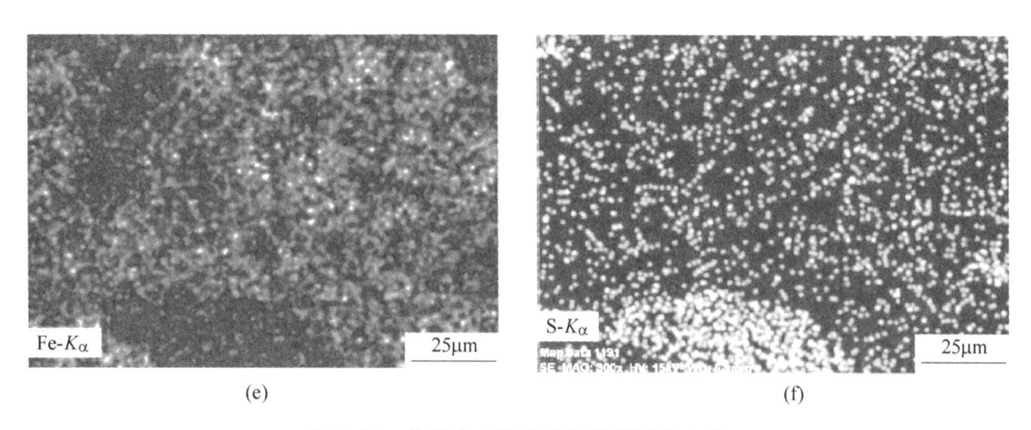


(e)　　　　(f)

图 4-35　典型合金微观组织及元素分布图

(a) 典型的合金微观组织; (b) 点 1 的 EDS 能谱分析结果; (c)~(f) Ti, Al, Fe, S 面扫图

可以看出该合金主要由基体、含 S 相及 $Al_2O_3$ 夹杂组成。从面扫图可以看出，合金基体相主要由 Ti、Al 及 Fe 组成；合金中 S 主要分布在含 S 相。图 4-35 (b) 是含 S 相的 EDS 能谱分析结果。结果表明，该相由 Ti、Al、Fe 和 S 组成，且 Ti、Al、Fe、S 的原子比为 12.41 : 2.76 : 1.69 : 1。由图 4-31 中 Ti-Al-Fe-S 系统平衡相图分析可知，合金的主要物相为 Ti、TiAl、$Ti_2S$ 和 FeTi，二者分析结果一致。此外，该相中 S 的质量分数为 4.04%，高于合金中 S 含量。

d　S 在合金及渣中的分配比

在冶金过程中，利用 CaO 造渣脱硫反应可用以下反应式表示：

$$[S] + (O^{2-}) = (S^{2-}) + [O] \tag{4-16}$$

炉渣碱度是反映炉渣化学特性的一个重要指标，对渣在冶金过程脱硫能力具有重要影响。根据表 4-11 中渣中氧化物光学碱度 $\Lambda_i$ 参考值[38]，渣的光学碱度用以下公式表示[39]：

$$\Lambda = \frac{\sum ix_{A_XO_i} \cdot \Lambda_{A_XO_i} + \sum ix_{A_YF_i} \cdot \Lambda_{A_YF_i}}{\sum ix_{A_XO_i} + \sum ix_{A_YF_i}} \tag{4-17}$$

式中，$i$ 为氧化物 $A_XO_i$ 或氟化物 $A_YF_i$ 中氧原子或氟原子个数；$x_{A_XO_i}$，$x_{A_YF_i}$ 分别为 $A_XO_i$ 和 $A_YF_i$ 的摩尔分数。

当炉渣的光学碱度小于 0.8 时，渣的硫容量计算公式：

$$\lg C_S = -13.193 + 42.84\Lambda^2 - 11710/T - 0.02223w(SiO_2) - 0.02275w(Al_2O_3) \tag{4-18}$$

**表 4-11　氧化物的光学碱度参考值 ($\Lambda_i$)**

| 氧化物 | $Al_2O_3$ | $TiO_2$ | CaO | $Fe_2O_3$ | $SiO_2$ | $K_2O$ | MgO | MnO | $Na_2O$ | $Cr_2O_3$ | $SO_3$ |
|---|---|---|---|---|---|---|---|---|---|---|---|
| $\Lambda_i$ | 0.66 | 0.65 | 1 | 0.72 | 0.47 | 1.16 | 0.92 | 0.95 | 1.11 | 0.77 | 0.29 |

表 4-12 是不同 $R_{C/A}$ 条件下制备钛铁过程所得渣的化学成分，利用式 (4-16)、式 (4-17) 计算出渣的光学碱度 $\Lambda$ 及渣在 2100K 下的硫容量，结果如图 4-36 所示。

表 4-12 不同 $R_{C/A}$ 条件下渣的化学成分

| $R_{C/A}$ | 化学成分（质量分数）/% | | | | | | | | | | | $\Lambda$ | $C_S$ |
|---|---|---|---|---|---|---|---|---|---|---|---|---|---|
| | $Al_2O_3$ | $TiO_2$ | CaO | $Fe_2O_3$ | $SiO_2$ | $K_2O$ | MgO | MnO | $Na_2O$ | $Cr_2O_3$ | $SO_3$ | | |
| 0.2 | 52.85 | 25.89 | 7.56 | 2.93 | 8.43 | 0.34 | 0.85 | 0.14 | 0.14 | 0.08 | 0.391 | 0.6563 | $2.58\times10^3$ |
| 0.25 | 52.75 | 26.04 | 7.19 | 3.22 | 8.39 | 0.42 | 0.71 | 0.19 | 0.17 | 0.09 | 0.445 | 0.6565 | $2.66\times10^3$ |
| 0.3 | 50.52 | 27.05 | 8.69 | 3.97 | 6.33 | 1.62 | 0.56 | 0.20 | 0.20 | 0.11 | 0.615 | 0.6684 | $5.75\times10^3$ |
| 0.35 | 46.88 | 27.66 | 8.74 | 4.58 | 3.72 | 6.55 | 0.46 | 0.23 | 0.12 | 0.11 | 0.616 | 0.6848 | $12.76\times10^3$ |

图 4-36 所示为 $R_{C/A}$ 对渣光学碱度及硫容量的影响。该图表明，随着 $R_{C/A}$ 的增加，铝热还原后所得渣的光学碱度以及硫容量均逐渐增大，说明渣的脱硫能力逐渐增强。Zhao 等人[40]研究结果也表明，在渣的光学碱度小于 0.8 时，随着光学碱度的增加，渣的硫容量逐渐增大。因此，在铝热还原过程中，当渣的光学碱度小于 0.8 时，随着光学碱度的增加，渣的硫容量逐渐增大。

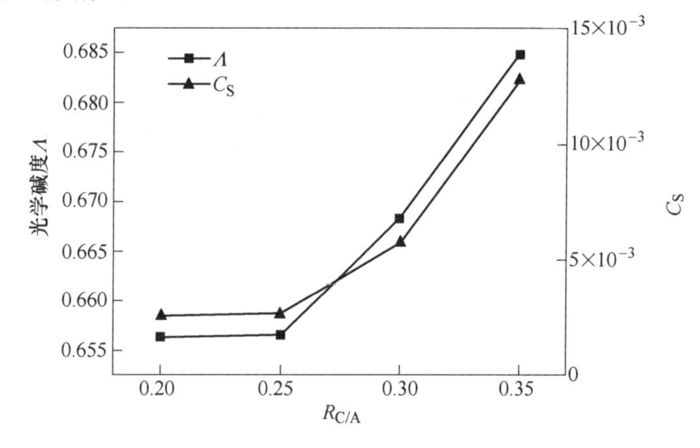


图 4-36 $R_{C/A}$ 对渣光学碱度及硫容量的影响

硫分配比可定义为：

$$L_S = \frac{w(S)}{w([S])} \tag{4-19}$$

根据表 4-10 和表 4-12 中合金及渣的化学成分，由式（4-19）计算出硫分配比 $L_S$，其结果如图 4-37 所示。结果表明，随 $R_{C/A}$ 增大，渣中 S 含量不断升高，合金中的 S 含量逐渐降低，$L_S$ 逐渐增大。这主要归结于以下原因：随着渣中 CaO 配比增加，渣的 S 容量逐渐增大，有利于降低合金中的硫含量。此外，渣中 CaO 比例增大，导致渣中氧活度降低，硫分配比 $L_S$ 随着氧活度降低而增大。另外，当 $R_{C/A}$ 大于 0.3（即反应后渣碱度接近 0.8）时，随着 $R_{C/A}$ 增大，$L_S$ 逐渐趋于平缓，说明进一步增加 CaO 配入量，渣的脱硫作用能力减弱。

### 4.4.2 多级还原过程研究

前文主要研究了多级深度还原制备高钛铁的铝热还原过程。研究结果表明，铝热还原

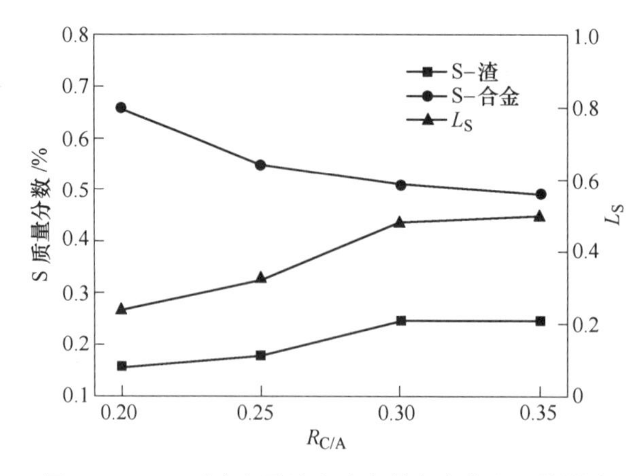


图 4-37　$R_{C/A}$对合金及渣中硫含量和硫分配比的影响

制备的 Ti 的质量分数大于 45%的钛铁合金中存在大量的 $Al_2O_3$ 夹杂，合金中 Al 残留的质量分数大于 6%、O 残留的质量分数大于 5%。为此，本节通过对铝热还原所得到的高温熔体进行保温熔分，并通过加入 $Al_2O_3$-CaO-$CaF_2$ 预熔渣的手段调整渣碱度、强化渣金分离效果，从而降低合金中的 Al、O 残留量。研究了熔分条件（熔分温度、时间及预熔渣成分）对渣金分离效果和脱 S 效果的影响规律。

4.4.2.1　温度对熔分效果的影响

A　合金的物相及化学成分

表 4-13 是熔分前及不同温度下熔分后钛铁合金的化学成分。从表中可以看出，铝热法直接制备的合金中 O 残留的质量分数为 10.51%，经不同温度下熔分后，合金中 O 残留量大大降低，其质量分数均小于 2%。随着熔分温度的升高，合金中 O 残留量呈降低趋势。熔分后，合金中氧含量大大降低，这主要是由于加入预熔渣提高了渣碱度，强化了 $Al_2O_3$ 夹杂的去除效果。其次，熔分过程为铝热反应得到的高温熔体提供足够的渣金分离时间，使 $Al_2O_3$ 夹杂有充足的时间不断上浮到渣金界面，然后被熔渣吸收。此外，由于 Al 与低价钛氧化物反应脱氧过程中产生 $Al_2O_3$，因此 $Al_2O_3$ 的去除也可能促进低价钛氧化物脱氧反应，降低合金中 O 的残留量。

**表 4-13　熔分前及不同温度下熔分后合金的化学成分**

| 编号 | Ti | Fe | Al | Si | O | 其他 |
|---|---|---|---|---|---|---|
| 1 | 62.04 | 14.61 | 9.38 | 2.68 | 10.51 | 余量 |
| 2 | 66.44 | 24.82 | 3.56 | 2.16 | 1.88 | 余量 |
| 3 | 66.87 | 25.14 | 3.26 | 1.64 | 1.87 | 余量 |
| 4 | 67.04 | 24.81 | 3.54 | 1.94 | 1.84 | 余量 |
| 5 | 67.02 | 24.88 | 3.72 | 1.54 | 1.85 | 余量 |

注：1—熔分前；2—1873K 熔分后；3—1923K 熔分后；4—1973K 熔分后；5—2023K 熔分后。

由图 4-38 可以看出，铝热法制备钛铁合金中出现了 $Ti_2O$、$Fe_3Ti_3O$ 和 $Al_2O_3$ 的衍射峰，说明还原剂铝不足的条件下，合金中存在大量的 $Ti_2O$、$Fe_3Ti_3O$ 等低价氧化物及 $Al_2O_3$ 夹杂。经熔分后，合金中 $Al_2O_3$ 衍射峰消失，合金中仅存在 $Ti_2O$、$Fe_3Ti_3O$ 低价氧化物衍射峰，说明 $Al_2O_3$ 夹杂被有效去除。

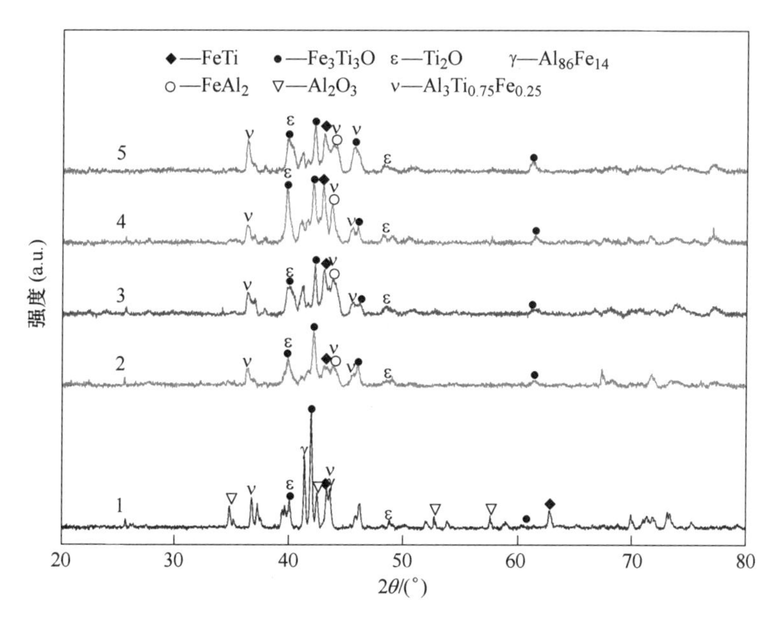


图 4-38 熔分前及不同温度下熔分后合金的 XRD 图

1—熔分前；2—1873K 熔分；3—1923K 熔分；4—1973K 熔分；5—2023K 熔分

B 合金的微观组织

图 4-39 所示为熔分前及不同温度下熔分后合金的 SEM 图。结合表 4-14 中合金的 EDS 能谱分析（氧含量仅供参考）可知，铝热法制备钛铁合金基体主要是由 Ti、Fe、Al 和 O 组成，微观组织中粗大的板状组织（点 2）是富硅相，还存在 $Al_2O_3$ 夹杂。从图 4-39（b）和（c）可以看出，经 1873K 和 1923K 熔分后得到的合金主要由基体（点 4 和点 7）、低价钛氧化物（点 6 和点 9）以及“网篮组织”（点 5 和点 8）组成，基体主要是由 Ti、Fe、Al、Si 组成。经 1973K 和 2023K 熔分后得到的合金主要由基体（点 10 和点 12）和粗大的板状组织（点 11 和点 13）组成。由此可知，经过熔分以后，$Al_2O_3$ 夹杂被有效去除。随着熔分温度升高，合金中低价钛氧化物减少，合金组织更加均匀。

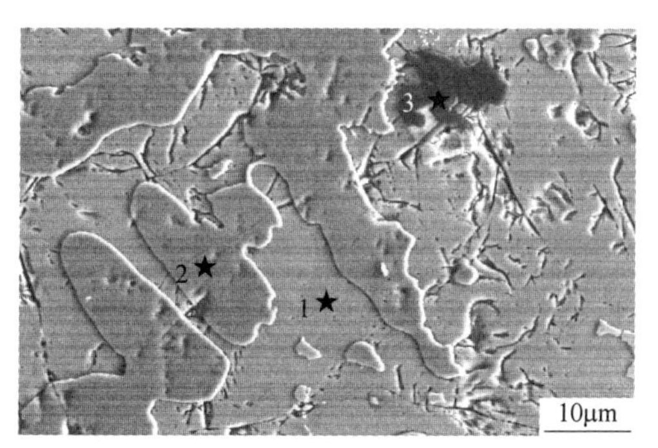


(a)

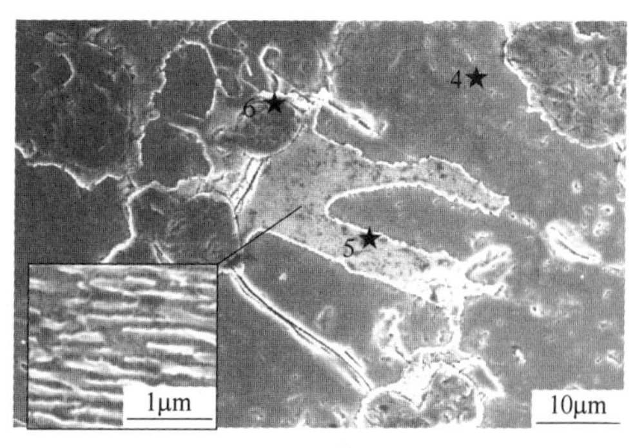


(b)

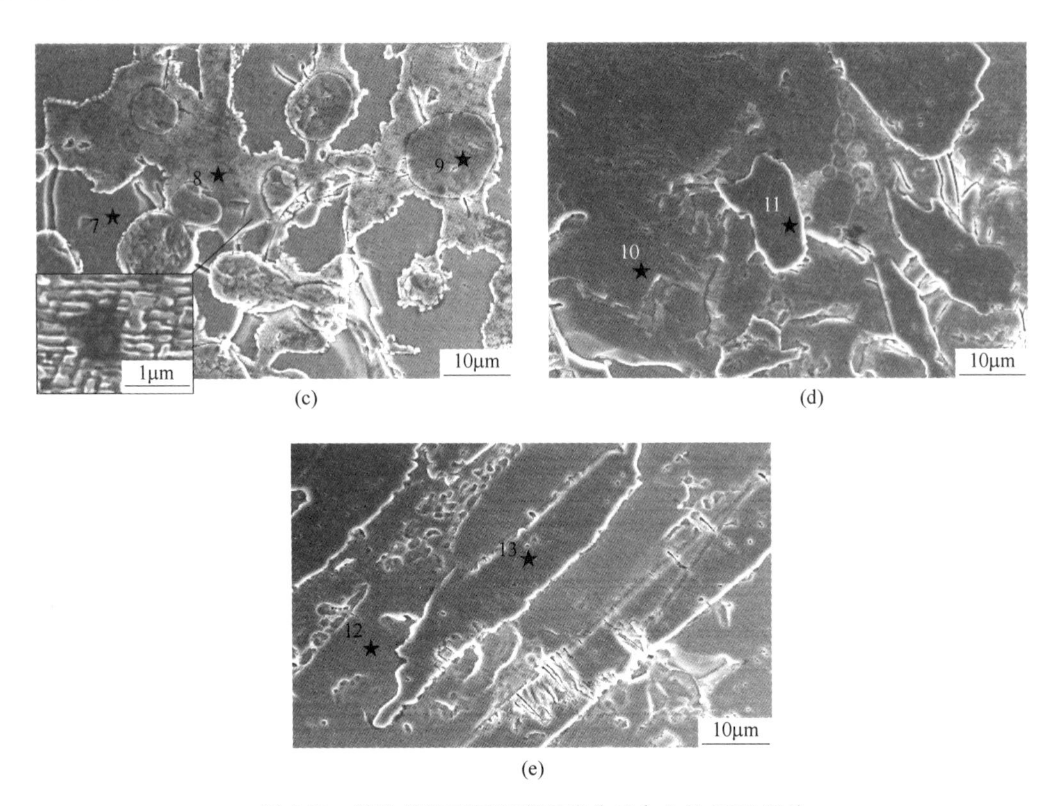

(c) (d) (e)

图 4-39 熔分前及不同温度下熔分后合金的 SEM 照片

（a）熔分前；（b）1873K 熔分后；（c）1923K 熔分后；（d）1973K 熔分后；（e）2023K 熔分后

**表 4-14 图 4-39 中合金 EDS 能谱分析结果（质量分数）** （%）

| 合金编号 | 微区名称 | Ti | Fe | Al | Si | O |
|---|---|---|---|---|---|---|
| 1 | 1 | 62.19 | 21.92 | 9.03 | 2.43 | 4.43 |
| | 2 | 78.45 | 14.32 | 2.67 | 4.3 | 0.26 |
| | 3 | 0 | 0 | 58.79 | 0 | 41.21 |
| 2 | 4 | 66.67 | 27.32 | 3.42 | 1.4 | 1.19 |
| | 5 | 61.73 | 24.67 | 4.36 | 3.41 | 5.83 |
| | 6 | 96.24 | 0 | 0 | 0 | 3.76 |
| 3 | 7 | 66.71 | 27.18 | 3.2 | 1.37 | 1.54 |
| | 8 | 64.98 | 24.02 | 4.89 | 3.43 | 2.68 |
| | 9 | 98.34 | 0 | 0 | 0 | 1.66 |
| 4 | 10 | 66.29 | 26.12 | 3.72 | 1.89 | 1.98 |
| | 11 | 79.1 | 14.68 | 2.4 | 3.4 | 0.42 |
| 5 | 12 | 66.59 | 26.26 | 3.83 | 1.14 | 2.18 |
| | 13 | 79.17 | 14.32 | 3.07 | 3.1 | 0.34 |

图 4-40 所示为熔分前及不同温度熔分后合金的微观组织面扫图。该图表明，铝热还原制备钛铁合金中 Ti、Fe 主要均匀分布在除 $Al_2O_3$ 夹杂之外的基体中。经 1873K 和 1923K

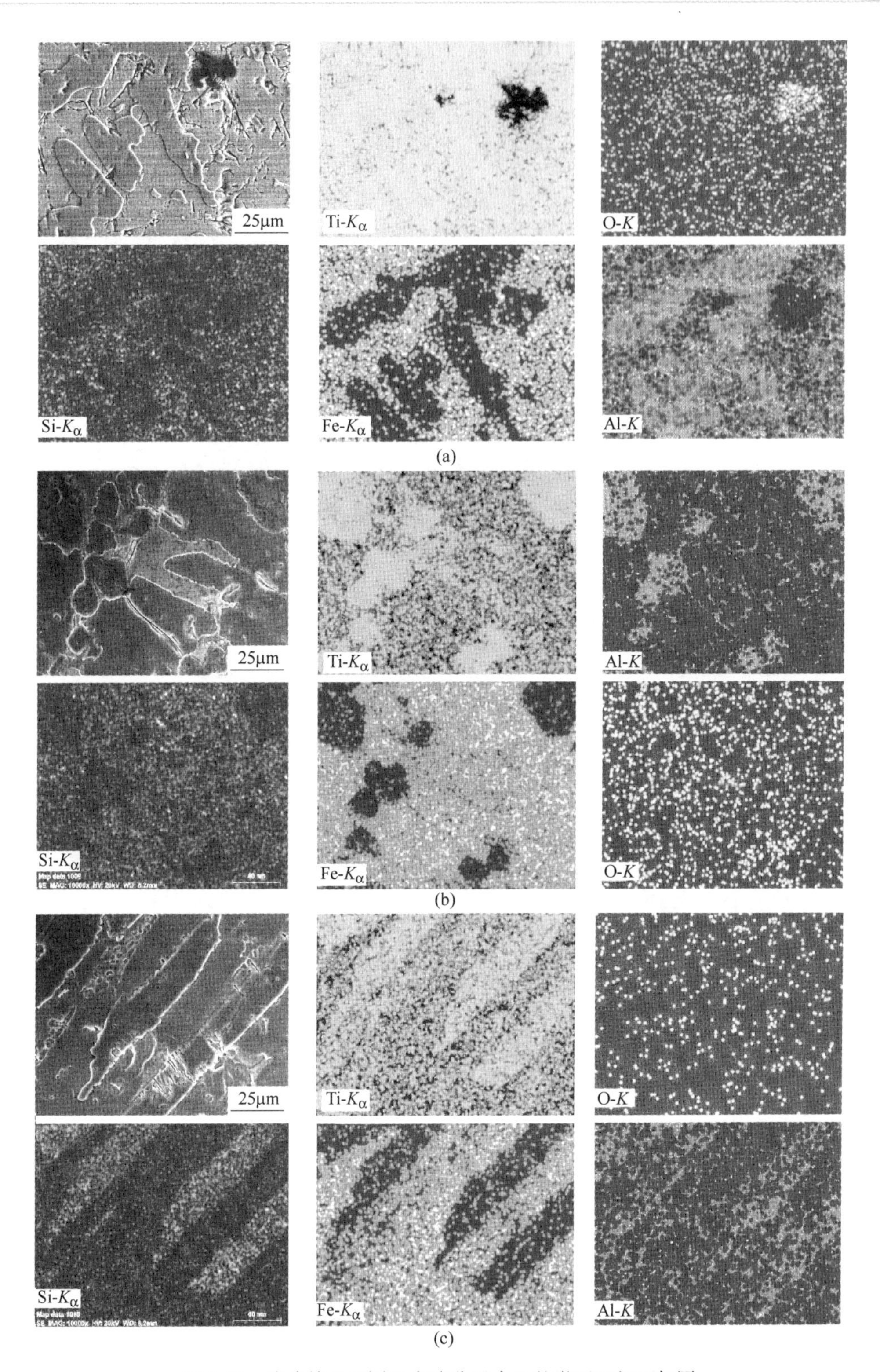


图 4-40 熔分前及不同温度熔分后合金的微观组织面扫图

（a）熔分前；（b）1923K 熔分后；（c）2023K 熔分后

熔分后，合金中Ti在钛氧固溶体（图4-39中点6和点9）中分布较集中，而在基体中（图4-39中点4、点5、点7和点8）分布较少，Fe分布在除钛氧固溶体之外的基体当中。经1973K和2023K熔分后，合金中Ti在粗大的板状组织（图4-39中点11和点13）中分布较集中，而在基体（图4-39中点10和点12）中分布较少，Fe主要分布在粗大的板状组织（图4-39中点11和点13）以外的基体。铝热还原制备钛铁合金中Al主要均匀分布在基体和$Al_2O_3$夹杂中，基体中分布较少。经1873K和1923K熔分后，合金中Al均匀分布在除钛氧固溶体（图4-39中点6和点9）之外的基体。经1973K和2023K熔分后的合金中Al主要分布在粗大的板状组织（图4-39中点11和点13）之外的基体。铝热还原制备钛铁合金中O主要分布在固溶体及$Al_2O_3$夹杂中。而经过熔分后合金中O仅存在于含氧固溶体中。铝热还原制备钛铁合金中Si主要分布在粗大的板状组织（图4-39中点2）中，经1873K和1923K熔分后，合金中Si主要分布在基体，而经1973K和2023K熔分后的合金中Si主要分布在粗大的板状组织（图4-39中点11和点13）。

C　渣的物相及化学成分

图4-41所示为熔分前及不同温度下熔分后渣的XRD图。该图表明，铝热还原制备钛铁过程中所得渣中出现了$CaAl_{12}O_{19}$和$CaAl_4O_7$的衍射峰。经1873K熔分后，渣中出现了$CaAl_2O_4$和$Ca_5Al_6O_{14}$的衍射峰。随着熔分温度增加，$CaAl_2O_4$衍射峰强度先略有增加而后逐渐降低。经1923K和1973K熔分后，渣中出现了$CaAl_4O_7$和$CaO \cdot TiO_x$（$0<x\leqslant2$）衍射峰并且强度有所增强，说明低价钛氧化物在熔分过程中被除去。表4-15是不同温度下熔分后渣的化学成分。结果表明，渣中$Al_2O_3$和钛氧化物的含量随熔分温度增加而升高。综合以上分析可知，熔分过程中加入预熔渣有利于$Al_2O_3$夹杂和钛低氧化物的分离。

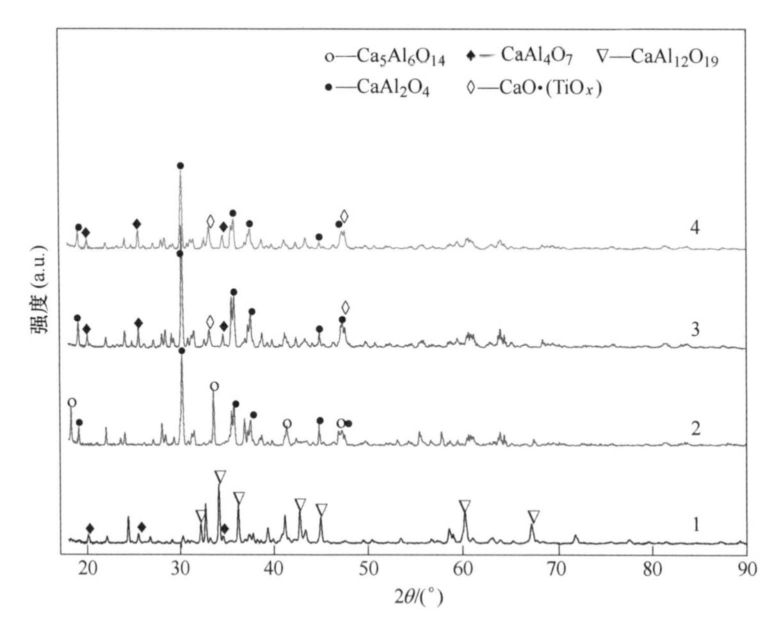


图4-41　熔分前及不同温度下熔分后渣的XRD图

1—熔分前；2—1873K熔分后；3—1923K熔分后；4—1973K熔分后

表 4-15 不同温度下熔分后渣的化学成分（质量分数） （%）

| 编号 | $Al_2O_3$ | CaO | $TiO_2$ | $SiO_2$ | MgO | $Fe_2O_3$ | 其他 |
|---|---|---|---|---|---|---|---|
| 1 | 48.83 | 36.38 | 7.37 | 0.48 | 0.24 | 0.22 | 余量 |
| 2 | 51.10 | 33.15 | 7.82 | 0.81 | 0.50 | 0.20 | 余量 |
| 3 | 51.63 | 31.97 | 9.49 | 0.97 | 0.36 | 0.25 | 余量 |
| 4 | 52.70 | 28.40 | 12.28 | 1.81 | 0.17 | 0.25 | 余量 |

#### 4.4.2.2 时间对熔分效果的影响

A 合金的物相及化学成分

图 4-42 所示为铝热还原制备合金及在 1650℃下加入预熔渣提高渣碱度后，经不同时间熔分后所得合金的 XRD 图。

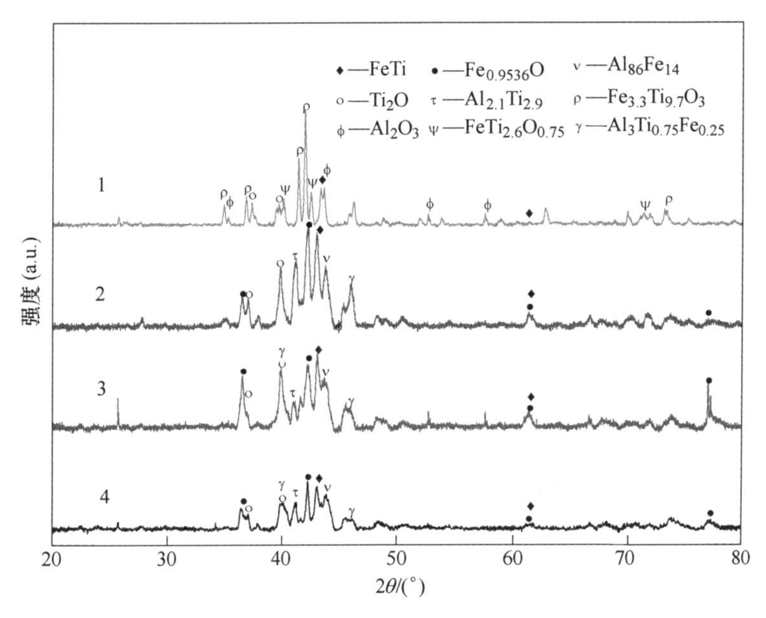


图 4-42 铝热还原制备合金及加入预熔渣不同熔分时间后合金的 XRD 图

1—铝热还原；2—熔分 30min；3—熔分 60min；4—熔分 90min

由图 4-42 可知，熔分前所得合金 XRD 图谱中出现了明显的 $Al_2O_3$ 衍射峰以及 $Fe_{3.3}Ti_{9.7}O_3$、$FeTi_{2.6}O_{0.75}$和 TiO 衍射峰，说明铝热还原反应后，反应体系温降过快，渣金分离不完全，合金中存在 $Al_2O_3$ 夹杂。加入 $Al_2O_3$-CaO 基预熔渣熔分后，合金主要由 $Fe_{0.9536}O$、TiFe、$Ti_2O$、$Al_3Ti_{0.75}Fe_{0.25}$、$Al_{86}Fe_{14}$和 $Al_{2.1}Ti_{2.9}$等相组成，合金中 $Al_2O_3$ 夹杂相消失，熔分前后主要元素赋存相发生变化，这主要是由于高温铝热还原和熔分过程中组元扩散迁移和重组形成的。在铝热还原过程中，还原出来的 Ti 与 Fe 会优先结合生成 TiFe 等金属间化合物以及 $Ti_{3.3}Fe_{9.7}O_3$。加入 $Al_2O_3$-CaO 基预熔渣熔分后，合金中出现了 $Al_{86}Fe_{14}$、$Al_3Ti_{0.75}Fe_{0.25}$等金属间化合物相，可以推测 $Al_{86}Fe_{14}$、$Al_3Ti_{0.75}Fe_{0.25}$相是在熔分过程中不同组元重新迁移扩散形成的。因此，熔分不仅能有效除去 $Al_2O_3$ 夹杂，还能调控合金的微观组织。

图 4-43 所示为熔分时间对熔分后合金 Al 和 O 含量的影响。该图表明，随着熔分时间的增加，合金中的 Al 和 O 残留量显著降低。铝热还原制备合金未经熔分时 Al、O 残留的

质量分数分别为10.38%、9.36%，直接熔分后合金中Al、O残留的质量分数分别降至6.52%、4.54%，加入预熔渣提高渣碱度熔分后合金中Al、O残留的质量分数分别降至4.24%、1.56%。根据熔分前后合金中Al、O去除量的变化（质量分数与$Al_2O_3$的化学组成一致）推测，熔分去除的Al、O残留主要是$Al_2O_3$夹杂。加入预熔渣熔分后合金中$Al_2O_3$夹杂的去除率明显高于铝热还原后直接熔分，这是因为加入预熔渣后，渣碱度提高、渣熔点降低、流动性变好，为渣金的快速分离创造了条件。另外，由于$Al_2O_3$夹杂在CaO-$Al_2O_3$基预熔渣中溶解速度远小于$Al_2O_3$在金渣界面的分离速度，且$Al_2O_3$颗粒的溶解速度会随渣中的$Al_2O_3$含量增加而下降。因此，在熔分过程中，$Al_2O_3$夹杂的去除过程是夹杂物颗粒上浮穿过金渣界面进入渣相的一个分离过程。改善渣的流动性有利于熔分过程中$Al_2O_3$夹杂的去除。综合以上分析，通过加入$Al_2O_3$-CaO基预熔渣提高渣碱度后，强化了渣金分离条件，$Al_2O_3$夹杂被有效除去，但合金中仍存在以$Ti_2O$、$Fe_{0.9536}O$等低价氧化物形式的残留氧，需要对熔分后的合金熔体进行深度还原脱氧。

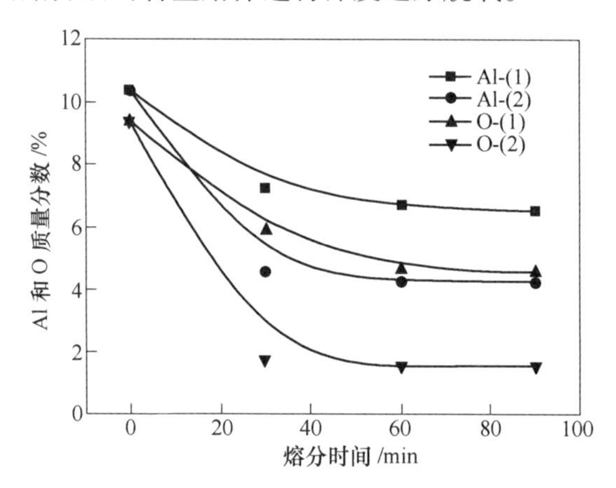


图4-43　熔分时间对熔分后合金Al和O含量的影响

1—直接熔分；2—加入预熔渣熔分

表4-16是熔分前后钛铁的化学成分分析结果。结果表明，铝热还原后未经熔分的钛铁中Al和O残留的质量分数分别高达10.38%、9.36%。对铝热还原得到的高温熔体进行直接保温熔分后，合金中Ti的含量显著增加，Al和O的残留量急剧降低，合金中Ti的质量分数由熔分前的51.04%增加到62.12%，Al和O残留的质量分数分别由熔分前的10.38%和9.36%降至6.52%和4.54%。对铝热还原得到的高温熔体进行加入预熔渣提高渣碱度熔分后，合金中Ti的质量分数由熔分前的51.04%增加到68.24%，Al和O残留的质量分数分别由熔分前的10.38%和9.36%降低到熔分后的4.24%和1.56%。因此，加入预熔渣提高渣碱度进行强化熔分是制备低$Al_2O_3$夹杂钛铁的关键，而熔分后合金中1.50%（质量分数）左右的氧残留需进行深度还原脱除。

**表4-16　熔分前后合金的化学成分（质量分数）**　（%）

| 编号 | 实验条件 | Ti | Fe | Al | Si | O | 其他 |
|---|---|---|---|---|---|---|---|
| 1 | 熔分前 | 51.04 | 22.86 | 10.38 | 5.65 | 9.36 | 余量 |
| 2 | 直接熔分30min | 61.20 | 19.71 | 7.24 | 5.26 | 5.89 | 余量 |
| 3 | 直接熔分60min | 62.06 | 20.32 | 6.68 | 5.47 | 4.65 | 余量 |

续表 4-16

| 编号 | 实验条件 | Ti | Fe | Al | Si | O | 其他 |
|---|---|---|---|---|---|---|---|
| 4 | 直接熔分 90min | 62.12 | 20.46 | 6.52 | 5.36 | 4.54 | 余量 |
| 5 | 加预熔渣熔分 30min | 66.72 | 21.14 | 4.56 | 5.08 | 1.75 | 余量 |
| 6 | 加预熔渣熔分 60min | 67.76 | 21.12 | 4.26 | 4.64 | 1.55 | 余量 |
| 7 | 加预熔渣熔分 90min | 68.24 | 20.36 | 4.24 | 4.86 | 1.56 | 余量 |

B 合金的微观组织

图 4-44 所示为熔分前及不同时间熔分后合金的 SEM 图。由图 4-44（a）可知，铝热还原制备的钛铁的微观组织结构疏松，存在大量的尺寸约 200μm 的 $Al_2O_3$ 夹杂。由图 4-44（b）~（d）可知，直接熔分后合金中仍存在少量 $Al_2O_3$ 夹杂，但随着熔分时间的增加，合金中的 $Al_2O_3$ 夹杂的微观形貌和尺寸大小发生变化。与铝热还原制备的合金相比，直接熔分过程中 $Al_2O_3$ 夹杂物颗粒的去除是一个夹杂物上浮、聚集、重新长大的分离过程：熔分 30min 时，合金中夹杂物尺寸 5~50μm；熔分 60min 时，合金中 $Al_2O_3$ 夹杂尺寸约 10~20μm；熔分 90min 时，合金中夹杂物尺寸约 70μm。说明熔分过程中大尺寸的 $Al_2O_3$ 夹杂首先上浮被除去，小尺寸的 $Al_2O_3$ 夹杂随熔分时间延长聚集成大颗粒而后上浮被除去。如图 4-44（e）~（g）所示，加入预熔渣提高渣碱度熔分后，合金中 $Al_2O_3$ 夹杂被彻底去除，合金的微观组织更加均匀致密。

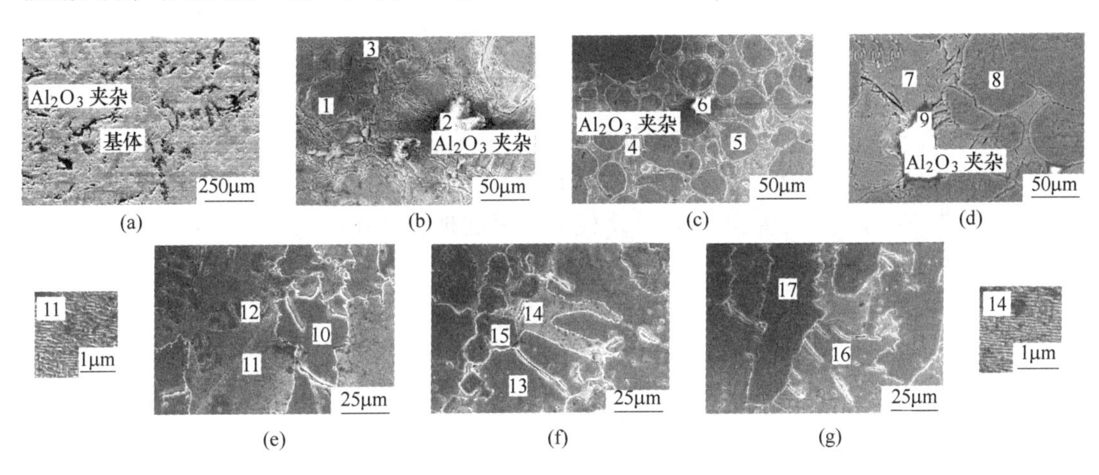


图 4-44 熔分前及不同时间熔分后合金的 SEM 图

（a）铝热还原；（b）~（d）直接熔分 30min，60min，90min；（e）~（g）加预熔渣熔分 30min，60min，90min

表 4-17 是图 4-44 中合金微观组织的微区分析结果。由表 4-17 中合金微观组织的微区分析结果（氧含量仅供参考）可知，图 4-44（b）~（d）中的 3、5 和 8 区域为钛氧固溶体，1、4 和 7 区域为 TiFe 相，Si 固溶于基体当中。图 4-44（e）~（g）中的 10、13 和 16 区域为含 Ti、Fe、Al 的基体，12、15 区域为钛氧固溶体。高倍（5000 倍）电镜下显示，图 4-44（e）和（f）所示合金微观组织中出现了含有 Ti、Fe、Al、Si 的“网状组织”，而图 4-44（g）所示合金微观组织中出现了含 Ti、Fe、Al、Si 的粗大板条状组织。与铝热还原后的合金相比，增加熔分时间后，所得合金的微观组织变得更加均匀致密。

表 4-17　图 4-44 中合金微观组织的微区分析结果（质量分数）　(%)

| 微区编号 | Ti | Fe | Al | Si | O |
|---|---|---|---|---|---|
| 1 | 59.88 | 20.74 | 7.94 | 1.73 | 9.71 |
| 2 | — | — | 49.50 | — | 50.50 |
| 3 | 83.69 | 0.14 | 0.78 | — | 15.39 |
| 4 | 53.24 | 32.52 | 3.47 | 2.59 | 8.18 |
| 5 | 84.50 | — | — | — | 15.50 |
| 6 | — | — | 58.30 | — | 40.21 |
| 7 | 55.42 | 28.49 | 5.66 | 2.89 | 7.54 |
| 8 | 85.15 | 0.25 | 0.40 | — | 14.20 |
| 9 | — | — | 61.88 | — | 38.12 |
| 10 | 42.59 | 40.25 | 11.64 | 3.18 | — |
| 11 | 54.88 | 27.43 | 5.71 | 5.38 | 6.59 |
| 12 | 97.28 | — | — | — | 2.64 |
| 13 | 44.71 | 40.72 | 11.20 | 3.37 | — |
| 14 | 61.98 | 24.70 | 7.89 | 5.43 | — |
| 15 | 98.34 | — | — | — | 1.66 |
| 16 | 44.55 | 44.24 | 8.48 | 2.73 | — |
| 17 | 79.42 | 7.67 | 4.26 | 8.65 | — |

C　渣的物相及化学成分

图 4-45 所示为铝热还原后合金熔体经除去上层渣后，合金熔体在 1650℃下直接熔分后所得渣的 XRD 图。由图可知，直接熔分后渣的主要物相为 $Al_2O_3$、TiO、$Ti_{0.913}O_{0.7304}$、$Fe_{3.3}Ti_{9.7}O_3$ 和 $FeTi_{2.603}O_{0.35}$等相。存在 $Al_2O_3$ 夹杂相说明铝热还原制备的合金无法实现金渣

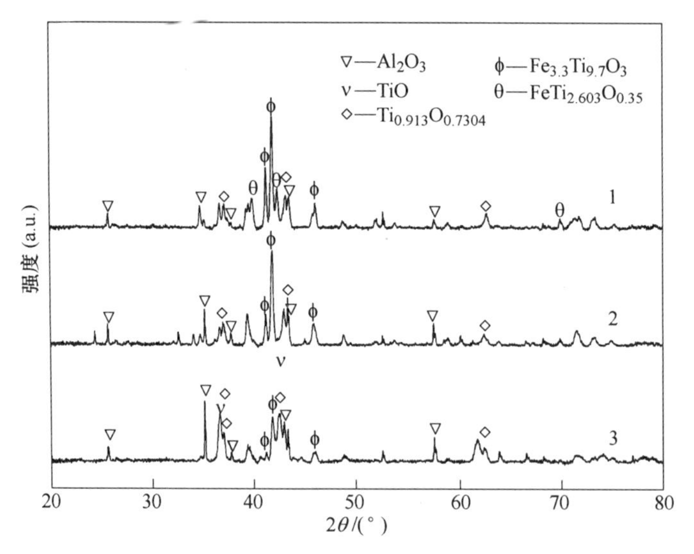


图 4-45　不加渣在 1650℃不同时间直接熔分后渣的 XRD 图

1—30min；2—60min；3—90min

彻底分离，而对铝热还原获得的合金熔体进行直接熔分可强化金渣分离效果，但会造成Ti、Fe等合金组元收率下降。熔分渣中存在TiO、$Ti_{0.913}O_{0.7304}$、$Fe_{3.3}Ti_{9.7}O_3$和$FeTi_{2.603}O_{0.35}$等相说明铝热还原不够彻底，这与配料中配铝不足（$R_{Al}$为0.9）有关。熔分渣中存在大量的低价钛氧化物和钛铁氧复杂化合物，说明未还原彻底的低价钛氧化物和铁氧化物以复合氧化物形式进入渣相，因此，熔分过程中进行深度还原有利于提高钛与铁等金属的收率。从XRD图谱强度看，随着熔分时间的增加，渣中氧化铝衍射峰强度逐渐增强，说明随着熔分时间增加，越来越多的$Al_2O_3$夹杂从合金中被分离而进入渣中。表4-18表明渣中$Al_2O_3$含量随熔分时间的延长逐渐增加，二者分析结果一致。

图4-46所示为铝热还原后除去上层渣然后加入预熔渣提高渣碱度熔分不同时间后得到渣的XRD图。结果表明，该渣的物相主要由$CaAl_2O_4$和$CaAl_4O_7$组成，可推测在熔分过程中高碱度渣会与熔体中的$Al_2O_3$发生如下反应[41]：

$$y(CaO)_{slag} + x(Al_2O_3)_{alloy} = (yCaO \cdot xAl_2O_3)_{slag} \tag{4-20}$$

生成低熔点的铝酸钙，从而实现强化渣金分离。随着熔分时间增加，$CaAl_4O_7$衍射峰强度逐渐增强，$CaAl_2O_4$衍射峰强度先增加后降低。根据$Al_2O_3$-CaO平衡相图可知，这可能是由于熔分过程中合金熔体中的$Al_2O_3$夹杂不断进入渣中，导致渣的成分发生变化。与图4-45中未加预熔渣直接熔分得到的熔分渣物相对比可知，加预熔渣熔分后的渣中未发现钛铁复合氧化物和低价钛氧化物。

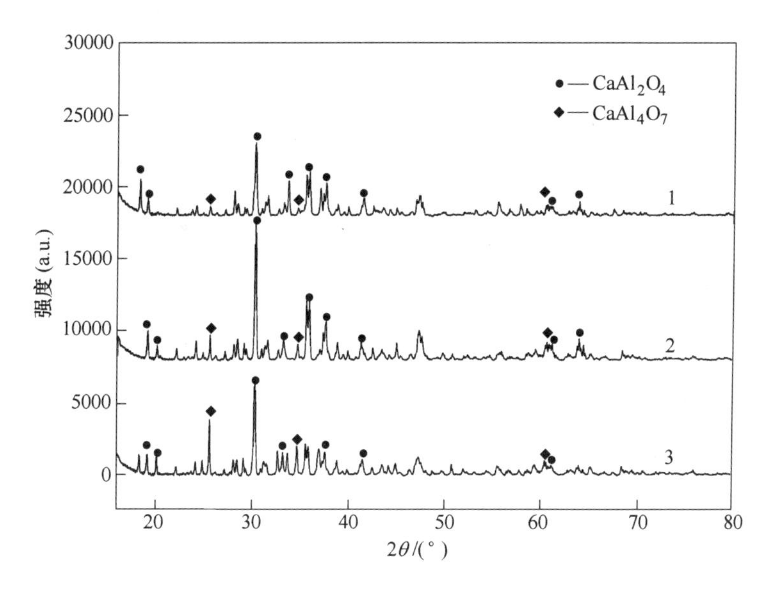


图4-46 加入预熔渣在1650℃下熔分不同时间后渣的XRD图

1—30min；2—60min；3—90min

表4-18是不同熔分时间条件下渣的化学成分。由该表分析可知，随着熔分时间的增加，未加预熔渣的熔分渣中$Al_2O_3$含量逐渐增加。加入预熔渣熔分时，熔分渣中钛和铁的含量显著低于直接熔分时熔分渣中的含量。由此推测，通过加入预熔渣调控渣碱度不仅可以强化渣金分离效果，还可以抑制合金组元向熔分渣中迁移，有利于提高合金中Ti、Fe的收率。

表 4-18　不同熔分时间条件下渣的化学成分（质量分数）　(%)

| 编号 | 实验条件 | $Al_2O_3$ | CaO | $TiO_2$ | $CaF_2$ | $SiO_2$ | MgO | $Fe_2O_3$ | 其他 |
|---|---|---|---|---|---|---|---|---|---|
| 1 | 直接熔分 30min | 12.01 | 0.64 | 67.03 | — | 4.54 | 0.03 | 13.39 | 余量 |
| 2 | 直接熔分 60min | 12.56 | 0.14 | 67.41 | — | 3.96 | 0.01 | 13.57 | 余量 |
| 3 | 直接熔分 90min | 12.94 | 0.56 | 65.97 | — | 4.04 | 0.07 | 14.38 | 余量 |
| 4 | 加预熔渣熔分 30min | 49.76 | 33.31 | 7.69 | 4.32 | 0.94 | 0.54 | 0.33 | 余量 |
| 5 | 加预熔渣熔分 60min | 52.09 | 31.06 | 5.82 | 5.50 | 0.81 | 0.50 | 0.20 | 余量 |
| 6 | 加预熔渣熔分 90min | 53.17 | 28.15 | 6.81 | 5.48 | 1.24 | 0.86 | 0.27 | 余量 |

### 4.4.2.3　预熔渣成分对熔分效果的影响

实验条件：$m$(2 号高钛渣)：$m$(Al)：$m$(铁精矿)：$m$($KClO_3$)：$m$(CaO)为 1：0.71：0.52：0.23：0.15，造渣剂配比为 0.2，还原剂配比为 0.85，物料总量为 10kg，$Al_2O_3$-CaO-$CaF_2$ 预熔渣的化学成分见表 4-19，其质量为高钛渣质量的 3%，熔分温度为 1650℃，熔分时间为 60min。研究了加入预熔渣成分（CaO 的质量分数为 38.10%～66.67%）对渣金分离及脱 S 效果的影响规律。

表 4-19　$Al_2O_3$-CaO-$CaF_2$ 预熔渣的化学成分（质量分数）　(%)

| 渣型 | CaO | $Al_2O_3$ | $CaF_2$ |
|---|---|---|---|
| 1 号 | 38.10 | 57.14 | 4.76 |
| 2 号 | 47.62 | 47.62 | 4.76 |
| 3 号 | 57.14 | 38.10 | 4.76 |
| 4 号 | 66.67 | 28.57 | 4.76 |

#### A　合金的物相及化学成分

图 4-47 所示为铝热还原后合金熔分前及加入不同成分预熔渣熔分后合金的 XRD 图。由该图可知，未经熔分的合金中出现了 $Al_2O_3$ 衍射峰，说明铝热还原得到的合金渣金分离

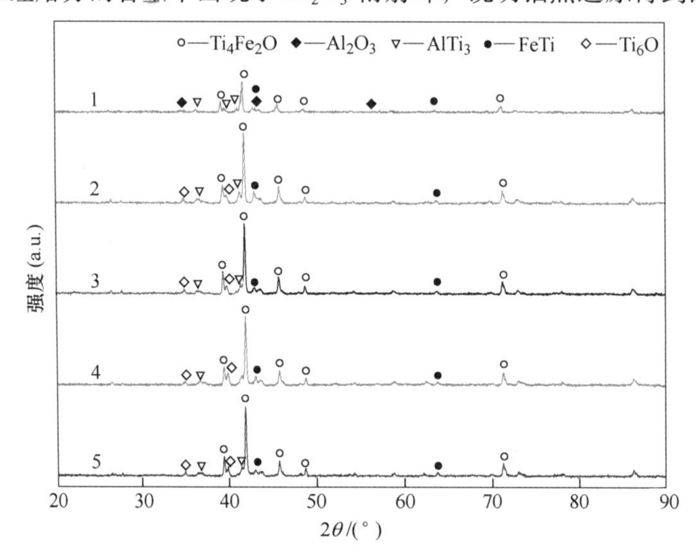


图 4-47　加入不同成分预熔渣熔分后合金的 XRD 图

1—熔分前；2—1 号；3—2 号；4—3 号；5—4 号

不完全。加入不同成分的预熔渣熔分后，$Al_2O_3$ 夹杂相消失，合金由 $Fe_4Ti_2O$、FeTi 和 $AlTi_3$ 及 $Ti_6O$ 组成，合金中的 $Fe_4Ti_2O$、$Ti_6O$ 等含氧固溶体需要进行深度还原脱氧。

表 4-20 是加入不同成分的预熔渣熔分后合金的化学成分。结果表明，铝不足条件下，铝热还原得到合金中 Al、O 和 S 残留的质量分数分别为 7.12%、5.01%和 0.403%。加入不同成分的渣熔分后，随着预熔渣中 CaO 的质量分数的增大，熔分后合金中 Al、O 和 S 含量均逐渐降低。当加入 CaO 的质量分数为 66.67%的 4 号预熔渣熔分后，Al、O 和 S 残留的质量分数分别降低至 3.31%、0.98% 和 0.182%，脱除率分别为 53.51%、80.44% 和 54.84%。

**表 4-20 加入不同成分的预熔渣熔分后合金的化学成分（质量分数）** (%)

| 序号 | 渣型 | Ti | Fe | Al | Si | Mn | O | S | 其他 |
|---|---|---|---|---|---|---|---|---|---|
| 1 | — | 46.72 | 31.79 | 7.12 | 0.69 | 1.33 | 5.01 | 0.403 | 余量 |
| 2 | 1 号 | 64.31 | 24.27 | 5.16 | 0.46 | 0.94 | 2.13 | 0.243 | 余量 |
| 3 | 2 号 | 64.37 | 24.70 | 4.46 | 0.44 | 1.17 | 1.84 | 0.202 | 余量 |
| 4 | 3 号 | 65.68 | 24.87 | 3.57 | 0.41 | 0.98 | 1.36 | 0.201 | 余量 |
| 5 | 4 号 | 66.45 | 25.47 | 3.31 | 0.40 | 1.15 | 0.98 | 0.182 | 余量 |

B 合金的微观组织

图 4-48 所示为铝热还原后未经熔分及加入不同成分预熔渣进行熔分后得到钛铁合金的 SEM 图。

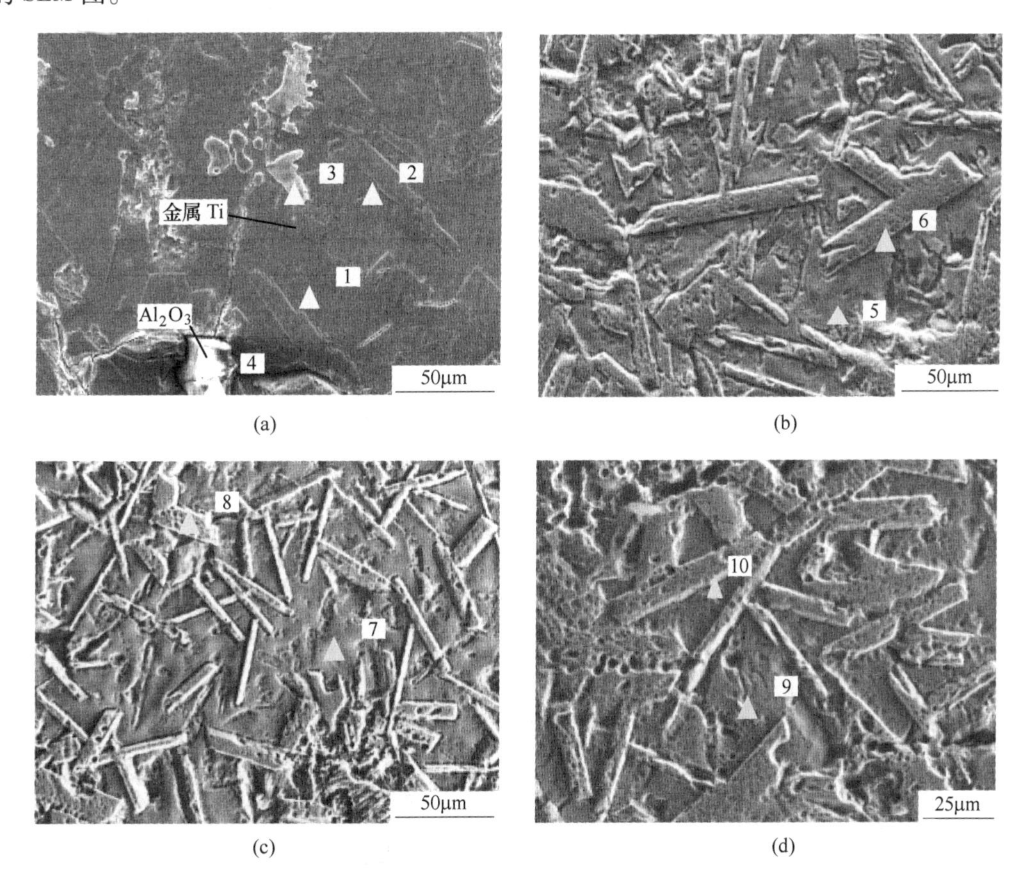

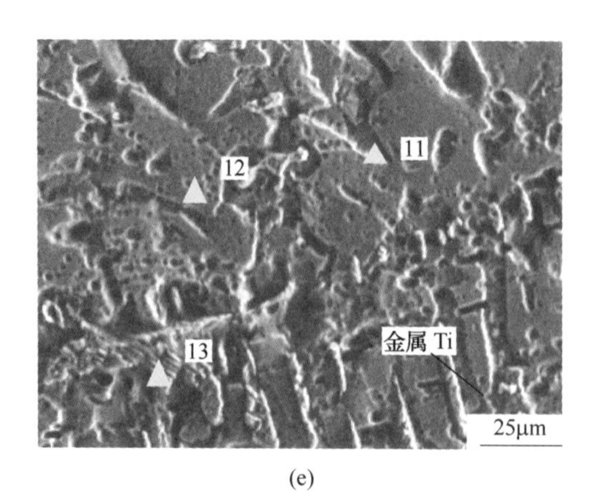


(e)

图 4-48　熔分前及加入不同成分预熔渣熔分后合金的 SEM 图
(a) 熔分前；(b) 1 号；(c) 2 号；(d) 3 号；(e) 4 号

图 4-48 (a) 表明，铝热还原后未经熔分的钛铁合金主要由基体、粗大板条组织以及金属钛组成，并存在大量的 $Al_2O_3$ 夹杂，微观组织很不均匀。由图 4-48 (b)～(e) 表明，加入不同成分的预熔渣熔分后，合金中 $Al_2O_3$ 夹杂均被除去，合金的微观组织主要由基体和粗大的板条状组织组成，而在加入 4 号预熔渣熔分后，合金基体中还析出了金属钛。

表 4-21 是图 4-48 中熔分前及加入不同成分预熔渣熔分后合金微观组织的微区分析结果（氧含量仅供参考）。由该结果可知，铝热还原制备的钛铁合金的基体和板条状组织均由 Ti、Fe、Al、Si、Mn 组成，而熔分后合金基体主要由 Ti、Fe、Al、Mn 组成，粗大的板条组织主要由 Ti、Fe、Al、Si 组成，说明熔分后 Si 集中分布到粗大的板条状组织中，这主要是由于熔分过程中合金基体中的 Si 原子发生迁移并富集到板条状结构中，熔分后合金的微观组织更加均匀。

**表 4-21　图 4-48 中合金微观组织的微区分析结果（质量分数）**　　(%)

| 合金编号 | 微区 | Ti | Fe | Al | Si | Mn | O |
|---|---|---|---|---|---|---|---|
| 图 4-48 (a) | 1 | 55.28 | 32.6 | 5.71 | 1.61 | 2.45 | 2.35 |
| | 2 | 43.43 | 41.29 | 10.94 | 2.38 | 1.34 | 0.62 |
| | 3 | 98.8 | 0 | 0.57 | 0 | 0 | 0.63 |
| | 4 | 0 | 0 | 48.64 | 0 | 0 | 51.36 |
| 图 4-48 (b) | 5 | 57.95 | 29.66 | 6.62 | 0 | 2.44 | 3.33 |
| | 6 | 68.93 | 23.37 | 3.92 | 2.17 | 0 | 1.61 |
| 图 4-48 (c) | 7 | 61.21 | 27.91 | 5.82 | 0 | 2.63 | 2.43 |
| | 8 | 68.4 | 23.93 | 4.3 | 2.13 | 0 | 1.24 |
| 图 4-48 (d) | 9 | 62.75 | 26.89 | 5.7 | 0 | 2.5 | 2.16 |
| | 10 | 69.93 | 23.89 | 2.85 | 2.3 | 0 | 1.03 |
| 图 4-48 (e) | 11 | 65.16 | 26.37 | 5 | 0 | 2.24 | 1.23 |
| | 12 | 69.95 | 24.89 | 2.27 | 2.21 | 0 | 0.68 |
| | 13 | 99.62 | 0 | 0 | 0 | 0 | 0.38 |

C 渣的物相及化学成分

图 4-49 所示为加入不同成分的预熔渣熔分后得到的熔分渣的 XRD 图。由图 4-49 可以看出，加入 1 号和 2 号预熔渣熔分后，熔分渣主要物相为 $CaAl_4O_7$、$CaAl_2O_4$ 及 $Ca_3Al_2O_6$，而加入 3 号和 4 号预熔渣熔分后，熔分渣主要物相为 $CaAl_2O_4$ 和 $Ca_5Al_6O_{14}$。随着预熔渣中 CaO 含量的升高，渣中 $CaAl_4O_7$ 和 $Ca_3Al_2O_6$ 衍射峰强度逐渐降低直至消失，而低熔点的 $CaAl_2O_4$ 衍射峰强度先升高后降低，由此可以说明，形成渣的熔点先降低而后升高。

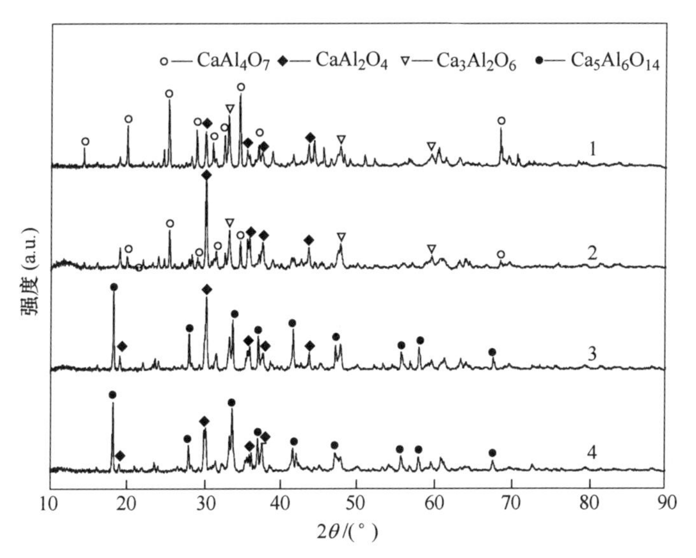


图 4-49 加入不同成分预熔渣熔分后渣的 XRD 图

1—1 号；2—2 号；3—3 号；4—4 号

表 4-22 是加入不同成分预熔渣熔分后渣的主要化学成分。结果表明，熔分后渣中出现了钛的氧化物，这主要是由于在铝不足的条件下，铝热还原后的钛铁合金中存在大量低价钛氧化物、钛铁氧化物（$Fe_4Ti_2O$、$Ti_6O$ 等），它们在熔分过程中进入渣相。由此可见，在熔分时对合金熔体进行深度还原脱氧是降低合金中低价钛氧化物、钛铁氧化物，提高有价元素（Fe、Ti）收率的必要手段。此外，随着预熔渣中 CaO 含量的升高，渣中 S 含量逐渐升高，而表 4-22 表明合金 S 含量逐渐降低，二者分析结果相吻合。与此同时，4.3 节的热力学计算表明，$CaO-Al_2O_3$ 基预熔渣具有一定脱硫能力，它与合金中硫化钛反应生成 CaS 进入渣相，且 CaO 含量越高，渣的脱硫能力越强。

**表 4-22 加入不同预熔渣条件下熔分后渣的主要化学成分（质量分数）** （%）

| 编号 | 渣型 | $Al_2O_3$ | CaO | $TiO_2$ | $CaF_2$ | $SiO_2$ | MgO | $Fe_2O_3$ | $SO_3$ | 其他 |
|---|---|---|---|---|---|---|---|---|---|---|
| 1 | 1 号 | 44.61 | 24.26 | 21.26 | 7.06 | 0.19 | 0.23 | 0.92 | 0.84 | 余量 |
| 2 | 2 号 | 39.56 | 27.97 | 21.47 | 7.63 | 0.23 | 0.18 | 1.32 | 0.94 | 余量 |
| 3 | 3 号 | 34.03 | 33.75 | 22.74 | 5.97 | 0.25 | 0.17 | 1.29 | 0.96 | 余量 |
| 4 | 4 号 | 28.92 | 38.42 | 23.65 | 5.50 | 0.36 | 0.21 | 1.15 | 1.16 | 余量 |

## 4.4.3　高钛铁脱氧过程研究

### 4.4.3.1　实验研究

实验采用的原料为同一批次的废钢，其化学成分见表4-23。

**表4-23　废钢的化学成分**

| 成分 | C | Si | Mn | P | S | Al | Ti |
|---|---|---|---|---|---|---|---|
| 质量分数/% | 0.186 | 0.287 | 1.710 | 0.024 | 0.021 | 0.038 | 0.012 |

为模拟现场实际，保证综合冶炼效果，综合考虑渣的熔点、碱度、渣对炉衬及其对钢中夹杂物的影响，同时满足钢液低磷、低硫成分的要求，确定实验渣碱度定为4，其成分见表4-24，用量为钢水量的5%。

**表4-24　实验渣成分**

| 成分 | CaO | $SiO_2$ | MgO | $Al_2O_3$ | $CaF_2$ |
|---|---|---|---|---|---|
| 质量分数/% | 40 | 30 | 10 | 15 | 5 |

实验主要研究钛铁合金对钢脱氧的效果，主要考察因素为合金中钛、铝含量及合金的加入量对脱氧效果的影响。综合考虑，设定脱氧温度为1873K，脱氧时间为15min，钢水量为5kg。实验共进行7炉，具体工艺条件见表4-25。

**表4-25　实验考察因素**

| 炉次 | 脱氧剂的成分（质量分数）/% | | 合金的加入量/g |
|---|---|---|---|
| | Ti | Al | |
| 1 | 49.61 | 8.07 | 14 |
| 2 | 61.65 | 7.34 | 14 |
| 3 | 61.87 | 4.88 | 14 |
| 4 | 63.34 | 10.17 | 14 |
| 5 | 68.90 | 7.24 | 14 |
| 6 | 68.90 | 7.24 | 21 |
| 7 | 68.90 | 7.24 | 28 |

实验不以冶炼某特定钢种为目的，而是以废钢为原料，通过加入不同品位、不同质量的钛铁合金来考察钛铁合金预脱氧后，对脱氧实验后钢铸锭的组织的影响。为进一步冶炼采用钛处理的钢种提供理论基础。各炉钢水量为5kg，脱氧后将各炉钢水浇铸成铸锭，取样做化学分析，铸锭的化学成分见表4-26，图4-50所示为实验过程全氧含量的变化曲线。

由表4-26和表4-23中的钛和铝含量对比可知：铝含量除第1炉以外，其他的炉次基本不变，第1炉增加的也不明显，而钛含量只有第7炉次增加了，说明熔炼完成后，合金中的铝基本不残留在钢中，而合金中的钛只有在钛过量到一定程度时才可以起到合金化的作用。

表 4-26 脱氧实验后钢铸锭的化学成分

| 炉次 | 脱氧剂的成分（质量分数）/% | 合金加入量 /g | 钢铸锭化学成分（质量分数）/% | | | | |
|---|---|---|---|---|---|---|---|
| | | | Si | Mn | Ti | Al | O |
| 1 | Ti 49.61, Al 8.07 | 14 | 0.499 | 0.199 | 0.002 | 0.083 | 0.049 |
| 2 | Ti 61.65, Al 7.34 | 14 | 0.198 | 0.136 | 0.003 | 0.013 | 0.031 |
| 3 | Ti 61.87, Al 4.88 | 14 | 0.417 | 0.171 | 0.013 | 0.020 | 0.032 |
| 4 | Ti 63.34, Al 10.17 | 14 | 0.198 | 0.135 | 0.011 | 0.026 | 0.021 |
| 5 | Ti 68.9, Al 7.24 | 14 | 0.713 | 0.451 | 0.004 | 0.039 | 0.041 |
| 6 | Ti 68.9, Al 7.24 | 21 | 0.308 | 0.306 | 0.010 | 0.010 | 0.023 |
| 7 | Ti 68.9, Al 7.24 | 28 | 0.510 | 0.274 | 0.031 | 0.016 | 0.015 |

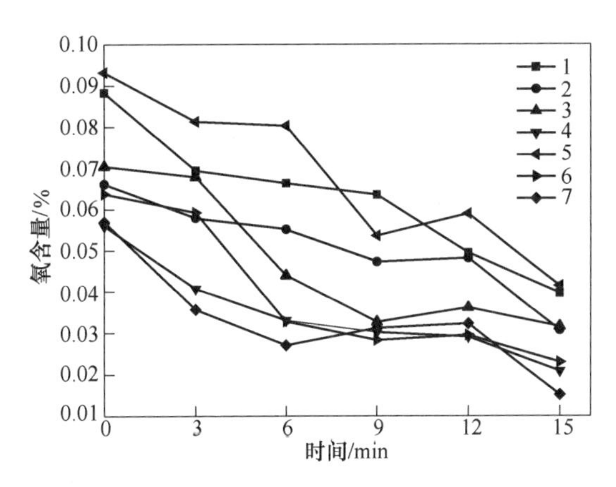


图 4-50 实验过程全氧含量的变化情况

用钛处理的钢种主要有桥梁钢、管线钢、非调质钢等，由标准查出桥梁钢（16Mnq）对 Si、Mn、Al、Ti 的含量要求为：0.2%≤Si≤0.6%，1.2%≤Mn≤1.6%，0.02%≤Ti≤0.2%，Al≤0.015%；管线钢（X70）的要求为：Si≤0.4%，Mn≤1.7%，Ti≤0.06%，0.015%≤Al≤0.06%；非调质钢（30MnVS）的要求为：0.15%≤Si≤0.8%，1.2%≤Mn≤1.6%，0.015%≤Ti≤0.025%，0.01%≤Al≤0.04%，对照实际化学成分，除 Mn 外基本满足要求，而终点的全氧含量最低可以达到0.015%左右（见图 4-50）。对于这些钢种的冶炼，经过钛铁合金脱氧后，硅、钛和铝含量基本满足要求，只需要在精炼时，用强脱氧剂（如钙或者铝）进行终脱氧或者真空脱氧，根据具体钢种的成分要求再进行合金化调整就可以达到标准。

由于合金中的钛和铝都是脱氧元素，1873K 下钢液中各元素和 Al、Ti 和 O 相互作用系数见表 4-27。

$$\lg a_i = \sum e_i^j[j] + \lg[i] \tag{4-21}$$

式中，$e_i^j$ 为钢液中溶质 $j$ 元素对 $i$ 元素的相互作用系数。

根据测量的化学成分，按式（4-21）计算出实验炉次中钢液中的 $a_{Ti}$、$a_{Al}$ 及 $a_O$，其结果见表 4-28，表中的 $[a_{Ti}/a_{Al}]$ 为 Mn 含量为 1.5%时的活度比。

表 4-27　钢液中各元素相互作用系数[42]

| $i$ | $e_i^j$ | | | | |
|---|---|---|---|---|---|
| | $j$=Al | $j$=Ti | $j$=Mn | $j$=Si | $j$=O |
| Al | 0.043 | 0.004 | 0.0065 | 0.0056 | -1.98 |
| Ti | 0.0037 | 0.049 | -0.43 | 2.1 | -1.03 |
| O | -1.17 | -1.12 | -0.021 | -0.131 | -0.17 |

表 4-28　钢液中的 $a_{Ti}$、$a_{Al}$ 及 $a_O$

| 炉次 | $a_{Ti}$ | $a_{Al}$ | $a_{Ti}/a_{Al}$ | $a_O$ | $[a_{Ti}/a_{Al}]$ |
|---|---|---|---|---|---|
| 1 | 0.0164 | 0.0670 | 0.2438 | 0.0332 | 0.0659 |
| 2 | 0.0028 | 0.0113 | 0.2476 | 0.0296 | 0.0568 |
| 3 | 0.0746 | 0.0342 | 2.1775 | 0.0225 | 0.7587 |
| 4 | 0.0784 | 0.0183 | 4.2816 | 0.0168 | 1.1259 |
| 5 | 0.0228 | 0.0217 | 1.0500 | 0.0348 | 0.2663 |
| 6 | 0.0310 | 0.0090 | 3.4148 | 0.0196 | 1.0284 |
| 7 | 0.2686 | 0.0151 | 17.7815 | 0.0112 | 6.1858 |

#### 4.4.3.2　不同钛铁合金对脱氧效果的影响

为了研究不同钛铁合金对钢脱氧的效果的影响，特别是钛铁中钛和铝的含量对脱氧效果的影响，做了 4 组对比实验，分别是 1~4 炉次。第 1 炉和第 2 炉主要考察的是合金中不同钛含量对脱氧效果的影响，第 3 炉和第 4 炉主要考察的是合金中不同铝含量对脱氧效果的影响。

A　脱氧实验后钢铸锭的金相组织观察

用线切割机对不同条件下的脱氧实验后钢铸锭进行取样，进行横断面磨抛，经 4%硝酸酒精溶液浸蚀腐蚀后，用金相显微镜观察其横断面组织（见图 4-51）。

图 4-51 中 0 号原始钢是未脱氧的试样。左边的是放大 100 倍，右边的是放大 200 倍。由图可知，加入钛铁合金后，钢的组织得到了显著的细化，钛脱氧后钢的凝固组织中大部分是细小的针状铁素体结构，夹杂物的尺寸变小，但发现金相组织里还存在很多夹杂物。铁素体并不择优形核于原奥氏体（和图中标箭头相貌相似的地方）晶界，已经看不出沿晶界析出的共析铁素体。而钛脱氧前钢的凝固组织中的铁素体大多呈板条状沿着原奥氏体晶界向奥氏体晶粒内部生长的，晶内铁素体条也比较宽。

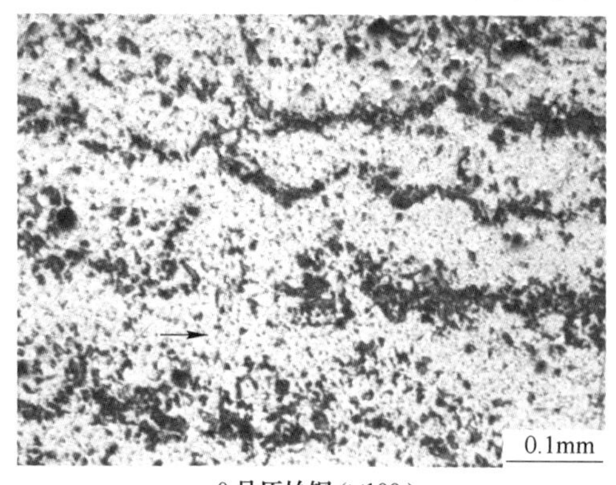

0 号原始钢 (×100)

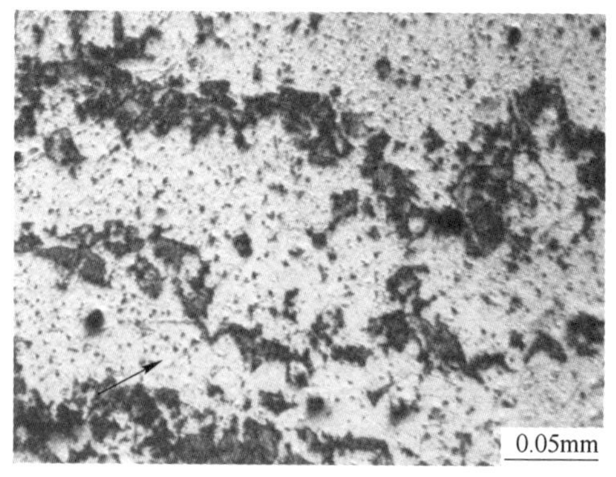

0 号原始钢 (×200)

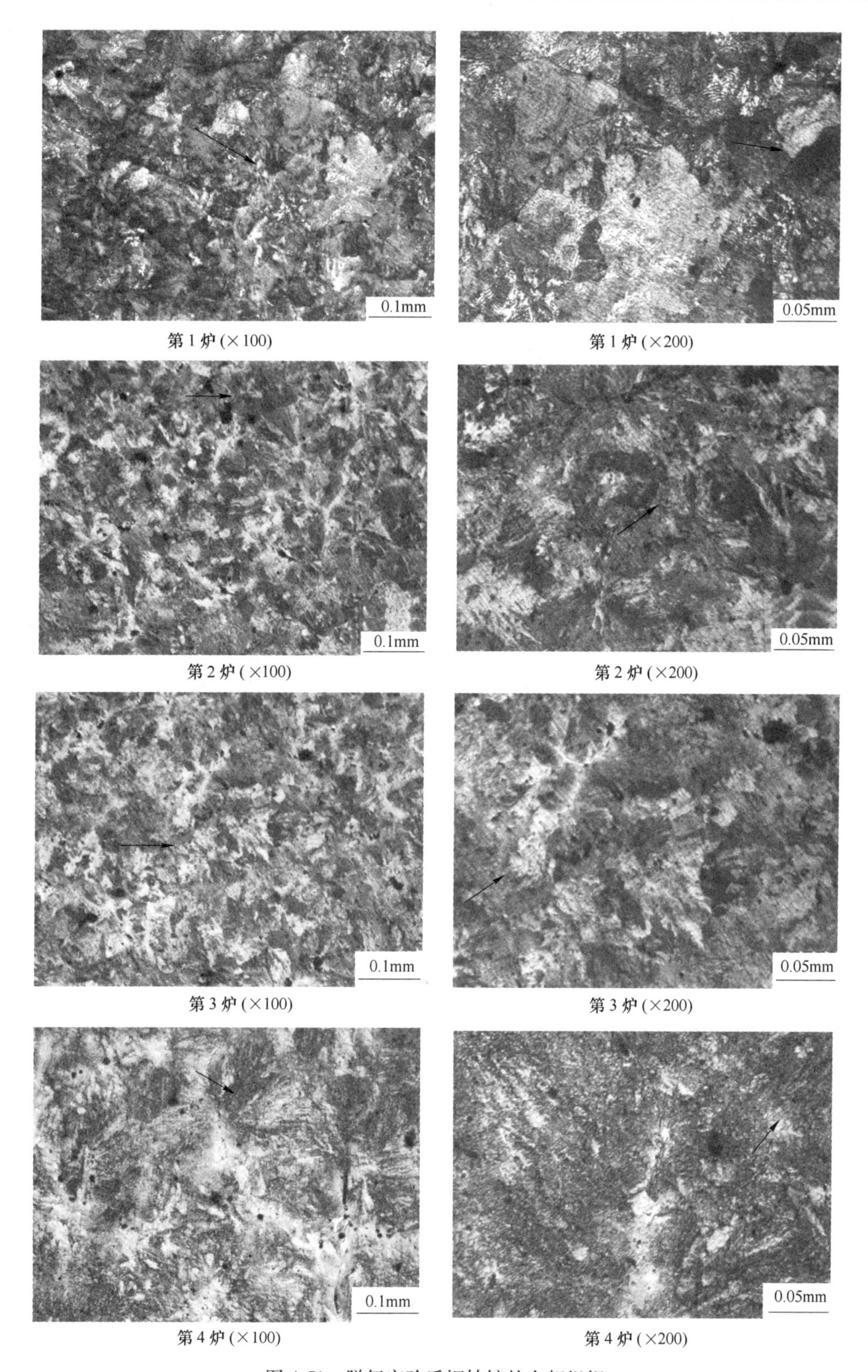


第1炉(×100)　第1炉(×200)

第2炉(×100)　第2炉(×200)

第3炉(×100)　第3炉(×200)

第4炉(×100)　第4炉(×200)

图4-51　脱氧实验后钢铸锭的金相组织

第1炉钢的钛含量比第2炉少，而第1炉钢的铝含量和氧含量比第2炉高很多，第1炉的组织相对于第2炉的组织要粗大；第3炉和第4炉相比，钛和铝的含量相近，但第3炉的氧含量比第4炉大，第4炉的组织比第3炉的组织要细化。表明随着钛含量的增加，组织明显细化，而铝优先脱氧生成氧化铝夹杂物，铝含量高将抑制钛的氧化物的形成。

B 脱氧实验后钢铸锭的SEM分析

对不同条件下的脱氧实验后钢铸锭进行取样，进行横断面磨抛，4%硝酸酒精溶液浸蚀腐蚀制样，进行扫描电镜（SEM）与能谱（EDS）分析，对试样中的夹杂物进行形貌和组成分析。图4-52所示为加入不同量的钛铁合金的SEM图及夹杂物的成分。

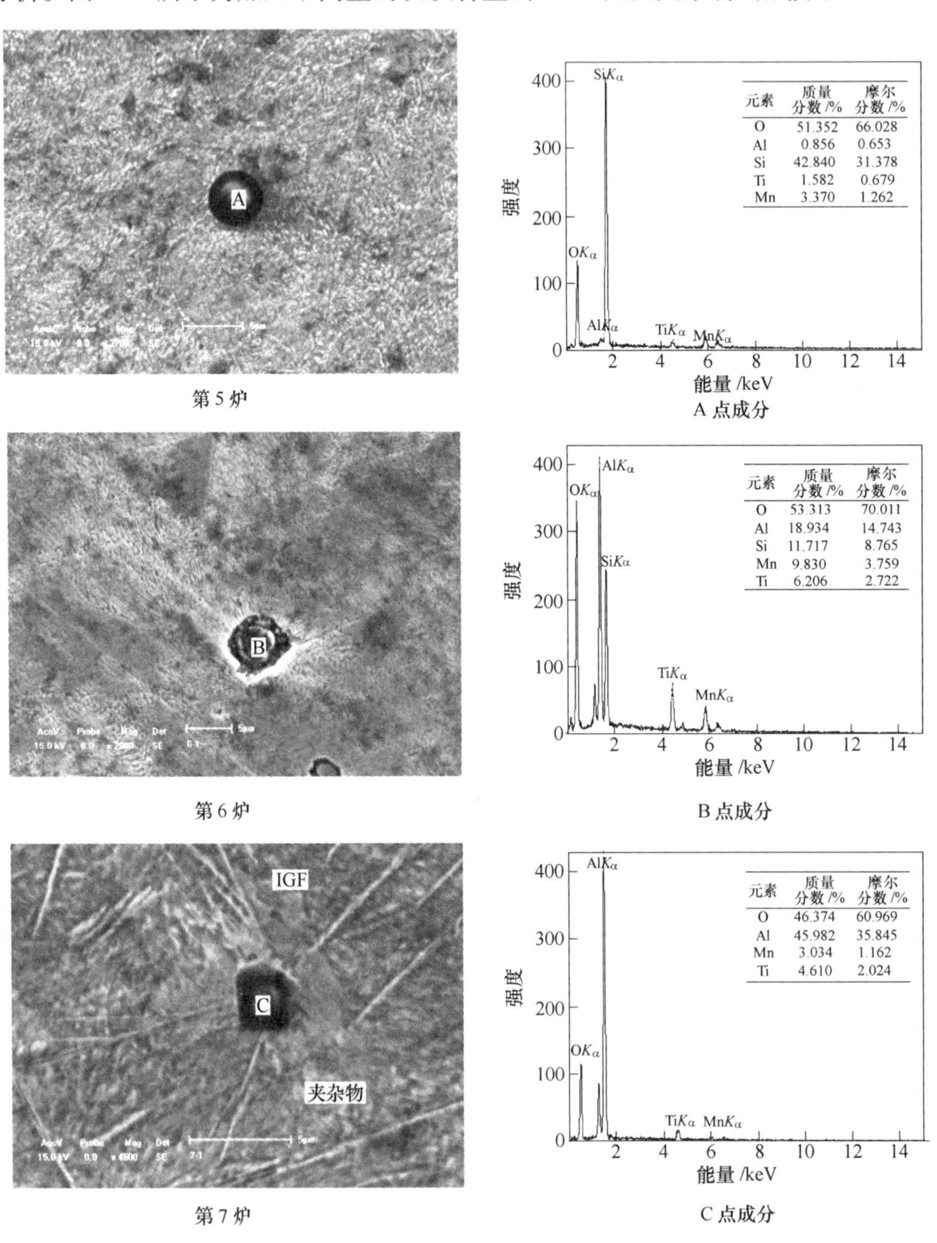


图4-52 脱氧后钢锭的SEM照片及夹杂物成分

由图4-52可知，随着脱氧剂的加入量的增加，钢的组织细化效果加强，夹杂物的尺度变小，当用量为28g时，夹杂物的尺寸在1μm左右，而且分布均匀。由能谱图及成分分析可知，使用钛铁合金的量增加时，硅酸盐类夹杂物减少；用量为28g脱氧剂时，已经基本不存在硅酸盐类夹杂物。而随着钛铁合金的量增加，夹杂物主要以Ti-Al-Mn的复合夹杂物存在，从图中可以看出，Ti-Al-Mn复合夹杂物周围钢的位错密度较大，位错方向各异。高的位错密度引发了超细晶内铁素体的形成，新晶内铁素体是靠消耗高位错密度的基体而长大的，而且在新的晶内铁素体中又出现了新的位错。这样，在复合夹杂物周围形成了大量的晶内针状铁素体，大大细化了钢的组织，提高钢的性能。由第7炉的SEM图可以明显地看到，最显著的变化是在复合夹杂物的周围出现了大量的放射状或部分放射状的针状铁素体组织，经能谱分析，发现该类夹杂物主要由氧化铝和钛的氧化物两部分组成。这种以这些夹杂物为核心呈放射状分布的铁素体组织一般都在原奥氏体晶粒内部，由于针状铁素体的析出，将奥氏体晶粒细化。说明该类夹杂物起到了晶内铁素体核心的作用，诱导了晶内针状铁素体（IGF）的形成，使钢中的夹杂物变害为利，细化了钢的组织。

由前面的计算可知，第7炉的$a_{Ti}/a_{Al}$为17.78。而由热力学分析中的Ti-Al复合脱氧计算所得的结果：在1873K温度范围内，$a_{Ti}/a_{Al}>8$时钢液中的氧受钛控制，脱氧产物为$Ti_2O_3$；实际上$Al_2O_3$和$Ti_2O_3$能形成固溶体，需要控制钢液中$a_{Ti}/a_{Al}>10$时，脱氧产物中$a_{(Al_2O_3)}$才能很小，才能保证脱氧产物主要是$Ti_2O_3$。实验的结果与理论计算相符。而第7炉的氧含量为0.015%，说明在氧含量相对较高时，控制好钢液中的$a_{Ti}/a_{Al}$对形成氧化钛是至关重要的。

## 参考文献

[1] Harikumar K C, Wollaiits P, Delaey L. Thermodynamic reassessment and calculation of Fe-Ti phase diagram [J]. CALPHAD: Comput. Coupling Phase Diagrams Thermochem., 1994, 18 (2): 223~234.

[2] 周进华．铁合金生产技术［M］. 北京：科学出版社，1991：506.

[3] 邱竹贤，徐家振. 有色金属冶金学［M］. 沈阳：东北大学出版社，2001：194~195.

[4] 黄光明，雷霆，方树铭，等．高钛铁制备研究进展［J］. 矿冶，2011，20（2）：63~67.

[5] 夏文堂，张启修．有衬电渣炉冶炼高品位钛铁的研究［J］. 铁合金，2004（4）：36~40.

[6] 王作尧．金属热法重熔废钛屑生产钛铁［J］. 稀有金属，1982（2）：13~17.

[7] 杨素丽．俄罗斯钛工业的创立和发展［J］. 钛工业进展，1994（1）：30~32.

[8] 丁满堂．用钛精矿与钛渣冶炼钛铁的研究［J］. 铁合金，2012，43（1）：17~19.

[9] Chumarev V M, Dubrovskii A Y, Pazdnikov I P, et al. Technological possibilities of manufacturing high-grade ferrotitanium from crude ore [J]. Russ. Metall. (Engl. Transl.), 2008 (6): 459~463.

[10] Pourabdoli M, Raygan S, Abdizadeh H, et al. A new process for the production of ferrotitanium from titania slag [J]. Can. Metall. Q., 2013, 46 (1): 17~23.

[11] 许磊，竺培显，袁宜耀，等．高品位钛铁生产新工艺的研究与探讨［J］. 南方金属，2008（2）：4~7.

[12] 张含博．基于自蔓延铝热还原制备高钛铁的研究［D］. 沈阳：东北大学，2011.

[13] 姚建明．铝热还原精炼制备高钛铁的基础研究［D］. 沈阳：东北大学，2009.

[14] 豆志河，张廷安，张含博，等．采用铝热自蔓延法制备低氧高钛铁合金［J］．中南大学学报（自然科学版），2012，43（6）：2108~2113.

[15] 宋雪静，魏莉，张廷安，等．高钛铁中氧形成机理分析及脱氧实验［J］．过程工程学报，2008，8（z1）：176~180.

[16] 豆志河，张延安，张含博，等．真空—还原精炼法制备低氧高钛铁合金［J］．特种铸造及有色合金，2011，31（5）：400~403.

[17] 豆志河，张廷安，张子木，等．一种基于铝热自蔓延—喷吹深度还原制备钛铁合金的方法：中国，104131128A［P］. 2014-11-05.

[18] 张廷安，豆志河，牛丽萍，等．基于铝热还原—真空感应熔炼制备低氧低铝高钛铁的方法：中国，101067171A［P］. 2007-11-07.

[19] 张建东，席增宏．铝热法熔炼高钛铁的热力学分析及工艺探讨［J］．铁合金，2009，40（5）：11~17.

[20] Yi W U，Yin C，Zou Z，et al. Combustion synthesis of fine TiFe series alloy powder by magnesothermic reduction of ilmenite［J］. Rare Met.，2006，25（S1）：280~283.

[21] Deguch M，Yasuda N，Zhu C，et al. Combustion synthesis of TiFe by utilizing magnesiothermic reduction［J］. J. Alloys Compd.，2015，622（5）：102~107.

[22] Tsuchiya T，Yasuda N，Sasaki S，et al. Combustion synthesis of TiFe-based hydrogen storage alloy from titanium oxide and iron［J］. Int. J. Hydrogen Energy，2013，38（16）：6681~6686.

[23] 宋雪静. 真空铝热法制备低氧高钛铁的方法［D］. 沈阳：沈阳理工大学，2008.

[24] Saita I，Sato M，Uesugi H，et al. Hydriding combustion synthesis of TiFe［J］. J. Alloys and Compd.，2007，446~447：195~199.

[25] Wakabayashi R，Sasaki S，Saita I，et al. Self-ignition combustion synthesis of TiFe in hydrogen atmosphere［J］. J. Alloys Compd.，2009，480（2）：592~595.

[26] Chen G Z，Fray D J，Farthing T W. Direct electrochemical reduction of titanium dioxide to titanium in molten calcium chloride［J］. Nature，2000，407：361~364.

[27] 杜继红，奚正平，李晴宇，等．熔盐电解还原制备 TiFe 合金［J］．稀有金属材料与工程，2008，37（12）：2240~2243.

[28] 郭晓玲，郭占成，王志，等．$TiO_2$ 和 $Fe_2O_3$ 直接电解还原制备 TiFe 合金［J］．北京科技大学学报，2008，30（6）：620~624.

[29] 李晴宇，杜继红，奚正平，等．熔盐电解法制备高钛铁合金［J］．稀有金属，2011，35（6）：829~834.

[30] 廖先杰，翟玉春，谢宏伟，等．700℃熔盐电解制备固态钛铁合金化合物［J］．材料研究学报，2009，23（2）：133~137.

[31] 刘许旸，扈玫珑，白晨光，等．熔盐电解钛精矿制备钛铁合金的脱氧历程［J］．功能材料，2011，42（11）：2042~2046.

[32] 梁英教，车荫昌．无机物热力学数据手册［M］．沈阳：东北大学出版社，1993：64~220.

[33] 唐清．TiC-Ni-Mo 和 TiC-$Al_2O_3$ 硬质材料的燃烧合成与致密化［J］．材料导报，1995（3）：80.

[34] Verein D E. Slag Atlas（2nd Edition）［M］. Verlag Stahleisen：GmbH，1995：349~402，557~590.

[35] 赵和明．$Al_2O_3$-CaO 基预熔预熔渣冶金物化性能的研究［D］．重庆：重庆大学，2003.

[36] Arthur D P，Gnnar E，Antonio R S. Calculation of sulfide capacities of multi-component slags［J］. Metall. Mater. Trans. B，1993，24（5）：817~825.

[37] Lee J，Morita K. Dynamic interfacial phenomena between gas，liquid iron and solid CaO during desulfurization［J］. ISIJ Int.，2004，44（2）：235~242.

[38] Duffy J A, Ingram M D, Sommerville I D. Acid-base properties of molten oxides and metallurgical slags [J]. J. Chem. Soc. , 1978, 74 (4): 1410~1419.

[39] Yang Y D, Mclean A, Sommerville I D, et al. The correlation of alkali capacity with optical basicity of blast furnace slags [J]. Iron Steelmaker, 2000, 27: 103~111.

[40] Zhao H M, Wang X H, Xie B. Effect of components on desulfurization of an $Al_2O_3$-CaO base premolten slag containing SrO [J]. J. Univ. Sci. Technol. Beijing, 2005, 12 (3): 225~230.

[41] Han Z J, Liu L, Lind M, et al. Mechanism and kinetics of transformation of alumina inclusions by calcium treatment [J]. Acta Metall. Sin. (Engl. Lett.), 2006, 19 (1): 1~8.

[42] 牛丽萍，张廷安，豆志河，等．铝热还原—真空精炼制备高钛铁中氧赋存状态的研究 [J]. 稀有金属材料与工程，2008，37 (9)：78~81.

# 5 自蔓延冶金法制备无定型硼粉

## 5.1 无定型硼粉的研究现状

### 5.1.1 无定型硼粉的性质及用途

硼的化学性质在金属和非金属之间，既能与金属又能与非金属化合生成各种硼化物，由于硼的这种特殊性质，硼和硼化物被广泛地应用于农业、工业、尖端科学、国防、医学等领域。近年来，随着国防、航空、航天以及汽车工业的快速发展，超细高活性无定型硼粉因具有燃烧比热值高、燃烧清洁无污染以及燃烧迅速等特点，被作为一种高能燃料广泛用于火箭固体推进剂、汽车安全气囊的触发剂等领域。从某种意义上讲，无定型硼粉是国家安全和社会经济发展的战略物资[1]。

5.1.1.1 *硼的性质及分类*

A *硼的性质*

硼的性质归纳起来见表 5-1。

**表 5-1 元素硼的性质**

| 元素名称 | 原子序数 | 密度/$g \cdot cm^{-3}$ | 熔点/℃ | 沸点/℃ |
|---|---|---|---|---|
| 硼 | 5 | 2.35 | 2300 | 2550 |
| 原子半径/nm | 相对原子质量 | 电子排布 | 电负性 | 氧化态 |
| 0.098 | 10.81 | $2s^2 2p^1$ | 2.0 | +3、+1 |
| 第一电离能/$kJ \cdot mol^{-1}$ | 发现者 | 发现年代 | 原子构型 | 重要性 |
| 799 | 戴维、盖·吕萨克 | 1908 | 六角四方 | 生命必需元素 |

硼是一种化学元素，是一种类金属。硼不溶于水，粉末状的硼能溶于沸硝酸和硫酸。硼绝少单独存在，通常以硼砂（$Na_2B_4O_7 \cdot 10H_2O$）的化合形式出现。天然的硼主要存在于硼砂矿及硼钠方解石矿中。硼在地壳中的含量为 0.001%。已发现的硼的同位素共有 9 种，从硼-8 到硼-17，其中只有硼-10、硼-11 稳定，其他同位素都带有放射性。硼单质有两种同素异形体：结晶硼和无定型硼。

硼在高温下可与 $N_2$、$O_2$、S、$X_2$（X = F、Cl、Br、I）等非金属单质反应，也能从许多稳定的氧化物（如 $SiO_2$，$P_2O_5$，$H_2O$ 等）中夺取氧而用作还原剂。

$$2B + N_2 = 2BN \quad (5\text{-}1)$$

$$4B + 3O_2 = 2B_2O_3 \quad (5\text{-}2)$$

$$2B + 3S = B_2S_3 \quad (5\text{-}3)$$

$$2B + 3Cl_2 = 2BCl_3 \quad (5\text{-}4)$$

$$2B + 6H_2O(g) = 2B(OH)_3 + 3H_2 \uparrow \quad (5\text{-}5)$$

硼可与热的浓 $H_2SO_4$、热的浓 $H_3NO_3$ 反应，生成硼酸。

$$2B + 3H_2SO_4 \Longrightarrow 2B(OH)_3 + 3SO_2\uparrow \quad (5\text{-}6)$$

$$B + 3HNO_3 \Longrightarrow B(OH)_3 + 3NO_2\uparrow \quad (5\text{-}7)$$

硼可与强碱作用，在氧化剂存在下，硼和强碱共熔得到偏硼酸盐：

$$2B + 2NaOH + 3KNO_3 \Longrightarrow 2NaBO_2 + 3KNO_2 + H_2O \quad (5\text{-}8)$$

硼可与金属作用，高温下硼几乎能与所有的金属反应生成金属硼化物。它们是一些非整比化合物，组成中 B 原子数目越多，其结构越复杂。

B 硼的分类

单体硼根据晶型和形貌的不同划分为晶体硼和无定型硼两种。

（1）晶体硼。晶体硼通常为黑灰色，但其颜色随结构及所含杂质不同而异。硬度仅次于金刚石，较脆。电阻高，电导率随温度升高而增大。晶态单质硼有多种变体，它们都以 $B_{12}$ 正二十面体为基本的结构单元。最普通的一种为 α-菱形硼。

（2）无定型硼。无定型元素硼是黑褐色非结晶型粉末，较活泼，无味，在空气中和常温下稳定，加热至 300℃能被氧化，达到 700℃即燃烧。燃烧时火焰红色，微量气化的硼火焰是绿色。密度为 $1.73g/cm^3$。在高温时，硼能与氧、氮、硫、卤素及碳相互作用。硼可以与许多金属直接化合，生成金属化合物。无定型硼的性质比晶体硼活泼。

根据硼产品的纯度差别，可把硼分为高纯度元素硼，高纯元素硼的性质与晶体硼和无定型硼类似。另外，还把硼-10 同位素作为元素硼的一个品种，其性质比较稳定，没有放射性。

5.1.1.2 无定型硼的应用

无定型硼粉是一种重要的精细化工产品，用途极其广泛，如广泛地用于新材料的合成。由于无定型硼粉的比表面积大、燃烧热值高等优点，将其用作富硼燃料，也可作为汽车安全气囊的引发剂。超细无定型硼粉是贫氧富燃料固体推进剂理想的高能量添加组分，是一种高能固体燃料。固体火箭冲压发动机适合使用贫氧推进剂，添加金属燃料是高能贫氧推进剂当前的一个重要发展方向，轻金属燃料的应用早已被人们重视，可选用的金属主要是一些高热值金属，如铝、镁、硼等，特别是硼，以其高热值及燃烧产物洁净等优点而成为首选金属。硼作为固体燃料，热值比碳、铝、镁大得多。近年来国外研究人员还把超细无定型硼粉应用在能源的储存及太阳能的利用上。而且，无定型硼粉还可用作军事导弹中的引燃剂[2,3]。

### 5.1.2 制备技术

镁热还原法制备无定型硼粉虽然很早就在国内得到应用，也是目前工业生产无定型硼粉的方法，但国内至今也未形成工业规模的整套装备，所生产出硼粉品位很难达到 SB Boron 90~92 标准，要想生产 SB Boron 92~95 更是一种奢望。

目前，国内仅能生产少量的品位低于 92%的无定型硼粉，国内无定型硼粉需求量达 1000t，但国内实际产量不足 50t。另外，所生产的无定型硼粉平均粒度多在 2.0μm 以上，远无法满足航空、航天以及军事领域对高活性无定型硼粉的质量要求。

随着科学技术的进步，一些新的手段被引入到传统硼的制备方法中，使硼粉的制备技术有了较大的突破，产品质量也有很大的提高。目前硼粉的制备方法主要有乙硼烷裂解法、熔盐电解法、卤化硼氢还原法、氢化钠还原法、熔融电解法和金属热还原法等[1]。

5.1.2.1 熔盐电解法

熔盐电解法就是将某些金属的盐类熔融并作为电解质进行电解，以提取和提纯金属的冶金过程。最常用的两类含硼化合物是氧氟化含硼金属盐和硼化金属盐类。电解槽是熔盐电解法制备硼粉的主要设备。Cooper 等人用电解法采用氯化钾-氟硼酸钾体系制备出了 99.51 %的高纯硼粉。其反应式为：

$$2KBF_4 + 6KCl = 2B + 3Cl_2 + 8KF \tag{5-9}$$

而后用氯化钾-氟硼酸钾-氧化硼体系得到硼纯度为 90%~97%，但氟硼酸钾易高温分解而使操作环境恶劣，且原料损失过高。1958 年，Nies 使用了氯化钾-氟化钾-氧化硼熔盐体系制得硼粉，纯度在 93.7%~97%之间。2010 年，彭程等人[3]研究了在 $KCl-KBF_4$ 体系和 $KCl-KBF_4-B_2O_3$ 体系中熔盐电解法制备硼粉的工艺条件，得到纯度 95%以上的球形非晶态硼粉，电流效率可达到 80%以上。2013 年，张卫江等人[2]研究了制备高纯度硼粉最适宜的熔盐体系，发现采用氯化钾和氟化钾混合物的熔盐体系或者氯化钾熔盐体系效果最好，电解质选用硼酸盐、含硼的氧化物或氟硼酸盐最合适。虽然熔盐电解法生产成本低，一次制备的纯度高等，但是，熔盐电解法实现工业化生产在各个方面都面临着困难，例如电极材料难解决、产率低、能耗高等。

5.1.2.2 氢气还原法

氢气还原法是指 $H_2+BX_3$($X=F$、Cl、Br、I）体系在高温条件下反应生成硼粉的一种方法。对于 $BF_3$，需要在 2000℃以上的高温条件下才能生成硼；而 $BBr_3$、$BI_3$ 在较低温度下就能够发生反应，但是由于 $BBr_3$、$BI_3$ 的价格昂贵，因此适合于实验室中制备少量样品，对于较大规模的生产，只有 $BCl_3$ 最合适。

随着科学技术的发展以及加热方式的不断改进，使得氢气还原制备硼粉的方法愈趋完善。根据加热方式不同还可以分为热丝法、热管炉法、激光化学法、离子体法等方法[1~3]。

（1）热丝法。所谓热丝法，即通过加热金属丝而使反应发生，让生成的硼沉积在电阻丝上。早期 Koref 就使用此方法。此方法经人们改进后，采用 $BCl_3$ 为原料，在 600~1000℃之间采用氢还原制得非晶态的硼，在 1075~1475℃制备出不同晶态的硼。

（2）热管炉法。热管炉法，即氢气还原时用作反应器的是石英管，$BCl_3+H_2$ 原料气通过被加热的石英管时，即可生成硼并沉积在石英管壁上。Niemyski 和 Olempska 利用 $BCl_3+H_2$ 体系，在 1000~1250℃范围制备出纯度为 99.999%的非晶态硼和 99.99%的多晶态硼。

（3）激光化学法。激光化学法被认为是 20 世纪 80 年代最有发展前景的一种方法，它的基本原理是由于 $BCl_3$ 可以选择性地吸收 10.6μm 的 $CO_2$ 激光。虽然激光化学法制备的硼粉纯度高、颗粒小且分布均匀，条件易控制，但是这种方法由于存在产率较低等问题，要推向工业化，还有待于深入研究。

（4）等离子体法。采用等离子体加热法可制备出纯度为 99.8%~100%的高纯硼粉。进入 20 世纪 70 年代后，随着等离子体技术的不断发展，这种方法显现出了许多优势，并形成了一定的生产规模，其中应用最多的是 Ar 等离子体。例如，Hamblyn 等人使用 25~30kW 的等离子体发生器，制备出纯度大于 99%、粒度为 0.5μm 的超细硼粉，其生产能力达到 250g/h。到目前为止，等离子体法仍具有一定竞争力，并被不断地完善和改进。

#### 5.1.2.3 热分解法

热分解法就是高温加热硼的一些化合物使其分解制备硼粉的一种方法。最常用的两类化合物是 $BI_3$ 和硼氢化合物。$BI_3$ 在 1000℃的高温下分解，可以得到红色的 α-斜方硼。氮化硼、硫化硼等化合物在 1200~1500℃的高温下分解，也可以制得高纯度硼粉。日本一专利详细研究了 BN 高温分解制备硼粉的工艺条件，采用硼酸等硼化物和尿素、氯化铵氮化物为原料，通过两步反应即可制得硼粉[1]，流程如图 5-1 所示。

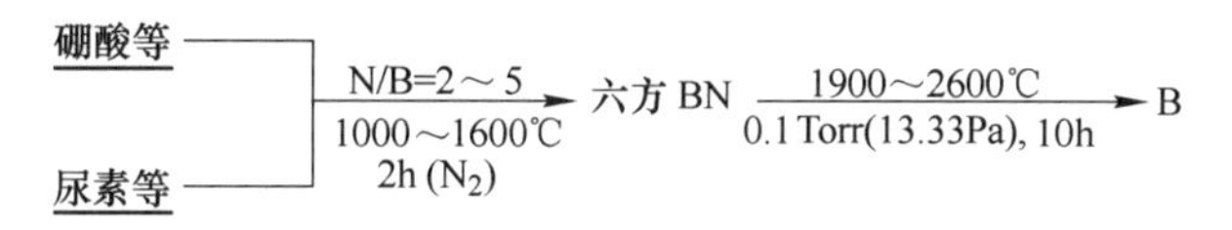


图 5-1 两步反应制硼粉工艺流程

此种方法制得的硼粉纯度大于 99%，粒度在 0.8~10μm 之间。虽然此种方法的原料简单、产品纯度高、粒径小，但是工艺条件苛刻、反应周期长、产量小，要想实现工业化仍然有待进一步研究。

#### 5.1.2.4 硼烷裂解法[1]

硼烷裂解法是指使氢化钠和三氟化硼乙醚络合物发生氧化还原反应生成乙硼烷，再在 300~900℃对乙硼烷进行裂解制取无定型硼的一种方法。裂解基本原理如下：

$$2Na + H_2 = 2NaH \quad (5\text{-}10)$$

$$6NaH + 8BF_3(C_2H_5)_2O = B_2H_6 + 6NaBF_4 + 8(C_2H_5)_2O \quad (5\text{-}11)$$

$$B_2H_6 = 2B + 3H_2 \quad (5\text{-}12)$$

此方法能得到纯度较高的无定型硼粉，纯度在 99.9%以上，但是生产环境苛刻，且 $B_2H_6$ 常温下呈气态且有剧毒，将给操作带来很大困难，只适合于实验室制备高纯度的硼粉难以工业规模化应用。

#### 5.1.2.5 金属热还原法[1,4~11]

金属热还原法是发现最早的制备硼粉的一种方法，是目前工业上主要采用的方法。该方法主要是用 Mg 粉（或 Al 粉）在高温条件下（800~900℃）还原氧化硼，制得粗硼。

（1）镁热还原法。反应式为：

$$B_2O_3 + 3Mg \longrightarrow 2B + 3MgO$$

然后将粗硼分别用 HCl、NaOH 和 HF 处理未反应的氧化硼以及一些副产物氧化镁、硼酸镁等杂质，最终得到单质硼。1996 年，北京矿冶研究总院黄菊林等人研究了 $B_2O_3$ 粉镁热还原法制取硼粉纯度的影响因素并分析了原因，发现镁热还原法制取硼粉时，原料中 Mg 与 $B_2O_3$ 摩尔比小于 3∶1 时，摩尔比越小，硼粉中镁含量越低，含氧量越高，硼含量也增高。

（2）铝热还原法。铝热还原法与镁热还原法原理相似，不过又有差别。喇培清、卢学峰等人研究用铝热还原法制备出了超细无定型硼粉，即在较低外界温度下通过铝粉与氧化物之间的铝热化学反应合成金属间化合物及单质硼。由于该法是通过选用具有较高纯度的反应物料，在惰性气氛中低温下进行，生成的液相原位沉积于具有高导热系数的底材上，因此具有流程短等优点，但反应条件比较苛刻，且产物分离收集困难。

## 5.2　自蔓延冶金法制备无定型硼粉技术概述

### 5.2.1　方法原理

镁热还原法生产无定型硼粉质量差的主要原因在于：

（1）$MgB_2$ 等杂质多，纯度不高，仅为85%~90%；

（2）高温时间长，产品粒度过大，通常在2μm以上，影响了其使用性能，尤其是在军事、航天等领域；

（3）晶型控制不理想，由于现有的制备工艺本身的局限，还原过程需要长时间的高温状态，产品形成大量的晶体硼，严重影响了无定型硼粉的化学活性。

针对现有镁热还原法制备的无定型硼粉存在的纯度低、粒度大、活性差等缺陷以及生产效率低的技术难题，本章提出将自蔓延高温合成技术与湿法冶金浸出和氯化镁热解技术相结合，发明了自蔓延冶金法规模化清洁制备无定型硼粉/硼化物的新工艺，并形成发明专利“一种自蔓延冶金法制备超细硼化物粉体的清洁生产方法”（申请号：201310380754.X）和“一种采用自蔓延冶金法制备超细粉体的清洁生产工艺”（申请号：201310380803.4）两项。

该方法工艺原理为：首先以金属氧化物、镁粉为原料，采用自蔓延高温合成技术获得弥散分布在泡沫状MgO基体的燃烧产物，然后采用稀酸密闭强化浸出燃烧产物中的MgO，过滤、洗涤、干燥获得纳米级或微米级超细粉体；氯化镁浸出酸液直接热解得到氧化镁产品，稀酸返回浸出段利用，实现了超细粉体的规模化清洁制备[4~18]。

主要流程主要包括三个部分，高能球磨机进行预处理，自蔓延冶金制备及浸出实验，其工艺流程如图5-2所示。

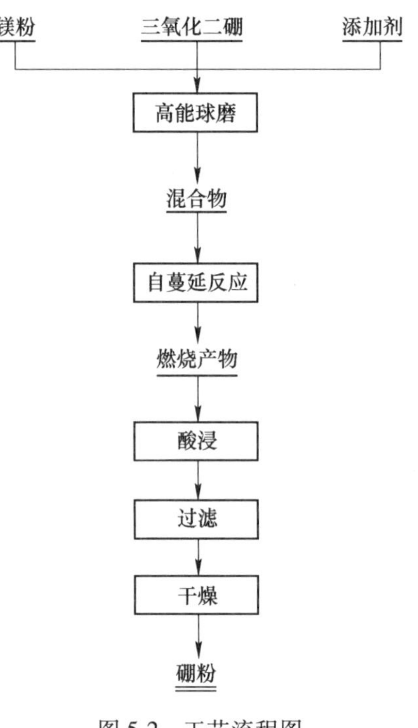

图5-2　工艺流程图

球磨初期，反复地挤压变形，经过破碎、焊合、再挤压，形成层状的复合颗粒。复合颗粒在球磨机械力的不断作用下，产生新生原子面，层状结构不断细化，使物料得到细化。

高温自蔓延反应则是以三氧化二硼和镁粉为主要原料，添加添加剂、发热剂，采用活泼金属Mg作还原剂。利用物质间化学反应热，使反应持续进行。高温自蔓延的主要反应式为：

$$3Mg + B_2O_3 = 3MgO + 2B \qquad (5\text{-}13)$$

浸出主要是针对燃烧产物中难溶杂质化合物，主要反应式为：

$$MgO + 2HCl = MgCl_2 + H_2O \qquad (5\text{-}14)$$

### 5.2.2　装备

#### 5.2.2.1　行星式高能球磨机

行星式球磨机包括驱动电机、传动齿轮组、公转主轴和转盘、多根自转轴以及绕各自转轴旋转的球磨罐，所述球磨罐为偏心安装，自转轴的中心线与球磨罐横截面的几何中心线相平行。可根据球磨需要，改变球磨罐安装的偏心度，实现磨球与磨料之间摩擦作用和冲击作用的比例变化，克服传统行星式球磨机的研磨作用与冲击作用之间比例不能改变、粉碎冲击作用不明显的缺点，增强了磨球与磨料之间冲击作用，更有利于磨料的粉碎和机械合金化。采用德国 FRITSCH 公司 Pulverisette5 行星式高能球磨机（见图 5-3），技术参数见表 5-2。

图 5-3　Pulverisette5 行星式高能球磨机

**表 5-2　Pulverisette5 行星式高能球磨机主要技术参数**

| 项　　目 | 参　　数 |
| --- | --- |
| 最大进样尺寸/mm | <10 |
| 最大处理量/mL | 4×225 |
| 最终精度/μm | <1 |
| 最多可同时处理样品数量/种 | 8 |
| 研磨碗的体积/mL | 80，250，500 |
| 研磨球的直径/mm | 5，10，15，20，30，40 |
| 尺寸（宽×高×长）/cm×cm×cm | 58×67×57 |

#### 5.2.2.2　高温自蔓延（SHS）设备

自蔓延反应装置如图 5-4 所示。

#### 5.2.2.3　浸出的相关设备

自蔓延冶金制备无定型硼粉的浸出过程中使用到的主要设备包括：

（1）恒温水浴（数显型 76-S 型）。恒温水浴系统采用温度指示控制器，温度可靠。水浴缸采用透明圆形大口径玻璃缸；电加热管采用优质铜管制成，导热性能高，加温迅速；驱动电机采用输出功率大的串激式微型电机，运行安全可靠，如图 5-5 所示。

（2）抽滤机+2500mL 抽滤瓶。

（3）其他设备。包括 ZK-82B 型真空干燥箱、2XZ-1 型旋片式真空泵、JA2103 型电子天平以及多种规格玻璃仪器（烧杯、量筒、容量瓶等）。

图 5-4　自蔓延反应装置

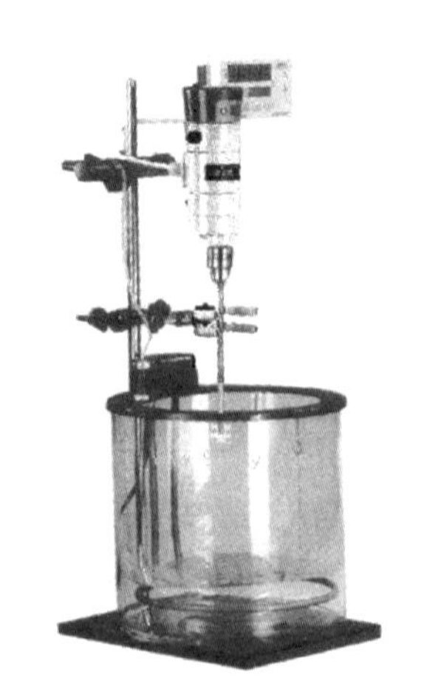

图 5-5　76-S 型恒温水浴

## 5.2.3　实验步骤

### 5.2.3.1　高温自蔓延实验步骤

高温自蔓延实验步骤如下：

（1）将不同条件下球磨处理后的混合物料取出。

（2）将混合好的反应物均匀铺于容器底部。

（3）将反应容器盖好，锁死反应容器下面。打开真空泵，开始抽真空，大概抽 10min 左右。结束抽真空，保证反应在真空环境下进行。

（4）进行点火以引燃反应物。将变压器调制到约 20V，与其相连的电阻丝在通电后 4~8min 内（受添加剂、压力的影响）便可引燃反应物。

（5）当容器内反应完成后，仍然保障在真空氛围下采取自然冷却，自然冷却需要 1h 左右。

（6）当反应器冷却到室温后，取出反应物。

在实验中应注意的问题：混合反应物料时一定要均匀，以免引起局部反应效应，造成分析结果的误差；反应的过程中要一直在真空或者惰性气体氛围下，以免生成物在高温与空气中的氧气、氮气发生其他的副反应；直到反应器冷却到室温，反应器中无烟雾放出时，关闭阀门，打开反应器取出产物。

### 5.2.3.2　浸出过程实验步骤

浸出实验需要考察多方面的因素，故主要介绍浸出实验基本操作过程：

（1）将燃烧产物称重，不论之后浸出次数为几次，第一次均采用蒸馏水加热。基本温度控制在 100℃左右，搅拌速度为 300r/min，加热时间为 2h。

（2）进行酸浸（主要是盐酸或者硫酸的选择），酸的用量一般是以第一次用 MgO 的含量来计算需要的用量的基础上过量 50%，第二次过量 20%，第三次正常量。在之后的实验中会比较一下浸出次数，具体会在 5.4.2 节中介绍与分析。温度则控制在 80℃，搅拌速度为 300r/min，每一次浸出的加热时间均为 2h 左右。

（3）浸出洗涤后进行抽滤，将样品洗至中性，放入烘箱中烘干，得到产品。

## 5.3 自蔓延冶金法基础理论

作者课题组在分析和参考大量文献以及研究工作的基础上，从冶金工艺角度出发，以自蔓延高温合成技术为基础，结合冶金分离工程，提出了自蔓延冶金制备粉末和合金材料的新方法。所谓自蔓延冶金就是将自蔓延高温还原技术与现代冶金过程（冶金分离技术）相结合，以制备金属、陶瓷微粉材料为目的的现代特殊冶金技术。它涉及燃烧、化学、冶金和材料等学科。图 5-6 所示为自蔓延冶金示意图。

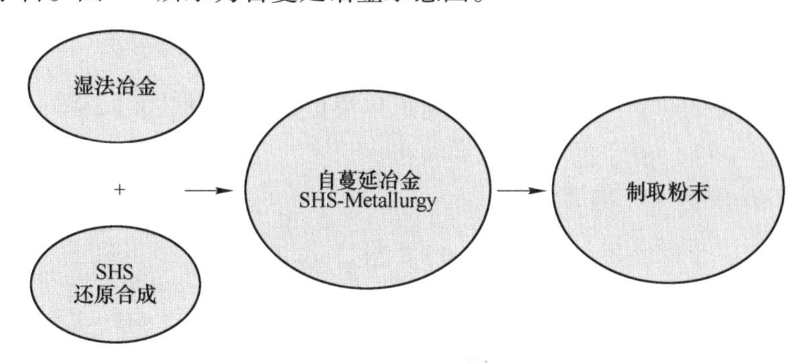


图 5-6 自蔓延冶金构成图

根据自蔓延冶金法，可初步提出如下无定型硼粉制备的工艺流程。如图 5-2 所示，显然其中自蔓延反应和浸出分离是整个工艺流程中的两个关键步骤。尤其是前者，自蔓延反应程度和反应条件如何，将直接关系到硼粉的制得和浸出分离。因此，对自蔓延过程进行热力学分析不仅可以判断体系能否维持自蔓延过程自我进行，而且还可以对反应产物的状态进行预测，并可以为反应体系的成分设计提供依据。同时，对理解自蔓延燃烧过程也是十分必要的。由于自蔓延过程具有高温、高速的反应行为，使得对过程研究相当困难。因此，通过初始条件来了解可能发生的结果也显得十分必要了。产物相的凝聚状态对产物生长影响也很大，同时也影响分离过程。

### 5.3.1 热力学研究

#### 5.3.1.1 绝热温度 $T_{ad}$ 的计算

绝热温度 $T_{ad}$ 是描述 SHS 反应特征的重要的热力学参数。Merzhnov 等人[10]提出了以下经验判据，即仅当 $T_{ad}>1800K$ 时，SHS 反应才能自我维持完成。Munir 发现一些低于其熔点 $T_m$ 的化合物的生成热与 298K 下摩尔定压热容的比值，$\Delta H_{298}^{\ominus}/C_{p,m298}$ 与 $T_{ad}$ 之间呈线性关系。由此他提出，仅当 $\Delta H_{298}^{\ominus}/C_{p,m298} \geqslant 2000K$（对应于 $T_{ad} \geqslant 1800K$）时反应才能自我维持。则只有外界对体系补充能量，如采用预热、化学炉或热爆方法，才能维持自我反应。

绝热温度 $T_{ad}$ 的计算原则为：假定反应在绝热条件下发生，且反应物 100%按化学计量发生反应。因此反应所放出的热量全部用于加热生成物，计算过程可用图 5-7 表示。

$$A(s) + B(s) \longrightarrow AB(s) + \Delta H \tag{5-15}$$

以体系的焓作为状态函数，则反应期间放出的热量为：

$$\Delta H = \Delta H_{298}^{\ominus} + \int_{298}^{T_{ad}} \Delta C_{p,m产物} \mathrm{d}T \tag{5-16}$$

式中，$\Delta H_{298}^{\ominus}$ 为产物在 298K 温度的标准生成焓；$\Delta C_{p,m产物}$ 为产物的摩尔定压热容。

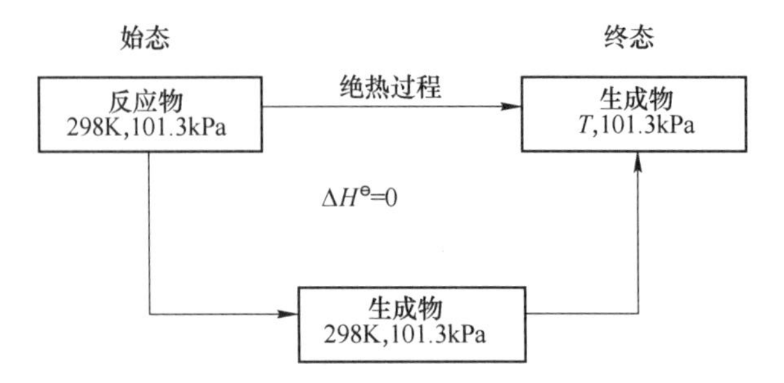


图 5-7　反应绝热过程途径示意图

当绝热时，体系的热效应为 $\Delta H=0$，则绝热温度 $T_{ad}$ 可根据式（5-16）分以下几种情况计算[10~18]：

（1）当绝热温度低于产物熔点 $T_m$ 时：

$$-\Delta H_{298}^{\ominus}=\int_{298}^{T_{ad}}\Delta C_{p,m产物}\mathrm{d}T \tag{5-17}$$

（2）如果 $T_{ad}=T_m$，则：

$$-\Delta H_{298}^{\ominus}=\int_{298}^{T_{ad}}\Delta C_{p,m产物}\mathrm{d}T+\gamma\Delta H_m \tag{5-18}$$

式中，$\gamma$ 为产物处于熔融状态的分数；$\Delta H_m$ 为产物的熔化热。

（3）当 $T_{ad}>T_m$ 时，相应的关系式为：

$$-\Delta H_{298}^{\ominus}=\int_{298}^{T_m}\Delta C_{p,m产物}\mathrm{d}T+\Delta H_m+\int_{T_m}^{T_{ad}}\Delta C_{p,m产物,液态}\mathrm{d}T \tag{5-19}$$

与 $B_2O_3$-Mg 体系（B 为无定型硼）相关的热力学数据列于表 5-3 中。

**表 5-3　$B_2O_3$-Mg 体系相关热力学数据**

| 物质 | $\Delta H_{298}^{\ominus}$ /kJ·mol$^{-1}$ | $T_m$/K | $\Delta H_m$ /kJ·mol$^{-1}$ | $C_{p,m}$/J·(mol·K)$^{-1}$ | | | 适应范围/K |
|---|---|---|---|---|---|---|---|
| | | | | $a$ | $b$ | $c$ | |
| $B_2O_3$ | −1272.77 | | 102.776 | −84.902 | $-24.376\times10^{-3}$ | | 98~723 |
| | | 723 | 22.01 | 245.81 | $-145.511\times10^{-3}$ | $-171.16\times10^{5}$ | 723~1400 |
| | | 1400 | | 127.77 | | | 1400~2316 |
| B | 0 | | | 16.046 | $10\times10^{-3}$ | $-6.276\times10^{5}$ | 298~1200 |
| MgO | −601.24 | 3098 | 77.4 | 48.98 | $3.142\times10^{-3}$ | $-11.43\times10^{5}$ | 298~3098 |

对于反应式

$$B_2O_3+3Mg=2B+3MgO \tag{5-20}$$

根据式（5-17）计算得：

$$\Delta H_{298}^{\ominus}=\int_{298}^{T_{ad}}\Delta C_{p,m产物}\mathrm{d}T=-530.95\mathrm{kJ/mol}$$

解其得：$T_{ad}=2604$K。如此高的绝热温度，说明该反应易于进行。

#### 5.3.1.2　添加稀释剂 MgO 对反应体系绝热温度的影响

利用自蔓延高温合成反应的某产物相作为稀释剂加到原始混料中，可以降低反应系的绝热温度 $T_{ad}$。而自蔓延高温合成反应一般在 $T_{ad}>1800$K 的条件下才能进行，所以通过热力学计算，可以从理论上确定稀释剂 MgO 的添加范围，并得出不同稀释剂量相对应的绝热温度。

考虑添加稀释剂，绝热反应遵循下列方程式：

$$-\Delta H_{298}^{\ominus}+\sum n_i(1+x_i)(H_{T_{ad}}^{\ominus}-H_{298}^{\ominus})_{产物}=0 \tag{5-21}$$

利用式（5-21），计算稀释剂 MgO 的添加量对绝热温度 $T_{ad}$ 的影响，计算结果如图 5-8 所示。从图 5-8 可以看出，随着稀释剂的添加，绝热温度呈下降趋势。在最初阶段出现平台，是由于随稀释剂的添加绝热温度下降至硼的熔点附近，硼熔化吸收热所致。当稀释剂 MgO 的摩尔比 $x_{MgO}=1.89$ 时，体系的绝热温度为 1800K，此时为稀释剂加入量的上限。

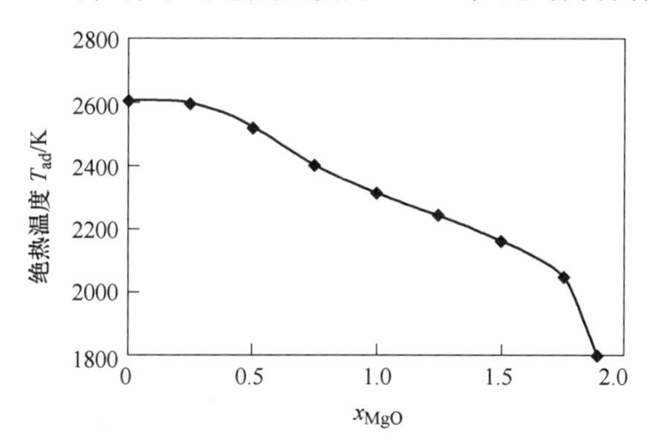


图 5-8 稀释剂 MgO 对绝热温度的影响

5.3.1.3 预热温度对反应绝热温度的影响

反应的绝热温度是与初始温度有关的。通过对反应物进行预热，有可能提高体系的绝热温度，那么，从理论上明确体系预热温度对绝热温度的影响将有利于选择合适的预热温度，使体系反应达到预定的高温。

当反应物预热至 $T$ 发生绝热反应，其途径如图 5-9 所示。

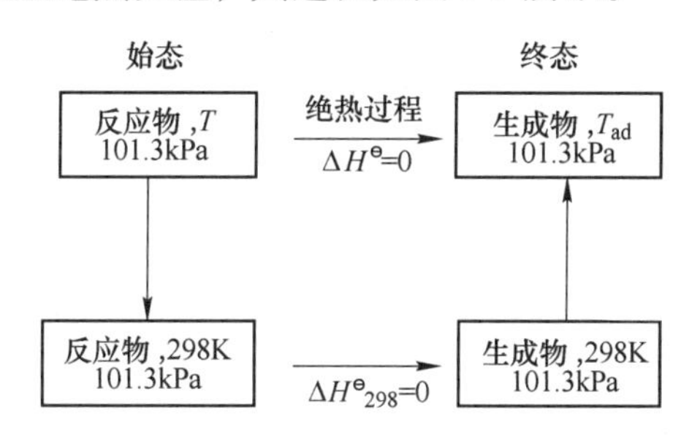


图 5-9 进行预热的绝热过程途径示意图

热平衡方程为：

$$\Delta H^{\ominus}=\sum n_i\,(H_{f,\,298}^{\ominus}-H_{f,\,T}^{\ominus})_{反应物}+\Delta H_{298}^{\ominus}+\sum n_i\,(H_{f,\,T_{ad}}^{\ominus}-H_{f,\,298}^{\ominus})_{生成物} \tag{5-22}$$

利用式（5-22）结合前述的计算绝热温度的方法，计算反应（5-20）的绝热温度。通过对反应物进行预热提高了反应的绝热温度，这样可以通过控制反应的初始条件来控制自蔓延反应过程。

5.3.1.4 $B_2O_3$-Mg 体系温度焓变图

$B_2O_3$-Mg 反应体系的相关热力学焓数据列于表 5-4 中。依据这些数据绘 $\Delta H$-$T$ 图，如图 5-10 所示。

表 5-4　$B_2O_3$-Mg 反应体系的相关热力学数据

| $T$/K | $\Delta H$/kJ · mol$^{-1}$ | | | |
| --- | --- | --- | --- | --- |
| | $B_2O_3$ | Mg | B | MgO |
| 298 | -1270.43 | 0.00 | 3.77 | -601.24 |
| 400 | -1263.25 | 2.60 | 5.22 | -597.24 |
| 600 | -1245.85 | 8.05 | 8.91 | -587.96 |
| 800 | -1200.68 | 13.98 | 13.25 | -578.20 |
| 1000 | -1174.16 | 29.33 | 18.11 | -568.12 |
| 1200 | -1148.17 | 35.85 | 23.41 | -557.83 |
| 1400 | -1122.57 | 169.34 | | -547.35 |
| 1600 | -1097.01 | 173.50 | | -536.71 |
| 1800 | -1071.46 | 177.65 | | -525.93 |
| 2000 | -1045.90 | 181.81 | | -515.00 |
| 2200 | -1020.34 | | | -503.94 |

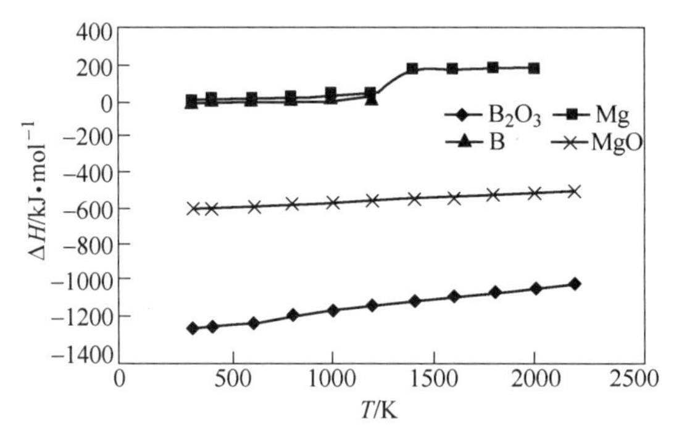


图 5-10　$\Delta H$-$T$ 关系图

#### 5.3.1.5　$B_2O_3$-Mg 体系相关反应的热力学分析

$B_2O_3$-Mg 反应体系是复杂的伴有高放热的氧化还原过程，对可能出现的反应和产物中可能出现的相，从热力学角度做粗略预测是十分必要的。标态下的吉布斯自由能基本上能体现反应的可能性或者说反应趋势。本节计算了 $B_2O_3$-Mg 体系在不同温度下的反应标准吉布斯自由能，以及在此条件下可能发生的副反应的标准吉布斯自由能，同时进行了比较。与 $B_2O_3$-Mg 体系有关的可能出现的反应列于表 5-5，其吉布斯自由能与温度的关系如图 5-11 所示。

表 5-5　体系中可能发生的化学反应

| 反　应　式 | $\Delta G = A + BT$/J · mol$^{-1}$ | 适应温度范围/K |
| --- | --- | --- |
| $2Mg(s) + O_2 = 2MgO(s)$ | $-1202460 + 215.18T$ | 298 ~ 922 |
| $2Mg(l) + O_2 = 2MgO(s)$ | $-1219140 + 233.04T$ | 922 ~ 1365 |
| $2Mg(g) + O_2 = 2MgO(s)$ | $-4365400 + 411.96T$ | 1365 ~ 1997 |
| $1/2Mg(g) + B(s) = 1/2MgB_2(s)$ | $-46025 + 5.23T$ | 298 ~ 922 |
| $1/4Mg(s) + B(s) = 1/4MgB_4(s)$ | $-26988 + 2.79T$ | 298 ~ 922 |
| $3Mg(s) + N_2 = Mg_3N_2$ | $-46020 + 202.9T$ | 298 ~ 922 |
| $Mg(s) + 1/3B_2O_3 = 2/3B(s) + MgO(s)$ | $-191630 + 37.58T$ | 723 ~ 922 |

续表 5-5

| 反 应 式 | $\Delta G = A + BT$/J·mol$^{-1}$ | 适应温度范围/K |
|---|---|---|
| $Mg(l) + 1/3B_2O_3 = 2/3B(s) + MgO(s)$ | $-199970 + 46.50T$ | 922 ~ 1363 |
| $Mg(g) + 1/3B_2O_3 = 2/3B(s) + MgO(s)$ | $-323100 + 175.22T$ | 1363 ~ 1997 |
| $2B + N_2 = 2BN(s)$ | $-501200 + 175.22T$ | 298 ~ 2303 |
| $4/3B + O_2 = 2/3B_2O_3$ | $-819200 + 140.03T$ | 298~2303 |

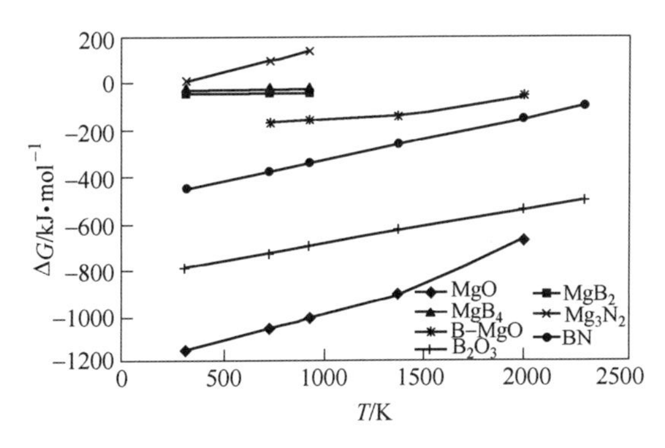


图 5-11 吉布斯自由能图

由图 5-11 不难看出：

（1）在保护气氛下，镁还原 $B_2O_3$ 生成 B 与 MgO，和生成 $MgB_2$、$MgB_4$ 的反应相比，反应的吉布斯自由能变最负。

（2）由于 Mg 和 B 易与氧气反应，而且 BN 和 $Mg_3N_2$ 的吉布斯自由能较小，形成趋势大，故反应不能在空气介质中进行。

（3）形成 $MgB_2$ 和 $MgB_4$ 趋势小，除非单质镁及硼过量。因此，在配料时应加以注意。

## 5.3.2 动力学研究

### 5.3.2.1 差热分析

差热分析（differential thermal analysis，DTA）是使用最早、应用最广和研究最多的一种热分析技术。差热分析法往往能比热重法（TG）给出更多关于试样的信息，而且新发展的差示扫描量热法（DSC）也与 DTA 技术有密切关系。

差热分析是在程序控制温度下，测量物质和参比物的温度差和温度关系的一种技术，当试样发生任何物理或化学变化时，所释放或吸收的热量使试样温度高于或低于参比物的温度，从而相应的在差热曲线上可得到放热或吸热峰。通过对放热、吸热峰的分析，便可以得到相应的物理或化学变化的前后过程。为了研究 SHS 反应过程，采用了差热分析法。

### 5.3.2.2 差热分析的影响因素

影响差热曲线分析结果的因素比较多，其中最主要的影响因素大致有以下几个：

（1）仪器方面的因素：包括加热炉的形状和尺寸、坩埚大小、热电偶位置等。

（2）实验条件：升温速率、气氛等。

（3）试样的影响：试样用量、粒度等。

#### 5.3.2.3　根据 DTA 结果推算合成过程的动力学

差热曲线与基线之间距离的变化是试样和参比物之间温差的变化，而这种温差的变化是由试样相对于参比物所产生的热效应引起的，即试样所产生的热效应与差热曲线的峰面积 $S$ 成正比关系。

$$\Delta H = KS \tag{5-23}$$

典型的差热曲线如图 5-12 所示。

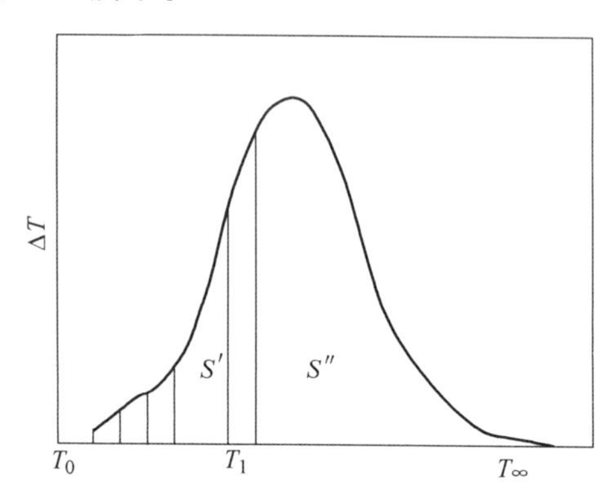


图 5-12　DTA 计算反应变化率的示意图

采用 Freeman-Carroll 微分法处理实验数据。现设 $T_0$-$T_1$ 的 DTA 曲线总面积为 $S'$，$T$-$T_1$ 的 DTA 曲线面积为 $S''$。由于化学反应进行程度可直接用热效应来度量，因此反应的变化率 $\alpha$ 为：

$$\alpha = \frac{\Delta H_t}{\Delta H_{总}} = \frac{S'}{S} \tag{5-24}$$

$$1 - \alpha = \frac{S''}{S} \tag{5-25}$$

$$\frac{\mathrm{d}\alpha}{\mathrm{d}T} = \frac{\mathrm{d}}{\mathrm{d}T}\left(\frac{S'}{S}\right) = \frac{1}{S}\frac{\mathrm{d}S'}{\mathrm{d}T} = \frac{1}{S}\frac{\mathrm{d}}{\mathrm{d}T}\int_{T_0}^{T}\Delta T\mathrm{d}T \tag{5-26}$$

$$\frac{\mathrm{d}\alpha}{\mathrm{d}T} = \frac{\Delta T}{S} \tag{5-27}$$

根据动力学方程式：

$$\frac{\mathrm{d}\alpha}{\mathrm{d}T} = \frac{A}{\phi}\mathrm{e}^{-E/(RT)}(1-\alpha)^n \tag{5-28}$$

将式（5-27）代入式（5-28）得：

$$\frac{\Delta T}{S} = \frac{A}{\phi}\mathrm{e}^{-E/(RT)}\left(\frac{S''}{S}\right)^n \tag{5-29}$$

取对数

$$\lg\Delta T - \lg S = \lg\frac{A}{\phi} - \frac{E}{2.303RT} + n\lg S'' - n\lg S \tag{5-30}$$

然后以差减形式表示：

$$\Delta\lg\Delta T = -\frac{E}{2.303R}\Delta\frac{1}{T} + n\Delta\lg S'' \tag{5-31}$$

$$\frac{\Delta\lg\Delta T}{\Delta\lg S''} = -\frac{E}{2.303R} \cdot \frac{\Delta \frac{1}{T}}{\Delta\lg S''} + n \tag{5-32}$$

作 $\Delta\lg\Delta T/\Delta\lg S''$-$\Delta\frac{1}{T}/\Delta\lg S''$ 图，应为一条直线，其斜率为$-E/(2.303R)$，截距为 $n$。因此可通过DTA 曲线和方程式（5-31）求算活化能 $E$ 和反应级数 $n$ 等动力学参数，并采用 Kissinger 法对反应级数进行验算对比[19~25]。

Kissinger 法计算反应级数是根据反应级数与 DTA 曲线形状之间的关系确定的，并首先定义峰形的形状因子 $I$：

$$I = \frac{a}{b} \tag{5-33}$$

$a$ 和 $b$ 两值是按 DTA 曲线确定的，如图 5-13 所示，$a$ 在高温侧，$b$ 在低温侧。然后根据下列反应级数与形状因子之间的关系式：

$$n = 1.26I^{1/2} \tag{5-34}$$

计算出 $n$ 值。

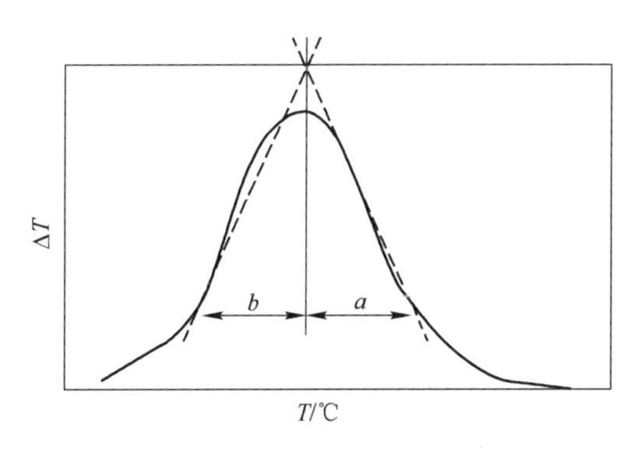


图 5-13 由 DTA 曲线测定形状因子

5.3.2.4 合成反应的 DTA 分析

对 $Mg$-$B_2O_3$ 体系和 $Mg$-$B_2O_3$-$KClO_3$ 体系进行了差热分析。升温速率都是20℃/min，采用氩气作保护气氛。DTA 结果如图 5-14 和图 5-15 所示。可以看出两个曲线在 150℃ 和

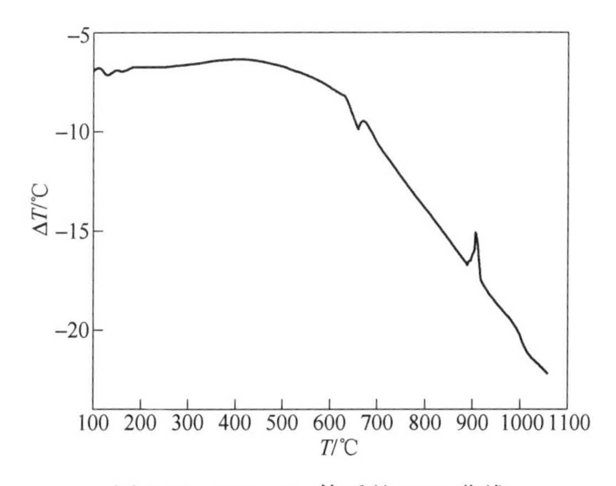


图 5-14 $B_2O_3$-Mg 体系的 DTA 曲线

650℃附近都有明显的吸热峰，Mg-$B_2O_3$体系在890℃附近有个明显的放热峰，而Mg-$B_2O_3$-$KClO_3$体系在520℃附近首先出现一个放热峰，在890℃附近出现第二个放热峰。

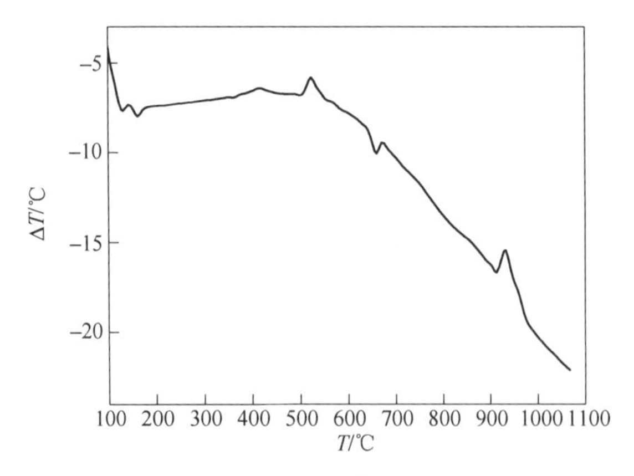


图5-15　$B_2O_3$-Mg-$KClO_3$体系的DTA分析图

A　$B_2O_3$-Mg的二相反应体系

固体物质（无机物）一般都含有吸湿水、吸附水、层间水、沸石水、结构水、结晶水等。对于有些物质的吸附水，由于有较强的结合力，必需加热到150℃左右才能完全脱掉。而对于具有层间结构的黏土类矿物，在其结晶层之间的所谓层间水，加热到150~200℃才能脱掉。因此，对图5-14分析得出以下结论：由对$B_2O_3$和Mg的DTA曲线分析可知，第一个吸热峰（峰值为150℃）为不定型态的$B_2O_3$脱掉结晶层之间的层间水的反应所致。第二个吸热峰（峰值为650℃）为Mg熔化吸热的结果。在890~930℃之间出现的放热峰则表示Mg和$B_2O_3$置换反应在890℃附近开始，反应放出大量的热。没有出现$B_2O_3$熔化的吸热峰，可能与$B_2O_3$属非晶态有关。反应为液-液反应。

B　$B_2O_3$-Mg-$KClO_3$的三相反应体系

如图5-15所示，DTA图中有两个放热峰和两个吸热峰。由分析得出以下结论：第一个吸热峰（峰值为150℃）为不定型态的$B_2O_3$脱掉结晶层之间层间水的反应所致。第二个吸热峰（峰值为650℃）为Mg熔化吸热的结果。在520~550℃之间和890~950℃出现的放热峰，第一个放热峰是氯酸钾在520℃附近开始分解，由于氯酸钾分解是强放热反应，放出的热会使反应体系急剧升温从而引发Mg与$B_2O_3$反应，从实验现象可以看到，在520℃左右剧烈反应，伴有耀眼火焰和大量气体出现，产物炸裂成碎块。第二个放热峰发生在890~950℃，其为Mg和$B_2O_3$正常的反应温度，此时未反应的Mg和$B_2O_3$发生反应。

5.3.2.5　根据DTA结果推算合成过程的动力学常数

本节只对合成反应的放热峰进行动力学分析计算。

A　反应的变化率

前面已经分析得知，化学反应进行程度可直接用热效应来量度，所以反应的变化率$\alpha$为：

$$\alpha = \frac{\Delta H_t}{\Delta H_{总}} = \frac{S'}{S}$$

处理两组DTA曲线计算得到的数据可作出20K/min升温速率下转化率曲线，对以上处理的 3 个放热峰分别作图，如图 5-16（a）~（c）所示。图 5-16（a）是 $B_2O_3$-Mg 体系 DTA 曲线上放热峰的转化率和温度的关系图，图 5-16（b）是 $B_2O_3$-Mg-$KClO_3$ 体系 DTA 曲线 520~550℃之间放热峰的转化率和温度的关系图，图 5-16（c）是 $B_2O_3$-Mg-$KClO_3$ 体系 DTA 曲线 890~950℃之间放热峰的转化率和温度的关系图。

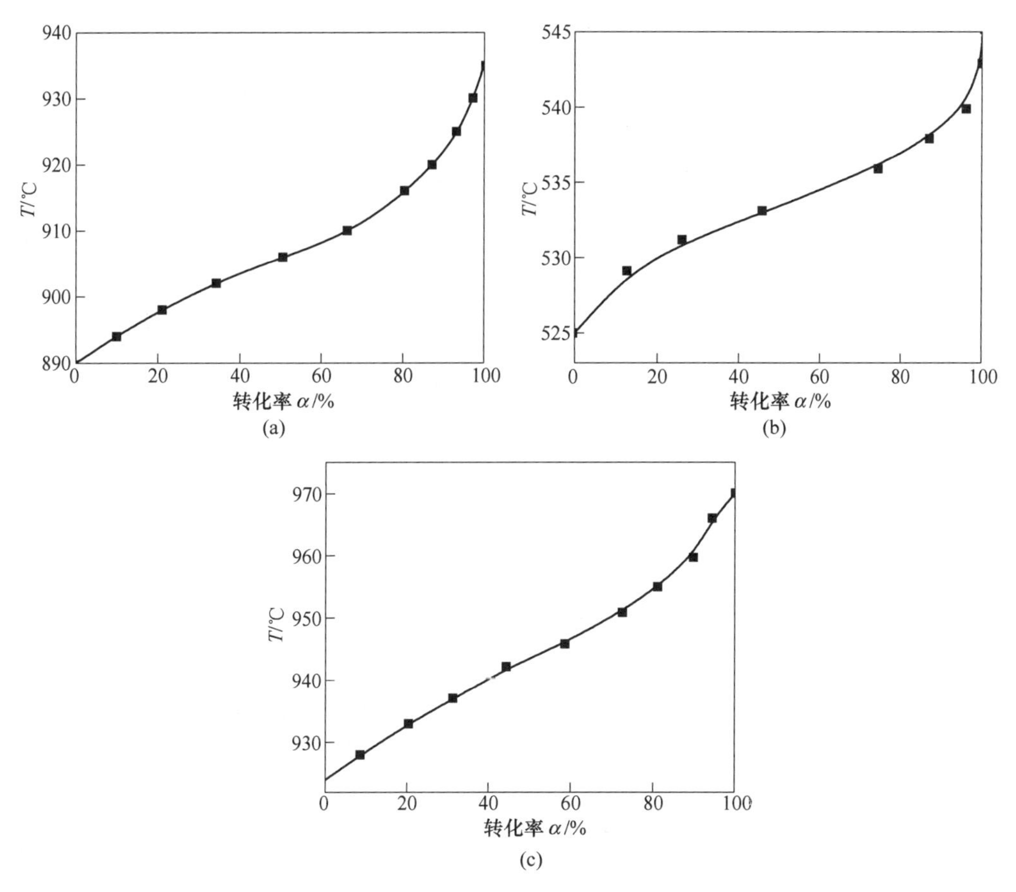


图 5-16 不同体系转化率和温度的关系图

B $B_2O_3$-Mg 体系的 DTA 分析计算

对 $B_2O_3$-Mg 系在 890~930℃之间出现的放热峰进行 DTA 分析计算，运用 Freeman-Carroll 微分法[19~25]计算的具体过程见表 5-6。

**表 5-6 $B_2O_3$+Mg 体系 DTA 的分析计算**

| 项目 | $T$/K | $\Delta T$/K | $\lg\Delta T$ | $\Delta\lg\Delta T$ | $S''$/mm$^2$ | $\lg S''$ | $\Delta\lg S''$ |
|---|---|---|---|---|---|---|---|
| 1 | 1163 | — | — | — | 108.4 | 2.0350 | — |
| 2 | 1167 | 4 | 0.6021 | — | 97.6 | 1.9894 | −0.0456 |
| 3 | 1171 | 8 | 0.9031 | 0.1010 | 85.5 | 1.9320 | −0.0574 |
| 4 | 1175 | 12 | 1.0792 | 0.1761 | 71.3 | 1.8531 | −0.0789 |
| 5 | 1179 | 16 | 1.2041 | 0.1249 | 53.5 | 1.7284 | −0.1247 |
| 6 | 1183 | 20 | 1.3010 | 0.0969 | 36.6 | 1.5635 | −0.1649 |

续表 5-6

| 项目 | $T$/K | $\Delta T$/K | $\lg\Delta T$ | $\Delta\lg\Delta T$ | $S''$/mm$^2$ | $\lg S''$ | $\Delta\lg S''$ |
|---|---|---|---|---|---|---|---|
| 7 | 1189 | 26 | 1.4150 | 0.1140 | 21.2 | 1.3263 | -0.2372 |
| 8 | 1193 | 30 | 1.4771 | 0.0621 | 14 | 1.1461 | -0.1802 |
| 9 | 1198 | 35 | 1.5441 | 0.0670 | 7.3 | 0.8633 | -0.2828 |
| 10 | 1203 | 40 | 1.6021 | 0.0580 | 3.2 | 0.5051 | -0.3582 |

对 $B_2O_3$-Mg 反应体系的 890~930℃放热峰的 DTA 分析结果作图，如图 5-17 所示，可得 890~930℃的反应表观活化能为 903.75kJ/mol，反应级数为 $n_1=0.9$。

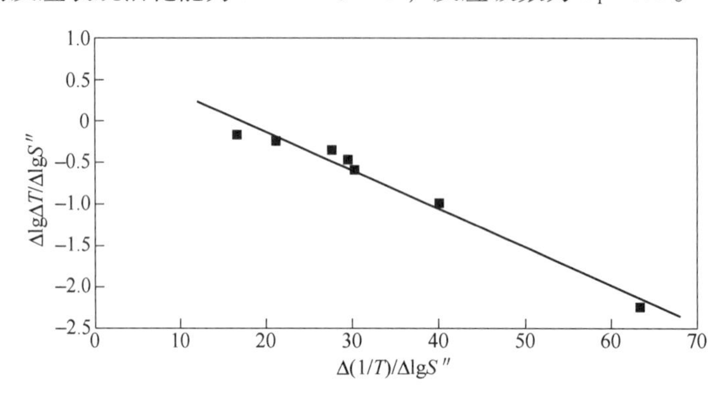


图 5-17 根据 DTA 曲线确定 $B_2O_3$+Mg 体系的动力学常数（890~930℃）

C $B_2O_3$-Mg-$KClO_3$ 体系的 DTA 分析计算

对于 $B_2O_3$-Mg-$KClO_3$ 体系在 520~550℃之间和 890~950℃之间出现的放热峰进行 DTA 分析计算，运用 Freeman-Carroll 微分法计算的具体过程见表 5-7 和表 5-8。

**表 5-7 $B_2O_3$-Mg-$KClO_3$ 体系 DTA 的分析计算**（520~550℃）

| 项目 | $T$/K | $\Delta T$ | $\lg\Delta T$ | $\Delta\lg\Delta T$ | $S''$/mm$^2$ | $\lg S''$ | $\Delta\lg S''$ |
|---|---|---|---|---|---|---|---|
| 1 | 798 | — | — | — | 40.9 | 1.6117 | — |
| 2 | 802 | 4 | 0.60206 | — | 35.5 | 1.5502 | -0.0615 |
| 3 | 804 | 6 | 0.77815 | 0.17609 | 30.0 | 1.4771 | -0.0731 |
| 4 | 806 | 8 | 0.90309 | 0.12494 | 22.1 | 1.3444 | -0.1327 |
| 5 | 809 | 11 | 1.04139 | 0.13830 | 10.6 | 1.0253 | -0.3191 |
| 6 | 811 | 13 | 1.11394 | 0.07255 | 5.4 | 0.7324 | -0.2929 |
| 7 | 813 | 15 | 1.17609 | 0.06215 | 1.7 | 0.2304 | -0.5020 |
| 8 | 816 | 18 | 1.25527 | 0.07918 | 0.1 | -1 | -1.2304 |

**表 5-8 $B_2O_3$-Mg-$KClO_3$ 体系 DTA 的分析计算**（890~950℃）

| 项目 | $T$/K | $\Delta T$ | $\lg\Delta T$ | $\Delta\lg\Delta T$ | $S''$/mm$^2$ | $\lg S''$ | $\Delta\lg S''$ |
|---|---|---|---|---|---|---|---|
| 1 | 1197 | — | — | — | 118.6 | 2.0741 | — |
| 2 | 1201 | 4 | 0.6021 | — | 108.1 | 2.0338 | -0.0403 |
| 3 | 1206 | 9 | 0.9542 | 0.3521 | 94.2 | 1.9741 | -0.0597 |
| 4 | 1210 | 13 | 1.1139 | 0.1597 | 81.2 | 1.9096 | -0.0645 |

续表 5-8

| 项目 | $T$/K | $\Delta T$ | $\lg\Delta T$ | $\Delta\lg\Delta T$ | $S''$/mm$^2$ | $\lg S''$ | $\Delta\lg S''$ |
|---|---|---|---|---|---|---|---|
| 5 | 1215 | 18 | 1.2553 | 0.1414 | 65.3 | 1.8149 | -0.0947 |
| 6 | 1219 | 22 | 1.3424 | 0.0871 | 49.2 | 1.6920 | -0.1229 |
| 7 | 1224 | 27 | 1.4314 | 0.0890 | 32.8 | 1.5159 | -0.1761 |
| 8 | 1228 | 31 | 1.4913 | 0.0599 | 22.6 | 1.3541 | -0.1618 |
| 9 | 1233 | 36 | 1.5563 | 0.0650 | 12.4 | 1.0934 | -0.2607 |
| 10 | 1239 | 42 | 1.6232 | 0.0669 | 6.2 | 0.7924 | -0.3010 |

对 $B_2O_3$-Mg-$KClO_3$ 体系 520~550℃放热峰的 DTA 分析结果作图，如图 5-18 所示，可得 520~550℃之间反应表观活化能为 544.93kJ/mol，反应级数 $n_2=1.2$。

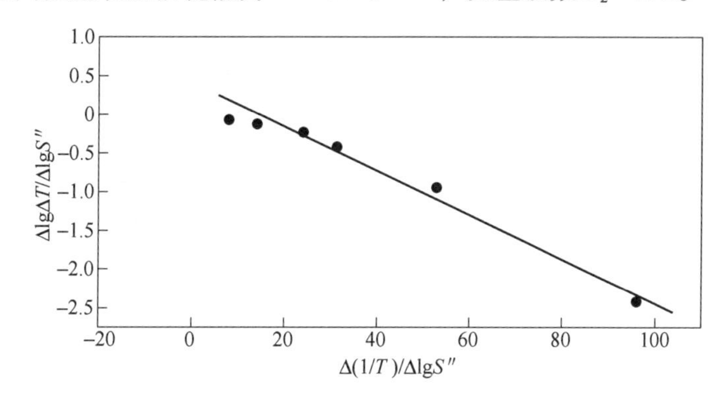


图 5-18 根据 DTA 曲线确定 $B_2O_3$-Mg-$KClO_3$ 体系的动力学常数（520~550℃）

对 $B_2O_3$-Mg-$KClO_3$ 反应体系 890~950℃放热峰的 DTA 分析作图结果，如图 5-19 可得体系在 890~950℃之间反应表观活化能为 1558.96kJ/mol，反应级数为 $n_3=1.1$。

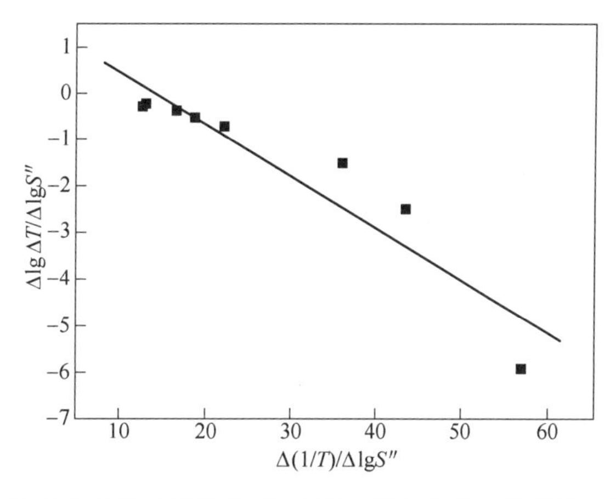


图 5-19 根据 DTA 曲线确定 $B_2O_3$-Mg-$KClO_3$ 体系的动力学常数（890~950℃）

用 Kissinger 法对反应级数进行验算，原理如图 5-13 和式（5-33）、式（5-34）所示，计算结果为：$n_1=1.26(a/b)^{1/2}=1.02$，$n_2=1.42$，$n_3=1.15$，与 Freeman-Carroll 微分法所得的结果基本上一致，结果见表 5-9。

表 5-9 不同方法的 DTA 曲线反应级数

| 计算方法 | $n_1$ | $n_2$ | $n_3$ |
|---|---|---|---|
| Freeman-Carroll | 0.9 | 1.2 | 1.1 |
| Kissinger | 1.02 | 1.42 | 1.15 |

## 5.4 自蔓延冶金制备无定型硼粉的过程研究

### 5.4.1 自蔓延过程

传统的金属热还原法制备硼粉存在着纯度低、粒度大、生产成本高等缺点，且只能制备出含硼量低于90%、粒度大于2μm的硼粉。而纳米无定型硼粉因其独特的性质引起了学术界的高度重视。近年来，随着航空、航天、火箭发射燃料、汽车安全气囊以及纳米材料的发展，对无定型纳米硼粉的需求量越来越大，尤其是对高活性无定型纳米硼粉需求量激增，现有的无定型硼粉质量已无法满足纳米材料、汽车安全气囊等对无定型硼粉活性的要求。因此，如何高效制备高活性无定型纳米硼粉已成为无定型硼粉研究热点。但是目前关于纳米硼材料的研究主要集中在理论计算方面，尤其是纳米管、纳米纤维的制备及理论研究等方面，而对高活性无定型纳米硼粉制备和性能表征则相对空白。

为制备出超细的高活性无定型硼粉，作者提出了基于机械合金化—自蔓延冶金法制备高活性无定型纳米硼粉的新思路，即将高能球磨技术引入到自蔓延冶金法制备无定型硼粉工艺中，通过对原料的高能球磨活化处理，提高了反应活性和产品转化率。并通过进一步优化自蔓延工艺条件，有效地细化了无定型硼粉的粒度，成功制备出高活性无定型纳米硼粉。

系统考察高能球磨条件（球磨转速、球磨时间）、自蔓延反应初始条件（物料配比、添加剂、发热剂加入量）对自蔓延反应过程以及硼粉质量的影响，并采用XRD、SEM、TEM、比表面积和化学成分等分析方法对无定型硼粉的性能进行表征[26~28]。

5.4.1.1 高能球磨条件对无定型硼粉质量的影响

系统考察了球磨速度、球磨时间等因素对无定型硼粉的粒度、微观形貌、比表面积、活性以及化学成分的影响。另外，由于所制备的无定型硼粉中杂质成分主要是Mg，而Fe等杂质都属于微量杂质，因此在考察制备工艺条件对硼粉化学成分的影响时，只分析了无定型产品中的Mg主杂质相的化学含量，微量杂质中只考察了Fe的化学含量，其余的微量杂质含量均小于0.05%，故未一一分析（以下关于自蔓延反应条件考察同上）。而为了分析所制备无定型硼粉的活性，采用了XRD分析手段计算了硼粉的结晶度，对硼粉在酸中的溶解速度以及$LaB_6$硼化物的合成温度等定量及定性分析了无定型硼粉的化学活性。

A 球磨时间对无定型硼粉质量的影响

a 球磨时间对无定型硼粉成分的影响

由表5-10可知，随着球磨时间的增加，杂质Mg含量由13.30%降低到7.69%，降低了34.67%。这是因为高能球磨预处理显著提高了反应物的反应活性，强化了还原反应程度，因此，无定型硼粉中杂质含量显著降低，产品的纯度显著提高。因为球磨过程中，大量的碰撞现象发生在球-粉末球之间，被捕获的粉末在碰撞作用下发生严重的塑性变形，使粉末受到两个碰撞球的“微型”锻造作用。球磨产生的高密度缺陷和纳米界面大大促进了自蔓延反应的进行，且起了主导作用。

**表 5-10 球磨时间对硼粉化学成分的影响**

| 试样 | 试验条件 | Mg 含量/% | Fe 含量/% |
|---|---|---|---|
| 1 | $Mg/B_2O_3/KClO_3$（摩尔比）：3∶1∶0<br>普通混料罐（3h） | 13.30 | 0.01 |
| 2 | $Mg/B_2O_3/KClO_3$（摩尔比）：3∶1∶0<br>300r/min/15min | 9.86 | 0.05 |
| 3 | $Mg/B_2O_3/KClO_3$（摩尔比）：3∶1∶0<br>300r/min/20min | 7.69 | 0.05 |

b 球磨时间对无定型硼粉比表面积的影响

表 5-11 是不同球磨时间条件下无定型硼粉比表面积分析结果。由表 5-11 对比试样 1 与试样 2、3 可以看出，高能球磨显著增加了无定型硼粉的比表面积，说明硼粉的粒度逐渐变小。但是随着高能球磨时间延长，硼粉的比表面积反而降低。这是由于随着高能球磨时间的延长，无定型硼粉的粒度进一步细化，进而导致细小硼粉颗粒团聚在一起，表观比表面积减小，应避免该现象。

**表 5-11 球磨时间对硼粉比表面积的影响**

| 试样 | 比表面积/$m^2 \cdot g^{-1}$ | | | | |
|---|---|---|---|---|---|
| | Single point | BET | Langmuir | t-plog | B-JH |
| 1 | 3.73 | 4.22 | 6.23 | 4.64 | 1.53 |
| 2 | 38.17 | 53.40 | 94.60 | 80.82 | 48.15 |
| 3 | 37.89 | 44.91 | 68.49 | 59.22 | 33.92 |

c X 射线衍射（XRD）分析

图 5-20 所示为不同高能球磨时间下（见表 5-10）制备的无定型硼粉的 XRD 图。由图 5-20 可知，试样 1 和 2 中存在明显的硼的结晶衍射峰，但是增加高能球磨活化预处理后，无定型硼粉结晶衍射峰显著降低，尤其是随着高能球磨时间的延长，无定型硼粉的结晶度

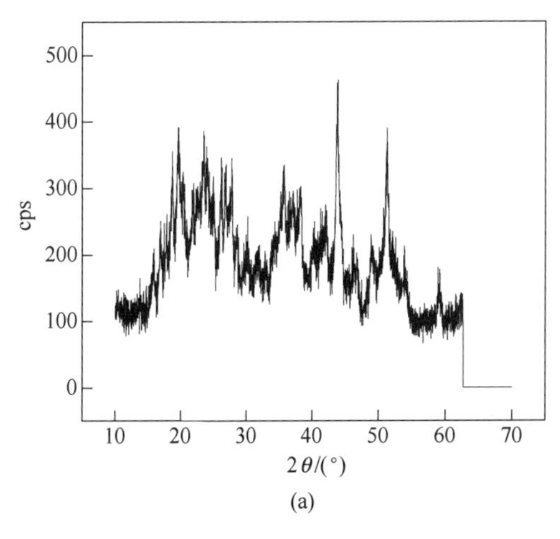

(a)

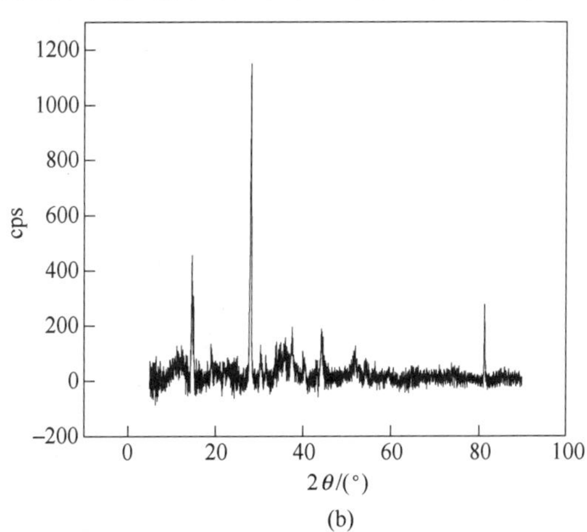

(b)

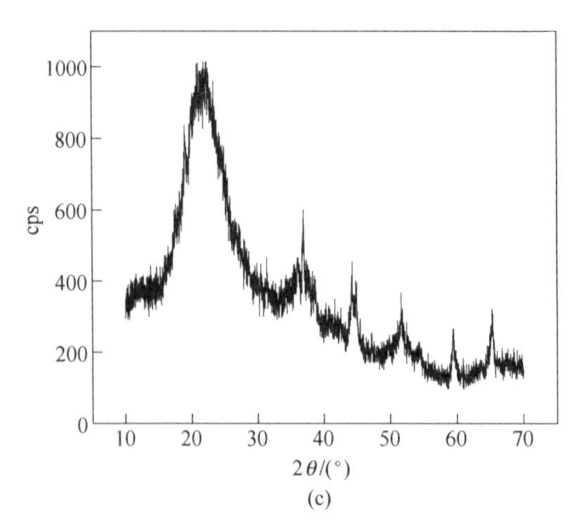


(c)

图 5-20　不同球磨时间下硼粉的 XRD 图

（a）试样 1；（b）试样 2；（c）试样 3

显著下降，因此高能球磨活化预处理对获得高活性无定型硼粉是有利的。

d　扫描电子显微镜 SEM 分析

图 5-21 所示为不同高能球磨时间下（见表 5-10）制备的无定型硼粉的 SEM 图。由图

图 5-21　不同球磨时间下的硼粉的 SEM 图

（a）试样 1；（b）试样 2；（c）试样 3

5-21 可知，试样 1 中硼粉的平均粒度为亚微米级，且出现了大量棒状晶（长度 1μm 左右，

直径 100~200nm)。试样 2、3 中硼粉的平均粒度均为纳米水平，其中，试样 2 的平均粒度为 100nm 左右；试样 3 中硼粉的平均粒度在 50nm 左右。但是试样 2、3 中出现了团聚现象，尤其是试样 3 中团聚现象十分明显，这也是导致无定型硼粉比表面积降低的原因。结合 XRD 分析发现，长时间的高温状态不但会使晶体颗粒发育更完善，使得硼粉颗粒充分长大，也使产品中的晶体硼的含量大幅度增加。比较试样 1~3 发现，随着球磨时间的增加，硼粉的粒度显著变小。因此，高能球磨预处理对获得纳米级及更小粒度的产品十分有效。

B　球磨转速对无定型硼粉质量的影响

a　球磨速度对无定型硼粉成分的影响

由表 5-12 可知，随着球磨转速的增加，无定型硼粉中杂质含量显著降低，尤其是杂质镁含量更明显。这是因为随着球磨转速的增加，球磨活化效果显著加强，还原反应程度得到强化。

**表 5-12　球磨速度对硼粉成分的影响**

| 试样 | 试 验 条 件 | Mg 含量/% | Fe 含量/% |
|---|---|---|---|
| 1 | $Mg/B_2O_3/KClO_3$（摩尔比）：3∶1∶0<br>普通混料罐 3h | 13.30 | 0.01 |
| 2 | $Mg/B_2O_3/KClO_3$（摩尔比）：3∶1∶0.1<br>250r/min/20min | 6.89 | 0.07 |
| 3 | $Mg/B_2O_3/KClO_3$（摩尔比）：3∶1∶0<br>250r/min/10min+300r/min/10min | 6.47 | 0.05 |
| 4 | $Mg/B_2O_3/KClO_3$（摩尔比）：3∶1∶0.1<br>300r/min/20min | 7.69 | 0.05 |

b　球磨转速对无定型硼粉比表面积的影响

由表 5-13 可知，随着球磨转速的增加，无定型硼粉的比表面积显著增加，未加高能球磨时，无定型硼粉的 BET 测试结果仅为 4.22$m^2/g$，当采用 250r/min 高能球磨处理 20min 时，无定型硼粉的 BET 测试结果快速增加到 47.42$m^2/g$，由此可见，高能球磨显著细化了晶粒。但是随着球磨转速的增加，无定型硼粉的比表面积开始减小。这是由于随着高能球磨时间的延长，无定型硼粉的粒度进一步细化，进而导致细小硼粉的颗粒团聚在一起，表观比表面积减小。

**表 5-13　球磨速度对硼粉比表面积的影响**

| 试样 | 比表面积/$m^2 \cdot g^{-1}$ | | | | |
|---|---|---|---|---|---|
| | Single point | BET | Langmuir | t-plog | B-JH |
| 1 | 3.73 | 4.22 | 6.23 | 4.64 | 1.53 |
| 2 | 39.82 | 47.42 | 72.91 | 59.30 | 23.82 |
| 3 | 62.87 | 70.03 | 101.90 | 77.72 | 47.61 |
| 4 | 37.89 | 44.91 | 68.49 | 59.22 | 33.92 |

c　X 射线衍射（XRD）分析

图 5-22 所示为不同高能球磨转速条件下（见表 5-12）制备的无定型硼粉的 XRD 分析结果。其中，试样 1 是在普通混料机中混料 3h，试样 2、试样 3、试样 4 是不同球磨转速高能球磨预处理 20min。

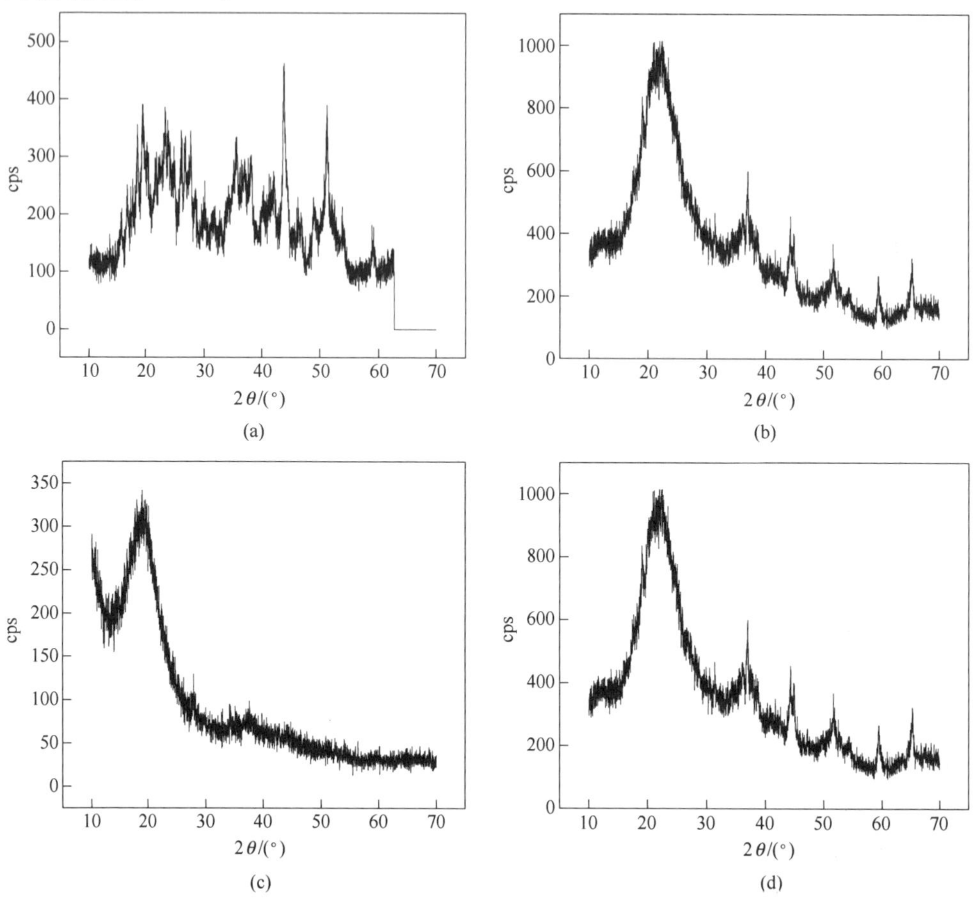


图 5-22　不同球磨条件下的硼粉 XRD 图
（a）试样 1；（b）试样 2；（c）试样 3；（d）试样 4

由图 5-22 可知，试样 1 中出现了明显的结晶相衍射峰，而试样 2、试样 3、试样 4 的结晶相衍射峰则较弱，分别在 2$\theta$ 角为 36.96°、44.32°、51.64°、59.48°以及 65.3°处，主要是晶体硼的衍射峰。采用 Diffrac. Suite. Eva 软件计算试样 1~4 的结晶度，结果分别为 72.46%、31.5%、32.0%以及 30.4%。结合 XRD 及结晶度计算结果可知，试样 2~4 主要为非晶态。

d　扫描电子显微镜（SEM）分析

图 5-23 所示为不同高能球磨转速条件下（见表 5-12）制备的无定型硼粉的 SEM 分析结果。其中，试样 1 是在普通混料机中混料 3h，试样 2~4 是不同球磨转速高能球磨预处理 20min。

由图 5-23 可知，试样 1 中硼粉的平均粒度为亚微米级，且出现了大量棒状晶（长度 1μm 左右，直径 100~200nm）。试样 2~4 中硼粉的平均粒度均为纳米水平，其中，试样 2 中所圈的是硼粉，从硼粉的粒度来看平均粒度为 100nm 左右；试样 3 中硼粉的平均粒度小

图 5-23 硼粉扫描电镜图片
(a) 试样 1;(b) 试样 2;(c) 试样 3;(4) 试样 4

于 100nm,而且出现了近似于纳米晶须或纳米线(图中箭头所指区域);试样 4 中硼粉的平均粒度在 50nm 左右。结合 XRD 分析发现,长时间的高温状态不但会使晶体颗粒发育更完善,使得硼粉颗粒充分长大,也使产品中的晶体硼的含量大幅度增加。比较试样 2~4 发现,随着球磨速度的增加,硼粉的粒度显著变小。因此,高能球磨预处理对获得纳米级及更小粒度的产品十分有效。

对比分析发现无论是球磨时间过长,或是球磨转速过高,都会导致所制备的无定型硼粉的粒度过细,造成硼粉的颗粒团聚现象严重,这会影响硼粉的活性,因此,要想制备无团聚高活性的无定型硼粉,必须合理控制好高能球磨条件。

C 无定型硼粉的活性分析

由图 5-22 可知,不同球磨转速条件下试样 1~4 结晶度分别为 72.46%、31.5%、32.0%、30.4%。由此可知,采用高能球磨处理后,所制备的硼粉结晶度很低,活性较高。北京工业大学的张久兴等人研究了我们所制备的无定型纳米硼粉(试样 3,其纯度为 94.2%)和市场上的纳米硼粉在合成纳米硼化物中的活性差别。结果如图 5-24 和图 5-25 所示。

由图 5-24 和图 5-25 可以看出,我们所制备的无定型纳米硼粉具有更高的反应活性,

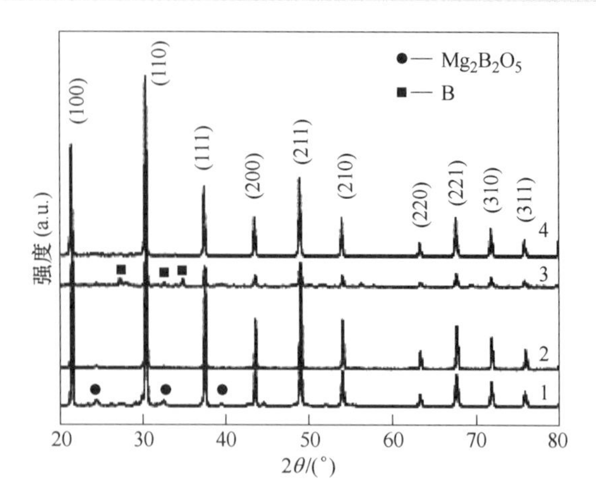


图 5-24　不同纳米硼粉合成的 $LaB_6$ 的 XRD 图

1，2—无定型 B+La 在 1200℃和 1400℃烧结；3，4—晶体 B+La 粉在 1250℃和 1350℃烧结

其合成 $LaB_6$ 时比晶体硼粉的合成温度降低了 50℃，而且合成的 $LaB_6$ 晶粒只有 150～

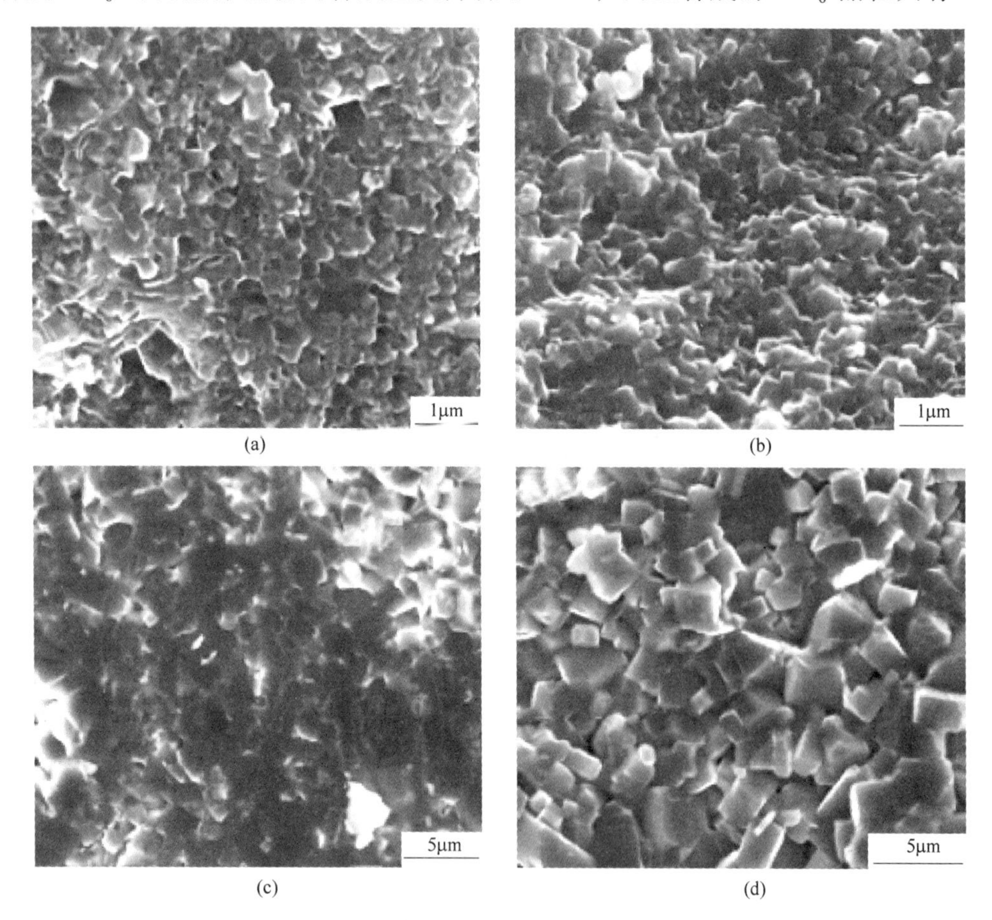


图 5-25　不同纳米硼粉合成的 $LaB_6$ 的 SEM 图

（a），（b）无定型 B+La 在 1200℃和 1400℃烧结；（c），（d）晶体 B+La 粉在 1250℃和 1350℃烧结

200nm，而采用晶体硼粉合成的 $LaB_6$ 晶粒在 2μm。因此，采用高能球磨—自蔓延冶金方法制备的无定型纳米硼粉是一种具有极高化学反应活性的无定型纳米硼粉。

图 5-26 所示为试样 3 的 TEM 图及电子衍射花样照片，由图可以看出，硼粉的平均粒度很小，小于 50nm。图 5-26（b）所示为在透射电镜下试样熔化所留下的微观形貌。由其熔化痕迹中单体颗粒大小更能清楚看出，其粒度均在 50nm 以下。而这种透射电镜照射下试样熔化现象充分说明所制备的无定型硼粉具有极高的活性。

(a)

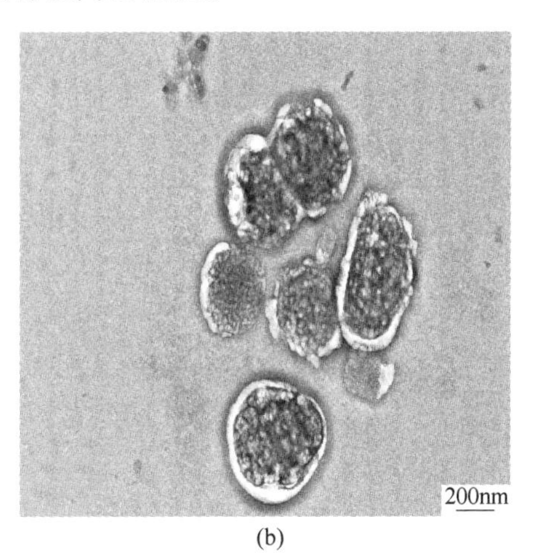

(b)

图 5-26 试样 3 的 TEM 照片
（a）TEM 图及电子衍射花样照片；（b）微观形貌

图 5-27 所示为采用混合酸（硝酸和与硫酸体积比为 1∶3）与无定型硼粉接触时发生的现象。由图可知，无定型硼粉与酸剧烈反应，产生强烈的燃烧反应，说明无定型硼粉具有极高的化学反应活性。

图 5-27 无定型硼粉与酸反应现象

#### 5.4.1.2 自蔓延反应条件对无定型硼粉质量的影响

SHS 过程是一个高温快速反应的过程。SHS 的初始条件，如原料粒度、原料配比、添加剂以及发热剂等都直接影响着燃烧产物的形成机制以及燃烧产物的状态和性质。从实验流程图（见图 5-2）可以看出，自蔓延反应如何将直接决定浸出工艺设计和最终产品的获得。

A　物料配比对无定型硼粉质量的影响

a　物料配比对无定型硼粉化学成分的影响

反应物配比对 SHS 反应起着至关重要的作用，由表 5-14 可知，当按照反应式（5-35）的理论量 $Mg/B_2O_3$（摩尔比）进行配料时，无定型硼粉中杂质 Mg 为 11.38%、Fe 为 0.16%。随着摩尔比降低，镁含量明显减少，铁含量没有明显变化。这是因为除反应式（5-35）外，按照反应式（5-36）生成副产物所致。

$$B_2O_3 + Mg \longrightarrow B + MgO \tag{5-35}$$

$$B_2O_3 + Mg \longrightarrow Mg_3(BO_3)_2 \tag{5-36}$$

**表 5-14　$Mg/B_2O_3$ 配比对硼粉纯度的影响**

| $Mg:B_2O_3$（摩尔比） | | 3 : 1 | 2 : 1 | 1 : 1 |
|---|---|---|---|---|
| 化学成分/% | Mg | 11.38 | 9.72 | 3.45 |
| | Fe | 0.16 | 0.15 | 0.17 |

b　物料配比对无定型硼粉比表面积的影响

由表 5-15 可知，不同反应物配比对制备的硼粉的比表面积影响很大。随着 $Mg/B_2O_3$ 摩尔比降低，无定型硼粉的比表面积均呈增大趋势。比表面积越大，制备的硼粉粒度越小。故可以推测，随着反应物摩尔比的降低，硼粉的粒度也逐渐降低。因为随着 $Mg/B_2O_3$ 摩尔比的降低，反应温度逐渐降低，无定型硼粉长大的热力学及动力学条件变差，因此粒度变细，比表面积显著增大。

**表 5-15　反应物配比对硼粉比表面积的影响**

| $Mg:B_2O_3$（摩尔比） | 比表面积/$m^2 \cdot g^{-1}$ | | | | |
|---|---|---|---|---|---|
| | Single point | BET | Langmuir | t-plog | B-JH |
| 3 : 1 | 27.41 | 35.57 | 58.90 | 53.05 | 32.35 |
| 2 : 1 | 31.77 | 47.43 | 91.54 | 77.99 | 47.23 |
| 1 : 1 | 148.40 | 169.88 | 252.42 | 239.80 | 198.99 |

c　X 射线衍射（XRD）分析

图 5-28 所示为不同反应物配比条件下（见表 5-15）无定型硼粉的 XRD 图。由图可以看出，产品中除了 $H_3B_2O_3$ 杂质相的衍射峰外，其余是晶体硼的衍射峰。而随着 $Mg/B_2O_3$ 配料比的逐渐增加，晶体硼的衍射峰显著增加，说明其结晶度逐渐升高。这是因为随着 $Mg/B_2O_3$ 配料比的逐渐增加，反应温度逐渐升高，晶体长大条件更充分。而出现硼酸晶体主要是由于实验制备硼粉放置过久，无定型硼粉与空气中的氧和水结合生成了硼酸结晶。

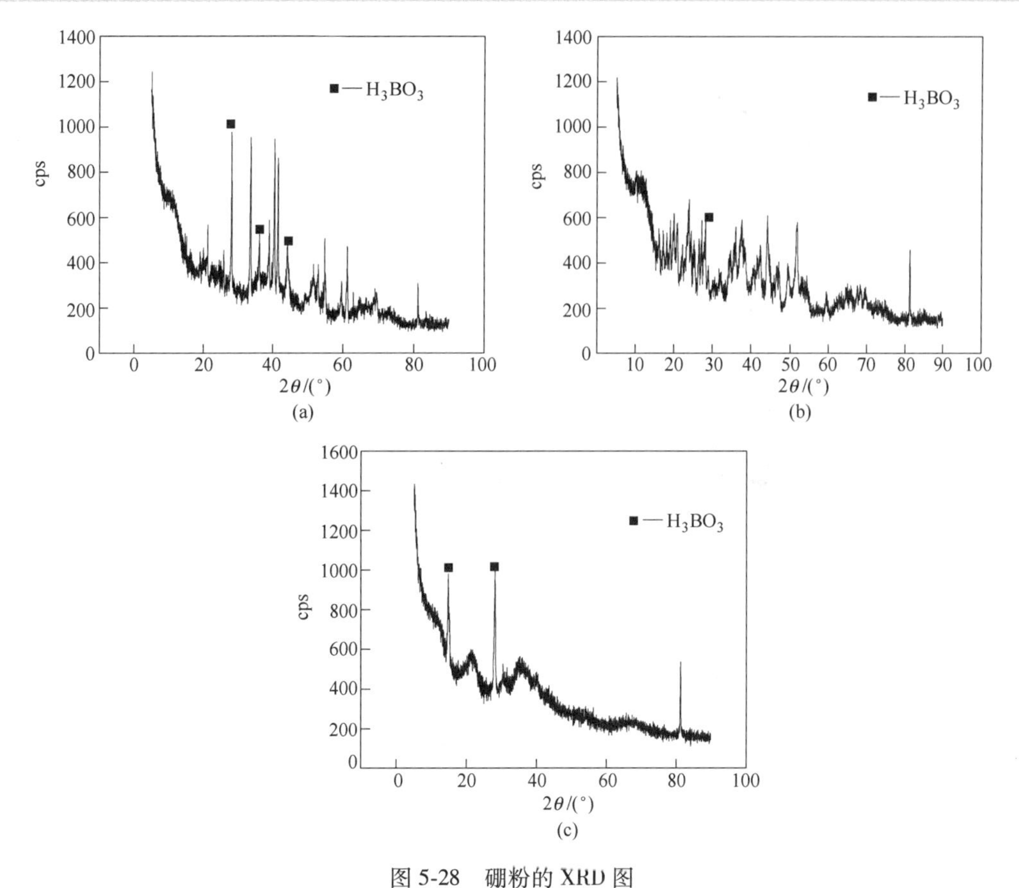


图 5-28 硼粉的 XRD 图

摩尔比：(a) Mg : $B_2O_3$ = 3 : 1；(b) Mg : $B_2O_3$ = 2 : 1；(c) Mg : $B_2O_3$ = 1 : 1

d 扫描电子显微镜（SEM）分析

图 5-29 所示为不同反应物配比条件下（见表 5-15）无定型硼粉的 SEM 图。由图 5-28 可知，随着 $Mg/B_2O_3$ 配料比的逐渐降低，无定型硼粉的粒度逐渐减小，这与比表面积分析结果一致。其中，试样 1 和 2 硼粉颗粒粒度较大，粒度多在亚微米级，存在明显的棒状晶。而试样 3 中硼粉的粒度颗粒均在 100nm 以下，平均粒度为 50nm，而且出现了少许的纳米线或者纳米须。因此，物料配比对于获得纯度高、活性高及颗粒细小的产品十分有效。

(a)

(b)

(c)

图 5-29　硼粉扫描电镜图

摩尔比：(a) $Mg:B_2O_3=3:1$；(b) $Mg:B_2O_3=2:1$；(c) $Mg:B_2O_3=1:1$

B　发热剂对无定型硼粉质量的影响

由表5-16可看出，随着发热剂 $KClO_3$ 加入量的增加，产品中镁含量明显减少。这是因为随着 $KClO_3$ 加入量的增加，体系放热量急剧增加，反应温度升高，有利于氧化硼的还原。产物的收率分别为74%、70%、67%。造成产物收率减小的可能原因是：除了正常产物挥发外，在反应过程中 $KClO_3$ 分解放出 $O_2$ 会造成一部分物质损失，分解放出的 $O_2$ 与 Mg 反应生成 MgO 也会导致 MgO 损失几率增加。加入发热剂后反应更加剧烈，产物损失几率也增大。

**表 5-16　发热剂添加量对硼粉化学成分的影响**

| $Mg:B_2O_3:KClO_3$（摩尔比） | 化学成分/% | |
|---|---|---|
| | Mg | Fe |
| 3 : 1 : 0.05 | 7.04 | 0.07 |
| 3 : 1 : 0.1 | 4.63 | 0.10 |
| 3 : 1 : 0.2 | 2.71 | 0.05 |

C　添加剂对无定型硼粉质量的影响

添加 MgO 对细化产品粒度十分有效，考察了 MgO 加入量对无定型硼粉质量的影响，实验条件见表5-17，其中 MgO 加入是相对无定型硼粉理论生成的倍数。

**表 5-17　实验条件**

| 物料 | $Mg:B_2O_3:KClO_3$（摩尔比） | MgO/% |
|---|---|---|
| 1 | 3 : 1 : 0.3 | 0 |
| 2 | 3 : 1 : 0.3 | 1.15 |
| 3 | 3 : 1 : 0.3 | 2.50 |

a　添加剂对无定型硼粉化学成分的影响

表5-18是不同添加剂条件下无定型硼粉的化学成分分析结果。由表5-18可知，添加剂 MgO 加入量的增加，杂质 Mg 含量显著降低（未加 MgO 时杂质镁含量为11.38%）。

**表 5-18 添加剂对产品化学成分的影响**

| 物料 | 化学成分/% | |
|---|---|---|
| | Mg | Fe |
| 1 | 5.53 | 0.14 |
| 2 | 7.69 | 0.05 |
| 3 | 6.47 | 0.05 |

b 添加剂对无定型硼粉比表面积的影响

表 5-19 是不同添加剂条件下无定型硼粉的比表面积分析结果。由表 5-19 知，随着添加剂的加入量增加，无定型硼粉的比表面积增大，说明添加 MgO 显著细化了硼粉的颗粒。

**表 5-19 添加剂对无定型硼粉比表面积的影响**

| 物料 | 比表面积/$m^2 \cdot g^{-1}$ | | | | |
|---|---|---|---|---|---|
| | Single point | BET | Langmuir | t-plog | B-JH |
| 1 | 39.82 | 47.42 | 72.91 | 59.30 | 23.82 |
| 2 | 37.89 | 44.91 | 68.49 | 59.22 | 33.92 |
| 3 | 62.87 | 70.03 | 101.90 | 77.72 | 47.61 |

c X 射线衍射（XRD）分析

图 5-30 所示为不同 MgO 添加量时（见表 5-17）无定型硼粉的 XRD 结果。由图 5-30 可知，随着 MgO 添加量增加，无定型硼粉中晶体硼的衍射峰强度显著降低。这是因为随

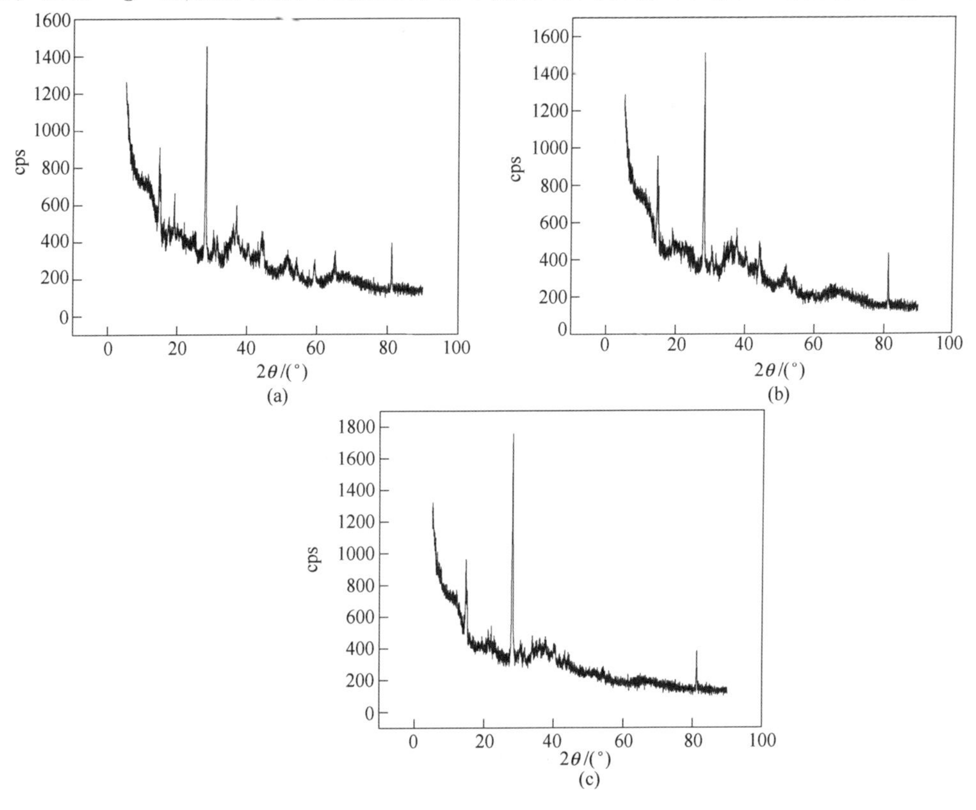


图 5-30 硼粉的 XRD 图

（a）物料 1；（b）物料 2；（c）物料 3

着 MgO 添加量的增加，反应温度逐渐降低，晶体发育长大的热力学及动力学条件越弱。

d　扫描电子显微镜（SEM）分析

图 5-31 所示为不同 MgO 添加量时（见表 5-17）无定型硼粉的 SEM 照片。由图 5-31 可知，随着添加剂 MgO 加入量的增加，硼粉粒度逐渐减小，这与比表面积分析结果一致。

图 5-31　硼粉扫描电镜图

（a）物料 1；（b）物料 2；（c）物料 3

5.4.1.3　小结

（1）考察了高能球磨转速、球磨时间对无定型硼粉质量的影响，结果表明：高能球磨预处理可以显著提高反应物的反应活性，提高球磨转速、延长球磨时间都有利于获得高活性的无定型纳米硼粉，尤其是细化无定型硼粉的粒度。高能球磨条件下制备的无定型硼粉结晶度只有 30.4%，平均粒度小于 50nm，比表面积大于 70.0$m^2/g$，具有极高的反应活性。

（2）考察了自蔓延反应初始条件对无定型硼粉质量的影响，结果表明：$Mg/B_2O_3$ 摩尔比的降低，无定型硼粉粒度逐渐减小，结晶度降低，纯度逐渐提高；随着 MgO 添加量的增加，无定型硼粉粒度逐渐减小，结晶度降低，纯度逐渐提高。所制备的无定型硼粉的平均粒度均在 100~200nm 之间，无定型硼粉纯度可达 94.2%。

### 5.4.2　燃烧产物浸出过程研究

根据热力学分析可推测，自蔓延反应过程除生成无定型硼粉目标产品和 MgO 副产物外，由于副反应的发生还会生成 $Mg_3B_2O_6$、$MgB_2$ 和 $MgB_4$ 等杂质相，因此自蔓延反应产物酸浸除杂提纯的目的是将自蔓延反应产物中 MgO 副产物和 $Mg_3B_2O_6$、$MgB_2$、$MgB_4$ 等杂质相彻底除去。因此，在酸浸之前首先要分析清楚自蔓延反应产物的物相组成，尤其是杂质相的种类和赋存状态；然后选择合理的酸浸工艺条件，进行酸浸试验，最终得到高纯度的无定型硼粉产品。

因此，本节自蔓延酸浸实验研究要达到的目的是：把燃烧产物中的有害组分选择性地彻底除去。

对燃烧产物进行浸出实验，影响浸出效果的因素主要有：酸度、温度、时间、液固比等。酸浓度需 3mol/L 以上，温度 60℃以上才能将杂质都去除，按理论计算，液固比为 10∶1 以上才能将杂质完全去除，为了考查酸浓度、温度对杂质去除的显著性，对燃烧产物进行正交浸出试验，对浸出产物进行 XRD、SEM 和滴定分析，观察正交实验产物硼粉物相变化和微观形貌变化，滴定计算出杂质含量，进一步优化浸出的最佳条件，制备高纯度的无定型硼粉。

#### 5.4.2.1 自蔓延反应产物的表征

##### A 自蔓延燃烧产物 XRD 分析

高温自蔓延反应以 $B_2O_3$ 和 Mg 粉为主要原料，利用物质间化学反应热，使反应持续进行。氧化硼与镁按质量比 1∶1、2∶1、3∶1 比例下燃烧产物如图 5-32 所示。

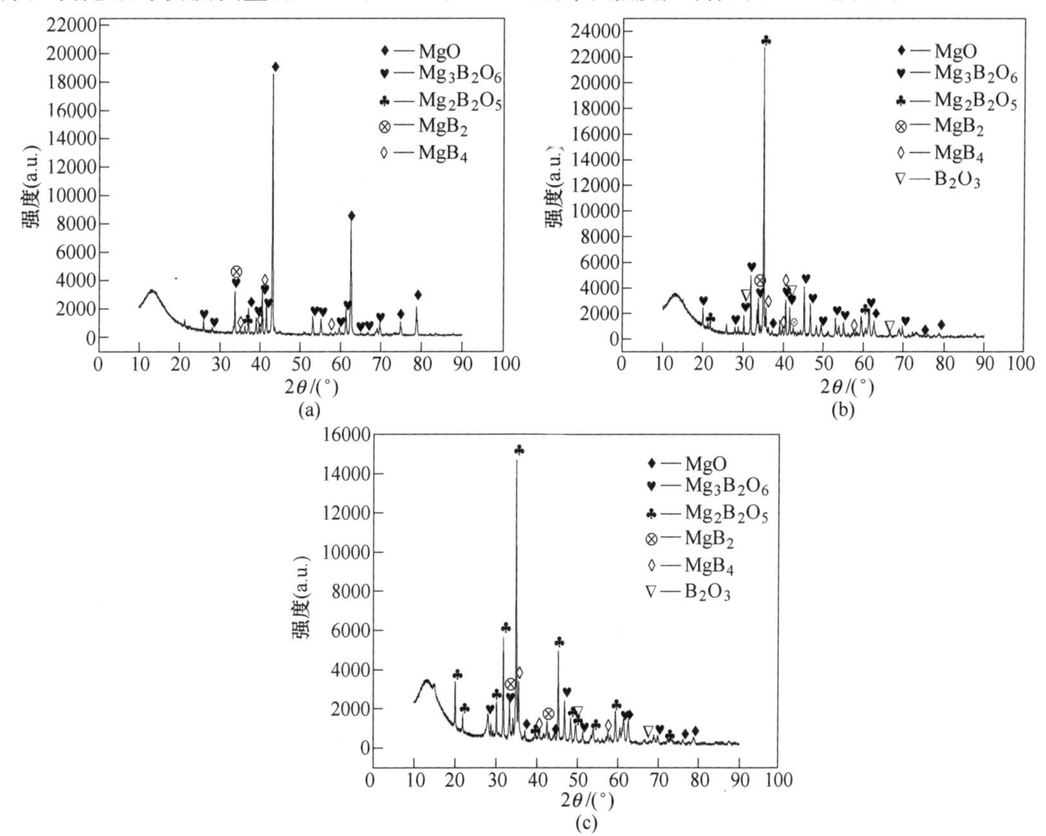


图 5-32 燃烧产物的 XRD 图谱

$B_2O_3$∶Mg 质量比：(a) 1∶1；(b) 2∶1；(c) 3∶1

从图 5-32（a）可知，$B_2O_3$ : Mg 质量比为 1 : 1 时，自蔓延反应的产物主要由 MgO 以及少量的 $Mg_3B_2O_6$、$Mg_2B_2O_5$、$MgB_2$、$MgB_4$ 副产物相组成，由于所制备的无定型硼粉为非晶态，因此从衍射峰上看不到 B 的衍射峰。由图 5-32（b）知，在 $B_2O_3$ : Mg 质量比为2 : 1 时，自蔓延反应的产物主要由 MgO 以及少量 $MgB_2$、$MgB_4$ 和逐渐增多的 $Mg_3B_2O_6$、$Mg_2B_2O_5$ 副产物相组成。由图 5-32（c）知，$B_2O_3$ : Mg 质量比为 3 : 1 时，自蔓延反应的产物主要由 MgO 以及 $Mg_3B_2O_6$、$Mg_2B_2O_5$、$MgB_2$、$MgB_4$ 副产物相组成。由此可知，随着氧化硼比例的升高，产物中 $Mg_2B_2O_5$ 越来越多。由 XRD 结果知，反应物物料配比变化对自蔓延反应产物的相组成并无本质影响，但是对自蔓延反应产物收率影响显著。

B　自蔓延燃烧产物 SEM 分析

图 5-33 所示为 $B_2O_3$ : Mg = 1 : 1，燃烧产物中发现的杂质相 SEM 照片，对应的点能谱分析图如图 5-34 所示。元素分析结果见表 5-20。

图 5-33　杂质相 SEM 图

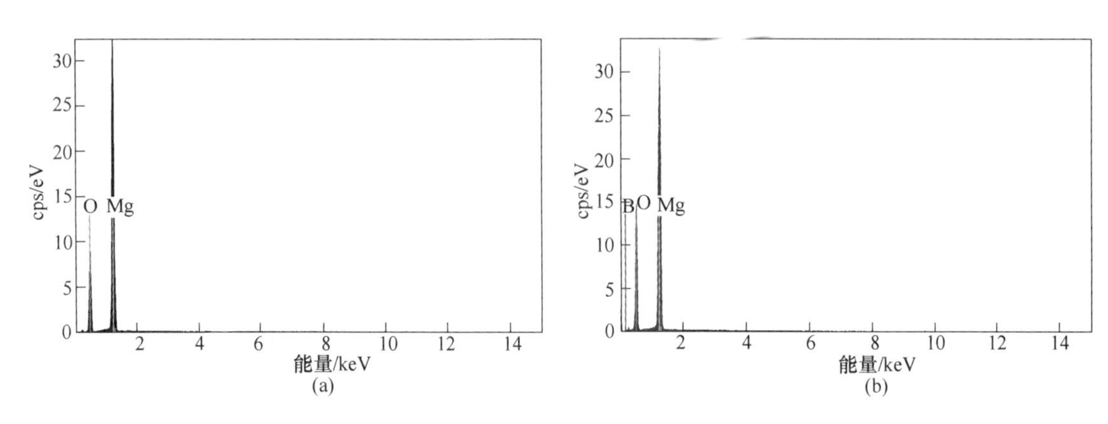


图 5-34　图 5-33 中 1 点（a）和 2 点（b）能谱分析图

**表 5-20　图 5-33 中点 1 和 2 的能谱分析结果**

| 点 | 元素 | 质量分数/% | 摩尔分数/% |
|---|---|---|---|
| 1 | Mg | 60.66 | 50.37 |
|  | O | 39.34 | 49.63 |

续表 5-20

| 点 | 元素 | 质量分数/% | 摩尔分数/% |
|---|---|---|---|
| 2 | Mg | 43.93 | 31.29 |
| | O | 40.62 | 43.96 |
| | B | 15.45 | 24.74 |

图 5-35 所示为 $B_2O_3$ : Mg=2 : 1，燃烧产物中发现的杂质相 SEM 照片，对应的点能谱分析图如图 5-36 所示。元素分析结果见表 5-21。

图 5-35 杂质相 SEM 图

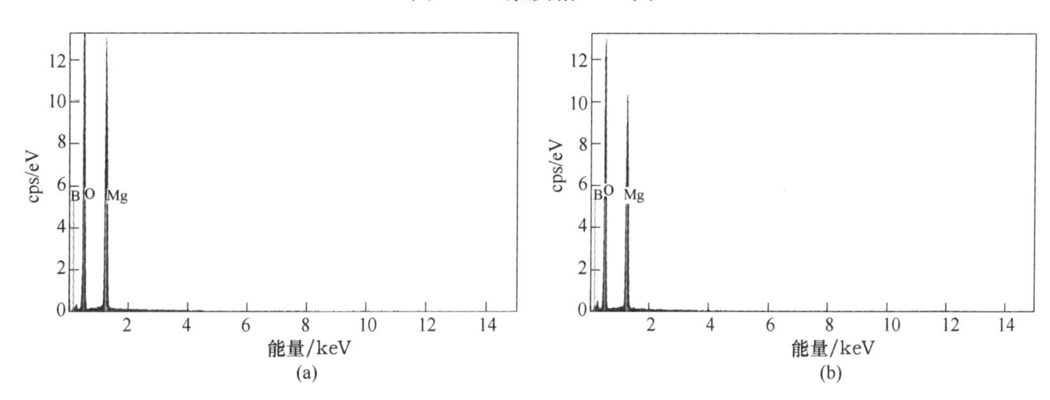


图 5-36 图 5-35 中 1 点（a）和 2 点（b）能谱分析图

**表 5-21 图 5-35 中点 1 和 2 的能谱分析结果**

| 点 | 元素 | 质量分数/% | 摩尔分数/% |
|---|---|---|---|
| 1 | Mg | 23.03 | 14.61 |
| | O | 52.82 | 50.92 |
| | B | 24.16 | 34.47 |
| 2 | Mg | 18.33 | 11.13 |
| | O | 50.99 | 47.01 |
| | B | 41.87 | 41.87 |

图 5-37 所示为 $B_2O_3$ : Mg=3 : 1，燃烧产物中发现的杂质相 SEM 照片，对应的点能谱分析图如图 5-38 所示。元素分析结果见表 5-22。

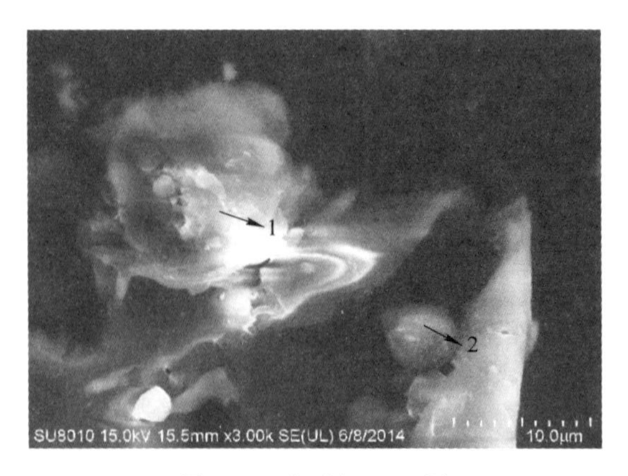


图 5-37　杂质相 SEM 图

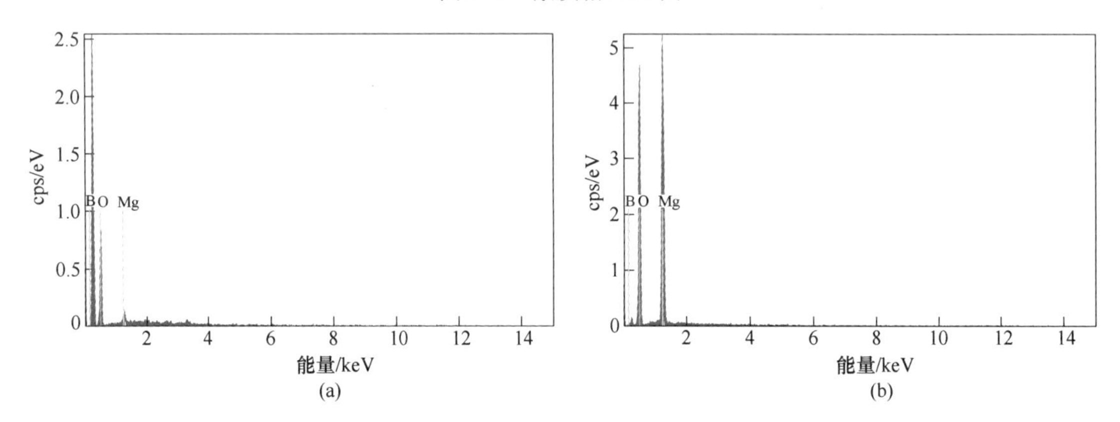


图 5-38　图 5-37 中 1 点（a）和 2 点（b）能谱分析图

**表 5-22　图 5-37 中点 1 和 2 的能谱分析结果**

| 点 | 元素 | 质量分数/% | 摩尔分数/% |
|---|---|---|---|
| 1 | Mg | 0.71 | 0.37 |
|  | O | 39.36 | 31.16 |
|  | B | 59.33 | 68.47 |
| 2 | Mg | 28.84 | 19.14 |
|  | O | 52.28 | 52.69 |
|  | B | 18.88 | 28.17 |

由图 5-33、图 5-35、图 5-37 中的 SEM 照片可知，自蔓延反应产物微观形貌并没有显著的区别。由图 5-34 中点 1 和 2 各元素摩尔分数对比，并结合 XRD 分析结果可知，点 1 为 MgO 相。点 2 可能为 MgO 和 $Mg_2B_2O_6$、$Mg_2B_2O_5$、$MgB_2$、$MgB_4$ 相共存。

由图 5-35 中点 1 的能谱分析结果并结合 XRD 分析结果可知，该区为 MgO 和 $Mg_2B_2O_6$、$Mg_2B_2O_5$、$MgB_2$、$MgB_4$ 相共存，同时还有过量的 $B_2O_3$ 相。点 2 的能谱分析结果结合 XRD 分析结果可知，该区为 MgO 和 $Mg_2B_2O_6$、$Mg_2B_2O_5$、$MgB_2$、$MgB_4$ 相共存，同时还有过量的 $B_2O_3$ 相。由于配料中 $B_2O_3$ 过量了 1 倍，因此反应产物中 MgO 相单独存在区很难找到。

由图 5-38 中点 1 和点 2 的能谱分析结果结合 XRD 分析结果可知，该区为 MgO 和 $Mg_2B_2O_6$、$Mg_2B_2O_5$、$MgB_2$、$MgB_4$ 相共存。由于配料中 $B_2O_3$ 过量了 2 倍，因此反应产物中 MgO 相单独存在区也不存在。以下酸浸试验研究中所用的原料均采用 $B_2O_3$ ∶ Mg 质量为 2∶1 时自蔓延反应产物。

5.4.2.2 酸浸原料的预处理

A 氧化硼在水中溶解度

由无机热力学手册查得氧化硼在水中的溶解度绘制成溶解度曲线如图 5-39 所示。

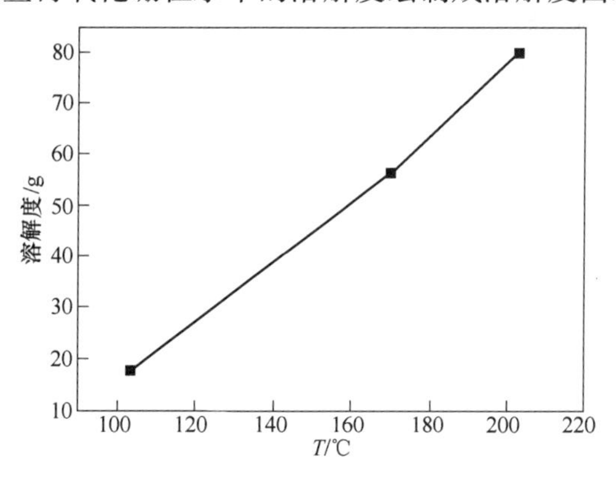


图 5-39 氧化硼溶解度曲线

由图 5-39 可知，$B_2O_3$ 在水中的溶解度较大，在室温 20℃左右就能溶解 4g，80℃能溶解 16g，想除掉燃烧产物中未反应完全的 $B_2O_3$，用水即可洗掉。

B $Mg_3B_2O_6$ 在水中溶解度

$Mg_3B_2O_6$ 在水中的溶解度从热力学及相关文献中无法得知。故采用先前制备的 $Mg_3B_2O_6$ 进行溶解度测定实验。试验方法：将过量的 $Mg_3B_2O_6$ 加入到盛有 100mL 水的烧杯中，将烧杯放入到设定好温度的水浴中，每间隔 10min 取样，过滤后将滤液定容，滴定镁离子浓度来计算 $Mg_3B_2O_6$ 溶解质量，一直到镁离子浓度不再变化为止。实验发现，$Mg_3B_2O_6$ 在半小时左右，即形成 $Mg_3B_2O_6$ 饱和溶液。

$Mg_3B_2O_6$ 的溶解度随温度变化的曲线如图 5-40 所示。

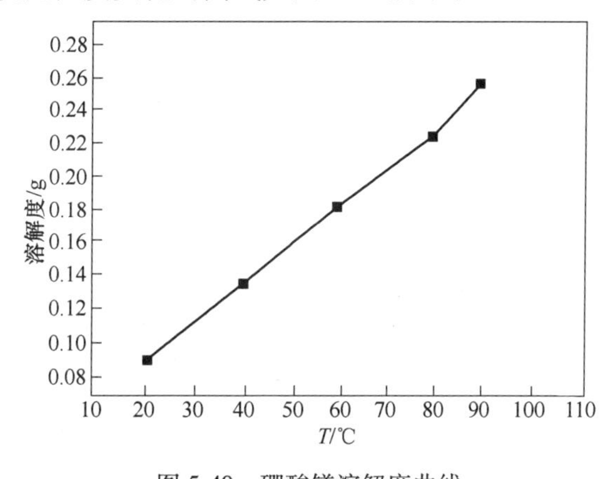


图 5-40 硼酸镁溶解度曲线

由以上实验可知，$Mg_3B_2O_6$ 在水中的溶解度很小，当 80℃时，只能溶解 0.228g。在室温 20℃左右，能溶解 0.01g，所以，想完全除掉 $Mg_3B_2O_6$ 还是需要用酸来洗涤。但水洗的过程中也会有小部分 $Mg_3B_2O_6$ 被洗掉。

C　MgO 在水中的溶解度

根据热力学数据手册可知，MgO 在冷水中的溶解度为 0.00062g，在热水中为 0.00086g，可见，MgO 比较难溶于水。

D　水洗后自蔓延燃烧产物的表征

自蔓延燃烧产物水洗产物物相如图 5-41 所示。由图 5-41 可知，水洗后自蔓延反应产物中剩余的 $B_2O_3$ 杂质相消失，说明水洗也可去除杂质。图 5-42 所示为水洗后燃烧产物的

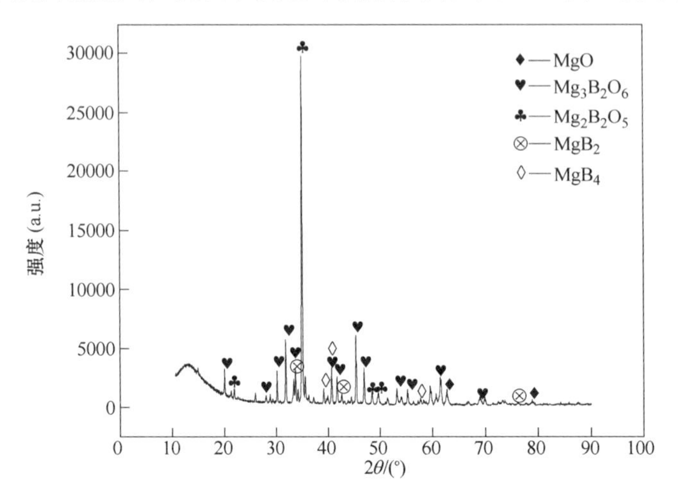


图 5-41　燃烧产物水洗后的 X 射线衍射图

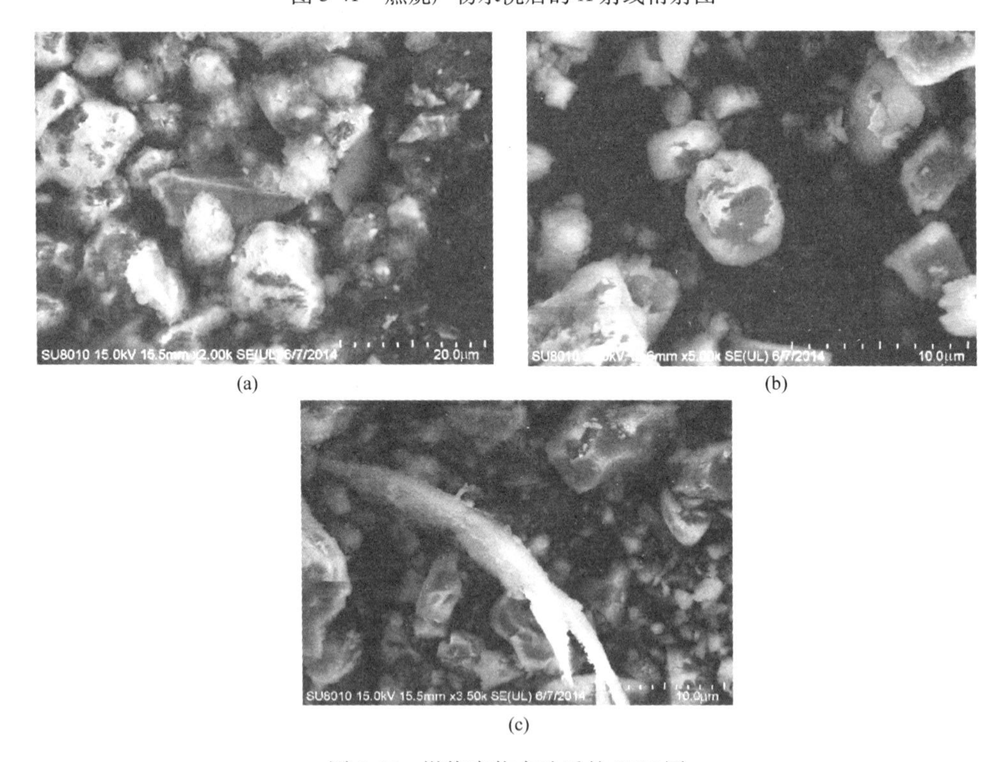


图 5-42　燃烧产物水洗后的 SEM 图

（a）表 5-17 中物料 1 反应后产物；（b）表 5-17 中物料 2 反应后产物；（c）表 5-17 中物料 3 反应后产物

SEM 图。由图 5-42 可知，水洗后产物表面变得疏松多孔，为酸浸出提供了充分的条件。

5.4.2.3 自蔓延反应产物的酸浸正交试验研究

用正交表安排多因素试验的方法，称为正交试验设计法。其特点为：(1) 完成试验要求所需的试验次数少。(2) 数据点的分布很均匀。(3) 可用相应的极差分析方法、方差分析方法、回归分析方法等对试验结果进行分析，引出许多有价值的结论。

试验过程中，影响某一指标或某几项指标的因素有很多，这些因素的影响往往是错综复杂的，在新工艺的研究过程中各因素的主次一时难以分清，有些因素单独起作用，而有些因素相互制约，需对多个因素优选以期达到预定的指标。正交设计是多因素的优化试验设计方法，是从全面试验的样本点中挑选出部分有代表性的样本点做试验，这些代表点具有正交性。其作用是只用较少的试验次数就可以找出因素水平间的最优搭配或由试验结果通过计算推断出最优组合或者最优条件。

正交试验因素水平的确定：通过之前对自蔓延燃烧产物杂质相动力学的研究了解了自蔓延燃烧产物的杂质相以及硼粉在盐酸中的溶解行为，根据研究结果确定了浸出自蔓延燃烧产物的正交试验方案。试验中采用四因素三水平实验方案（见表 5-23）。试验中，准确称取 20.0g 自蔓延燃烧产物，按照正交试验方案进行（见表 5-24）。

表 5-23 因子水平表

| 水平 | $A$<br>温度/℃ | $B$<br>时间/min | $C$<br>酸浓度/mol·L$^{-1}$ | $D$<br>液固比 |
|---|---|---|---|---|
| 1 | 45 | 20 | 3 | 12∶1 |
| 2 | 65 | 40 | 5 | 16∶1 |
| 3 | 85 | 60 | 4 | 20∶1 |

表 5-24 正交试验方案

| 实验号 | 水平组合 | 试验条件 | | | |
|---|---|---|---|---|---|
| | | 温度/℃ | 时间/min | 酸浓度/mol·L$^{-1}$ | 液固比 |
| 1 | $A_1B_1C_1D_1$ | 45 | 20 | 3 | 12∶1 |
| 2 | $A_1B_2C_2D_2$ | 45 | 40 | 5 | 16∶1 |
| 3 | $A_1B_3C_3D_3$ | 45 | 60 | 4 | 20∶1 |
| 4 | $A_2B_1C_2D_3$ | 65 | 20 | 5 | 20∶1 |
| 5 | $A_2B_2C_3D_1$ | 65 | 40 | 4 | 12∶1 |
| 6 | $A_2B_3C_1D_2$ | 65 | 60 | 3 | 16∶1 |
| 7 | $A_3B_1C_3D_2$ | 85 | 20 | 4 | 16∶1 |
| 8 | $A_3B_2C_1D_3$ | 85 | 40 | 3 | 20∶1 |
| 9 | $A_3B_3C_2D_1$ | 85 | 60 | 5 | 12∶1 |

A 极差分析

由表 4-24 可以看出：第一列因子 $A$ 为 1 水平，即温度为 45℃时，对应不同反应时间和初始酸浓度和液固比做了三次试验，1、2、3 样品中镁杂质含量实验结果的代数和记为 $I_A$，$I_A$称为 $A$ 因子 1 水平的综合值：

$$I_A = 40.23+35.27+27.96 = 103.46 \qquad K_{A_1} = 34.487$$

$$II_A = 21.60+20.97+13.98 = 56.55 \qquad K_{A_2} = 18.85$$

$$III_A = 8.85+5.72+4.33 = 18.90 \qquad K_{A_3} = 6.300$$

同理可以算出 $B$、$C$、$D$ 因子各水平的综合值，其结果列于表 5-25 中。

**表 5-25　试验数据计算分析表**

| 试验号 | 因素 | | | | 试验结果（镁杂质含量）/% |
|---|---|---|---|---|---|
| | $A$/℃ | $B$/min | $C$/mol·L$^{-1}$ | $D$ | |
| | 1 | 2 | 3 | 4 | |
| 1 | 1 | 1 | 1 | 1 | 40.23 |
| 2 | 1 | 2 | 2 | 2 | 35.27 |
| 3 | 1 | 3 | 3 | 3 | 27.96 |
| 4 | 2 | 1 | 2 | 3 | 21.60 |
| 5 | 2 | 2 | 3 | 1 | 20.97 |
| 6 | 2 | 3 | 1 | 2 | 13.98 |
| 7 | 3 | 1 | 3 | 2 | 8.83 |
| 8 | 3 | 2 | 1 | 3 | 5.72 |
| 9 | 3 | 3 | 2 | 1 | 4.33 |
| Ⅰ | 103.46 | 70.68 | 59.93 | 64.53 | |
| Ⅱ | 56.55 | 61.96 | 61.20 | 58.10 | |
| Ⅲ | 18.90 | 46.27 | 58.76 | 55.28 | |
| $K_1$ | 34.487 | 23.560 | 19.977 | 21.843 | |
| $K_2$ | 18.850 | 20.653 | 20.400 | 19.367 | |
| $K_3$ | 6.300 | 15.423 | 19.260 | 18.427 | |
| $R$ | 28.187 | 8.137 | 1.140 | 3.416 | |

$A$、$B$、$C$、$D$ 因子极差的计算结果如下：

$R_A=34.487-6.300=28.187$　　$R_B=23.560-15.423=8.137$

$R_C=20.400-19.260=1.140$　　$R_D=21.843-18.427=3.416$

试验结果分析：

（1）因子对指标影响的主次。以上分析可知，可用极差的大小来描述因素对指标影响的主次。表 5-25 表明：

$$R_A(28.19) > R_B(8.14) > R_D(3.42) > R_C(1.14) \tag{5-37}$$

根据 $R$ 的大小顺序可排出影响因素的主次顺序为：$A$、$B$、$D$、$C$。

（2）各因子水平的选取。选取因子水平与试验指标有关。若要求指标值越大越好，就应该选取指标增大的水平，也就是取各因子综合平均值最大值所对应的水平。而此次试验主要是根据试验数据的计算来分析预测最佳工艺条件。

（3）确定进一步试验的方向。以 $K_i$ 对应因子 $A$、$B$、$C$、$D$ 的不同水平作图，如图 5-43 所示，可以看出各因子改变水平对指标影响的变化规律。

从图 5-43 可以看出，温度（$A$ 因素）对镁杂质含量的多少呈直线下降，在试验范围内 85℃最好，依据变化规律，继续升高温度，对镁杂质含量的降低应有更好的影响效果，条件允许的情况下，有进一步在温度的上限区进行试验的必要。可以看出，经过计算分析可以指出进一步试验的方向。时间（$B$ 因素）对镁杂质含量的多少也基本呈直线下降趋势，说明时间对镁杂质的浸出有很大影响。酸浓度（$C$ 因素）对镁杂质含量的多少没有明显变化，当 5mol/L 时达到最低。液固比（$D$ 因素）在 20：1 时最低，20：1 和 16：1 的镁杂质含量相差较小，具体试验时应该考虑节省酸用量，可以将液固比设定为 16：1。但验证试验的最佳方案还需根据浸出产物的 XRD 及 SEM 分析来确定。

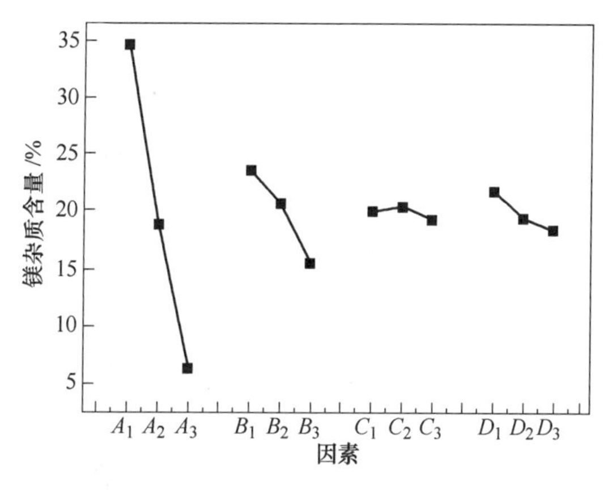


图 5-43 镁杂质含量与四因素的关系图

B 正交试验产物的表征

通过对正交试验产物做 XRD 分析，可以知道自蔓延燃烧产物中杂质的物相组成变化。根据滴定镁杂质含量的 9 组试验，发现镁杂质含量依次降低，选择镁含量变化有代表性的 3 组：第一组、第五组、第九组试验产物做 XRD 分析。如图 5-44（a）~（c）所示。图 5-45 中（a）~（c）是以上三组正交试验产物 SEM 图片。图 5-46 所示为图 5-45 图中点 1、2、3、4 的能谱分析图谱。表 5-26 为图 5-46 的能谱分析结果。

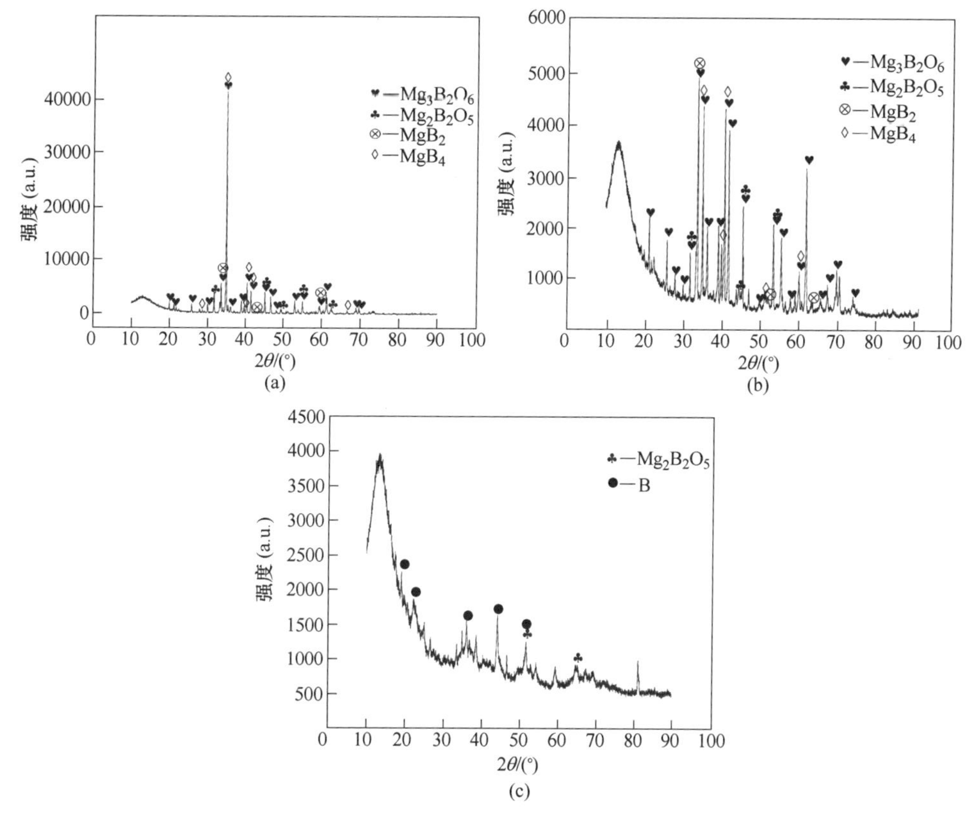


图 5-44 正交实验产物 XRD 图

（a）第一组；（b）第五组；（c）第九组

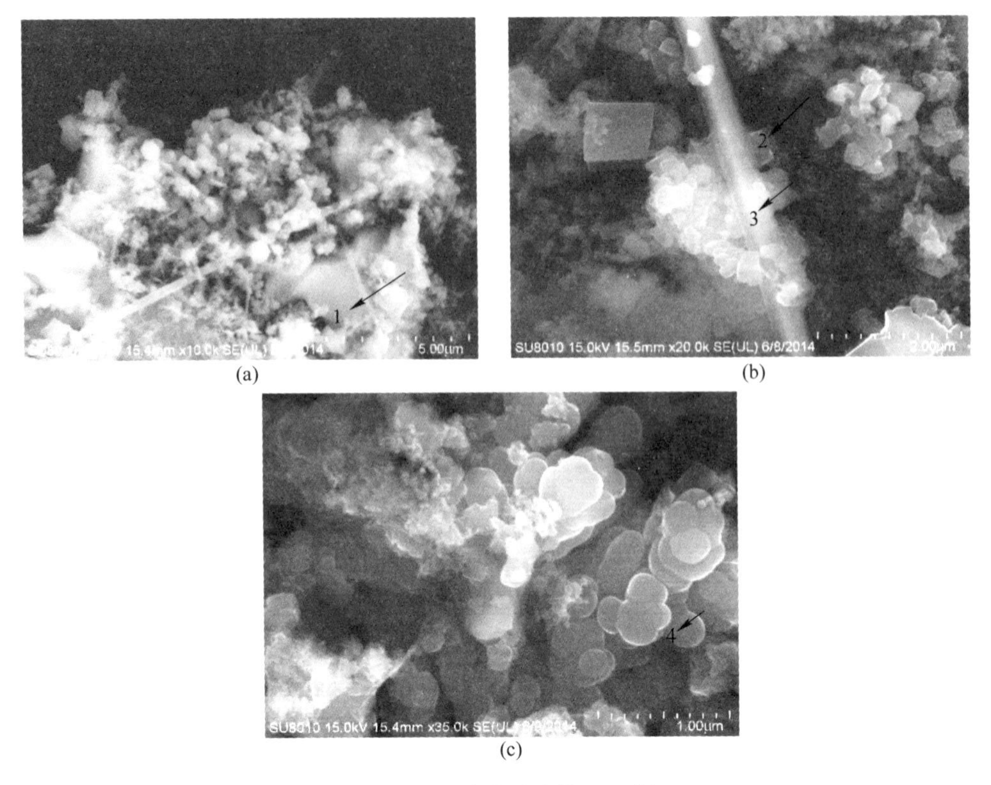


图 5-45　正交实验产物 SEM 图

（a）第一组；（b）第五组；（c）第九组

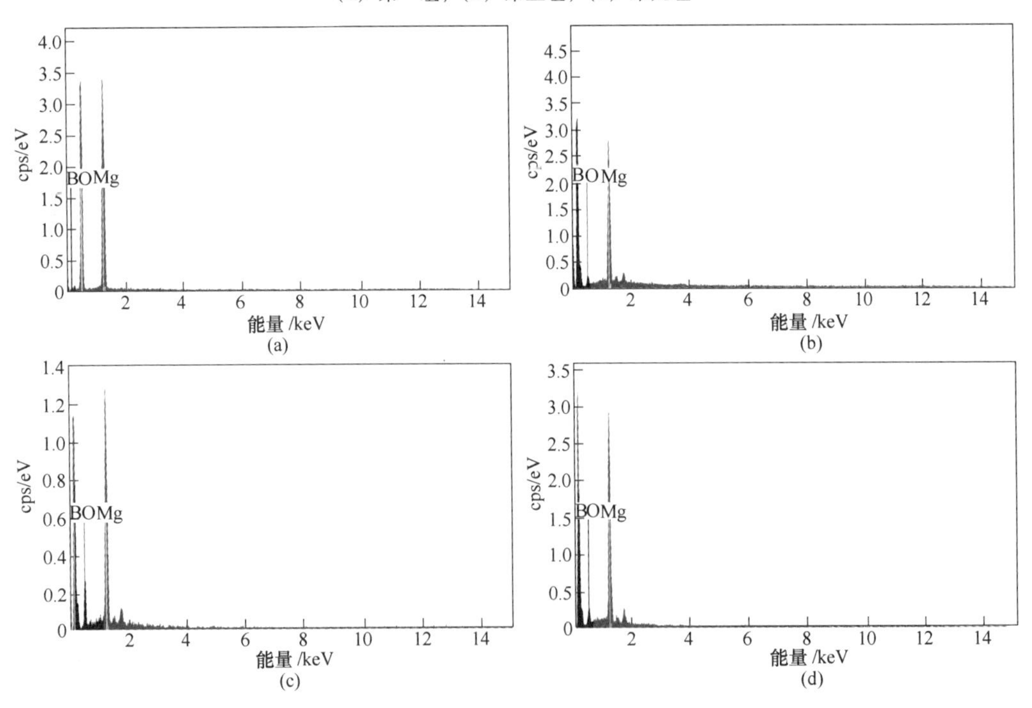


图 5-46　能谱分析图

（a）点 1；（b）点 2；（c）点 3；（d）点 4

对于正交试验第一组，由滴定分析可知浸出产物中镁杂质的含量最高，由图 5-44（a）物相分析可知，镁杂质主要是由 $Mg_3B_2O_6$、$Mg_2B_2O_5$、$MgB_2$、$MgB_4$ 组成，MgO 峰基本看不到，说明 MgO 在酸中的溶解速率比其他杂质要快得多，这与前面分析的动力学结果相符合。结合图 5-45（a）及图 5-46 中点 1 的 EDS 分析结果发现，此区域有镁杂质存在。

**表 5-26 能谱分析结果**

| 点 | 元素 | 质量分数/% | 摩尔分数/% |
|---|---|---|---|
| 1 | Mg | 23.39 | 14.83 |
| | B | 24.65 | 35.13 |
| | O | 51.96 | 50.04 |
| 2 | Mg | 3.67 | 1.68 |
| | B | 93.98 | 96.69 |
| | O | 2.35 | 1.63 |
| 3 | Mg | 3.96 | 1.83 |
| | B | 91.56 | 95.03 |
| | O | 4.48 | 3.14 |
| 4 | Mg | 3.52 | 1.61 |
| | B | 94.88 | 97.29 |
| | O | 1.59 | 1.10 |

对于正交试验第五组，试验条件中各因素水平都处于中间位置。由图 5-44（b）可以看出，杂质相的含量明显减弱。结合图 5-45（b）和图 5-46 中点 2 和点 3 的 EDS 分析结果可知，微区周围仍然有块状的镁杂质存在，而且可以发现硼的形状为棒状，说明有硼的结晶态出现。

对于正交试验第九组，由滴定分析结果可知，此组的镁杂质含量最低。由图 5-44（c）的 XRD 图可以看出，杂质 $Mg_3B_2O_6$、$MgB_2$ 都被除去，而有少量 $MgB_4$、$Mg_2B_2O_5$ 有剩余，出现了少量的晶体硼；结合图 5-45（c）和图 5-46 图中点 4 的 EDS 分析结果可以看出，若能将杂质中 $MgB_4$、$Mg_2B_2O_5$ 除去，无定型硼粉的质量分数将会提高。

C 验证试验

由正交试验分析可知：最优方案为 85℃，盐酸浓度 4mol/L，浸出时间为 60min，液固比为 20∶1，因温度和时间对镁杂质的去除有明显作用，故将温度提高至 95℃；因液固比对镁杂质的去除效果不明显，故为了节省盐酸用量，液固比选择 16∶1；因酸浸产物中仍有 $Mg_2B_2O_5$ 存在，故仍需将酸浓度设定为 5mol/L，以便更好地除去 $Mg_2B_2O_5$ 杂质。因此，最佳方案确定为：5mol/L，95℃，60min，液固比 16∶1。因浸出产物中可能有未洗涤完全的镁离子，试验使用 50~70℃的热水将产物洗涤至中性。

用最佳条件浸出的自蔓延反应产物 XRD 分析如图 5-47 所示。SEM 图和能谱分析如图 5-48 和图 5-49 所示。

由图 5-47 可知，所制备的无定型硼粉主要为非晶态，但出现了少量晶体硼。

由图 5-48 和图 5-49 可知，验证条件下制备的无定型硼粉粒度分布均匀，其平均粒径小于 300nm。点 1 的能谱分析结果表明：硼质量分数为 95.81%，镁质量分数仅为 0.97%。

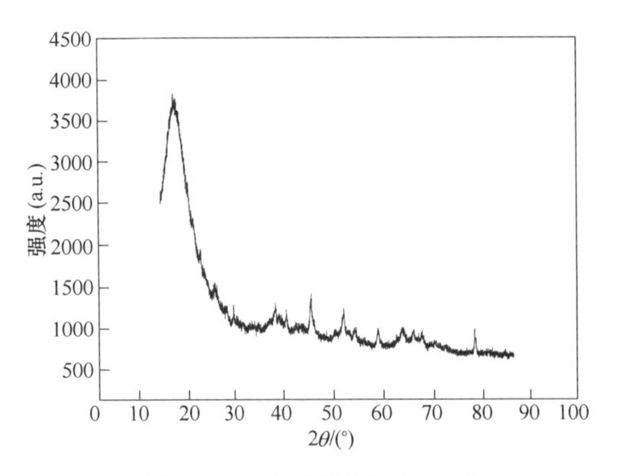


图 5-47　无定型硼粉的 XRD 图

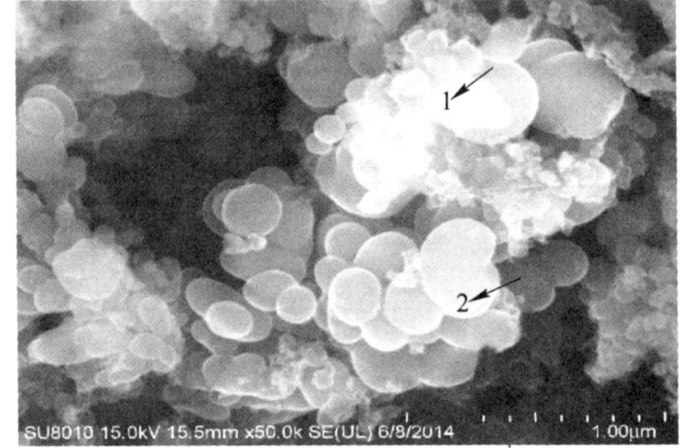


图 5-48　无定型硼粉的 SEM 图

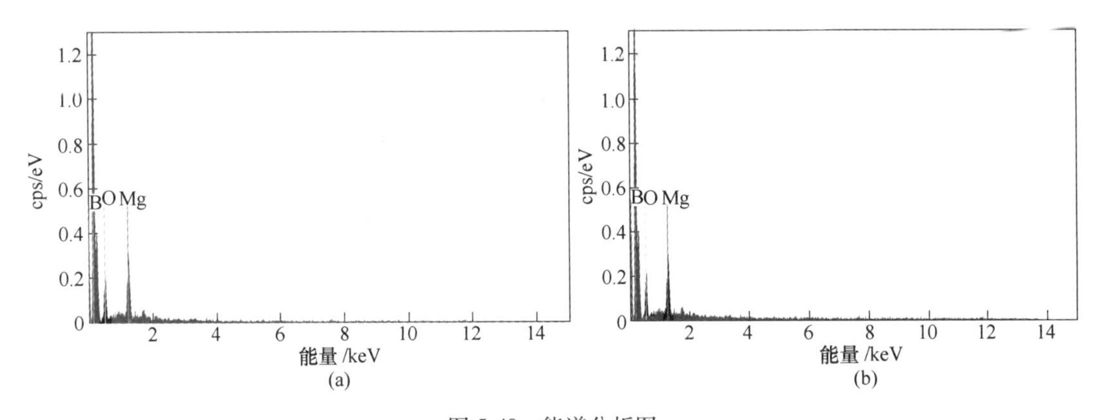


图 5-49　能谱分析图

（a）点 1；（b）点 2

点 2 的能谱分析结果表明：硼质量分数为 94. 53%，镁质量分数仅为 1. 14%。

5. 4. 2. 4　小结

（1）以氧化硼、镁粉为原料，采用自蔓延反应得到的燃烧产物主要由 MgO 以及少量的 $Mg_2B_2O_6$、$Mg_2B_2O_5$、$MgB_2$、$MgB_4$ 副产物相组成，制备的无定型硼粉为非晶态。

（2）通过正交试验，确定了影响自蔓延产物杂质去除效果的因素的显著性，即温度>时间>液固比>酸浓度。结合动力学分析试验，确定了最佳的浸出方案，最佳的酸浸条件为：浸出温度95℃，浸出时间60min，液固比16∶1，盐酸浓度5mol/L。无定型硼粉粒度分布均匀，平均粒径小于300nm；无定型硼粉主要为非晶态，但出现了少量晶体硼；经热水洗涤后所得的无定型硼粉中杂质镁含量为3.55%，达到了除杂提纯目的。

### 5.4.3 二次保温处理对无定型硼粉质量的影响

由无定型硼粉中镁杂质含量的分析结果可知，采用自蔓延高温合成直接制备的无定型硼粉中都存在大量的镁残留，而且单纯的强化浸出已无法去除镁杂质，严重影响了无定型硼粉的纯度。本节采用二次保温处理去除无定型硼粉中的镁杂质。具体步骤为：将自蔓延获得的无定型硼粉与三氧化二硼混合压样，然后在惰性气氛中保温处理，最后经过酸浸、过滤、洗涤、干燥得到高纯度的无定型硼粉。

制样条件：制样压力40MPa，保压10min。二次保温处理条件：1atm（101325Pa），氩气流量为0.3m³/h，保温时间1h。所采用的无定型硼粉的质量指标见表5-27。

**表5-27 无定型硼粉的质量指标**

| 比表面积/$m^2 \cdot g^{-1}$ | | | | | Mg含量/% | Fe含量/% |
|---|---|---|---|---|---|---|
| Single point | BET | Langmuir | t-plog | B-JH | | |
| 31.77 | 47.43 | 91.54 | 77.99 | 47.23 | 9.72 | 0.02 |

#### 5.4.3.1 物料配比对无定型硼粉化学成分的影响

由表5-28可知，随着B∶$B_2O_3$质量比的逐渐降低，保温处理后无定型硼粉中镁杂质含量显著降低，从原来的9.72%降低到2.82%。说明二次保温处理后，无定型硼粉的纯度显著增高。

**表5-28 物料配比对无定型硼粉的化学成分组成的影响**

| Mg含量/% | B∶$B_2O_3$=1∶1 | B∶$B_2O_3$=3∶5 | B∶$B_2O_3$=1∶2 |
|---|---|---|---|
| | 3.66 | 3.38 | 2.82 |

#### 5.4.3.2 物料配比对无定型硼粉比表面积的影响

由表5-29可知，与自蔓延直接制备的无定型硼粉相比，经二次保温处理后比表面积显著降低，由原来的47.43$m^2/g$降低到7.24$m^2/g$。但随着B/$B_2O_3$质量比的逐渐降低，保温处理后无定型硼粉的比表面积逐渐增加。

**表5-29 物料配比对无定型硼粉比表面积的影响**

| B∶$B_2O_3$质量比 | 比表面积/$m^2 \cdot g^{-1}$ | | | | |
|---|---|---|---|---|---|
| | Single point | BET | Langmuir | t-plog | B-JH |
| 15∶15 | 6.99 | 7.24 | 9.93 | 3.86 | 1.56 |
| 15∶20 | 12.68 | 14.85 | 22.26 | 14.96 | 4.82 |
| 15∶30 | 12.94 | 15.11 | 22.98 | 19.78 | 10.74 |

#### 5.4.3.3 保温温度对无定型硼粉化学组成的影响

表5-30是B∶$B_2O_3$质量比为15∶15，保温温度为1000℃、900℃、800℃时所得到的无定型硼粉的化学成分分析结果。

表 5-30　温度条件对浸出产物杂质镁含量的影响

| 温度/℃ | 1000 | 900 | 800 |
| --- | --- | --- | --- |
| Mg 含量/% | 3.66 | 3.62 | 4.27 |

由表 5-30 可知，随着二次保温处理温度的降低，处理后无定型硼粉中杂质镁含量逐渐增加。但与未保温处理前的无定型硼粉相比，其含量显著降低，说明保温处理后无定型硼粉的纯度显著提高。

5.4.3.4　保温温度对无定型硼粉比表面积的影响

由表 5-31 可知，随着管式炉中焙烧还原温度的降低，浸出后产物的比表面积则增大，进而说明产物粒度逐渐变小。

表 5-31　温度条件对浸出产物比表面积的影响

| 温度/℃ | 比表面积/$m^2 \cdot g^{-1}$ | | | | |
| --- | --- | --- | --- | --- | --- |
| | Single point | BET | Langmuir | t-plog | B-JH |
| 1000 | 6.99 | 7.24 | 9.93 | 3.86 | 1.56 |
| 900 | 13.01 | 14.63 | 21.44 | 16.36 | 6.36 |
| 800 | 13.42 | 15.82 | 24.04 | 22.21 | 15.65 |

由表 5-31 可知，随着二次保温处理温度的降低，所得到的无定型硼粉的比表面积逐渐增大。说明采用相对较低的保温处理温度和较小的 B∶$B_2O_3$ 质量比，对获得高纯度小粒度无定型纳米硼粉是有利的。

5.4.3.5　小结

二次保温处理可以有效去除无定型硼粉中的杂质镁含量，浸出试验结果表明：二次保温处理后，无定型硼粉中杂质镁含量由 9.72%降低到 2.82%，杂质镁含量降低了 70.93%。

## 参考文献

[1] 郭广生．无机硼粉的制备技术［J］．化工新型材料，1993（10）：2022.

[2] 张卫江，任新，徐姣，等．熔盐电解法制备硼粉的研究［J］．化学工程，2013，41（1）：58~60.

[3] 彭程，陈松，吴延科，等．熔盐电解法制备硼粉的研究［J］．稀有金属，2010，34（2）：264~270.

[4] Munir Z A，Anseimi-Tamburini U. Self-propagating exothermic reactions：the synthesis of high-temperature materials by combustion［J］. Materials Science Reports，1989，3（7/8）：277.

[5] Yamada U，Miyamoto Y. SHS and dynamic compaction of multiphase ceramics［J］. Inter. J. SHS，1992，1（2）：275.

[6] 张廷安，豆志河，吕国志，等．一种采用自蔓延冶金法制备超细粉体的清洁生产工艺：中国，201310380803.4［P］. 2013.

[7] Merzhnov A G. Worldwide evolution and present status of SHS as a branch of modern R & D［J］. Inter. J. SHS，1997，6（2）：119.

[8] Miyamoto Y，Nakamoto T，Koizumi M. Conbustion synthesis of ceramic-metal composities［J］. J. Master

Res, 1996: 7.
[9] Matkowsky B J , Sivashinsky G I . Propagation of a pulsating reaction front in solid fuel combustion [J]. Siam Journal on Applied Mathematics, 1978, 35 (3): 465~478.
[10] Merzhnov A G. Theory and practice of SHS [J]. Inter. J. SHS, 1993, 2 (2): 113.
[11] Munir Z A. Synthesis of high-temperature materials by self-propagating combustionmethods [J]. Ceramic Bulletin, 1998, 667 (2): 342~349.
[12] 王志伟. 自蔓延高温合成技术研究与新进展 [J]. 化工进展, 2002, 21 (3): 175~176.
[13] 陈林, 徐建. 自蔓延高温合成技术的发展 [J]. 包头钢铁学院学报, 2002, 21 (2): 192~194.
[14] 王声宏. 自蔓延高温合成技术的最新进展 [J]. 粉末冶金工业, 2001, 11 (2): 26~35.
[15] 豆志河, 张廷安. 自蔓延冶金法制备硼粉 [J]. 中国有色金属学报, 2004, 14 (12): 2137~2142.
[16] 豆志河, 张廷安, 王艳利. 自蔓延冶金法制备硼粉的基础研究 [J]. 东北大学学报, 2005, 26 (1): 267~270.
[17] Dou Zhihe, Zhang Tingan, He Jicheng, et al. Preparation of amorphous nano-boron powder with high activity by combustion synthesis [J]. Journal of Central South University, 2014 (3): 900~1003.
[18] Dou Zhihe, Zhang Tingan, Shi Guanyong, et al. Preparation and characterization of amorphous boron powder with high activity [J]. Transactions of Nonferrous Metals Society of China, 2014, 24 (5): 1446~1451.
[19] 华一新. 冶金过程动力学导论 [M]. 北京: 冶金工业出版社, 2004.
[20] Cao L M, Halhh K, Schcu C, et al. Template-catalyst-freee growth of highly ordered boronire narrays [J]. Appl. Phys. Lett. , 2002, 80 (22): 4226~4228.
[21] Meng X M, Hu J Q, Jiang Y, et al. Boron nanowires synthesized by laser ablation at high temperature [J]. Chem. Phys. Lett. , 2003, 370: 825~828.
[22] Zhang Y, Ago H, Yumura M, et al. Study of the growth of boron nanowires synthesized by laser ablation [J]. Chem. Phys. Lett. , 2004, 385: 177~183.
[23] Yu M F, Wagner G J, Ruoff R S , et al. Realization of parametric reasonances in a nanowire mechanical system with nanmanipulation inside a scanning electorn microscope [J]. Phys. Rev. B, 2002, 66: 073406-1-4.
[24] Dilin D A, Chen X, Ding W, et al. Resonance vibration of amorphous $SiO_2$ nanowires driven by mechanical or electrical field excitation [J]. J. Appl. Phys. , 2003, 93: 226~230.
[25] 谷云乐, 王吉林, 张来平, 等. 纳米硼粉的制备方法: 中国, 101863662 A [P]. 2010-07-15.
[26] 张廷安, 赫冀成. 自蔓延冶金法制备 $TiB_2$ 和 $LaB_6$ 陶瓷微粉 [M]. 沈阳: 东北大学出版社, 1999: 27~30.
[27] Fan S S, Chapline M G, Franklin N R, et al. Self-oriented regular arrays of carbon nanotubes and their field emission properties [J]. Science, 1999, 283: 512~514.
[28] Huang M H, Mao S, Feick H, et al. Room-temperature ultravolet nanowire nanolasers [J]. Science, 2001, 292: 1897~1899.

# 6 自蔓延冶金法制备硼化物粉体

硼化物粉末的自蔓延高温合成法分为元素法和镁热还原法。自蔓延元素法与直接合成法类似，虽然能耗较直接合成法大幅降低，但原料依然昂贵，而且生产的粉末粒度较粗大，不利于烧结及后加工。自蔓延镁热还原法采用廉价化合物、天然矿物或固体废料等作原料，价格较低，而且反应的产物相当于硼化物和氧化镁的两相机械混合物，两相处于相互隔离的状态且保持较小的封闭体积，经酸浸处理溶去氧化镁后可直接得到微细的硼化物颗粒，这种利用副产物的机械分割作用使合成产物微细化的方法是元素法无法实现的[1,2]，是一种具有市场竞争力、综合效果好的先进材料制造新技术。

## 6.1 硼化物粉体的研究现状

硼化物材料具有耐高温、耐腐蚀、耐磨损、化学稳定性好等优良性能，在航空航天等国防高科技工业以及机械、冶金、化工等一般工业领域都有着广阔的应用前景。稀土、碱土金属硼化物具有高熔点、高强度和化学稳定性高的特点，其中许多还具有特殊的功能性，如低的电子功函数、比电阻恒定、在一定温度范围内热膨胀值为零、挥发性小、抗中毒能力强、耐离子轰击能力强、发射能力强、不同类型的磁序以及高的中子吸收系数等。这些优越性能决定其在现代技术中有广泛的应用前景，许多国家相继开展了该类材料的研究[3,4]。

### 6.1.1 硼化物粉体的性质及用途

#### 6.1.1.1 碱土金属硼化物——六硼化钙的性质与用途

六硼化钙（$CaB_6$）是一种黑色固体，硬度 9，密度 2.33g/cm$^3$。$CaB_6$ 是立方型晶体（$a=0.4145$nm），$CaB_6$ 结构单元模型如图 6-1 所示[5]。

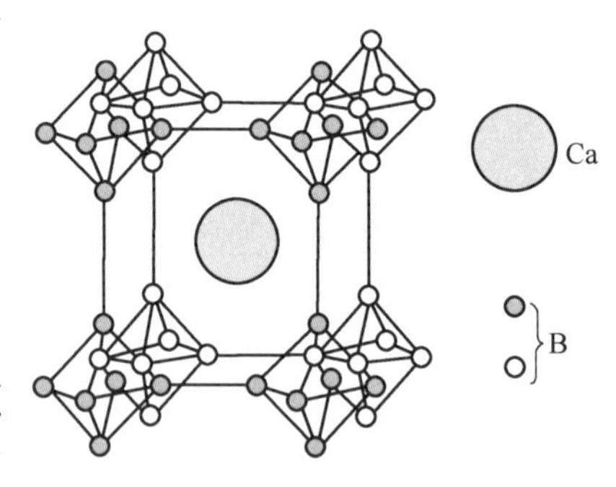

图 6-1　$CaB_6$ 的结构示意图

体积小的硼原子形成三维的框架结构，存在着明显的 B—B 键，硼原子之间以共价键连接导致其有高的熔点。晶体内的硼构成八面体的硼笼，钙原子与周围的硼原子之间没有价键连接，钙原子被包围在硼原子的网络结构中，钙原子是自由的，所以具有一定的电导率和优异的防电磁辐射的性能。$CaB_6$ 的结构符合 Hoard 和 Hughes 的半径原理，即硼笼型的硼原子的连接距离只能有很小而不致破坏原子团的变化，因此金属原子在这些硼笼中只能在一个很小的半径范围内找到位置。由此法则可知 Ca 原子半径在 0.175~0.223nm 之间，故只能形成立方八面体硼化物。由于在 $CaB_6$ 中存在着八面体的硼笼，因而其熔点和硬度均很高[6~8]。

$CaB_6$ 作为一种新型的半导体硼化物，也称为硼化物陶瓷，在常温下可以有 3 种状态：粉末状、多晶体和单晶体。$CaB_6$ 不溶于盐酸、氢氟酸，但溶于硝酸、硫酸以及熔融碱中。$CaB_6$ 的基本物理性能见表 6-1。

**表 6-1 $CaB_6$ 的基本物理性能参数**

| 物理性能 | 密度/$g \cdot cm^{-3}$ | 熔点/K | 维氏硬度 | 热扩散系数/$K^{-1}$ | 热导率 /$W \cdot m^{-1} \cdot K^{-1}$ | 电导/S |
|---|---|---|---|---|---|---|
| 参数 | 2.45 | 2373 | 27 | $6.5\times10^6$ | 70 | $10^3 \sim 10^1$ |

六硼化钙是非铁金属熔融的一种重要而又有效的脱氧剂和助熔剂。它参与铁、铜、镍、锌等金属的氧化物和硫化物反应。在 20 世纪 70 年代德国就开始对 $CaB_6$ 脱氧性能进行了研究，发现 $CaB_6$ 不溶于熔融的铜和铜合金中，能够除去铜中的氧，反应物很容易从熔融的铜中分离出来，而微量的硼残留在铜中，可以提高材料强度而不降低其导电性[9~11]。国内的研究也发现该材料具有良好的脱氧效果，是一种很有发展前景的脱氧剂。

自含炭耐火材料用于钢铁后，提高含炭材料高温性能的主要工作之一就是研究防止碳的氧化。近年来国外研究较多的是含硼添加剂，如 $B_4C$、$CaB_6$、$ZrB_2$、$TiB_2$、$AlB_2$ 及 $Al_3B_4C_7$ 等含硼材料。$CaB_6$ 加入到耐火材料中，高温下可以产生硼酸盐结构而起到致密化的作用，从而防止碳的氧化。当含硼材料和金属添加剂共同加入到含炭耐火材料中时，由于硼与金属的协调作用，不仅提高了含炭材料的抗氧化性，而且也能改善抗侵蚀性和高温强度[12~14]。

$CaB_6$ 可以用来生产六方 BN，其反应方程式为：

$$3CaB_6 + B_2O_3 + 10N_2 = 20BN + 3CaO$$

此法适于大批量生产六方 BN。另外，具有超导性的 $MgB_2$，也可以用 $CaB_6$ 作原材料来制备。在核反应堆中的控制棒采用含硼材料作为强中子吸收材料，因此 $CaB_6$ 在核工业中的应用日益受到重视。美国曾对 $CaB_6$ 及其复合材料在中子吸收方面做过工作，但均未公开发表。Ott 等人发现掺杂微量镧的硼化钙具有极高的居里温度（900K），在极高的温度下仍具有铁磁性，为自旋电子元件的发展开辟了新的途径[15~17]。

6.1.1.2 过渡金属硼化物——二硼化钛的性质与用途

二硼化钛（$TiB_2$）粉体是一种灰黑色粉末，粉末颗粒具有完整的六方晶体结构。其具有高熔点（高达 2980℃）、高硬度、耐磨损、抗酸碱、导热性强、导电性高等优点，具有极好的化学稳定性和抗热震性能，抗氧化温度高，能抗 1100℃以下的氧化，其制品具有较高的强度和韧性，与铝等熔融金属不侵蚀，高温力学性能优异，高温导电性好[18~20]。

二硼化钛的用途主要有：(1) 用于导电陶瓷材料，是真空镀膜导电蒸发舟的主要原料之一。(2) 用于陶瓷切削刀具及模具，可制造精加工刀具、拉丝模、挤压模、喷砂嘴、密封元件等。(3) 用于复合陶瓷材料，可作为多元复合材料的重要组元，二硼化钛可与 TiC、TiN、SiC 等材料组成切削工具的复合材料，还可作为一种组分制作装甲防护材料，是各种耐高温件、功能器件的最好材料[21~24]。(4) 用于铝电解槽阴极涂层材料，由于 $TiB_2$ 与金属铝液良好的润湿性，用 $TiB_2$ 作为铝电解槽阴极涂层材料，可以使铝电解槽的耗电量降低，电解槽寿命延长[25~28]。(5) 用于制作成 PTC 发热陶瓷材料和柔性 PTC 材料，是 Al 、Fe 、Cu 等金属材料很好的强化剂，具有安全、省电、可靠、易加工成型等特点，是各类电热材料的一种更新换代的高科技产品。(6) 可作为金属基表面耐高温、抗腐蚀涂层材料，用于等离子喷涂[29~32]。(7) 可用于生产陶瓷靶材。

6.1.1.3 稀土硼化物性质与用途

$LaB_6$ 属于立方晶系、CsCl 型，具有高熔点（熔点为2715℃）、高电导率和非常稳定的结构，以及许多有趣的磁、电发射和超导性能[33~35]。$LaB_6$ 由于其高亮度和长寿命而被用于电子发射源，由于 $LaB_6$ 具有很强的抗辐射性，在核工业中可用作抗辐射的建筑用砖和包装材料。$LaB_6$ 作为高效添加剂在兵器和军工车辆的特殊钢中具有很大的应用潜力，$LaB_6$ 制成氩等离子体医疗手术仪，对细胞组织具有切割和凝结作用，已广泛用于喉咙、腹腔手术以及肿瘤和泌尿手术等[36~42]。$LaB_6$ 粉体是制备单晶、多晶和复合材料的重要原材料，它的质量将严重影响器件的性能。近年来 $LaB_6$ 制作的电子束阴极在烟气处理方面也受到人们的广泛关注[43~48]。

$CeB_6$ 具有熔点高、硬度大、逸出功低、化学稳定性好、耐离子轰击能力强、电导率高（其电阻率与稀土金属相近）等优异性能，因此在各个领域得到广泛应用[49~53]。在电子工业领域，$CeB_6$ 是理想的热阴极材料，被广泛应用在高亮度点状电子源设备，如 SEM、TEM 等电镜及高电流电子源应用设备，还有微波管、等离子源、平版印刷、电子束焊机、自由电子激光等设备中。近年的研究表明，$CeB_6$ 作为热阴极材料与被公认为最佳阴极的 $LaB_6$ 相比，具有抗碳污染能力强、蒸发率低、电阻率高的特性，更适合作阴极材料。与钨阴极相比，$CeB_6$ 具有发射能力高、使用寿命长的优点，极有可能取代目前在电子束焊机等设备中仍广泛应用的钨阴极。在新材料方面，高纯 $CeB_6$ 粉末是制备 $CeB_6$ 单晶体、多晶体和复合材料的基础[54~56]。

$NdB_6$ 是一种黑色固体，在空气高温下稳定，不溶于盐酸、氢氟酸和稀硫酸，不与水反应，与碱反应速度很慢。上述优异性能是与其晶格结构密不可分的[57~60]。$NdB_6$ 具有与 $CaB_6$ 相似的立方型晶体结构。体积小的硼原子形成三维的框架结构，存在着明显的 B—B 键，硼原子之间以共价键连接导致其有高的熔点。晶体内的硼构成八面体的硼笼，位于钕原子形成的简单立方晶体中心。钕原子与周围的硼原子之间没有价键连接，跨八面体和八面体内部的硼原子有两种不同的连接方式，位于八面体边缘和八面体内部的 B—B 键的键长不同（见表 6-2）。由于钕原子间的空位，硼化钕的存在形式应该是在 $NdB_{6.01}$ 到 $NdB_{8.2}$ 之间[61,62]。

**表 6-2 B—B 键的键长**

| $NdB_6$ | 键长/nm |
|---|---|
| B—B | 0.17574（12） |
| B—B′ | 0.16415（17） |
| B—金属 | 0.30314（3） |

$NdB_6$ 作为一种新型的半导体硼化物，也称为硼化物陶瓷，在常温下可以有 3 种状态：粉末状、多晶体和单晶体。$NdB_6$ 不溶于盐酸、氢氟酸，但溶于硝酸、硫酸以及熔融碱中[63~65]。由于 $NdB_6$ 在导热、导电、导磁等方面的特殊性质，在机械行业、热处理中都有

重要应用。据报道，俄罗斯已生产出一种新型磁体，使用硼化钕铁制成稀土磁体，剩磁感应为10000~11000Gs，并且具有良好的温度特性，然而，由于技术原因，$NdB_6$ 的制备方法并没有在国内获得很高的关注度，市场上也很难买到 $NdB_6$ 粉末材料，因此开展 $NdB_6$ 的制备研究是很有现实意义的[66]。

#### 6.1.1.4 非金属硼化物——碳化硼的性质与用途

碳化硼于1858年被发现，起初，人们认为其化学式为 $B_4C$，随着进一步研究及对硼碳相图研究的进一步完善，人们认识到碳化硼在硼碳相图中实际上占据一个较为宽泛的均相区：$B_4C$~$B_{10.5}C$，而 $B_4C$ 则是碳化硼均相区中较为稳定的化合物（见图6-2）[67,68]。

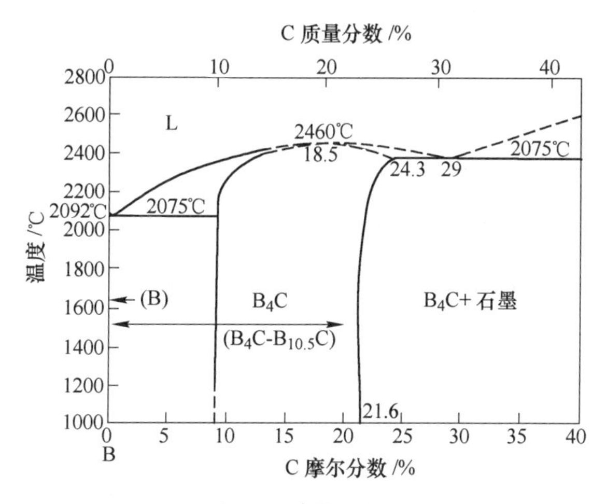


图6-2 碳化硼相图

碳化硼的主要晶体结构是斜方六面体结构，包括 $B_4C$、$B_{13}C_2$、$B_{12}C_3$。该晶体结构的主要晶格为六角菱形。以 $B_4C$ 相为例，晶格常数为 $a=0.519$nm，$c=1.212$nm，$\alpha=66°18'$。如图6-3所示，硼斜方六面体结构中包括12个二十面的原子团簇，这些原子团簇通过共价键相互连接，并在斜方六面体的对角线上有一个三原子链。多硼的十二面体结构位于斜方六面体的顶点[69~71]。硼原子和碳原子可以在二十面体和原子链上互相替代，这也是碳化硼具有如此多的同分异构体的主要原因。

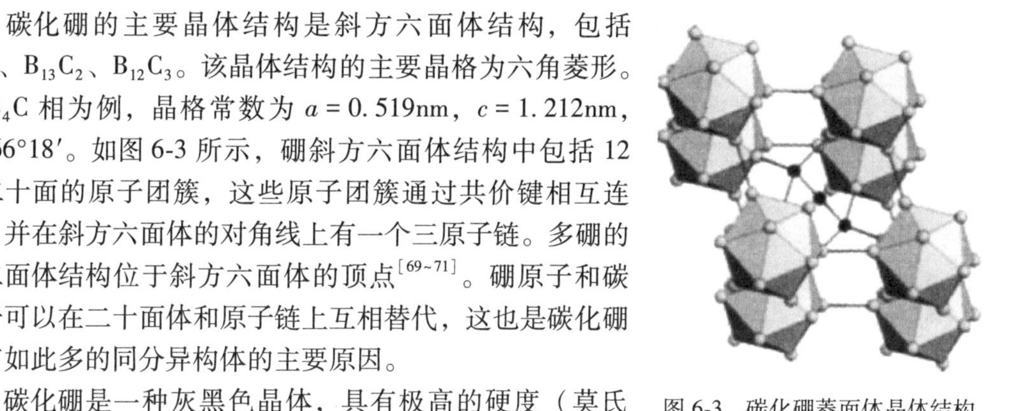

图6-3 碳化硼菱面体晶体结构

碳化硼是一种灰黑色晶体，具有极高的硬度（莫氏硬度为9.3，显微硬度为55~67GPa），仅次于金刚石和立方氮化硼，在高温情况下，其硬度也不会发生明显改变[72,73]；碳化硼密度很小（理论密度为2.52g/cm$^3$），熔点为2350℃，沸点为3500℃；热导率高：10~18W/(m·K)；线膨胀系数低：$3.4\times10^{-6}$~$5.9\times10^{-6}$℃$^{-1}$；抗热震性优异；热稳定性好；碳化硼不溶于水，常温下不与酸，碱反应，但会溶于熔化的碱中；同时，碳化硼的中子吸收能力极强，其中子俘获截面高，俘获能谱宽。其中，起到中子吸收的是硼的同位素$^{10}$B，其热截面高达 $3.47\times10^{-24}$cm$^2$；碳化硼在空气环境下中800℃以下是基本稳定的，由于其在更高的温度氧化形成的氧化硼呈气相流失，导致其不稳定，氧化形成二氧化碳和三氧化二硼；当与一些过渡金属及其碳化物共存时，有特殊的稳定性；在1000~1100℃条件下元素周期表中第Ⅳ、Ⅴ和Ⅵ族过渡金属与碳化硼粉末强烈反应形成金属硼化物[74,75]。不过，在更高的反应温度下，文献报道指出碳化硼容易氮化或者和过渡金属氧化物反应，形成相应的氮化硼以及硼化物，这种硼化物以稀土和碱土金属六硼化物为多。

碳化硼作为一种无机非金属材料，具有一系列优异的性能，可以广泛应用于防弹材料、切割研磨材料、耐磨材料、防辐射材料和中子吸收材料。碳化硼的硬度极高，仅次于金刚石和六方氮化硼，因此，可作为磨料，用于各种各样的硬金属、刚玉或宝石的加工、研磨及抛光等，还可以制取耐磨、耐腐蚀的碳化硼器件[76~78]。同时，碳化硼作为外敷涂层，可以用作切削刀刃、研钵等。由于碳化硼具有超强的硬度和较低的密度，因此碳化硼是一种优良的防弹材料。目前，碳化硼陶瓷及其金属基复合陶瓷可以作为防弹衣、车辆及飞机等武器的防护装甲。1984年Wood等人发现碳化硼具有异常大的Seebeck系数，很低的热导率、很高的高温电导率和很好的热稳定性，并且，其热电性能随温度的升高而提高，因此认为碳化硼是具有潜力的高温热电材料之一[79]。碳化硼具有较高的中子吸收能力，其中子俘获截面高，俘获能谱宽，仅次于钆、钐、镉等少数几种元素。同时相对于纯元素B和Gd而言，$B_4C$造价低，不产生放射性同位素，二次射线能量低，而且耐腐蚀、热稳定性好，因此在核反应堆用材料中越来越受到青睐。目前核反应堆用硼化物材料主要包括如下几种：碳化硼（控制棒、屏蔽棒），硼酸（慢化剂、冷却剂），硼钢（控制棒和核燃料及核废料的存储材料），硼化铕（堆芯可燃毒物材料），硼硅酸盐玻璃（堆芯可燃毒物材料、拉西环）等。碳化硼本身的共价键作用很强，而且塑性很差，晶界移动阻力很大，很难获得致密的烧结体。除了一些轴承材料及中子吸收材料，大部分碳化硼烧结材料都会通过添加烧结助剂来改善其烧结行为。如向碳化硼中添加碳化硅，通过Si原子与B、C原子相互扩散，以达到良好的烧结效果[80,81]。除此之外，还有诸如铝基碳化硼陶瓷、钛基复合陶瓷等，都有着良好的性能。

### 6.1.2　硼化物粉体的制备技术

根据硼化物的组成元素特点，可将硼化物分为金属硼化物（如$CaB_6$、$TiB_2$、$REB_6$等）和非金属硼化物（如$B_4C$等）。本节将根据硼化物的组成特点分类介绍其制备技术。

#### 6.1.2.1　金属硼化物的制备技术

A　直接合成法

直接合成法为固相法，利用相应的金属单质与单质硼直接反应合成，适宜于制备高纯度的金属硼化物。其反应原理：

$$Ca+6B \longrightarrow CaB_6 \tag{6-1}$$

$$Ti+2B \longrightarrow TiB_2\ (T>2000℃) \tag{6-2}$$

$$RE+6B \longrightarrow REB_6\ (T>1300℃,\ RE=La、Ce、Nd等) \tag{6-3}$$

由于金属单质（Ca、Ti、RE等）易氧化，单质B价格昂贵，而且高温合成反应过程中烧损严重，因此该法对设备要求高，工艺控制难度大。通常采用反应时预先抽真空，然后通入惰性气体以降低元素钙的挥发，可以获得高纯的金属硼化物（$CaB_6$、$TiB_2$、$LaB_6$、

$CeB_6$、$NdB_6$ 等)。该法多用于实验室制备高纯试样用于研究,无法用于工业化生产。

B 硼热还原法

将相应的金属氧化物与硼粉混合好,进行高温固相反应合成,保温温度为 1600~1800℃,保温时间大于 1h,反应原理式为:

$$CaO+7B \longrightarrow CaB_6+BO(g) \tag{6-4}$$

$$TiO_2+4B \longrightarrow TiB_2+2BO(g) \tag{6-5}$$

$$REO+7B \longrightarrow REB_6+BO(g) \tag{6-6}$$

用此方法可以制备出较纯的金属硼化物,但由于纯硼价格昂贵,且合成工艺条件要求苛刻,生产效率较低,该方法不适合工业化生产。

C 碳化硼法

将相应金属氧化物或氧化物盐、$B_4C$ 和活性炭粉按比例混合后压成直径为 20mm 的圆柱坯,然后进行高温真空还原反应合成,其反应方程式为:

$$4CaCO_3+6B_4C \longrightarrow 4CaB_6+2CO_2(g)+8CO(g) \tag{6-7}$$

$$2TiO_2+B_4C+3C \longrightarrow 2TiB_2+4CO(g)\ (T>2000℃) \tag{6-8}$$

$$RE_2O_3+3B_4C \longrightarrow 2REB_6+3CO(g)\ (T>2000℃) \tag{6-9}$$

该方法制备金属硼化物的固相反应过程中会经过金属硼酸盐、Me-B-C 等过渡相或中间相,因此如何抑制和去除产物中的过渡相和中间相是保证该方法产品纯度的关键。该方法需要在 $10^{-2}$Pa 的高真空环境中进行长时间高温还原合成反应,因此通常用价格昂贵的 $B_4C$ 作为硼源防止以氧化硼作硼源时的挥发损失,该法适合质量要求较高的硼化物制备。

D 碳热还原法

碳热还原反应是发生在熔融相中,需要较多的临界条件,可以考虑用比较便宜的硼酸作原料以降低成本,反应方程式为:

$$CaO+3B_2O_3+10C \longrightarrow CaB_6+10CO(g)\ (T>2000℃) \tag{6-10}$$

$$TiO_2+B_2O_3+5C \longrightarrow TiB_2+5CO(g)\ (T>2000℃) \tag{6-11}$$

$$RE_2O_3+6B_2O_3+21C \longrightarrow 2REB_6+21CO(g)\ (T>2000℃) \tag{6-12}$$

碳热还原法是以相应金属氧化物、氧化硼为原料,以碳为还原剂,进行高温碳热还原,由于反应温度多在 2000℃ 以上的高温中进行,因此需要在电弧炉中进行还原合成反应。热还原由于具有操作简单、产量大等优点,是目前工业制备硼化物粉体的主要方法。由于受制于电弧炉温场均匀性的限制,存在硼化物微观粒度不均匀等缺陷,而且后续需要对还原产物进行破碎、酸洗提纯等处理,二次污染严重,已成为制约其推广应用的瓶颈所在。

6.1.2.2 非金属硼化物——碳化硼的制备技术

目前生产碳化硼的方法主要有碳热还原法、激光诱导化学气相沉积法、自蔓延高温合成法、溶胶-凝胶法、聚合物前驱体裂解法等。

A 碳热还原法

在碳管炉或电弧炉中,以氩气气氛保护,以炭黑为还原剂及合成原料,还原氧化硼制备碳化硼粉体。其化学方程式如下:

$$2B_2O_3+7C \longrightarrow B_4C+6CO\uparrow \tag{6-13}$$

$$B_2O_3+3CO \longrightarrow 2B+3CO_2\uparrow \tag{6-14}$$

$$4B+C \longrightarrow B_4C \tag{6-15}$$

实际生产中，按一定比例将硼酸和炭黑混合均匀，然后在箱式电炉中烧结，其目的是使硼酸脱水，有利于碳化的进行，其基本反应为：

$$2H_3BO_3 \longrightarrow B_2O_3+3H_2O\uparrow \tag{6-16}$$

其优点是设备结构简单、占地面积小、建成速度快、工艺操作成熟等。缺点为能量消耗大、生产能力低、高温下对炉体损坏严重、合成的原始粉末平均粒径在20~40μm之间，需要经过破碎处理等。

B　激光诱导化学气相沉积法

激光诱导化学气相沉积法是利用反应气体分子对特定波长激光束的吸收而产生热分解或化学反应，经成核生长成超细粉末。该方法以含有碳源及硼源的气体作为原料，在激光的强烈辐射下迅速升温并反应生成 $B_4C$ 颗粒。其优点在于：由于反应器壁是冷的，因此无潜在的污染；原料气体分子直接或间接吸收激光光子能量后迅速反应，反应具有可选择性；可精确控制反应区条件；激光能量高度集中，反应与周围环境间的温度梯度大，有利于成核粒子快速凝结；反应中心区域与反应器之间被原料气体隔离，污染小，可制得高纯度的纳米粉末。

C　自蔓延高温合成法

自蔓延高温合成法也被称做镁热还原法，其基本原理是利用镁粉将氧化硼还原为硼，此反应放出高温，继而还原出的硼再与炭粉反应生成碳化硼粉体。这种方法以炭粉、氧化硼粉（烘干）与镁粉按一定比例混合，压制成坯体，在氩气保护气氛下或者真空环境下引燃，再将获得的生成物利用盐酸洗去其中的氧化镁杂质，获得碳化硼粉体。

$$2B_2O_3+C+6Mg \longrightarrow B_4C+6MgO \tag{6-17}$$

自蔓延法制备碳化硼时具有反应温度较低（1000~1200℃），节约能源（引发反应后，反应放热足以维持反应进行下去）、反应迅速、环保（在自蔓延釜中进行，与外界无接触）等优点。反应所得的碳化硼粉体粒度较细（0.1~4μm），无需进行破碎处理。但自蔓延法生成的碳化硼粉体中存在大量氧化镁、硼酸镁以及少量为挥发再结晶的镁单质，需要通过盐酸酸洗去除。

D　溶胶-凝胶法

以合适的硼源（硼酸、硼酐、硼砂等）和碳源（柠檬酸、炭黑等）作为合成原料，并在真空炉中保温以获得碳化硼粉体。Sinha 等人通过研究不同碳源，包括淀粉、蔗糖、葡萄糖、甘油、酒精及柠檬酸等，发现硼酸与柠檬酸的混合溶液在 pH 值为 2~3、温度为 84~122℃的情况下，可以形成稳定透明的金黄色凝胶体，置于真空炉中加热至700℃可得到多孔松软的块状硼酸/柠檬酸凝胶前驱体。将制备好的凝胶前驱体放于石墨模具内，在真空状态下于1000~1450℃保温 2h，可得到平均粒径为 2.25μm 的 $B_4C$ 微粉。

E　聚合物前驱体裂解法

聚合物前驱体裂解法首先要设计并合成一种新的聚合物，并以此为前驱体，裂解后获得碳化硼粉体。Sharnpa Mondal 等人用聚合物前驱体裂解法在低温下得到碳化硼。他们采用聚乙烯醇与硼酸反应生成聚合物前驱体，然后将聚合物前驱体在400℃和800℃焙烧得到正交晶型的碳化硼。日本琦玉大学的 Ikuo Yanase 等人同样用聚乙烯醇（PVA）与硼酸反应合成前驱体（PVBO），在600℃下热解2h，并在氩气气氛中于1300℃保温5h，得到碳化硼粉体。

# 6.2 自蔓延冶金法制备硼化物

## 6.2.1 制备方法及原理

### 6.2.1.1 制备金属硼化物粉体的基本原理

传统的金属硼化物粉体的工业生产方法主要是高温碳热还原法，存在生产能耗高、产品质量差等缺陷，而且还原产物破碎过程中易造成二次污染和纯度下降，同时由于电弧炉温度场的均匀性差导致产品微观晶粒分布不均匀且局部过大，最终粉体的烧结活性差。

针对以上技术缺陷和难题，东北大学张廷安教授带领团队经过20多年的系统研究，将自蔓延高温合成与冶金强化浸出技术进行耦合集成创新，开发出自蔓延冶金法制备金属硼粉粉体清洁生产关键技术。即以氧化硼和相应金属氧化物为原料，镁为还原剂，首先进行自蔓延反应得到产物弥散分布于泡沫状 MgO 基体中燃烧产物；然后燃烧产物经密闭强化酸浸溶出去 MgO 基体，经过滤、洗涤、除杂和干燥得高纯超细粉体；最后酸浸产生的氯化镁浸出液热解得高纯 MgO 粉，热解尾气吸收制盐酸循环，从而实现酸、水的循化利用，实现“无废”排放清洁生产。其工艺流程如图6-4所示。

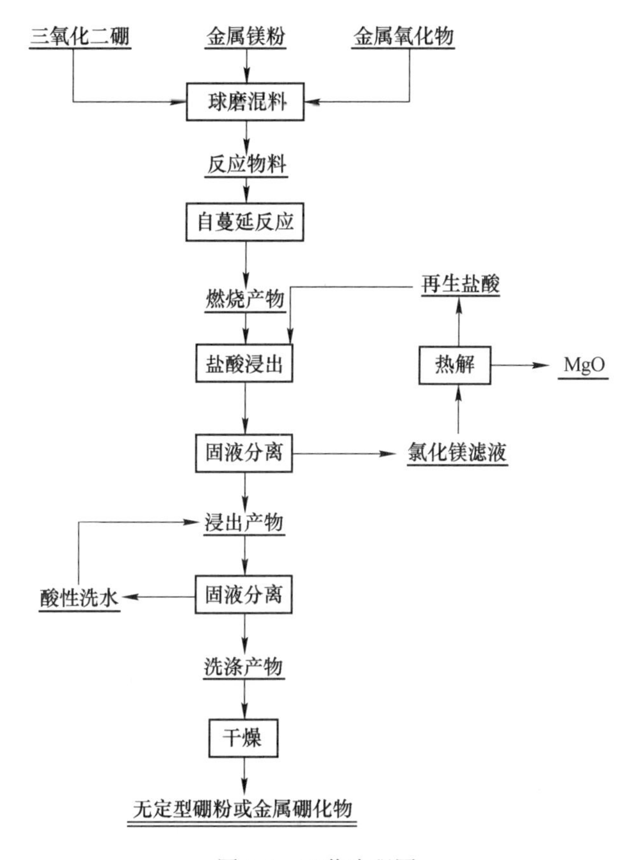


图6-4 工艺流程图

自蔓延反应过程的基本原理：

$$3B_2O_3+CaO+10Mg \longrightarrow CaB_6+10MgO \qquad (6\text{-}18)$$

$$B_2O_3+5Mg+TiO_2 \longrightarrow TiB_2+5MgO \qquad (6\text{-}19)$$

$$6B_2O_3+21Mg+La_2O_3 \longrightarrow 2LaB_6+21MgO \qquad (6\text{-}20)$$

$$3B_2O_3+11Mg+CeO_2 \longrightarrow CeB_6+11MgO \qquad (6\text{-}21)$$

$$6B_2O_3+Nd_2O_3+21Mg \longrightarrow 2NdB_6+21MgO \qquad (6\text{-}22)$$

浸出提纯过程的基本原理：

$$MgO+2HCl \longrightarrow MgCl_2+H_2O \qquad (6\text{-}23)$$

#### 6.2.1.2　制备碳化硼粉体的基本原理

以氧化硼和炭粉为原料，镁为还原剂，首先进行自蔓延反应得到弥散分布于泡沫状 MgO 基体中的燃烧产物；然后燃烧产物经密闭强化酸浸溶出去 MgO 基体，经过滤、洗涤、除杂和干燥得高纯超细粉体；最后酸浸产生的氯化镁浸出液热解得高纯 MgO 粉，热解尾气吸收制盐酸循环。实现酸、水的循化利用，实现“无废”排放清洁生产。其工艺流程如图 6-5 所示。

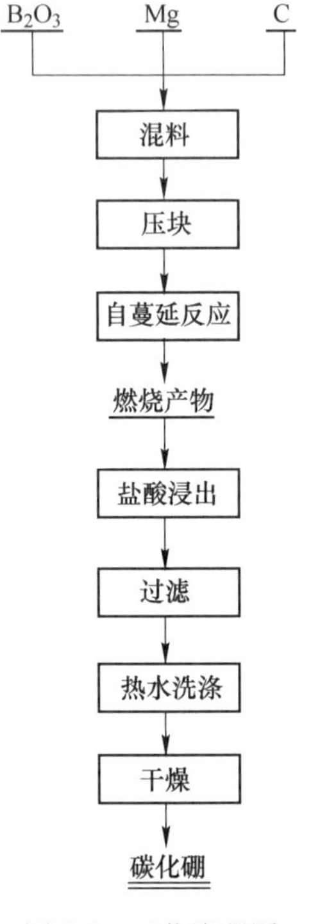

图 6-5　工艺流程图

自蔓延反应过程的基本原理：

$$2B_2O_3+6Mg+C = B_4C+6MgO \qquad (6\text{-}24)$$

浸出提纯过程的基本原理：

$$MgO+2HCl \longrightarrow MgCl_2+H_2O \qquad (6\text{-}25)$$

具体试验步骤包括：

（1）预处理。将原料根据需要进行干燥、机械活化以及混料。干燥的目的是除去原料中的水分以及吸附的杂质气体。机械活化的目的是提高原料的活性使之更易反应（如制备 $LaB_6$ 的过程球磨时随着球料比的增大自蔓延产物中 $LaBO_3$ 含量逐渐减少）。

（2）混料。将 $TiO_2$ 与还原剂镁按一定配比称量，混合均匀。

（3）压样。将混合好的原料在一定压力下压制成直径为 20mm 的圆柱坯样。

（4）自蔓延反应——一次还原。将压制好的坯样置于多功能自蔓延反应釜中，抽真空后，引发自蔓延反应（局部点火或整体加热）进行一次还原得到一次还原产物。

（5）强化浸出提纯。将深度还原产物用一定浓度的稀盐酸进行密闭强化浸出除去 MgO 等杂质，过滤洗涤干燥得到还原钛粉。

（6）浸出酸液的热解循环再生。将浸出产生金属氯化物酸性浸出液直接进行喷雾热解，热解尾气吸收制酸实现盐酸的循环利用，同时得到高纯超细 MgO 和 CaO 副产品。

### 6.2.2　实验设备

#### 6.2.2.1　高能球磨预处理设备——行星式高能球磨机

行星式高能球磨机可根据球磨需要改变球磨罐安装的偏心度，实现磨球与磨料之间摩擦作用和冲击作用的比例变化，克服传统行星式球磨机的研磨作用与冲击作用之间比例不能改变、粉碎冲击作用不明显的缺点，增强了磨球与磨料之间冲击作用，更有利于磨料的粉碎和机械合金化。采用德国 Fritsch 公司 Pulverisette5 行星式高能球磨机（见图 6-6），设备技术参数见表 6-3。

图 6-6 Pulverisette5 行星式高能球磨机

**表 6-3 Pulverisette5 行星式高能球磨机主要技术参数**

| 项 目 | 参 数 |
|---|---|
| 最大进样尺寸/mm | <10 |
| 最大处理量/mL | 4× 225 |
| 最终精度/μm | <1 |
| 最多可同时处理样品数量/种 | 8 |
| 研磨碗的体积/mL | 80，250，500 三种 |
| 研磨球的直径/mm | 5，10，15，20，30，40 六种 |
| 尺寸（宽×高×长）/cm×cm×cm | 58×67×57 |

6.2.2.2 高温自蔓延反应系统（SHS-40）

自蔓延反应釜是燃烧合成中最主要的设备，主要包括了四个部分：反应釜、控制系统、给排气系统、水冷系统。

（1）反应釜。燃烧合成反应的整个过程在此系统中完成。燃烧波机构特征、燃烧条件、反应物物性参数对成品的结构特征的影响等宏观特性的研究都是通过反应釜进行的，由于反应釜为高密闭系统，人为观测到的只是反应前与反应后的实验现象，SHS 反应过程不可视。图 6-7 和图 6-8 所示为实验室自蔓延反应釜实物图与结构示意图。

（2）控制系统。主要分为抽真空控制、点火电流控制、反应釜盖的移位控制、循环水控制等。实验中先通过操作反应釜盖控制系统进料，之后抽真空，再通过启动点火装置通过电极电流加热点火丝达到引燃反应物的目的。

（3）给排气系统。通过操作区控制保护气氛的加入。

（4）循环水冷系统。当反应物过多时，反应会放出大量热量，为防止不安全事故的发生和对设备的保养，设置了循环水冷系统。在反应结束时开启冷却 1~2h 即可。

图 6-7　自蔓延反应釜实物图

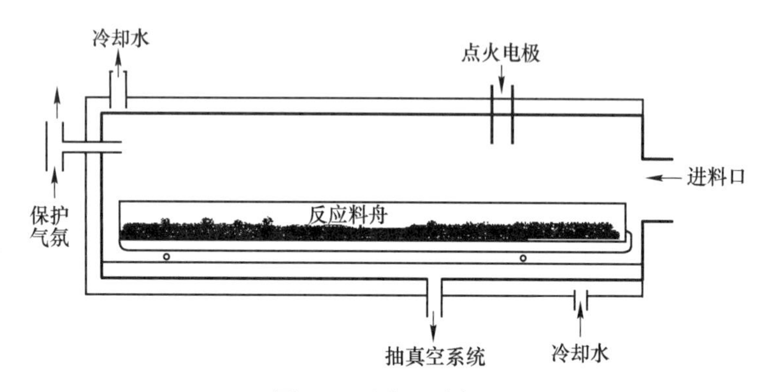


图 6-8　反应釜示意图

#### 6.2.2.3　燃烧产物浸出提纯设备

恒温水浴反应器和搅拌器是燃烧产物提纯的主要设备。图 6-9 所采用的恒温水浴箱，主要是利用搅拌器和恒温水浴锅加速 SHS 产物的浸出反应，达到充分提纯的目的。恒温水浴反应器和搅拌器是燃烧产物的提纯的主要设备。主要是利用搅拌器和恒温水浴锅加速 SHS 产物的浸出反应，达到充分提纯的目的。

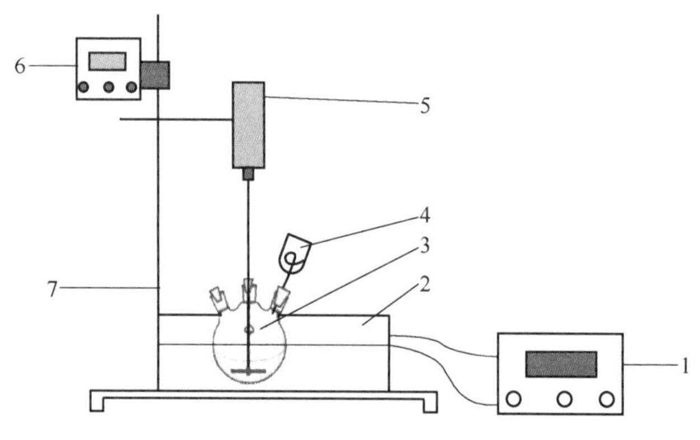


图 6-9　浸出提纯系统

1—恒温水浴锅控制器；2—恒温水浴锅；3—三口烧瓶；4—盖式漏斗；5—搅拌器；6—搅拌器控制器；7—铁架台

## 6.3　自蔓延冶金制备硼化物基础理论

### 6.3.1　热力学研究

6.3.1.1　绝热温度的计算

对于自蔓延的反应体系：A(s) + B(s) ══ AB(s)，在该反应过程中放出的热量可由式（6-26）进行计算：

$$\Delta H = \Delta H_{298}^{\ominus} + \int_{298}^{T_{ad}} \Delta C_{p,m} dT \tag{6-26}$$

式中，$\Delta H$ 为体系的热效应，由于假设该体系与外界无热量的交换，因此其值为零；$\Delta H_{298}^{\ominus}$ 为在 298K 时反应的标准摩尔反应焓，由反应物与产物的标准摩尔生成焓相减得到，kJ/mol；$\Delta C_{p,m}$ 为产物在温度 $T$ 下的摩尔定压热容，J/(K・mol)。

$C_{p,m}$ 可近似地用式（6-27）计算：

$$C_{p,m} = A_1 + A_2 \times 10^{-3}T + A_3 \times 10^5 T^{-2} + A_4 \times 10^{-6}T^2 + A_5 \times 10^8 T^{-3} \tag{6-27}$$

式中，$A_1$、$A_2$、$A_3$、$A_4$、$A_5$ 可由无机热力学数据手册查得。

绝热温度根据式（6-26）分以下三种情况进行计算：

（1）当绝热温度低于产物熔点 $T_m$ 时：

$$-\Delta H_{298}^{\ominus} = \int_{298}^{T_{ad}} \Delta C_{p,m} dT \tag{6-28}$$

（2）当绝热温度等于产物熔点（$T_{ad} = T_m$）时：

$$-\Delta H_{298}^{\ominus} = \int_{298}^{T_{ad}} \Delta C_{p,m} dT + \gamma \Delta H_m \tag{6-29}$$

式中，$\gamma$ 为产物处于熔融状态的分数；$\Delta H_m$ 为产物的熔化热，kJ/mol。

（3）当绝热温度高于产物熔点 $T_m$ 时：

$$-\Delta H_{298}^{\ominus} = \int_{298}^{T_m} \Delta C_{p,m} dT + \Delta H_m + \int_{T_m}^{T_{ad}} \Delta C_{p,m液} dT \tag{6-30}$$

各反应体系的绝热温度计算如下：

（1）$CaO-B_2O_3-Mg$ 反应体系：

$$CaO + 3B_2O_3 + 10Mg = CaB_6 + 10MgO \qquad \Delta H_{298} = -1696.79 kJ/mol \tag{6-31}$$

因为

$$-\Delta H_{298} = \int_{298}^{T_{ad}} \Delta C_{p,m产物} dT = (10 \times 48.982 + 109.01) \times (T - 298) + (10 \times 3.142 + 40.17) \times 10^{-3} \times (T^2 - 298^2)/2 + (29.26 + 11.439 \times 10) \times 10^5 \times (1/T - 1/298)$$

当 $T$=2503K（$CaB_6$ 的熔点）时：

$$\int_{298}^{2503} \Delta C_{p,m产物} dT = 1499.03 kJ/mol < 1696.79 kJ/mol$$

所以，体系若绝热，假设反应完全，六硼化钙可被加热到熔化温度以上。$CaB_6$ 的熔化热数据找不到，因而不再估算其具体绝热温度值，其值已高于 2000K，由此预计可采用自蔓延方法合成 $CaB_6$。

（2）$TiO_2-B_2O_3-Mg$ 反应体系：

$$B_2O_3 + 5Mg + TiO_2 = TiB_2 + 5MgO \qquad \Delta H_{298} = -1114.80kJ/mol \qquad (6\text{-}32)$$

经估算该体系符合 $T_{ad} = T_m$ 的情况，由式（6-29）可解得：$\gamma = 33.48\%$，绝热温度 $T_{ad} = 3098K$。如此高的绝热温度，说明该反应易于以自蔓延方式进行。

（3）$La_2O_3$-$B_2O_3$-Mg 反应体系：

$$6B_2O_3 + 21Mg + La_2O_3 = 2LaB_6 + 21MgO \qquad \Delta H_{298} = -4011.00kJ/mol \qquad (6\text{-}33)$$

先假设 $T_{ad}<T_m$，采用尝试法得出 $T_{ad}>3500K$，因此可见 $T_{ad}<T_m$ 假设不成立，该反应的 $T_{ad} \geqslant T_m$，由于 $LaB_6$ 的数据不全，不再进行详细的精确求解。但是该反应的绝热温度一定是大于 1800K，说明该反应易于以自蔓延方式进行。

（4）$CeO_2$-$B_2O_3$-Mg 反应体系：

$$3B_2O_3 + 11Mg + CeO_2 = CeB_6 + 11MgO \qquad \Delta H_{298}^{\ominus} = -2063.88kJ/mol \qquad (6\text{-}34)$$

利用试根法解之得到 $T_{ad} = 2992K$。

如果 $T_{m(CeB_6)}<T_{ad}<T_{m(MgO)}$，因此假设不成立，推测体系的绝热温度 $T_{ad} \geqslant T_{m(CeB_6)}$，由此可以得出以下结论：

1）体系升温至 2463K 后，$CeB_6$ 部分熔化或者全部熔化时，体系放热完全耗尽，则绝热温度为 2463K。

2）2463K 时，$CeB_6$ 完全熔化后仍有剩余热量，体系继续升温至低于 3098K 的温度时热量耗尽，绝热温度便为此温度。

3）体系升温至 3098K，此时氧化镁熔化将体系放热耗尽，则绝热温度为 3098K。

4）氧化镁全部熔化后，体系热量能维持升温至某一温度，此温度就为绝热温度。

5）体系绝热温度 $T_{ad}>1800K$ 是一定的，因此，自蔓延反应可以顺利进行。

（5）$Nd_2O_3$-$B_2O_3$-Mg 反应体系：

$$Nd_2O_3 + 6B_2O_3 + 21Mg = 2NdB_6 + 21MgO \qquad (6\text{-}35)$$

解得其绝热温度为 $T_{ad} = 2726K$，远大于 1800K 的热力学判据，因此该反应体系采用自蔓延方式可以顺利进行。

（6）$B_2O_3$-C-Mg 反应体系：

$$2B_2O_3 + 6Mg + C = B_4C + 6MgO \qquad \Delta H_{298}^{\ominus} = -1138.130kJ/mol \qquad (6\text{-}36)$$

计算该体系的 $T_{ad}$ 为 2749.5K，远大于 1800K，故该反应能够自发维持下去。

#### 6.3.1.2　自蔓延体系自由能变的计算

##### A　CaO-$B_2O_3$-Mg 反应体系

CaO-$B_2O_3$-Mg 反应体系中可能发生的化学反应见表 6-4，吉布斯自由能图如图 6-10 所示。

**表 6-4　CaO-$B_2O_3$-Mg 体系中可能发生的化学反应**

| 序号 | 反应式 | $\Delta G = A + BT$/J·mol$^{-1}$ | 适用温度范围/K |
|---|---|---|---|
| 1 | $2Mg(s) + O_2 = 2MgO(s)$ | $-1202460+215.18T$ | 298~922 |
| 2 | $2Mg(l) + O_2 = 2MgO(s)$ | $-1219140+233.04T$ | 922~1365 |
| 3 | $2Mg(g) + O_2 = 2MgO(s)$ | $-4365400+411.96T$ | 1365~1997 |
| 4 | $1/2Mg(g) + B(s) = 1/2MgB_2(s)$ | $-46025+5.23T$ | 298~922 |

续表 6-4

| 序号 | 反应式 | $\Delta G=A+BT$/J·mol$^{-1}$ | 适用温度范围/K |
|---|---|---|---|
| 5 | $1/4Mg(s)+B(s)=1/4MgB_4(s)$ | $-26988+2.79T$ | 298~922 |
| 6 | $Mg(s)+1/3B_2O_3=2/3B(s)+MgO(s)$ | $-191630+37.58T$ | 723~922 |
| 7 | $Mg(l)+1/3B_2O_3=2/3B(s)+MgO(s)$ | $-199970+46.50T$ | 922~1363 |
| 8 | $Mg(g)+1/3B_2O_3=2/3B(s)+MgO(s)$ | $-323100+175.22T$ | 1363~1997 |
| 9 | $CaO(s)+B_2O_3(l)=CaO\cdot B_2O_3(s)$ | $-149400+30.96T$ | 723~1433 |
| 10 | $2CaO(s)+B_2O_3(l)=2CaO\cdot B_2O_3(s)$ | $-208800+17.15T$ | 723~1583 |
| 11 | $3CaO(s)+B_2O_3(l)=3CaO\cdot B_2O_3(s)$ | $-278200+29.7T$ | 723~1763 |
| 12 | $3MgO+B_2O_3(l)=Mg_3B_2O_6$ | $-190023.62+22.74T$ | 698~1698 |
| 13 | $2B+N_2=2BN(s)$ | $-501200+175.22T$ | 298~2303 |
| 14 | $4/3B+O_2=2/3B_2O_3$ | $-819200+140.03T$ | 298~2303 |
| 15 | $10Mg(s)+CaO(s)+3B_2O_3(l)=CaB_6(s)+10MgO(s)$ | $-1696790+124.329T$ | 723~922 |
| 16 | $10Mg(l)+CaO(s)+3B_2O_3(l)=CaB_6(s)+10MgO(s)$ | $-1786290+221.429T$ | 922~1365 |
| 17 | $10Mg(g)+CaO(s)+3B_2O_3(l)=CaB_6(s)+10MgO(s)$ | $-3082290+1172.829T$ | 1365~1997 |

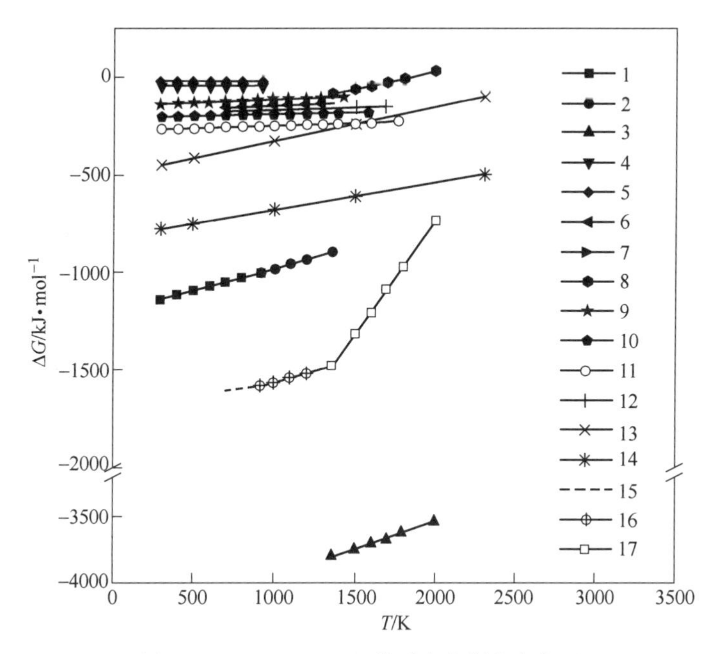


图 6-10 CaO-$B_2O_3$-Mg 体系吉布斯自由能图

由图 6-10 可以看出：

（1）以 Mg 作还原剂，以 $B_2O_3$、CaO 为原料，其标态下的反应吉布斯自由能最负，说明反应生成的趋势最大，生成物最稳定。产物相为 MgO 和 $CaB_6$。

（2）1000K 以上时，Mg 被氧化的标准吉布斯自由能较小，生成 MgO 的趋势较大，Mg

的损失较多，故配料时应考虑。

（3）生成 $MgB_2$、$MgB_4$ 和 B 的标准吉布斯自由能为负，该反应可能发生，但是较生成 $CaB_6$ 趋势小。

B　$TiO_2$-$B_2O_3$-Mg 反应体系

$TiO_2$-$B_2O_3$-Mg 反应体系中可能发生的反应见表 6-5，吉布斯自由能图如图 6-11 所示。

**表 6-5　$B_2O_3$-Mg-$TiO_2$ 体系中可能发生的化学反应**

| 序号 | 反应式 | $\Delta G = A + BT$/J·mol$^{-1}$ | 适用温度范围/K |
|---|---|---|---|
| 1 | $2Mg(s) + O_2 = 2MgO(s)$ | $-1202460+215.18T$ | 298~922 |
| | $2Mg(l) + O_2 = 2MgO(s)$ | $-1219140+233.04T$ | 922~1365 |
| | $2Mg(g) + O_2 = 2MgO(s)$ | $-4365400+411.96T$ | 1365~1997 |
| 2 | $1/2Mg(s) + B(s) = 1/2MgB_2(s)$ | $-46025+5.23T$ | 298~922 |
| 3 | $1/4Mg(s) + B(s) = 1/4MgB_4(s)$ | $-26988+2.79T$ | 298~922 |
| 4 | $3Mg(s) + N_2 = Mg_3N_2(s)$ | $-46020+202.9T$ | 298~922 |
| 5 | $2MgO + TiO_2 = 2MgO \cdot TiO_2$ | $-25500+1.26T$ | 298~1773 |
| 6 | $MgO + TiO_2 = MgO \cdot TiO_2$ | $-26400+3.14T$ | 298~1773 |
| 7 | $MgO + 2TiO_2 = MgO \cdot 2TiO_2$ | $-13800+0.32T$ | 298~1773 |
| 8 | $2B + N_2 = 2BN(s)$ | $-501200+175.22T$ | 298~2303 |
| 9 | $4/3B + O_2 = 2/3B_2O_3(s)$ | $-819200+140.03T$ | 298~2303 |
| 10 | $Ti + 2B = TiB_2$ | $-284500+20.5T$ | 298~1923 |
| 11 | $Ti + B = TiB$ | $-163200+5.9T$ | 298~1923 |
| 12 | $2Ti + O_2 = 2TiO(s)$ | $-1029200+148.2T$ | 298~1923 |
| 13 | $Ti + O_2 = TiO_2$(金红石) | $-941100+117.5T$ | 298~1923 |
| 14 | $2Ti + N_2 = 2TiN$ | $-672600+186.52T$ | 298~1923 |
| 15 | $4/3Ti + O_2 = 2/3Ti_2O_3$ | $-1001400+172T$ | 298~1923 |
| 16 | $6/5Ti + O_2 = 2/5Ti_3O_5$ | $-972600+125.00T$ | 298~1923 |
| 17 | $Mg(s) + 1/3B_2O_3 = 2/3B(s) + MgO$ | $-191630+37.58T$ | 723~922 |
| | $Mg(l) + 1/3B_2O_3 = 2/3B(s) + MgO$ | $-199970+46.50T$ | 922~1363 |
| | $Mg(g) + 1/3B_2O_3 = 2/3B(s) + MgO$ | $-323100+135.98T$ | 1363~1997 |
| 18 | $Mg(s) + 1/2TiO_2 = 1/2Ti(s) + MgO$ | $-130680+48.80T$ | 723~922 |
| | $Mg(l) + 1/2TiO_2 = 1/2Ti(s) + MgO$ | $-139020+57.74T$ | 922~1363 |
| | $Mg(g) + 1/2TiO_2 = 1/2Ti(s) + MgO$ | $-262150+147.24T$ | 1363~1997 |
| 19 | $Mg(s) + 1/5TiO_2 + 1/5B_2O_3 = 1/5TiB_2 + MgO$ | $-167250+42.07T$ | 723~922 |
| | $Mg(l) + 1/5TiO_2 + 1/5B_2O_3 = 1/5TiB_2 + MgO$ | $-175590+51.00T$ | 922~1363 |
| | $Mg(g) + 1/5TiO_2 + 1/5B_2O_3 = 1/5TiB_2 + MgO$ | $-298720+140.48T$ | 1363~1997 |

标态下的吉布斯自由能基本上能体现反应的可能性或者说反应趋势。由图 6-11 可知：

（1）以 Mg 作还原剂，以 $B_2O_3$ 和 $TiO_2$ 为原料合成 $TiB_2$，其标态下的反应吉布斯自由能在大于 1000K 以下最负，产物主相为 MgO 和 $TiB_2$；1000K 以上 TiO 的生成自由能最小，

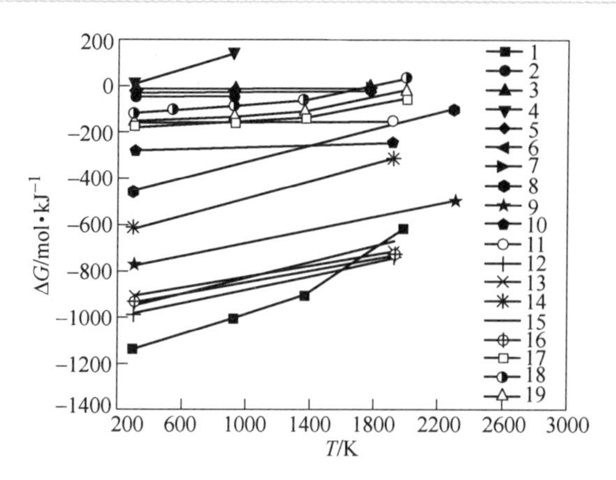


图 6-11 $B_2O_3$-Mg-$TiO_2$ 体系吉布斯自由能图

反应中可能会出现钛的低价氧化物。

（2）由于 BN 和 TiN 的吉布斯自由能较小，形成趋势大，故反应不能在空气介质中进行。

（3）产物中可能出现 $2MgO \cdot TiO_2$、$MgO \cdot TiO_2$ 和 $MgO \cdot 2TiO_2$ 相。

（4）形成 $MgB_2$ 和 $MgB_4$ 趋势小，除非单质镁及硼过量。因此，在配料时应加以注意。

C　$La_2O_3$-$B_2O_3$-Mg 反应体系

表 6-6 是 $La_2O_3$-$B_2O_3$-Mg 反应体系相关反应的标准吉布斯自由能变化与温度的关系，可知 Mg 作为 $La_2O_3$ 和 $B_2O_3$ 的还原剂，$La_2O_3$ 稳定性高于 LaN，$B_2O_3$ 的稳定性高于 BN，MgO 稳定性高于 $Mg_3N_2$，反应可以在空气中进行。这点对研究反应装置的设计十分必要。

**表 6-6　相关反应的标准吉布斯自由能变化**

| 反 应 式 | $\Delta G = A + BT$/J·mol$^{-1}$ | 适用温度范围/℃ |
|---|---|---|
| Mg(s) + 2B(s) ═ $MgB_2$(s) | −92050+10.46$T$ | 25~649 |
| Mg(s) + 4B(s) ═ $MgB_4$(s) | −107950+11.17$T$ | 25~649 |
| 2Mg(s) + $O_2$ ═ 2MgO(s) | −1202460+215.18$T$ | 25~649 |
| 2Mg(l) + $O_2$ ═ 2MgO(s) | −1219140+233.04$T$ | 649~1090 |
| 2Mg(g) + $O_2$ ═ 2MgO(s) | −1465400+411.98$T$ | 1090~1720 |
| 3Mg(s) + $N_2$ ═ $Mg_3N_2$(s) | −460200+202.9$T$ | 25~649 |
| 2La(s) + $N_2$ ═ 2LaN(s) | −594200+211.8$T$ | 25~920 |
| 4/3La(s) + $O_2$ ═ 2/3$La_2O_3$(s) | −1191066+185.52$T$ | 25~920 |
| 4/3B(s) + $O_2$ ═ 2/3$B_2O_3$(s) | −819200+140.03$T$ | 450~2043 |
| 2B(s) + $O_2$ ═ 2BO(g) | −7600−177.56$T$ | 25~2030 |
| 2B(s) + $N_2$ ═ 2BN(s) | −501200+175.22$T$ | 25~2030 |

D　$CeO_2$-$B_2O_3$-Mg 反应体系

$$CeO_2 + 2Mg \longrightarrow Ce + 2MgO \tag{6-37}$$

$$B_2O_3 + 3Mg \longrightarrow 2B + 3MgO \tag{6-38}$$

$$Ce + 6B \longrightarrow CeB_6 \tag{6-39}$$

$$CeO_2 + 3B_2O_3 + 11Mg \longrightarrow CeB_6 + 11MgO \tag{6-40}$$

其自由能变化如图6-12所示。对相关反应体系的热力学做更系统的研究，从热力学的角度对反应和产物中可能存在和出现的相进行预测，为自蔓延高温合成过程的调控提供理论依据。

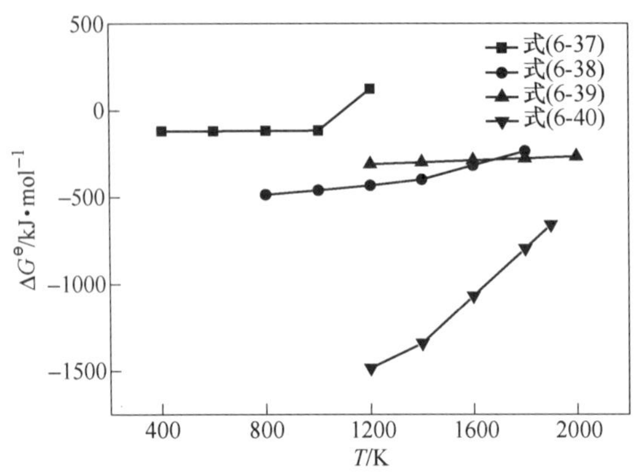


图6-12　不同反应的 $\Delta G^{\ominus}-T$ 关系曲线

E　$Nd_2O_3$-$B_2O_3$-Mg 反应体系

由于 $NdB_6$ 的吉布斯自由能数据缺乏，而且实际自蔓延反应温度应该在1800K以上，因此关于反应（$Nd_2O_3+6B_2O_3+21Mg = 2NdB_6+21MgO$）的吉布斯自由能变只计算了1800K时反应的吉布斯自由能变为-1502.6kJ/mol，远比图6-13所有反应的吉布斯自由能变都负。因此，由图6-13可以看出：以Mg作还原剂，以 $B_2O_3$、$Nd_2O_3$ 为原料，其标态下的反应吉布斯自由能最负，说明反应生成的趋势最大，生成物最稳定。产物相为MgO和 $NdB_6$。1000K以上时，Mg被氧化的标准吉布斯自由能较小，生成MgO的趋势较大，Mg的损失较多，故配料时应考虑。生成 $MgB_2$、$MgB_4$ 和B的标准吉布斯自由能为负，该反应可能发生，但是较生成 $NdB_6$ 趋势小。

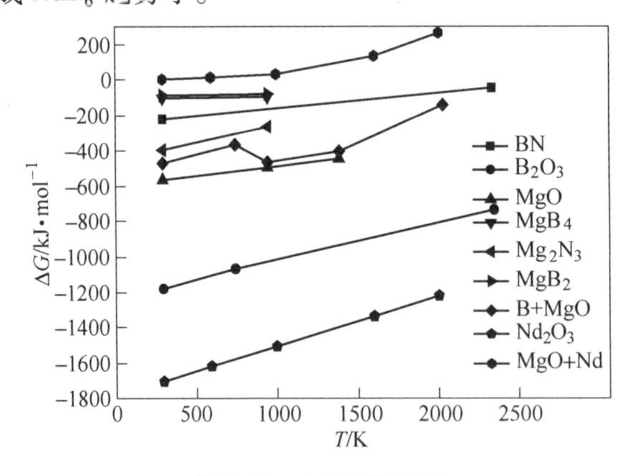


图6-13　$\Delta G$-$T$ 关系图

F　$B_2O_3$-C-Mg 反应体系

体系中可能发生的反应：

$$B_2O_3+3Mg = 2B+3MgO \tag{6-41}$$

$$4B+C=B_4C \tag{6-42}$$

$$3MgO+B_2O_3=Mg_3B_2O_6 \tag{6-43}$$

$$2B_2O_3+6Mg+C=B_4C+6MgO \tag{6-44}$$

$$2Mg+3C=Mg_2C_3 \tag{6-45}$$

$$2B_2O_3+3C=4B+3CO_2 \tag{6-46}$$

$$2B_2O_3+7C=B_4C+6CO \tag{6-47}$$

计算可能发生反应的吉布斯自由能变，结果如图 6-14 所示。

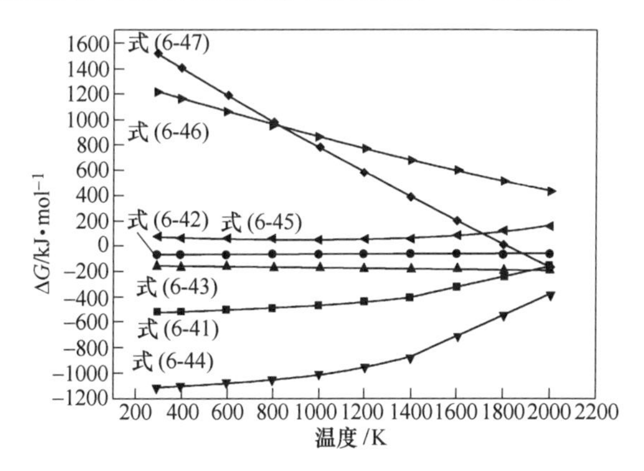


图 6-14　自蔓延反应过程中可能涉及的反应的吉布斯自由能变

由图 6-14 中可看出式（6-45）和式（6-46）在所研究的温度内其反应的吉布斯自由能均大于零，因此在热力学上进行的可能性很小。而式（6-42）的反应虽然吉布斯自由能随温度升高而增大，但在所研究的温度之前均小于零，这说明在热力学上该反应在所研究的温度内可以自发进行。式（6-42）的自由能在所研究的温度内小于零，因此该反应在热力学上进行的可能性很大。式（6-44）从反应关系上可以看出是由式（6-41）和式（6-42）共同作用的结果，其反应自由能远小于零，说明式（6-44）反应在热力学上进行的可能性很大。

## 6.3.2 动力学研究

差热分析（DTA）是在程序控制温度下，测量物质和参比物的温度差和温度关系的一种技术，当试样发生任何物理或化学变化时，所释放或吸收的热量使试样温度低于或高于参比物的温度，从而相应的在差热曲线上可得到放热或吸热峰。通过对放热、吸热峰的分析，便可以得到相应的物理或化学变化的前后过程，为了研究实验的 SHS 反应过程，采用了差热分析方法。

因为自蔓延冶金法制备硼化物粉体过程中的自蔓延高温还原反应均是涉及三相反应物的复杂反应，所以分别研究 $Mg\text{-}B_2O_3$ 的两相反应、$Me_xO_y\text{-}Mg$ 的两相反应、$Me_xO_y$(或 C)-$B_2O_3\text{-}Mg$ 三相反应的动力学过程。

### 6.3.2.1 $CaO\text{-}B_2O_3\text{-}Mg$ 反应体系

由于所有的制备过程都涉及 $B_2O_3+Mg$ 反应体系，因此对于该两相反应体系的 DSC 曲线只做一次，由图 6-15 可知，DSC 曲线分别在 130℃出现吸热峰，这应该是 $B_2O_3$ 脱去结晶水吸热；在645℃出现吸热峰，这是在镁的熔点（651℃）附近，是镁的熔化吸热；在729℃、740℃、795℃出现放热峰，说明Mg和$B_2O_3$的反应在750℃附近开始，是液-液反应。450℃附近没有出现$B_2O_3$熔化的吸热峰，这可能与$B_2O_3$属非晶态有关。

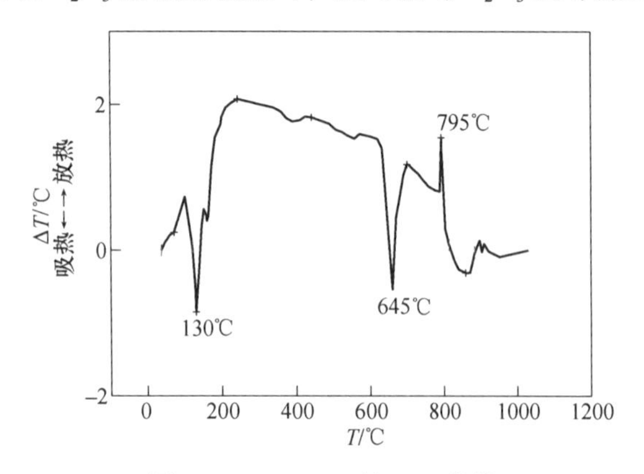


图6-15 Mg-$B_2O_3$的DTA曲线

如图6-16所示，曲线1~3的升温速率分别为5℃/min、10℃/min、20℃/min。DTA曲线分别在420℃、439℃、465℃出现吸热峰，这是由于CaO久置，与空气中$CO_2$形成$CaCO_3$，$CaCO_3$受热分解所致；在581℃、608℃、635℃出现放热峰，Mg与CaO的合成反应发生，而且是在Mg熔化之前，所以该反应是固-固反应。在750~850℃时，出现吸热峰，而且放热峰不尖锐，较平缓，可能是由于Mg有一小部分被氧化，生成的MgO与CaO发生反应所致，此反应造成Mg和CaO的损失，在体系中是应该避免的。

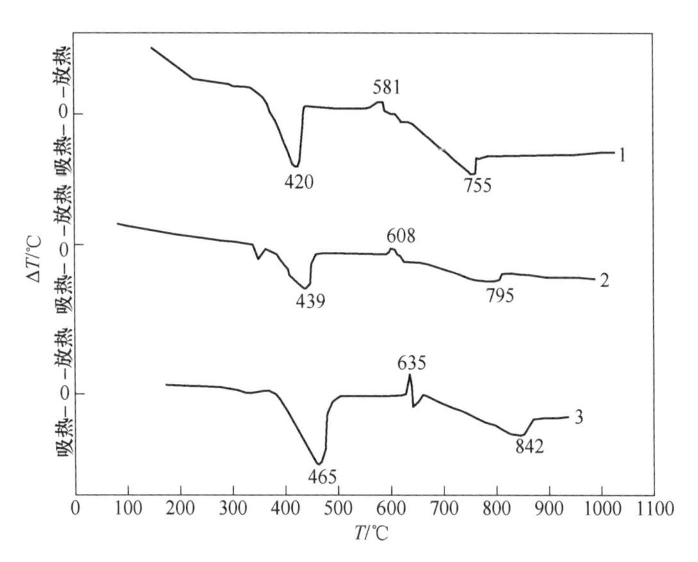


图6-16 Mg-CaO的DTA曲线

如图6-17所示，曲线1~3的升温速率分别为5℃/min、10℃/min、20℃/min。DTA曲线分别在112℃、121℃、141℃出现吸热峰，这是$B_2O_3$和CaO脱去结晶水的吸热反应；曲线1、3在571℃、631℃出现放热峰，这是Mg和CaO的合成反应，曲线2在这区间没有出现放热峰，可能是DTA实验误差所致；在815℃、812℃、872℃有出现放热峰，这是$Mg+B_2O_3+CaO$三相的合成反应放热所致；在750~850℃出现较平缓的吸热峰，这有可能是MgO与CaO、MgO与$B_2O_3$的合成反应吸热。由以上三个差热分析结果表明，Mg和CaO的两相反应是可以在600℃左右发生的，反应是固-固反应；而在镁粉熔化后，$B_2O_3$需要在760℃附近才开始与Mg进行两相反应，是液-液反应；$Mg-CaO-B_2O_3$三相反应是在810℃左右进行的，是液-固-液反应。

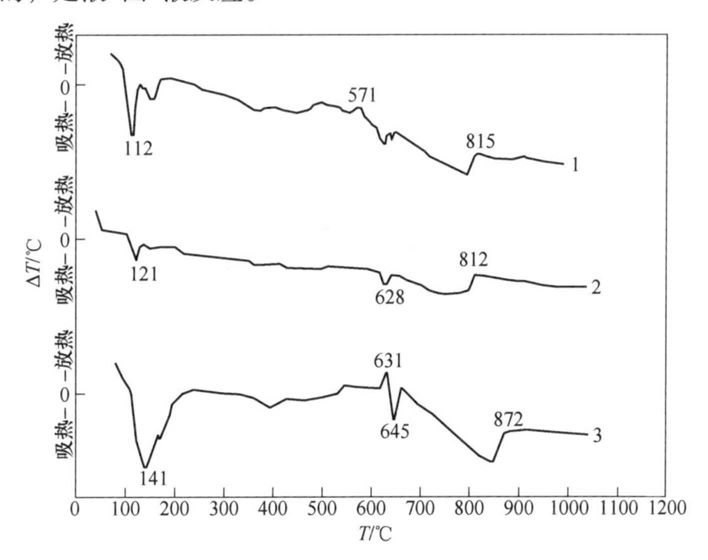


图6-17 $Mg-B_2O_3-CaO$的DTA曲线

由图6-18可得：直线斜率-1.89，求得反应表观活化能$E=15.71$kJ/mol，对升温速率为20℃/min的放热峰处理得：$\delta=0.8$，反应级数$n=1.1$。该体系中反应的表观活化能比较小，说明反应容易进行，所以$Mg-B_2O_3-CaO$体系用SHS法容易得到六硼化钙粉末。

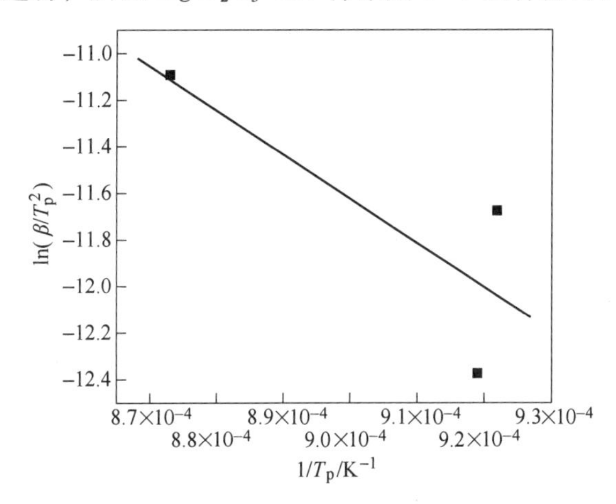


图6-18 Kissinger法确定$Mg-B_2O_3-CaO$的动力学常数

#### 6.3.2.2 $TiO_2-B_2O_3-Mg$反应体系

图6-19中曲线1~3分别是$Mg-TiO_2$、$Mg-B_2O_3$、$Mg-TiO_2-B_2O_3$反应体系的DTA曲线。

由图 6-19 知，Mg-$TiO_2$ 反应体系的 DTA 曲线在 530～620℃之间出现放热峰，表示 Mg 与 $TiO_2$ 的合成反应在 530℃附近开始，反应是固-固反应；Mg-$B_2O_3$ 体系的 DTA 曲线上，第一个吸热峰为不定态的 $B_2O_3$ 脱水所致，650～670℃之间的吸热峰对应镁的熔化过程，820～830℃之间的放热峰表示 Mg 与 $B_2O_3$ 的反应；对于 Mg-$TiO_2$-$B_2O_3$ 反应体系的 DTA 曲线，前两个吸热峰与图 6-19 中曲线 2 的前两个吸热峰完全对应，而其放热峰出现在 760～890℃之间，可见三相反应从 760℃附近开始进行，迟于 $TiO_2$ 与 Mg 之间的反应，早于 $B_2O_3$ 与 Mg 之间的反应。

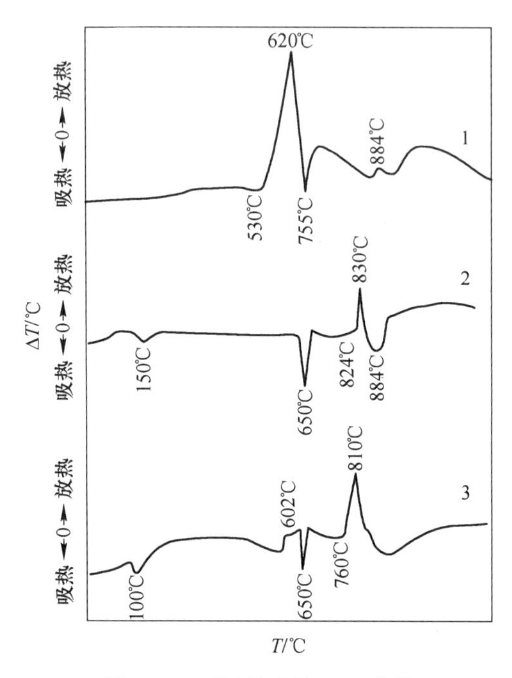


图 6-19　不同体系的 DTA 曲线

由以上分析知，Mg 与 $TiO_2$ 在 530℃左右较低温度进行固-固反应。而 Mg 与 $B_2O_3$ 的两相反应在 820℃附近才开始的。Mg、$TiO_2$ 和 $B_2O_3$ 的三相反应是介于两相之间，770℃附近开始反应。所以可以推断 Mg-$TiO_2$-$B_2O_3$ 合成 $TiB_2$ 的反应过程首先为 $TiO_2$ 与 Mg 之间的反应，反应放出大量的热诱发 $B_2O_3$ 和 Mg 之间的反应，而 Ti 与 B 间的反应放出的热量反过来又促使前两者的反应，直至三相反应完成。

6.3.2.3　$La_2O_3$-$B_2O_3$-Mg 反应体系

比较反应体系的 DTA 曲线（图 6-20）知，$La_2O_3$-$B_2O_3$-Mg 反应体系在 674℃、740℃和 790℃出现三个放热峰，发生如下反应：

$$La_2O_3 + 3Mg = 2La + 3MgO \tag{6-48}$$

$$B_2O_3 + 3Mg = 2B + 3MgO \tag{6-49}$$

$$La + 6B = LaB_6 \tag{6-50}$$

首先还原出 La 和 B，然后生成 $LaB_6$。反应为液-液-固间的反应。$La_2O_3$+Mg 首先反应，引发 $B_2O_3$+ Mg 间反应，使 $B_2O_3$+ Mg 反应提前。

采用 Freeman-Carroll 微分法，对 $La_2O_3$-$B_2O_3$-Mg 反应体系的放热峰进行处理得出活化

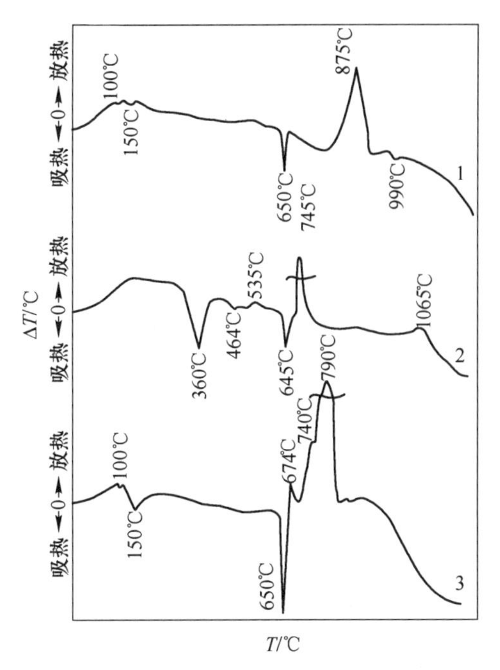


图 6-20 不同体系的 DTA 曲线

1—$B_2O_3$-Mg；2—$La_2O_3$-Mg；3—$La_2O_3$-$B_2O_3$-Mg

能分别为 $E_1$ = 380kJ/mol（700～750℃），$E_2$ = 230kJ/mol（750～790℃），$E_3$ = 96kJ/mol（790～830℃）。反应活化能的分阶段性说明反应机理在不同阶段是不一样的。随着温度的升高，活化能逐渐变小，意味着反应控制步骤由扩散控制向界面控制转变。

#### 6.3.2.4 $CeO_2$-$B_2O_3$-Mg 反应体系

$CeO_2$-$B_2O_3$-Mg 体系在氩气保护气氛下，温度区间均控制在室温至 1300℃，升温速率控制在 15℃/min 条件下进行差热实验，结果如图 6-21 和图 6-22 所示。

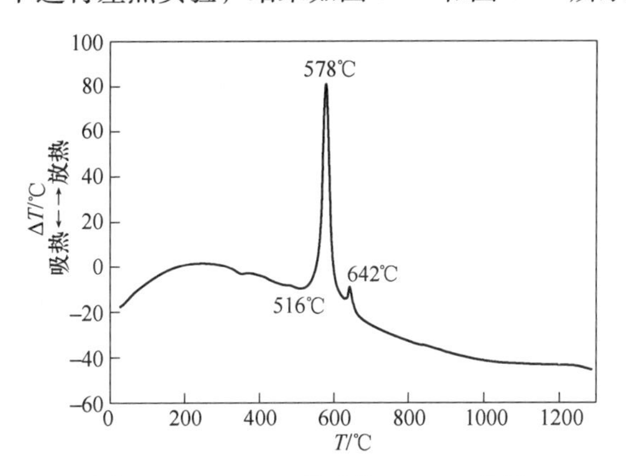


图 6-21 Mg-$CeO_2$ 体系的 DSC-TG 曲线

从图 6-21 可以看出，516℃之前没有明显的反应，但出现有微弱且较宽的放热反应包，分析认为这是由比表面积较大的 Mg 颗粒引起的预反应导致的。578℃时有一个明显的放热峰，表明 Mg-$CeO_2$ 之间反应被引发，发生了氧化还原反应，此反应为固-固反应且瞬间完成，并放出大量热量，促使了原料中 Mg 的部分熔化和挥发，导致 642℃ 又有一个较小的放热峰，分析认为是液态 Mg 参与反应所造成的，属固-液反应。DSC 曲线上没有出现 Mg 的熔化吸热峰，主要是由于大比表面积的 Mg、$CeO_2$ 原料之间的反应优先于其进行并放出大量热促使掩盖了其熔化吸热峰。

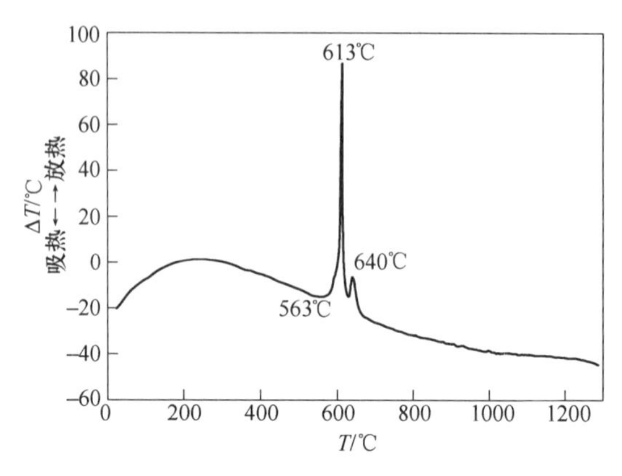


图 6-22　Mg-$CeO_2$-$B_2O_3$ 体系的 DSC-TG 曲线

从图 6-22 可以得知，563℃之前没有明显的反应，但出现有微弱且较宽的放热反应包，其原因与 Mg-$CeO_2$ 体系的相同，是因比表面积较大的 Mg 引起的预反应导致的。613℃时有一个尖锐的放热峰，表明具有强放热作用的 Mg-$CeO_2$-$B_2O_3$ 之间反应被引发，此反应为固-固反应且瞬间完成，与 Mg-$CeO_2$ 反应体系相比，Mg-$CeO_2$-$B_2O_3$ 反应体系的放热峰整体右移，主要是由于比表面积较大的 $B_2O_3$ 和 $CeO_2$ 同时与包裹在 Mg 周围，影响了 Mg、$CeO_2$ 之间的反应，当温度为 613℃时，三元反应剧烈进行，其放出的大量热量促使了原料中 Mg 部分熔化和挥发，同时 Mg 的熔化吸热峰被掩盖。640℃ 又有一个较小的放热峰，分析认为是液态 Mg 参与反应所造成的，属固-液反应。

图 6-23 给出了 Mg-$CeO_2$-$B_2O_3$ 体系的动力学图，拟合曲线的方程为 $y=-0.01203x+1.31$ 则反应的表观活化能为 23.03kJ/mol，反应级数 $n$ 为 1.31。

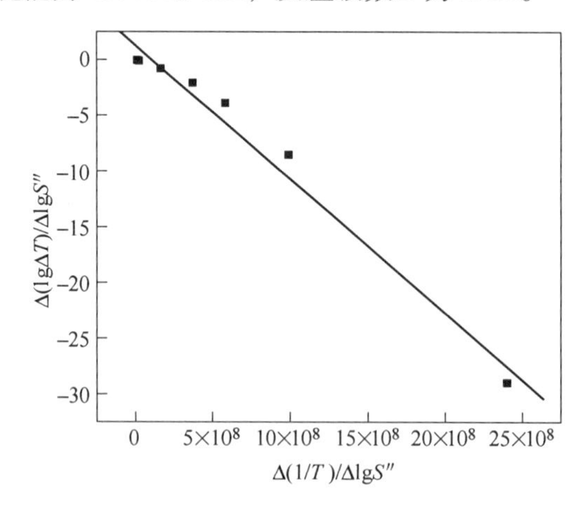


图 6-23　Freeman-Carroll 法计算 Mg-$CeO_2$-$B_2O_3$ 体系活化能 $E$ 和反应级数 $n$

#### 6.3.2.5 $Nd_2O_3$-$B_2O_3$-Mg 反应体系

Mg-$Nd_2O_3$ 反应的 DSC-TG 曲线如图 6-24 所示。由图可以看出，550℃附近开始 DSC 曲线上有个明显的放热峰，对应着 Mg 还原 $Nd_2O_3$ 生成 Nd 的过程，此时 TG 曲线上对应明显的增重过程，这应该是 Mg 与氧反应造成的增重。而在 650℃并没有出现镁的熔化吸热峰，这是因为此时反应已经完成，镁已消耗完。

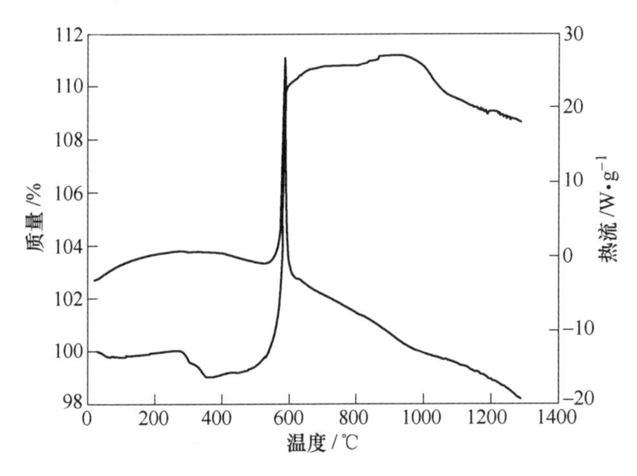


图 6-24 Mg-$Nd_2O_3$ 的 DSC-TG 曲线

$Nd_2O_3$-$B_2O_3$-Mg 反应体系的 DSC-TG 曲线如图 6-25 所示。由图中的 DSC 曲线可以看出，550℃附近开始 DSC 曲线上有个明显的放热峰，而与图 6-24 的二元反应相比，该放热峰变得更宽。

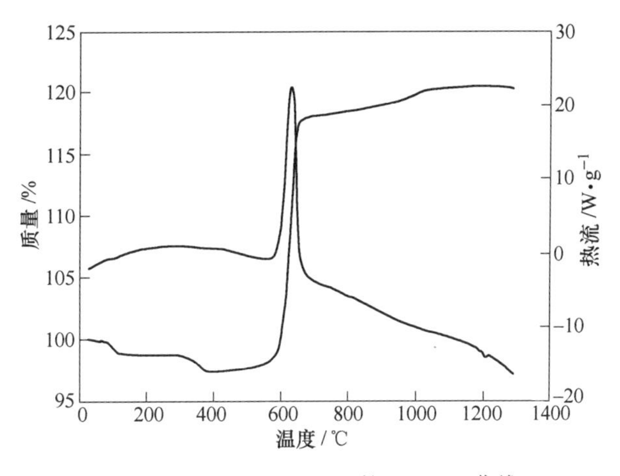


图 6-25 $Nd_2O_3$-$B_2O_3$-Mg 的 DSC-TG 曲线

图 6-26 和图 6-27 给出了 Mg-$Nd_2O_3$ 和 Mg-$Nd_2O_3$-$B_2O_3$ 体系的动力学图。

DSC 分析结果表明：Mg 和 $B_2O_3$ 的反应在 750℃附近开始，是液-液反应；Mg 和 $Nd_2O_3$ 的反应为固液反应；Mg-$B_2O_3$-$Nd_2O_3$ 三相反应在 550℃附近开始，属于固-固反应机制。Mg-$Nd_2O_3$ 反应的表观活化能 $E=0.70$kJ/mol，反应级数 $n=0.33$；反应 Mg-$B_2O_3$-$Nd_2O_3$ 的表观活化能 $E=691.59$kJ/mol，反应级数 $n=3.2$。

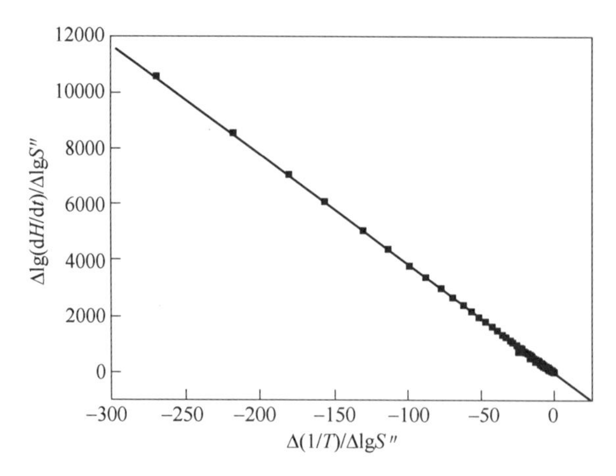


图 6-26 确定 $Mg-Nd_2O_3$ 的动力学常数

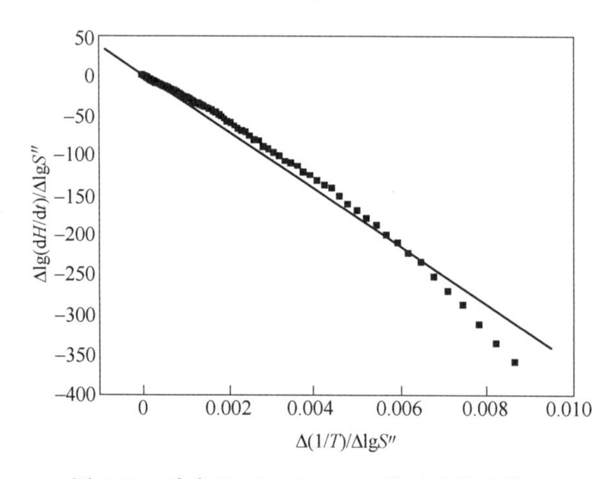


图 6-27 确定 $Mg-Nd_2O_3-B_2O_3$ 的动力学常数

#### 6.3.2.6 $B_2O_3$-C-Mg 反应体系

图 6-28 所示为 $B_2O_3$-C-Mg 体系和 $B_2O_3$-C-Mg-$KClO_3$ 体系 DTA 分析结果。升温速率为 20℃/min，可见曲线上都出现了三个明显的峰，两个吸热峰，一个放热峰。由图 6-28 分析知：第一个吸热峰（图 6-28（a）峰值为 150℃、图 6-28（b）为 140℃）为 $B_2O_3$ 脱掉结晶层之间的层间水的反应；第二个吸热峰（图 6-28（a）峰值为 650℃、图 6-28（b）为 649℃）为 Mg 熔化吸热的结果；第三个放热峰（图 6-28（a）峰值为 833℃、图 6-28（b）为 898℃）是体系反应放热的结果。图 6-28（a）峰形窄、尖锐，说明反应在瞬时完成，峰高很大，说明反应式放出大量的热，而且反应速率快。由图 6-28（b）知反应的起始温度和结束温度比上一个体系略大，说明反应过程时间长，峰的面积也比上一个体系大，说明此反应放热量要比不加发热剂的体系要大很多。根据 Freeman-Carroll 法对图 6-28（a）和图 6-28（b）曲线的放热峰分别进行处理计算得 $B_2O_3$-C-Mg 体系反应表观活化能 $E_1=503$kJ/mol，反应级数 $n_1=4$；$B_2O_3$-C-Mg 体系反应的基础上加入催化剂 $KClO_3$，反应表观活化能 $E_2=421$kJ/mol，反应级数 $n_2=6$。可见加入发热剂使自蔓延反应更加容易进行。

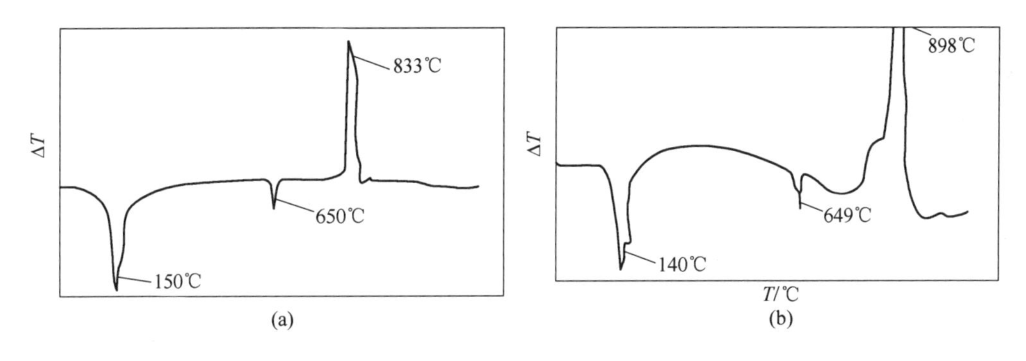


图 6-28 不同体系 DTA 曲线

（a）$B_2O_3$-C-Mg 体系；（b）$B_2O_3$-C-Mg-$KClO_3$

## 6.4 硼化物的制备过程研究

### 6.4.1 自蔓延冶金法制备六硼化钙粉体

#### 6.4.1.1 自蔓延高温反应过程研究

A 反应气氛对自蔓延反应的影响

在空气中反应时物料剧烈燃烧，有大量挥发物逸出，伴有喷溅现象，产生耀眼的光；燃烧产物基本都呈黑色，多孔疏松，分层，表面附着有白色产物。在真空中燃烧，产物表面附着的白色产物明显较在空气中的少。空气、真空条件对自蔓延反应时间的影响见表 6-7。

表 6-7 空气、真空条件对自蔓延反应时间的影响

| 反应气氛 | 空气 | 真空 |
| --- | --- | --- |
| 反应时间/min | 20 | 30 |

不同气氛燃烧产物的 XRD 图如图 6-29 所示。从图中可以看出两种反应气氛下的燃烧

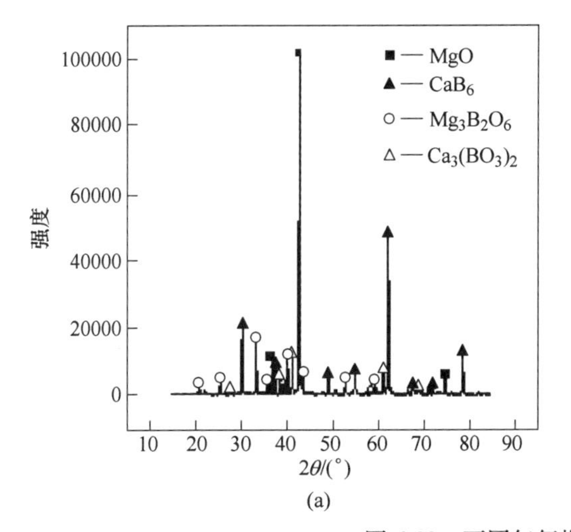


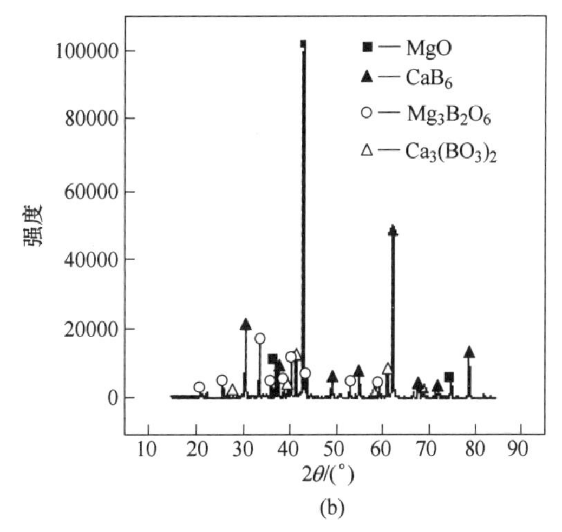


图 6-29 不同气氛燃烧产物的 XRD 图

（a）空气中；（b）真空中

产物中的相主要是 MgO、$CaB_6$、$Mg_3B_2O_3$ 和 $Ca_3(BO_3)_2$，但是在空气中的燃烧产物的 MgO、$Mg_3B_2O_3$ 相的衍射峰要强得多，而 $CaB_6$ 相的衍射峰相对较弱。因此，真空条件下生产 $CaB_6$ 相的趋势更大，更有利于获得高纯的 $CaB_6$ 产品。

从图 6-30 可以看出燃烧产物布满孔洞和空隙，产物出现明显的宏观分层现象。空气中的燃烧产物由于 Mg 的燃烧剧烈，造成了结构发育不完整，使得微观结构呈现了不规则的排布；而在真空中的燃烧产物结构发育比较的完整，呈规则的球形排布。

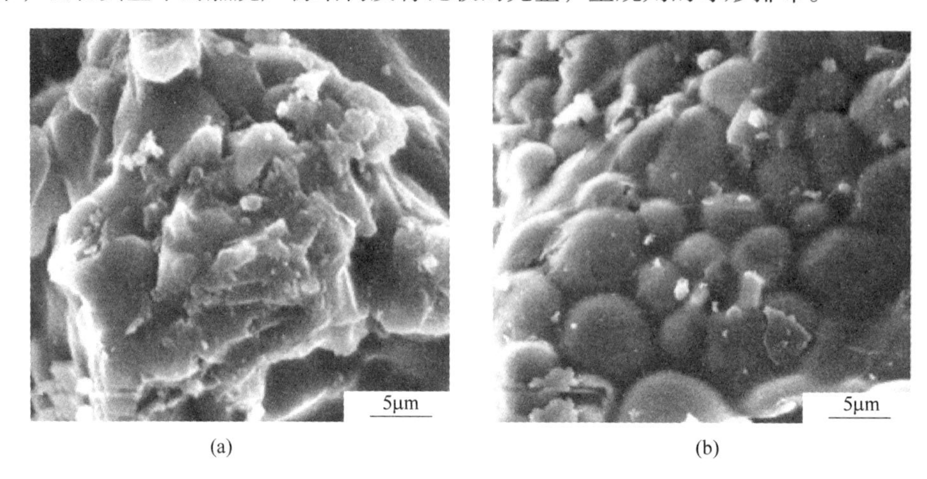


(a)　　(b)

图 6-30　不同气氛燃烧产物的 SEM 图
(a) 空气中；(b) 真空中

B　Mg 配比对自蔓延反应的影响

Mg 加入量对自蔓延反应时间的影响见表 6-8。

**表 6-8　Mg 加入量对自蔓延反应时间的影响**

| Mg 的加入量/% | 0 | 10 | 20 | 30 |
|---|---|---|---|---|
| 反应时间/min | 55 | 49 | 37 | 28 |

由表 6-8 可以看出，随着 Mg 加入量的增加，起始反应时间变短。这是由于镁在液态时具有较高的蒸气压，另外由于 Mg 在高温下易氧化，这就造成了自蔓延反应过程中 $B_2O_3$ 和 CaO 的局部过剩，为 $Mg_3B_2O_6$ 和 $Ca_3B_2O_6$ 形成提供了可能，进而影响 $CaB_6$ 的纯度。产物中的 $Mg_3B_2O_6$ 和 $Ca_3B_2O_6$ 虽然能通过酸浸出过程除去，但是它们的存在对 $CaB_6$ 的生成动力学条件产生不利的影响，收率明显降低。反应体系中加入过量的 Mg 有利于反应的进行。这是因为 Mg 过量时，$B_2O_3$ 局部过剩的几率下降，减小了 $B_2O_3$ 与 MgO 反应生成 $Mg_3B_2O_6$ 的机会，同时过剩的 Mg 和 $B_2O_3$ 可以与 $Ca_3B_2O_6$ 进一步发生如下反应：

$$Ca_3B_2O_6 + 8B_2O_3 + 30Mg \xlongequal{} 3CaB_6 + 30MgO$$

该反应可使中间产物 $Ca_3B_2O_6$ 进一步转化为 $CaB_6$，有利于最终产物 $CaB_6$ 的生成。同时也加快了反应时间。

Mg 过量的燃烧产物的 X 射线衍射分析结果如图 6-31 所示。

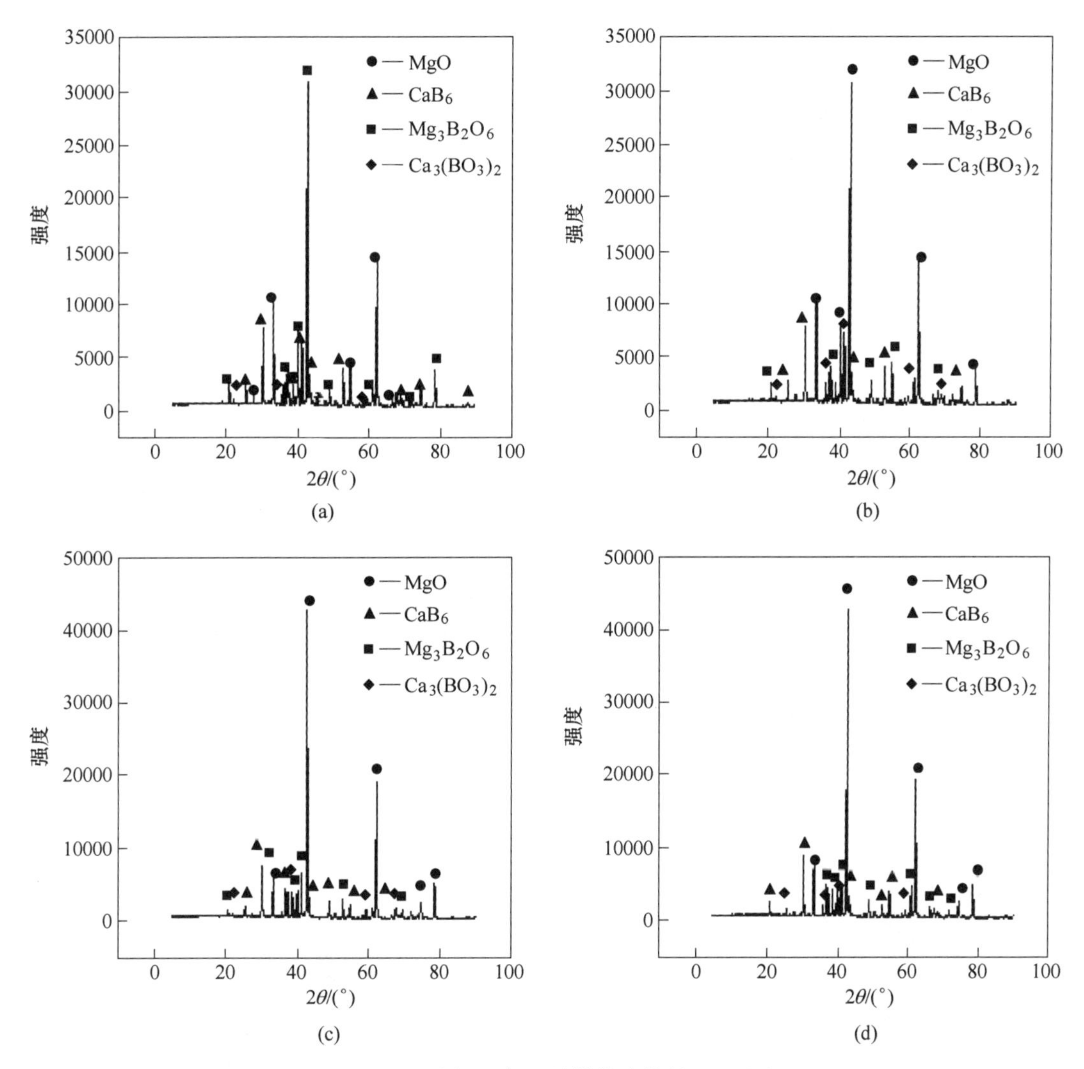


图 6-31 不同 Mg 加入量燃烧产物的 XRD 图

（a）Mg 过量 0%；（b）Mg 过量 10%；（c）Mg 过量 20%；（d）Mg 过量 30%

从图 6-31 中可以看出：与按化学配比的燃烧产物相比，$Mg_3B_2O_6$ 和 $Ca_3(BO_3)_2$ 中间产物的含量相对减少，燃烧产物中除生成 MgO 外，还有 $Mg_3B_2O_6$ 和 $Ca_3(BO_3)_2$ 副产物出现，由此推测反应机理为：

$$3Mg+B_2O_3 = 2B+3MgO \tag{6-51}$$

$$3MgO+B_2O_3 = Mg_3B_2O_6 \tag{6-52}$$

$$3CaO+B_2O_3 = Ca_3B_2O_6 \tag{6-53}$$

之所以会生成 $Mg_3B_2O_6$ 和 $Ca_3B_2O_6$ 原因可能是：由于传质差，反应在 SHS 高温下，Mg 易氧化生成 MgO，另外，随着 SHS 反应的激烈进行，体系温度迅速上升，低沸点的 Mg 液便部分挥发逸出，导致 $B_2O_3$ 局部过剩与 MgO 反应生成 $Mg_3B_2O_6$；局部过剩的 $B_2O_3$ 同样有机会可以与固态的 CaO 发生反应，生成 $Ca_3B_2O_6$。从动力学角度讲，可能是由于 SHS 反应都有较短的反应时间，反应体系骤冷骤热，这为 $Mg_3B_2O_6$ 和 $Ca_3B_2O_6$ 形成提供了可能。Mg 过量时，减小了 $B_2O_3$ 局部过剩的趋势，减小了 $B_2O_3$ 局部过剩与 MgO 反应生成 $Mg_3B_2O_6$ 的机会，同时过剩的 Mg 和 $B_2O_3$ 可以与 $Ca_3B_2O_6$ 发生如下反应：

$$Ca_3B_2O_6+8B_2O_3+30Mg = 3CaB_6+30MgO \tag{6-54}$$

该反应可使中间产物 $Ca_3B_2O_6$ 进一步转化为 $CaB_6$，有利于最终产物 $CaB_6$ 的生成，提高反应效率。

按照方程式配比，不同 Mg 加入量的燃烧产物微观结构形貌（SEM）图如图 6-32 所示。

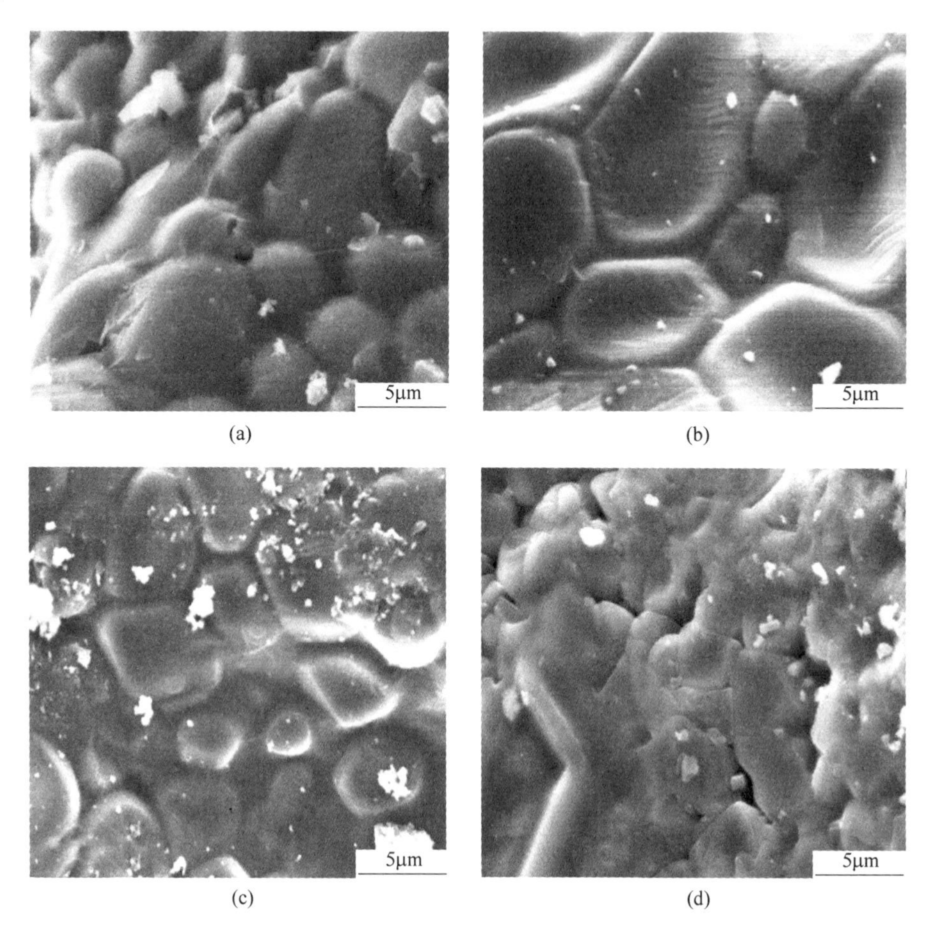


(a)　(b)　(c)　(d)

图 6-32　不同 Mg 加入量燃烧产物的 SEM 图

（a）Mg 过量 0%；（b）Mg 过量 10%；（c）Mg 过量 20%；（d）Mg 过量 30%

由图 6-32 可以看出：燃烧产物出现分层现象，呈球形紧密排列：

（1）随着镁加入量的增加，分层现象变得不明显，球形排列趋于紧密。

（2）随着镁加入量的增加，方形晶体增多，经能谱分析知，其为 $CaB_6$。

（3）随着镁加入量的增加，球形塌陷现象变得严重，在塌陷区域都有明显的孔隙和方形晶体出现，图 6-32（d）这种现象最为明显。

结合实验现象、XRD 和 SEM 分析，燃烧产物出现分层、孔洞和方形晶体可以认为是如下原因所致：燃烧合成过程中会释放大量的热，热量从燃烧波前沿向前传递，对还未反应的原料粉进行加热，当 $B_2O_3$ 发生熔化，因为 $B_2O_3$ 具有玻璃相结构，熔化过程缓慢，处于黏稠的熔融状态。650℃，Mg 开始熔化，在表面张力的作用下收缩为球形，熔体球的尺寸与 Mg 粉颗粒的尺寸相当。随着温度的升高，由于毛细管力和润湿作用，熔化的 Mg 沿着混合物间隙发生漫渗及毛细作用，由于液态 Mg 的渗出，原来的熔体球成为一空心球，球壳处为液体 Mg、$B_2O_3$ 和固体 CaO 颗粒形成的一层薄膜。随着反应放热增多，球壳处开始生成微小颗粒，可见在熔体球球壳处发生了三相反应，首先是液体 Mg 与 CaO 发生还原反应，放出大量热，诱发了 $B_2O_3$ 和 Mg 之间的液-液反应，还原出的 B 与 Ca 结合生成 $CaB_6$ 颗粒。Mg 熔化渗出形成大量的孔洞，在孔洞边缘发生剧烈的放热反应。图 6-32（a）为一空心熔体球，可以看出在球壳表面有片状的生成物，由图 6-32（c）和（d）可以看出该片状物为许多细小颗粒的聚集，能谱分析为生成的 MgO 和 $CaB_6$ 颗粒。

基于以上分析，对 CaO-$B_2O_3$-Mg 体系反应过程有了基本的了解，在此基础上建立了 CaO-$B_2O_3$-Mg 体系的反应动力学模型，如图 6-33 所示。

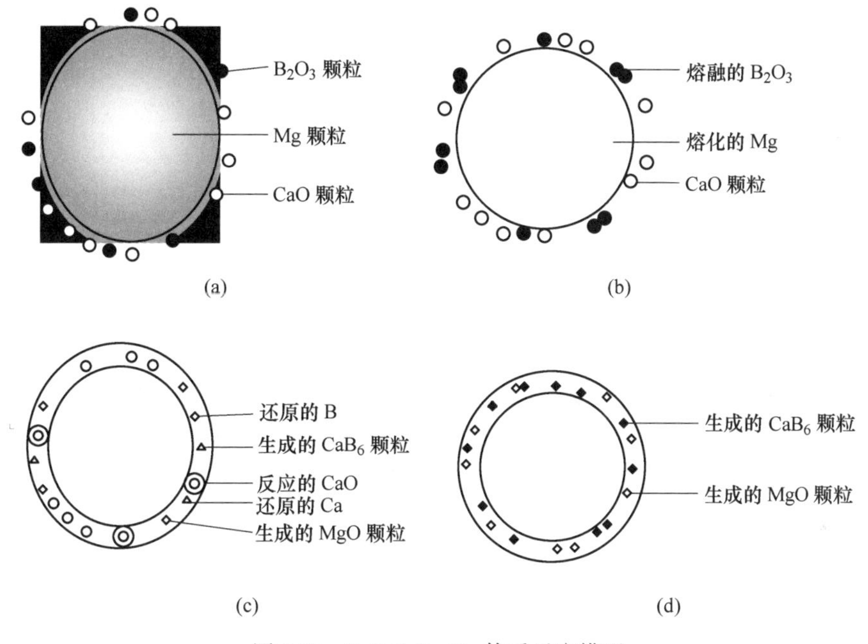


图 6-33　CaO-$B_2O_3$-Mg 体系反应模型

（a）未反应区；（b）预热区；（c）反应区；（d）反应完成区

（1）未反应区。在反应前，CaO、Mg 和 $B_2O_3$ 混合粉末处于一种简单的机械接触状态，其中大尺寸的 Mg 颗粒被细小聚集的 CaO 和 $B_2O_3$ 颗粒所包围，如图 6-33（a）所示。

（2）预热区。燃烧波内剧烈反应放热，所放出的热量通过热传递使未反应的原料粉末预热，形成预热区，如图 6-33（b）所示。当温度达到 $B_2O_3$ 熔点以后，$B_2O_3$ 发生熔化，温度很快升至镁的熔点，Mg 随即也发生熔化，由于毛细管力和润湿作用，液态的 Mg 沿着混合物间隙，发生漫渗及毛细作用，形成空心的熔体球，在熔体球表面形成液态 Mg、$B_2O_3$ 和固态 CaO 混合物薄壳，液态 Mg 增大了与 CaO 颗粒和熔融 $B_2O_3$ 之间的接触面积，为燃烧合成反应的发生创造了条件。预热区发生的转变可以表示为：

$$B_2O_3(s) \longrightarrow B_2O_3(l) \tag{6-55}$$

$$Mg(s) \longrightarrow Mg(l) \tag{6-56}$$

（3）$Mg(s) \rightarrow Mg(l)$ 反应区。此区比预热区更接近燃烧波前沿，温度更高，原子的扩散能力大大提高，在熔体球表层，液态的 Mg 与 CaO 颗粒发生了氧化还原反应。CaO 和 Mg 反应过程为：由液-固界面理论知道，当 Mg 液在团聚 CaO 中渗透一定距离后，由于微孔壁的阻碍作用，Mg 液的渗透作用将逐层趋于停滞。此时，Mg 和 CaO 还原反应还在细薄的渗透层内不断进行，渗透层温度急剧上升，显然，在细薄的渗透层与团聚的大块状 CaO 之间存在很大的温差，并且由于反应导致渗透层物性发生变化，当反应达到一定程度时，细薄的渗透层由于应力作用而开裂并从团聚的 CaO 上剥离下来，外侧的 Mg 液涌入，并重新向团聚的 CaO 内渗透、反应、发生剥离，如此反复不断进行下去，同时不断有大量单质 Ca 被还原出来。由于温度较高，诱发了 $B_2O_3$ 和 Mg 之间的液-液反应，还原出少量的 B，与 Ca 结合生成 $CaB_6$，如图 6-33（c）所示。此时进行的反应为：

$$CaO+Mg \longrightarrow Ca+MgO \tag{6-57}$$

$$B_2O_3+3Mg \longrightarrow 2B+3MgO \tag{6-58}$$

$$Ca+6B \longrightarrow CaB_6 \tag{6-59}$$

随着 Mg 与 CaO 还原反应的进行，反应放出的大量热引发 $B_2O_3$-Mg 之间的还原反应，还原出的 B 与 Ca 反应生成大量的 $CaB_6$ 晶粒，距离较近的 $CaB_6$ 晶粒发生再结晶，晶粒长大；距离较远的 $CaB_6$ 晶粒保持原始结晶尺寸。

（4）反应完成区。随着温度的升高及反应的进行，原料中的 Mg、$B_2O_3$、CaO 完全反应，全部转化为产物 MgO 和 $CaB_6$ 颗粒，如图 6-33（d）所示。

#### 6.4.1.2　燃烧产物的浸出过程研究

燃烧产物的浸出过程是自蔓延冶金法的一个重要工序。不同原料对象所用的浸出方法、浸取剂种类和浸取条件等将会不同。浸取剂的选择除考虑被处理的原料的特性、浸出效果和经济因素外，还要实现浸出率高和选择性好、使用方便和能够再生等。浸出是用水或酸、碱等化学试剂组成的水溶液对燃烧产物中的非有价元素进行选择性的溶解过程，浸出采用的酸、碱或盐等化学试剂通称为浸出剂。浸出要达到的目的为：把自蔓延冶金产物中的基体化合物选择性地溶解于水溶液中；把产品中的有害组分选择性地溶解除去。

##### A　浸出剂的选择

不同浸出剂浸出产物定性分析结果见表 6-9。

**表 6-9　不同浸出剂浸出产物光谱定性分析结果**

| 浸出剂 | 主量元素 | 含量/% | 其他杂质 | 含量/% |
|---|---|---|---|---|
| 硫酸（质量分数为 35%） | Ca | 33.5 | Mg | >1.000 |
| | B | 55.2 | Fe | <0.003 |
| | | | Si | <0.300 |
| | | | Al | <0.100 |
| | | | Mn | <0.010 |
| 盐酸（体积比 1∶3） | Ca | 34.6 | Mg | >1.000 |
| | B | 56.2 | Fe | <0.003 |
| | | | Si | <0.300 |
| | | | Al | <0.100 |
| | | | Mn | <0.010 |

由图 6-34 可以看出，经过 HCl 酸洗浸出后，燃烧产物中的 MgO、$Mg_3B_2O_6$ 和 $Ca_3(BO_3)_2$ 可以被完全除去，从浸出产物的 X 射线衍射峰强度的强弱可以清楚地看出这一点。经过 $H_2SO_4$ 酸洗浸出后产物中存在的 $MgSO_4$ 是由于 $MgSO_4$ 的溶解性不高造成的。

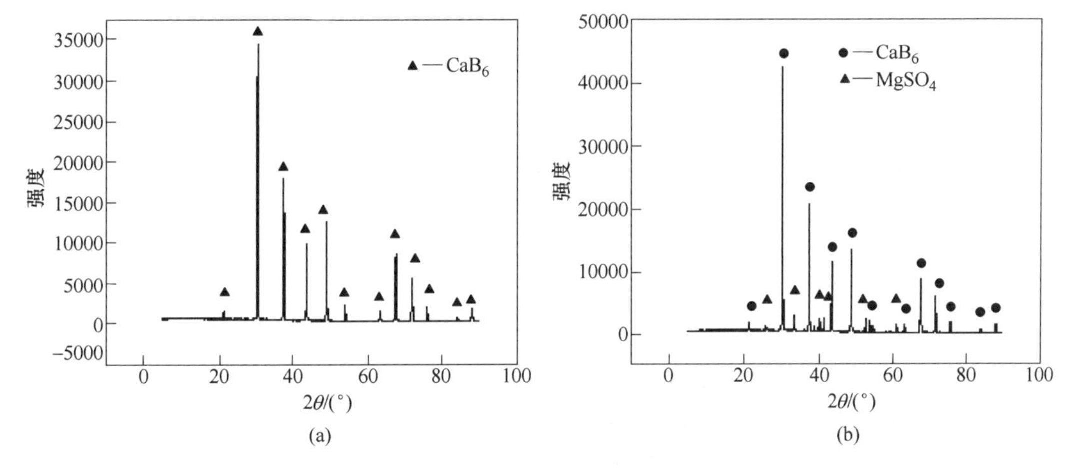


图 6-34 浸出产物的 XRD 图

（a）HCl；（b）$H_2SO_4$

由于 $Mg_3B_2O_6$ 以及 $B_2O_3$ 的存在，在酸性的条件下会导致 $H_3BO_3$ 的生成。盐酸浸出过程中可能存在的反应为：

$$B_2O_3+3H_2O \xlongequal{} 2H_3BO_3 \tag{6-60}$$

$$MgO+2HCl \xlongequal{} MgCl_2+H_2O \tag{6-61}$$

$$Mg_3B_2O_6+6HCl \xlongequal{} 3MgCl_2+H_3BO_3 \tag{6-62}$$

$$Ca_3(BO_3)_2+6HCl \xlongequal{} 3CaCl_2+2H_3BO_3 \tag{6-63}$$

B 酸度的影响

表 6-10 是采用不同酸度的 HCl 对 Mg-$B_2O_3$-CaO 体系的热爆产物浸出的实验结果。由表可看出，随着酸度的增大，所得最终产物的纯度提高；但酸度的增大，导致产物损失增大，收率降低。

**表 6-10 盐酸浓度对浸出效果的影响**

| HCl 体积比 | 1∶3 | 1∶2 | 1∶1 |
|---|---|---|---|
| $CaB_6$ 质量分数/% | 91.23 | 93.25 | 94.21 |
| 收率/% | 92 | 89 | 88 |
| 浸出时间/h | 24 | 24 | 24 |

C 温度对浸出的影响

温度对浸出的影响如图 6-35 所示。从图中可知浸出温度越高，产物的纯度也越高，当温度到 40℃后产物的纯度变化趋缓，30℃水浴和室温条件下，在 1~2h 后，反应速度较缓慢。产物的收率随着温度的增加而变小，但在 50℃时，产物的收率也能到达 89.8%。

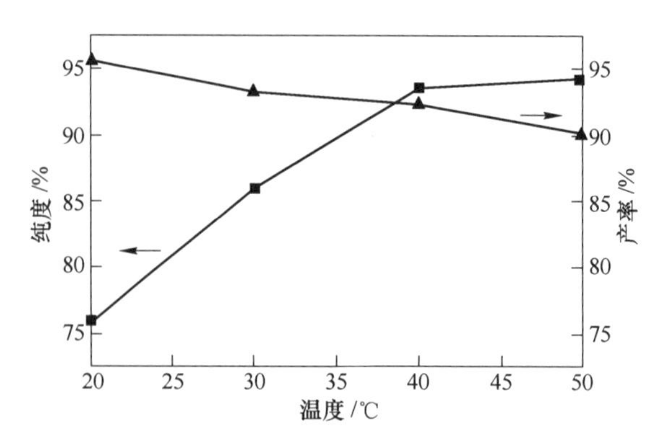


图 6-35　温度对浸出效果的影响

#### 6.4.1.3　浸出产物的表征

##### A　不同气氛下的浸出产物分析

不同气氛下的浸出产物的 XRD 图如图 6-36 所示。由图 6-36 可以看出，在真空中的浸出产物的相几乎全是 $CaB_6$。而在空气中的浸出产物含其主相也是 $CaB_6$，但是有一定的杂质相存在。

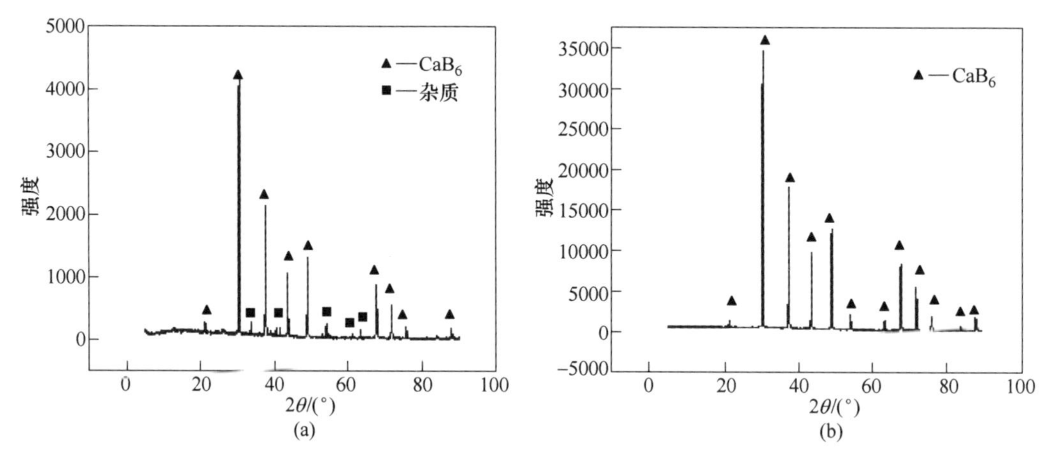


图 6-36　不同气氛浸出产物的 XRD 图
(a) 空气中；(b) 真空中

对浸出产物进行能谱和化学分析，结果见表 6-11。由表 6-11 可知，$CaB_6$ 纯度大于 87%以上，其中杂质主要是 $Mg_3B_2O_6$。

表 6-11　元素的化学分析

| 主要元素 | 质量分数/% | |
|---|---|---|
| | 空气 | 真空 |
| Ca | 34.1 | 35.2 |
| B | 55.2 | 56.7 |

不同气氛浸出产物的 SEM 图如图 6-37 所示。

图 6-37 不同气氛浸出产物的 SEM 图
(a) 空气 (×5000); (b) 真空 (×5000); (c) 空气 (×10000); (d) 真空 (×10000)

B 不同 Mg 加入量的浸出产物相分析和化学分析

不同 Mg 加入量浸出产物的 XRD 图如图 6-38 所示。由图 6-38 可以看出，随着 Mg 加入量的增多浸出产物中的杂质相逐渐变少。当 Mg 加入量大于 20%时，杂质相几乎消失。

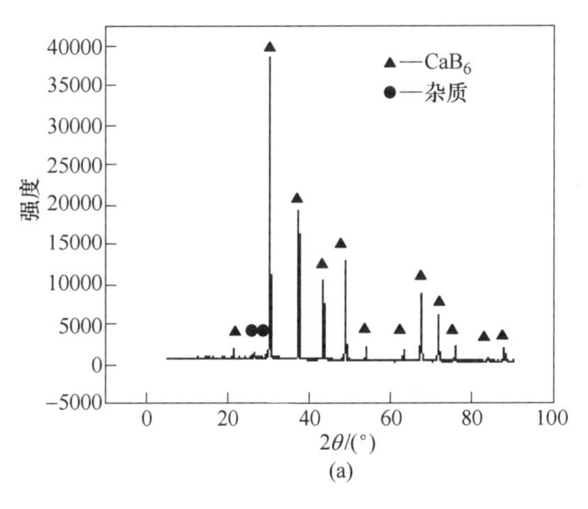


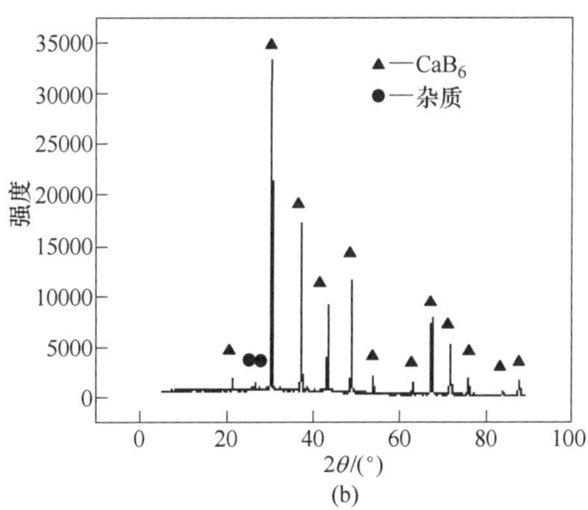

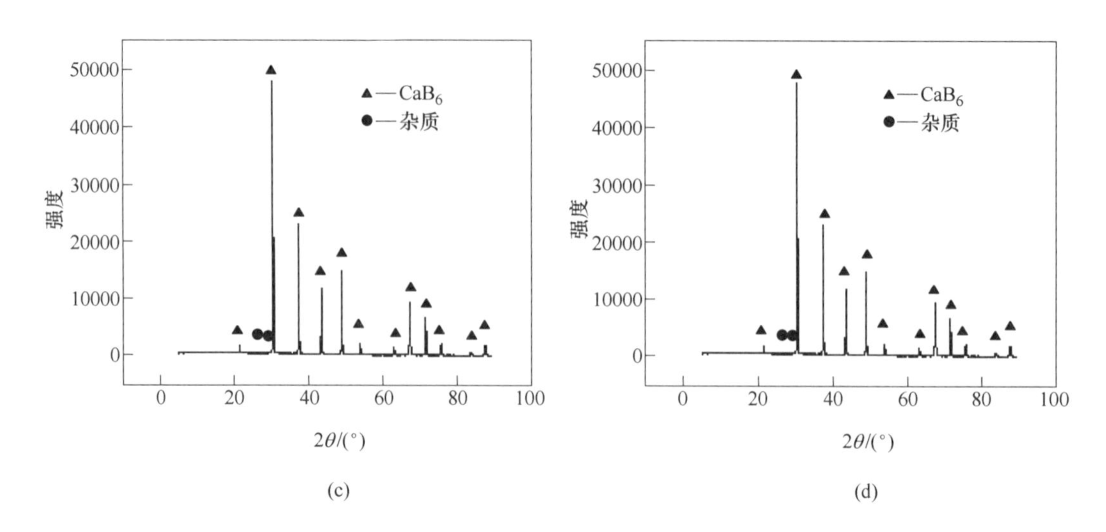


图 6-38　不同 Mg 加入量浸出产物的 XRD 图

（a）Mg 过量 0%；（b）Mg 过量 10%；（c）Mg 过量 20%；（d）Mg 过量 30%

对不同 Mg 加入量的燃烧产物的浸出物进行能谱和化学分析，结果见表 6-12。由表可知，$CaB_6$ 纯度大于 87%以上，其中杂质主要是 $Mg_3B_2O_6$。

**表 6-12　元素的化学分析**

| 主要元素 | 质量分数/% | | | |
|---|---|---|---|---|
| | 0%Mg | 10%Mg | 20%Mg | 30%Mg |
| Ca | 33.1 | 33.8 | 34.9 | 35.8 |
| B | 55.8 | 56.1 | 56.7 | 57.4 |

不同 Mg 加入量浸出产物的 SEM 图如图 6-39 和图 6-40 所示。

(a)

(b)

(c) (d)

图 6-39 不同 Mg 加入量浸出产物的 SEM 图（×3000）

（a）Mg 过量 0%；（b）Mg 过量 10%；（c）Mg 过量 20%；（d）Mg 过量 30%

(a) (b)

(c) (d)

图 6-40 不同 Mg 加入量浸出产物的 SEM 图（×10000）

（a）Mg 过量 0%；（b）Mg 过量 10%；（c）Mg 过量 20%；（d）Mg 过量 30%

比较 $H_2SO_4$ 与 HCl 的浸出效果可以看出：增加两种酸的浓度都有利于提高 $CaB_6$ 纯度；用 HCl 浸出的 $CaB_6$ 纯度比 $H_2SO_4$ 浸出的纯度高，除杂质效果较 $H_2SO_4$ 的效果明显，且对以后的工业化生产有利。通过对浸出产物的微观结构的分析发现：在真空中的 $CaB_6$ 颗粒发育较空气中的均匀；空气气氛下 $CaB_6$ 颗粒发育粗大，且有很多的絮状物；随着 Mg 加入量的增加，$CaB_6$ 颗粒发育越完全、均匀。元素光谱和化学分析表明，$CaB_6$ 粉末纯度大于 93%。

## 6.4.2　自蔓延冶金法制备二硼化钛粉体

### 6.4.2.1　自蔓延高温反应过程研究

A　反应条件对自蔓延反应过程的影响

图 6-41 和图 6-42 分别是点火模式和热爆模式燃烧产物的 XRD 结果。比较图 6-41 和图 6-42 可知，两种模式燃烧产物相结构和相组成相同，都是由 $TiB_2$、MgO、$Mg_2TiO_4$ 和 $Mg_3B_2O_6$ 组成。

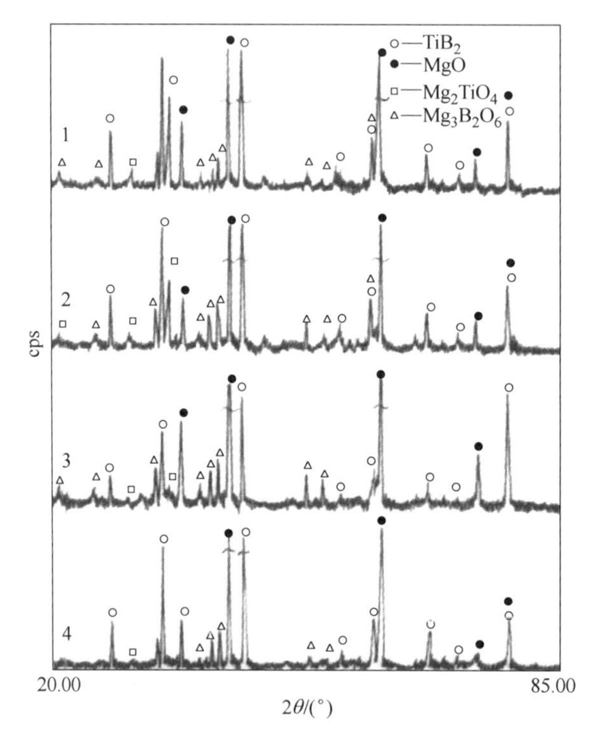


图 6-41　点火模式燃烧产物的 XRD 图

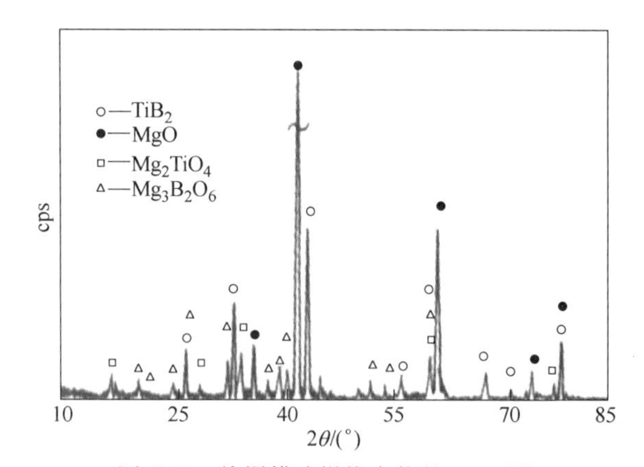


图 6-42　热爆模式燃烧产物的 XRD 图

比较图 6-41 中 1 和 3 发现，随着稀释剂 MgO 加入，MgO 的峰明显增强。比较图 6-41 中 2 和 4 发现，添加 $TiB_2$ 稀释剂则 $TiB_2$ 的峰加强。

随着点火模式燃烧产物孔隙度的降低，产物趋于分布均匀，结构致密（见图 6-43）。图 6-43（a）和（b）中有清晰的块状堆积的结构现象，而（c）和（d）的样品产物结构趋于均匀一致，但多布满大的孔洞和孔隙。将（a）（b）和（c）（d）相比，前者的大孔洞呈不规则的多边形，而且多产生于堆积的块状结构的间隙；后者的大孔洞则出现于组织较均匀的区域中间，形貌多呈类似圆形较规则的孔洞。

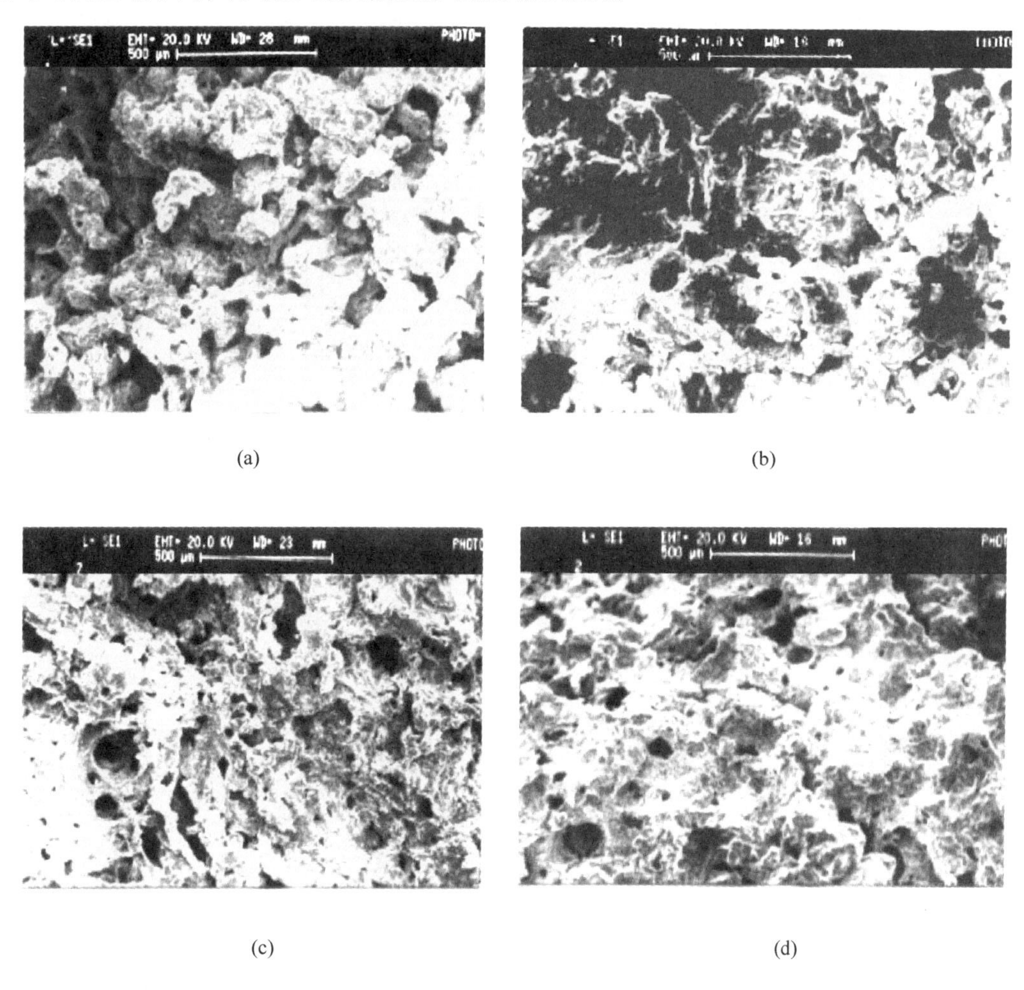

图 6-43 燃烧产物的 SEM 分析

（a）孔隙率 $\varepsilon=0.65$；（b）$\varepsilon=0.43$；（c）$\varepsilon=0.27$；（d）$\varepsilon=0.19$

另外，MgO 稀释剂的加入，体系的微观组织形貌发生了很大的变化，随着加入量增加产物趋于形成单一的组织结构，如图 6-44 所示。

MgO 在燃烧合成反应中起到“粘接”生成物的作用，存在于生成物中的 MgO 稀释剂起到了类似 MgO 烧结作用。Mg 与 $TiO_2$ 和 $B_2O_3$ 反应生成的 MgO 易与 $TiB_2$ 添加剂连接在一起，形成以 MgO 添加剂为框架的结构。随着 MgO 添加剂量的加大，燃烧产物的大孔洞成缩小趋势，$TiB_2$ 颗粒趋于减小，如图 6-45 所示。

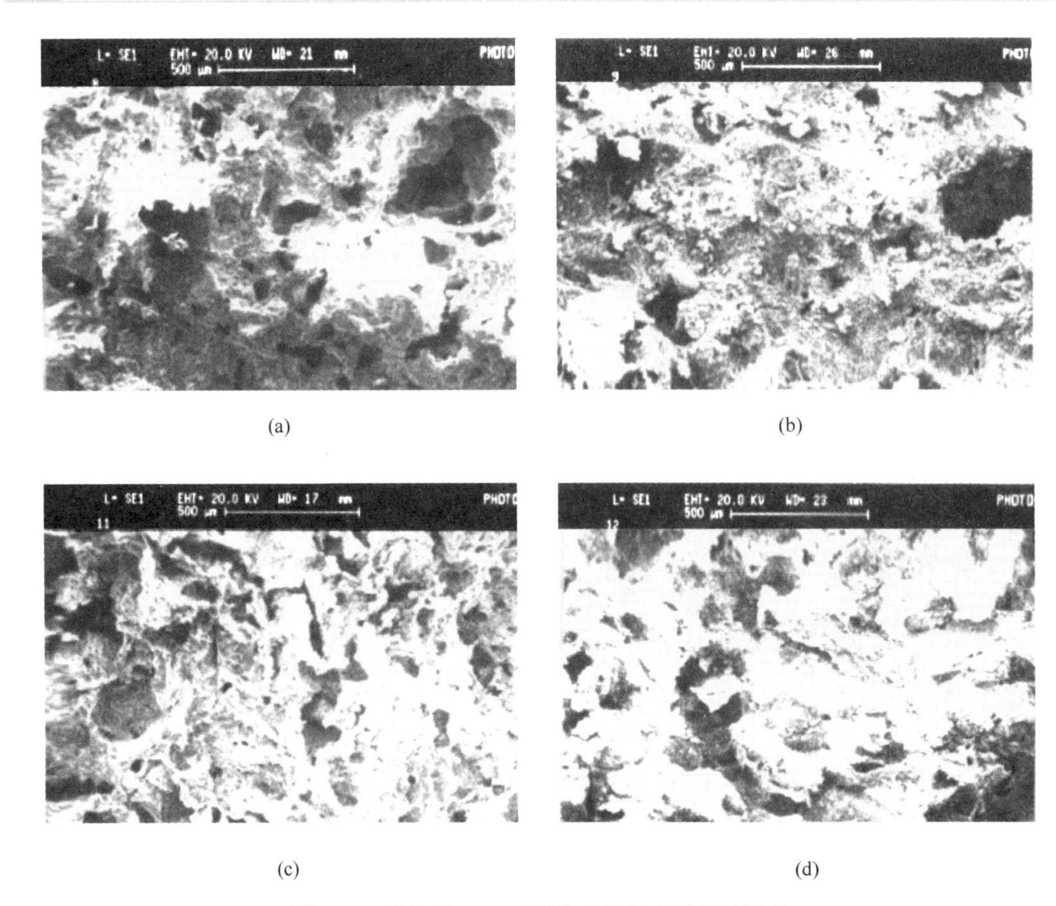


(a)　(b)

(c)　(d)

图 6-44　稀释剂 MgO 对燃烧产物微观结构的影响

（a）摩尔分数 $x_{MgO}=0.2$；（b）$x_{MgO}=0.4$；（c）$x_{MgO}=0.8$；（d）$x_{MgO}=1.0$

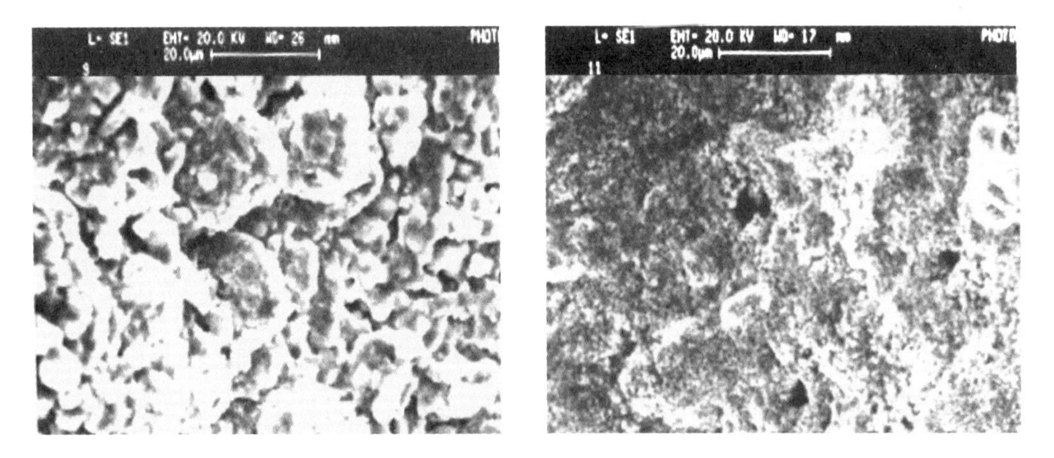


图 6-45　稀释剂 MgO 对燃烧产物微观结构的影响

添加 $TiB_2$ 的燃烧产物其宏观结构与其他情况相比大同小异，但微观结构组织均匀单一，基本上是以外面包裹氧化镁的硼化钛颗粒构成（见图 6-46（d））。热爆产物的微观形貌基本上与点火模式燃烧产物的微观形貌区别不大，产物晶粒分布较均匀（见图 6-47）。

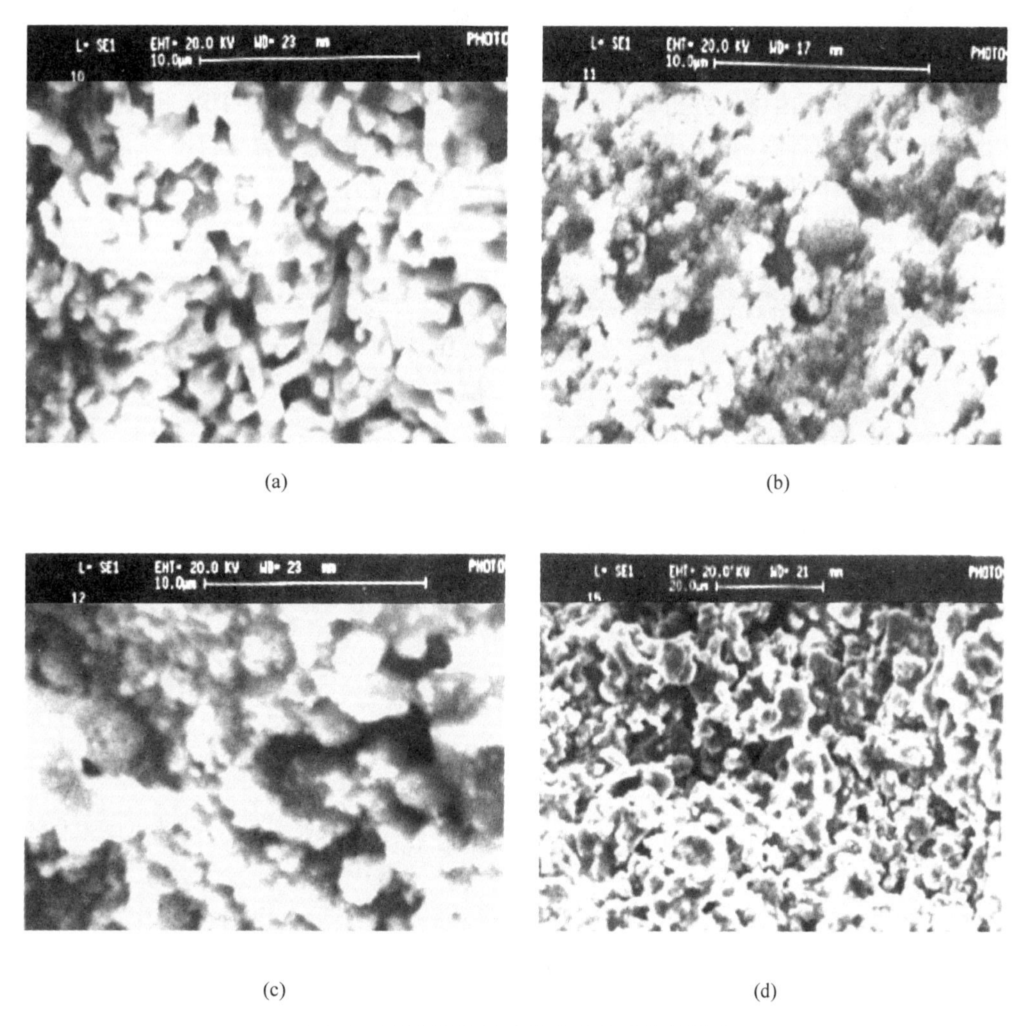

(a) (b) (c) (d)

图 6-46 不同稀释剂对产物微观形貌的影响

（a）$x_{MgO}=0.4$；（b）$x_{MgO}=0.8$；（c）$x_{MgO}=1.0$；（d）添加 $TiB_2$

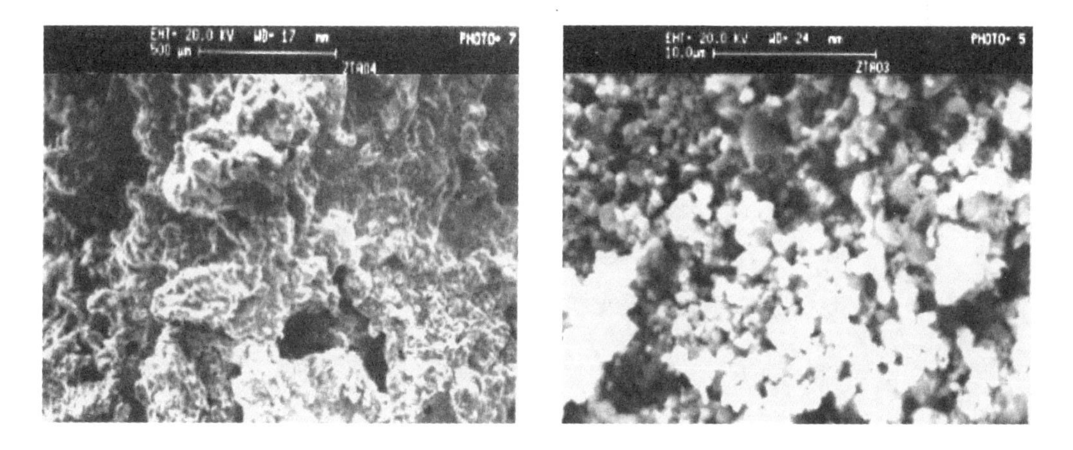

图 6-47 热爆产物的 SEM 分析

### B　自蔓延反应机理

燃烧产物中除了孔洞和空隙外，固相部分又分为球状颗粒和细小颗粒的聚集体两个区域，如图6-48所示。由微区分析技术可知：区域1是由基体并布满$TiB_2$颗粒的区域；区域2由MgO为主的球状产物组成的区域，其中每个球体里面均包容数目不一的$TiB_2$颗粒。两个区域在燃烧产物中同时存在，随孔隙度变化具有不同的特点。

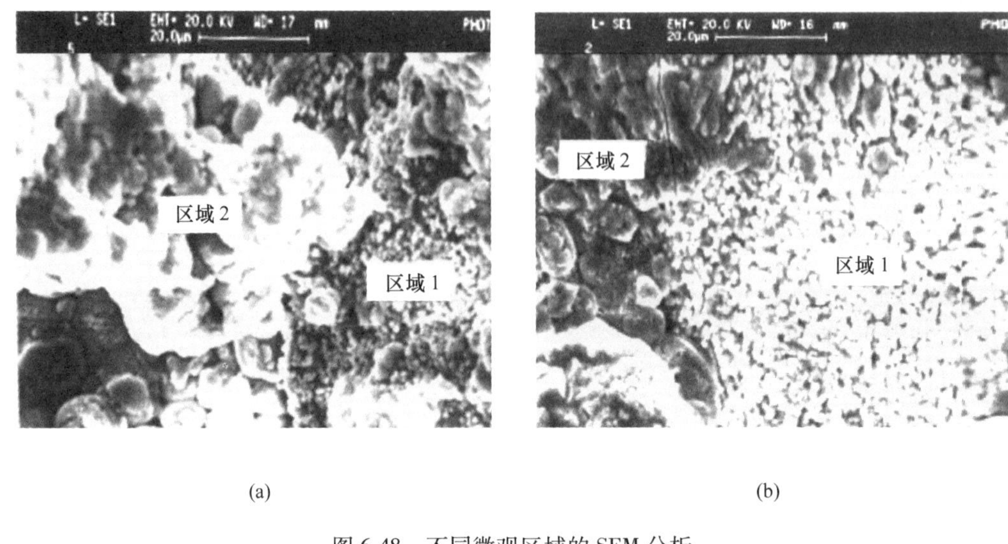


(a)　　(b)

图6-48　不同微观区域的SEM分析
（a）$\varepsilon=0.43$；（b）$\varepsilon=0.19$

（1）区域1。将区域1进一步放大观察，如图6-49所示，由图可以看出$TiB_2$颗粒中的变化趋势。随着孔隙度的减小，颗粒形貌有很大的不同，颗粒的尺寸明显变小。图（a）和（b）两个孔隙度较大样品的反应生成物由$TiB_2$长方形棒晶生成。图（c）和（d）两个孔隙度小的样品的$TiB_2$颗粒则大多数呈外表面光滑的类正六方体的非棒状形态，少数呈外表面光滑的类六方体的棒状形态，没有发现前者规则的长方体棒晶生成的迹象。

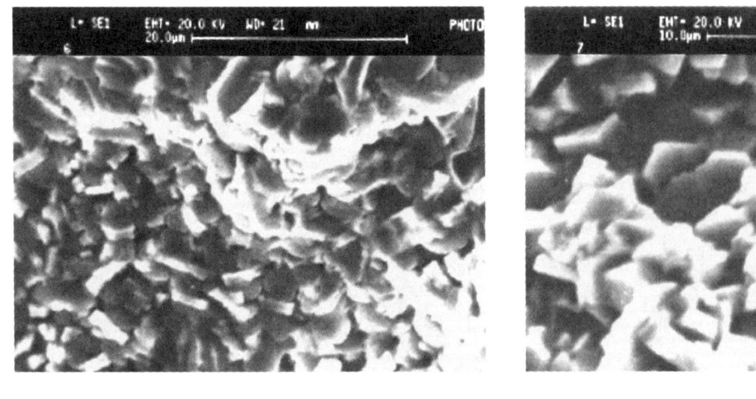

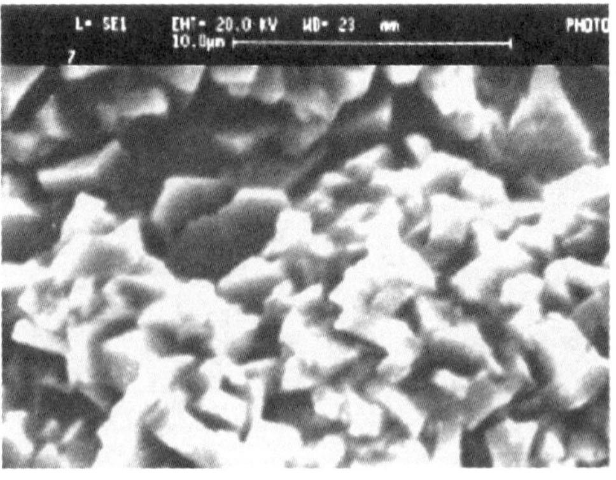

(a)　　(b)

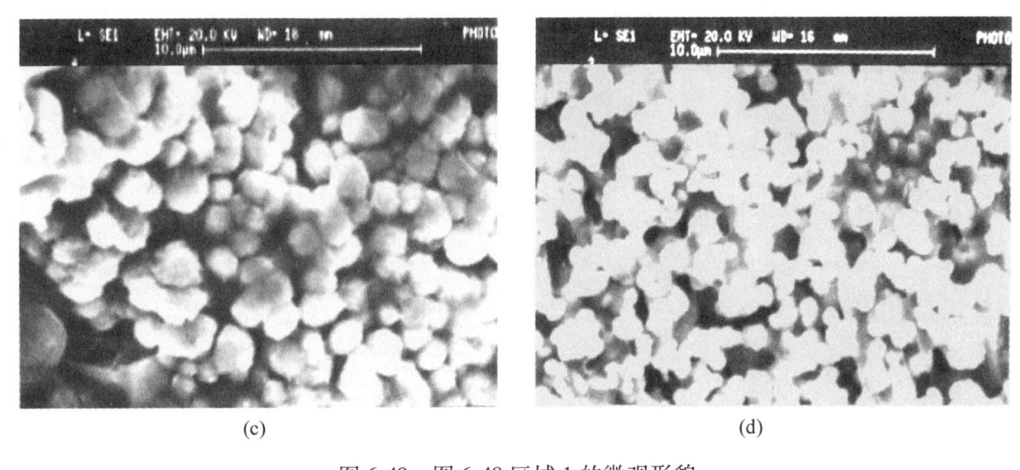

(c) (d)

图 6-49 图 6-48 区域 1 的微观形貌

(a) $\varepsilon=0.43$；(b) $\varepsilon=0.33$；(c) $\varepsilon=0.24$；(d) $\varepsilon=0.19$

形成这一区域 $TiB_2$ 晶体特征的原因认为有两个：

1）高温时间长，当燃烧波向前蔓延时，波前沿的高温使一部分细小的镁颗粒率先熔化，在毛细管力的作用下渗入由 $TiO_2$ 和 $B_2O_3$ 构成的空隙并与其发生反应；当反应的燃烧波前沿过后，产物在一定时间内仍旧维持较高的温度，在较长时间的高温环境下，先期反应生成的 $TiB_2$ 颗粒得以更加充分地生长，形成 $TiB_2$ 长方形棒晶。

2）较充分的空间，成片熔融的镁表面积大，更易于 $TiO_2$ 与 $B_2O_3$ 充分发生反应。当孔隙度小时，$TiO_2$ 和 $B_2O_3$ 与熔融镁粉接触面积大，更易同时生成许多晶胚，同时受空间较小的影响晶胚长大困难，所以生成相对细小的光滑的类正六方体的晶型。当孔隙度较大时，$TiO_2$ 与 $B_2O_3$ 的进一步反应在原有的晶胚基础上易生成较大棒状晶体。

（2）区域 2。图 6-50 所示主要是有类似球体的产物堆积组成，随着孔隙度的减小，生成的球体体积变大，从形貌上看，图（a）和（b）的球体基体表面光滑，组织单一，经微区 X 射线衍射分析可以认为基体表面是 MgO，从堆积的小球整体来看，有个别的球体上偶尔露出 $TiB_2$ 颗粒。由此可以判断，每个小球至少包含有一个 $TiB_2$ 颗粒；而图（c）和

(a)

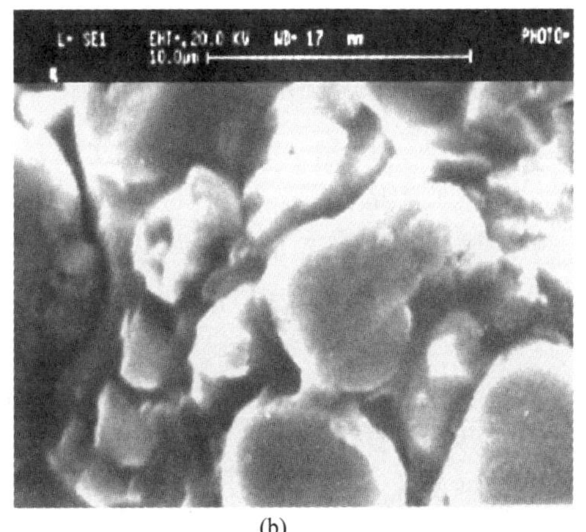

(b)

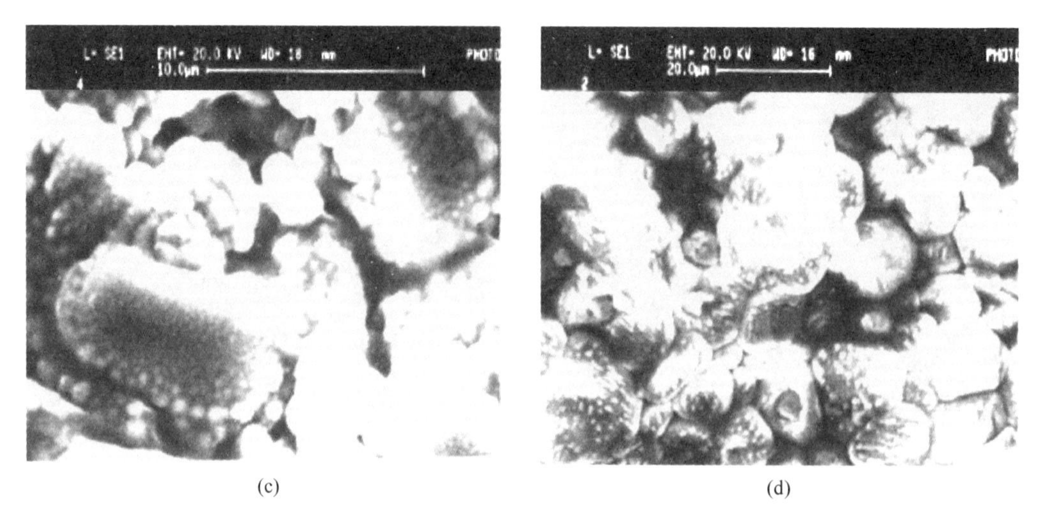


(c)　　(d)

图 6-50　图 6-48 区域 2 的 SEM 分析

（a）$\varepsilon$=0.65；（b）$\varepsilon$=0.43；（c）$\varepsilon$=0.65；（d）$\varepsilon$=0.43

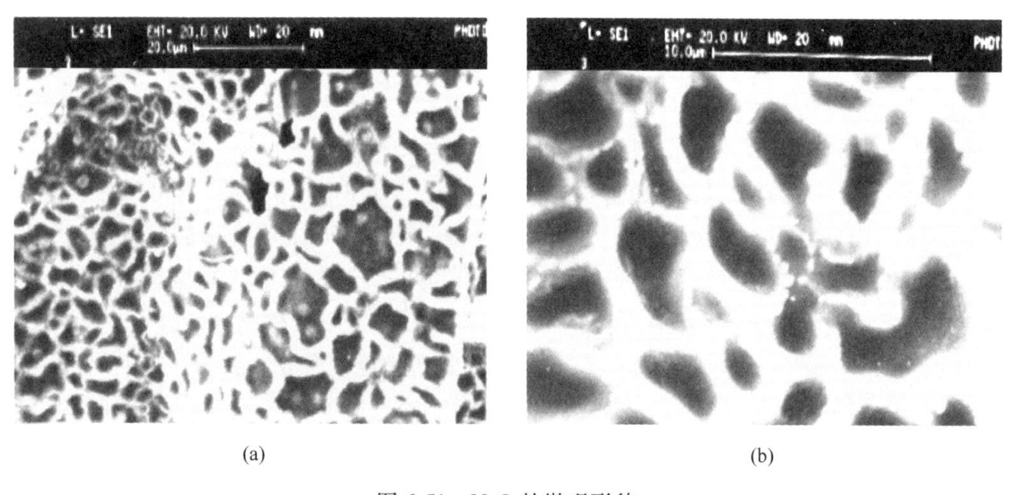


(a)　　(b)

图 6-51　MgO 的微观形貌

（a）×600；（b）×2300

（d）的球状基体表面则明显布满了 $TiB_2$ 小颗粒，经微区 X 射线衍射分析可以认为基体外面是以 MgO 为主的物质。从球体上分布的 $TiB_2$ 小颗粒来看，图（c）和（d）清晰地显示出球状基体上生成的 $TiB_2$ 要比区域 1 上的 $TiB_2$ 颗粒更细更小。

由区域 2 产物形态及 $TiB_2$ 生成颗粒的特征可推断，区域 2 的形成主要是先期生成的氧化镁和后期生成的氧化镁造成的，为此有以下两个独立反应：

$$2Mg + TiO_2 = Ti + 2MgO \tag{6-64}$$

$$3Mg + B_2O_3 = 2B + 3MgO \tag{6-65}$$

实验发现：$Mg+TiO_2$ 反应瞬间完成，并发出白色的烟。可见 Mg 首先与 $TiO_2$ 反应形成先期氧化镁，Mg 与 $B_2O_3$ 的反应形成后期氧化镁。后期氧化镁在先期氧化镁基体上生长。另外在 SEM 分析中发现 MgO 的熔化痕迹，出现田埂般现象，如图 6-51 所示。在田埂上布满即将析出的细小的 $TiB_2$ 颗粒，尺度已达纳米范围。

如图 6-52 所示，在原始混料的压样中，大尺寸的镁粉颗粒被小尺寸的 $TiO_2$ 和 $B_2O_3$ 所包围（见图 6-52（a））；在预热区内来自反应区的热量使一部分细小的镁粉开始熔化，熔融的金属镁在毛细力的作用下渗入由 $B_2O_3$ 和 $TiO_2$ 构成的间隙中（见图 6-52（a）（b））；随着温度的进一步提高，液态镁首先与 $TiO_2$ 之间发生液-固反应，形成早期的 MgO 和 Ti，Ti 则溶入镁液；$TiO_2$ 和 Mg 液间的反应热引发液态镁（含 Ti）与 $B_2O_3$ 反应生成后期氧化镁和 B（非晶态）；同时 B 与 Ti 反应形成 $TiB_2$ 并放出大量热（见图 6-52（c））。热量可造成部分氧化镁的熔化。大颗粒 Mg 形成 Mg 液（或镁蒸气，沸点 1129℃）依靠扩散方式通过先期氧化镁参与反应。由于实际的 SHS 过程的高温 $B_2O_3$ 气化，并与 Mg 液和 Mg 气在先期形成的氧化镁的间隙和内部反应，生成 MgO 和 $TiB_2$。随着反应的进行和高温的持续，先期形成的 $TiB_2$ 在 MgO 颗粒间进一步长大（见图 6-52（d））。在 MgO 内生成的 $TiB_2$ 由于反应所生成的氧化镁为固态并因界面能的作用而生长困难，形成一个以许多 $TiB_2$ 晶核为核心的表面为氧化镁固体的球体颗粒。燃烧波过后，燃烧物在一段时间里仍然维持较高的温度，使得 $TiB_2$ 晶粒的尺寸进一步长大，个别的 $TiB_2$ 晶体长在 MgO 基体外。由于 Mg 的挥发和大颗粒 Mg 造成的混料不均使得 $TiO_2$ 和 $B_2O_3$ 局部过剩，这样碱性的 MgO 分别与局部过剩的酸性 $TiO_2$ 和 $B_2O_3$ 反应生成 $Mg_2TiO_4$ 和 $Mg_3B_2O_6$。

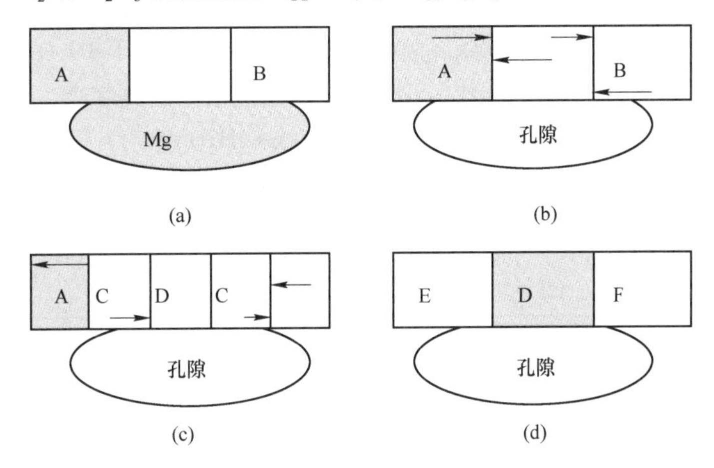


图 6-52 $Mg-TiO_2-B_2O_3$ 体系的 SHS 反应机理

A—$B_2O_3$ 区；B—$TiO_2$ 区；C—MgO 区；D—$TiB_2$ 区；E—MgO+$TiB_2$ 区；F—MgO 区

由以上反应机理可知，$TiB_2$ 存在两种生长机制，一种在颗粒间生长（如图 6-52 中的 D 区），另一种在颗粒内部形成（如图 6-52 中的 E 区）。两种生长机制将导致 $TiB_2$ 颗粒分布不连续。这点可以从浸出产物的粒度分析得到证实。

#### 6.4.2.2 燃烧产物的浸出过程研究

##### A 三酸的比较

以 5%盐酸、10%硫酸、10%硝酸浸出合成产物，结果见表 6-13。硝酸浸出，反应最剧烈，有黄色气体生成，溶液变成白色乳状，过滤困难。硫酸浸出较盐酸剧烈但比硝酸弱，浸出液均为紫红色，硫酸浸出液的颜色比盐酸的深。显然硝酸能溶解 $TiB_2$，发生的反应可能是：

$$4HNO_3 + TiB_2 = HTiO_2\downarrow + 4NO_2 + HB_2O + H_2O \quad (6\text{-}66)$$

其中逸出的气体为 $NO_2$，乳白色胶体为 $HTiO_2$，故不能用硝酸浸出。稀盐酸或稀硫酸均不易使 $TiB_2$ 分解。溶液呈紫红色，这可能是由于溶液中存在 $Ti^{3+}$ 离子，$Ti^{3+}$ 与水结合会形成 $Ti(H_2O)_6^{3+}$ 而显紫色。硫酸浸出溶液颜色深，是由于硫酸比盐酸对硼化钛的腐蚀更严重造成的。

**表 6-13　不同种类的酸浸出效果**

| 产物重/g | 酸种类 | 酸浓度/% | 滤渣重/g | $TiB_2$ 理论量/g | $TiB_2$ 收率/% |
|---|---|---|---|---|---|
| 22.2793 | 盐酸 | 5 | 5.036 | 5.704 | 88.2 |
| 51.4693 | 硫酸 | 10 | 9.480 | 13.176 | 71.8 |
| 37.4282 | 硝酸 | 10 | 2.090 | 9.582 | 21.8 |

B　酸度对浸出的影响

表 6-14 和表 6-15 是不同浓度的酸浸出结果。可以看出，酸浓度增大，浸出时间缩短，但酸浓度增大，对 $TiB_2$ 腐蚀加剧，$TiB_2$ 收率下降。图 6-53 中 1 和 2 是 25%盐酸浸出物和 20%硫酸浸出物 X 射线衍射结果。产物中氧化镁和 $3MgO \cdot B_2O_3$ 消失，盐酸浸出产物中 $2MgO \cdot TiO_2$ 仍然存在，且出现了 $TiO_2$ 和 $Ti_3B_4$ 相。硫酸浸出产物中 $3MgO \cdot B_2O_3$ 和 $2MgO \cdot TiO_2$ 均消失，仍有少量的 $TiO_2$。与盐酸法相比，硫酸浸出产品纯度高，产品中的 $2MgO \cdot TiO_2$ 能被完全分解（$2MgO \cdot TiO_2+2H_2SO_4 = 2MgSO_4+2H_2O+TiO_2$）。产品中虽含有少量的 $TiO_2$(0.8%)，但经强化酸洗后能彻底除去 $TiO_2$。浸出时间短，相当浓度的硫酸浸出时间比盐酸浸出时间缩短 50%以上。硫酸比盐酸经济，腐蚀性小。

**表 6-14　不同浓度的盐酸对浸出的影响**

| 浓度/% | 浸出时间/h | 镁含量/g | 氧化镁含量/g | 滤渣重/g | $TiB_2$ 收率/% |
|---|---|---|---|---|---|
| 5 | 80 | 1.164 | 3.880 | 1.178 | 92.0 |
| 10 | 74 | 1.954 | 3.241 | 1.162 | 90.8 |
| 15 | 74 | 2.161 | 3.584 | 1.093 | 85.4 |
| 25 | 70 | 1.990 | 3.300 | 0.995 | 88.1 |

**表 6-15　不同浓度的硫酸对浸出的影响**

| 浓度% | 浸出时间/h | 氧化镁含量/g | $TiB_2$ 量/g | $TiB_2$ 收率/% |
|---|---|---|---|---|
| 5 | 55 | 3.502 | 1.158 | 90.5 |
| 10 | 33 | 3.575 | 0.848 | 66.6 |
| 15 | 27 | 3.95 | 1.008 | 78.7 |
| 20 | 22 | 3.658 | 0.982 | 76.7 |

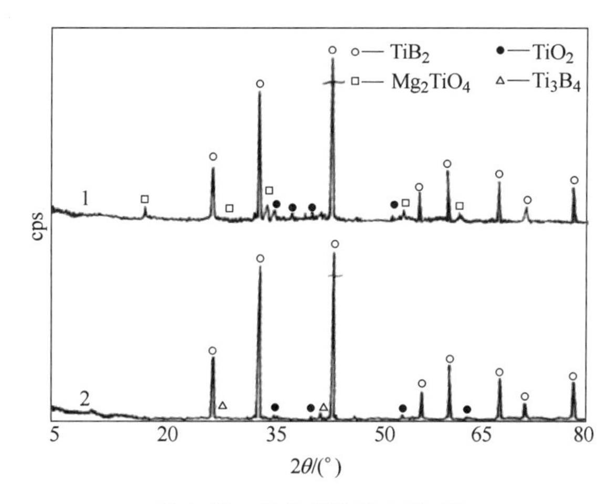


图 6-53 浸出产物的 XRD 图

C 酸的过量度对浸出过程的影响

用浓度为 10%的盐酸和硫酸考虑不同过量度对浸出的影响，结果见表 6-16。相同的时间酸的过量度越多，$TiB_2$ 收率越低。同样条件下盐酸浸出过程中 $TiB_2$ 的收率高于硫酸浸出的收率。

**表 6-16 不同浓度的盐酸对浸出的影响**

| 浸出物重/g | 酸种类 | 酸过量度/% | 浸出时间/h | 氧化镁含量/g | 滤渣重/g | $TiB_2$ 收率/% |
|---|---|---|---|---|---|---|
| 5 | 硫酸 | 20 | 68 | 3. 263 | 1. 128 | 88 |
| 5 | 硫酸 | 40 | 68 | 3. 120 | 1. 064 | 83 |
| 5 | 硫酸 | 80 | 68 | 3. 065 | 1. 035 | 80 |
| 5 | 盐酸 | 20 | 88 | 3. 138 | 1. 257 | 98 |
| 5 | 盐酸 | 40 | 88 | 3. 106 | 1. 178 | 92 |
| 5 | 盐酸 | 80 | 88 | 3. 169 | 1. 101 | 86 |

### 6.4.2.3 浸出产物的表征

A 浸出产物的相分析和化学组成分析

强化酸浸可获得纯净的 $TiB_2$ 粉末，浸出产物相为单一的 $TiB_2$ 相（见图 6-54）。由浸出产物的能谱和化学分析结果（见表 6-17）可知，$TiB_2$ 的纯度大于 98%或 99%以上，其中主要杂质是镁。

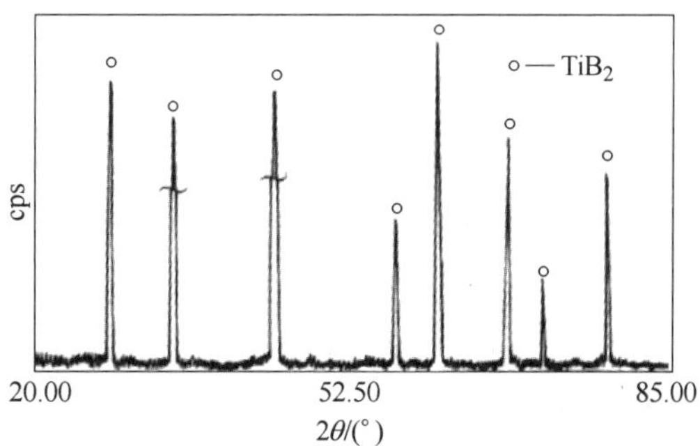


图 6-54 浸出产物的 XRD 图

表 6-17　元素的能谱与化学分析　(%)

| 序号 | Ti | B | Mg | Al | Fe | Cu | Cr | Ca | Si | Ti+B |
|---|---|---|---|---|---|---|---|---|---|---|
| 1 | 69.3 | 29.11 | 0.21 | 0.03 | 0.01 | 0.003 | 0.05 | 0.03 | 0.03 | 98.41 |
| 2 | 66.9 | 31.5 | 0.11 | 0.03 | 0.01 | 0.003 | 0.05 | 0.03 | 0.03 | 99.40 |
| 3 | 68.1 | 30.96 | <1 | 0.03 | 0.01 | 0.003 | 0.05 | 0.03 | 0.03 | 99.06 |
| 4 | 68.5 | 30.00 | <1 | 0.03 | 0.01 | 0.003 | 0.05 | 0.03 | 0.03 | 98.50 |

对 $TiB_2$ 粉末进行透射电子显微镜分析，获得的电子衍射花样如图 6-55 和图 6-56 所示。$TiB_2$ 为六方晶系，所以显示不同衍射花样。从图 6-55 可以看到 $TiB_2$ 微晶电子衍射花样，这样的微晶体是由于 MgO 的熔化造成的。根据图 6-56 的衍射花样图形计算 $TiB_2$ 的晶格常数 $a=0.3033$nm 和 $c=0.3230$nm 与 0.3028nm 和 0.3228nm 基本一致。

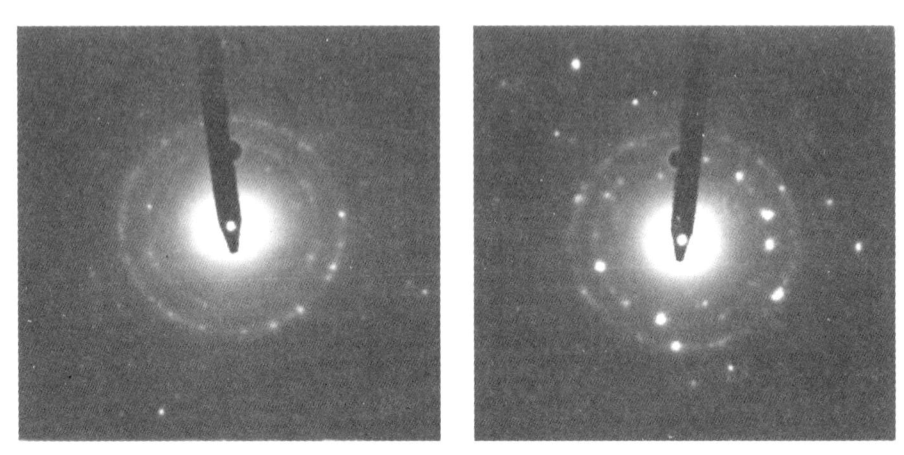

图 6-55　微晶电子衍射花样

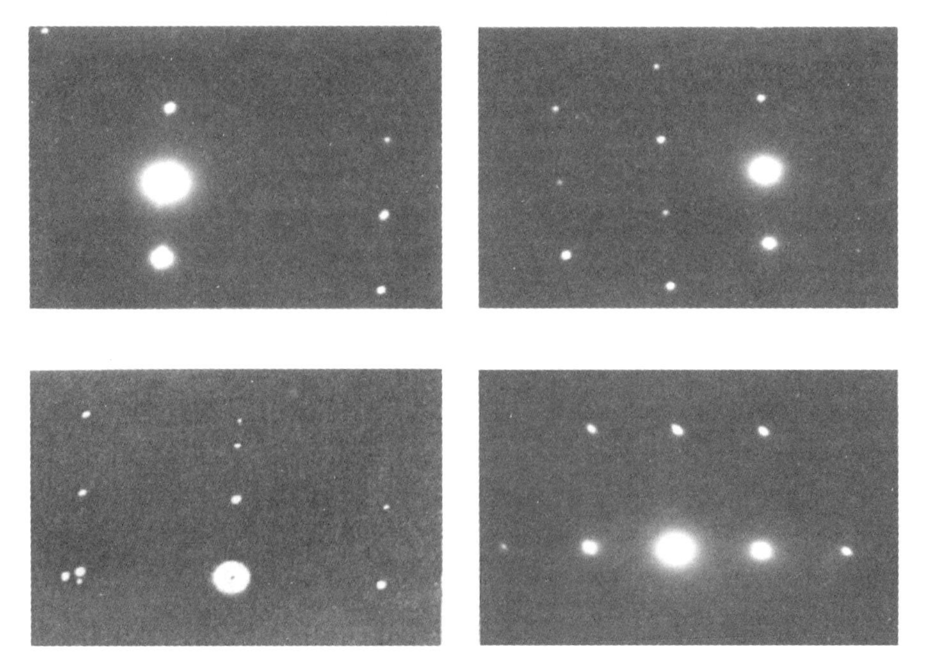

图 6-56　TEM 电子衍射花样

由同样倍率观察不同条件下的产物微观形貌（见图 6-57）可知，压坯压力大，颗粒相对小，添加 MgO 则颗粒明显小，而添加 $TiB_2$ 则颗粒明显大且出现了发育良好的枝晶。对浸出产物颗粒的形貌进行透射扫描（见图 6-58），发现有发育良好的棒晶、枝晶、片状晶体、纤维，还有细小的微晶和未发育好的坯晶。添加硼化钛时，出现片状晶体（见图 6-58（a））；压坯压力增大，发现纤维状晶体（见图 6-58（b））。这种现象与 $TiB_2$ 的不同生长环境相关。微区分析发现，发育良好的晶体无杂质；未发育好的细小颗粒含有镁的成分。

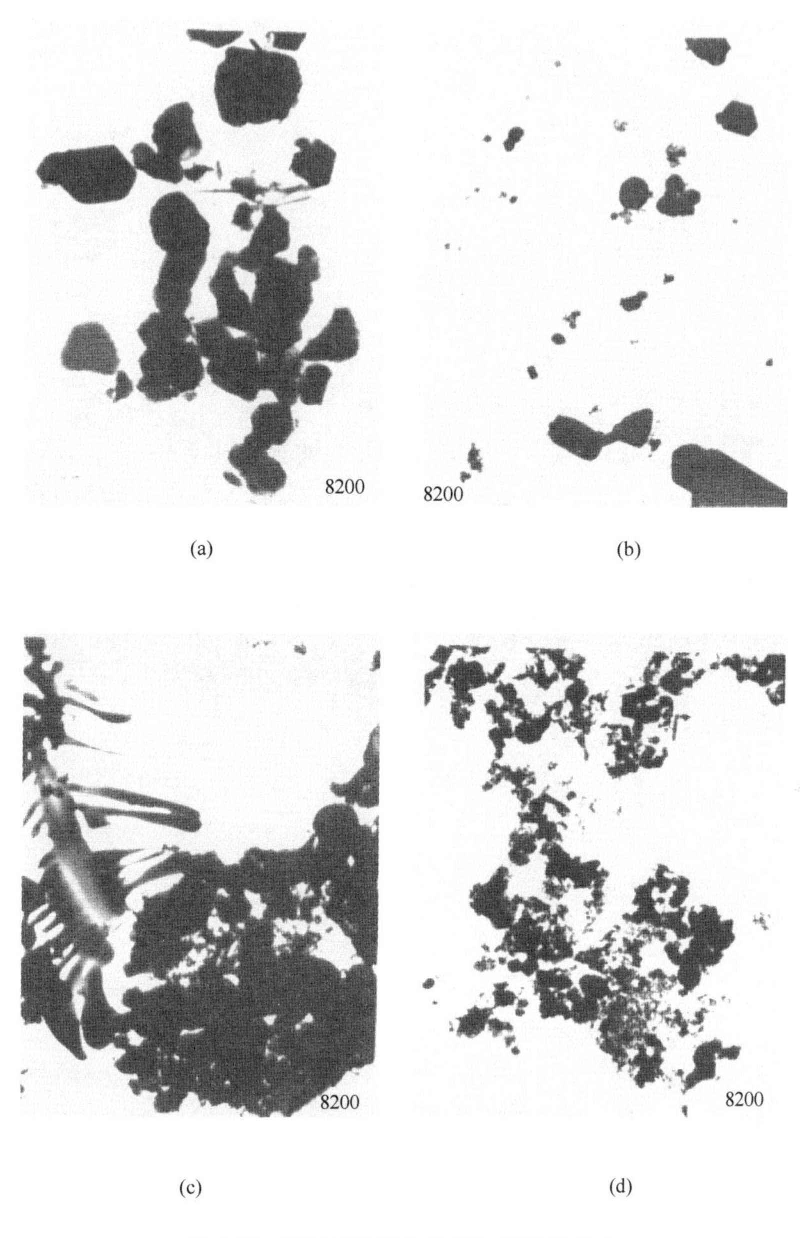


(a) (b) (c) (d)

图 6-57 不同初始条件对 $TiB_2$ 颗粒的影响

（a）15MPa；（b）30MPa；（c）$x_{TiB_2}=1.6$；（d）$x_{MgO}=1.0$

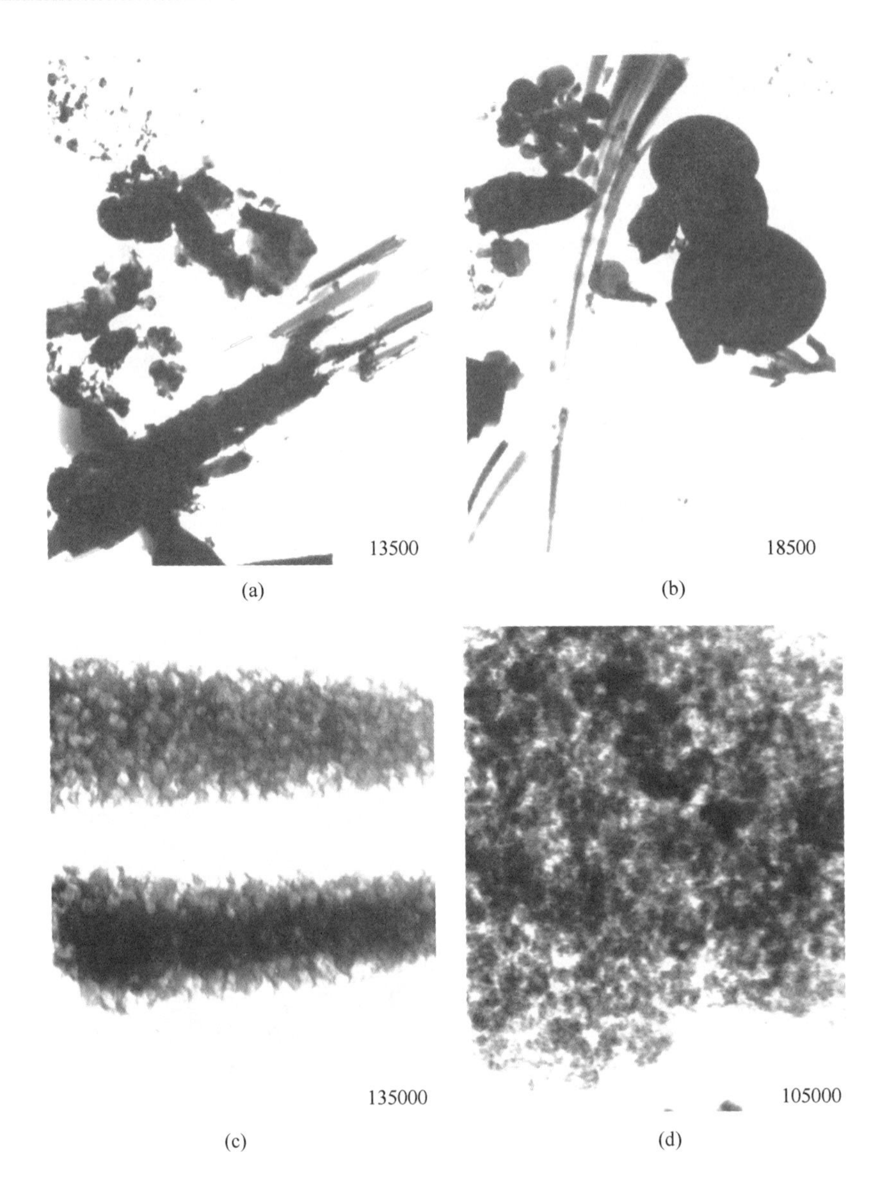


图 6-58 $TiB_2$ 的透射扫描形貌

(a) $x_{TiB_2}=1.6$；(b),(c) 30MPa；(d) 15MPa

B 浸出产物的粒度分布

浸出产物经 SEM 分析颗粒均匀分布，保持着燃烧产物基本结构，颗粒松散连接（见图 6-59）。颗粒团聚是由于大部分颗粒是在氧化镁颗粒间生长形成的。

对浸出产物进行粒度分布测定（见图 6-60 和图 6-61）。平均粒径、比表面积和 Ti+B 的含量见表 6-18。可知：胚样致密度增加，$TiB_2$ 颗粒小；添加氧化镁，$TiB_2$ 颗粒小；添加硼化钛，$TiB_2$ 颗粒明显增大。此规律结果与模型预测十分吻合。增大致密性，减少了 $TiB_2$ 颗粒的生长空间，使 $TiB_2$ 生长受到限制。添加氧化镁可降低燃烧温度，也使 $TiB_2$ 长大困难。添加 $TiB_2$ 虽降低燃烧温度，但是添加的 $TiB_2$ 成为晶种，使 $TiB_2$ 得以生长。

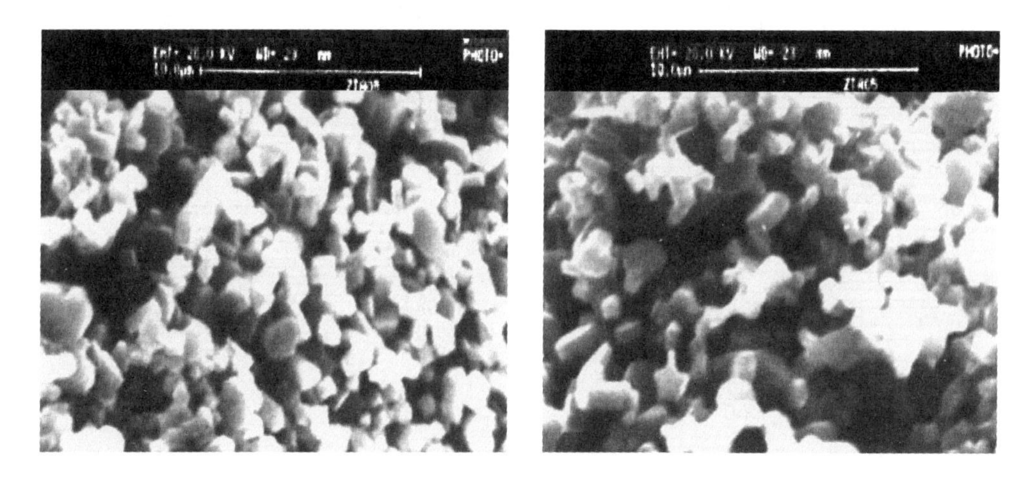

图 6-59 浸出产物的 SEM 分析

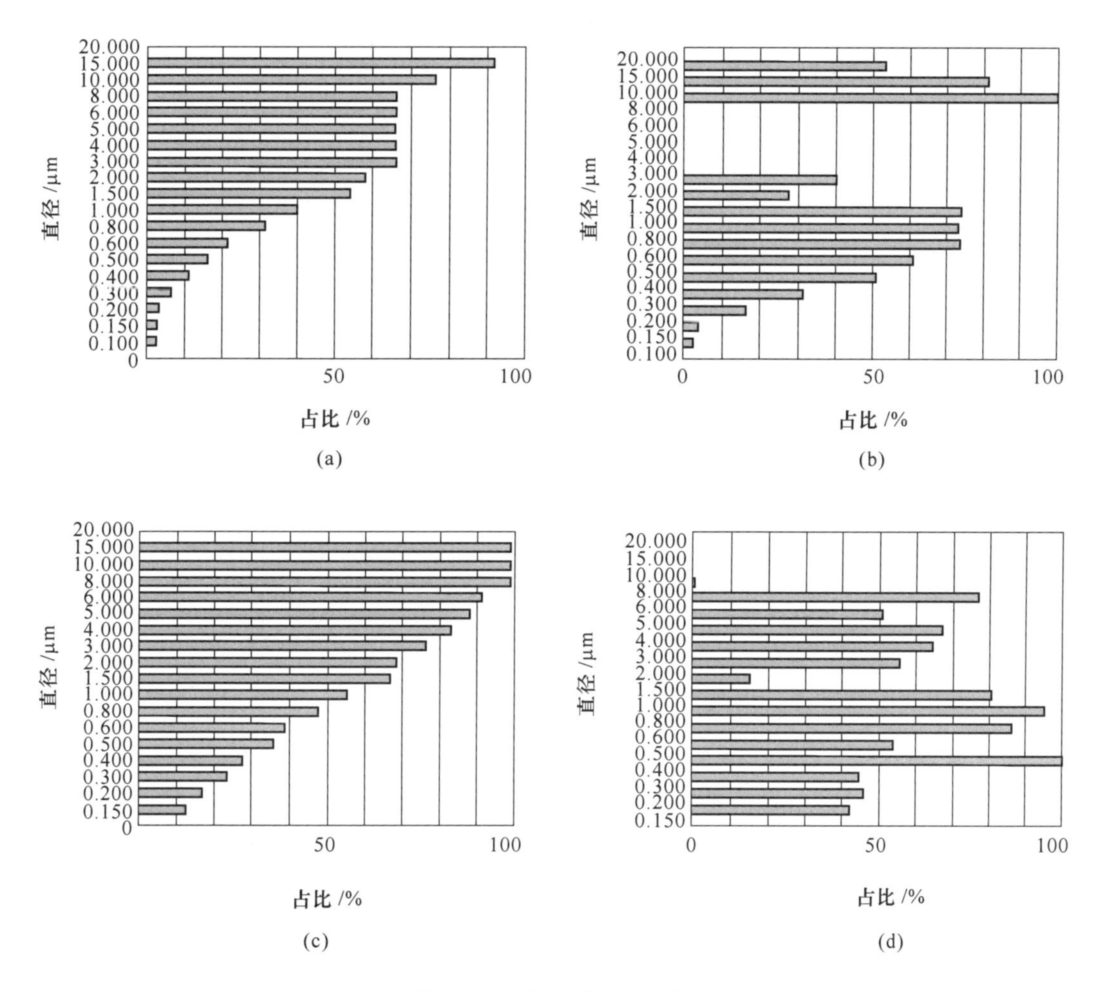


图 6-60 $TiB_2$ 的粒度分布图

(a) 积分分布；(b) 微分分布（坯样压力 15MPa）；(c) 积分分布；(d) 微分分布（坯样压力 30MPa）

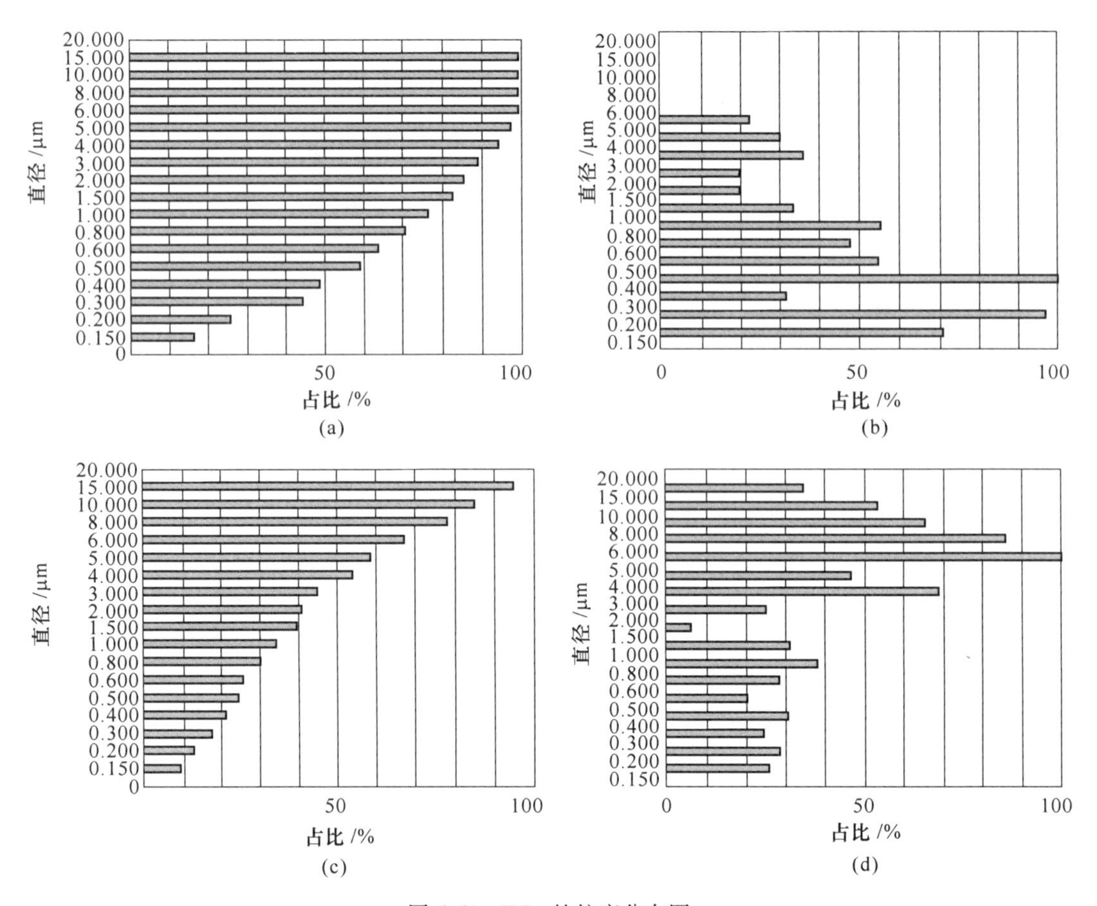


图 6-61　$TiB_2$ 的粒度分布图

（a）积分分布；（b）微分分布（$x_{MgO}=1.0$）；（c）积分分布；（d）微分分布（$x_{TiB_2}=1.6$）

**表 6-18　$TiB_2$ 的粒度分析结果**

| 试样 | 平均粒径/μm | 粒度分布/% | 比表面积/$m^2\cdot g^{-1}$ | Ti+B/% |
|---|---|---|---|---|
| 15MPa | 1. 34 | <15μm 的 100 | 1. 996 | >98 |
| 30MPa | 0. 84 | <8μm 的 100 | 4. 022 | >98 |
| $x_{MgO}=1.0$ | 0. 41 | <6μm 的 100 | 5. 685 | >98 |
| $x_{TiB_2}=1.6$ | 3. 48 | <10μm 的 95 | 2. 882 | >98 |
| A | 0. 5~2. 5 | <45μm 的 98 | >1 | >95 |
| B | 4~6 | <45μm 的 98 | 0. 3~0. 6 | >97 |
| C | 7~10 | <45μm 的 98 | 0. 2~0. 5 | >96. 5 |
| D | 4~10 | <45μm 的 95 | 0. 2~0. 6 | >96. 5 |
| E | 1. 8~2 | <29μm 的 98 | 0. 5~1. 5 | >95. 1 |

改变初始条件，可以控制 $TiB_2$ 颗粒粒径。颗粒粒度的微分分布中可以看到一个特别的现象，在 2μm 左右处颗粒分布均出现大颗粒和小颗粒的截然分界。尤其是在 5MPa 的条

件下分界特别明显，30MPa 和添加 $TiB_2$ 的次之，添加氧化镁的不太明显，这一现象正好说明 $TiB_2$ 生长存在两个不同的机制，即颗粒间生长（区域 1）和颗粒内生长（区域 2）。与燃烧产物的显微分析结果和体系反应机理模型的预测相吻合。

### 6.4.3 自蔓延冶金法制备六硼化镧粉体

#### 6.4.3.1 自蔓延高温反应过程研究

为了制备出纳米级的 $LaB_6$ 超细粉体，在自蔓延反应时对反应物料进行了高能球磨预处理。

A 球料比的影响

球料比决定了碰撞时所捕获的粉末量和单位时间内的有效碰撞次数。但在实际生产中，使用的球磨介质越多，能量消耗及成本也越高。因此，在能够满足需要的前提下，应该尽可能地降低球料比。本节分别考察的球料比为 5∶1、10∶1、15∶1、20∶1。不同球料比下 $LaB_6$ 产物的 X 射线衍射图如图 6-62 所示。

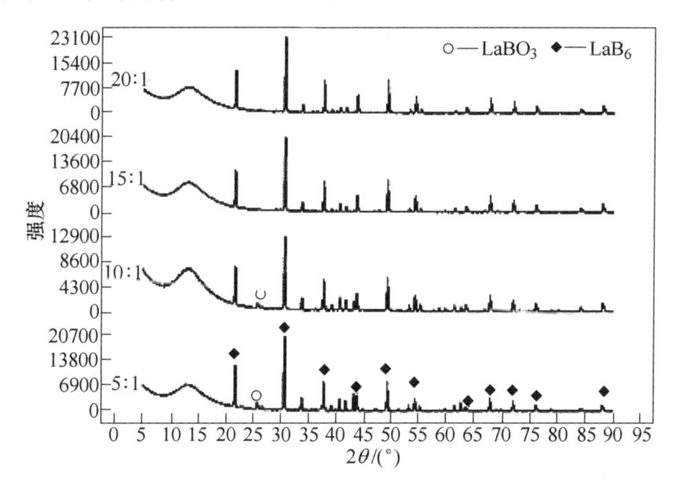


图 6-62 不同球料比下浸出产物的 X 射线衍射图

由图 6-62 可知，随着球料比的增大，$LaBO_3$ 逐渐减少，当球料比达到 15∶1 之后完全消失。

图 6-63 所示为不同球料比下产物的 SEM 图谱，随着球料比的增加，产物的粒度明显减小，而且颗粒分布更加均匀。

当球料比为 20∶1 时，由于较高的球料比使球与球之间的自磨严重，磨球与物料间的作用力减弱，同时破坏了晶体结构，导致活化效果增加不明显。所以实验采取 15∶1 作为最佳的球料比。

B 球磨转速的影响

球磨机的转速越高，就会有越多的能量传递给研磨物料。但是当转速高到一定程度时研磨介质就紧贴于研磨容器内壁，而不能对研磨物料产生任何冲击作用。

在固定料球比为 10∶1，球磨时间为 20min 的条件下，考察了球磨转速为 150r/min、200r/min、250r/min、300r/min、350r/min 对自蔓延产物影响。不同球磨转速下产物的 X 射线衍射图如图 6-64 所示。

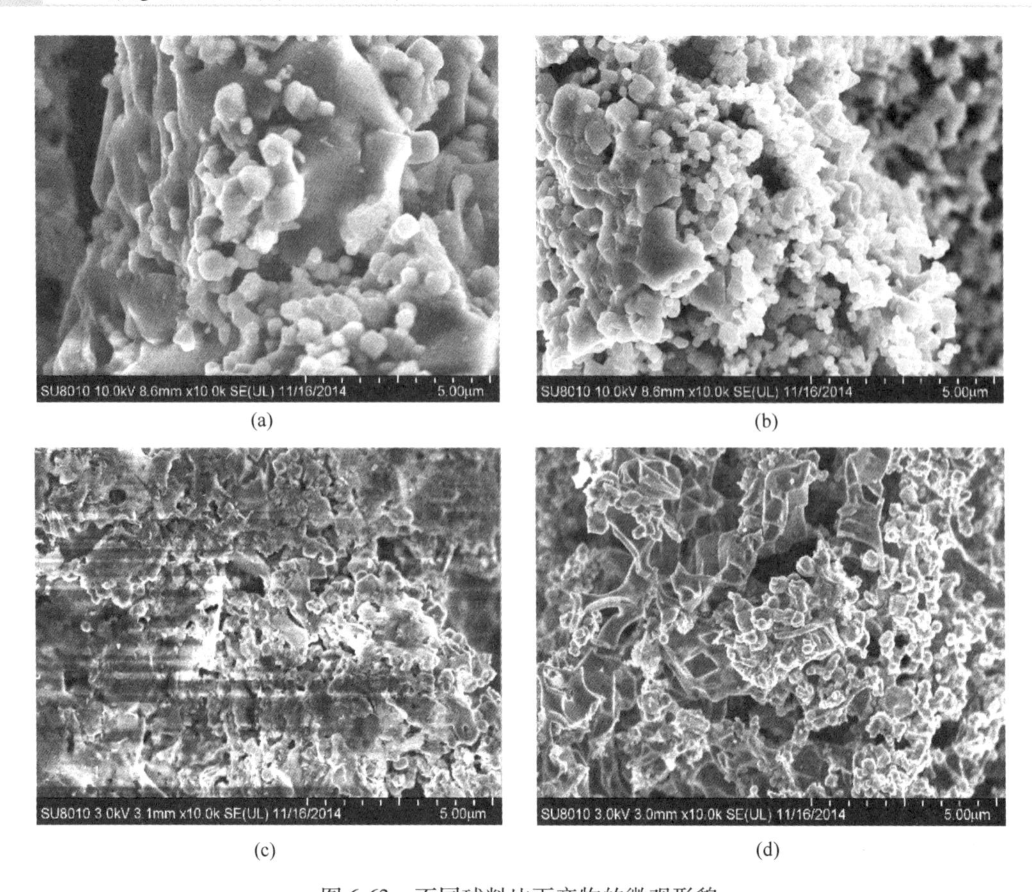


(a) (b)

(c) (d)

图 6-63 不同球料比下产物的微观形貌

(a) 球料比 5∶1；(b) 球料比 10∶1；(c) 球料比 15∶1；(d) 球料比 20∶1

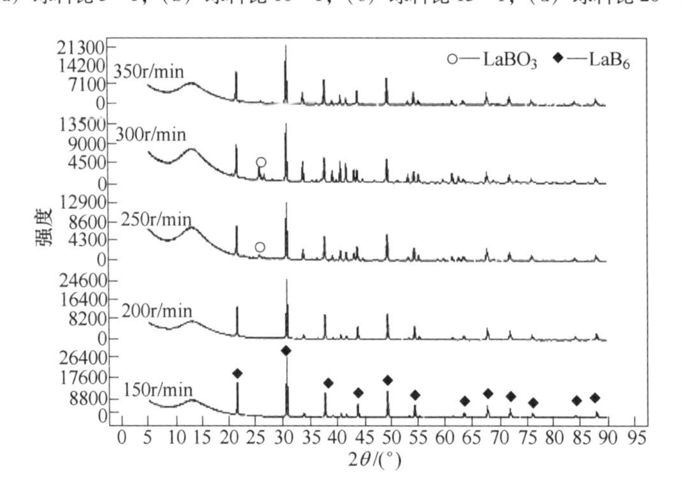


图 6-64 不同球磨转速下浸出产物的 X 射线衍射图

由图 6-64 可以看出，经过球磨工艺后制得纯净 $LaB_6$ 相，但转速较高时含有少量杂质 $LaBO_3$。根据结果选择 200r/min 作为最佳条件。

图 6-65 所示为考察不同球磨转速下的产物 SEM 电镜图，由图中可以看出，$LaB_6$ 颗粒大多依附于氧化镁基体表面，转速较低时 $LaB_6$ 颗粒分布不均，粒径大小差异较大，但当

球磨转速增加后，其粒径大小明显趋于均匀，颗粒分布集中。当转速为200r/min时已经达到纳米级颗粒要求。

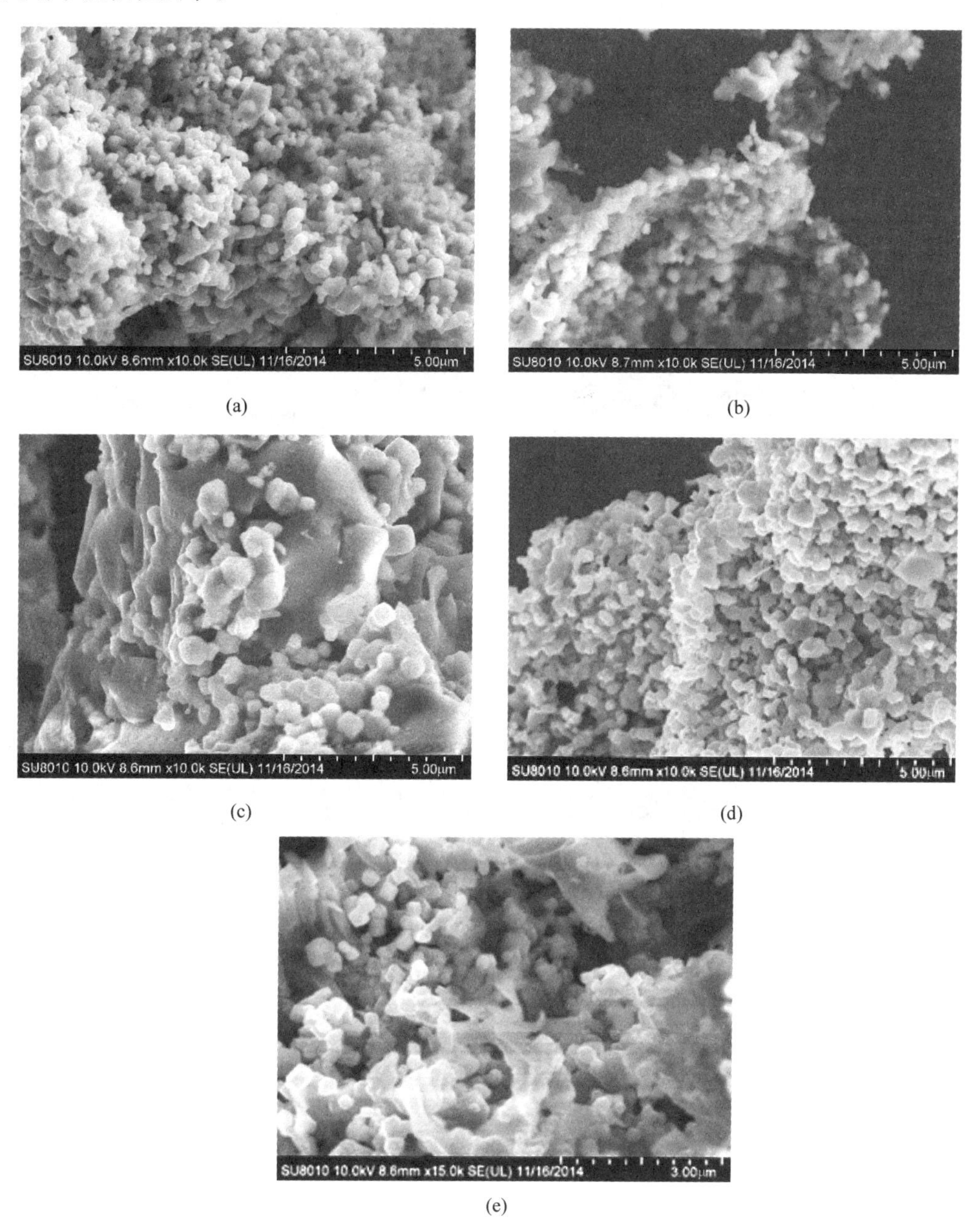


图6-65 不同球磨转速下产物的微观形貌
(a) 150r/min; (b) 200r/min; (c) 250r/min; (d) 300r/min; (e) 350r/min

C 球磨时间的影响

球磨时间是影响 $LaB_6$ 粉体性能的重要影响因素之一。高能球磨法的基本原理是利用机械能来诱发化学反应或诱导材料组织、结构和性能的变化。球磨时间过短，反应进行不完全，球磨时间过长，会破坏晶体的结构，并可能出现晶体颗粒团聚现象。因此对物料球磨要选择最合适的球磨时间。本节在球料比为 10∶1，球磨转速为 250r/min 的条件下，分别考察球磨时间为 10min、20min、30min、40min、50min 条件下对自蔓延产物的影响，如图 6-66 所示。

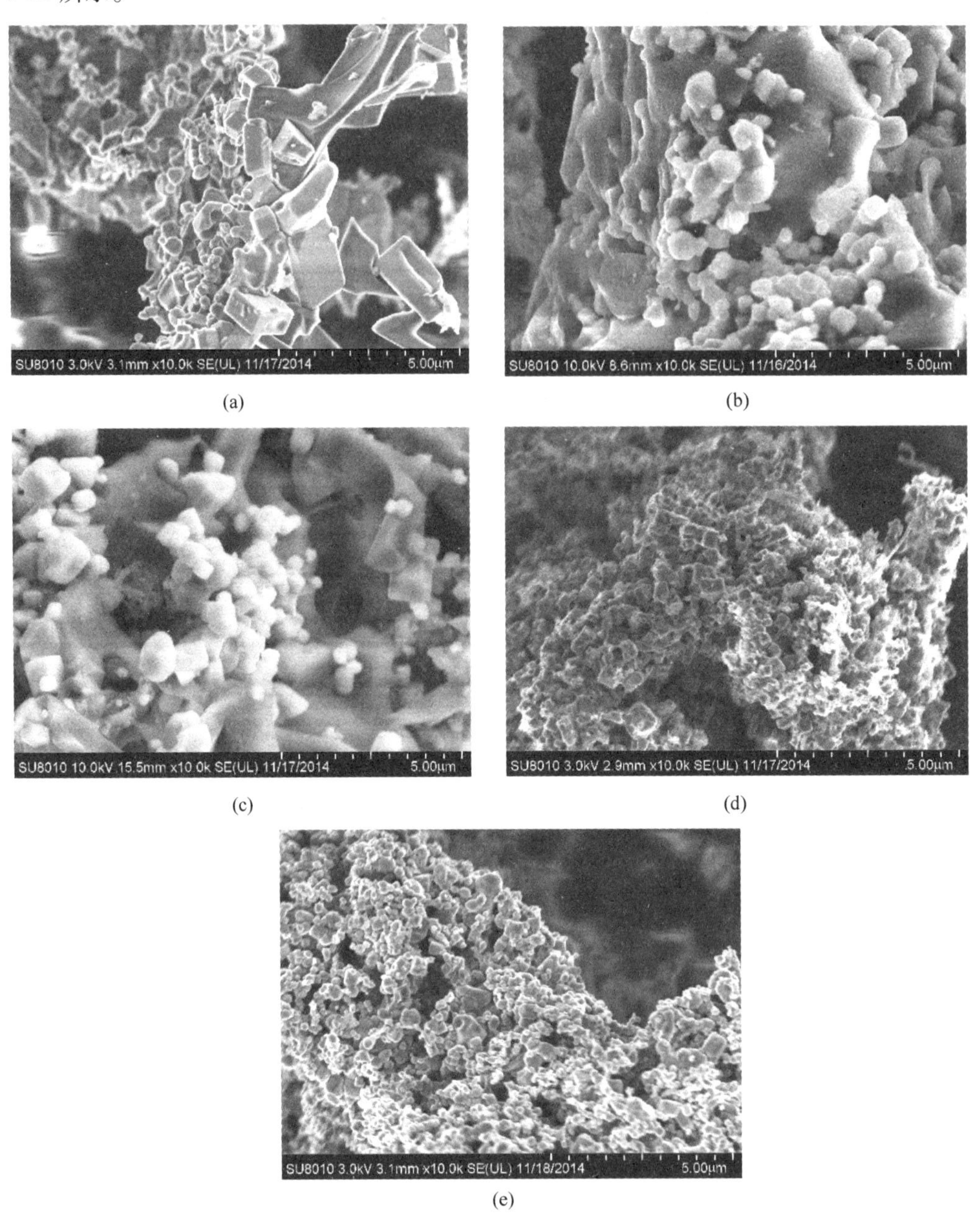


图 6-66　不同球磨时间产物的微观形貌

(a) 10min；(b) 20min；(c) 30min；(d) 40min；(e) 50min

由图 6-66 可知，随着球磨时间的增加，粉体的外形逐渐变得规则且粒度分布范围越来越小，10~30min 时产物颗粒附着在某一些较大的颗粒表面，当时间为 35~40min 时，大颗粒消失，产物颗粒细小且粒径分布均匀，形状规则，结果良好。球磨时间 30min 以上可使产物达到一个较为符合预期的纳米级产物。由此确定最佳球磨时间为35min。

#### 6.4.3.2 燃烧产物浸出过程研究

控制球磨条件为球料比10∶1、球磨转速300r/min、球磨时间30min，将自蔓延产物进行强化浸出。由于反应在空气中发生，反应温度迅速上升导致大量镁在高温下蒸发，部分与氧反应生成氧化镁。镁的蒸发损失会导致$B_2O_3$和$La_2O_3$呈现局部过量状态，过量的$B_2O_3$分别和$La_2O_3$与MgO反应生成杂质$Mg_3B_2O_6$和$LaBO_3$。

图6-67所示为燃烧产物的XRD图，由图可以看出，产物中有大量MgO、$LaBO_3$和$Mg_3B_2O_6$出现。通过滴定试验测定出不同酸浸时间、酸浸温度及酸浓度下的$Mg^{2+}$含量，分别计算出浸出率，从而逐步确定最佳酸浸工艺条件。

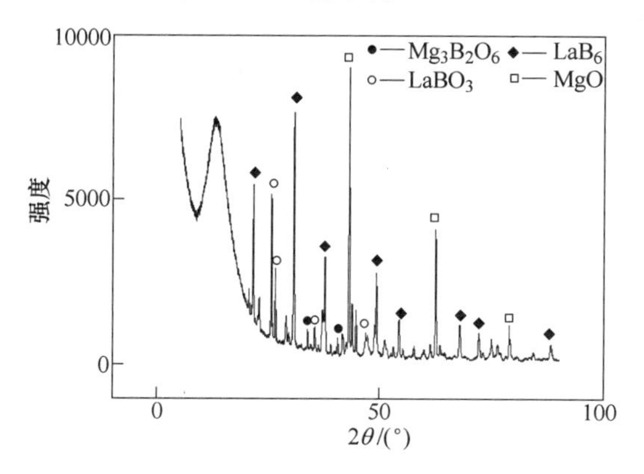


图6-67 燃烧产物XRD图

##### A 酸浸时间的影响

在对酸浸时间的考察中，设定以20%的硫酸在室温条件下进行浸出，实验方案见表6-19。

**表6-19 探究酸浸时间对酸浸效果的影响规律方案**

| 编号 | 酸浸时间/min | 酸浸温度/℃ | 酸浓度（质量分数）/% |
|---|---|---|---|
| 1号 | 10 | 25 | 20 |
| 2号 | 20 | 25 | 20 |
| 3号 | 30 | 25 | 20 |
| 4号 | 40 | 25 | 20 |
| 5号 | 50 | 25 | 20 |
| 6号 | 60 | 25 | 20 |
| 7号 | 70 | 25 | 20 |
| 8号 | 80 | 25 | 20 |

通过滴定实验计算出各酸浸时间下的浸出率，见表6-20和图6-68。

**表6-20 不同酸浸时间时产物浸出率**

| 酸浸时间/min | 10 | 20 | 30 | 40 | 50 | 60 | 70 | 80 |
|---|---|---|---|---|---|---|---|---|
| 浸出率（质量分数）/% | 90.19 | 91.78 | 92.16 | 92.68 | 93.02 | 93.10 | 92.87 | 92.97 |

由图6-68可知，60min前浸出率随酸浸时间的增加而增大，60min后浸出率变化趋于平稳，可知60min时杂质已基本除去。

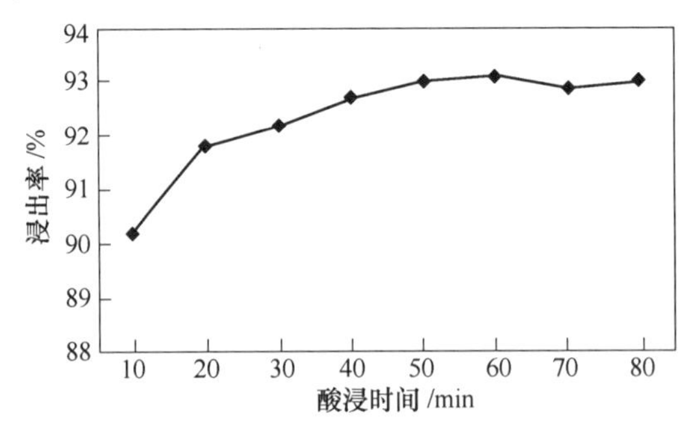


图6-68　酸浸时间与浸出率关系图

图6-69为考察酸浸时间对燃烧产物浸出影响的X射线衍射图，1~8分别代表酸浸时

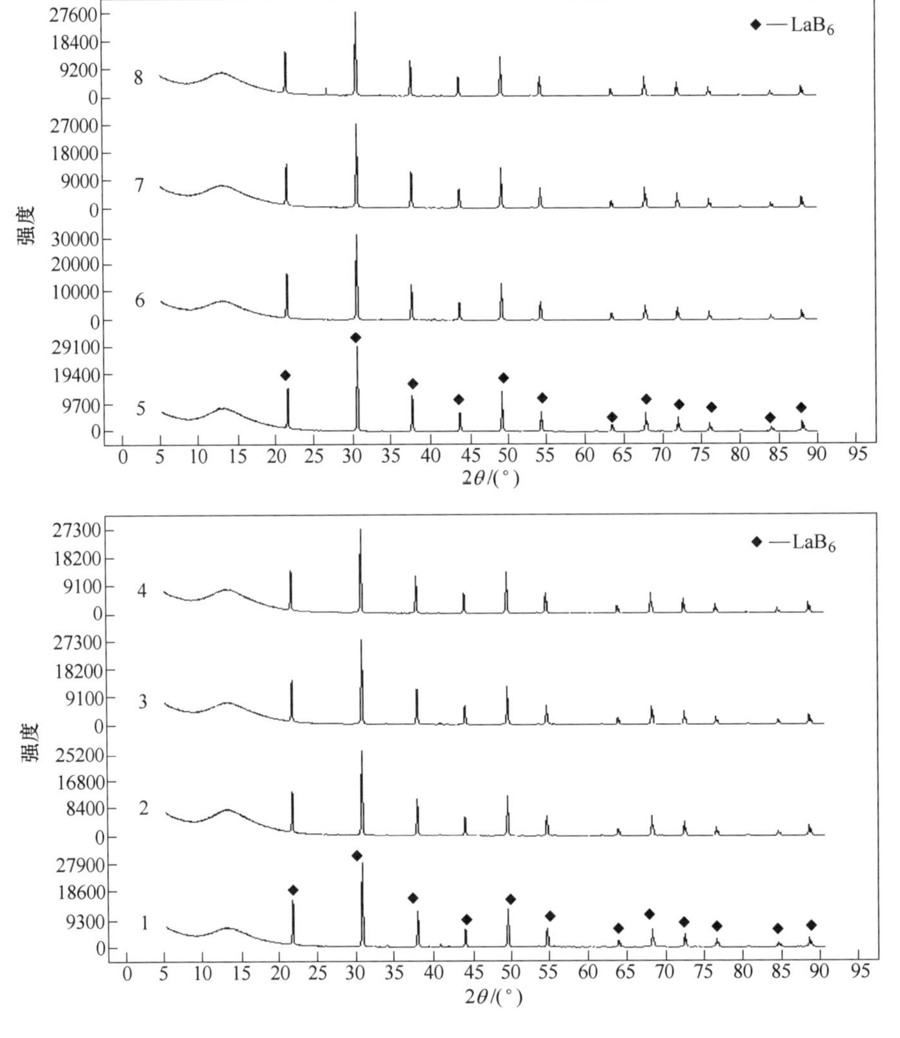


图6-69　不同酸浸时间下产物的X射线衍射图

间为10~80min，由图可知，时间在10~80min范围内，经酸洗后的产品均为纯净的$LaB_6$相，综合上述滴定结果可知，最佳酸浸时间为60min。

B 酸浸温度的影响

由以上实验结果可确定酸浸时间60min，仍控制硫酸浓度为20%，实验方案见表6-21。

**表6-21 探究酸浸浓度对酸浸效果的影响规律方案**

| 编号 | 酸浸时间/min | 酸浸温度/℃ | 酸浓度（质量分数）/% |
|---|---|---|---|
| 9号 | 60 | 25 | 20 |
| 10号 | 60 | 35 | 20 |
| 11号 | 60 | 50 | 20 |
| 12号 | 60 | 80 | 20 |

实验结果见表6-22和图6-70。

**表6-22 不同酸浸温度下产物浸出率**

| 酸浸温度/℃ | 25 | 35 | 50 | 80 |
|---|---|---|---|---|
| 浸出率（质量分数）/% | 91.71 | 86.58 | 91.74 | 91.87 |

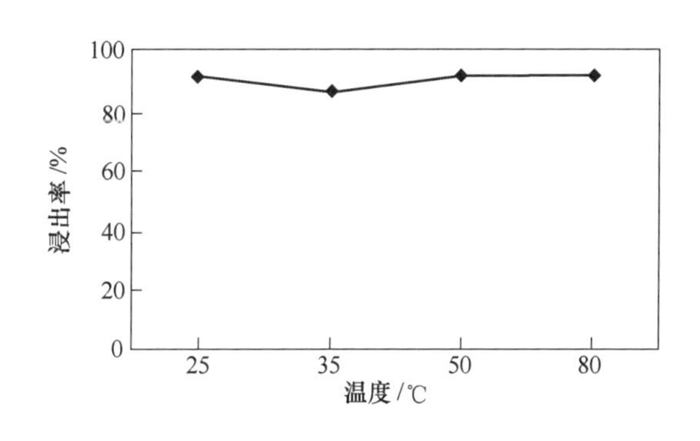


图6-70 酸浸温度与浸出率关系图

由图6-70可知，温度对浸出率影响不明显，设定为室温浸出。

图6-71为考察酸浸温度对燃烧产物浸出影响的X射线衍射图，分别为室温（25℃）、35℃、50℃和80℃时的衍射图谱，由图可知，自蔓延反应产物为纯净的$LaB_6$相，结合温度与浸出率的关系折线图，可确定最佳酸浸温度为25℃（室温）。

C 酸浸浓度的影响

在对酸浸浓度影响的探究中，可确定酸浸时间60min，室温浸出。由此设计实验方案见表6-23。

在滴定实验过程中，当酸浓度为30%滴定时，出现浑浊，滴定后无颜色变化。计算其他浓度浸出率见表6-24。

酸浓度与浸出率的关系如图6-72所示。

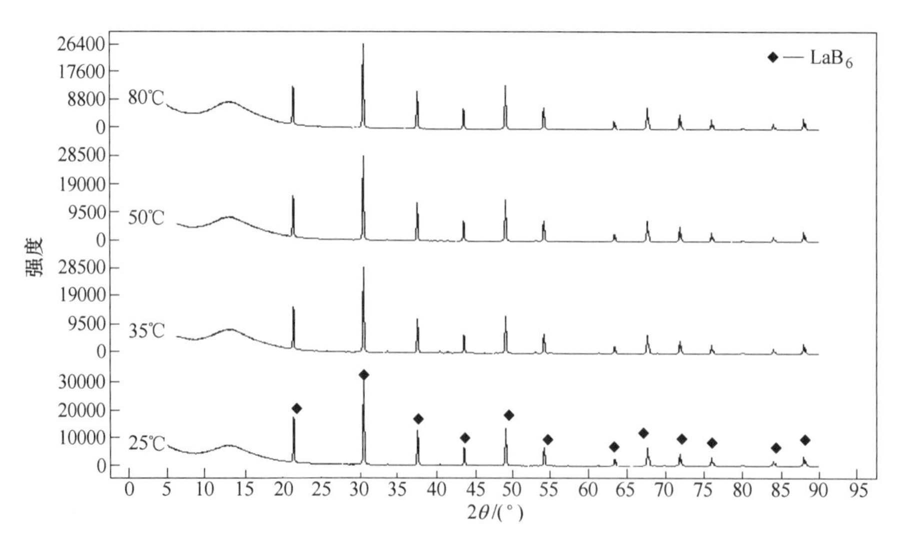


图 6-71　不同温度下产物的 X 射线衍射图

**表 6-23　不同酸浓度时产物浸出率**

| 编　号 | 酸浸时间/min | 酸浸温度/℃ | 酸浓度（质量分数）/% |
|---|---|---|---|
| 13 号 | 60 | 25 | 10 |
| 14 号 | 60 | 25 | 15 |
| 15 号 | 60 | 25 | 20 |
| 16 号 | 60 | 25 | 30 |

**表 6-24　硫酸浓度对浸出率的影响**

| 酸浓度/% | 10 | 15 | 20 |
|---|---|---|---|
| 浸出率（质量分数）/% | 90.68 | 96.78 | 91.36 |

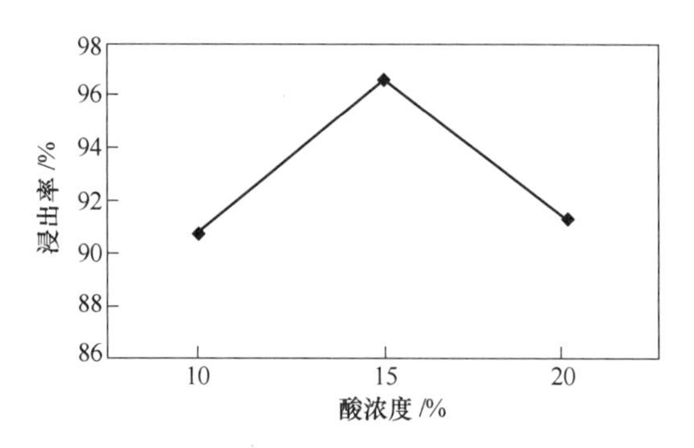


图 6-72　酸浓度与浸出率关系图

图 6-72 可知，酸浓度为 15%时浸出率最高。

图 6-73 所示为硫酸浓度为 10%、15%、20%、30%所对应的 X 射线衍射图。由图可知，在不同硫酸浓度条件下酸洗均可得到纯净的 $LaB_6$ 相。

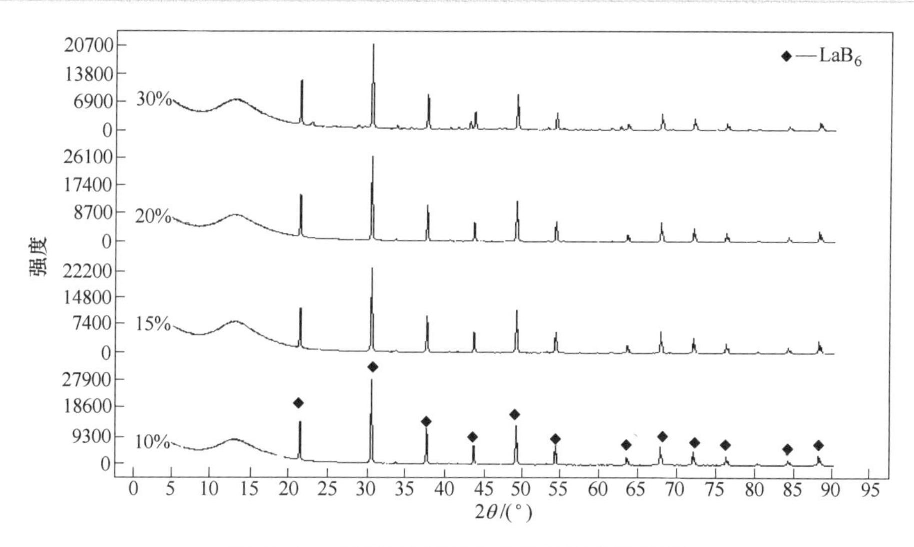


图 6-73 不同酸浓度下产物的 X 射线衍射图

从图 6-74 SEM 电镜图片来看，在室温及相同酸洗时间条件下，都能得到颗粒粒径小、分布均匀的 $LaB_6$ 产品，但是当酸浓度达到 30%时出现大颗粒，部分团聚颗粒未被破坏，酸洗效果下降。

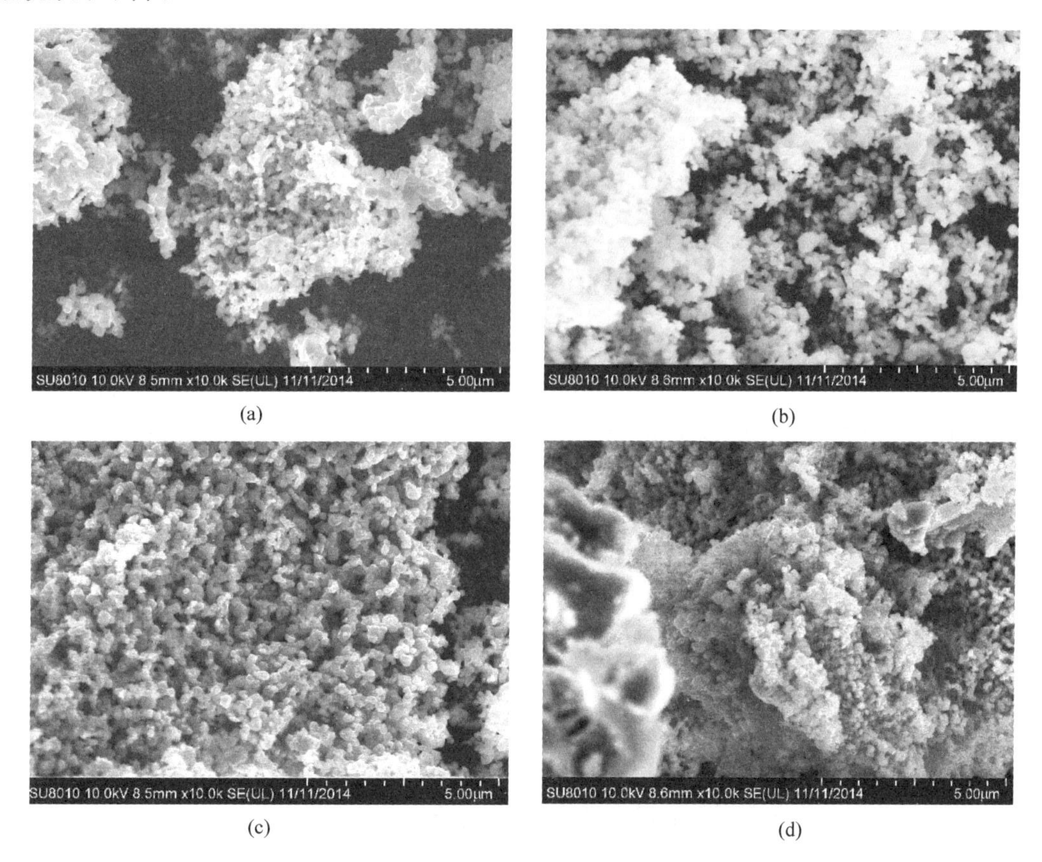


图 6-74 不同酸浓度下产物的微观形貌

(a) 酸浓度 10%；(b) 酸浓度 15%；(c) 酸浓度 20%；(d) 酸浓度 30%

由ICP分析可知，粉末纯度大于99.5%，产物La与B摩尔比为1∶6，杂质的化学分析结果见表6-25。

**表6-25　$Lab_6$ 粉末杂质分析结果**

| 杂质 | Mg | Al | Ca | Fe | Mn | Si |
|---|---|---|---|---|---|---|
| 质量分数/% | 0.072 | 0.018 | 0.074 | 0.108 | 0.005 | 0.041 |

D　盐酸浸出效果

为比较盐酸与硫酸浸出效果，将自蔓延产物以浓度为4mol/L的盐酸酸浸4h，水浴温度60~80℃，机械搅拌300r/min。

图6-75为盐酸浸出产物的X射线衍射图，由图可知浸出产物为纯净 $LaB_6$ 相。

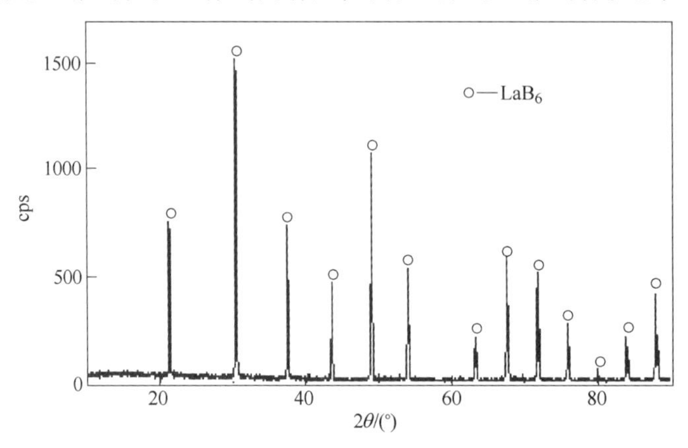


图6-75　盐酸浸出产物的X射线衍射图

由ICP分析可知产物La与B摩尔比为1∶6，粉末纯度大于99.0%，化学分析结果见表6-26。

**表6-26　$LaB_6$ 粉末杂质分析结果**

| 杂质 | Mg | Cr | Al | Ti | Ni | Fe | Mn | Si |
|---|---|---|---|---|---|---|---|---|
| 质量分数/% | 0.3 | 0.02 | 0.03 | 0.01 | 0.01 | 0.1 | 0.1 | 0.03 |

由图6-76可看出，$LaB_6$ 晶粒尺寸分布均匀，盐酸浸出产物纯度大于99.0%。

图6-76　盐酸浸出产物（$LaB_6$）的SEM图

## 6.4.4 自蔓延冶金法制备六硼化铈粉体

### 6.4.4.1 自蔓延高温反应过程研究

A Mg 配量比对反应效果的影响

由绝热温度计算结果可知，$CeO_2$-$B_2O_3$-Mg 反应体系的绝热温度不低于 2992K，因此实际反应过程中反应体系会达到一个极高的温度，导致原料中具有较低熔沸点的 Mg 熔化和挥发，从而造成反应物中 Mg 配比量不足。因此合适的配镁比对保证还原效果显得尤为重要。本节将系统考察 Mg 配量比对自蔓延反应和产物性能的影响。其中，镁配量比分别为不过量（化学计量）及过量 5%、10%、15%、25%（质量分数），标记为 1 号、2 号、3 号、4 号、5 号。

图 6-77 所示为产物的物相分析。由图 6-77 可知，燃烧产物主要由 $CeB_6$、MgO 及少量的 $Mg_3B_2O_6$ 相组成。随着 Mg 量的加入，$CeB_6$ 衍射峰逐渐增强，过量 10%时达到最强，之后有不明显的减弱，而 MgO 峰则一直为增强趋势。

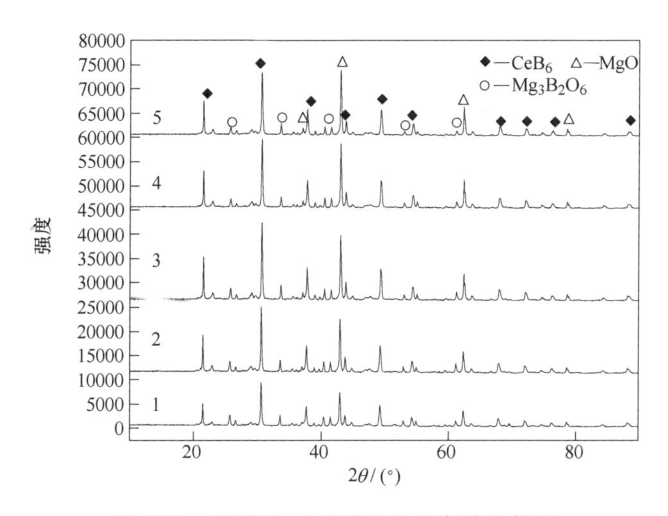


图 6-77 不同 Mg 含量产物的 X 射线衍射图

利用 SEM 对燃烧合成的微观组织进行了分析表征，结果如图 6-78 所示。

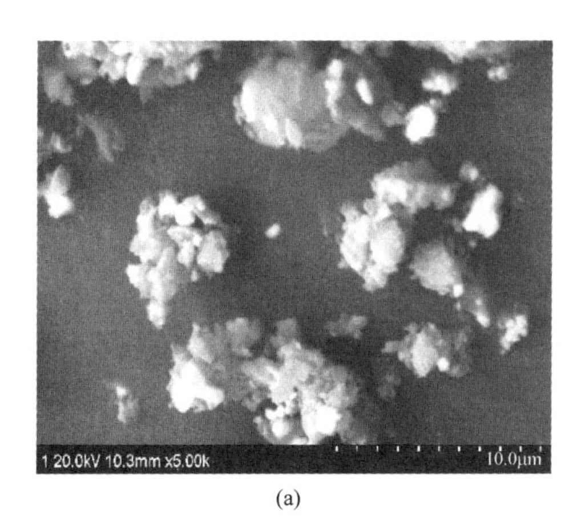


(a)

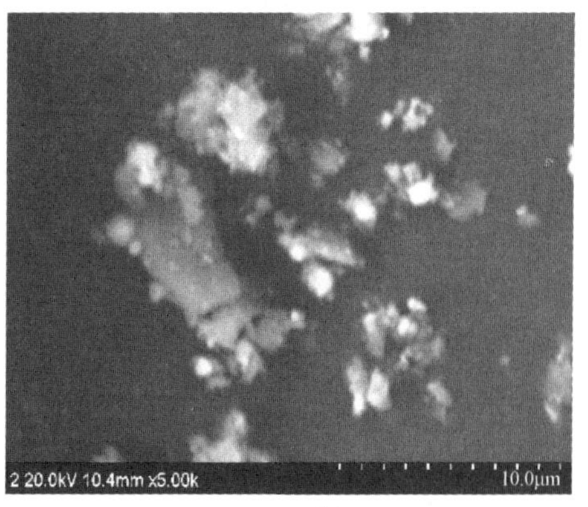


(b)

(c)

(d)

(e)

图 6-78　不同镁含量产物的微观形貌

(a) 1号；(b) 2号；(c) 3号；(d) 4号；(e) 5号

由图 6-78 可看出，燃烧产物微观结构并没有明显的差别，产物中存在一定的孔洞和孔隙。随着镁配比量的增加，产物中出现了明显的球状颗粒。

B　MgO 添加对反应过程的影响

从以上结果可知，过量镁形成的 MgO 具有明显的细化晶粒的作用。本小节主要考察添加稀释剂 MgO 对燃烧合成产物及浸出产物的影响。基于热力学分析，MgO 稀释剂上限为摩尔比 $x_{MgO}=1.194$。试验在 Mg 过量 10%的条件下，考察稀释剂 MgO 用量为 6.96g、20.88g、34.8g、48.72g，编号 α、β、γ、η 进行试验。

图 6-79 所示为燃烧产物的 X 射线衍射图。由图可知，稀释剂的加入并没有新的物相生成，只改变了峰的强弱，以 MgO 峰变化最为明显，当稀释剂增加至 48.72g 时，$CeB_6$ 的峰值出现了明显的下降，而 $Mg_3B_2O_6$ 峰变化不明显。

图 6-80 给出了 γ 号样品经提纯后的物相，产物相为单一的 $CeB_6$ 相，经酸洗提纯后得到较纯的 $CeB_6$ 粉末。

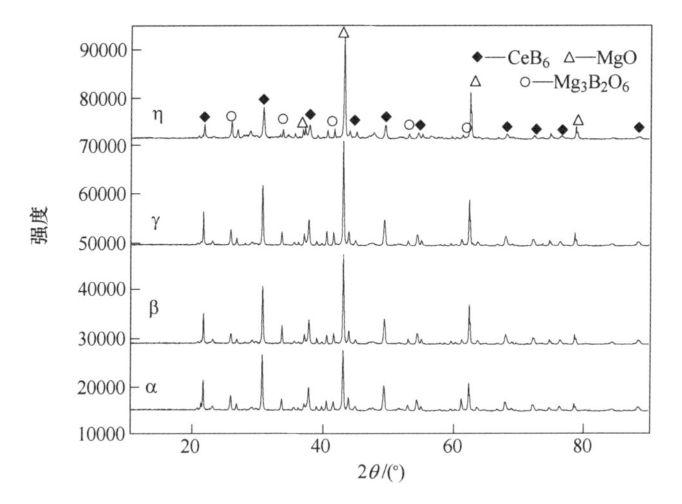


图 6-79 不同 MgO 加入量 SHS 产物的 X 射线衍射图

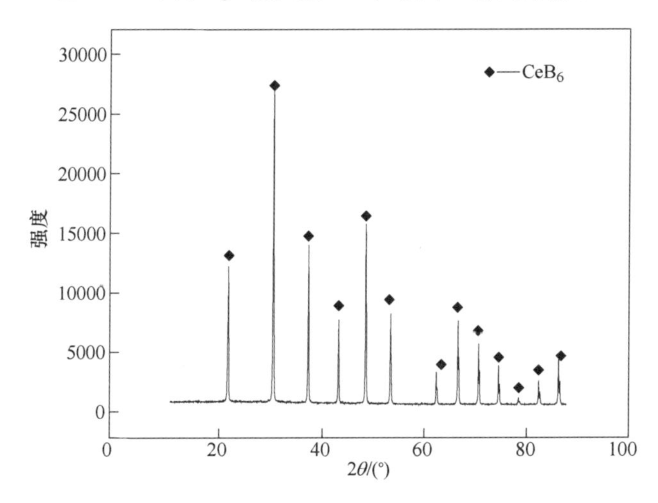


图 6-80 γ 号试样浸出产物的 X 射线衍射图

考察稀释剂对燃烧产物、最终产物微观组织的影响，讨论和分析其 SEM 形貌及杂质分布，并做必要的微区分析，图 6-81 所示为燃烧产物的 SEM 图。

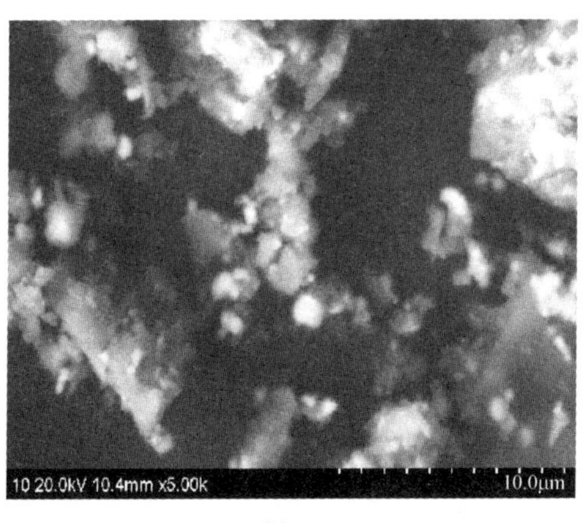


(a)

(b)

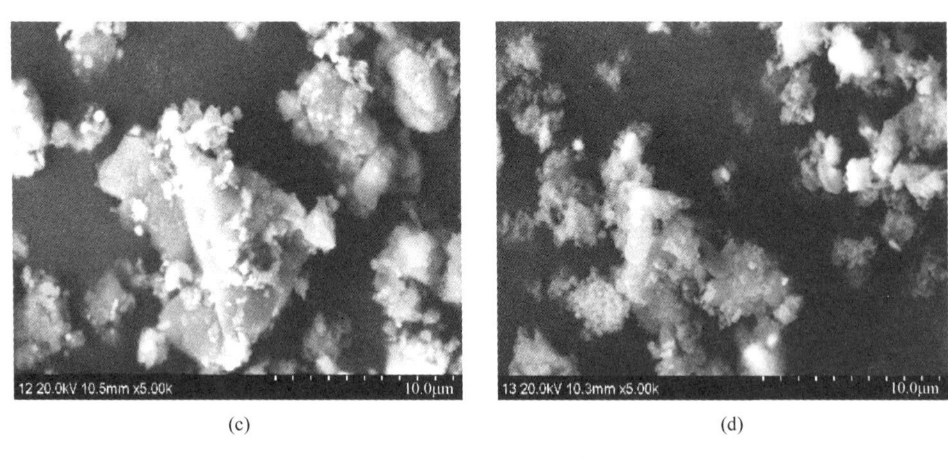


图 6-81　不同 MgO 含量产物的微观形貌
(a) α 号；(b) β 号；(c) γ 号；(d) η 号

由图 6-81 可知，随着稀释剂 MgO 的加入，$CeB_6$ 在 MgO 基体表面的生长趋势增大。

C　发热剂 $KClO_3$ 对反应过程的影响

为了提高反应温度，使得 $CeB_6$ 颗粒有着良好的生长环境，向体系中添加 $KClO_3$ 发热剂是必要的手段。本节考察在 Mg 过量 10%的条件下，分别向体系中添加 1.07g、1.76g、3.57g、7.14g $KClO_3$，分别编号 A、B、C、D。

图 6-82 所示为燃烧产物的 X 射线衍射图。由图可知，随着发热剂加入量的增加，产物相 $CeB_6$ 和 MgO 峰值都有较明显的减弱，而产物中 $Mg_3B_2O_6$ 相有略微的增加，尤其是当 $KClO_3$ 增加至 10%以后。10%之前 MgO 峰值随着其量的增加而增加。

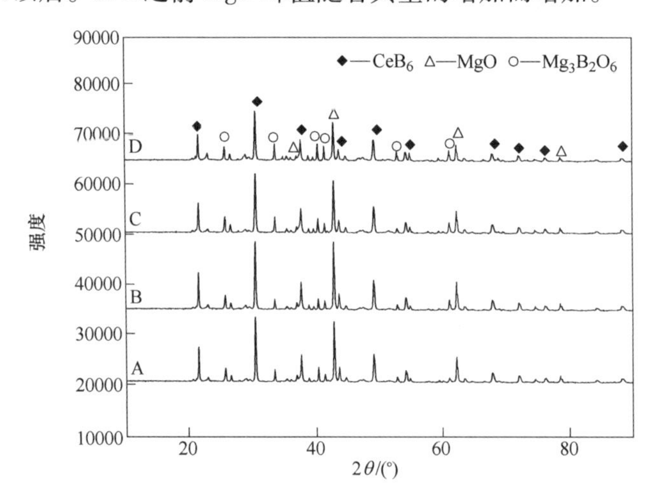


图 6-82　不同 $KClO_3$ 加入量 SHS 产物的 X 射线衍射图

图 6-83 所示为 D 号试样浸出产物的 X 射线衍射图。由图可知，浸出产物除 $CeB_6$ 外还有少量的 $CeO_2$ 存在。这主要是由于大量添加剂 $KClO_3$ 的加入，导致原料中 Mg、$B_2O_3$ 的挥发加剧，$CeO_2$ 过剩，酸洗时不与酸反应，进入最终产物相，降低了最终产物的质量，分析本组其他产物都没有明显的 $CeO_2$，故 $KClO_3$ 须适宜。

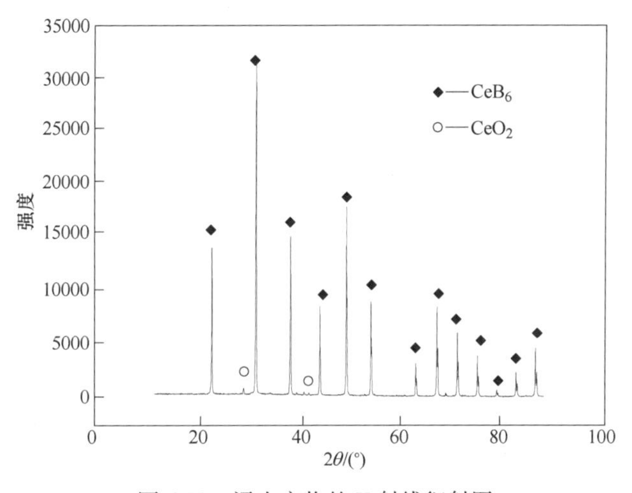


图 6-83 浸出产物的 X 射线衍射图

研究 $KClO_3$ 对产物微观组织的影响，图 6-84 分别给出了燃烧合成产物的微观形貌。由图 6-84 可知，发热剂 $KClO_3$ 不同用量条件下燃烧产物的分层现象不明显，孔洞孔隙较少，D 样分散较严重，结合能谱分析，其中亮斑均为 $CeB_6$，暗区为 MgO，$CeB_6$ 在 MgO 基体表面的黏结现象不明显，基本以包裹形式存在，部分颗粒长出基体。

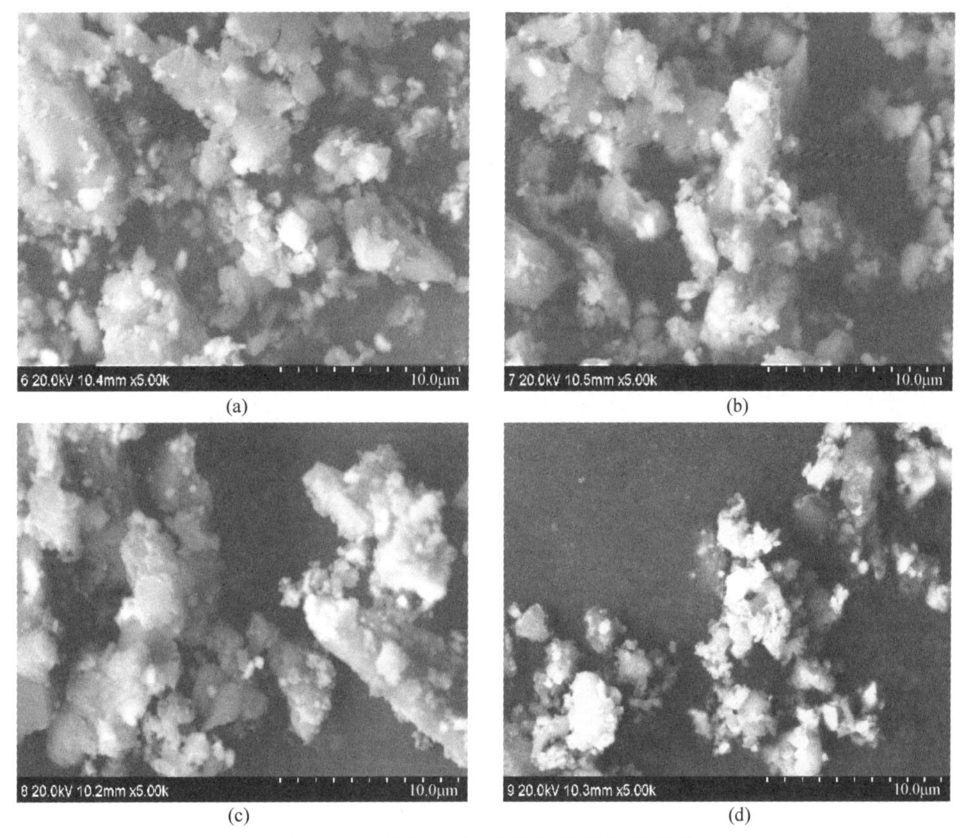


图 6-84 不同 $KClO_3$ 含量产物的微观形貌

(a) A 号；(b) B 号；(c) C 号；(d) D 号

#### 6.4.4.2 高能球磨预处理对自蔓延反应效果的影响

A 球磨转速的影响

高能行星式球磨机对制备高质量 $CeB_6$ 起着重要的作用。在 Mg 过量 10%的条件下，转速分别为 150r/min、200r/min、250r/min、300r/min、350r/min，并编号 a、b、c、d、e，考察转速对产物的影响。

图 6-85 所示为燃烧产物的 X 射线衍射图。由图可以看出，当转速高于 200r/min 时，$CeB_6$ 的峰值有减弱的趋势，而 250r/min 后，MgO 峰有微弱的增强。其余物相衍射峰变化不大。

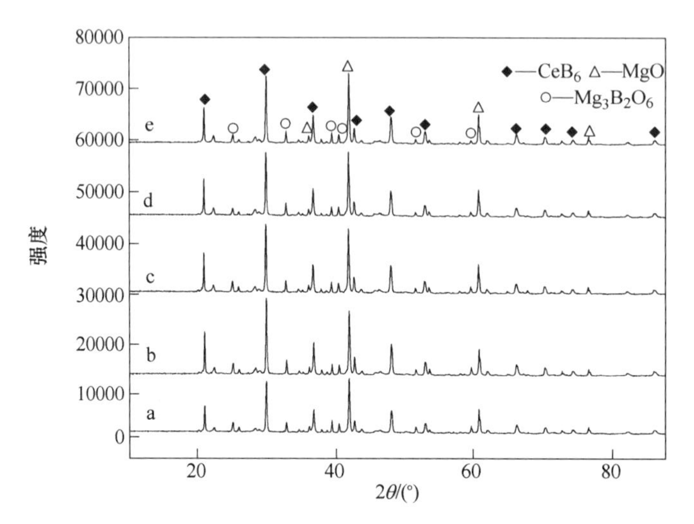


图 6-85 不同转速下 SHS 产物的 X 射线衍射图

图 6-86 所示为 c 号样品浸出处理后浸出产物的 X 射线衍射图，由图可知产物为纯净的 $CeB_6$ 相，化学分析结果表明，其纯度为 97.8%。从图 6-86 也可看出 $CeB_6$ 的纯度较高，没有杂质相的存在，衍射峰较以前较好。

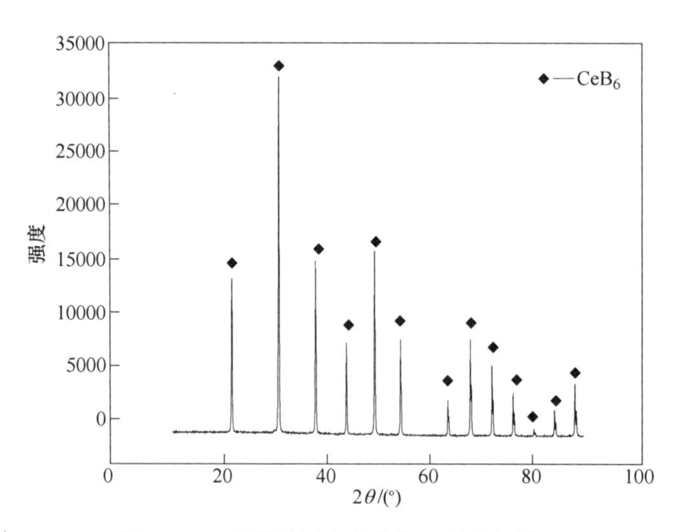


图 6-86 c 号样品浸出产物的 X 射线衍射图

图 6-87 所示为不同转速下产物的微观形貌。由图可知，随着球磨转速的增加，反应进行的程度明显提高，产物的收率明显提高。浸出产物的 XRD 分析结果也表明，球磨后得到的产物为纯净的 $CeB_6$ 相，而且其纯度达到了 97.8%。

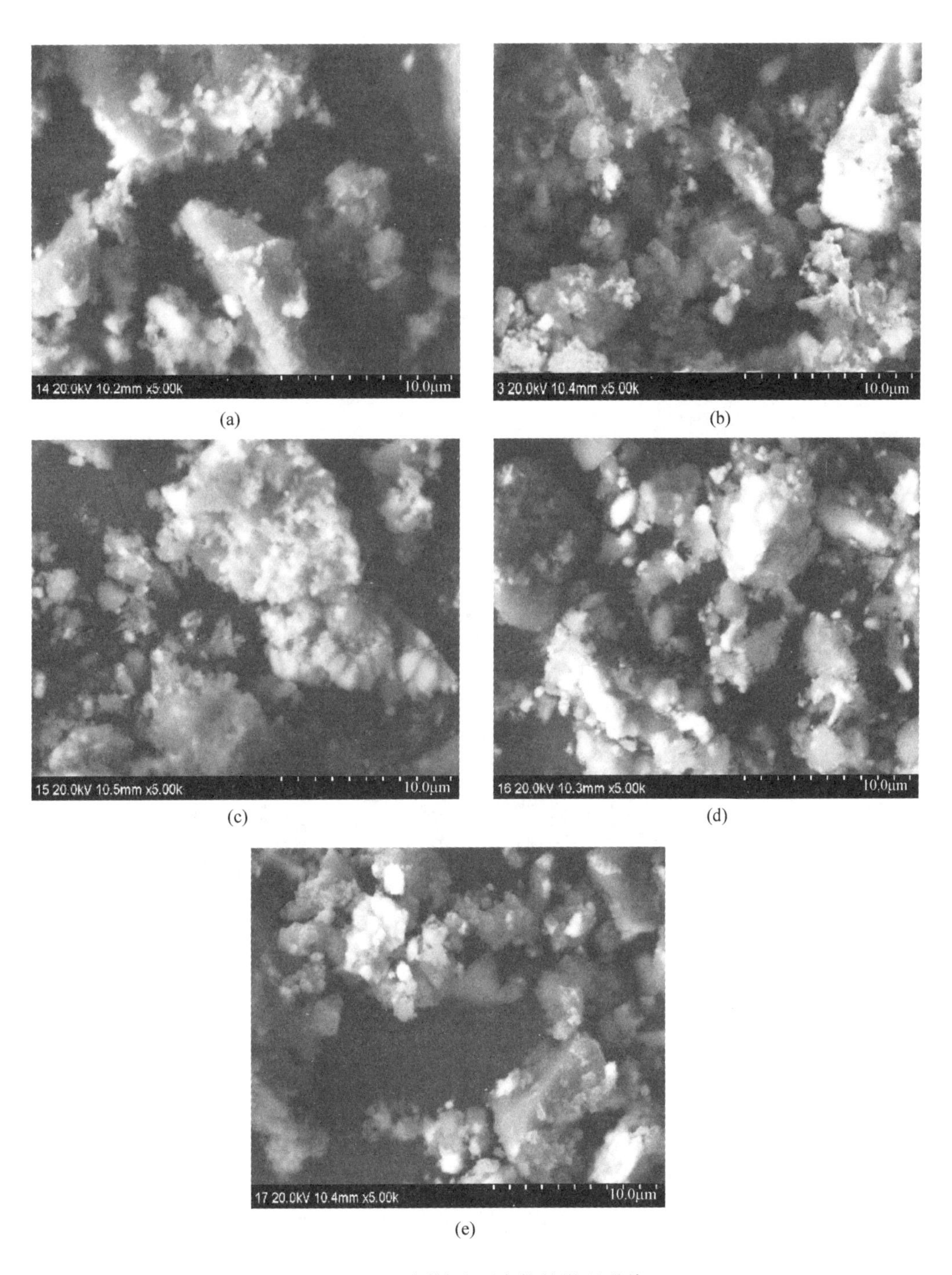


图 6-87 不同转速下产物的微观形貌

(a) a 号；(b) b 号；(c) c 号；(d) d 号；(e) e 号

B　$CeB_6$ 制备工艺的优化

从 SHS 实验结果与讨论中得知，Mg 过量 10%、稀释剂 MgO 添加量 34.8g 左右、发热剂 $KClO_3$ 在 3.57~7.14g、转速 350r/min 时最终产物质量较好。故在 Mg 过量 10%、稀释剂 MgO 为 34.8g 条件下，添加发热剂 $KClO_3$ 3.57g、7.14g 进行 SHS 试验，并编号 B1、B2。对其最终产物做物相检测和微观形貌分析。其 SHS 产物物相如图 6-88 所示，由图可见，浸出产物质量较高，没有杂质相存在。其微观组织结构如图 6-89 所示，晶粒分布均匀，B1 出现了分布均匀的层状纳米结构，B2 号为亚微米级 $CeB_6$。

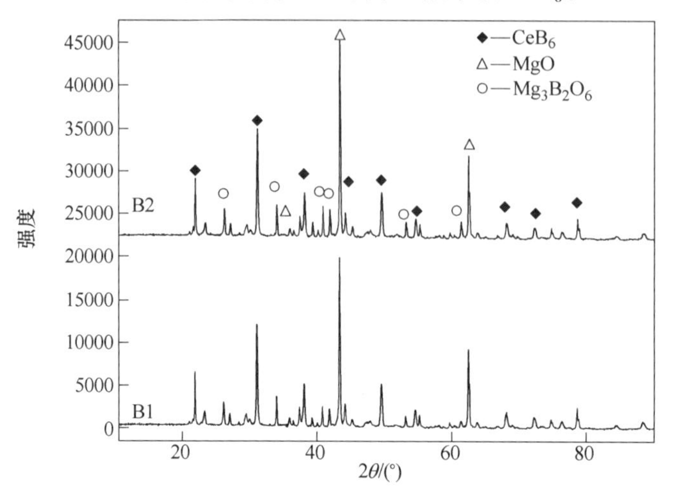


图 6-88　SHS 产物的 X 射线衍射图

(a)　(b)

图 6-89　浸出产物的二次电子像

（a）B1 号；（b）B2 号

### 6.4.4.3　大气气氛对自蔓延反应效果的影响

图 6-90 所示为燃烧产物的 X 射线衍射图。由图可知，大气气氛中进行 SHS 反应（结果见表 6-27），产物中 MgO 相和 $Mg_3B_2O_6$ 相衍射峰明显增强，$CeB_6$ 相衍射强度相对变弱，说明大气气氛对反应是不利的，产物的副产物明显增多，这会显著降低产品的收率和最终的纯度。

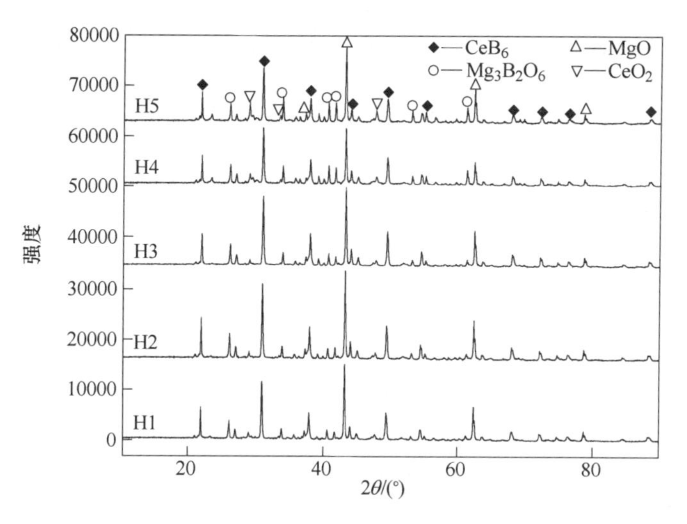


图 6-90 不同转速下 SHS 产物的 X 射线衍射图

**表 6-27 SHS 实验参照表**

| 试样编号 | 反应物/g | | | 添加剂/g | | 转速 /r · min$^{-1}$ |
|---|---|---|---|---|---|---|
| | $CeO_2$ | $B_2O_3$ | Mg | MgO | $KClO_3$ | |
| H1 | 30 | 36.42 | 过量 10% | — | — | 300 |
| H2 | 30 | 36.42 | 过量 10% | — | 3.57 | 300 |
| H3 | 30 | 36.42 | 过量 15% | — | 3.57 | 300 |
| H4 | 30 | 36.42 | 过量 15% | — | 7.14 | 300 |
| H5 | 30 | 36.42 | 过量 15% | 20.88 | 7.14 | 300 |

为了更好地研究大气气氛下 SHS 产物及最终 $CeB_6$ 的微观组织，对燃烧产物进行了 SEM 分析，结果如图 6-91 所示。由图可知，在大气气氛中进行自蔓延反应时，燃烧产物的微观结构组织并没有明显的差别，但是产物的中孔洞、孔隙较多。

(a)

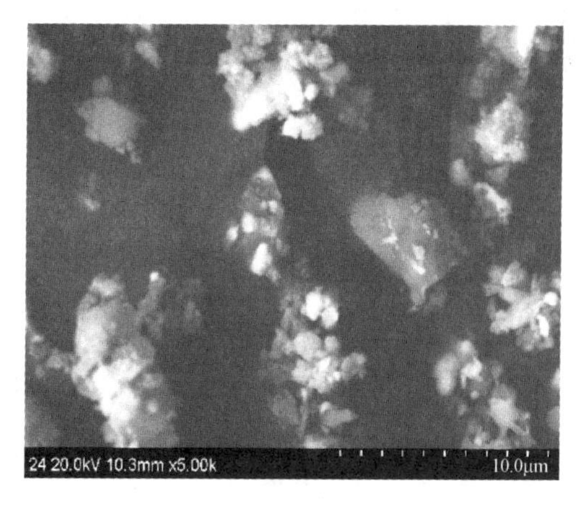


(b)

(c)

(d)

(e)

图 6-91 大气气氛下燃烧产物的 SEM 图

(a) H1；(b) H2；(c) H3；(d) H4；(e) H5

## 6.4.5 自蔓延冶金法制备六硼化钕粉体

### 6.4.5.1 自蔓延高温反应过程研究

#### A Mg 配比量对自蔓延反应的影响

实验过程中发现 Mg 过量时反应更加剧烈，Mg 过量时，起爆时间较按化学计量配比时缩短。该结果说明 Mg 过量反应更易进行，反应最高温度也较按化学计量配比的高。对 Mg 过量的燃烧产物进行 X 射线衍射分析，分析结果如图 6-92 所示。由 Mg 过量的燃烧产物 X 射线衍射分析结果可以看出：与按化学配比的燃烧产物相比，$Mg_3B_2O_6$ 和 $Nd_2(BO_3)_2$ 中间产物的含量相对减少。

燃烧产物中除生成 MgO 外，还有 $Mg_3B_2O_6$ 和 $Ca_3B_2O_6$ 副产物出现，由此推测反应机理为：

$$3Mg+B_2O_3 = 2B+3MgO \quad (6\text{-}67)$$

$$3MgO+B_2O_3 = Mg_3B_2O_6 \quad (6\text{-}68)$$

$$Nd_2O_3+B_2O_3 = Nd_2B_2O_6 \quad (6\text{-}69)$$

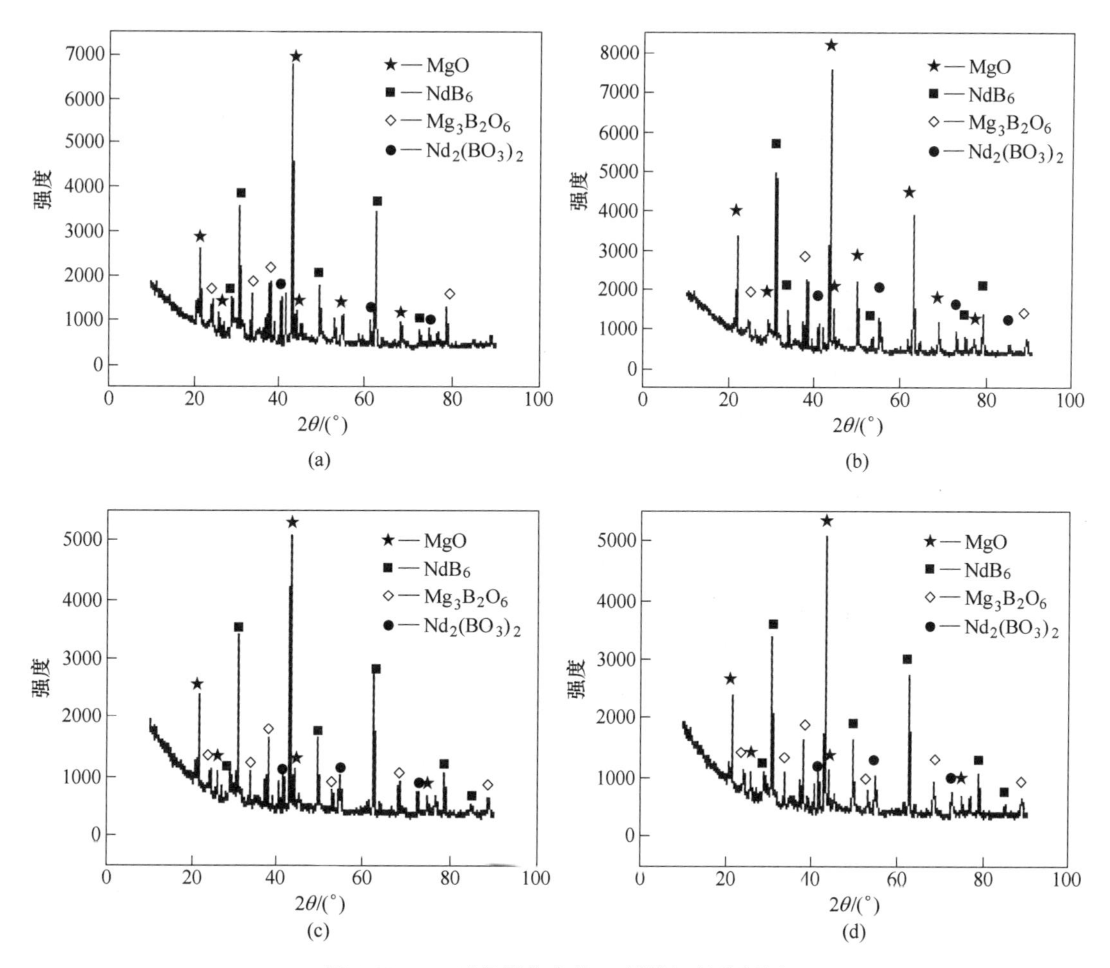


图 6-92 Mg 过量燃烧产物 X 射线衍射分析图

（a）Mg 过量 20%；（b）Mg 过量 10%；（c）Mg 过量 5%；（d）化学计量

之所以会生成 $Mg_3B_2O_6$ 和 $Nd_2B_2O_6$，原因可能是：由于传质差，反应在 SHS 高温下，Mg 易氧化生成 MgO，另外，随着 SHS 反应的激烈进行，体系温度迅速上升，低沸点的 Mg 液便部分挥发逸出，导致 $B_2O_3$ 局部过剩与 MgO 反应生成 $Mg_3B_2O_6$；局部过剩的 $B_2O_3$ 同样有机会可以与固态的 $Nd_2O_3$ 发生反应，生成 $Nd_2B_2O_6$。从动力学角度讲，可能是由于热爆 SHS 反应，都有较长的恒温时间（恒温热爆）或较长的升温过程（直接起爆），这为 $Mg_3B_2O_6$ 和 $Nd_2B_2O_6$ 形成提供了可能，这与文献［49］的结论是一致的。Mg 过量时，减小了 $B_2O_3$ 局部过剩的趋势，减小了 $B_2O_3$ 局部过剩与 MgO 反应生成 $Mg_3B_2O_6$ 的机会，同时过剩的 Mg 和 $B_2O_3$ 可以与 $Nd_2B_2O_6$ 发生如下反应：

$$Nd_2B_2O_6+5B_2O_3+21Mg = 2NdB_6+21MgO \quad (6\text{-}70)$$

该反应可使中间产物 $Nd_2B_2O_6$ 进一步转化为 $NdB_6$，有利于最终产物 $NdB_6$ 的生成，提高反应效率。

按照化学计量，Mg 过量 5%、10%、20%在空气中燃烧产物的微观形貌（SEM）图，如图 6-93 所示。

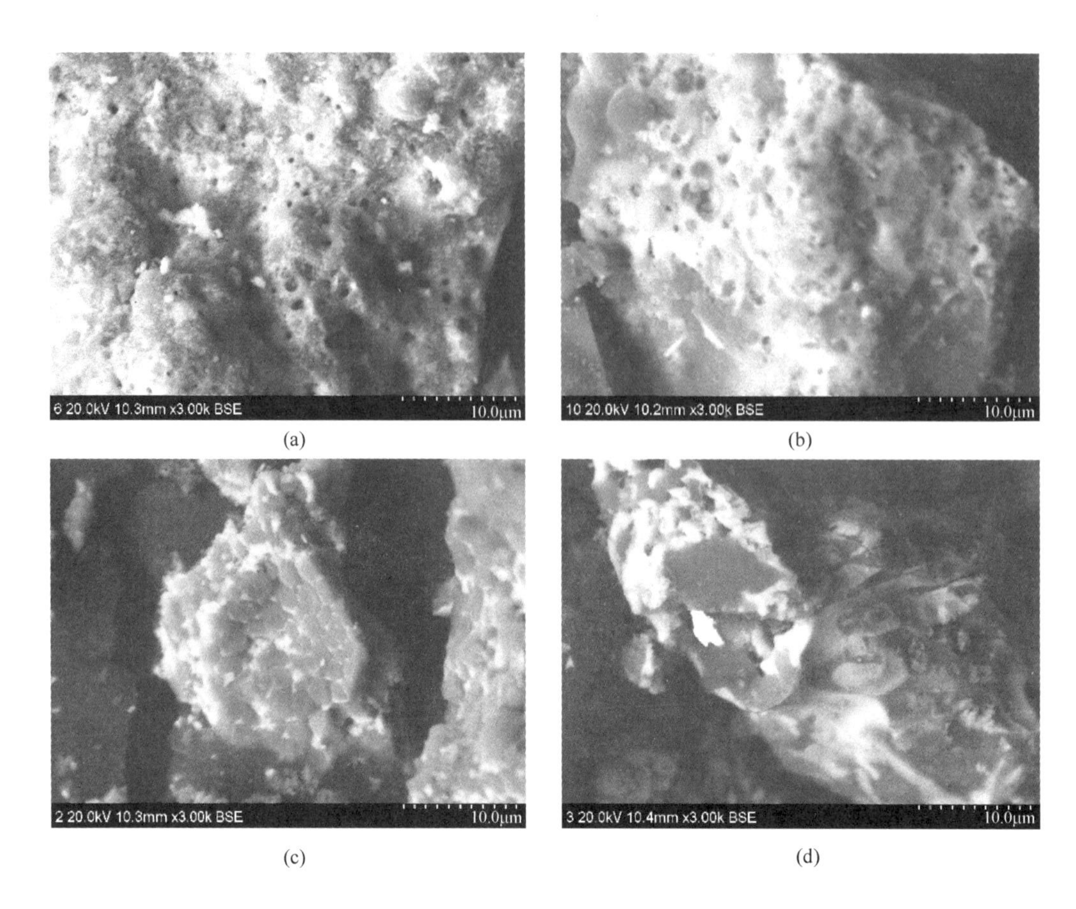


(a)　(b)　(c)　(d)

图 6-93　Mg 过量燃烧产物 SEM 图
(a) 化学计量；(b) Mg 过量 5%；(c) Mg 过量 10%；(d) Mg 过量 20%

B　不同制样压力的燃烧产物的微观形貌分析

不同制样压力的燃烧产物的微观形貌如图 6-94 所示。

(a)　(b)

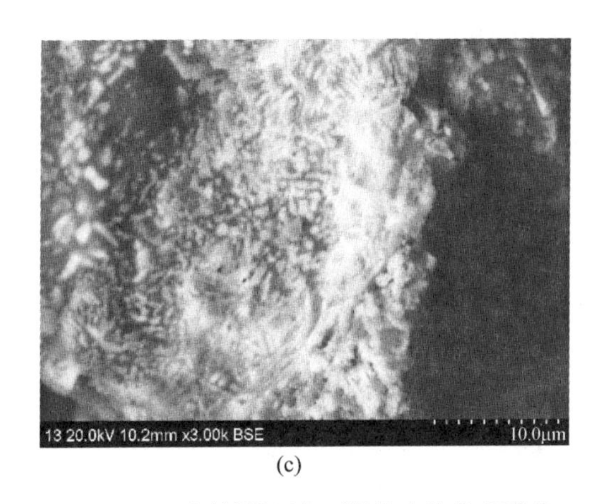

(c)

图 6-94 不同制样压力下燃烧产物微观形貌
(a) 制样压力 5MPa (×3000); (b) 制样压力 10MPa (×3500); (c) 制样压力 20MPa (×3000)

由图 6-94 中可以看出：燃烧产物布满孔洞和空隙，产物出现分层现象。10MPa 制样压力下的燃烧产物分层现象明显；随着压力的增加，分层现象变得不明显，但是产物中仍然存在大量的孔洞。

#### 6.4.5.2 燃烧产物浸出过程研究

##### A 浸出产物的物相分析

浸出产物的物相分析如图 6-95 所示。

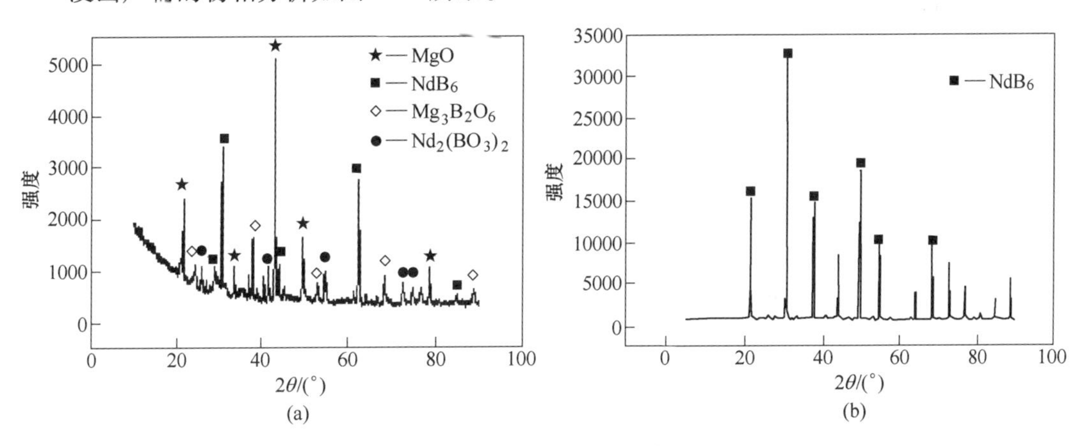


图 6-95 产物的 X 射线衍射图
(a) 燃烧产物; (b) HCl 浸出产物

由图 6-95 可以看出，经过 HCl 酸洗浸出后，燃烧产物中的 MgO、$Mg_3B_2O_6$ 和 $Nd_2(BO_3)_2$ 可以被完全除去，从浸出产物的 X 射线衍射峰强度的强弱可以清楚地看出这一点。由于 $Mg_3B_2O_6$ 以及 $B_2O_3$ 的存在，滤液呈紫红色，说明其中有 $Nd^{3+}$ 的存在。在酸性的条件下会导致 $H_3BO_3$ 的生成。盐酸浸出过程中可能存在的反应为：

$$B_2O_3 + 3H_2O \longrightarrow 2H_3BO_3 \tag{6-71}$$

$$MgO + 2HCl \longrightarrow MgCl_2 + H_2O \tag{6-72}$$

$$Mg_3B_2O_6 + 6HCl \longrightarrow 3MgCl_2 + 2H_3BO_3 \tag{6-73}$$

$$Nd_2(BO_3)_2 + 6HCl = 2NdCl_3 + 2H_3BO_3 \tag{6-74}$$

结果表明：燃烧产物主要由 $NdB_6$、MgO 以及小量的 $Mg_3B_2O_6$ 和 $Nd_2B_2O_6$ 组成。浸出产物为纯净的 $NdB_6$ 相，其纯度大于 98.0%。

B 浸出产物的微观形貌分析

大气气氛和真空气氛下不同压力条件下 $NdB_6$ 粉末的 SEM 图如图 6-96 和图 6-97 所示。

图 6-96 大气气氛下不同压力条件下 $NdB_6$ 粉末的 SEM 图

（a）制样压力 5MPa（×10000）；（b）制样压力 10MPa（×10000）；（c）制样压力 20MPa（×10000）

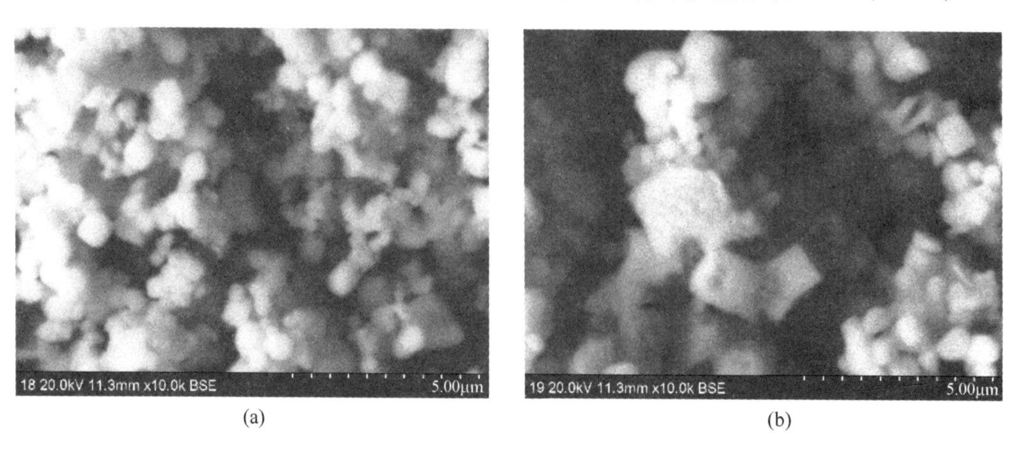

(c)

图 6-97 真空状态下不同压力条件下 $NdB_6$ 的 SEM 图

(a) 制样压力 5MPa (×10000); (b) 制样压力 10MPa (×10000); (c) 制样压力 20MPa (×10000)

由图 6-96 和图 6-97 可以看出：$NdB_6$ 颗粒形状非常均匀，分散的单颗粒 $NdB_6$ 呈立方体，这与 $NdB_6$ 为立方型晶体非常吻合。但是颗粒大小不均匀，一部分颗粒生长较大，另一部分颗粒还未完全长大。小颗粒的表面能比大颗粒的表面能大，使得小颗粒之间的吸附能增加而团聚在一起，这些团聚的小颗粒呈多孔的蜂窝状。$NdB_6$ 呈立方体小颗粒，随着制样压力的增加，颗粒尺寸逐渐变小。这是由于在合成时，试样内部压力较大阻碍了 $NdB_6$ 晶体的长大，从而较大的制样压力下生成的 $NdB_6$ 颗粒较小。

## 6.4.6 自蔓延冶金法制备碳化硼粉体

### 6.4.6.1 自蔓延高温反应过程研究

#### A Mg 配比量对自蔓延反应的影响

考察 Mg 配料量对试验结果的影响，其自蔓延阶段固定的实验条件为：碳源为焦炭、压块压力为 20MPa、球磨时间为 30min、球料比为 4、球磨转速为 150r/min。

图 6-98 所示为不同 Mg 含量下的自蔓延燃烧产物的 SEM 图，由图可知，当 Mg 配料量过量 5%~15%时，燃烧产物中有大量的空隙，但颗粒分散均匀。这是因为过量的镁会与氧反应生成大量的高熔点 MgO，其会进一步固化成球，成为骨架。

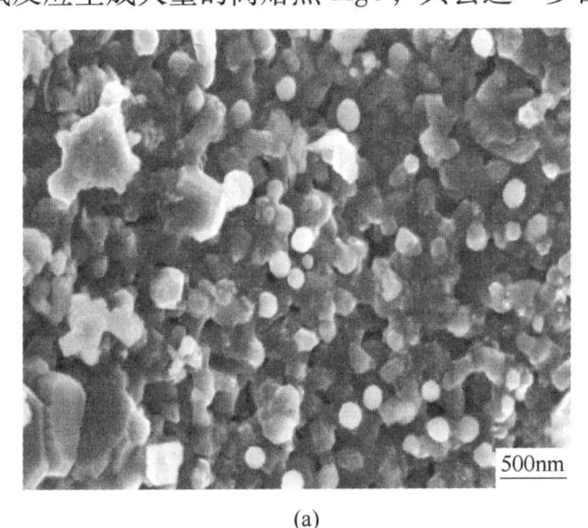


(a)

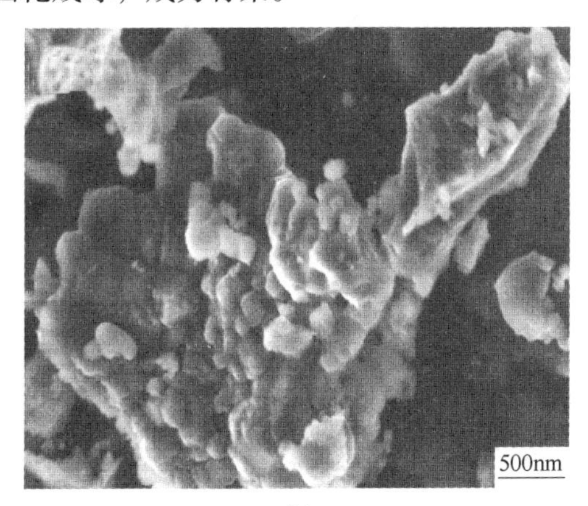


(b)

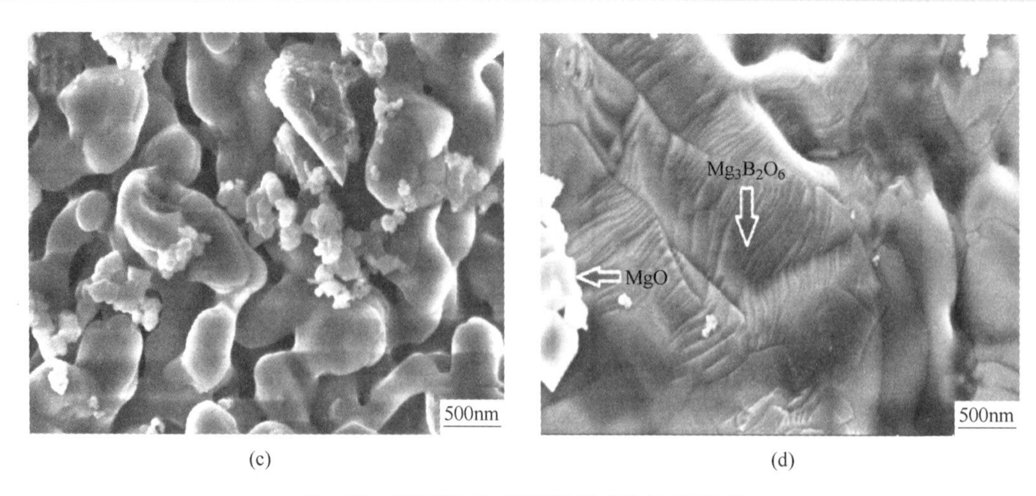


(c)　　(d)

图 6-98　不同配 Mg 量时燃烧产物的 SEM 图

(a) Mg 过量 5%；(b) Mg 过量 10%；(c) Mg 过量 15%；(d) 化学计量比

图 6-99 所示为不同 Mg 含量下的自蔓延燃烧产物的 X 射线衍射图。由图可知，燃烧产物主要由 MgO、$B_4C$ 以及少量的 $Mg_3B_2O_6$ 组成。镁配料量的增加并不会改变燃烧产物的相组成，但是其中的 MgO 衍射峰的相对含量会增加，而 $Mg_3B_2O_6$ 的衍射峰强度下降，说明 Mg 过量可以使反应进行得更充分，并抑制副反应产物的生成。同时由于 Mg 的熔沸点远低于该自蔓延反应的绝热温度，导致 Mg 在实际反应过程中有一部分未来得及反应就挥发掉了，因此镁配料量适量地过量对保证反应的彻底进行是必须的。

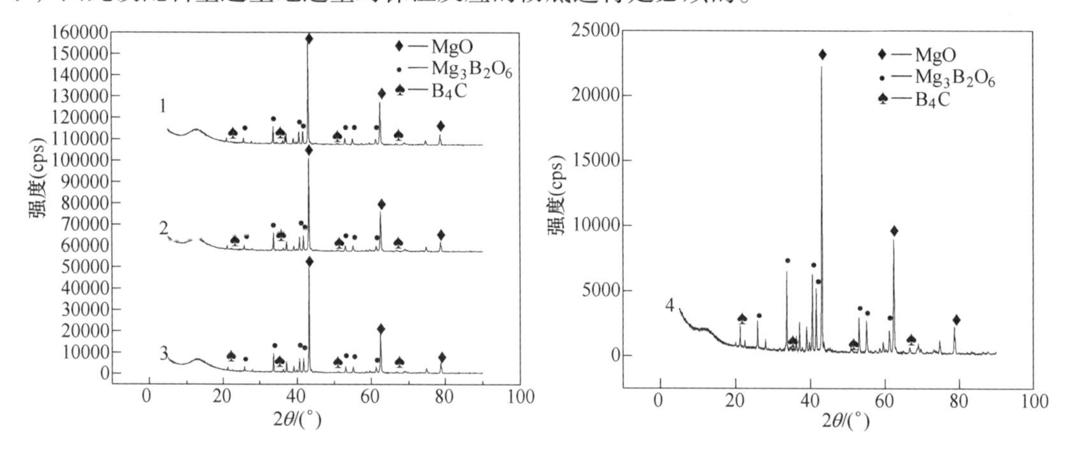


图 6-99　不同配 Mg 量时燃烧产物的 X 射线衍射图

1—Mg 过量 5%；2—Mg 过量 10%；3—Mg 过量 15%；4—化学计量比

图 6-100 所示为不同 Mg 配料量下的浸出产物的 SEM 图。由图可知，随着镁配料量的增加，产品颗粒变小，而且发育相对完善，过量过大时产品又出现团聚现象。

图 6-101 所示为不同 Mg 配料量下浸出产物的 X 射线衍射图。由图可知，浸出产物主要为 $B_4C$ 相、$B_xC_y$ 相。少量的 $Mg_3B_2O_6$ 相的存在，说明浸出除杂条件不够充分。随着镁配料量的增加，碳化硼相的相对强度增加，说明合成转化程度增加，因此，增加 Mg 配料量对保证碳化硼的合成是必要的。

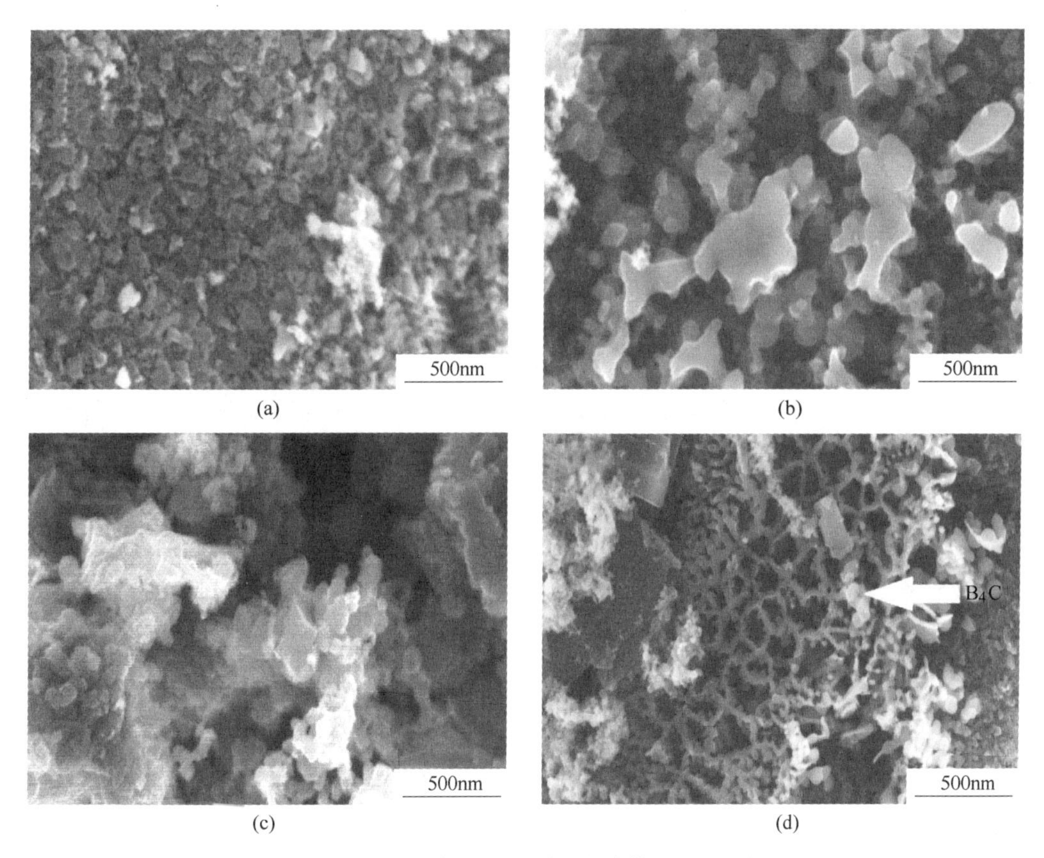


图 6-100 不同配 Mg 量时浸出产物的 SEM 图

（a）Mg 过量 5%；（b）Mg 过量 10%；（c）Mg 过量 15%；（d）化学计量比

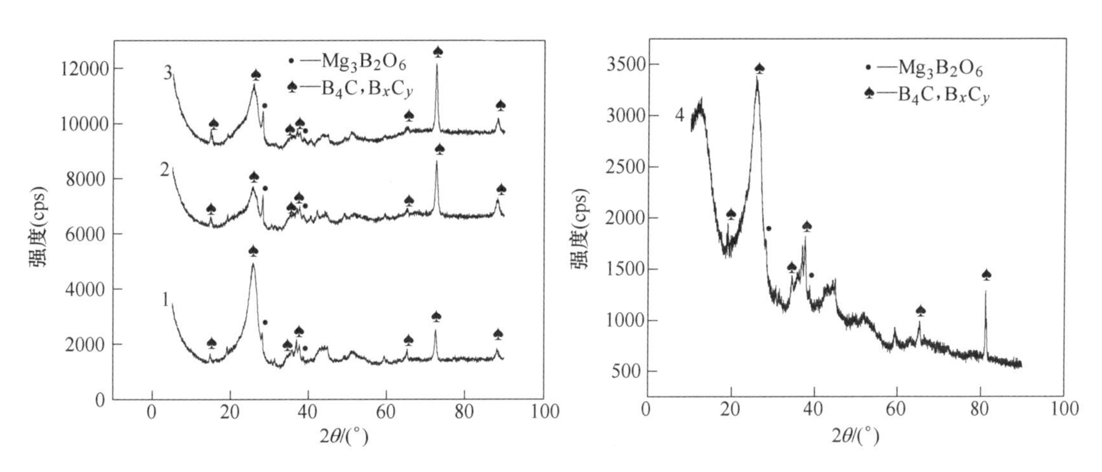


图 6-101 不同配 Mg 量时浸出产物的 X 射线衍射图

1—Mg 过量 5%；2—Mg 过量 10%；3—Mg 过量 15%；4—化学计量比

由表 6-28 可知，随着镁配料量的增加，浸出产物中碳含量明显降低，由化学计量比时的 33.7%降低到镁配料量过量 15%时的 24.8%，与 $B_4C$ 中理论值 21.73%接近，因此，过量的镁配料量对提高 $B_4C$ 的合成转化率是必须的。

表 6-28　不同 Mg 配料量浸出产物的 Mg 和 C 含量

| Mg 过量 | Mg 含量/% | C 含量/% |
| --- | --- | --- |
| 不过量 | 5.10 | 33.7 |
| 5% | 6.91 | 26.7 |
| 10% | 6.19 | 26.5 |
| 15% | 6.45 | 24.8 |

图 6-102 所示为不同配 Mg 量的浸出产物粒度分布曲线。由图可知，其 *D*50 依次为 19.853μm、18.441μm、20.945μm 和 19.301μm。通过粒度的对比可以看出随镁的过量增加，浸出产物的粒度先减少后增加，说明适量的 Mg 配料量增加可以获得最佳粒度分布的产品。

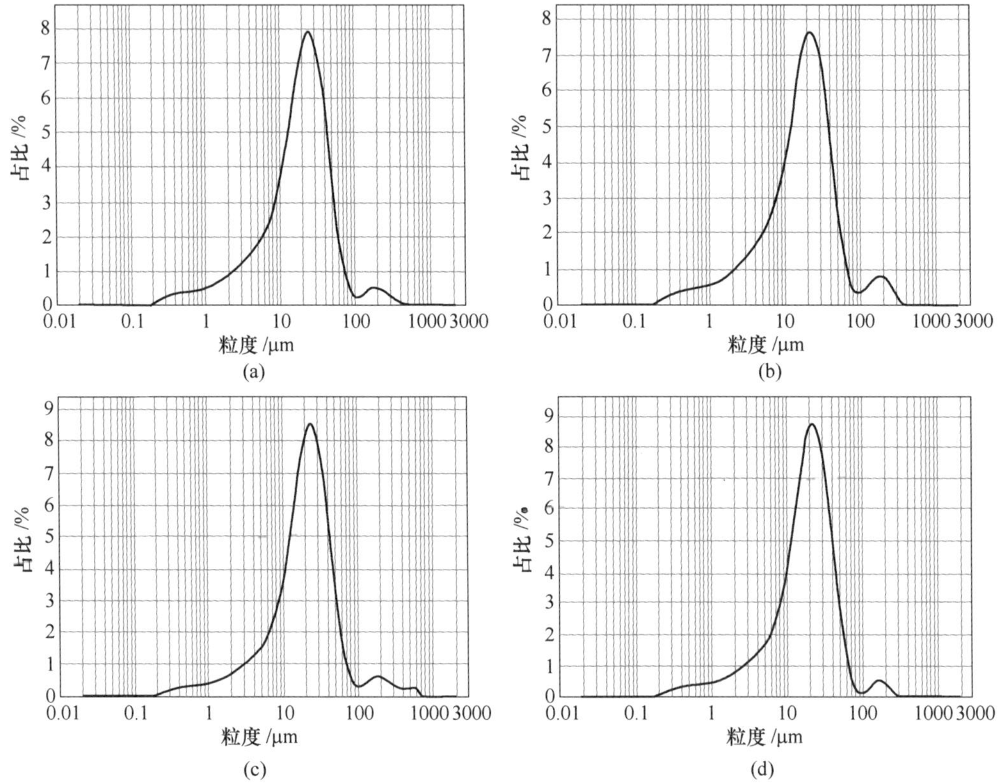

图 6-102　不同 Mg 量时浸出产物的粒度分布曲线

（a）Mg 过量 5%；（b）Mg 过量 10%；（c）Mg 过量 15%；（d）化学计量比

B　制样压力对自蔓延反应的影响

自蔓延反应条件：碳源为焦炭、球料比为 4、球磨时间为 30min、原料配比 $B_2O_3$ : Mg : C（摩尔比）为 2.1 : 6 : 1、球磨转速为 150r/min。

图 6-103 所示为不同压块压力下的燃烧产物 SEM 图。压块压力的增大主要利于反应物之间的物质接触，即加强了反应物质之间的传质从而达到使反应容易进行，同时由于各部分物质之间接触更好，也有利于反应物的反应完全。由图 6-103 可知，随着压块压力的增

大，其产物呈现逐渐分离的趋势，这说明压块压力有利于细化反应产物的颗粒。

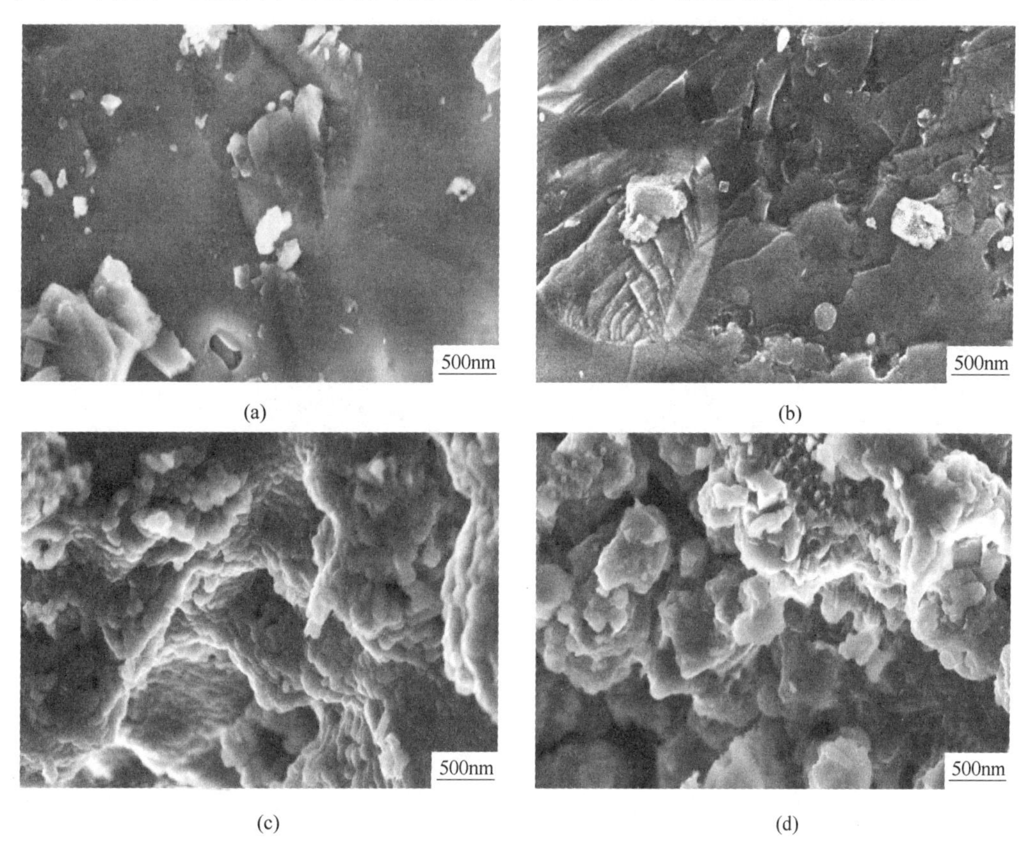


图 6-103 不同制样压力时燃烧产物的 SEM 图

(a) 压力 20MPa；(b) 压力 40MPa；(c) 压力 60MPa；(d) 压力 80MPa

图 6-104 所示为不同压块压力下的燃烧产物 X 射线衍射图。由图 6-104 可知，随着压块压力的增大，燃烧产物中 MgO 和 $Mg_3B_2O_6$ 的衍射峰相对强度都有所上升，但在 60MPa 时其 MgO 和 $Mg_3B_2O_6$ 的衍射峰相对强度均略低于 40MPa 时的衍射峰，但仍高于 20MPa 时

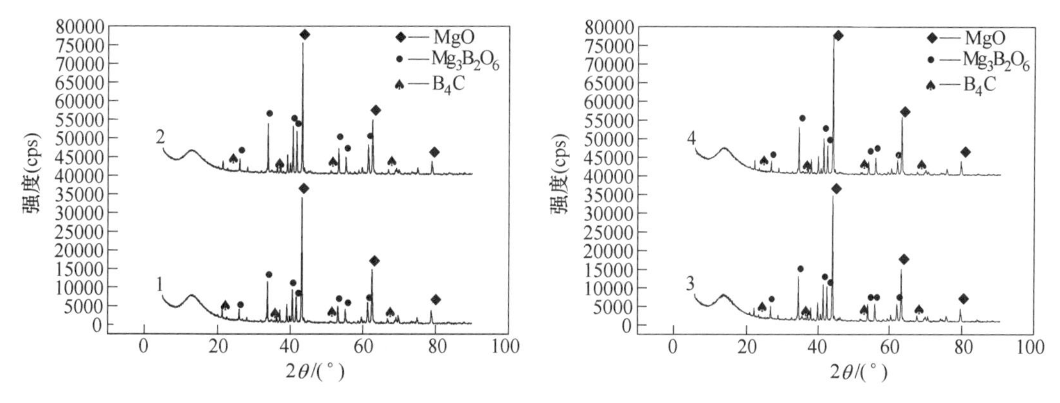


图 6-104 不同压块压力下的燃烧产物 X 射线衍射图

1—压力 20MPa；2—压力 40MPa；3—压力 60MPa；4—压力 80MPa

MgO 和 $Mg_3B_2O_6$ 的衍射峰强度，这说明在总体上压块压力同时促进了两个反应的进行。

图 6-105 所示为不同压块压力的浸出产物的 SEM 图。由图可知，随着制样压力的增加，产品粒度逐渐变小，但过大的制样压力会导致产品粒度分布变得不均匀。

图 6-105 不同压块压力下的浸出产物 SEM 图

（a）压力 20MPa；（b）压力 40MPa；（c）压力 60MPa；（d）压力 80MPa

图 6-106 所示为不同压块压力下的浸出产物的 X 射线衍射图。由图可知，浸出产物主要为

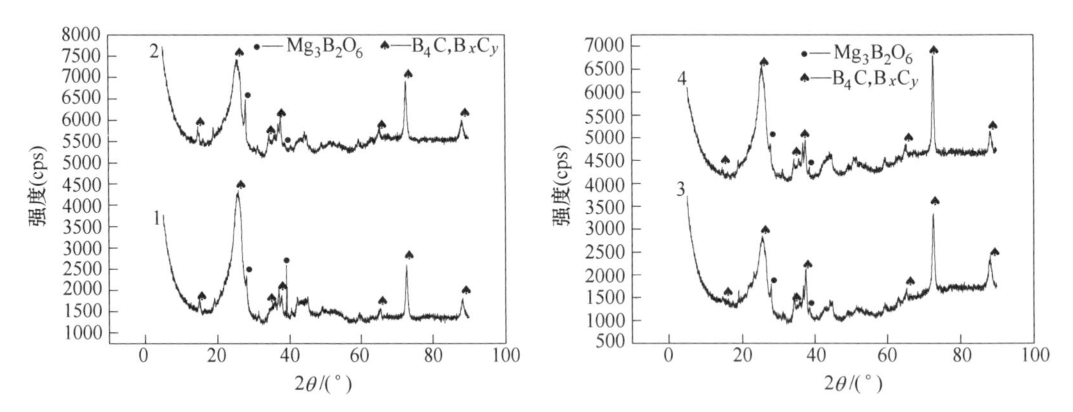


图 6-106 不同压块压力下的浸出产物的 X 射线衍射图

1—压力 20MPa；2—压力 40MPa；3—压力 60MPa；4—压力 80MPa

$B_4C$ 相，还有 $B_xC_y$ 相。少量的 $Mg_3B_2O_6$ 相的存在，说明浸出除杂条件不够充分。随着压块压力的值增加其各衍射峰先随之下降后上升，这说明压块压力的增加，对相关化学反应过程是先抑制后活化。

由表 6-29 可知，随着压块压力的增加，其最终产物的碳含量先降低后上升，这表明一定范围内压块压力的增加会相应地减少最终产物中碳的含量，使碳的含量逐渐趋于生成碳化硼时的理论值，且碳含量在 40~80MPa 的区间内有一个值可以取得较好效果。合适的制样压力为 60MPa，此时产品中最终 C 含量为 23.4%，与 $B_4C$ 中 C 理论含量 21.73% 接近。分析自蔓延反应现象发现，随着压块压力的增加其从整体一块开始分开变为几个小块，适当的提升制样压力可促进反应的有效进行，但过高的制样压力会导致反应难引发，一旦引发会反应十分剧烈，造成喷溅十分剧烈，由于反应在敞开体系进行，一旦喷溅炸裂会导致体系温度快速降低，不利于反应转化。

**表 6-29 不同压块压力浸出产物的 Mg 和 C 含量**

| 压块压力/MPa | Mg 含量/% | C 含量/% |
|---|---|---|
| 20 | 4.36 | 38.3 |
| 40 | 4.36 | 37.3 |
| 60 | 4.63 | 23.4 |
| 80 | 5.06 | 42.0 |

图 6-107 所示为不同压块压力下的浸出产物粒度分布曲线。由图可知，其 *D*50 依次为

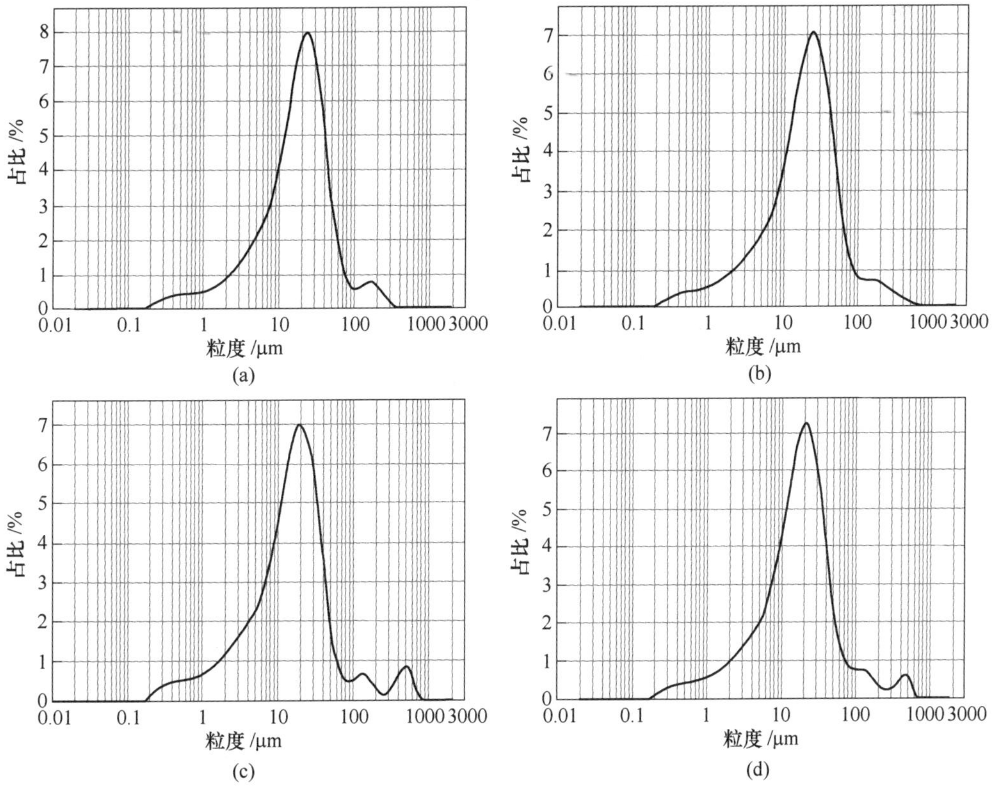

图 6-107 不同压块压力时浸出产物的粒度分布曲线

(a) 压力 20MPa；(b) 压力 40MPa；(c) 压力 60MPa；(d) 压力 80MPa

20.132μm、19.776μm、16.276μm 和 19.180μm。通过粒度的对比可以看出随镁压块压力增加，浸出产物的粒度先减少后增加。由其粒度分布曲线对比可以看出随压块压力增大其粒度分布向两侧分散。这说明压块压力在 40~80MPa 的区间内存在一个使 *D*50 在该条件下最小的压力值。

C　碳源种类对自蔓延反应的影响

碳源性质对反应结果影响的实验条件为球料比为 4、压块压力为 20MPa、球磨时间为 30min、原料配比 $B_2O_3$：Mg：C（摩尔比）为 2.1：6：1、球磨转速为 150r/min。

图 6-108 所示为用不同碳源的燃烧产物 SEM 图。由图可以看出，不同燃烧产物的微观形貌差别很大，这与原料的微观形貌差别大有关，反应中所用原料石墨和活性炭的粒度为 74μm（200 目），均小于焦炭的粒度 175μm（80 目）。而活性炭、焦炭的反应活性均高于石墨的反应活性，因此活性炭、焦炭作原料更利于碳化硼合成反应的进行。相比于石墨、焦炭，由于活性炭产物表面呈颗粒状，因此活性炭的自蔓延反应产物更易于浸出。

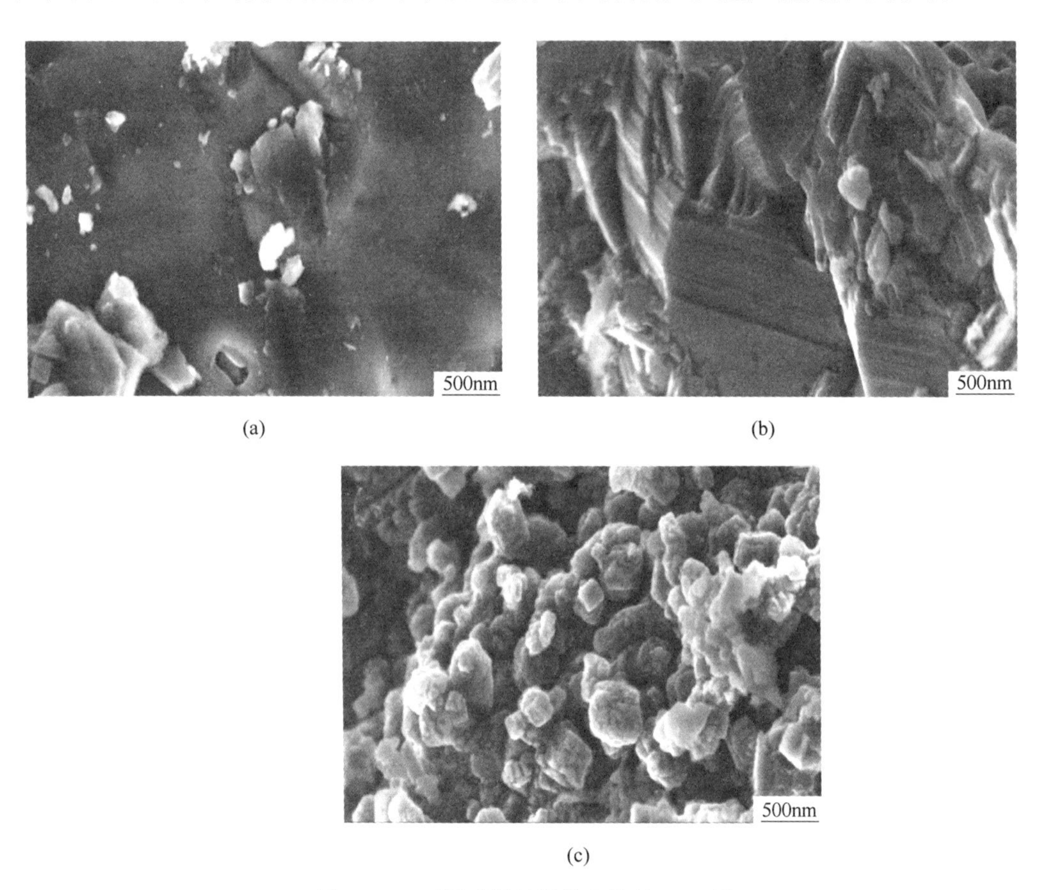


(a)　(b)　(c)

图 6-108　不同碳源的燃烧产物的 SEM 图
（a）焦炭；（b）石墨；（c）活性炭

图 6-109 所示为用不同碳源的燃烧产物的 X 射线衍射图。由图 6-109 可知，燃烧产物主要由 MgO、$Mg_3B_2O_6$ 和 $B_4C$ 组成。活性炭相比于石墨，其 MgO 衍射峰相对强度有所上升，$Mg_3B_2O_6$ 的衍射峰强度有所下降；活性炭相比于焦炭，MgO 衍射峰相对强度有所上

升，$Mg_3B_2O_6$ 的衍射峰强度有所下降；焦炭相比于石墨，MgO 衍射峰相对强度有所上升，$Mg_3B_2O_6$ 的衍射峰强度有所下降。

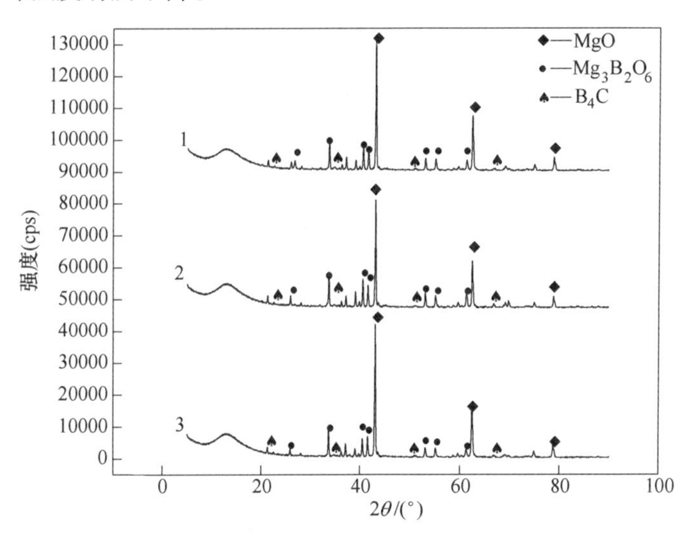


图 6-109 不同碳源的燃烧产物的 X 射线衍射图

1—焦炭；2—石墨；3—活性炭

图 6-110 所示为不同碳源的浸出产物的 SEM 图。由图 6-110 可知，不同碳源为原料

(a) (b) (c) (d)

(e)

图 6-110 不同碳源的浸出产物的 SEM 图

（a）焦炭；（b）活性炭；（c）石墨；（d）生物质炭；（e）碳热还原法制备的碳化硼

制备的碳化硼粉体的微观形貌差别明显，其中采用生物质炭为原料制备的碳化硼粉体晶粒发育最理想，是完整的立方体颗粒，而且粒度分布均匀。与碳热还原法制备的碳化硼颗粒相比，以生物质炭为碳源自蔓延冶金法制备的碳化硼具有更规则均匀的颗粒分布和更小的粒径。

但与碳热还原法相比，自蔓延冶金法制备的碳化硼颗粒远小于碳热还原法产品的颗粒大小，本节所制备的碳化硼颗粒均小于 1μm，碳热还原法单体颗粒大小均达 10~20μm。

图 6-111 所示为不同碳源的浸出产物的 X 射线衍射图。由图可知，浸出产物主要为 $B_4C$ 相，还有 $B_xC_y$ 相。少量的 $Mg_3B_2O_6$ 相的存在，说明浸出除杂条件不够充分。

另外，由图 6-111 还发现，采用石墨作为碳源时，浸出产物中出现了单质碳含量衍射峰，说明合成反应转化效果很差，这与石墨是一种高稳定性的碳存在形态有关，其反应活性极差。而采用活性炭和生物质炭为原料时，浸出产物中碳化硼的衍射峰显著增强，说明采用高活性碳源，有利于碳化硼合成反应转化。

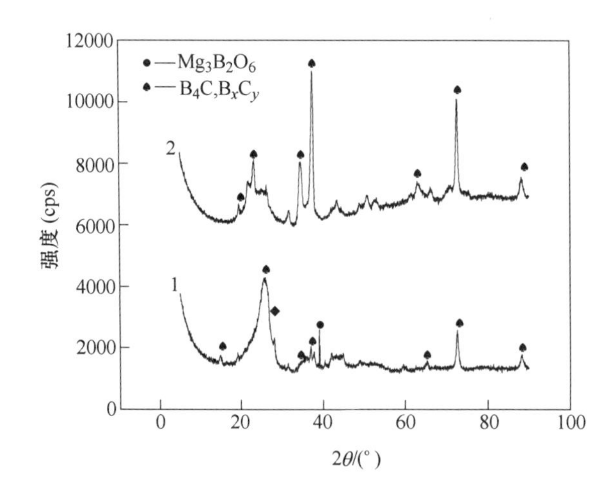

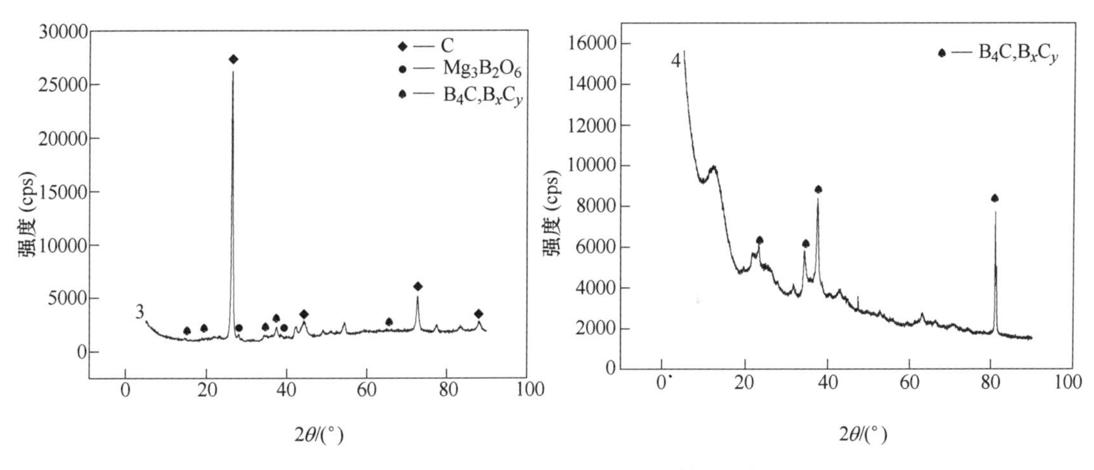


图 6-111 不同碳源的浸出产物的 X 射线衍射图

1—焦炭；2—活性炭；3—石墨；4—生物质炭

由表 6-30 可知，石墨作碳源的浸出产物中碳含量高达 41.1%，说明合成碳化硼的反应转化极差，这与 XRD 图中出现了单质碳的衍射峰的现象是一致的。而采用活性炭作碳源时，浸出产物中的碳含量只有 29.1%，说明其合成转化率高。因此，采用自蔓延冶金法制备碳化硼微粉时，应选用活性高的碳原料做碳源，比如活性炭或者生物质炭。

**表 6-30 不同碳源浸出产物的 Mg 和 C 含量**

| 碳 源 | Mg 含量/% | C 含量/% |
|---|---|---|
| 焦炭 | 4.36 | 38.3 |
| 活性炭 | 2.28 | 29.1 |
| 石墨 | 4.65 | 41.1 |

图 6-112 所示为不同碳源的浸出产物的粒度分布曲线。由图 6-112（a）～（c）可知，其 *D*50 依次为 20.132μm、16.270μm 和 15.226μm。说明碳原料的原始粒度对产品粒度影响很大，细小的原料粒度更有利于获得细小的产品粒度，这也是本节提出采用高能球磨对原料进行预处理的原因，除了提高反应物的反应活性外，还能细化原料的粒度，从而制备出超细的碳化硼微粉。

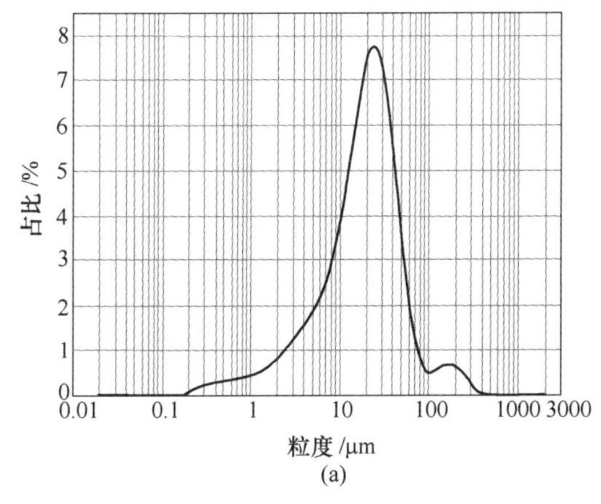


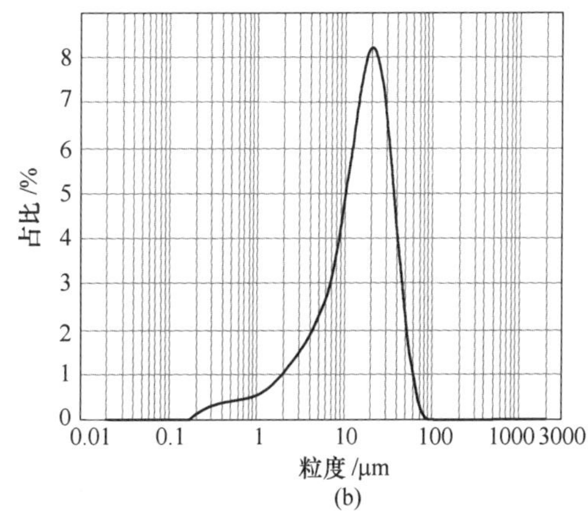

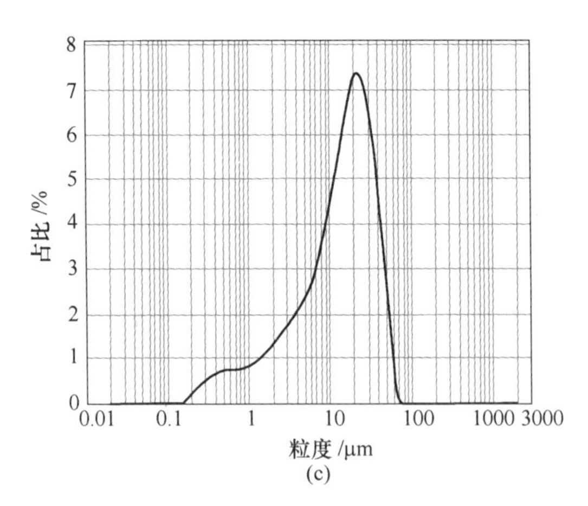


图 6-112 不同碳源的浸出产物的粒度分布曲线

（a）焦炭；（b）石墨；（c）活性炭

#### 6.4.6.2 燃烧产物浸出过程研究

A 酸浸时间的影响

不同酸浸时间产物的 X 射线衍射图如图 6-113 所示。由图可以看出，经过密闭酸浸后的产物已经基本检测不出硼酸镁。其中盐酸组 30min 实验中可以检测出较低的硼酸镁衍射峰，但随着酸浸时间的增加，这个杂质峰逐渐消失，证明浸出时间对于酸浸效果起到了强化的作用。在硫酸组实验中看不出衍射峰的变化，说明在酸浸初期便可以除去大部分杂质，而随着杂质去除增多，这种强化作用可能会逐渐降低。

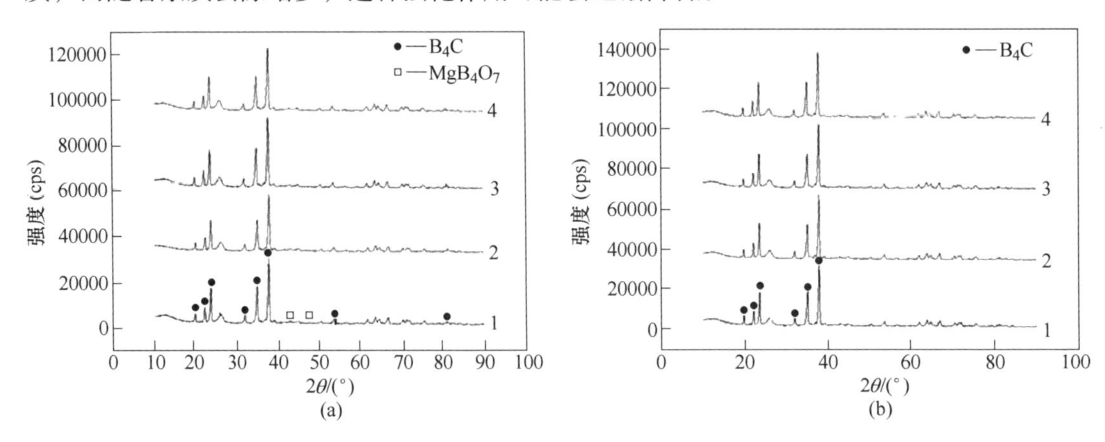


图 6-113 不同酸浸时间产物的 X 射线衍射图

（a）盐酸组；（b）硫酸组

1—30min；2—60min；3—90min；4—120min

图 6-114 所示为不同浸出时间对于产物中杂质含量的影响。可以看出，随着时间的推移，游离硼的含量逐渐减少。说明时间对于游离硼的去除起到促进作用。对于盐酸组和硫酸组的效果明显不同。在浸出时间较短时，硫酸的浸出效果强于盐酸，但随着时间的推移，盐酸组的结果逐渐强于硫酸组的结果。当时间超过 60min 后，两组实验值变化都趋于平缓，说明 60min 时，大部分杂质已被去除。

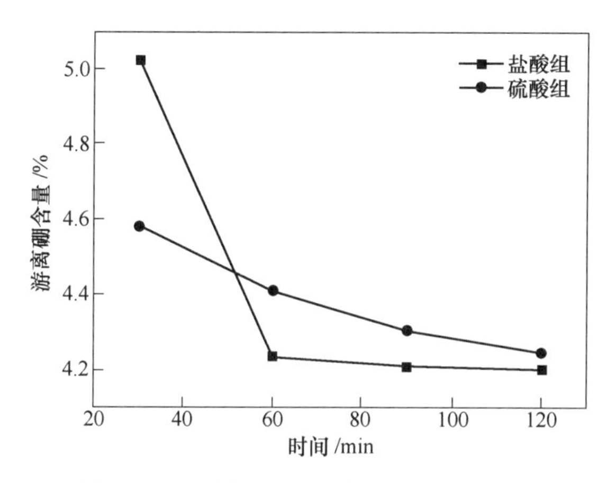


图 6-114 不同酸浸时间产物的游离硼含量

图 6-115 所示为不同酸浸时间对产物镁含量的影响。从图中可以明显看出随着时间的推移，镁含量逐渐降低，时间起到促进作用。而对于盐酸和硫酸的对比中可以看出，硫酸的浸出效果明显优于盐酸组，在 30min 的浸出时间中便能够将指标降到 2. 5%，效果明显，而 60min 后降低趋势变缓。

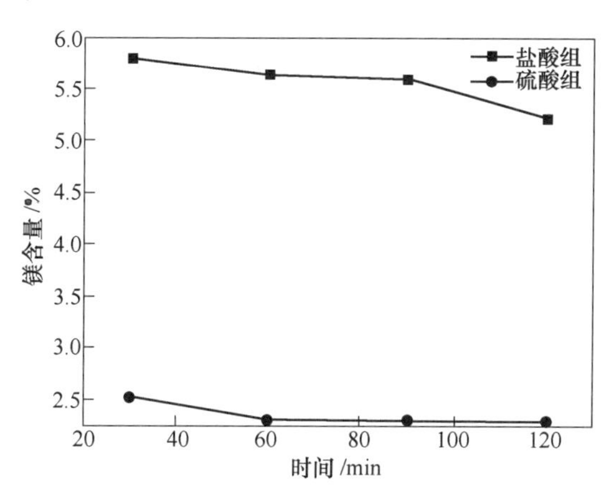


图 6-115 不同酸浸时间产物的镁含量

B 酸浸温度的影响

不同酸浸温度产物的 X 射线衍射图如图 6-116 所示。从图 6-116 中可以看出，在盐酸组和硫酸组的实验中，低温实验阶段的产物中均能够检测到杂质峰，随着温度的提高，杂质峰逐渐消失。

图 6-117 所示为不同酸浸温度对于产物中游离硼含量的影响。明显看出，温度能够促进游离硼去除的反应。温度对于浸出的强化效果要强于时间的影响，而且根据图中的趋势可以推断出随着温度的进一步提升，游离硼可以达到一个更低的指标。本阶段的浸出实验是在绝对密闭的酸釜内进行，因此根据实验需要，釜内可以达到一个很高的气压，这时其内部的酸溶液的沸点也会大大提高。这对于指导工业生产是有实际意义的，而且对于本体系产物的除杂也具有重大的意义。

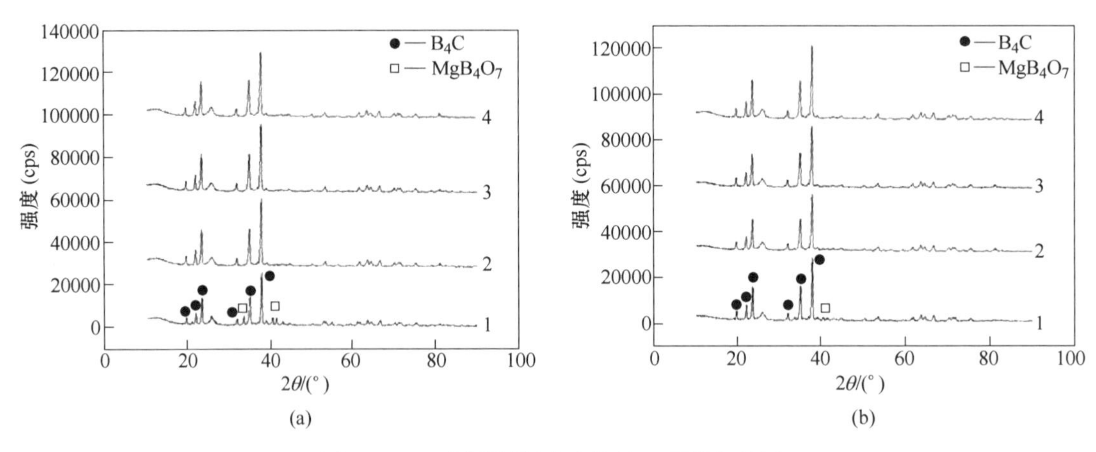


图 6-116　不同酸浸温度产物的 X 射线衍射图

（a）盐酸组；（b）硫酸组

1—40℃；2—60℃；3—70℃；4—80℃

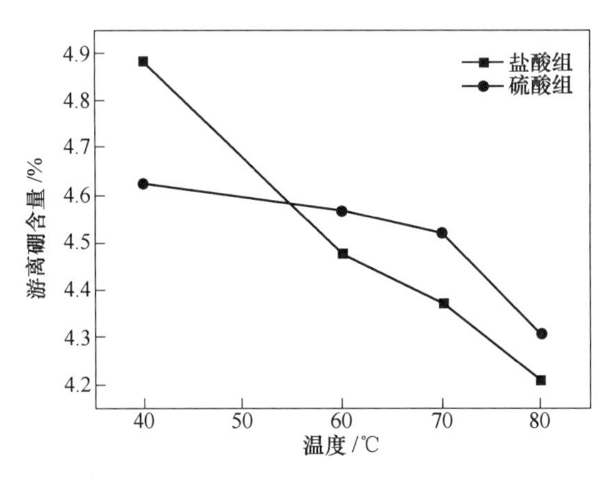


图 6-117　不同酸浸温度产物的游离硼含量

图 6-118 所示为不同酸浸温度对产物中镁含量的影响。随着温度的升高，镁含量持续降低。从中可以看出，随着温度的升高，镁降低的趋势还在增大，这也说明温度对于去除杂质镁的强化作用极强。

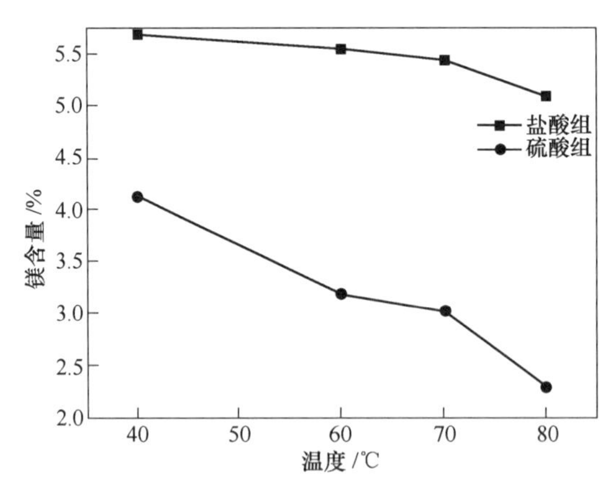


图 6-118　不同酸浸温度产物的镁含量

C 酸浓度的影响

图 6-119 所示为不同酸浓度产物的 X 射线衍射图。由图可知，二者均未检测出杂质峰，相较于时间和温度条件，可以推测出，在温度较高、时间较长的情况下，较低酸浓度便能够去除大部分杂质。

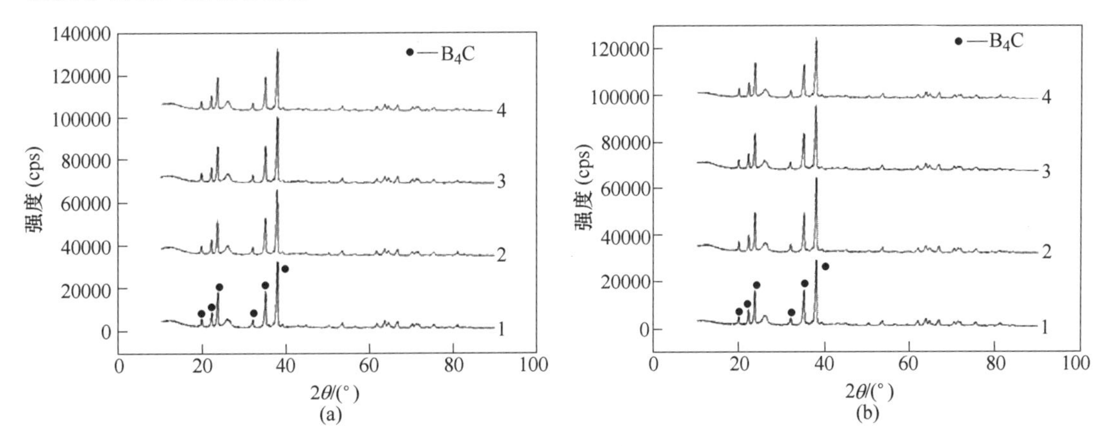


图 6-119 不同酸浓度产物的 X 射线衍射图
（a）盐酸组；（b）硫酸组
1—40℃；2—60℃；3—70℃；4—80℃

图 6-120 所示为不同酸浓度对产物中游离硼含量的影响。从图中可知，随着酸浓度的增加，硼含量逐渐降低，证明酸浓度对于浸出是起到强化作用的。随着酸浓度的增加，游离硼下降的趋势基本未变，可以推测随着酸浓度的进一步增加，游离硼的含量可以降到更低的指标。硫酸的浓度应该需要做一定的控制，因为高浓度的硫酸开始具有氧化性，适当的氧化性还能够除去产物中的游离碳，但若氧化性过高，则产品碳化硼也会被氧化。

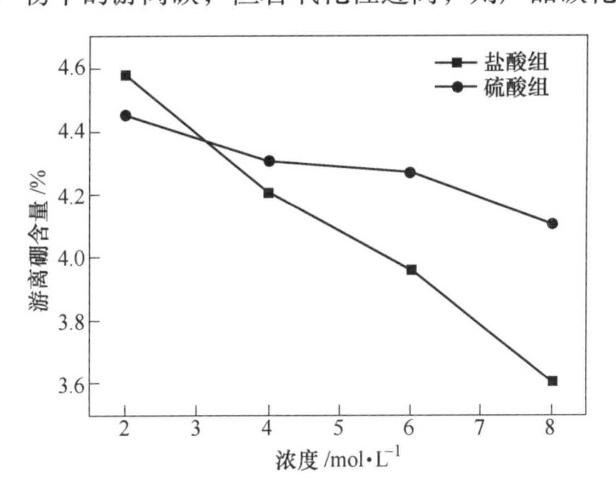


图 6-120 不同酸浓度产物的游离硼含量

图 6-121 所示为不同酸浓度对产物中镁含量的影响。从图中可知，酸浓度对于杂质镁的去除能够起到强化作用，而且依旧是硫酸的效果优于盐酸。最终结果表明氧化硼过量 10%，镁过量 20%时，硫酸浸出后产物的碳硼总含量达 97.1%，已经满足 $FB_4CH$-3 标准。

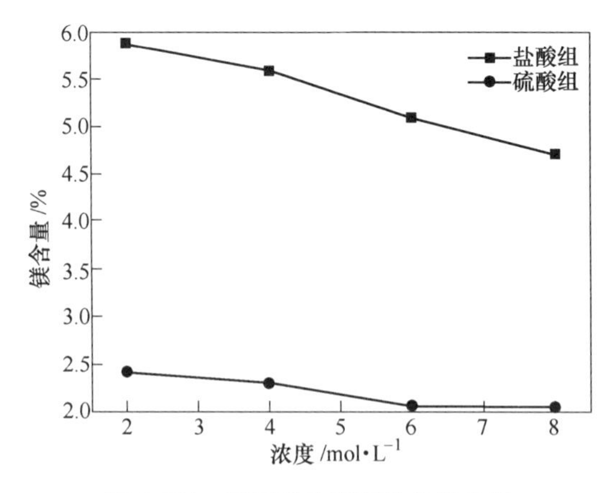


图 6-121 不同酸浓度产物的镁含量

## 参 考 文 献


[1] 张廷安，豆志河，刘燕，等．自蔓延冶金法制备金属硼化物超细粉体清洁生产技术 [J]. 中国科技成果，2015 (21)：79~80.

[2] 张廷安，赵亚平．自蔓延高温合成的研究进展 [J]. 材料导报，2001，15 (9)：5~8.

[3] 豆志河，张廷安．自蔓延冶金法制备粉体与合金的研究进展 [J]. 中国材料进展，2016，35 (8)：598~605.

[4] Okatov S V, Ivanovskii A L, Medvedeva Y E, et al. The electronic band structures of superconducting $MgB_2$ and related borides $CaB_2$, $MgB_6$ and $CaB_6$ [J]. Physica Status Solid, 2015, 225 (1): R3~R5.

[5] Terauchi M, Sato Y, Takeda M, et al. Non-uniform distribution of doped carrier in a Na-doped $CaB_6$ bulk material observed by EPMA-SXES [J]. Microscopy & Microanalysis, 2018, 24 (S1): 746~747.

[6] Yang Jie, Jiao Yang, Han Yonghao, et al. Pressure-induced metallization and electrical phase diagram for polycrystalline $CaB_6$ under high pressure and low temperature [J]. Chinese Physics Letters, 2016, 33 (8): 88~90.

[7] Zhao G, Zhang L, Hu L, et al. Structure and magnetic properties of nanocrystalline $CaB_6$ films deposited by magnetron sputtering [J]. Journal of Alloys & Compounds, 2014, 599 (12): 175~178.

[8] Liu A D, Zhang X H, Qiao Y J. Impact of microscopic bonding on the thermal stability and mechanical property of $CaB_6$, A first-principles investigation [J]. Ceramics International, 2014, 40 (10): 15997~16002.

[9] Liu H, Zhang L, Zhao G, et al. Growth evolution of $CaB_6$, thin films deposited by DC magnetron sputtering [J]. Ceramics International, 2015, 41 (6): 7745~7750.

[10] Oliveira L C, Baffa O. A new luminescent material based on $CaB_6O_{10}$: Pb to detect radiation [J]. Journal of Luminescence, 2017, 181: 171~178.

[11] 徐娟娟，陈晨，杨洪军．HSE06 方法研究 $CaB_6$ 电子结构、成键特性以及理论光学性质 [J]. 中北大学学报（自然科学版），2018，39 (2)：125~129.

[12] 刘林佳．$CaB_6$ 薄膜的制备工艺和磁学性能研究 [D]. 济南：山东大学，2017.

[13] 张琳，刘慧慧，刘林佳，等．La 掺杂对磁控溅射 $CaB_6$ 薄膜的影响（英文）[J]. 无机材料学报，2017，32 (5)：555~560.

[14] Kanakala R, Chitrada K, Raja K S. Electrochemical energy storage characteristics of $CaB_6$ [J]. Materials

Letters, 2016, 170: 118~121.

[15] 杨丽霞，闵光辉，于化顺，等．$CaB_6$ 陶瓷研究进展 [J]．硅酸盐学报，2003，23 (7)：687~691.

[16] 豆志河．自蔓延冶金法在硼化物粉体制备中的应用 [J]. 无机盐技术，2015 (3)：1~13.

[17] 刘光华，等．稀土材料与应用技术 [M]. 北京：化学工业出版社，2005：49~50.

[18] 张廷安，豆志河．自蔓延冶金法制备 $TiB_2$ 微粉的生长机理研究 [J]. 无机材料学报，2006，21 (3)：583~590.

[19] 张廷安．自蔓延冶金法制备 $TiB_2$、$LaB_6$ 陶瓷微粉的研究 [J]. 材料导报，2000，14 (3)：18.

[20] 张廷安，豆志河．自蔓延冶金法制备 $TiB_2$ 微粉的生长机理研究 [J]. 无机材料学报，2006，21 (3)：583~590.

[21] 范庆华．金属硼化物体系纳米材料的制备与性能 [D]. 广州：华南理工大学，2013.

[22] 余锦程．$TiB_2$ 粉体与 $TiB_2$-SiC 复合材料制备及性能 [D]. 济南：山东大学，2017.

[23] 孙慧峰．过渡金属硼化物粉体的制备 [D]. 马鞍山：安徽工业大学，2016.

[24] 李苏，李俊寿，赵芳，等．$TiB_2$ 材料的研究现状 [J]. 材料导报，2013，27 (5)：34~38.

[25] 王晓玲．熔盐介质中二硼化钛超细粉体的制备研究 [D]. 武汉：武汉科技大学，2014.

[26] Fu Z, Koc R. Microstructure and mechanical properties of hot pressed submicron $TiB_2$, powders [J]. Ceramics International, 2018, 44 (8): 9995~9999.

[27] 王晓玲，王周福，王玺堂，等．熔盐法合成二硼化钛纳米粉体研究 [J]. 人工晶体学报，2014，43 (5)：1247~1251.

[28] 黎军军，赵学坪，陶强，等．二硼化钛的高温高压制备及其物性 [J]. 物理学报，2013，62 (2)：483~489.

[29] 祝弘滨，章蒲慧，刘佰博，等．$TiB_2$-M 金属陶瓷材料及其涂层制备技术研究进展 [J]. 新材料产业，2017 (2)：46~50.

[30] 黎军军．二硼化钛和二硼化钛-碳化钛的高温高压制备及物性 [D]. 长春：吉林大学，2013.

[31] Yi C J, Lv B Q, Wu Q S, et al. Observation of a nodal chain with dirac surface states in $TiB_2$ [J]. 2018, 97 (20): 2011071~2011076.

[32] Lin Y, Yao J, Wang L, et al. Effects of $TiB_2$, particle and short fiber sizes on the microstructure and properties of $TiB_2$ reinforced composite coatings [J]. Journal of Materials Engineering & Performance, 2018, 27 (4): 1876~1889.

[33] 豆志河，张廷安，张志琦，等．燃烧合成法制备 $LaB_6$ 超细粉末及表征（英文）[J]. Transactions of Nonferrous Metals Society of China, 2011, 21 (8): 1790~1794.

[34] 祁小平，包黎红，潮洛蒙，等．蒸发冷凝法制备超细 $LaB_6$ 纳米粉末及表征 [J]. 稀有金属，2016，40 (10)：1076~1080.

[35] 阮文科．$LaB_6$ 纳米隔热浆料的制备及其在隔热透明涂料的应用研究 [D]. 深圳：深圳大学，2017.

[36] 仪修超．六硼化镧纳米粉末制备技术的研究 [D]. 成都：电子科技大学，2015.

[37] 欧玉静．盐助燃烧合成超细 B、$LaB_6$ 和 $CeB_6$ 粉体及其形成机理和调控 [D]. 兰州：兰州理工大学，2017.

[38] Torgasin K, Morita K, Zen H, et al. Thermally assisted photoemission effect on $CeB_6$, and $LaB_6$, for application as photocathodes [J]. Phys. rev. accel. beams, 2017, 20 (7): 073401.

[39] Morita K, Katsurayama T, Murata T, et al. Photoemission properties of $LaB_6$ and $CeB_6$ under various temperature and incident photon energy conditions [C]. 2016.

[40] Zhang H, Tang J, Yuan J, et al. Nanostructured $LaB_6$ field emitter with lowest apical work function [J]. Nano Letters, 2010, 10 (9): 3539.

[41] Iiyoshi R, Shimoyama H, Maruse S. A comparison of thermionic emission current density and brightness

against evaporation loss for $LaB_6$ and tungsten [J]. Microscopy, 2018, 45 (6): 514~517.
[42] Mathe V L, Kamble S A, Harpale K, et al. Morphology tuning and electron emission properties of carbonaceous $LaB_6$ system obtained using thermal plasma route [J]. Crystengcomm, 2018 (9): 4103~4114.
[43] Li Z N, Ou Y J, La P Q, et al. Submicron $LaB_6$ powders with high purity prepared in large scale by salt-assisted combustion synthesis [J]. Journal of Rare Earths, 2018 (6): 623~629.
[44] Huan X U, Wang X T, Wang Z F, et al. Synthesis of $LaB_6$ powders by combining carbothermal reduction and induction heating [J]. Journal of Synthetic Crystals, 2018, 47 (2): 354~358.
[45] Yu-Tian M A, Liu J B, Niu G, et al. Research on the preparation and performance of $LaB_6$ single crystal cathode for micro-computed tomography [J]. Computerized Tomography Theory & Applications, 2018, 27 (3): 357~362.
[46] Dou Z H, Zhang T A, Zhang Z Q, et al. Preparation and characterization of $LaB_6$ ultra fine powder by combustion synthesis [J]. Transactions of Nonferrous Metals Society of China, 2011, 21 (8): 1790~1794.
[47] 许欢，王玺堂，王周福，等. 感应加热碳热还原合成 $LaB_6$ 粉体 [J]. 人工晶体学报，2018 (2): 354~358.
[48] Zhang T A, Dou Z H. Preparation of $LaB_6$ micro-powder by high-temperature self-propagating synthesis and characterization [J]. Journal of Northeastern University (Natural Science), 2004, 25 (1): 271~273.
[49] Bao L H, Tao R Y, Tegus O, et al. Anisotropy study on thermionic emission and magnetoresistivity of single crystal $CeB_6$ [J]. Acta Physica Sinica, 2017, 66 (18): 1861021~1816027.
[50] 包黎红，陶如玉，特古斯，等. 单晶 $CeB_6$ 发射性能及磁电阻各向异性研究 [J]. 物理学报，2017, 66 (18): 173~179.
[51] 郝虹阳. $CeB_6$ 晶体制备及其性能研究 [D]. 合肥：合肥工业大学，2017.
[52] Portnichenko P Y, Demishev S V, Semeno A, et al. Magnetic field dependence of the neutron spin resonance in $CeB_6$ [J]. Phys. Rev. B, 2016, 94 (3): 035114.
[53] 郝虹阳，张久兴，杨新宇，等. 多晶六硼化铈的制备及性能 [J]. 功能材料，2017, 48 (8): 212~216.
[54] Togawaa K, Shintake T, Inagaki T, et al. Physical review special topics-accelerators and beams [J]. 2007, 10 (2): 2703~2710.
[55] 周身林，张久兴，刘丹敏，等. 放电等离子反应液相制备 $CeB_6$ 阴极与性能研究[J]. 无机材料学报，2009, 24 (4): 794~795.
[56] Otani S, Nakagawa H, Nishi Y, et al. Journal of Solid-State Chemistry, 2009, 154 (1): 238~241.
[57] Han W, Zhao Y, Fan Q, et al. Preparation and growth mechanism of one-dimensional $NdB_6$ nanostructures: nanobelts, nanoawls, and nanotubes [J]. Rsc Advances, 2016, 6 (48): 41891~41896.
[58] Dou Z H, Zhang T A, Wen M, et al. Preparation of ultra-fine $NdB_6$ powders by combustion synthesis and its reaction mechanism [J]. Journal of Inorganic Materials, 2014, 29 (7): 711~716.
[59] 周身林. 多晶稀土六硼化物阴极的制备/结构与性能研究 [D]. 北京：北京工业大学，2011.
[60] 赵旭东，林峰，刘晓，等. 富硼稀土硼化物 $NdB_6$ 的高温高压合成 [J]. 高压物理学报，1996 (3): 170~175.
[61] Han W, Zhang H, Chen J, et al. Synthesis of single-crystalline $NdB_6$ submicroawls via a simple flux-controlled self-catalyzed method [J]. Rsc Advances, 2015, 5 (17): 12605~12612.
[62] Dou Z H, Zhang T A, Fan S G, et al. A new method of preparing $NdB_6$, ultra-fine powders [J]. Rare Metals, 2015 (2): 1~7.
[63] Gao M, Li Q, Li H B, et al. How do organic gold compounds and organic halogen molecules interact Comparison with hydrogen bonds [J]. Rsc Advances, 2015, 5 (17): 12488~12497.

[64] 李录录，张忻，刘洪亮，等．$La_{(1-x)}Nd_xB_6$ 单晶的制备及热电子发射性能［J］．材料导报，2017，31（18）：21~24.

[65] Fan Q H, Zhang Q Y, Zhao Y M, et al. Field emission from one-dimensional single-crystalline $NdB_6$ nanowires [J]. Journal of Rare Earths, 2013, 31 (2): 145~148.

[66] Xu J, Hou G, Mori T, et al. Excellent field-emission performances of neodymium hexaboride ($NdB_6$) nanoneedles with ultra-low work functions [J]. Advanced Functional Materials, 2013, 23 (40): 5038~5048.

[67] Sigl L S, Kleebe H J. Microcracking in $B_4C$-$TiB_2$ composites [J]. Journal of the American Ceramic Society, 2010, 78 (9): 2374~2380.

[68] Huang L, Topping T D, Yang H, et al. Nanoscratch-induced deformation behaviour in $B_4C$ particle reinforced ultrafine grained Al alloy composites: a novel diagnostic approach [J]. Philosophical Magazine, 2014, 94 (16): 1754~1763.

[69] Dhandapani S, Rajmohan T, Palanikumar K, et al. Synthesis and characterization of dual particle (MWCT+$B_4C$) reinforced sintered hybrid aluminum matrix composites [J]. Particulate Science & Technology, 2015, 34 (3): 255~262.

[70] Zhou Z, Wu G, Jiang L, et al. The deformation of $B_4C$ particle in the $B_4C$/2024Al composites after high velocity impact [J]. Micron, 2014, 67: 107~111.

[71] Selvakumar N, Ramkumar T. Effect of particle size of $B_4C$ reinforcement on Ti-6Al-4V sintered composite prepared by mechanical milling method [J]. Transactions of the Indian Ceramic Society, 2017, 76 (1): 31~37.

[72] Liu B, Huang W, Wang H, et al. Study on the load partition behaviors of high particle content $B_4C$/Al composites in compression [J]. Journal of Composite Materials, 2014, 48 (3): 191~200.

[73] Karabulut S, Karakoç H, Çıtak R. Influence of $B_4C$ particle reinforcement on mechanical and machining properties of Al6061/$B_4C$ composites [J]. Composites Part B Engineering, 2016, 101: 87~98.

[74] Karakoc H, Cinici H, Karabulut S, et al. Fabrication of AA6061/$B_4C$ composites and investigation of ballistic performances [C] // International Conference on Mechanical and Aerospace Engineering. IEEE, 2017: 822~825.

[75] Kiani M A, Ahmadi S J, Outokesh M, et al. Preparation and characteristics of Epoxy/Clay/$B_4C$ nanocomposite at high concentration of boron carbide for neutron shielding application [J]. Radiation Physics & Chemistry, 2017, 141.

[76] Liu W L, Wu M, Shi Z T, et al. Preparation and properties of $B_4C$ ceramic tapes by aqueous tape-casting [J]. Materials Science Forum, 2016, 848: 279~282.

[77] Guo T, Wang C, Dong L M, et al. Preparation and properties of $B_4C$/graphite neutron absorption ball [J]. Key Engineering Materials, 2014, 602~603 (18): 248~251.

[78] Peng K W, Ma H L, Gong C W, et al. Preparation of $B_4C$-$CeB_6$ porous composites by hot pressed sintering [J]. Advanced Materials Research, 2014, 1061~1062: 120~124.

[79] Sun H B, Zhang Y J, Li Q S. Preparation and characterization of reaction sintering $B_4C$/SiC composite ceramic [J]. Key Engineering Materials, 2014, 602~603 (2): 536~539.

[80] Maruyama S, Miyazaki Y, Hayashi K, et al. Excellent p-n control in a high temperature thermoelectric boride [J]. Appl. Phys. Lett, 2012, 101: 1521011~1521014.

[81] Najafi A, Golestani-Fard F, Rezaie H R, et al. A novel route to obtain $B_4C$ nano powder via sol-gel method [J]. Ceram. Int., 2012, 38 (5): 3583~3589.

# 7 自蔓延冶金法制备还原金属钛粉

## 7.1 金属钛粉的研究现状

### 7.1.1 钛粉的性质与用途

钛位于元素周期表中第四周期第Ⅳ副族。钛材为银白色，外观与钢相似。钛的熔点高，密度小（比钢轻43%），比强度大（金属中第一），易加工成型。金属钛的物理性质见表7-1。

表7-1 金属钛的物理性质[1]

| 项 目 | 参 数 | 项 目 | | 参 数 |
|---|---|---|---|---|
| 原子序数 | 22 | 蒸气压/Pa | 298~1933K | $p = -3.60 \times 10^6 T^{-1} - 9.02 \times 10^2 \lg T + 8.14 \times 10^{-2} T + 4333.7$ |
| 元素周期表中位置 | 第四周期第Ⅳ副族 | | 1933~3575K | $p = -2.976 \times 10^6 T^{-1} + 1216.496$ |
| 相对原子质量 | 47.90 | 临界性质 | 温度/℃ | 4350 |
| 密度(20℃)/$g \cdot cm^{-3}$ | 4.506~4.516 | | 压力/MPa | 114.5 |
| 熔点/℃ | 1668±4 | 晶型 | <882℃ | α-Ti，密集六方 |
| 沸点/℃ | 3260±20 | | >882℃ | β-Ti，体心六方 |
| 熔化热/$kJ \cdot mol^{-1}$ | 15.2~20.6 | 超导转变 | 温度/K | 0.38 |
| 气化热/$kJ \cdot mol^{-1}$ | 422.3~463.5 | | | |

钛作为结构金属，其力学性能介于优质钢和高强度轻合金之间，胜过绝大多数难熔金属及其合金。高纯钛具有很低的强度和很高的塑性，其延展率超过60%。微量的杂质会显著提高钛的强度，并降低其可塑性。钛及钛合金的应用温度范围很广，在-253℃下仍具有足够的韧性，工业钛合金的使用温度可到达500℃甚至1000℃以上[2]。

钛单质的化学性质活泼，自然界中钛最稳定也最重要的氧化物是+4价的$TiO_2$，也容易生成+2价和+3价的钛氧化物，但衍生的一价钛氧化物是不稳定的。致密的钛在空气中是稳定的，因为钛材表面会生成一层致密的、化学稳定性极高的氧化物-氮化物保护膜，其结构与钛单质相似，能够和钛基体紧密结合，防止钛基体进一步被氧化。高温下的钛化学稳定性极差，可以与氧、碳、氮、硫、氢、水蒸气以及卤族元素发生强烈的化学反应。钛易被氢氟酸溶解。在室温下，钛单质在稀硫酸（5%以下）和稀盐酸（4%以下）中比较稳定，但随着酸浓度的增加和温度的升高，钛在酸中的稳定性迅速下降。钛可以强烈地吸收气体，对于氧气和氮气，钛的吸气性是不可逆的；对于氢气，钛的吸气性是可逆的，在真空中加热到800~900℃时$TiH_2$可以发生分解。钛粉是指粒度小于1mm的松散颗粒群，钛粉具有钛单质和粉体的双重性质，因其比表面积大，所以具有更高的化学活性，易氧化、易燃、易爆。钛粉宏观呈现灰色，超细钛粉呈灰黑色[3]。

钛作为一种新型金属材料，是支撑科学技术大幅度推进的重要原材料之一，是关系国计民生和产业升级换代的重要基础产业。由于钛具有密度小、导热系数低、使用温度范围广、比强度高、耐腐蚀等优良的物理化学特性，被广泛应用于航空航天、石油电力和日常生活等领域，被誉为“现代金属”“战略金属”和“第三金属”等[4~6]。钛粉是一种重要的钛材。钛粉主要用作铸铝的晶粒细化和烟火、礼花用爆燃剂。钛粉还可以用作电真空吸气剂、特种涂料添加剂、塑料加钛充填剂和各种钛化合物（如 $TiB_2$、TiN、TiC 等）原料以及 3D 打印技术的原料等[7,8]。

## 7.1.2 钛粉的制备技术

### 7.1.2.1 机械法[2]

将海绵钛直接用高能球磨及其他机械方法破碎或等离子体及其他高温法熔融雾化，这种方法制备的钛粉粒度较粗，且粒度分布比较宽。使用高能球磨破碎法制备的钛粉由于高能球磨工艺的特点导致产品晶格缺陷增加，活性提高。

利用机械法制备的钛粉一般粒度比较粗（气化法除外），而且由于原料为海绵钛，制备过程中不发生化学反应，海绵钛中的杂质会继续进入产品而影响产品性能。

### 7.1.2.2 氢化—脱氢法[2,9]

氢化—脱氢法（HDH）的原理为钛和氢气的可逆反应。其主要的反应方程式为：$2/x\mathrm{Ti(s)} + \mathrm{H_2(g)} = 2/x\mathrm{TiH}_x\mathrm{(s)}$。在较低温度（200~400℃）和较高氢气分压条件下，此方程式正向进行，生成的固体氢化物很脆，易于破碎制粉。在较高温度（600~900℃）和较低的氢气分压条件下，此方程式逆向进行生成钛粉。此方法原料可以为海绵钛也可以为电解钛，因为电解钛的氯含量更低导致杂质含量更低。这种方法原料中的 Cl 等杂质依然会进入产物，此方法需要多次破碎，工艺比较长同时需要较长的保温时间（6h）导致能耗比较大。同时因为有氢气参与反应导致对反应容器和反应环境的要求比较高。

### 7.1.2.3 金属还原法[1,3]

A 钠热还原法（Hunter 法）

钠热法制备钛是在密闭容器中用金属钠还原纯四氯化钛制备金属钛的工艺。此方法的发明者为美国通用公司的亨特（Hunter）及其同事，他们在密闭钢瓶中用灯丝材料加热钠和四氯化钛混合物，将产物进行水洗除盐处理，成功制备了金属钛。其主要的反应方程式为：

$$\mathrm{TiCl_4 + 4Na = Ti + 4NaCl}$$

由于传统的钠热还原法反应器利用率低，生产规模难以扩大；原料金属钠的成本偏高；产物中的氯含量高等原因，已经没有公司采用传统 Hunter 法及其改进方法生产钛。

Armstrong 将传统的钠热还原法改进，用气态的钠还原四氯化钛蒸气，可实现钛的连续化生产，现正被美国国际钛粉公司采用，一般将此方法叫做“Armstrong”法。此方法为气-气反应，反应速度快，能量利用率高，且产物粒度细小。该方法面临的问题是产量低、设备投资高等。

B 镁热还原法（Kroll 法）

镁热还原制取海绵钛的方法于 1937 年由克劳尔（William Kroll）发明，12 年之后美国杜邦公司使用该方法生产出吨级海绵状金属钛，实现了钛的工业化生产，直到现在，Kroll 法依然是工业上生产金属钛的主要方法。其原料为钛精矿（金红石）或者熔炼后的富钛料（高钛渣），经过加碳氯化后得到粗四氯化钛，将粗四氯化钛进行精制后用稍过量的镁在 800~950℃的范围内在密闭容器中还原 4 天左右，将 Ti、Mg、$MgCl_2$等产物经过真空蒸馏提纯得到海绵状的金属钛。其中 $MgCl_2$副产物经过电解重新生成 Mg 和 $Cl_2$，其中 Mg 作为还原剂、$Cl_2$作为氯化剂返回流程中继续使用。其主要的反应方程式为：

$$TiO_2 + C + 2Cl_2 = TiCl_4 + CO_2$$

$$TiCl_4(g) + 2Mg(l) = Ti(s) + 2MgCl_2(l)$$

该方法的主要缺点为生产周期长，从富态料到产出海绵钛共需 15~20 天，其中核心的还原和蒸馏工艺约占 1/3，同时生产不连续；工艺复杂，设备一次性投资大；氯化、蒸馏、电解等工艺能耗大，平均生产每吨海绵钛的能耗约为 3.5 万千瓦时，用酸浸法取代蒸馏法处理还原产物可以降低能耗 18%左右，但是由于 $MgCl_2$发生水解导致产物海绵钛中的氧、氯含量高，并增大原料投入，因此无法取代现有工艺中的蒸馏工艺；同时该方法劳动强度大、氯化过程排出大量温室气体，给环境造成很大负担。镁、钠还原法制备海绵钛原料都需要氯化处理，流程长、能耗大、处理成本高，亟须改进。

C　钙热还原法[10]

2004 年，钙热还原法制取金属钛由日本东京大学的 Oakbe 实现突破，其总体思路为将原料 $TiO_2$与 $CaCl_2$和黏结剂等压制成型后在 800℃的条件下进行烧结以除去其中水分，制得一定厚度、具有一定强度和孔隙率的预制块。将其置于密闭容器内，同时放入钙块和海绵钛，前者作为还原剂，后者吸收反应器内的氧气、氮气等气体，加热到 1073~1373K 的温度内保温 6h，将反应产物破碎，用稀酸浸出得到金属钛。由于这种方法先要对原料进行烧结预制，因此一般称为 PRP（perform reduction process）法。其还原装置如图 7-1 所示。

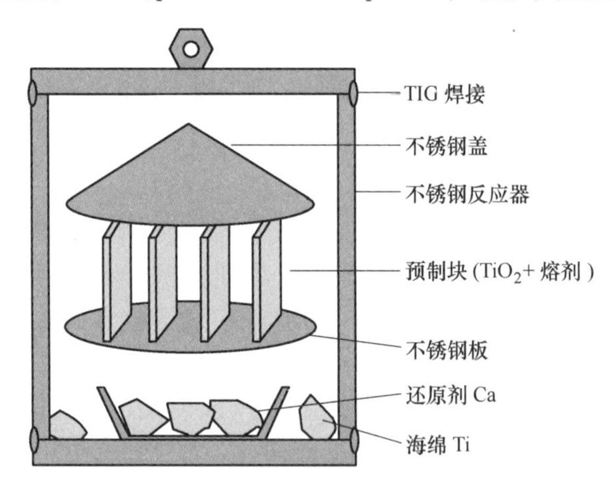


图 7-1　PRP 法实验装置图

我国昆明理工大学的徐宝强等人[11~14]，对 PRP 法的机理进行了深入的研究并进行改进。揭示了 $CaTiO_3$中间产物的生成和消除机理，揭示了 $CaCl_2$在烧结和还原过程中的行为，同时取消了海绵钛的加入，采取钙蒸气反应消除反应器中的氧气、氮气的方法，成功制备了氧含量为 1%、氮含量为 0.17%的金属钛粉，并进行了千克级的放大实验。

该方法的优势在于将还原剂与原料在空间上隔离，用钙蒸气进行还原反应，排除了物料中杂质的干扰。但同时需要有预制烧结过程，为了快速、大量产生钙蒸气，还原温度应为1050~1100℃，千克级的放大实验保证脱氧保温时间要增加到24h，这是因为随着反应规模的扩大，气-固还原反应的进行主要受到钙蒸气产生速度的限制；且钙还原剂用量为化学当量的5倍，钙利用率低、能耗高。可预见的是随着反应规模的扩大，物料投入量和能源消耗量都将进一步升高，这给该方法的扩大生产造成一定困难。

#### 7.1.2.4 电化学法[15~21]

##### A 氯化钛电解法

氯化钛电解法制备金属钛，是将钛的氯化物置于合适的熔盐体系中，以石墨作为阴极，石墨或者钢制的电解槽本身作为阳极，在600~1000℃的温度下电解。由于四氯化钛是共价化合物，在熔盐体系中的溶解度低，难以满足工业生产的需要，而低价的氯化物在熔盐中的溶解度较高，因此需要先将钛的高价氯化物转为低价。钛作为变价金属，其在阴极的不完全放电和不同价态的钛离子在两极之间的迁移极大地降低了电解的电流效率，需将阴阳极隔开。同时钛在高温下的活性很好，空气中的$O_2$/$N_2$等气体很容易随熔盐进入污染产物，因此电解槽须完全密闭或通惰性气体保护。由于以上三点加之四氯化钛原料制备能耗大，导致钛的氯化物电解法难以工业化生产。

##### B 熔体$TiO_2$电解法

受氯化物电解法的原料劣势和电解铝工艺的两方面启发，科研工作者提出了在氟化物熔盐体系中以$TiO_2$为原料的电解工艺。其代表性的工艺为日本的DC-ESR工艺和加拿大的QIT工艺。二者工艺比较相似，使用$CaF_2$-CaO-$TiO_2$的氟化物作为熔盐体系在高温（大于钛熔点）下用高压直流电（1000A，100V）电解。由于氟化物熔盐体系的使用导致产物中的氟很高，美国推出的MIT工艺采用全氧化物熔盐进行电解，同时使用高熔点的惰性金属阳极避免了石墨阳极对产物的污染。这三种工艺原料为低廉的$TiO_2$，一定程度上降低了成本，可是电解温度高达1600~1700℃，能源消耗量大，对电解槽及电极的要求高。同时，由于产物液态的钛直接与氧化物接触导致产物氧含量高（4%~5%），工艺需进一步改进。

##### C FFC法/OS法[17]

2000年，英国剑桥大学D. J. Fray提出直接电解$TiO_2$的电化学法制备金属钛的新工艺（FFC法）。其方法用压制、烧结成型的$TiO_2$作为电解阴极，石墨作为电解阳极在$CaCl_2$熔盐体系中、800~1000℃的温度下，电解电压为2.8~3V进行电解。其反应方程为：

阴极： $$TiO_2 + 4e \longrightarrow Ti + 2O^{2-}$$

阳极： $$C + xO^{2-} \longrightarrow CO_x + 2xe$$

此方法的最大贡献在于颠覆了传统电解工艺只有导电介质才能作为阴极的观念，因为随着电解的进行，阴极发生还原脱氧反应生成的低价钛氧化物导电性逐渐增强，可以维持电解反应的进行；此工艺以$TiO_2$为原料，免去了复杂的氯化工艺；同时以固态钛氧化物参与反应，电解温度低，能耗低，大幅度降低了产品中的氧含量，可以实现半连续化生产。但此工艺的缺点也很突出，由于电解过程中阴极材料改变导致电流不稳定，严重影响产品的性质；电流效率低，同时电解原料需要高纯氧化钛导致成本提高。

在FFC法的基础之上，日本京都大学的One等人开发出OS法。OS法同样使用$TiO_2$

为原料，区别是熔盐体系中加入 CaO 形成 $CaCl_2$-CaO 体系，分解电压为 3.0V 高于 CaO 的分解电压（1.66V），CaO 分解生成 Ca 作为还原剂参与反应，原料 $TiO_2$ 粉末从上部加入钛篮（阳极）中参与反应，石墨器壁作为阴极。反应的总方程式为：

$$TiO_2 + 2Ca \longrightarrow Ti + 2O^{2-} + 2Ca^{2+}$$

电极反应方程式分别为：

阴极：
$$Ca^{2+} + 2e \longrightarrow Ca$$

阳极：
$$C + 2O^{2-} \longrightarrow CO_2 + 4e$$

对比 FFC 法，OS 法通过改变熔盐体系，改变了还原剂种类，加强了还原反应。同时改变了加料方式，提高了电流效率，同时避免了高熔点的中间产物 $CaTiO_3$的产生。但此方法缺点在于产量比较低，难以工业化生产。

D　EMR 法

EMR（electronically mediated reaction）法[22]由日本东京大学 Ono 等人开发，其核心在于认为 $CaTiO_2$为主要体系的还原过程不只是由传质控制的化学反应过程，而是由电子迁移控制的电化学反应过程。其核心装置如图 7-2 所示，该方法采用 $CaCl_2$熔盐体系，石墨作为阳极，预制成型的 $TiO_2$作为阴极，Ca-Ni 合金作为还原剂在反应器底部不与 $TiO_2$接触。电解过程中还原剂呈液态，有利于氧的迁移，由于与 $TiO_2$原料分离可以避免污染产物。反应结束后得到含有少量镍的金属钛。

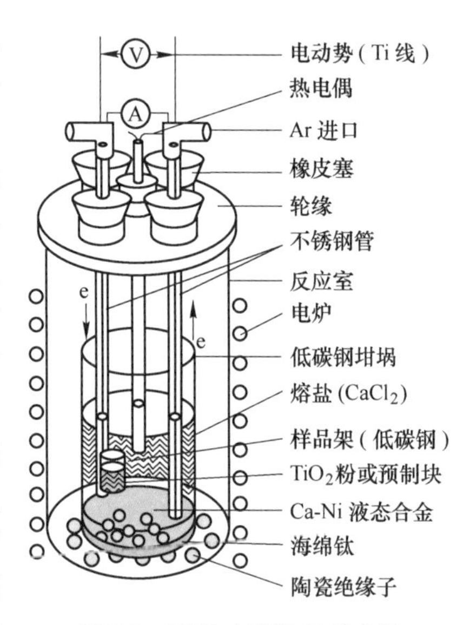


图 7-2　EMR 实验装置示意图

从原理上来说，电化学反应是能量利用效率比较高的冶金生产过程，但由于钛本身具有的变价、易吸气等化学性质，导致钛的电化学生产过程具有能量利用效率低的固有缺陷，同时对反应器的密闭性和耐高温性要求很高，这些都给工业化生产造成了困难。

## 7.2　自蔓延冶金法制备还原钛粉原理及工艺

### 7.2.1　制备方法与原理

针对现有工业生产金属钛粉工艺都无法摆脱 Kroll 法的工艺局限，而直接还原法存在效率低、钛粉品质差的技术难题，从自蔓延冶金制粉清洁化生产新方法的角度出发，提出了多级深度还原制备高纯还原钛粉的新思路，发明了基于镁热自蔓延—多级深度还原—强化浸出提纯制备高纯还原钛粉的新技术，并发明了浸出液热解再生盐酸循环利用技术，实现了全流程清洁生产，工艺流程如图 7-3 所示。首先以 $TiO_2$为原料进行镁热自蔓延得到一次还原产物；然后用钙粉为还原剂对一次还原产物进行深度还原得到深度还原产物；接着将深度还原产物进行盐酸密闭强化浸出提纯得到浸出产物，过滤洗涤干燥得到还原金属钛粉；最后将浸出产生的氯化镁和氯化钙废酸液直接进行喷雾热解得到

MgO 和 CaO 副产品，热解尾气吸收制盐酸循环利用，实现了还原金属钛粉的低成本清洁生产。

多级深度还原制备高纯还原钛粉的创新之处在于：首先利用镁热自蔓延快速制备出组成为非化学计量的低价钛氧化物的一次还原产物，避免了传统的热还原工艺存在的钛酸盐副产物；然后采用钙热深度还原一次还原产物得到深度还原产物，实现了低价钛氧化物的彻底还原脱氧；接着采用密闭强化浸出除去还原产物中的氧化物杂质相，过滤洗涤干燥得到高纯还原钛粉；最后将浸出提纯过程中产生的金属氯化物浸出液进行喷雾热解处理，实现了盐酸的循环再生利用，并得到 MgO 和 CaO 副产物，实现了全流程清洁生产。

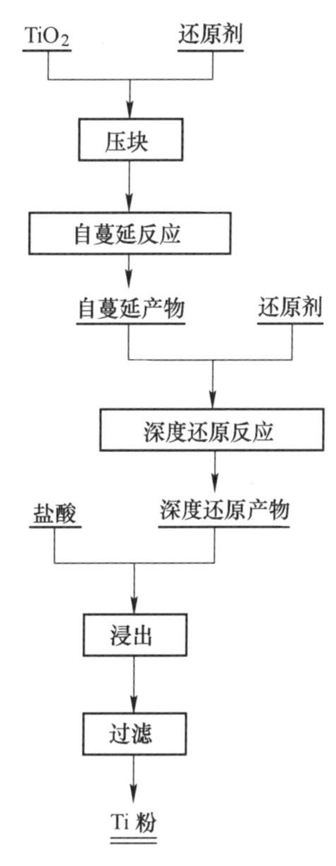

图 7-3 多级深度热还原法制备钛粉工艺流程图

具体试验步骤包括：

(1) 混料。将 $TiO_2$ 与还原剂镁按一定配比称量，混合均匀。

(2) 压样。将混合好的原料在一定压力下压制成直径为 20mm 的圆柱坯样。

(3) 自蔓延反应——一次还原。将压制好的坯样置于多功能自蔓延反应釜中，抽真空后，引发自蔓延反应（局部点火或整体加热）进行一次还原得到一次还原产物。

(4) 深度还原反应。将自蔓延反应得到的一次产物与一定量的钙粉混合均匀，在电阻炉中惰性气氛下进行高温深度还原得到深度还原产物。

(5) 强化浸出提纯。将深度还原产物用一定浓度的稀盐酸进行密闭强化浸出除去 MgO 等杂质，过滤洗涤干燥得到还原钛粉。

(6) 浸出酸液的热解循环再生。将浸出产生的金属氯化物酸性浸出液直接进行喷雾热解，热解尾气吸收制酸实现盐酸的循环利用，同时得到高纯超细 MgO 和 CaO 副产品。

### 7.2.2 实验原料

本书中仅讨论自蔓延反应、深度还原反应和浸出反应等三个环节，所使用的主要药品及试剂见表 7-2。

**表 7-2 实验中使用的原料**

| 名　称 | 纯　度 | 产　地 |
|---|---|---|
| 氧化钛 | >98.5% | 国药集团化学试剂有限公司 |
| 镁粉 | >99% | 安阳市丰旺冶金耐火材料有限公司 |
| 钙粉 | >99% | 国药集团化学试剂有限公司 |
| 盐酸 | 36.5% | 国药集团化学试剂有限公司 |
| 高纯氩气 | >99.9999% | 沈阳新供气站 |

对原料中的 $TiO_2$、Mg 粉、Ca 粉进行 XRD 物相分析，结果如图 7-4 所示。

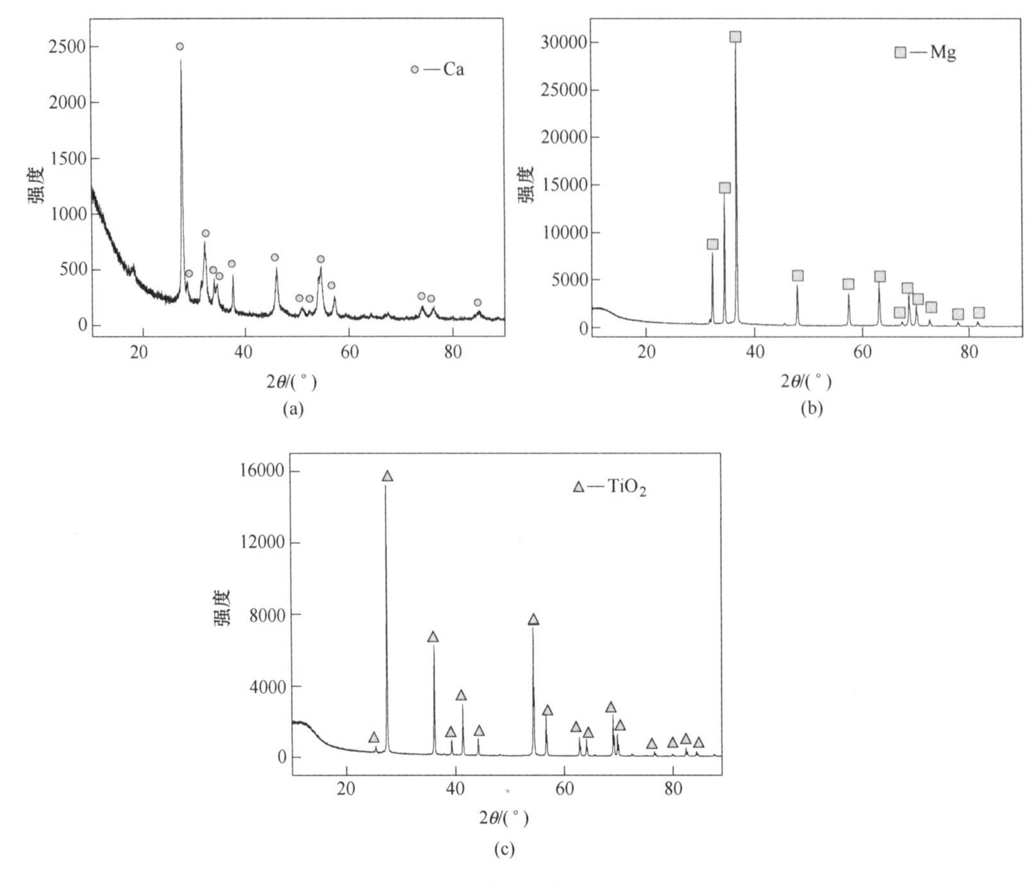


图 7-4 实验原料 XRD 图

(a) Ca；(b) Mg；(c) $TiO_2$

对 $TiO_2$、Mg 粉、Ca 粉等原料进行 SEM 形貌分析，如图 7-5 所示。由图 7-5 可以看出，由于 Mg 粉、Ca 粉制造工艺为机械破碎法，因此其微观形貌为不规则块状，粒度在微米级，Mg 粉表面更致密，Ca 粉表面在制作过程中机械力作用下形成一定的裂纹。而 $TiO_2$ 微观形貌为球状或椭球状颗粒，粒径在一百到几百纳米之间，这是由于其制造工艺（硫酸法）所决定的。

(a)

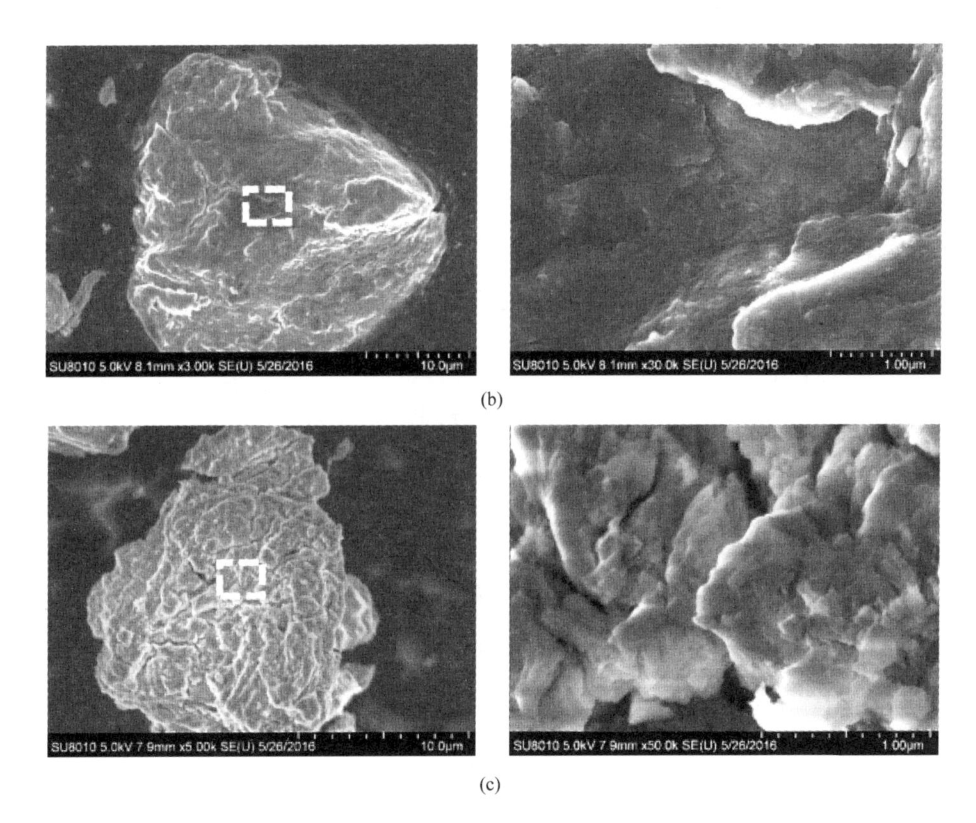


图 7-5　实验原料 SEM 图

（a）$TiO_2$及区域放大；（b）Mg 粉及区域放大；（c）Ca 粉及区域放大

## 7.2.3　实验设备

该工艺涉及的主要实验环节有自蔓延反应环节、深度还原环节和酸浸反应环节。由于钛本身的化学性质活泼，容易与大气中的 $O_2$、$N_2$等气体反应，因此各个反应环节中需要保持真空或惰性气氛，主要使用的自蔓延反应设备、深度还原设备和浸出设备如图 7-6~图 7-8 所示。

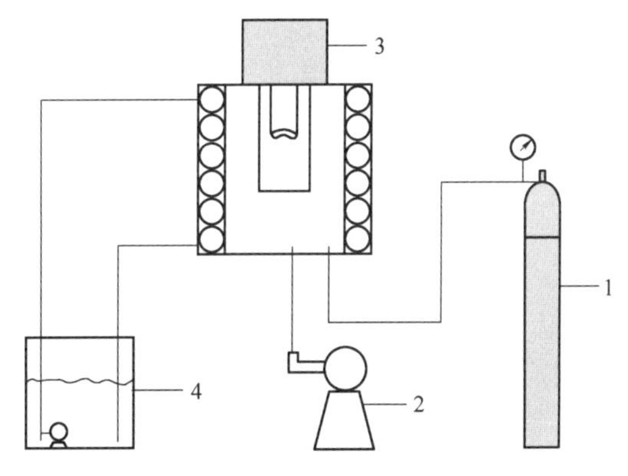


图 7-6　一次还原反应装置示意图

1—氩气瓶；2—真空泵；3—自蔓延反应釜；4—循环水冷却箱

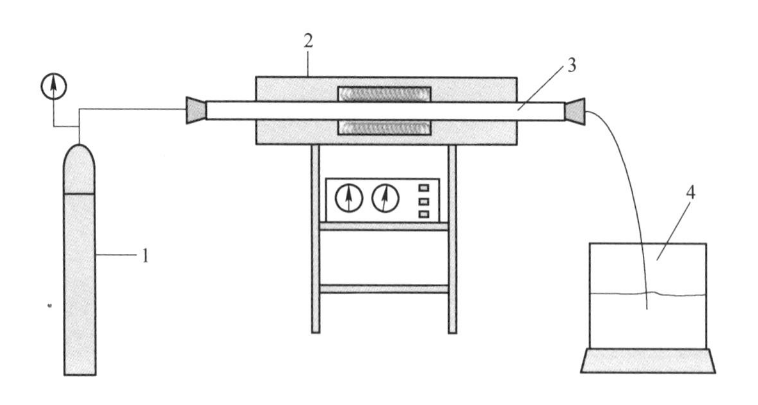


图 7-7 深度还原实验装置示意图

1—氩气瓶；2—高温电阻炉；3—石英管；4—水密封箱

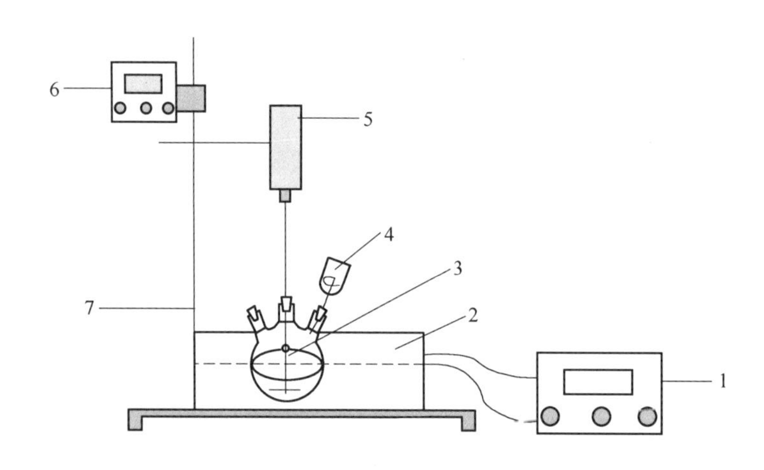


图 7-8 浸出装置示意图

1—恒温水浴锅控制器；2—恒温水浴锅；3—三口烧瓶；4—盖式漏斗；
5—搅拌器；6—搅拌器控制器；7—铁架台

实验中样品在存放过程中均用真空包装机包装，避免与空气中氧气接触被二次氧化。

## 7.3 自蔓延冶金多级还原基础理论

由于钛的化学性质活泼，其与氧的结合能力强。随着还原反应的进行，氧的脱除变得更加困难，容易形成低价的钛氧化物（TiO、$Ti_2O$）等相，因此为制备出高纯金属钛粉，需要对氧化钛及低价钛氧化物还原反应热力学进行研究，确定合适的还原条件。

### 7.3.1 Ti-O 系相图分析

图 7-9 所示为 Ti-O 系相图 Ti 侧 0~70%（摩尔分数）O 的部分。O 在 α-Ti 中具有显著

的固溶度，它大大地提高 Ti 的 α 相→β 相的转变温度并稳定 α 相。在很宽的固溶体（α-Ti）范围内，Ti 为密排六方结构，O 无序地分布在其八面体位置，在 600℃以下，转变成为以 $Ti_3O$ 为代表的 α′和 α″的有序相。在 $m(O)/m(Ti)=0.6\sim1.2$ 的很宽的范围内，存在 Ti 和 O 的结构空位。对于 α-$Ti_{1-x}O$、β-$Ti_{1-x}O$，空位有序分布。从 $Ti_2O_3$到 $TiO_2$（金红石），存在记为 $Ti_nO_{2n-1}$的一系列化合物，这些化合物具有一定的导电性，是 FFC 法使用 $TiO_2$为阳极的依据。

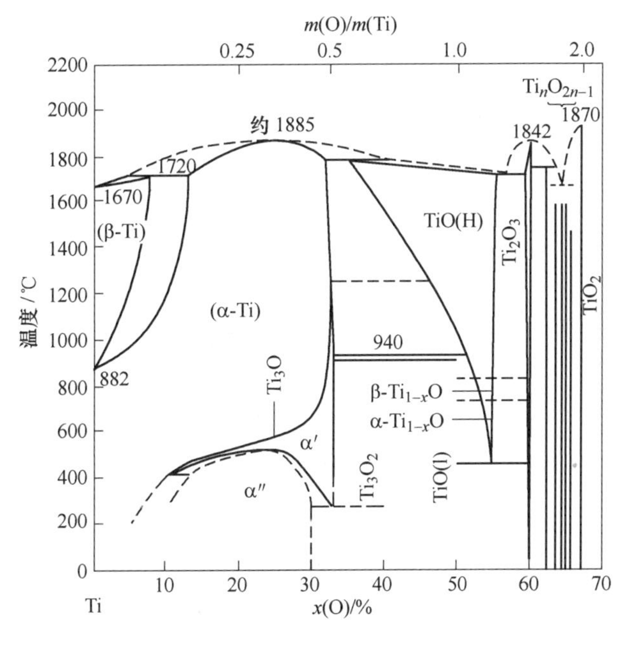


图 7-9 Ti-O 系相图

## 7.3.2 自蔓延高温一次还原过程热力学

### 7.3.2.1 Mg/Ca-$TiO_2$体系吉布斯自由能分析

Mg-$TiO_2$ 体系吉布斯自由能变如图 7-10 所示。根据图 7-10 分析可知，由于钛的变价性质导致镁热还原 $TiO_2$时，随着钛氧化物中钛的价态的降低吉布斯自由能升高的趋势按照 $TiO_2$→$Ti_3O_5$→$Ti_2O_3$→TiO→Ti 的顺序进行，因此随着钛中氧含量的降低，还原反应变得困难。当温度小于 1000K 时，吉布斯自由能变随温度变化不明显，在 1200K 和 1600K 时吉布斯自由能变值分别有两个转折，导致吉布斯自由能变随温度变化变得明显，这是由于镁的相变引起的，镁由固态转变为液态和气态，二者的焓变导致吉布斯自由能变随温度的变化更加明显。同时在 Mg-$TiO_2$体系中，生成 MgO · $TiO_2$、MgO · $2TiO_2$、2MgO · $TiO_2$等三种复合氧化物反应的吉布斯自由能均为负，说明反应过程中有可能生成一定的复合金属氧化物，其中，2MgO · $TiO_2$相的稳定性最好。

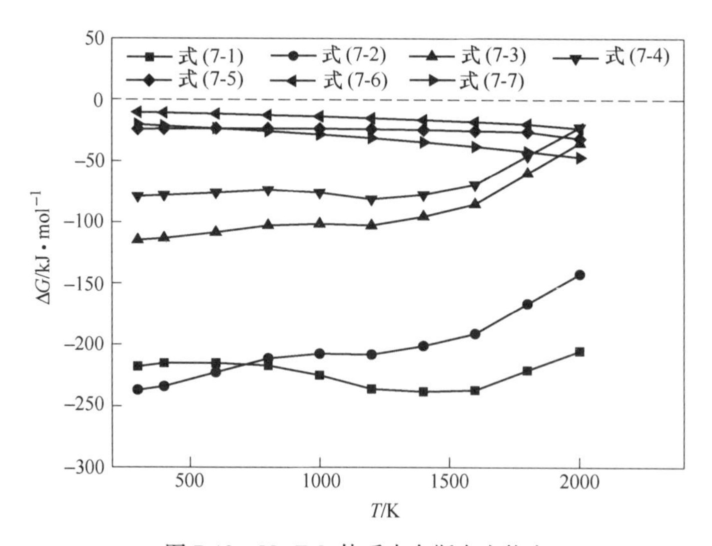


图 7-10　Mg-$TiO_2$体系吉布斯自由能变

$$3TiO_2 + Mg = MgO + Ti_3O_5 \tag{7-1}$$

$$2Ti_3O_5 + Mg = MgO + 3Ti_2O_3 \tag{7-2}$$

$$Ti_2O_3 + Mg = MgO + 2TiO \tag{7-3}$$

$$TiO + Mg = MgO + Ti \tag{7-4}$$

$$MgO + TiO_2 = MgO \cdot TiO_2 \tag{7-5}$$

$$MgO + 2TiO_2 = MgTi_2O_5 \tag{7-6}$$

$$2MgO + TiO_2 = 2MgO \cdot TiO_2 \tag{7-7}$$

Ca-$TiO_2$ 体系吉布斯自由能变如图 7-11 所示。

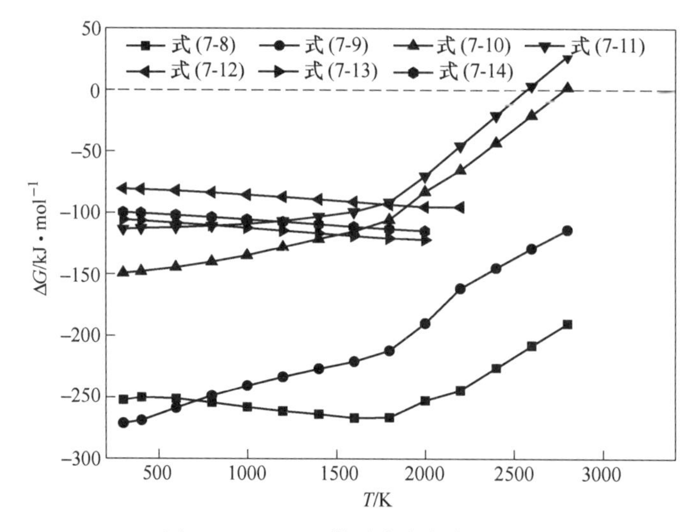


图 7-11　Ca-$TiO_2$体系吉布斯自由能变

$$3TiO_2 + Ca = CaO + Ti_3O_5 \tag{7-8}$$

$$2Ti_3O_5 + Ca = CaO + 3Ti_2O_3 \tag{7-9}$$

$$Ti_2O_3 + Ca = CaO + 2TiO \tag{7-10}$$

$$TiO + Ca = CaO + Ti \tag{7-11}$$

$$CaO + TiO_2 \xlongequal{} CaO \cdot TiO_2 \tag{7-12}$$

$$CaO + 2/3TiO_2 \xlongequal{} 1/3Ca_3Ti_2O_7 \tag{7-13}$$

$$CaO + 3/4TiO_2 \xlongequal{} 1/4Ca_4Ti_3O_{10} \tag{7-14}$$

根据图 7-11 分析可知，由于钛具有变价的性质，因此在钙还原 $TiO_2$时，随着钛氧化物中氧的脱去导致钛的价态降低，吉布斯自由能升高的趋势按照 $TiO_2 \to Ti_3O_5 \to Ti_2O_3 \to TiO \to Ti$ 的顺序进行，因此随着钛中氧含量的降低，还原反应变得困难。当温度小于 1200K 时，吉布斯自由能变随温度变化不明显，在 1800K 时吉布斯自由能变值有一个转折，导致吉布斯自由能变随温度变化变得明显，这是由于钙的相变引起的，钙由液态转变为气态，二者的焓变导致吉布斯自由能变随温度的变化更加明显。同时对比图 7-10 可知，钙与钛氧化物反应的吉布斯自由能比镁更负，说明钙还原钛氧化物的反应更容易进行。同时在 Ca-$TiO_2$体系中，生成 $CaO \cdot TiO_2$、$3CaO \cdot 2TiO_2$、$4CaO \cdot 3TiO_2$等三种复合氧化物反应的吉布斯自由能均为负，说明反应过程中有可能生成一定的复合金属氧化物，其中 $3CaO \cdot 2TiO_2$的稳定性最好。

Mg(g)-$TiO_2$ 体系吉布斯自由能变如图 7-12 所示。

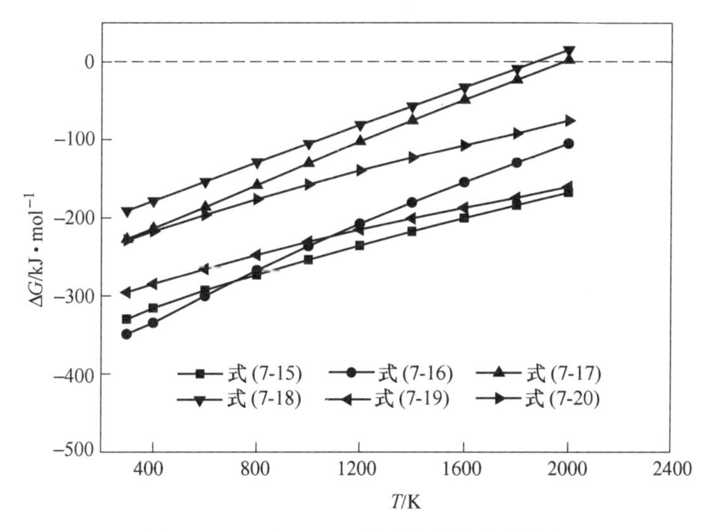


图 7-12 Mg(g)-$TiO_2$体系吉布斯自由能变

$$3TiO_2 + Mg(g) \xlongequal{} MgO + Ti_3O_5 \tag{7-15}$$

$$2Ti_3O_5 + Mg(g) \xlongequal{} MgO + 3Ti_2O_3 \tag{7-16}$$

$$Ti_2O_3 + Mg(g) \xlongequal{} MgO + 2TiO \tag{7-17}$$

$$TiO + Mg(g) \xlongequal{} MgO + Ti \tag{7-18}$$

$$1/4Ca_3Ti_2O_7 + Mg(g) \xlongequal{} 1/2Ti + 3/4CaO + MgO \tag{7-19}$$

$$1/2Mg_2TiO_4 + Mg(g) \xlongequal{} 1/2Ti + 2MgO \tag{7-20}$$

根据图 7-12 分析可知，镁蒸气还原钛氧化物按照 $TiO_2 \to Ti_3O_5 \to Ti_2O_3 \to TiO \to Ti$ 的顺序进行，同时镁蒸气能够将 $CaTiO_3$ 和 $MgTiO_3$ 等复合金属氧化物还原，同时可以看出 TiO 等低价钛氧化物的还原比 $CaTiO_3$ 和 $MgTiO_3$ 等复合金属氧化物的还原更为困难。

Ca(g)-$TiO_2$ 体系吉布斯自由能变如图 7-13 所示。

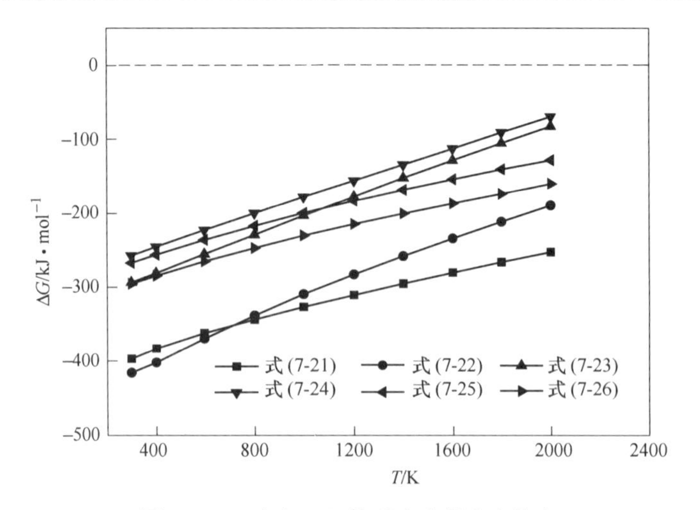


图 7-13 Ca(g)-$TiO_2$体系吉布斯自由能变

$$3TiO_2 + Ca(g) = CaO + Ti_3O_5 \quad (7\text{-}21)$$

$$2Ti_3O_5 + Ca(g) = CaO + 3Ti_2O_3 \quad (7\text{-}22)$$

$$Ti_2O_3 + Ca(g) = CaO + 2TiO \quad (7\text{-}23)$$

$$TiO + Ca(g) = CaO + Ti \quad (7\text{-}24)$$

$$1/4Ca_3Ti_2O_7 + Ca(g) = 1/2Ti + 7/4CaO \quad (7\text{-}25)$$

$$1/2Mg_2TiO_4 + Ca(g) = 1/2Ti + CaO + MgO \quad (7\text{-}26)$$

根据图 7-13 分析可知，钙蒸气还原钛氧化物按照 $TiO_2 \rightarrow Ti_3O_5 \rightarrow Ti_2O_3 \rightarrow TiO \rightarrow$ Ti 的顺序进行，同时钙蒸气能够将 $CaTiO_3$和 $MgTiO_3$等复合金属氧化物还原，同时可以看出 TiO 等低价钛氧化物的还原比 $CaTiO_3$和 $MgTiO_3$等复合金属氧化物的还原更为困难。同时可以看出相同温度条件下钙蒸气与钛氧化物和复合金属氧化物反应的吉布斯自由能变比镁蒸气更负，说明钙蒸气还原钛氧化物的反应更容易进行。

7.3.2.2 Mg/Ca-$TiO_2$体系绝热温度分析

根据相关热力学数据可计算 Mg/Ca-$TiO_2$体系的绝热温度。在 Mg-$TiO_2$体系中，按 $TiO_2$+2Mg ═ Ti+2MgO 计算反应的绝热温度 $T_{ad}$=2065.92K，当绝热温度为 1800K 时，镁可以过量 21.54%，MgO（假设不参与反应）可以过量 50.60%；在 Ca-$TiO_2$体系中，按 $TiO_2$+2Ca ═ Ti+2CaO 计算反应的绝热温度 $T_{ad}$ = 2567.94K，当绝热温度为 1800K 时，钙可以过量 48.10%，CaO（假设不参与反应）可以过量 118.62%。

根据以上热力学计算可知，Ca-$TiO_2$体系中反应的绝热温度高，而高温使钛氧化物还原的热力学条件更差，同时 $CaTiO_3$等钙钛复合氧化物的还原更难，因此选择 Mg-$TiO_2$体系作为自蔓延反应体系制备钛粉更为有利。

## 7.3.3 一次还原产物的深度还原过程的热力学

根据 7.3.2 节的计算可知，Mg/Ca-$TiO_2$体系的还原反应过程的主要限制步骤是 TiO 为主的低价钛氧化物的还原，本节计算不同 Ca/Mg 蒸气分压对 TiO 还原的影响。根据式（7-27）和式（7-28）分别计算 Mg/Ca-TiO 体系的吉布斯自由能，结果如图 7-14 和图 7-15 所示。

$$TiO(s) + Ca(g) = CaO(s) + Ti(s) \quad (7\text{-}27)$$

$$TiO(s) + Mg(g) = MgO(s) + Ti(s) \quad (7\text{-}28)$$

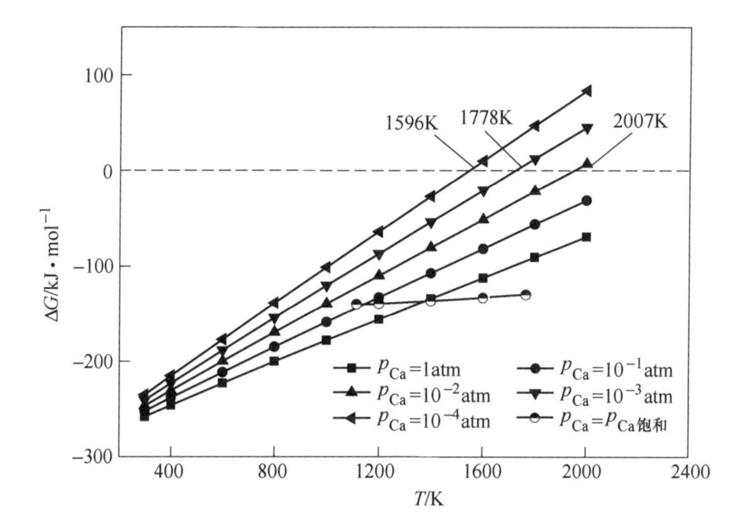


图 7-14 Ca(g)-TiO 体系吉布斯自由能变（1atm=101325Pa）

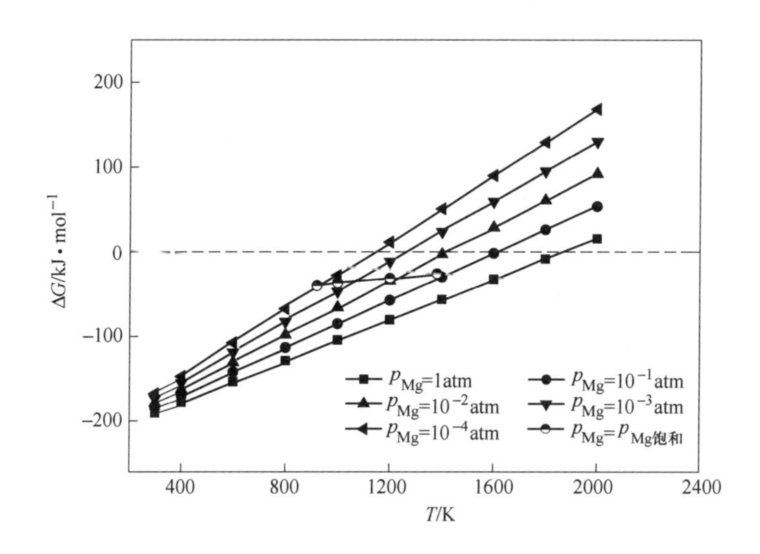


图 7-15 Mg(g)-TiO 体系吉布斯自由能变

根据对比分析图 7-14 和图 7-15 可知，在一定分压下，随着温度的升高，Ca/Mg 蒸气还原 TiO 的吉布斯自由能值增大；同时随着 Ca/Mg 蒸气分压的增大，Ca/Mg 蒸气还原 TiO 的吉布斯自由能值减小。计算饱和 Ca/Mg 蒸气还原 TiO 的吉布斯自由能可知，二者的吉布斯自由能基本不随温度变化，这是因为随着温度的升高，Ca/Mg 蒸气的饱和蒸气压变大，导致吉布斯自由能变小。因此高分压、低温有利于 Ca/Mg 蒸气还原 TiO 反应的进行，但是考虑到蒸气的产生速度和产生量需要保持尽量较高的温度。

通过对比图 7-12～图 7-15 可知，Ca/Mg-TiO 体系中，在 1115～1380K 的范围内 Ca(g)、Ca、Mg、Mg(g) 还原低价钛氧化物 TiO 的能力依次降低。

Ca-MeO · $TiO_2$体系吉布斯自由能变如图 7-16 所示。

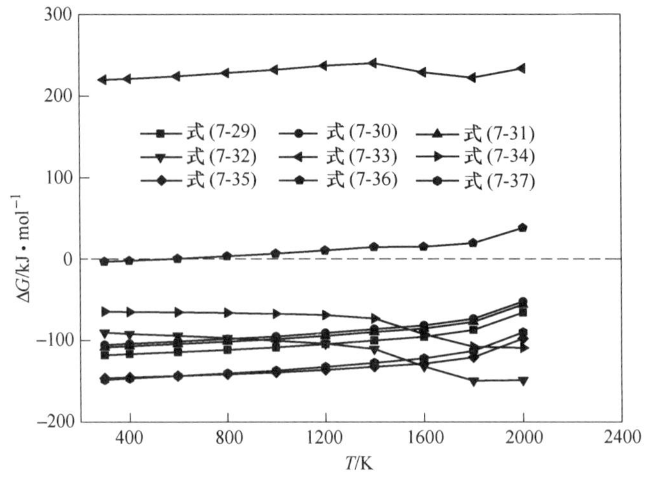


图 7-16　Ca-MeO·$TiO_2$体系吉布斯自由能变

$$1/2CaTiO_3 + Ca = 3/2CaO + 1/2Ti \tag{7-29}$$

$$1/4Ca_3Ti_2O_7 + Ca = 7/4CaO + 1/2Ti \tag{7-30}$$

$$1/6Ca_4Ti_3O_{10} + Ca = 5/3CaO + 1/2Ti \tag{7-31}$$

$$MgTiO_3 + Ca = CaTiO_3 + Mg \tag{7-32}$$

$$MgTi_2O_5 + Ca = CaTiO_3 + TiO_2 + Mg \tag{7-33}$$

$$1/2Mg_2TiO_4 + Ca = 1/2CaTiO_3 + 1/2CaO + Mg \tag{7-34}$$

$$1/2MgTiO_3 + Ca = 1/2Ti + CaO + 1/2MgO \tag{7-35}$$

$$1/4MgTi_2O_5 + Ca = 1/2Ti + CaO + 1/4MgO \tag{7-36}$$

$$1/2Mg_2TiO_4 + Ca = 1/2Ti + CaO + MgO \tag{7-37}$$

根据分析图 7-16 可知，在钙与钛酸钙、钛酸镁等复合金属氧化物反应的过程中，钙与钛酸镁生成镁反应的吉布斯自由能为正，与钛酸镁和钛酸钙生成钛反应的吉布斯自由能为负，说明钙可以还原 $Mg_2TiO_4$和 $Ca_3Ti_2O_7$最稳定的两种复合氧化物，且产物为钛。

根据分析图 7-17 可知，在镁与钛酸钙、钛酸镁等复合金属氧化物反应的过程中，镁

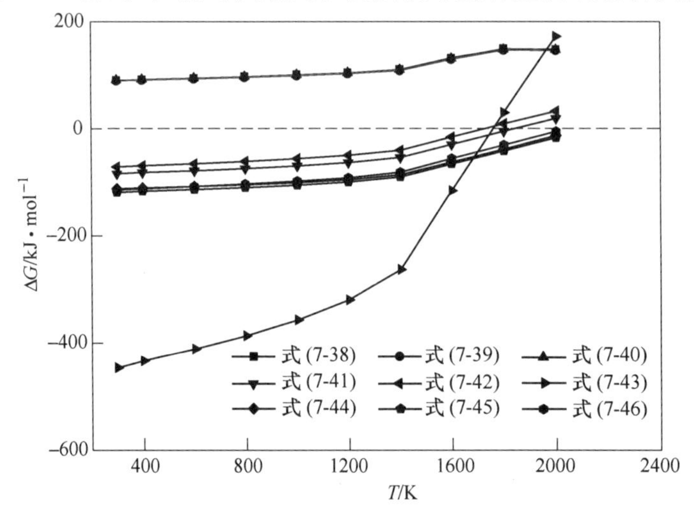


图 7-17　Mg-MeO·$TiO_2$体系吉布斯自由能变

与钛酸钙生成钙反应的吉布斯自由能为正，与钛酸镁和钛酸钙生成钛反应的吉布斯自由能为负，说明在温度低于1800K时，镁可以还原$Mg_2TiO_4$和$Ca_3Ti_2O_7$最稳定的两种复合氧化物，且产物为钛。同时对比图7-16可知，钙还原钛酸镁和钛酸钙生成钛的吉布斯自由能更负，说明钙的还原能力比镁更强。

$$CaTiO_3 + Mg = Ca + MgTiO_3 \quad (7\text{-}38)$$

$$1/3Ca_3Ti_2O_7 + Mg = Ca + 2/3MgTiO_3 + 1/3MgO \quad (7\text{-}39)$$

$$1/4Ca_4Ti_3O_{10} + Mg = Ca + 3/4MgTiO_3 + 1/4MgO \quad (7\text{-}40)$$

$$1/2CaTiO_3 + Mg = 1/2Ti + 1/2CaO_3 + MgO \quad (7\text{-}41)$$

$$1/4Ca_3Ti_2O_7 + Mg = 1/2Ti + 3/4CaO + MgO \quad (7\text{-}42)$$

$$1/6Ca_4Ti_3O_{10} + Mg = 1/2Ti + 2/3CaO + MgO \quad (7\text{-}43)$$

$$1/2MgTiO_3 + Mg = 1/2Ti + 3/2MgO \quad (7\text{-}44)$$

$$1/4MgTi_2O_5 + Mg = 1/2Ti + 5/4MgO \quad (7\text{-}45)$$

$$1/2Mg_2TiO_4 + Mg = 1/2Ti + 2MgO \quad (7\text{-}46)$$

## 7.4 多级还原钛过程研究

### 7.4.1 自蔓延快速一次还原过程

本章主要研究$TiO_2$-Mg体系的自蔓延一次还原反应过程，研究不同自蔓延反应模式、物料配比、制样压力、保温温度和保温时间对自蔓延产物组成以及形貌的影响。

#### 7.4.1.1 反应配比的影响

本小节为探究不同的配料比对自蔓延产物的微观形貌以及浸出后产物的组成等的影响，实验设计的配料比（$TiO_2$/Mg摩尔比）范围是1∶1.8~1∶2.6的范围。具体实验条件见表7-3。不同配比的自蔓延反应产物（浸出后）XRD图如图7-18所示。

**表7-3 不同配比自蔓延实验条件**

| 编号 | 反应条件 | | | | | |
|---|---|---|---|---|---|---|
| | 物料配比（$TiO_2$/Mg摩尔比） | 制样压力/MPa | 保温温度/℃ | 保温时间/h | 反应气氛 | 引发方式 |
| 1 | 1∶1.8 | 10 | — | — | 真空 | 整体加热 |
| 2 | 1∶2.0 | 10 | — | — | 真空 | 整体加热 |
| 3 | 1∶2.2 | 10 | — | — | 真空 | 整体加热 |
| 4 | 1∶2.4 | 10 | — | — | 真空 | 整体加热 |
| 5 | 1∶2.6 | 10 | — | — | 真空 | 整体加热 |

分析图7-18可知，不同配比的自蔓延产物酸浸后的物相有很大的变化。当镁配比不足时，明显由许多未反应的$TiO_2$和$Ti_3O_5$等高价钛氧化物相生成。随着镁配比的增加，当镁配比过量到10%时，$Ti_3O_5$的衍射峰已经消失，$TiO_2$的衍射峰明显降低；当镁配比过量20%时，$TiO_2$的衍射峰已经消失。与此同时，当镁配比不足时没有出现Ti的衍射峰；随着镁配比的增加Ti衍射峰出现，同时$Ti_2O$的衍射峰高度也明显升高。当镁配比过量20%时，

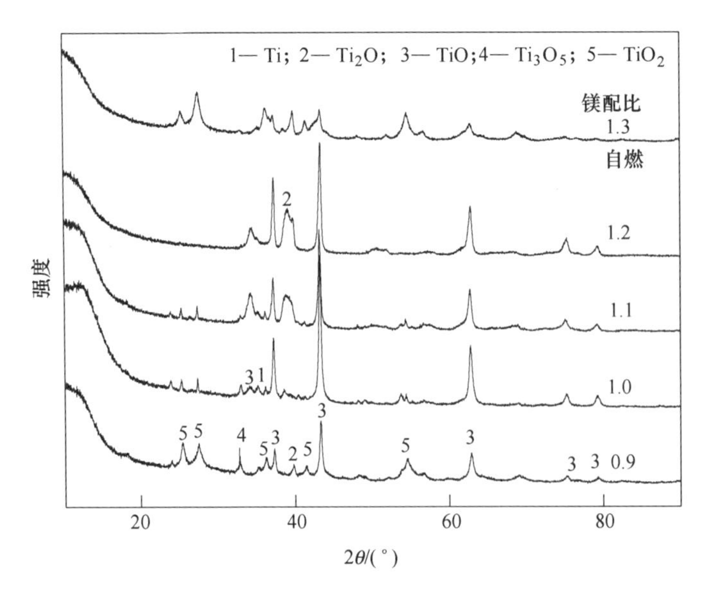


图 7-18　不同配比的自蔓延反应产物（浸出后）XRD 图

产物的主要物相为 Ti 以及 TiO、$Ti_2O$ 等低价钛氧化物。当镁配比过量 30%时，产物发生自燃现象，推测随着镁配比的增加，产物的氧含量进一步降低，产物活性增大，与空气中的 $O_2$ 作用发生自燃，自燃的产物中出现大量 $TiO_2$ 相。在 46°和 78°同样出现了明显的非晶态峰，这是由于自蔓延法反应速度快、温度梯度高等特性导致的非晶态产物的生成。

不同配比的自蔓延反应（浸出后）杂质含量如图 7-19 所示。

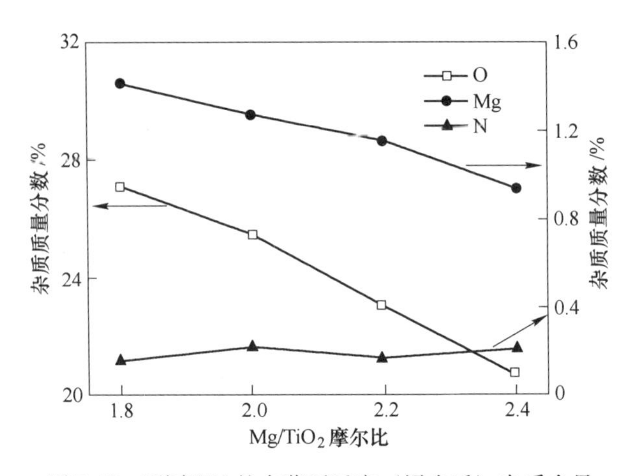


图 7-19　不同配比的自蔓延反应（浸出后）杂质含量

分析图 7-19 可知，随着反应配比的增加，产物中的氧含量随之降低，当 $Mg/TiO_2$ 比为 1. 8 时，产物中的氧含量为 27%，当 $Mg/TiO_2$ 比升高到 2. 4 时，产物中的氧含量降低到 20%，可以推测，随着镁配比的增加，产物中的氧含量进一步降低，反应产物的活性更高，这也解释了当 $Mg/TiO_2$ 比升高到 2. 6 时，产物发生的自燃现象。

不同配比的自蔓延产物（浸出后）SEM 图及能谱分析如图 7-20 和表 7-4 所示。

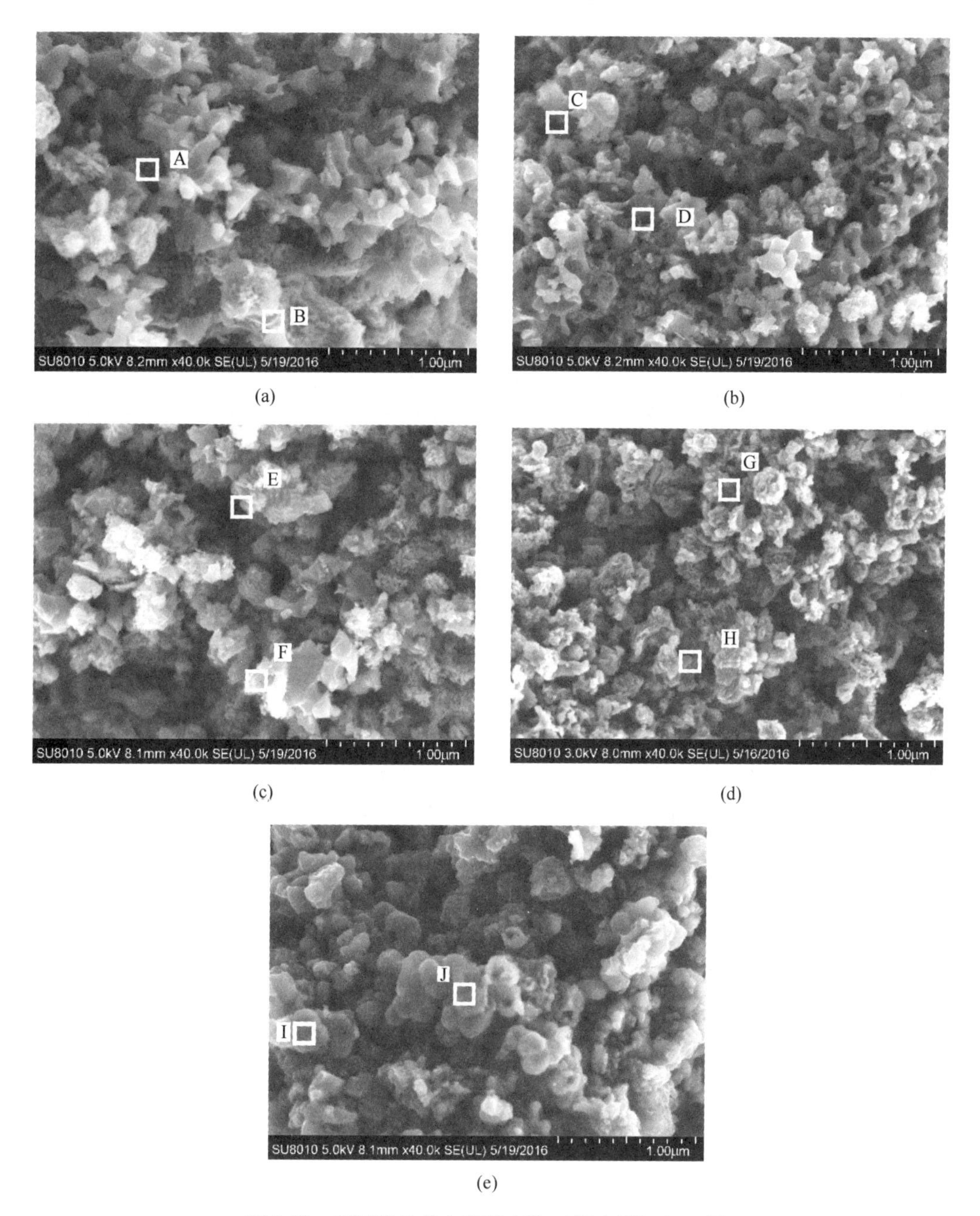


图 7-20 不同配比的自蔓延产物（浸出后）SEM 图

（a）$Mg/TiO_2=1.8$；（b）$Mg/TiO_2=2.0$；（c）$Mg/TiO_2=2.2$；（d）$Mg/TiO_2=2.4$；（e）$Mg/TiO_2=2.6$

**表 7-4 不同配比的自蔓延产物（浸出后）能谱分析**

| 区域 | Ti 质量分数/% | O 质量分数/% | Mg 质量分数/% | Ti/O 原子比 |
|---|---|---|---|---|
| A 区 | 68.46 | 29.14 | 2.40 | 0.79 |
| B 区 | 69.17 | 31.33 | 0.50 | 0.74 |
| C 区 | 70.46 | 27.49 | 2.05 | 0.86 |

续表 7-4

| 区域 | Ti 质量分数/% | O 质量分数/% | Mg 质量分数/% | Ti/O 原子比 |
|---|---|---|---|---|
| D 区 | 67.57 | 30.32 | 2.10 | 0.74 |
| E 区 | 73.89 | 25.54 | 0.57 | 0.97 |
| F 区 | 70.66 | 27.92 | 1.42 | 0.85 |
| G 区 | 71.97 | 26.76 | 1.27 | 0.90 |
| H 区 | 71.96 | 26.52 | 1.53 | 0.91 |
| I 区 | 58.08 | 38.94 | 2.98 | 0.50 |
| J 区 | 59.78 | 38.33 | 1.89 | 0.52 |

分析图 7-20 可知，反应产物明显出现颗粒连接现象和颗粒间的空洞现象并存的现象，这是由于 Mg 液还原 $TiO_2$骨架基体使 MgO 在颗粒间生成所导致的。随着镁配比量的增加，产物颗粒尺寸变得更加均匀。当 Mg/$TiO_2$比升高到 2.6 时反应物发生自燃现象，分析自燃后产物的 SEM 图可知，产物表面更加杂乱，生成大量尺寸不均匀的光滑球状颗粒，同时颗粒更加致密孔隙度明显降低，这是因为产物吸氧发生自燃低含氧量的颗粒生成 $TiO_2$等高价氧化物，而钛的高价氧化物的摩尔体积更大，填充了空洞，导致颗粒更加致密。

根据分析表 7-4 中不同配比自蔓延产物的浸出结果的能谱结果可知，浸出产物主要为低价的钛氧化物，根据产物 Ti/O 的原子比可知，产物颗粒主要为 TiO，同时随着镁配比的增加得到的产物氧含量更低，这与 XRD 分析结果和产物组成分析结果一致，其中爆炸产物颗粒主要为 $TiO_2$。

7.4.1.2 制样压力的影响

本小节为探究不同的制样压力对自蔓延产物的微观形貌以及浸出后产物的组成等的影响，实验设计的制样压力范围是 0~40MPa 的范围。具体实验条件见表 7-5。不同制样压力的自蔓延反应产物（浸出后）XRD 图如图 7-21 所示。

**表 7-5 不同制样压力自蔓延实验条件**

| 编号 | 反应条件 | | | | | |
|---|---|---|---|---|---|---|
| | 物料配比（$TiO_2$/Mg 摩尔比） | 制样压力/MPa | 保温温度/℃ | 保温时间/h | 反应气氛 | 引发方式 |
| 1 | 1：2.4 | 0 | — | — | 真空 | 整体加热 |
| 2 | 1：2.4 | 10 | — | — | 真空 | 整体加热 |
| 3 | 1：2.4 | 20 | — | — | 真空 | 整体加热 |
| 4 | 1：2.4 | 30 | — | — | 真空 | 整体加热 |
| 5 | 1：2.4 | 40 | — | — | 真空 | 整体加热 |

分析图 7-21 可知，当制样压力为 0MPa 时，明显由许多未反应的 $TiO_2$和 $Ti_3O_5$等高价钛氧化物相存在；随着镁配比的增加，产物物相主要为 TiO、$Ti_2O$ 为主的低价钛氧化物，

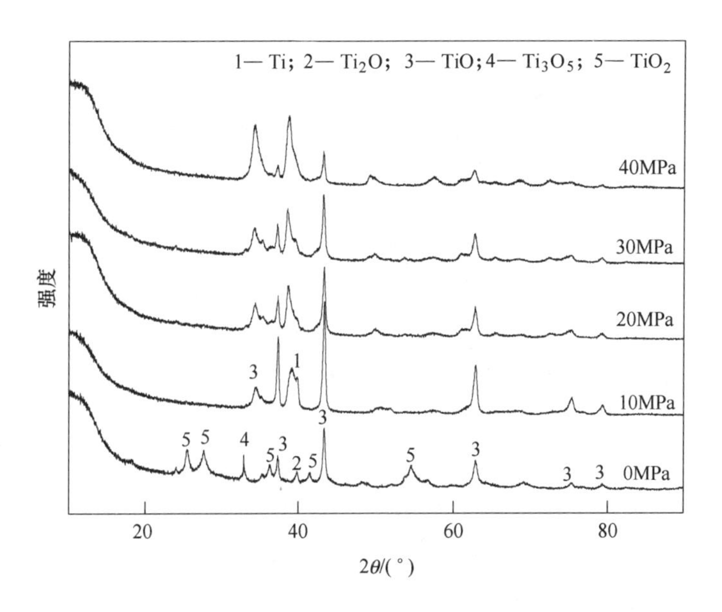


图 7-21 不同制样压力的自蔓延反应产物（浸出后）XRD 图

同时有 Ti 的衍射峰出现。当制样压力在 10~40MPa 的范围内，38°、43°、63°的 TiO 衍射峰高度呈现降低的趋势，同一 36°、39°、53°的 TiO 衍射峰高度呈现升高的趋势，这是由于随着制样压力的增大，产物中的氧含量发生变化，产物中的 γ-TiO 中固溶的 O 含量降低，逐渐转化为 α-TiO 所导致的。

根据图 7-22 可知，当制样压力为 0MPa（松装）时，产物中的氧含量很高，这是因为物料中的 $TiO_2$和 Mg 接触不充分导致的，当制样压力为 10MPa 时，产物中氧含量迅速从 31%下降到 21%，随着制样压力的进一步增大，产物中氧含量没有明显变化。而随着制样压力的增大，产物中的镁含量总体呈现上升的趋势，推测是由于制样压力的增大，生成的 MgO 与尚未参与反应的 $TiO_2$骨架基体的接触几率升高所导致的。

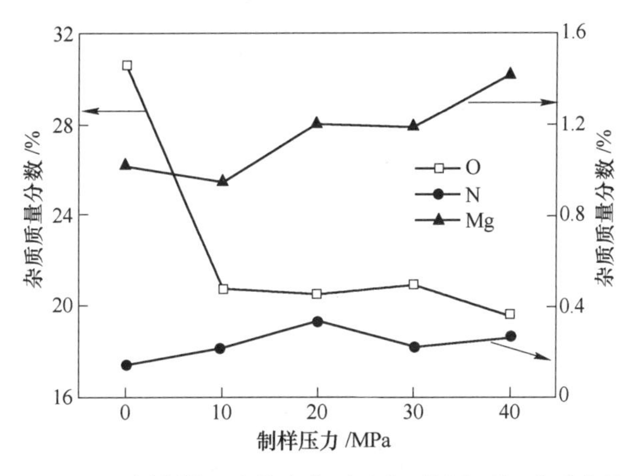


图 7-22 不同制样压力的自蔓延反应（浸出后）杂质含量

不同制样压力的自蔓延产物（浸出后）SEM 图及能谱分析如图 7-23 和表 7-6 所示。

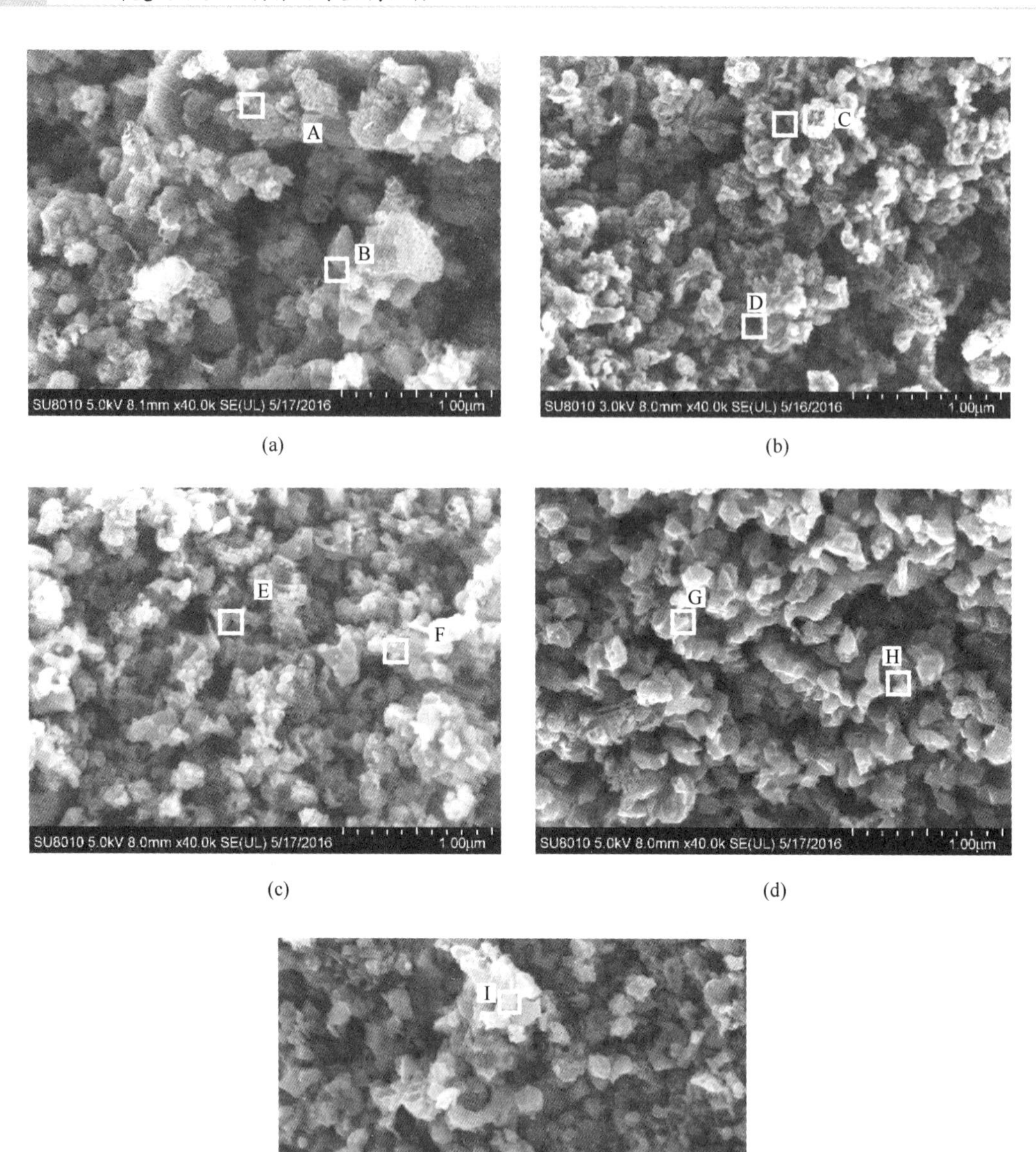


(a) (b) (c) (d) (e)

图 7-23 不同制样压力的自蔓延产物（浸出后）SEM 图

（a）0MPa；（b）10MPa；（c）20MPa；（d）30MPa；（e）40MPa

**表 7-6 不同制样压力自蔓延产物（浸出后）能谱分析**

| 区域 | Ti 质量分数/% | O 质量分数/% | Mg 质量分数/% | Ti/O 原子比 |
|---|---|---|---|---|
| A 区 | 67.43 | 31.86 | 0.70 | 0.71 |
| B 区 | 71.60 | 27.27 | 1.13 | 0.88 |

续表 7-6

| 区域 | Ti 质量分数/% | O 质量分数/% | Mg 质量分数/% | Ti/O 原子比 |
|---|---|---|---|---|
| C 区 | 71.97 | 26.76 | 1.27 | 0.90 |
| D 区 | 71.96 | 26.52 | 1.53 | 0.91 |
| E 区 | 75.18 | 24.23 | 0.59 | 1.04 |
| F 区 | 78.51 | 20.13 | 1.36 | 1.30 |
| G 区 | 75.26 | 23.60 | 1.14 | 1.07 |
| H 区 | 74.91 | 24.73 | 0.35 | 1.01 |
| I 区 | 75.18 | 24.23 | 0.59 | 1.04 |
| J 区 | 77.07 | 21.34 | 1.59 | 1.21 |

分析图 7-23 可知，反应产物明显出现颗粒连接和颗粒间的空洞并存的现象，这是由于 Mg 液还原 $TiO_2$骨架基体使 MgO 在颗粒间生成所导致的。随着制样压力的增加，产物的空洞逐渐变小，当制样压力增加到 40MPa 时，产物中出现大量细小均匀的圆形空洞，这是由于制样压力的增大导致 $TiO_2$骨架空隙率的变小，抑制了 MgO 的生长。而自蔓延产物经浸出后，MgO 去除后形成空洞。当制样压力在 10~40MPa 的范围内，反应物表面逐渐变得光滑，说明产物受酸液腐蚀的现象得到改善，结合 XRD 分析结果，推测是由于 TiO 为主的低价钛氧化物中固溶氧含量发生变化导致晶型转变所导致的。

根据分析表 7-6 中不同制样压力自蔓延产物（浸出后）的能谱结果可知，当制样压力为 0MPa 时，由于原料接触面积不充分，有部分 $TiO_2$ 未参与反应导致产物中的 Ti/O 的原子比偏低；当制样压力为 10MPa 时，浸出产物主要为低价的钛氧化物，根据产物 Ti/O 的原子比可知，产物颗粒主要为 TiO，且不同产物颗粒的 Ti/O 的原子比分布比较均匀，随着制样压力的增大，产物中氧含量变化不大的同时，产物颗粒的 Ti/O 的原子比发生一定的波动，这是由于空隙率的变化导致不同颗粒接触到的还原剂的 Mg 量不同导致的，由于钛及钛的低价氧化物中的氧固溶度很大同时产物颗粒的微观形貌没有明显区别因此无法进一步判断产物为 TiO 或者 $Ti_2O/Ti_3O$ 中固溶一定量的氧。根据产物 XRD 分析，同时结合产物组成分析产物颗粒主相为 TiO 同时有少量 $Ti_2O$ 存在。

### 7.4.2 还原产物的酸浸过程研究

酸浸实验使用上节中的酸浸装置，达到隔绝空气，防止氧化的目的；浸出结束后迅速过滤并将滤饼放置在真空烘箱中烘干。并检测产物中 Mg、Ti、O 元素含量。利用单因素实验的方法，依次探究反应固液比、反应时间、反应温度、反应酸浓度和浸出次数对杂质（MgO）去除率和目标产品（Ti 和 $Ti_xO$ 等含 Ti 物质）回收率的影响，进而得到酸浸工艺的最佳条件。进行酸浸实验的原料为一次性反应的二氧化钛与镁粉（过量 20%）自蔓延反应产物，以避免误差。将自蔓延产物研磨、筛至小于 0.074mm（200 目）进行浸出反应。

#### 7.4.2.1 反应时间的影响

探究最佳反应时间的浸出实验中，反应时间范围设定为 20~180min，具体实验见表 7-7。不同浸出时间产物 XRD 图如图 7-24 所示。根据分析图 7-24 可知，浸出产物的主要相为 TiO、$Ti_2O$ 等低价钛氧化物，还有少量 Ti 单质。浸出时间为 20min，有 MgO 杂质代表峰出现，随着浸出时间的延长，MgO 代表峰消失；浸出时间在 60min 以上时，产物的 XRD 图无明显变化。

表 7-7　不同反应时间浸出条件表

| 编号 | 反应条件 | | | |
|---|---|---|---|---|
| | 反应时间/min | 反应温度/℃ | 固液比 | 酸浓度/mol·$L^{-1}$ |
| 1 | 20 | 25 | 1 : 50 | 1 |
| 2 | 40 | 25 | 1 : 50 | 1 |
| 3 | 60 | 25 | 1 : 50 | 1 |
| 4 | 90 | 25 | 1 : 50 | 1 |
| 5 | 120 | 25 | 1 : 50 | 1 |
| 6 | 180 | 25 | 1 : 50 | 1 |

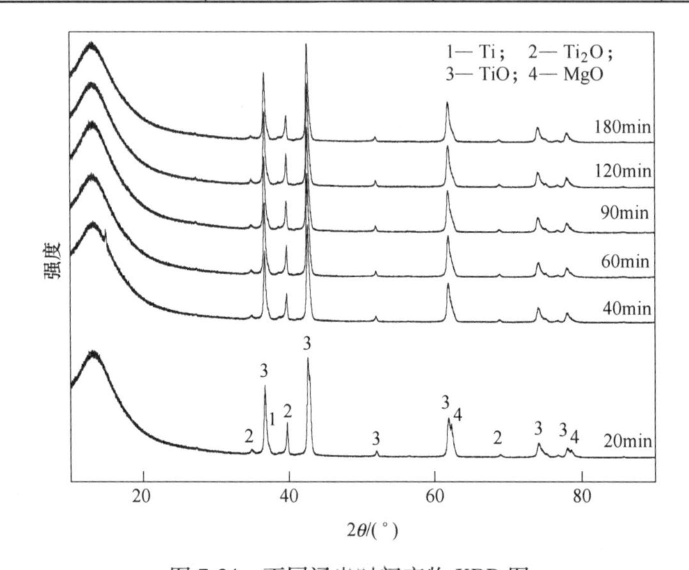


图 7-24　不同浸出时间产物 XRD 图

根据分析浸出前后粉末中的 Mg、Ti 含量可以得到不同浸出时间的 Mg 去除率及 Ti 回收率，如图 7-25 所示。根据图 7-25 分析可知，随着浸出反应时间的增加，总体趋势呈现

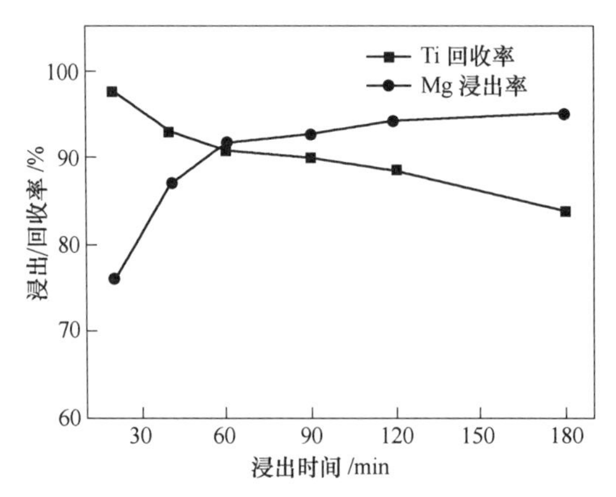


图 7-25　浸出时间对 Mg 去除率及 Ti 回收率的影响

为镁的去除率升高和钛的回收率的降低，这说明 Ti 单质及钛的低价氧化物（TiO、$Ti_2O$ 等）在酸中不稳定。在实验条件下，20~60min 阶段，镁的去除率急剧升高，60~120min 镁的去除率升高速度降低，120~180min 镁的去除率基本不变，同时钛的回收率持续降低，因此确定浸出时间为 120min，在实验条件下，镁的去除率为 94.1%，钛的回收率为 88.4%。

7.4.2.2 反应固液比的影响

探究最佳反应固液比的浸出实验中，具体实验条件见表 7-8，反应固液比范围设定为 1∶40~1∶100。其中以盐酸浓度为 1mol/L 计，与自蔓延产物中的 MgO 恰好完全反应的固液比为 1∶35。不同浸出固液比产物 XRD 图如图 7-26 所示。

**表 7-8 不同反应固液比浸出条件**

| 编号 | 反应条件 | | | |
|---|---|---|---|---|
| | 反应时间/min | 反应温度/℃ | 固液比 | 酸浓度/mol·$L^{-1}$ |
| 1 | 60 | 25 | 1∶40 | 1 |
| 2 | 60 | 25 | 1∶50 | 1 |
| 3 | 60 | 25 | 1∶60 | 1 |
| 4 | 60 | 25 | 1∶70 | 1 |
| 5 | 60 | 25 | 1∶100 | 1 |

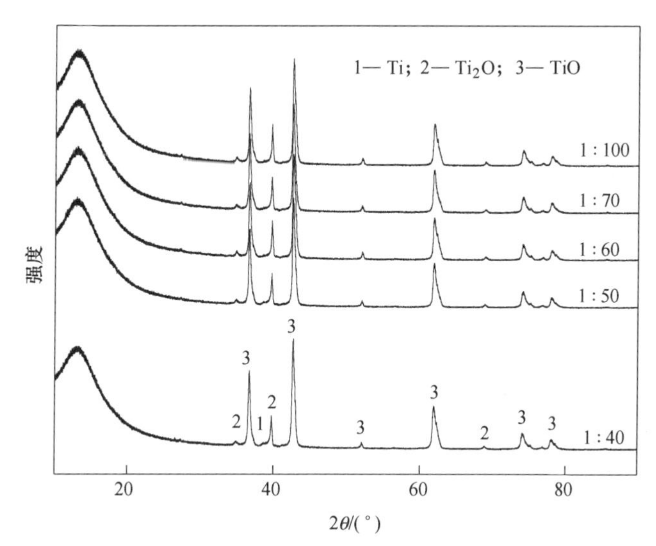


图 7-26 不同浸出固液比产物 XRD 图

根据分析图 7-26 可知，浸出产物的主要相为 TiO、$Ti_2O$ 等低价钛氧化物，还有少量 Ti 单质。在实验范围内，不同固液比浸出产物的物相组成没有明显变化。

固液比对 Mg 去除率及 Ti 回收率的影响如图 7-27 所示。

分析图 7-27 可知，在实验条件范围内，随着固液比的升高，钛的回收率下降，基本呈现线性降低。镁的去除率随反应固液比的升高而升高，固液比从 1∶40 提高 1∶50 时，去除率提高明显；固液比在 1∶50~1∶70 的范围内，去除率增长速率降低；进一步提高到 1∶100时，相比 1∶70 无明显升高。综合考虑钛的回收率、镁的去除率以及酸的利用率，选择最佳浸出固液比为 1∶70，此时镁的去除率为 94.4%，钛的回收率为 83.9%。

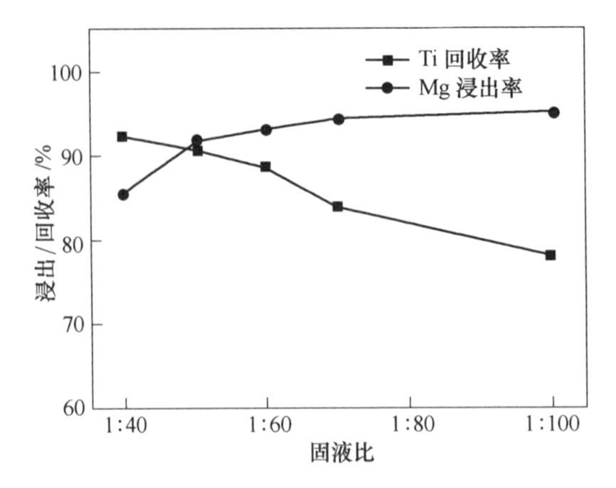


图 7-27　固液比对 Mg 去除率及 Ti 回收率的影响

#### 7.4.2.3　反应酸浓度的影响

探究最佳酸浓度的浸出实验中，具体实验见表 7-9，反应酸浓度范围设定为 1~4mol/L。不同酸浓度浸出产物 XRD 图如图 7-28 所示。

**表 7-9　不同反应酸浓度浸出条件**

| 编号 | 反应条件 | | | |
|---|---|---|---|---|
| | 反应时间/min | 反应温度/℃ | 固液比 | 酸浓度/mol · $L^{-1}$ |
| 1 | 60 | 25 | 1 : 50 | 1 |
| 2 | 60 | 25 | 1 : 50 | 2 |
| 3 | 60 | 25 | 1 : 50 | 3 |
| 4 | 60 | 25 | 1 : 50 | 4 |

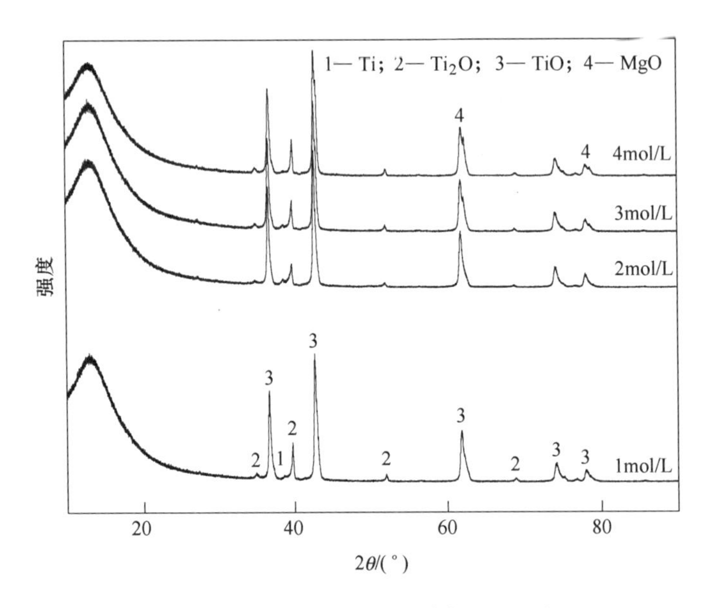


图 7-28　不同酸浓度浸出产物 XRD 图

根据分析图 7-28 可知，在实验条件下，不同酸浓度下自蔓延产物浸出后主要相为 TiO、$Ti_2O$ 等低价钛氧化物，还有少量 Ti 单质。相对于酸浓度为 1mol/L 时，2mol/L 条件下的 $Ti_2O$ 的衍射峰高度明显降低，随着酸浓度的进一步升高，当浸出酸浓度达到 4mol/L 出现 MgO 的衍射峰。

浸出酸浓度对 Mg 去除率及 Ti 回收率的影响如图 7-29 所示。

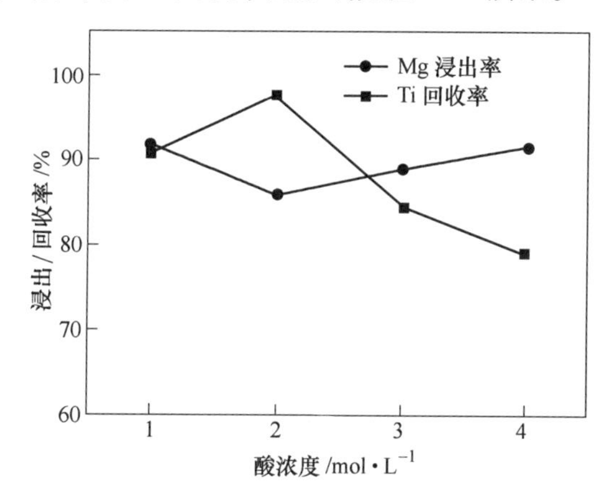


图 7-29 浸出酸浓度对 Mg 去除率及 Ti 回收率的影响

分析图 7-29 可知，在实验条件范围内当反应酸浓度从 1mol/L 升高到 2mol/L 以上时，镁的去除率出现大幅度下降，同时钛的回收率略有回升，这与 XRD 分析的结果一致；当酸浓度进一步增大时，镁的去除率略有回升，同时钛的回收率大幅度下降，这说明随着酸浓度的升高低价钛氧化物变得不稳定，会发生和 MgO 杂质在浸出过程中竞争的现象，综合以上和酸的利用率，选择最佳酸浓度为 1mol/L，此时镁的去除率为 91.6%，钛的回收率为 90.6%。

#### 7.4.2.4 浸出温度的影响

探究最佳反应温度的浸出实验中，具体实验见表 7-10，反应温度范围设定为 25～80℃。不同浸出温度产物 XRD 图如图 7-30 所示。

**表 7-10 不同反应温度浸出条件**

| 编号 | 反应条件 | | | |
|---|---|---|---|---|
| | 反应时间/min | 反应温度/℃ | 固液比 | 酸浓度/$mol \cdot L^{-1}$ |
| 1 | 60 | 25 | 1 : 50 | 1 |
| 2 | 60 | 40 | 1 : 50 | 1 |
| 3 | 60 | 60 | 1 : 50 | 1 |
| 4 | 60 | 80 | 1 : 50 | 1 |

根据分析图 7-30 可知，在实验条件下，不同温度下自蔓延产物浸出后主要相为 TiO。温度为 25℃时，有 Ti、$Ti_2O$ 相；随着反应温度的升高，Ti、$Ti_2O$ 代表的衍射峰高度明显降低；温度升高到 80℃时，二者衍射峰几乎消失。

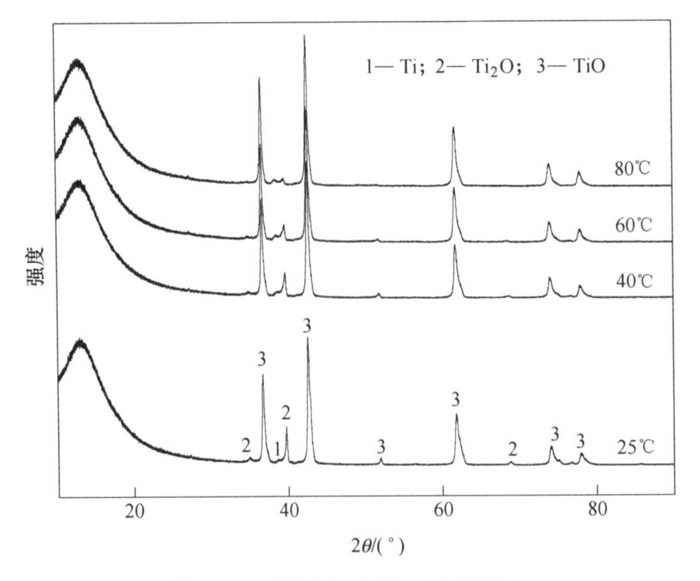


图 7-30　不同浸出温度产物 XRD 图

浸出温度对 Mg 去除率及 Ti 回收率的影响如图 7-31 所示。

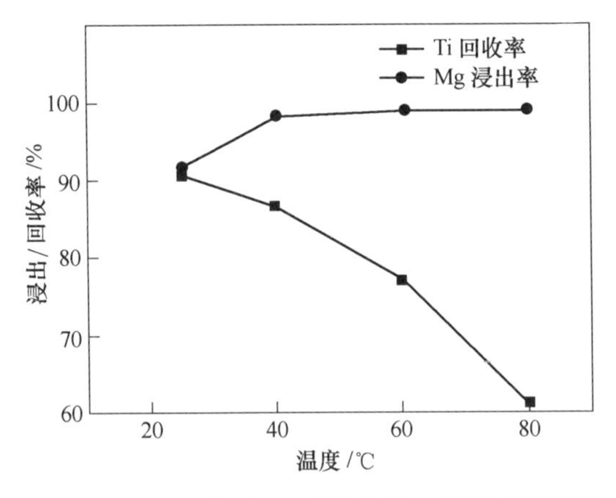


图 7-31　浸出温度对 Mg 去除率及 Ti 回收率的影响

分析图 7-31 可知，随着浸出温度的升高，Ti 的回收率大幅度下降；从 25℃ 上升到 40℃，镁的去除率略有上升，温度进一步升高，镁的去除率保持在 98% 几乎没有变化。说明随着温度的升高，TiO、Ti、$Ti_2O$ 等大量被酸腐蚀，消耗了大量酸，这与 7.3 节热力学计算结果一致。综合以上以及能源消耗问题，确定最佳浸出温度为 25℃，此时镁的去除率为 91.6%，钛的回收率为 90.6%。

### 7.4.3　一次还原产物的深度还原过程研究

本小节为研究还原温度对产物组成和微观形貌的影响。将自蔓延产物用 7.4.2 节中的最佳酸浸条件浸出，筛至小于 0.074mm（200 目），与粒度为小于 0.175mm（80 目）的钙粉混合均匀，在手动压样机上以 2MPa 的压力压制，并保压 10min，以保证坯块中各部分孔隙率基本一致。将压好的坯样放在刚玉舟中，再放到管式电阻炉中在惰性气体气氛中进行高温还原，还原结束后继续通惰性气体冷却，温度降到100℃以下，取出坯块，迅速破碎、筛分、浸出、烘干，对产物粉末进行分析。实验中不同的配比、反应温度和反应时间见表7-11。不同温度还原产物（浸出后）XRD图如图7-32所示。

**表7-11 不同温度深度还原实验条件**

| 编号 | 反应条件 | | |
|---|---|---|---|
| | 物料配比（反应物与钙质量比） | 反应温度/℃ | 反应时间/h |
| 1 | 1∶1.2 | 700 | 2 |
| 2 | 1∶1.2 | 800 | 2 |
| 3 | 1∶1.2 | 900 | 2 |
| 4 | 1∶1.2 | 1000 | 2 |

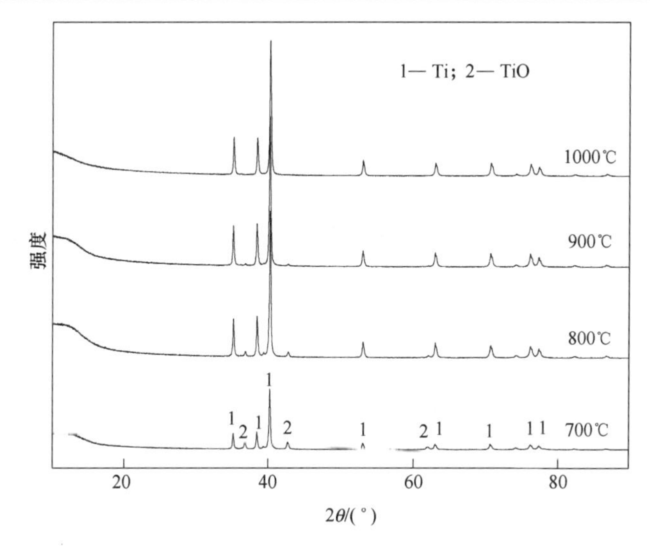


图7-32 不同温度还原产物（浸出后）XRD图

根据图7-32可知，当还原温度为700℃时，浸出产物的主要相为Ti，但还有一定TiO的衍射特征峰；还原温度升高到800℃时，TiO的衍射特征峰高度明显降低；温度继续升高到900~1000℃时，浸出产物中只有Ti的衍射特征峰。

不同温度还原产物（浸出后）杂质含量如图7-33所示。

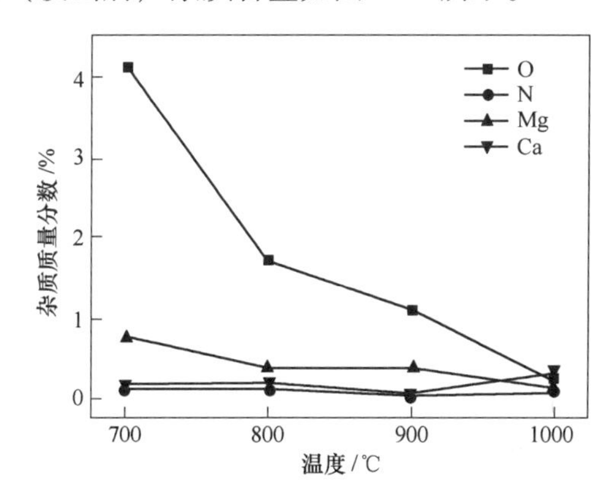


图7-33 不同温度还原产物（浸出后）杂质含量

分析图 7-33 可知，随着反应温度的升高，产物中的 Mg 含量降低，说明在实验条件范围内 Ca 可以破坏 $x$MgO · $y$Ti$O_2$等复合氧化物的结构，降低产物中的镁含量；同时氧含量也随着还原温度的升高而降低，温度为 1000℃时，产物中氧含量降低至 0.235%；产物中的钙和氮含量保持在极低的水平，说明还原剂钙可以通过浸出过程去除，同时真空包装保存产物基本可以避免 $N_2$对产物的污染。

不同温度还原产物（浸出后）SEM 图如图 7-34 所示。

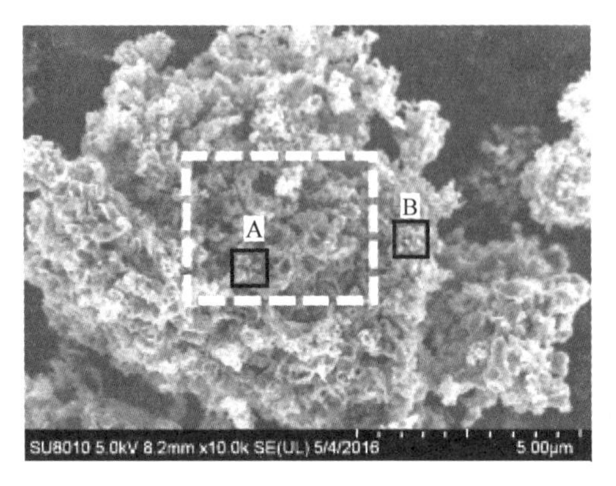

(a)

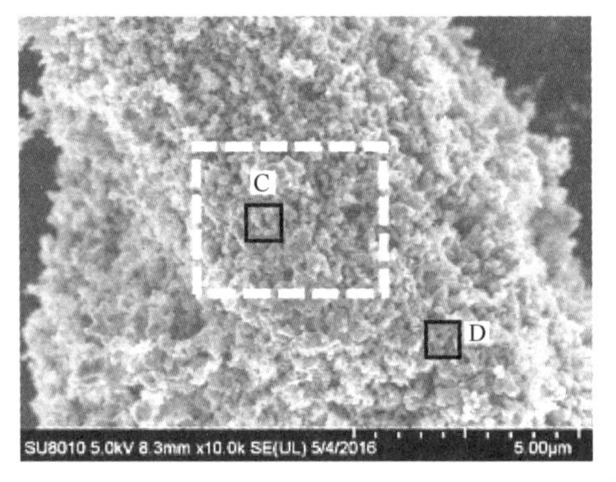

(b)

(c)

(d)

图 7-34 不同温度还原产物（浸出后）SEM 图

（a）700℃及虚线部分放大；（b）800℃及虚线部分放大；（c）900℃及虚线部分放大；（d）1000℃及虚线部分放大

根据分析图 7-34 可知，700℃时产物形貌与自蔓延产物（酸浸后）相比有一定变化，但表面依旧有明显的块状堆叠结构，内部为网格状。800℃时产物形貌出现变化，从块状变为椭圆球和圆饼状。900℃时产物出现明显的烧结现象，除表面同样有部分圆球和圆饼，内部颗粒烧结成片层状。1000℃时产物烧结现象更明显，出现大量 10μm 以上大块烧结颗粒。

根据产物的成分和扫描电镜结果分析，可以推断在不同温度的实验条件下，Ca-$Ti_xO$ 反应过程如图 7-35 所示。还原钙粉的粒度大于 $Ti_xO$ 颗粒，在 700℃的条件下，钙粉软化有限，钙粉与 $Ti_xO$ 颗粒接触面积小，传质效果差导致还原动力学条件不充分，反应为固-固反应，与钙直接接触的 $Ti_xO$ 颗粒还原效果好，随着与钙粉物理距离的增大，还原效果变差，导致脱氧还原反应不充分，产物氧含量高。在 800℃条件下，钙粉颗粒的软化形变更加明显，与 $Ti_xO$ 颗粒的接触面积增大，反应依旧为固-固反应，但动力学条件得到改善，脱氧还原反应更加充分，产物氧含量降低。温度升高到 900℃，钙粒熔化成液体，在毛细作用下，大量进入到 $Ti_xO$ 颗粒的空隙当中，形成钙液的包裹，反应的接触面积明显

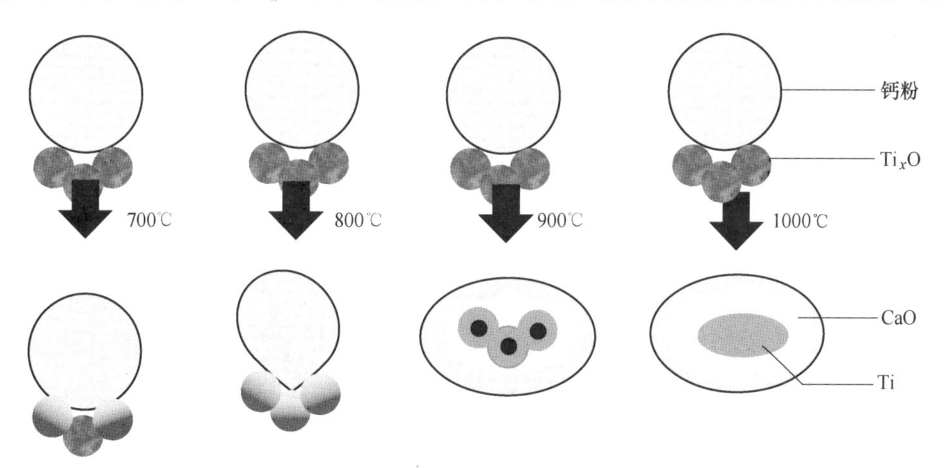


图 7-35 不同温度下 Ca-$Ti_xO$ 反应过程示意图

增大，同时生成一定量的钙蒸气，反应为液-固反应和气-固反应，反应动力学条件得到明显改善，导致 $Ti_xO$ 颗粒的还原效果更高，产物氧含量进一步降低。钙液与 $Ti_xO$ 颗粒之间逐渐形成 CaO 层，阻止 Ca 和 O 之间的传递。温度升高到 1000℃，动力学条件相比 900℃ 得到了进一步增强，产物氧含量得到进一步降低，得到氧含量为 0.235%的产物。同时随着反应温度的升高，800℃以上 $Ti_xO$ 颗粒之间出现明显烧结现象，温度升高球形颗粒烧结现象更加明显，形成椭圆形进而实现片层状烧结，温度到达 1000℃，片层状烧结令彼此进一步烧结成 10μm 以上的块状。结合 7.3 节热力学计算的内容，随着温度的升高 Ca 还原 $Ti_xO$的吉布斯自由能升高，还原热力学条件变差，而实验结果证明随着温度的升高，还原动力学的条件改善，还原效果变好，这说明 Ca-$Ti_xO$ 体系的还原过程受 Ca/O 的迁移传质速度的影响大于化学反应速度。

不同温度还原产物（浸出后）能谱分析见表 7-12。

**表 7-12　不同温度还原产物（浸出后）能谱分析**

| 区域 | Ti 质量分数/% | O 质量分数/% | Mg 质量分数/% | Ca 质量分数/% |
|---|---|---|---|---|
| A 区 | 86.64 | 12.83 | 0.49 | 0.04 |
| B 区 | 85.51 | 13.95 | 0.52 | 0.03 |
| C 区 | 96.77 | 2.48 | 0.19 | 0.57 |
| D 区 | 95.87 | 3.78 | 0.21 | 0.14 |
| E 区 | 95.81 | 3.15 | 0.63 | 0.41 |
| F 区 | 96.08 | 3.53 | 0.33 | 0.05 |
| G 区 | 98.69 | 1.31 | 0.00 | 0.00 |
| H 区 | 98.50 | 1.49 | 0.01 | 0.00 |

分析表 7-12 可知，在反应条件范围内，不同温度下各产物颗粒成分比较均匀，随着反应温度的升高，产物颗粒中的氧含量和镁含量呈现下降的趋势，说明提高温度能够有利于 $Ti_xO$ 颗粒中的固溶氧和结合氧的扩散和反应，降低产物中的氧含量。

## 7.5　多级深度还原制备 Ti6Al4V 合金粉的探索试验

### 7.5.1　性质与用途

Ti6Al4V（TC4）合金目前是钛合金中应用最广的一种，其产量占到钛合金总产量的 50%，占到全部钛合金加工件的 95%。由于它具有优良的综合性能（在各种工作温度下性能稳定，以及多种介质中良好的抗腐蚀性能），广泛应用于各个领域[23]。

Ti6Al4V 为 α+β 型钛合金，室温中 β 相约为 15%，其余为 α 相。添加的 Al 元素为 α 相稳定元素，V 元素为 β 相稳定元素。由于 Al 及 V 元素原子半径分别为 0.143nm 和 0.153nm，与 Ti 元素原子半径（0.145nm）相差不大，故二者均以置换固溶形式存在于 Ti

的晶格中并引起晶格收缩型畸变。对该合金进行不同的热处理以及在不同的条件下进行变形，可以改变α相和β相所占的比例及它们的分布，两相比例和分布不同可形成不同的组织，合金的组织决定了其力学性能。此合金广泛应用于航天领域如飞机、直升机、火箭、人造卫星、飞船中。TC4 合金与人体的生物相容性十分优异，因此广泛应用于医学领域如人造骨骼、人造头颅以及种植牙等[24]。

### 7.5.2 研究现状

TC4 合金的冶炼方法有真空自耗电弧熔炼法、粉末冶金法、自蔓延法、金属氯化物还原法等，简要介绍如下：

（1）真空自耗电弧熔炼。其工艺流程为：海绵钛与添加的合金混料—压制电极—电极和残料焊接成自耗电极—熔炼—铸锭处理—检验。在真空熔炼时，利用电极和坩埚两极之间的电弧放电作为热源将制备的电极不断熔化，同时铸锭自下而上地在结晶器中连续凝固增高。最为重要的一部分为水冷铜坩埚，它的直径一般比电极大 0.050~0.150m，电极以一定的速度向下移动，保持电极端部与熔池之间距离恒定。冷却水将坩埚壁的热量带走，使熔融的金属在坩埚壁凝固，这样就在坩埚壁与熔融金属之间形成了一层凝聚壳，防止坩埚对金属的污染[25]。

真空自耗电弧熔炼是目前生产钛合金的基本方法，可以有效除去氢气等杂质气体。但其缺点也不容忽视，仍然存在出现宏观偏析和微观偏析的可能性；熔炼过程受多个变量的影响。目前开展的优化工艺主要为电极间隙控制、熔炼速度控制、同轴供电以及采用 *X-Y* 对中系统。

（2）粉末冶金是一项集材料准备与零件成型于一体，节能、节材、高效、最终成型、少污染的先进制造技术，在材料和零件制造业中具有不可替代的地位和作用。传统的粉末冶金制备材料技术分为混合元素法和预合金法。

1）混合元素法就是按照合金的成分配比混合后，经过不同方式的压力成型如冷等静压或热等静压，然后在真空环境下进行烧结。混合元素法制备 Ti6Al4V 就是将钛粉、铝粉和钒粉按照一定的比例混合后按照上述步骤进行处理，最终得到合金。Ivasishin 等人采用混合元素法，以 $TiH_2$粉和 Al-V 中间合金粉或 Al、V 元素粉为原料，仅通过压制和烧结，制备出相对密度高达 99%的 Ti6Al4V 合金烧结体；并且烧结体组织均匀，杂质含量特别是氧元素含量很低；其抗拉强度达到 970MPa，伸长率为 6%。

2）预合金法是采用预合金粉末为原料，通过热等静压制备粉末冶金合金的技术方法，由其制备的 Ti6Al4V 合金的相对密度达到 99%以上。早期的预合金法制备的制品尺寸和形状与最终产品相差很大，并且制备成本较高。后来美国坩埚公司成功研发了陶瓷热模等静压技术，利用该技术可以制备全致密形状复杂的钛合金产品。预合金粉的制备方法是以钛粉和铝钒合金粉在星式球磨机中进行几十个小时的球磨，最终得到 Ti6Al4V 的预合金粉末。Ti6Al4V 粉末在球磨介质的反复冲撞下，承受冲击、剪切、摩擦和压缩多种力的作用，经历反复的挤压、冷焊及粉碎过程，不断变小并合金化。

(3) 注射成型法制备 Ti6Al4V 合金是选用适当的合金粉体，然后配以黏结剂，在炼胶机上混炼制粒后注射成钛合金预成型坯，在溶剂中脱脂后真空烧结得到比较致密的合金。最后将烧结坯热等静压处理 2~4h，随后退火得到综合力学性能较好和精度高达±0.2%的 Ti6Al4V 零部件。

(4) 凝胶注模成型法生产 Ti6Al4V 的方法具有操作简单、设备生产成本低的优点，可成型各种复杂形状和尺寸的零件。具体工艺为将合金粉末与配制的预混液混合后加入催化剂和引发剂，搅拌均匀后注入模具腔体，凝胶化后脱模得到坯体。然后将坯体加热排胶，最后在真空环境下烧结得到尺寸精确的复杂零件。

(5) 快速成型技术就是直接用金属粉末烧结成型三维零件。近年来发展最快的是选择性激光烧结技术，利用三维 CAD 数据在几个小时内直接制造出真正的近净形零件。激光束在计算机的作用下根据分层截面的信息进行有选择地烧结，一层完成后再进行下一层的烧结，全部烧结完成后去除掉多余的粉末，就得到一件烧结好的零件。2004 年，Pohl 等人就利用此技术制备出了一次加工成型就近乎全致密的 Ti6Al4V 合金，且杂质含量极少[26]。

(6) 自蔓延法制备 Ti6Al4V 合金是依据 $TiO_2$、$V_2O_5$以及金属镁粉、钙粉为原料，通过添加造渣剂与发热剂首先制备出粗合金，此时合金主要问题为氧化物杂质含量较高。最后通过电频炉进行精炼得到合乎成分的合金铸锭。

此工艺是依据美国国际钛粉公司的 Armstrong 工艺改进而来。Armstrong 工艺是将 $TiCl_4$ 蒸气喷入熔融钠的流体中去，将钛的氯化物依据一定的比例掺入 $AlCl_3$和 $VCl_4$，最终得到钛铝钒合金粉末，以备后续加工使用。

对于目前钛合金生产过程中存在的生产周期长以及设备复杂的问题，作者课题组提出多级深度还原法制备 TC4 合金粉体。此方法可行的两大理论支撑分别是自蔓延技术和深度还原。由于钛和钒均为变价金属，在还原的过程中遵循多级还原的原理。因此利用自蔓延快速、高效、节能的特点把钛和钒由高价变为以二价为主的氧化物。酸浸出去杂质，为深度还原创造一个良好的传质条件。然后进行深度还原以进一步降低氧含量并且促进合金化。该工艺将快速高效的自蔓延高温合成工艺与传统冶金中高温还原、酸浸除杂工艺相耦合，得到清洁高效的多级深度还原法制备 Ti6Al4V 合金粉新流程。

### 7.5.3 热力学计算

#### 7.5.3.1 绝热温度计算

可以算出以下反应的绝热温度分别为 2138K、2184K、2484K、2535K，均高于 1800K，理论上以下反应均可以发生。

$$18.8TiO_2 + 0.395V_2O_5 + 39.575Mg + 2.22Al = 18.8Ti + 0.79V + 2.22Al + 39.575MgO \tag{7-47}$$

$$18.8TiO_2 + 0.395V_2O_5 + 39.575Mg = 18.8Ti + 0.79V + 39.575MgO \tag{7-48}$$

$$18.8TiO_2 + 0.395V_2O_5 + 39.575Ca + 2.22Al = 18.8Ti + 0.79V + 2.22Al + 39.575CaO \quad (7\text{-}49)$$

$$18.8TiO_2 + 0.395V_2O_5 + 39.575Ca = 18.8Ti + 0.79V + 39.575CaO \quad (7\text{-}50)$$

通过以上计算结果可以明显看出，以 Ca 为还原剂的体系绝热温度高于以 Mg 为还原剂的体系的绝热温度。

7.5.3.2 体系吉布斯自由能变分析

因为 Ti 和 V 均为变价金属所以在反应的过程中必然伴随着众多的副反应，对这些可能发生的副反应进行深入的热力学分析对于研究这个反应有很大益处。$Mg\text{-}TiO_2$、$MgO\text{-}TiO_2$、$Mg\text{-}V_2O_5$、$MgO\text{-}V_2O_5$ 体系的吉布斯自由能变如图 7-36~图 7-39 所示。

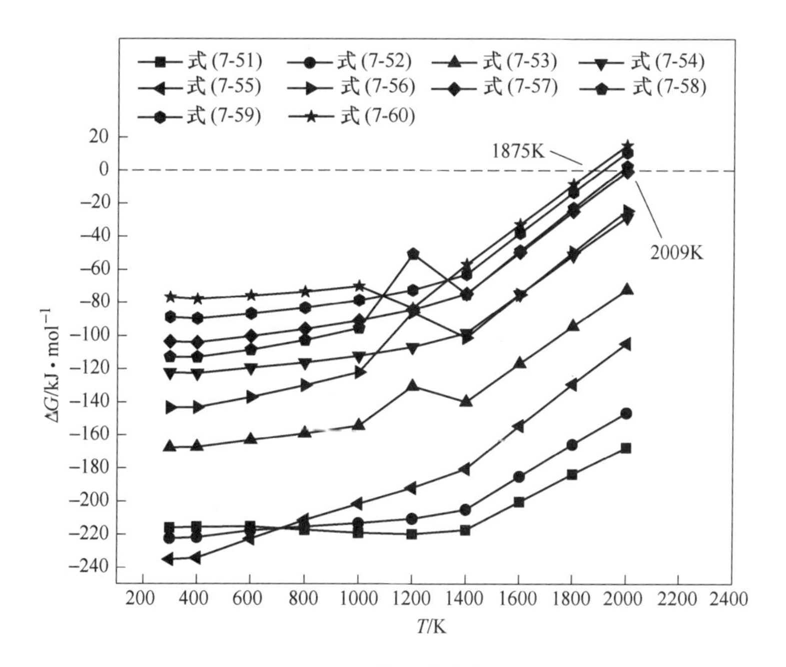


图 7-36 $Mg\text{-}TiO_2$体系吉布斯自由能变

$$3TiO_2 + Mg = Ti_3O_5 + MgO \quad (7\text{-}51)$$

$$2TiO_2 + Mg = Ti_2O_3 + MgO \quad (7\text{-}52)$$

$$TiO_2 + Mg = TiO + MgO \quad (7\text{-}53)$$

$$1/2TiO_2 + Mg = 1/2Ti + MgO \quad (7\text{-}54)$$

$$2Ti_3O_5 + Mg = 3Ti_2O_3 + MgO \quad (7\text{-}55)$$

$$1/2Ti_3O_5 + Mg = 3/2TiO + MgO \quad (7\text{-}56)$$

$$1/5Ti_3O_5 + Mg = 3/5Ti + MgO \quad (7\text{-}57)$$

$$Ti_2O_3 + Mg = 2TiO + MgO \quad (7\text{-}58)$$

$$1/3Ti_2O_3 + Mg = 2/3Ti + MgO \quad (7\text{-}59)$$

$$TiO + Mg = Ti + MgO \quad (7\text{-}60)$$

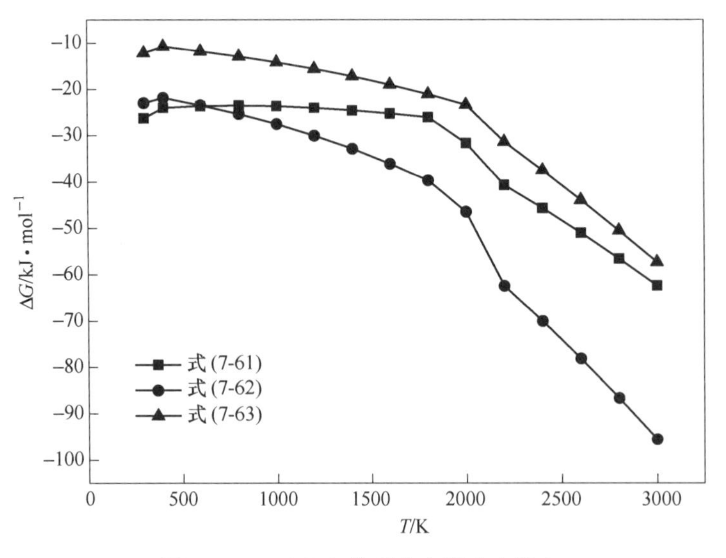


图 7-37　MgO-$TiO_2$体系吉布斯自由能变

$$MgO + TiO_2 = MgO \cdot TiO_2 \tag{7-61}$$

$$1/2MgO + 2TiO_2 = 1/2MgO \cdot 2TiO_2 \tag{7-62}$$

$$2MgO + TiO_2 = 2MgO \cdot TiO_2 \tag{7-63}$$

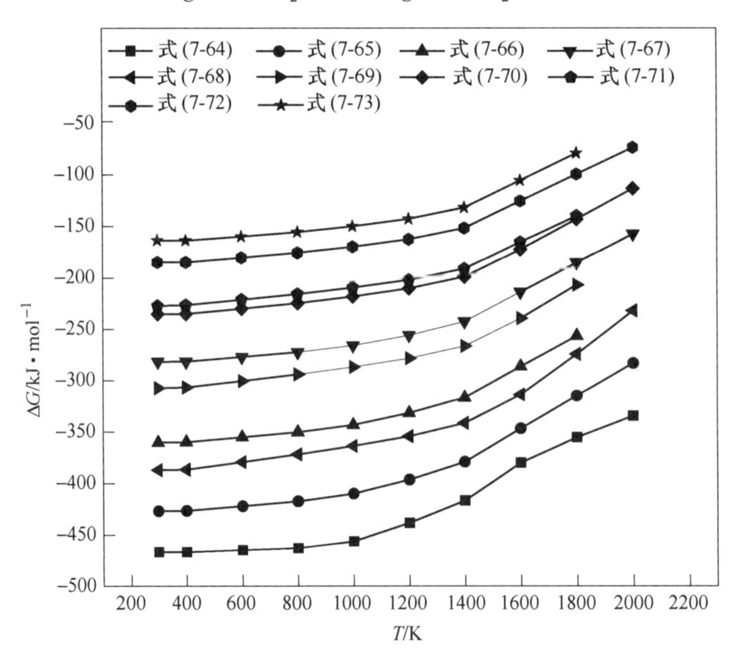


图 7-38　Mg-$V_2O_5$体系吉布斯自由能变

$$V_2O_5 + Mg = 2VO_2 + MgO \tag{7-64}$$

$$1/2V_2O_5 + Mg = 1/2V_2O_3 + MgO \tag{7-65}$$

$$1/3V_2O_5 + Mg = 2/3VO + MgO \tag{7-66}$$

$$1/5V_2O_5 + Mg = 2/5V + MgO \quad (7\text{-}67)$$

$$2VO_2 + Mg = V_2O_3 + MgO \quad (7\text{-}68)$$

$$VO_2 + Mg = VO + MgO \quad (7\text{-}69)$$

$$1/2VO_2 + Mg = 1/2V + MgO \quad (7\text{-}70)$$

$$V_2O_3 + Mg = 2VO + MgO \quad (7\text{-}71)$$

$$1/3V_2O_3 + Mg = 2/3V + MgO \quad (7\text{-}72)$$

$$VO + Mg = V + MgO \quad (7\text{-}73)$$

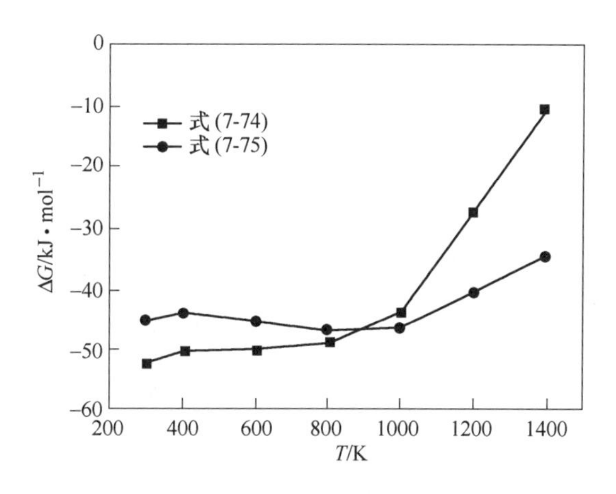


图 7-39 $MgO\text{-}V_2O_5$体系吉布斯自由能变

$$MgO + V_2O_5 = MgO \cdot V_2O_5 \quad (7\text{-}74)$$

$$2MgO + V_2O_5 = 2MgO \cdot V_2O_5 \quad (7\text{-}75)$$

钛为变价金属，还原的原则无论是固态镁或者气态镁在还原 $TiO_2$时均按照 $TiO_2 \rightarrow Ti_3O_5 \rightarrow Ti_2O_3 \rightarrow TiO \rightarrow Ti$ 的次序进行，上述热力学计算验证了此过程。制约最终生成金属钛的过程为 TiO 的还原。在还原的过程中随着氧含量的降低，其中的金属—金属键不断增强，并且 TiO 为非化学计量化合物，具有广泛的非均一性范围，氧可以和 α-Ti 和 β-Ti 形成稳定的 α-Ti-O 和 β-Ti-O 固溶体，加大了还原金属钛的难度。镁的还原为放热过程，随着温度的升高，还原过程的吉布斯自由能不断增大，反应进行的可能性越来越小。在还原的过程中点火触发反应后，随着反应的向前推进，距离反应区稍近的区域温度升高，部分金属镁液化甚至变为镁蒸气，因此在反应的过程中不单单涉及固固反应，还有固液甚至是固气之间的反应。随后的实验也证实了这一点，在反应后的容器壁上残留有气态金属镁的凝聚颗粒。在金属镁还原 $TiO_2$的过程中会有一系列复合物的生成，这些复合物有 $MgTiO_3$、$MgTi_2O_5$和 $Mg_2TiO_6$。其中生成 $MgTi_2O_5$的吉布斯自由能最小，发生的可能性最大，同时 $MgTi_2O_5$的稳定性也最强。其中在 1600K 以下发生复合物反应的吉布斯自由能均大于镁与 $TiO_x$ 的反应吉布斯自由能。随着温度的升高，反应进行的可能性增大，因此单单从热力学角度出发，升高温度不利于 $TiO_2$的还原。

金属镁与 $V_2O_5$的反应过程类似金属镁与 $TiO_2$的反应过程。金属钒也是变价金属，在还原其最高价氧化物的过程中也按照逐级还原的原则进行，还原产物依次是 $V_2O_5 \rightarrow VO_2 \rightarrow V_2O_3 \rightarrow VO \rightarrow V$。通过上述多种反应的吉布斯自由能计算可以看出 $VO \rightarrow V$ 过程的吉布斯自由能最大，为 $V_2O_5$还原为金属钒的制约条件。在还原的过程中随着氧含量的降低，其中的金属—金属键不断增强，并且 VO 为非化学计量化合物，具有广泛的非均一性范围，加大了还原金属钒的难度。但通过对比金属镁与 $TiO_2$的各级反应可以看出，在同样的温度下镁还原同级金属钒的氧化物的吉布斯自由能均小于钛，在热力学上金属钒比金属钛更容易还原。各级反应同样是放热反应，升高温度在热力学上会减小反应进行的可能性。随着反应的进行，MgO 会与 $V_2O_5$生成复合物 $MgV_2O_6$和 $Mg_2V_2O_9$。通过吉布斯相图可以看出虽然有生成复合物的可能，但是在同一温度下 VO 到 V 的还原过程的吉布斯自由能仍然小于复合物产生的吉布斯自由能，因此从热力学上考虑，产生复合物的可能性很小。

Al-$TiO_2$ 和 Al-$V_2O_5$ 体系的吉布斯自由能变如图 7-40 和图 7-41 所示。

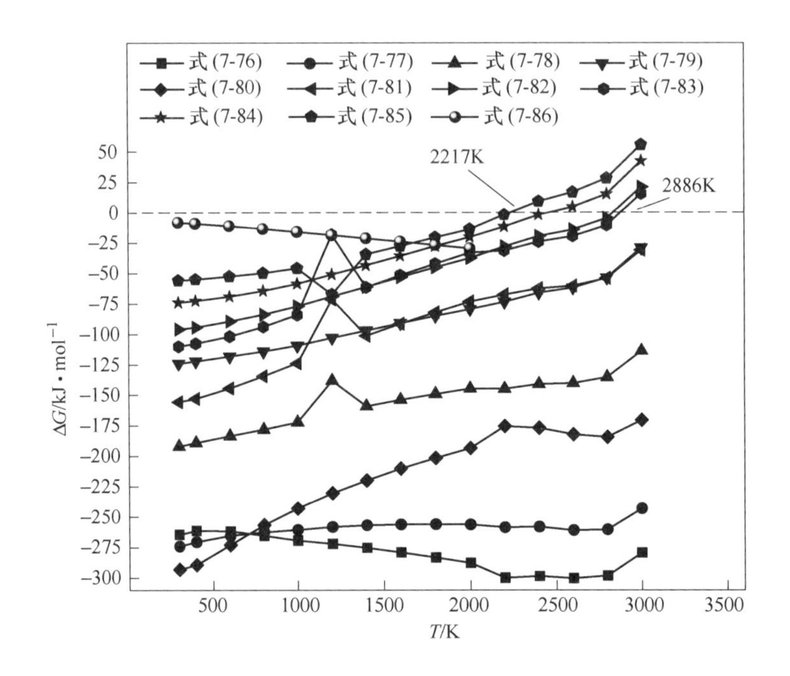


图 7-40　Al-$TiO_2$体系吉布斯自由能变

$$9/2TiO_2 + Al = 3/2Ti_3O_5 + 1/2Al_2O_3 \tag{7-76}$$

$$3TiO_2 + Al = 3/2Ti_2O_3 + 1/2Al_2O_3 \tag{7-77}$$

$$3/2TiO_2 + Al = 3/2TiO + 1/2Al_2O_3 \tag{7-78}$$

$$3/4TiO_2 + Al = 3/4Ti + 1/2Al_2O_3 \tag{7-79}$$

$$3Ti_3O_5 + Al = 9/2Ti_2O_3 + 1/2Al_2O_3 \tag{7-80}$$

$$3/4Ti_3O_5 + Al = 9/4TiO + 1/2Al_2O_3 \tag{7-81}$$

$$3/10Ti_3O_5 + Al = 9/10Ti + 1/2Al_2O_3 \tag{7-82}$$

$$3/2Ti_2O_3 + Al = 3TiO + 1/2Al_2O_3 \tag{7-83}$$

$$1/2Ti_2O_3 + Al = Ti + 1/2Al_2O_3 \tag{7-84}$$

$$3/2TiO + Al = 3/2Ti + 1/2Al_2O_3 \tag{7-85}$$

$$TiO_2 + Al_2O_3 = Al_2O_3 \cdot TiO_2 \tag{7-86}$$

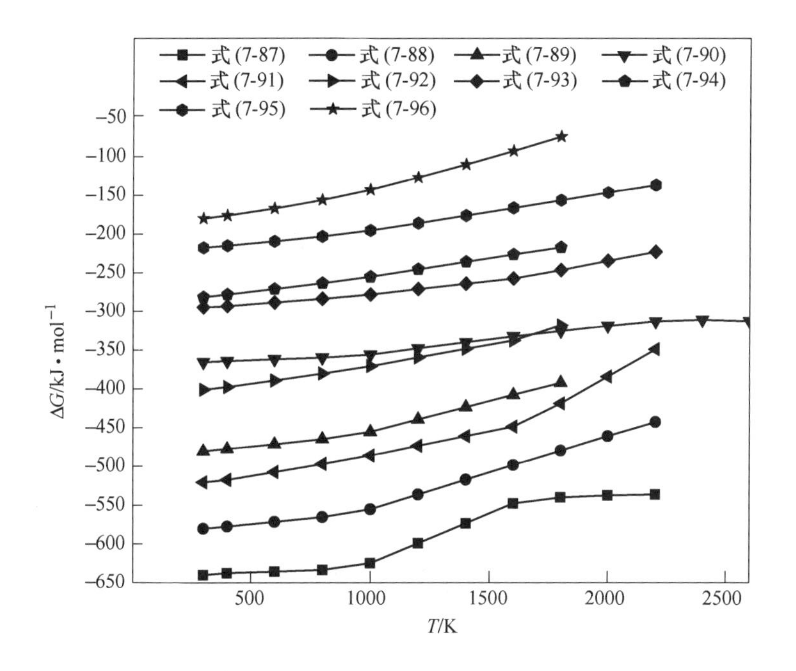


图 7-41 Al-$V_2O_5$体系吉布斯自由能变

$$3/2V_2O_5 + Al \xlongequal{} 3VO_2 + 1/2Al_2O_3 \tag{7-87}$$

$$3/4V_2O_5 + Al \xlongequal{} 3/4V_2O_3 + 1/2Al_2O_3 \tag{7-88}$$

$$1/2V_2O_5 + Al \xlongequal{} VO + 1/2Al_2O_3 \tag{7-89}$$

$$3/10V_2O_5 + Al \xlongequal{} 3/5V + 1/2Al_2O_3 \tag{7-90}$$

$$3VO_2 + Al \xlongequal{} 3/2V_2O_3 + 1/2Al_2O_3 \tag{7-91}$$

$$3/2VO_2 + Al \xlongequal{} 3/2VO + 1/2Al_2O_3 \tag{7-92}$$

$$3/4VO_2 + Al \xlongequal{} 3/4V + 1/2Al_2O_3 \tag{7-93}$$

$$3/2V_2O_3 + Al \xlongequal{} 3VO + 1/2Al_2O_3 \tag{7-94}$$

$$1/2V_2O_3 + Al \xlongequal{} V + 1/2Al_2O_3 \tag{7-95}$$

$$3/2VO + Al \xlongequal{} 3/2V + 1/2Al_2O_3 \tag{7-96}$$

体系中添加了金属铝，则铝也会和原料进行一系列反应。通过热力学计算可以看出，金属铝还原 $TiO_2$的能力和金属镁相近，熔点为 933K，与金属镁接近，但其沸点为 2767K，远高于金属镁。作为合金元素添加的少量金属铝和原料存在固-固反应和固-液反应，没有气-固反应。$Al_2O_3$会和 $TiO_2$生成 $Al_2O_3 \cdot TiO_2$，通过热力学图可以看出，低温下不利于复合物的生成，高温不利于一氧化钛的还原。

### 7.5.3.3 一次还原产物深度还原热力学

通过 7.5.3.2 节的计算可以看出，限制钛还原的步骤为一氧化钛和一氧化钒的还原。在深度还原的过程中使用还原性比较强的金属钙作为还原剂。钙还原 TiO 和 VO 体系的吉布斯自由能变如图 7-42 和图 7-43 所示。

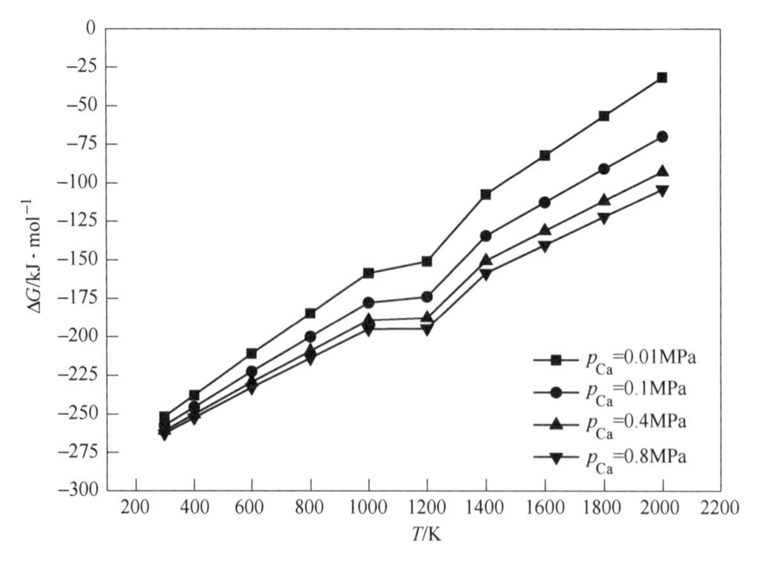


图 7-42　Ca 还原 TiO 体系吉布斯自由能变

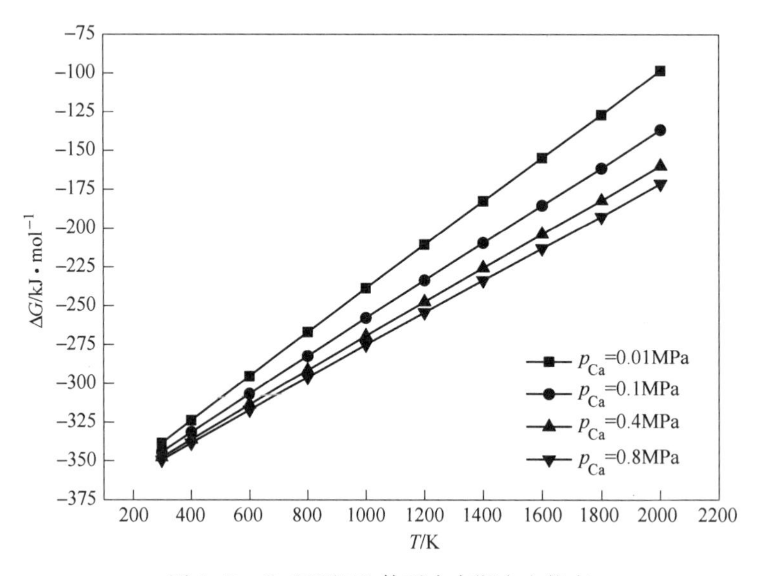


图 7-43　Ca 还原 VO 体系吉布斯自由能变

$$Ca(g) + TiO = Ti + CaO \tag{7-97}$$

$$Ca(g) + VO = V + CaO \tag{7-98}$$

通过计算同一分压下金属钙与 TiO 和 VO 反应可以看出，随着温度的升高，金属还原剂还原能力减弱，同一温度下随着金属还原剂蒸气压的增大，其还原能力增强。并且体系中的金属钒优先被还原出来。但还原温度不能太高，过高的还原温度会限制 TiO 的还原。

复合物的存在会影响产物氧含量、纯度、形貌等，因此研究副产物的还原也至关重要。钙还原 MgO · MeO 吉布斯自由能变如图 7-44 所示。

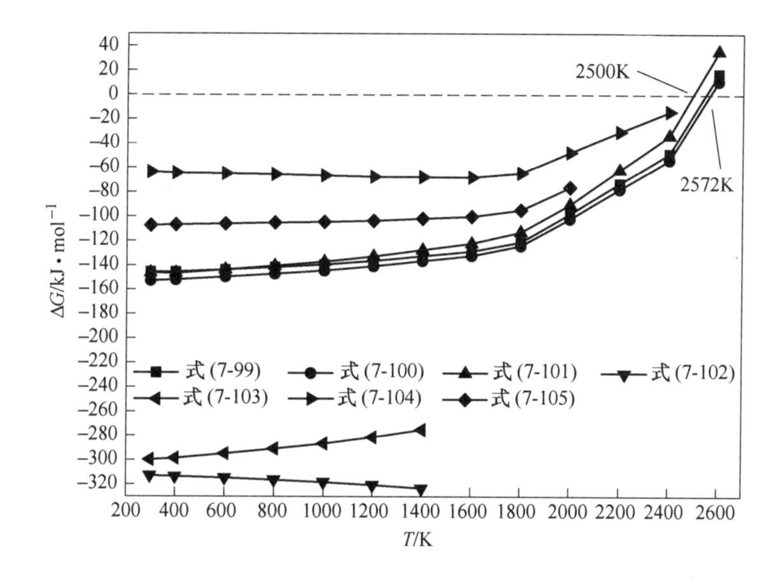


图 7-44 Ca 还原 MgO·MeO 吉布斯自由能变

$$MgTiO_3 + 2Ca \xlongequal{} Ti + MgO + 2CaO \tag{7-99}$$

$$MgTi_2O_5 + 4Ca \xlongequal{} 2Ti + MgO + 4CaO \tag{7-100}$$

$$Mg_2TiO_4 + 2Ca \xlongequal{} Ti + 2MgO + 2CaO \tag{7-101}$$

$$MgV_2O_6 + 5Ca \xlongequal{} 2V + MgO + 5CaO \tag{7-102}$$

$$Mg_2V_2O_7 + 5Ca \xlongequal{} 2V + 2MgO + 5CaO \tag{7-103}$$

$$MgAl_2O_4 + 3Ca \xlongequal{} 2Al + MgO + 3CaO \tag{7-104}$$

$$Al_2TiO_5 + Ca \xlongequal{} 2Al + Ti + 5CaO \tag{7-105}$$

在自蔓延过程中可能会有 $MgTiO_3$、$MgTi_2O_5$、$Mg_2TiO_4$、$MgV_2O_6$、$Mg_2V_2O_9$、$Al_2TiO_5$、$MgAl_2O_4$等复合物生成，但在热力学上都可以被还原成相对应的金属。通过计算可知，$MgV_2O_6$、$Mg_2V_2O_9$被 Ca 还原的时候吉布斯自由能最低，在热力学上钒优先被还原出来。当还原温度高于 2500K 时理论上才会出现还原不了复合物的情况，但实际还原温度很难达到。因此在热力学上证明了复合物用钙还原的可行性。

### 7.5.4 制备过程研究

#### 7.5.4.1 自蔓延快速还原暨一次还原过程研究

A 还原剂配比对实验结果的影响

还原剂的配入量是一次还原实验的一个重要考察因素，直接影响产物的成分。过少的还原剂会导致实验反应无力，但过多的还原剂会造成资源的浪费且并不一定有益于实验进行。因此为研究不同还原剂配比对实验结果的影响，设计了表 7-11 所列的一组实验。在 20MPa 的压力下将混合均匀的物料压制为 $\phi$33mm、高度为 45~50mm 的柱体，然后置于反应釜中抽真空 15min 后点燃。

表 7-13　不同 Mg 配比一次还原实验物料

| 编号 | 配料/g | | | | 还原剂配入当量比 |
|---|---|---|---|---|---|
| | $TiO_2$ | $V_2O_5$ | Al | Mg | |
| 1 | 100.934 | 4.822 | 4.032 | 51.7 | 0.8 |
| 2 | 100.934 | 4.822 | 4.032 | 58.17 | 0.9 |
| 3 | 100.934 | 4.822 | 4.032 | 64.63 | 1 |
| 4 | 100.934 | 4.822 | 4.032 | 71.1 | 1.1 |
| 5 | 100.934 | 4.822 | 4.032 | 77.56 | 1.2 |

将一次还原反应后的物料进行酸洗然后做 XRD 检测物相，如图 7-45 所示。

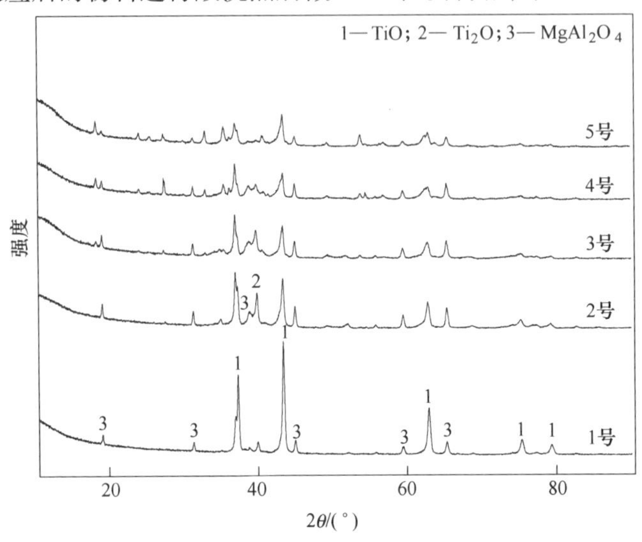


图 7-45　不同 Mg 配比产物酸洗后 XRD 图

通过图 7-45 可看出酸洗后 MgO 相基本消失，随着 Mg 添加量的增加，TiO 峰逐渐减弱，$MgAl_2O_4$物相的峰有所升高，原因推测为随着 Mg 添加量的增加，传质加快促进了 MgO 的生成以及与 $Al_2O_3$的结合。由于 $V_2O_5$的添加量过少在图谱上未找到含 V 的物相。将酸浸产物做扫描电镜，如图 7-46 所示，并用荧光光谱仪检测成分，见表 7-14。

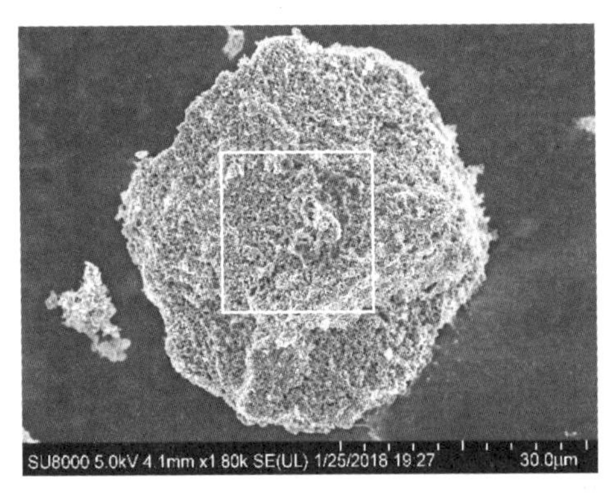


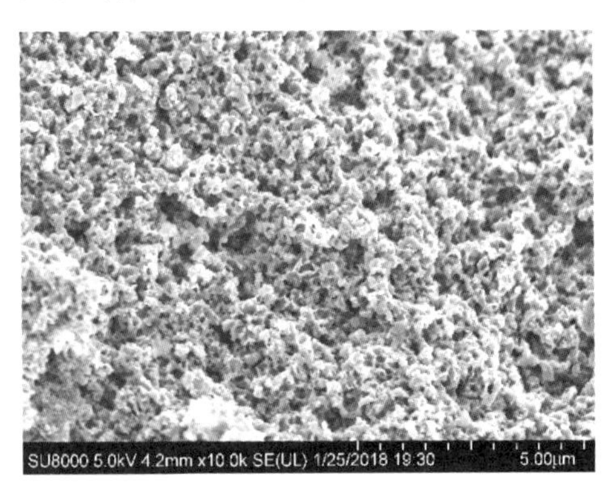


(a)

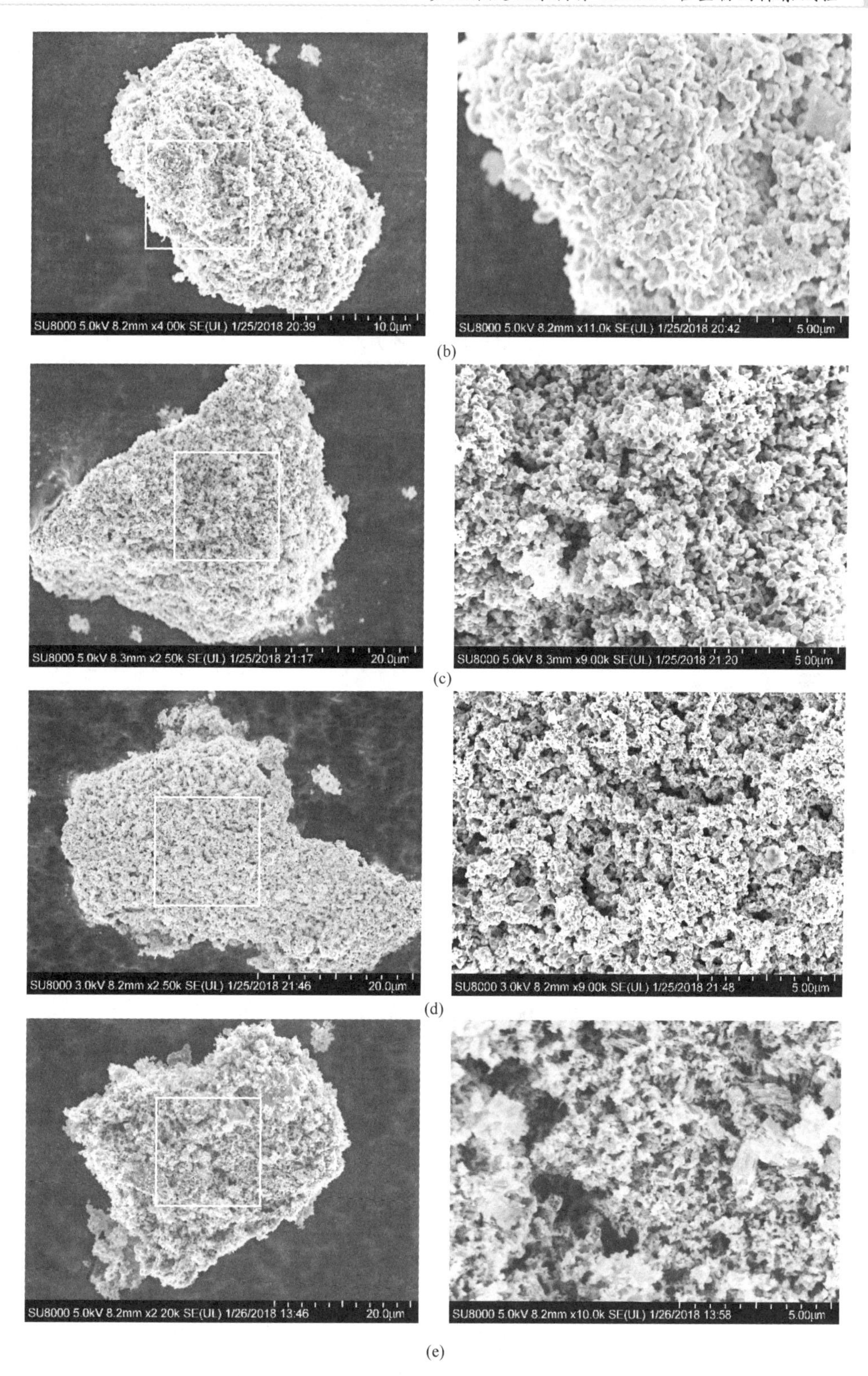


图 7-46 不同 Mg 配比产物酸洗后 SEM 图

（a）1 号产物及方框部分放大图；（b）2 号产物及方框部分放大图；（c）3 号产物及方框部分放大图；
（d）4 号产物及方框部分放大图；（e）5 号产物及方框部分放大图

通过图 7-46 可以看出，产物宏观颗粒上酸洗侵蚀明显，由图 7-46（a）中紧凑平滑型变为松散状并且表面粗糙，呈现出小颗粒附着在大颗粒表面的形貌。由各组产物的局部放大图可以看出酸洗对产物的微观形貌改变较大，对比 1 号产物的局部放大图与 5 号产物的局部放大图可以看出，这种改变是随着还原剂 Mg 的配入量的增加而愈发明显。推测原因为液态 Mg 包裹着 $TiO_2$颗粒进行反应，随着反应的进行 Mg 不断消耗变为 MgO，于是就形成了以 Ti 的氧化物为核心的包裹体，近核心以 MgO 为主最外层包裹以 Mg 为主。随着 Mg 配入量的增加，最外层的包裹物 Mg 变多，在酸洗时就会出现 5 号产物局部放大图中的现象。

**表 7-14　不同 Mg 配比一次还原产物酸洗后成分**

| 编号 | 产物成分（质量分数）/% | | | | |
|---|---|---|---|---|---|
| | Ti | Al | V | Mg | 其他杂质 |
| 1 | 57.12 | 8.09 | 2.43 | 4.49 | 27.87 |
| 2 | 51.57 | 10.75 | 3.55 | 5.35 | 28.78 |
| 3 | 46.64 | 8.7 | 7.92 | 6.66 | 30.08 |
| 4 | 42.4 | 8.08 | 8.13 | 6.34 | 35.05 |
| 5 | 39.41 | 4.75 | 10.38 | 7.22 | 38.04 |

通过表 7-14 可以看出，随着 Mg 配比的增加，产物中 Mg 的含量随之增加，说明在相同的酸洗条件下，Mg 加入量变多会有更多难溶于酸的含镁化合物出现。随着 Mg 加入量的增加，产物中 Ti 元素的成分逐渐减少，V 元素的成分不断增大，以 O 元素为主的其他元素含量也在不断增大，说明一味添加过多的 Mg 并不益于此反应体系。

B　制样压力对实验结果的影响

制样压力也是一次还原实验的一个重要考察因素，制样压力直接影响自蔓延反应波的前进速度，进而影响产物中晶粒的生长发育，改变产物形貌。本组实验在上组实验的基础上确定了反应物料的配比，单因素考察制样压力对实验结果的影响。为研究制样压力对实验结果的影响设计了表 7-15 所列实验。

**表 7-15　不同制样压力实验条件**

| 编号 | 还原剂配入当量比 | 制样压力/MPa | 反应气氛 |
|---|---|---|---|
| 1 | 0.9 | 0 | 真空 |
| 2 | 0.9 | 5 | 真空 |
| 3 | 0.9 | 10 | 真空 |
| 4 | 0.9 | 20 | 真空 |
| 5 | 0.9 | 30 | 真空 |
| 6 | 0.9 | 40 | 真空 |

不同制样压力的一次还原反应产物酸洗后 XRD 图如图 7-47 所示。通过图 7-47 可以看出，不同制样压力对反应产物酸洗后的物相没有影响，在松装的情况下 40°左右对应的 $Ti_2O$ 峰较其他几组有所降低。其他制样压力时所得的酸洗后产物图谱基本没有差别。将酸洗后产物做扫描电镜，如图 7-48 所示。

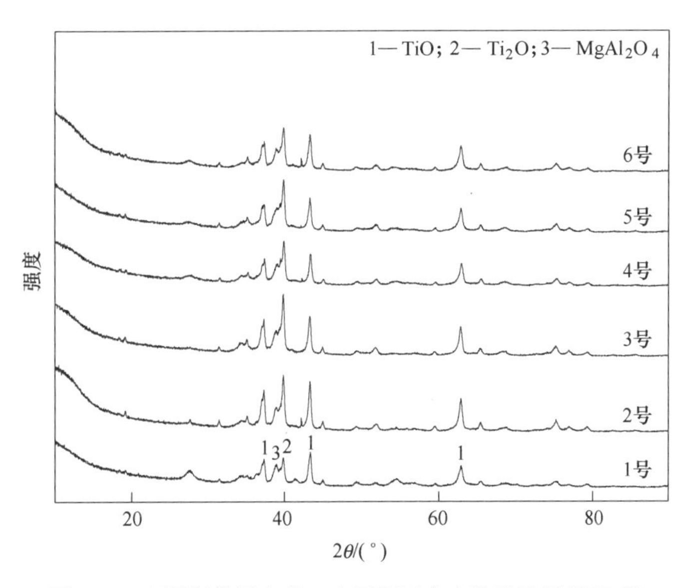


图 7-47 不同制样压力的一次还原反应产物酸洗后 XRD 图

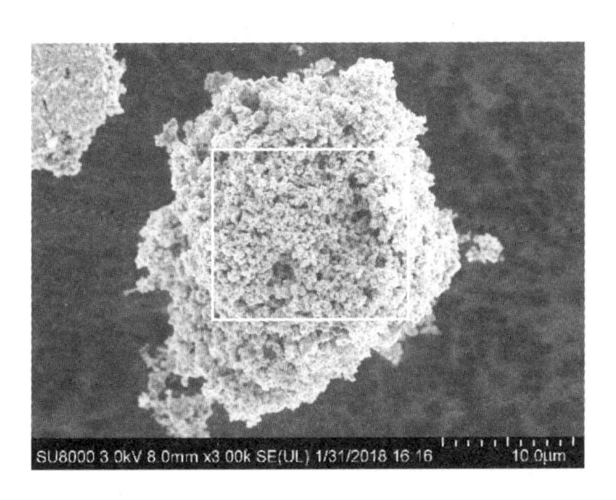

(a)

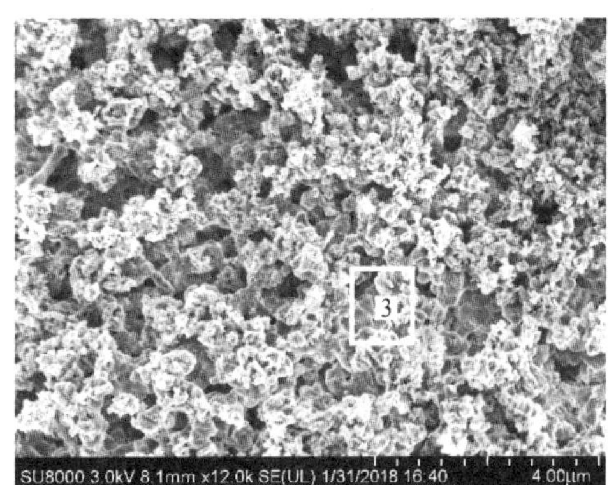


(b)

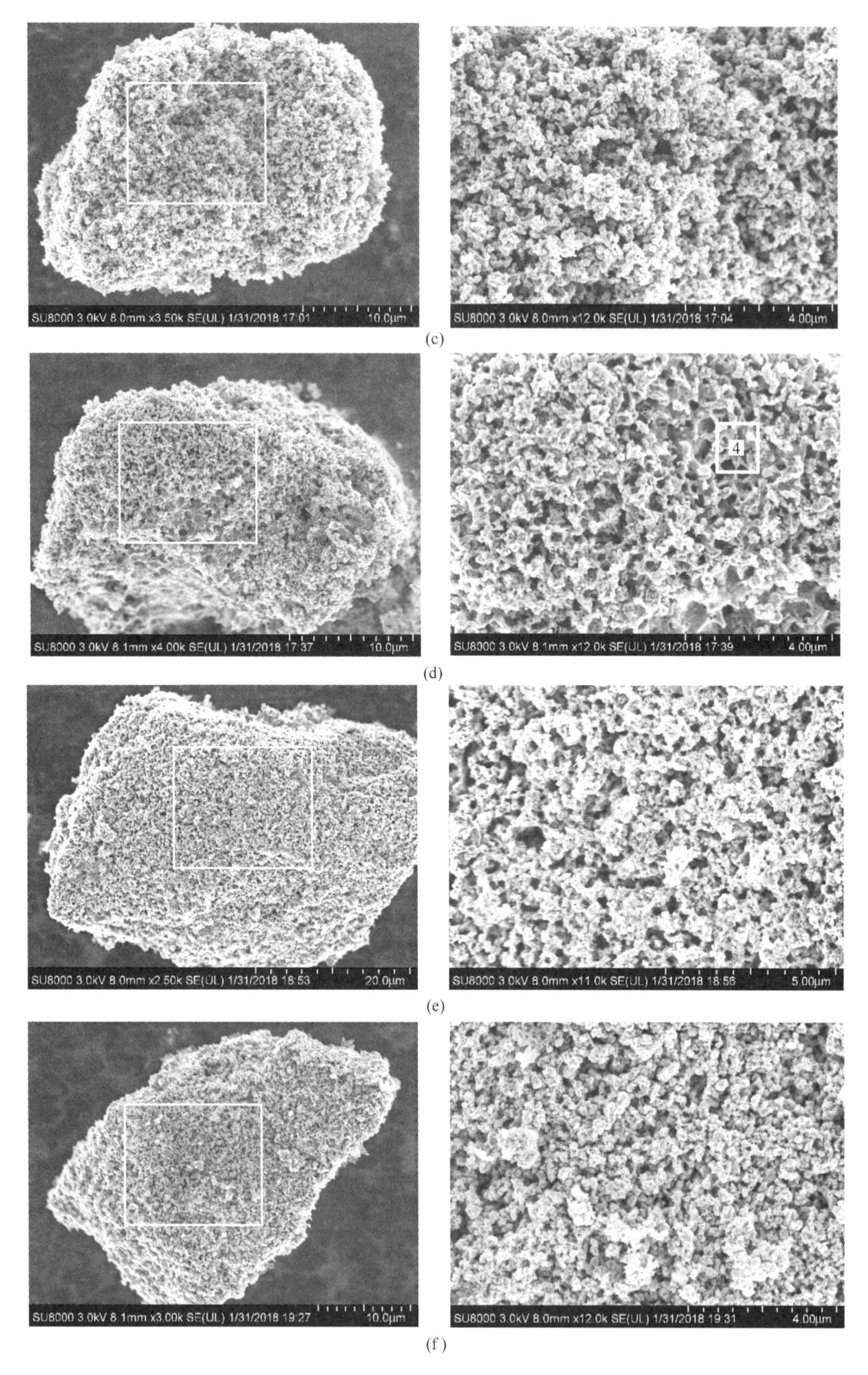


图 7-48　不同制样压力的酸洗后一次还原产物 SEM 图

（a）1 号产物及方框部分放大图；（b）2 号产物及方框部分放大图；（c）3 号产物及方框部分放大图；（d）4 号产物及方框部分放大图；（e）5 号产物及方框部分放大图；（f）6 号产物及方框部分放大图

通过观察图 7-48 左侧一列产物图可以看出基本形貌与酸洗前的特征一致，即随着制样压力的增大聚合而成的大颗粒周围附着物减少，表面起伏减少。对比右侧局部放大图可以看出小颗粒表面受到了明显的侵蚀，由原来的圆润变成粗糙。1 号产物局部放大图为松装状态下得到的产物，可以看出无论是表面 1 处还是纵深 2 处，小颗粒物之间较为松散没有出现类似 3、4 处出现的连接在一起形成骨架的形貌。6 号产物局部放大图虽然没有明显看出骨架连接结构，但它的颗粒连接更加紧密甚至分不出颗粒与颗粒的边界，明显区别于 1 号产物局部放大图的颗粒边界十分清晰的形貌。结合图 7-48 可以推测出随着制样压力增大，物料彼此之间的接触面积增大，在反应时可以速度更快，同时反应的也会更加充分，理论上放出的热量也就更大，因此会出现烧结在一起的现象。于是 $TiO_2$颗粒包裹着 MgO、Mg 烧结在一起，经过酸洗除去杂质就形成了以 Ti 的低价氧化物为主体的骨架。通过表 7-16 可以看出随着制样压力的增大，产物中的杂质 Mg 含量有所增大。增大制样压力后低价 Ti 氧化物骨架变得致密一些，所以 MgO 杂质不容易去除。因此确定了制样压力为 10MPa。

**表 7-16　不同制样压力一次还原产物酸洗后成分**

| 编号 | 产物成分（质量分数）/% | | | | |
|---|---|---|---|---|---|
| | Ti | Al | V | Mg | 其他杂质 |
| 1 | 60.5 | 1.95 | 3.89 | 2.94 | 30.7 |
| 2 | 63.27 | 3.91 | 4.5 | 3.8 | 24.5 |
| 3 | 64.86 | 4.00 | 3.87 | 3.27 | 24.5 |
| 4 | 61.43 | 3.27 | 3.36 | 2.56 | 29.37 |
| 5 | 59.41 | 2.92 | 3.35 | 4.2 | 30.11 |
| 6 | 59.64 | 3.07 | 3.68 | 5.14 | 28.47 |

C　初始反应压力对实验结果的影响

初始反应压力主要影响反应时物料内部的气体以及 Mg 蒸气向外逃逸的速度，进而影响反应过程。本小节主要讨论反应初始压力对实验结果的影响，综合考虑实验的可操作性以及实验仪器的耐压范围，选定初始反应压力范围在真空到 0.2MPa 之间。具体操作为先用真空泵工作 30min 抽取反应釜内空气，然后通入氩气控制反应釜内的初始压力。为此设计了表 7-17 所列实验。

**表 7-17　不同反应压力实验条件**

| 编　号 | 还原剂配入当量比 | 制样压力/MPa | 反应气氛 |
|---|---|---|---|
| 1 | 0.9 | 10 | 真空 |
| 2 | 0.9 | 10 | 0MPa |
| 3 | 0.9 | 10 | 0.1MPa |
| 4 | 0.9 | 10 | 0.2MPa |

将一次还原反应后的物料进行酸洗然后做 XRD 检测物相，如图 7-49 所示。通过图 7-49 可以看出随着反应釜内气压的增加 TiO 对应的峰有所降低，而 $Ti_2O$ 所对应的峰有所升高。说明随着反应气氛压力的增大 TiO 逐渐向 $Ti_2O$ 转变。原因推测为随着釜内反应气压的增大，Mg 蒸气逸散受阻使液态镁对物料的包裹更加均匀致密，使液固反应进行得更

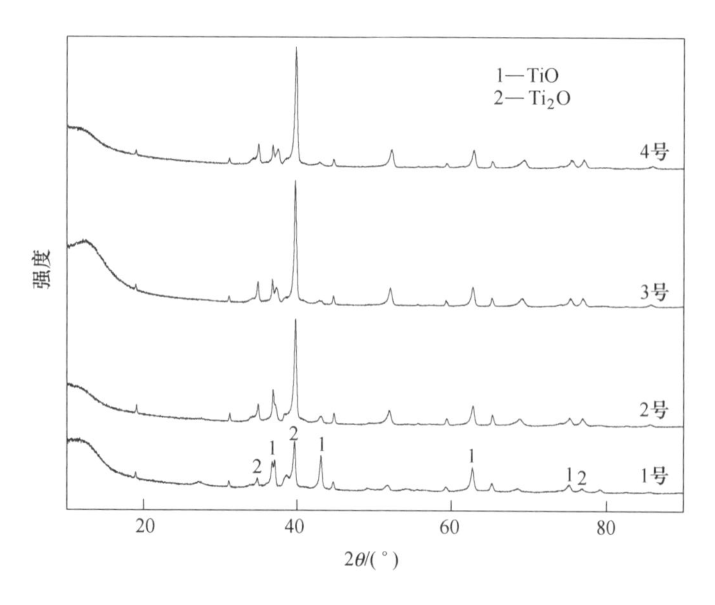


图 7-49　不同初始压力反应产物 XRD 图

加充分，因此有更多的 TiO 转变为 $Ti_2O$。

不同初始压力反应产物酸洗后 SEM 图如图 7-50 所示。产物酸洗后成分见表 7-18。

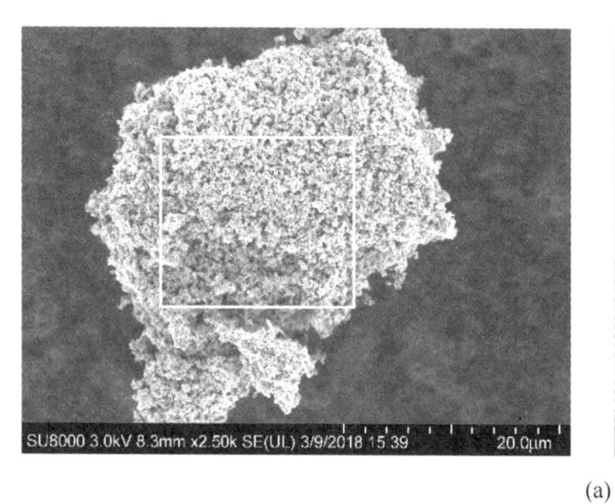

(a)

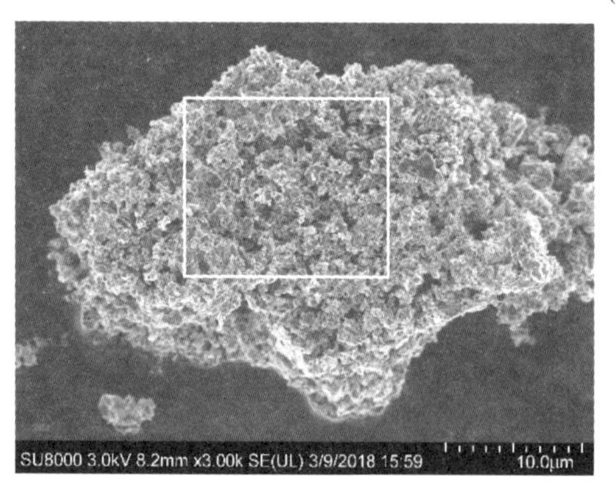

(b)

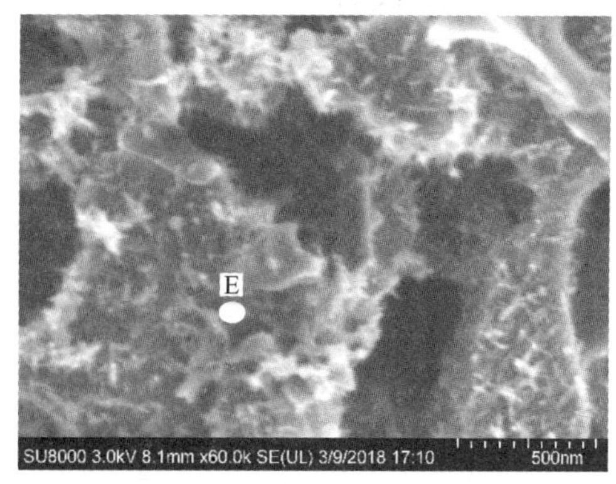


(c)

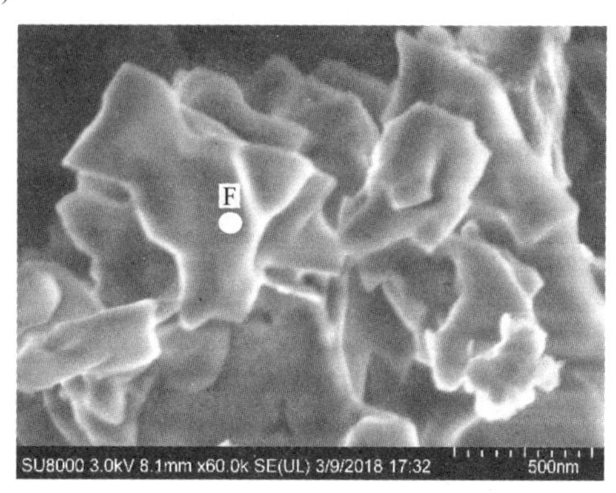


(d)

图 7-50 不同初始压力反应产物酸洗后 SEM 图

(a) 1 号产物及方框部分放大图；(b) 2 号产物及方框部分放大图；
(c) 3 号产物及方框部分放大图；(d) 4 号产物及局部放大图

**表 7-18 不同初始压力产物酸洗后成分**

| 编号 | 产物成分（质量分数）/% | | | | |
|---|---|---|---|---|---|
| | Ti | Al | V | Mg | 其他杂质 |
| 1 | 60.09 | 5.9 | 2.9 | 3.38 | 27.73 |
| 2 | 63.86 | 7.3 | 3.51 | 3.24 | 22.09 |
| 3 | 66.76 | 6.93 | 3.58 | 3.06 | 20.21 |
| 4 | 68.2 | 7 | 3.72 | 3.24 | 17.84 |

通过图 7-50 可以看出，酸洗前后产物表面差别十分明显，尤其是 3 号产物图可以看出明显的网络状结构。这种情况是酸洗后将产物表面以及颗粒间隙的 MgO 以及 Mg 除去后留下的低价钛氧化物骨架。酸洗后的 SEM 图所表现的规律和酸洗前基本相同。如 1 号产物局部放大图中的 A 处为碎小的颗粒而 B 处则为聚合而成较大的颗粒。随着釜内反应气压的增大，2 号产物局部放大图的 C 处碎小的颗粒明显变少，聚合而成的大颗粒明显变大增多，如 D 处。随着反应压力的进一步增大，众多颗粒则聚合在一起形成网格状，偶见碎小的颗粒附着于基体之上，如 E 和 F 处所示。通过表 7-18 可以看出，随着反应压力的增大，酸洗产物

中 Al 以及 Ti 和 V 含量明显升高，而杂质含量则减少。说明过高的反应气压不仅阻止了金属 Mg 和 Al 的逸散，也提高了 Ti 和 V 的还原率。最后确定初始反应压力为 0.2MPa。

#### 7.5.4.2　一次还原产物的深度还原过程研究

为了研究还原温度对深度还原效果的影响设计了一组实验，见表 7-19。

**表 7-19　不同还原温度的深度还原实验**

| 编号 | 反应条件 | | | | |
|---|---|---|---|---|---|
| | 反应物与钙质量比 | 反应温度/℃ | 反应时间/h | 制样压力/MPa | 还原气氛 |
| 1 | 1 | 700 | 1 | 5 | 流动氩气 |
| 2 | 1 | 800 | 1.5 | 5 | 流动氩气 |
| 3 | 1 | 1000 | 2.5 | 5 | 流动氩气 |
| 4 | 1 | 1100 | 3.5 | 5 | 流动氩气 |

将所得到的产物进行酸洗，将酸洗后的产物置于真空烘箱内烘干 24h，所得到的 XRD 图如图 7-51 所示。

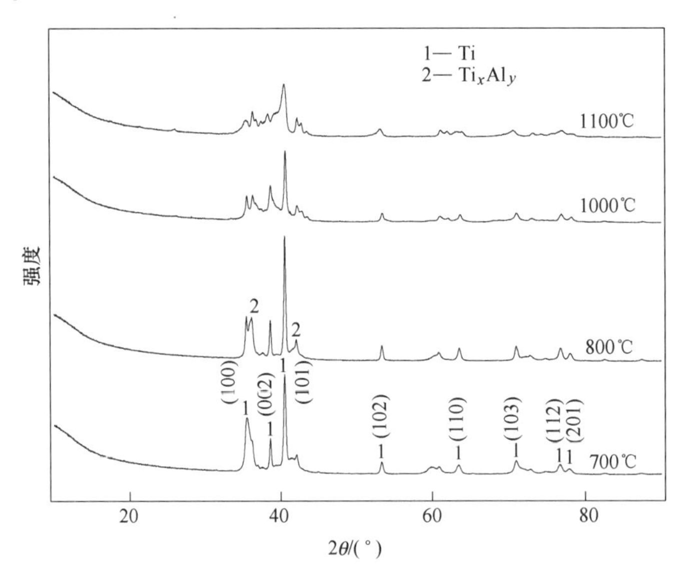


图 7-51　酸洗后产物 XRD 图

通过 XRD 图可以看出，当还原温度较低时物相峰主要为钛，但（100）晶面对应的峰出现宽化，随着反应温度的升高，此峰一分为二，峰强度不断降低。随着反应温度的不断升高，30°~40°之间的 3 个钛峰强度都降低，结合最后成分可以看出钛含量是在下降当中。当还原温度达到 1000℃时，（002）晶面的峰有宽化趋势；当达到 1100℃时，（002）晶面对应的峰宽化，和（101）晶面的峰连在一起，同时出现各种细小的峰。由热力学计算可知，反应温度过高不利于还原反应的进行，同时反应速度过快，多个晶粒同时生长会抑制某些晶粒的尺寸，造成细化。

将酸洗后的产物进行 SEM 和 EDS 分析，如图 7-52 和表 7-20 所示。

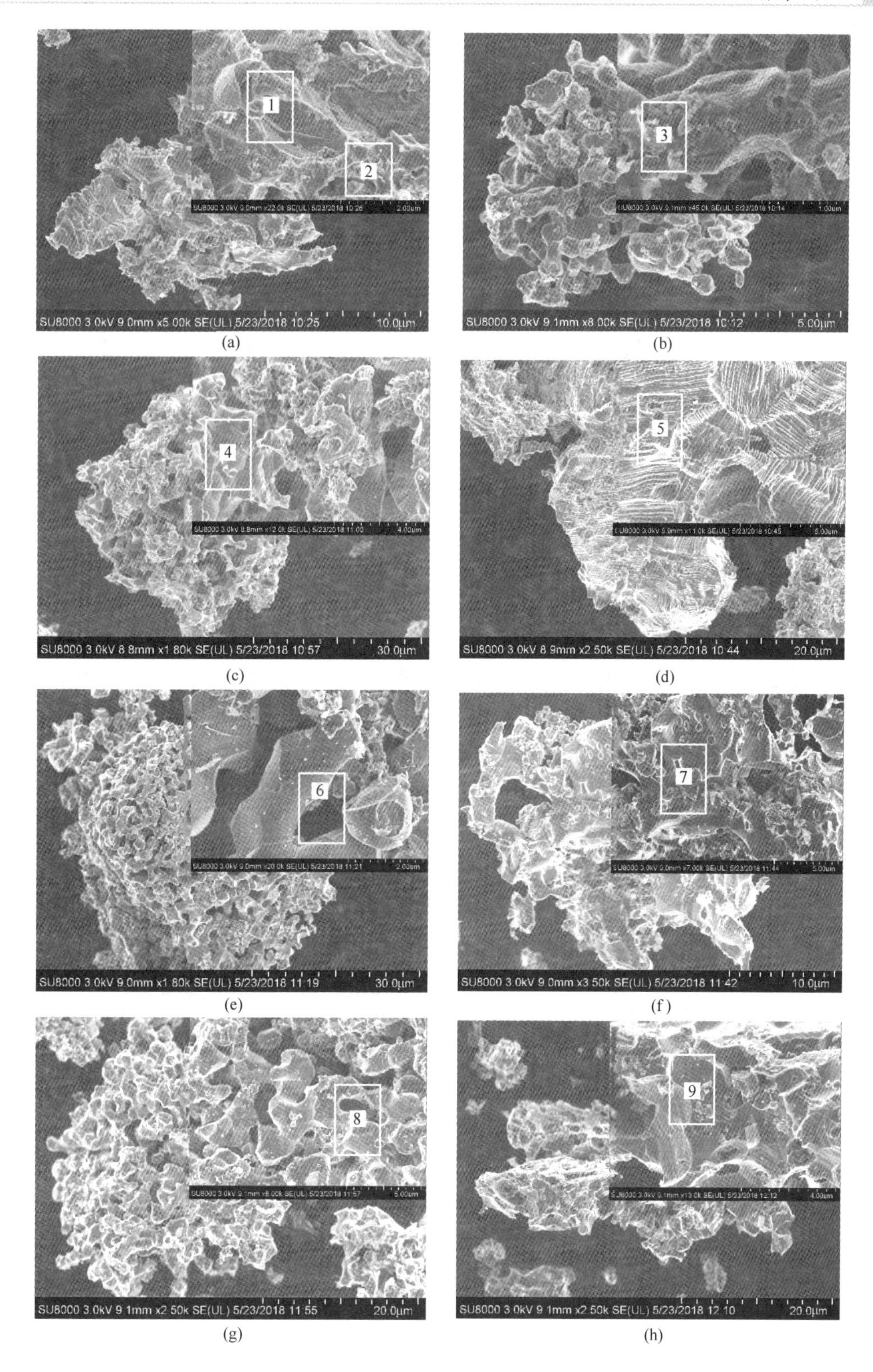

图 7-52 不同温度还原产物酸洗后 SEM 图

(a)(b) 1 号产物及局部放大图；(c)(d) 2 号产物及局部放大图；
(e)(f) 3 号产物及局部放大图；(g)(h) 4 号产物及局部放大图

表 7-20　不同还原温度产物能谱分析

| 编号 | 成分（质量分数）/% | | | | | |
|---|---|---|---|---|---|---|
| | Ti | Al | V | Mg | Ca | O |
| 1 | 88.57 | 10.46 | 0.57 | 0.40 | — | — |
| 2 | 96.39 | 3.55 | — | — | 0.06 | — |
| 3 | 92.68 | 3.60 | 3.57 | 0.04 | 0.12 | — |
| 4 | 88.3 | 8.37 | 3.14 | 0.14 | 0.04 | — |
| 5 | 90.58 | 6.17 | 3.09 | 0.04 | 0.12 | — |
| 6 | 90 | 9.97 | — | — | 0.04 | — |
| 7 | 89.94 | 9.55 | 0.88 | 0.16 | — | — |
| 8 | 92.03 | 6.78 | 1.03 | 0.15 | — | — |
| 9 | 96.23 | 2.94 | — | 0.05 | 0.77 | — |

通过 SEM 图可以看出，产物分为两种形貌，一种为镂空网络状，一种为无定型块状。镂空网络状主成分为钛（钛含量不低于 85%），但铝和钒元素含量低于无定型块状。通过图可以看出，当还原温度较低时，网络状结构的表现为组成网络状结构的颗粒界限不明显，颗粒之间连接较为模糊。随着还原温度的升高，颗粒形貌开始大面积出现，通过局部放大图可以看出，内部还有众多小颗粒。随着温度的进一步升高，颗粒长大界限明显。

经过滴定分析得到产物成分见表 7-21。

表 7-21　不同还原温度产物成分

| 编号 | 产物成分（质量分数）/% | | | | | | |
|---|---|---|---|---|---|---|---|
| | Ti | Al | V | Mg | Ca | O | N |
| 1 | 89.69 | 3.91 | 2.46 | 0.30 | — | 3.60 | 0.037 |
| 2 | 92.32 | 4.77 | 2.00 | 0.07 | — | 0.81 | 0.0325 |
| 3 | 83.60 | 7.63 | 4.31 | 0.09 | — | 2.43 | 1.94 |
| 4 | 81.96 | 6.67 | 4.15 | 0.24 | — | 4.85 | 2.13 |

通过 XRD、SEM 和成分分析可以看出，较低的还原温度影响了还原效果，较高的还原温度也会抑制还原反应造成氧含量升高。二者原因不同，低温影响反应限度使反应不完全；高温影响反应物的自由能，使反应不易进行。

## 参 考 文 献

[1] 莫畏，邓国珠，罗方承．钛冶金［M］. 2 版．北京：冶金工业出版社，2006.
[2] 孙康．钛提取冶金物理化学［M］. 北京：冶金工业出版社，2001：1~16.
[3] 马慧娟．钛冶金学［M］. 北京：冶金工业出版社，1982：5~25.
[4] 万贺利，徐宝强，戴永年，等．热还原法制备钛粉过程的研究［J］. 功能材料，2012（6）：700~703.
[5] 谢焕文，邹黎明，刘辛，等．球形钛粉制备工艺现状［J］. 材料研究与应用，2014，2：78~82.

[6] Zhou H G, Wei X Y, Mao C H, et al. Effects of Mo on the microstructure and hydrogensorption properties of Ti-Mo getters [J]. Chinese Journal of Aeronautics, 2007, 20 (2): 172.

[7] 张学军，唐思熠，肇恒跃，等.3D 打印技术研究现状和关键技术 [J]. 材料工程，2016，2：122~128.

[8] 曾光，韩志宇，梁书锦，等. 金属零件 3D 打印技术的应用研究 [J]. 中国材料进展，2014，6：376~382.

[9] Takeda O, Okabe T H. Fundamental study on magnesiothermic reduction of titanium dichloride [J]. Metallurgical and Materials Transactions, 2006, 37B: 823~830.

[10] Okabe T H, Oda T, Mitsuda Y. Titanium powder by preform reduction process (PRP) [J]. J. Alloys and Compounds, 2004, 364: 156~163.

[11] Jia J G, Xu B Q, Yang B, et al. Behavior of intermediate $CaTiO_3$ in reduction process of $TiO_2$ by calcium vapor [J]. Key Engineering Materials, 2013 (551): 25~31.

[12] Xu B Q, Yang B, Wan H L, et al. Preparing titanium powders by calcium vapor reduction process of titanium dioxide [C]//TMS 2011, 140th Annual Meeting & Exhibition Supplemental Proceedings, 2011 (3): 501~508.

[13] Wan H L, Xu B Q, Dai Y N. Preparation of titanium powders by caiciothermic reduction of titanium dioxide [J]. J. Cent, South Univ, 2012, 19.

[14] 万贺利，徐宝强，戴永年，等. 钙热还原二氧化钛的钛粉制备及其 $CaTiO_3$（中间产物）的成因分析 [J]. 中国有色金属学报，2012，22 (7)：2075~2081.

[15] Fray D J. Novel methods for the production of titanium [J]. International Materials Reviews, 2008, 53 (6): 317~324.

[16] Crowley G. How to extract low-cost titanium [C]//International Titanium Powder LLC Lockport, Advanced Materials & Processes, 2003.

[17] Abiko T, Park I, Okabe T H. Reduction of titanium oxide in molten salt medium [C]//Ti-2003 Science and Technology. Weinheim: Wiley-VCH, 2003: 253~260.

[18] Zhang L, Wang S, Jiao S. Electrochemical synthesis of titanium oxycarbide in a $CaCl_2$ based molten salt [J]. Electrochimica Acta, 2012: 357~359.

[19] Jiao S Q, Zhu H M. Novel metallurgical process for titanium production [J]. J. Mater. Res., 2006, 21 (9): 2172~2175.

[20] Krishnan A. Solid oxide membrane process for the direction of magnesium from magnesium oxide [D]. Boston University College of Engineering, USA, 2006.

[21] Pal U B, Powell A C. The use of solid-oxide-membrane technology for electrometallurgy [J]. JOM, 2007, 59 (5): 44~49.

[22] Abiko P T, Okabe T H. Production of titanium powder directly from $TiO_2$ in $CaCl_2$ through an electronically mediated reaction (EMR) [J]. Physics and Chemistry of Solids, 2005, 66: 410~413.

[23] Rivard J D K, Blue C A, Harper D C. The thermomechanical processing of titanium and Ti-6Al-4V thin gage sheet and plate [J]. Titanium Alloys, 2005.

[24] Ivasishin O M, Savvaking D G, Moxson V S, et al. Low-cost PM titanium materials for automotive applications [J]. JOM, 2004, 56 (11): 270.

[25] 赵瑶，贺跃辉，江垚. 粉末冶金 Ti6Al4V 合金的研制进展 [J]. 粉末冶金材料科学与工程，2008，13 (2)：70~75.

[26] Chen W, Yamamoto Y, Peter W H, et al. Cold compaction study of Armstrong process® Ti-6Al-4V powders [J]. Powder Technology, 2011, 214 (2): 194~199.

# 索　　引

**K**



**L**



**M**



**N**

**P**



**Q**



**R**



**S**

T



W



X



Y



Z